Innovative Technologien für Ressourceneffizienz –
Strategische Metalle und Mineralien

Ergebnisse der r³-Fördermaßnahme

Herausgeber: Anke Dürkoop, Christian Peter Brandstetter, Gudrun Gräbe, Lars Rentsch

Innovative Technologien für Ressourceneffizienz – Strategische Metalle und Mineralien

Ergebnisse der r³-Fördermaßnahme

FRAUNHOFER VERLAG

Herausgeber
Helmholtz-Institut Freiberg für
Ressourcentechnologie
Chemnitzer Straße 40
09599 Freiberg
Telefon +49 351 260 4430
Fax +49 351 260 4440
E-Mail contacthif@hzdr.de
www.hzdr.de/hif

Fraunhofer-Institut für Chemische Technologie
Joseph-von-Fraunhofer-Straße 7
76327 Pfinztal
Telefon +49 721 4640-0
Fax +49 721 4640-111
E-Mail info@ict.fraunhofer.de
www.ict.fraunhofer.de

Universität Stuttgart
Lehrstuhl für Bauphysik (LBP)
Abteilung Ganzheitliche Bilanzierung (GaBi)
Wankelstraße 5
70563 Stuttgart
Telefon +49 711 970-3150
Fax +49 711 970-3190
E-Mail gabi@lbp.uni-stuttgart.de
www.lbp-gabi.de

TU Bergakademie Freiberg
Fakultät für Wirtschaftswissenschaften
Professur für Industriebetriebslehre/
Produktionswirtschaft, Logistik
Schlossplatz 1
09596 Freiberg
Telefon +49 3731 39-2438
Fax +49 3731 39-3690
E-Mail laubsch@bwl.tu-freiberg.de
http://tu-freiberg.de/fakult6/industriebetriebslehre

Fraunhofer Verlag
Nobelstraße 12
70569 Stuttgart
Telefon +49 711 970-2553
Fax +49 711 970-2599
E-Mail verlag@fraunhofer.de
www.fraunhofer.de

ISBN
978-3-8396-1102-9

Layout und Satz
büro quer kommunikationsdesign, Dresden
www.buero-quer.de

Druck und Bindung
Beltz Bad Langensalza GmbH

Titelbild
Smartphone-Touchscreen mit
strategischen Metallen
büro quer; buchachon/Fotolia

Datenstand
August 2016

Die in dieser Veröffentlichung dargestellten Vorhaben wurden vom Bundesministerium für Bildung und Forschung (BMBF) gefördert und vom Projektträger Jülich betreut. Die Verantwortung für den Inhalt der Veröffentlichung liegt ausschließlich bei den Autoren.

VORWORT

Rohstoffe sind unsere Lebensgrundlage. Als moderne Industriegesellschaft benötigen wir wirtschaftsstrategische Rohstoffe wie Seltene Erden, Indium, Germanium und Gallium für die digitale Alltags- und Arbeitswelt, für den Automobilbau und die Energiewirtschaft.

Die Versorgungssicherheit mit verschiedenen Rohstoffen ist für den Wirtschaftsstandort Deutschland von großer Bedeutung. Die Bundesregierung hat dafür mit der neuen Hightech-Strategie 2020, der Nachhaltigkeitsstrategie, der Rohstoffstrategie sowie dem Deutschen Rohstoffeffizienzprogramm schon frühzeitig eine Vorreiterrolle im internationalen Maßstab eingenommen. Damit soll die Rohstoffproduktivität bis zum Jahr 2020 im Vergleich zu 1994 verdoppelt und der Rohstoffverbrauch vom Wirtschaftswachstum entkoppelt werden. Innovative Effizienztechnologien verschaffen der deutschen Wirtschaft heute Wettbewerbsvorteile und machen sie unabhängiger von Rohstoffverbrauch und Umweltauswirkungen.

Mit der Fördermaßnahme „r³ – Innovative Technologien für Ressourceneffizienz – Strategische Metalle und Mineralien" innerhalb des Rahmenprogramms „Forschung für Nachhaltige Entwicklung (FONA)" hat das Bundesministerium für Bildung und Forschung (BMBF) seine erfolgreiche Forschungsförderung im Rohstoffbereich fortgesetzt. Rund 30 Mio. EUR stellte das BMBF in den Jahren 2012 bis 2016 dafür zur Verfügung, hinzu kamen rund 12 Mio. EUR aus der Wirtschaft.

Mehr als 100 Akteure aus Wissenschaft und Wirtschaft arbeiteten in 28 Forschungsverbünden an Antworten auf drängende Zukunftsfragen: Können seltene Rohstoffe in der Produktion minimiert oder sogar vollständig durch andere Rohstoffe ersetzt werden? Wie können wir die Rückgewinnung von Wertstoffen aus ausgedienten Technologieprodukten verbessern? Wie ermöglichen wir eine Rückgewinnung wertvoller Metalle und Mineralien aus Mülldeponien, Abraumhalden und Altgebäuden? Und wie gehen wir zukünftig verantwortungsvoll mit knappen Rohstoffen um?

Ihre Antworten sind wegweisend und erfolgversprechend, wie die Beiträge dieses Bandes zeigen. Einige der „r³"-Innovationen sind bereits auf dem Weg in die wirtschaftliche Anwendung. Die Projektteams setzen ihre Forschungsergebnisse im eigenen Unternehmen um. Für andere hat das BMBF im Jahr 2014 die neue Fördermaßnahme „r+Impuls – Impulse für industrielle Ressourceneffizienz" gestartet. Damit wird der entscheidende und riskante Schritt vom Labor auf den Markt unterstützt.

Inhaltsübersicht

Rückblick auf die r³-Fördermaßnahme aus Sicht des Sachverständigenkreises   9

Einleitung   13

Ergebnisse der r³-Projekte im Cluster „Recycling"

- 01. Bo2W   Auf dem Weg zu nachhaltigem Recycling von Elektroschrott und Altfahrzeugen in Entwicklungsländern – „Lessons learned" der Implementierung des Best-of-two-Worlds-Konzeptes in Ghana und Ägypten   17
- 02. InAccess   Entwicklung eines ressourceneffizienten und wirtschaftlichen Recyclingprozesses für LCD-Bildschirmgeräte unter besonderer Berücksichtigung der Rückgewinnung des Indium-Inhalts   29
- 03. Photorec   Rückgewinnung von seltenen strategischen Metallen aus EOL Dünnschicht-PV-Modulen   43
- 04. r³ BECE   Separate Rückgewinnung von Zinn und Kupfer aus verbrauchten Zinn-Stripperlösungen der Leiterplattenindustrie   57
- 05. UPgrade   Integrierte Ansätze zur Rückgewinnung von Spurenmetallen und zur Verbesserung der Wertschöpfung aus Elektro- und Elektronikaltgeräten   67
- 06. CaF_2 Rückgewinnung von Calciumfluorid als Sekundärrohstoff für Fluorpolymere   87
- 07. NickelRück   Ressourcenschonende neuartige Nickelrückgewinnung aus Prozesswässern der Phosphatierung   101

Ergebnisse der r³-Projekte im Cluster „Substitution und Einsparung"

- 08. EcoTan CO_2-Gerbung – Ressourceneffiziente Nutzung von Chromgerbstoffen durch weitgehende Substitution im Gerbprozess   117
- 09. Innodruck   Einsparung von Refraktärmetallen und deren Legierungen durch Entwicklung einer innovativen Siebdrucktechnologie zur Direktherstellung von komplexen Bauteilen   127
- 10. PitchER   Magnetloser Pitch-Antrieb in Windenergieanlagen durch den Einsatz elektrischer Transversalfluss-Reluktanzmaschinen   139
- 11. SubITO   Entwicklung eines Schichttransferverfahrens für die Substitution von Zinn-dotiertem Indiumoxid (ITO) durch Fluor-dotiertes Zinnoxid (FTO) in leitfähigen, transparenten Polymerfolien   155
- 12. SubMag   Substitution von Magnesium bei der Entschwefelung von Gusseisen   169

Ergebnisse der r³-Projekte im Cluster „Urban Mining"

13. ATR — Aufschluss, Trennung und Rückgewinnung von ressourcenrelevanten Metallen aus Rückständen thermischer Prozesse mit innovativen Verfahren ... 181

14. Kraftwerksasche — Abfall oder potenzielle Ressource – Untersuchung von möglichen Optionen zur Metallrückgewinnung und Verwertung ... 197

15. PhytoGerm — Germaniumgewinnung aus Biomasse ... 221

16. Rotschlamm — Rückbau und Vermeidung von Rotschlammdeponien ... 237

17. TönsLM — Entwicklung innovativer Verfahren zur Rückgewinnung ausgewählter Ressourcen aus Siedlungsabfalldeponien ... 253

18. VeMRec — Verlustminimiertes Metallrecycling aus Müllverbrennungsaschen durch sensorgestützte Sortierung ... 271

19. ZwiPhos — Entwicklung eines Lagerungskonzeptes für Klärschlammmonoverbrennungsaschen für Deutschland mit dem Ziel einer späteren Phosphorrückgewinnung ... 283

20. UrbanNickel — Rückgewinnung und Wiederverwertung von Nickel aus deponierten Neutralisationsschlämmen der Edelstahlindustrie ... 295

21. ReStrateGIS — Konzeption und Entwicklung eines Ressourcenkatasters für Hüttenhalden durch Einsatz von Geoinformationstechnologien und Strategieentwicklung zur Wiedergewinnung von Wertstoffen ... 311

22. ROBEHA — Nutzung des Rohstoffpotenzials von Bergbau- und Hüttenhalden am Beispiel des Westharzes ... 329

23. SMSB — Gewinnung strategischer Metalle und Mineralien aus sächsischen Bergbauhalden ... 345

24. Grenzflächen — Aufschluss von Betonen und anderen Verbundbaustoffen durch mikrowelleninduziertes Grenzflächenversagen ... 361

25. PRRIG — Rohstoffpotenziale des Gewerbe- und Industriegebäudebestands im Rhein-Main-Gebiet ... 377

26. ResourceApp — Entwicklung eines mobilen Systems zur Erfassung und Erschließung von Ressourceneffizienzpotenzialen beim Rückbau von Infrastruktur und Produkten ... 389

Bewertung und Transfer der r³-Ergebnisse

27. ESSENZ — Integrierte Methode zur Messung und Bewertung von Ressourceneffizienz ... 405

28. INTRA r³+ — Integration und Transfer der r³-Fördermaßnahme ... 419

Danksagung ... 452

Rückblick auf die Fördermaßnahme aus Sicht des Sachverständigenkreises

Für die Begleitung des Förderschwerpunkts „r³" hat das Bundesministerium für Bildung und Forschung (BMBF) einen strategischen Sachverständigenkreis (SVK) eingerichtet. Der SVK berät und unterstützt das BMBF und den Projektträger sowie das Integrations- und Transferprojekt des Förderschwerpunktes „INTRA r³+" in Fragen der strategischen Ausrichtung und Weiterentwicklung des Förderschwerpunktes sowie bei der Bewertung der Wirksamkeit der geförderten Projekte im Hinblick auf deren Beitrag zur Steigerung der Ressourceneffizienz und Versorgungssicherheit mit wirtschaftsstrategischen Rohstoffen. Der SVK trägt darüber hinaus zur Verbreitung der Ergebnisse der geförderten Vorhaben in der Fachwelt bei [BMBF 2013: r³ – Strategische Metalle und Mineralien, Bonn 2013].

Dem SVK gehören folgende Mitglieder an:
Prof. Dr. Martin Faulstich (Vorsitzender), Technische Universität Clausthal
DirProf. Dr. Michael Angrick, Umweltbundesamt, Berlin
Prof. Dr. Helmut Antrekowitsch, Montanuniversität Leoben
Rainer Buchholz, WirtschaftsVereinigung Metalle (WVM), Berlin
Dr. Thomas Probst, Bundesverband Sekundärrohstoffe und Entsorgung e.V. (BVSE), Bonn
Prof. Dr. Helmut Rechberger, Technische Universität Wien
Prof. Dr. Stefan Petrus Salhofer, Universität für Bodenkultur Wien
Dr. Volker Steinbach, Bundesanstalt für Geowissenschaften und Rohstoffe (BGR), Hannover

Der Förderschwerpunkt „r" des Bundesministeriums für Bildung und Forschung (BMBF) kann mittlerweile bereits auf eine nahezu zehnjährige Geschichte zurückblicken.
Im Jahr 2007 wurde „r² – Innovative Technologien für Ressourceneffizienz – Rohstoffintensive Produktionsprozesse" ausgeschrieben. Es folgte dann in 2010 die Ausschreibung zu „r³ – Innovative Technologien für Ressourceneffizienz – Strategische Metalle und Mineralien" und 2013 schließlich „r⁴ – Innovative Technologien für Ressourceneffizienz – Forschung zur Bereitstellung wirtschaftsstrategischer Rohstoffe". Mit „r+Impuls – Innovative Technologien für Ressourceneffizienz – Impulse für industrielle Ressourceneffizienz" folgte 2014 eine stärker umsetzungsorientierte Fördermaßnahme.

Flankiert wurden die Fördermaßnahmen durch das Forschungs- und Entwicklungsprogramm des BMBF für neue Rohstofftechnologien „Wirtschaftsstrategische Rohstoffe für den Hightech-Standort Deutschland", welches 2012 vom Programmbeirat Ressourcentechnologien erarbeitet wurde, in dem auch Mitglieder des SVK mitgearbeitet haben. Der r-Förderschwerpunkt hat zweifelsohne eine große Bedeutung im Rahmenprogramm Forschung für Nachhaltige Entwicklung (FONA) und der Hightech-Strategie der Bundesregierung.

Das hier vorgelegte Buch ist der Schlussbericht der Fördermaßmaßnahme r³, welche von 2011 bis 2016 bearbeitet und vom SVK begleitet wurde. In den drei thematischen Clustern „Recycling", „Substitution und Einsparung" und „Urban Mining" sowie dem übergreifenden Bereich „Bewertung und Transfer" sind 28 Verbundvorhaben erfolgreich bearbeitet und abgeschlossen worden. Eine ausführliche Würdigung der Fördermaßnahme ist ebenfalls in diesem Band zu finden.

Strategische Metalle und Mineralien sind zweifelsohne essenziell sowohl für die derzeitige als auch die zukünftige Industriegesellschaft, national wie international. Dazu sollten wir uns vergegenwärtigen, dass rund 80 Elemente des 118 Elemente umfassenden Periodensystems technisch nutzbar sind und mittlerweile auch genutzt werden. Für rund 40 dieser Elemente sind in der Fördermaßnahme r³ Lösungen zur Einsparung, Substitution, Wiedergewinnung und zum Recycling erarbeitet worden. Im Einzelnen sind das Antimon, Aluminium, Barium, Bismut, Blei, Chrom, Cobalt, Calcium, Dysprosium, Eisen, Fluor, Gallium, Germanium, Gold, Indium, Kupfer, Lithium, Magnesium, Molybdän, Neodym, Nickel, Palladium, Phosphor, Platin, Rubidium, Selen, Silicium, Silber, Strontium, Tantal, Terbium, Tellur, Vanadium, Wolfram, Zink, Zinn.

In den Projektverbünden sind dazu beeindruckende wissenschaftliche Erkenntnisse gewonnen und wirtschaftsrelevante Ergebnisse erzielt worden, die maßgebliche Perspektiven für eine ressourceneffiziente Industriegesellschaft ermöglichen. Der SVK möchte dafür allen Beteiligten ausdrücklich seinen Dank aussprechen, zunächst dem BMBF und dem Projektträger Jülich für die Bereitstellung und Administration der Fördermittel, dann natürlich den Forschungsteams aus Wissenschaft und Wirtschaft in den Verbünden aus ganz Deutschland für ihre engagierte Bearbeitung der Projekte und ihre begeisterte Vermittlung der Ergebnisse. Ein besonderer Dank für „Integration und Transfer" gilt dem Projektteam von INTRA r³+ aus Helmholtz-Institut Freiberg für Ressourcentechnologie, TU Bergakademie Freiberg, Bundesanstalt für Geowissenschaften und Rohstoffe (BGR), den Fraunhofer-Instituten ISI und ICT und dem Lehrstuhl Bauphysik der Universität Stuttgart.

Die in r³ erzielten Ergebnisse und aufgezeigten Perspektiven fließen in die Arbeit von Wissenschaft und Wirtschaft ein und inspirieren zu neuen Ideen. Etliche relevante Gremien wie das VDI Zentrum für Ressourceneffizienz, die Ressourcenkommission des Umweltbundesamtes, das Exportnetzwerk der Recyclingbranche RETech oder demnächst auch die Deutsche Akademie der Technikwissenschaften (Acatech) nutzen die gewonnenen Erkenntnisse. Die nationale politische Umsetzung zur nachhaltigen Nutzung und zum Schutz der natürlichen Ressourcen geschieht auch über die Deutschen Ressourceneffizienzprogramme ProgRess I und II. Zur internationalen Umsetzung der ehrgeizigen Ziele zur Ressourceneffizienz sind das EU-Kreislaufwirtschaftspaket, die G7 Allianz für Ressourceneffizienz und die B20 Koalition für Ressourceneffizienz zu nennen.

Die stets angestrebte Entkopplung des Bevölkerungs- und Wirtschaftswachstums von Rohstoffverbrauch und Treibhausgasemissionen ist bislang jedoch noch nicht gelungen und erfordert mehr denn je ambitioniertes Handeln von Politik, Wirtschaft, Wissenschaft und Gesellschaft. Dazu ist immer wieder der gesamte Produktlebenszyklus zu analysieren und zu optimieren, von der Konstruktion und Planung über die Nutzung bis zu Sammlung, Demontage und Recycling. Entlang der Wertschöpfungskette geht es dabei nicht nur um innovative Technologien, sondern auch um neue Geschäftsmodelle und veränderte Lebensstile.

Das alles sind wichtige Bausteine für unsere zivilisatorische Zukunft. Denn diese muss und wird eine nachhaltige Industriegesellschaft sein, deren Verwirklichung sowohl eine Energiewende als auch eine Rohstoffwende erfordert und das weltweit. Der SVK ist zuversichtlich, dass im Rahmen des r-Förderschwerpunktes des BMBF noch viele wegweisende Ideen zur Steigerung der Ressourceneffizienz entwickelt und umgesetzt werden.

Prof. Dr. Martin Faulstich Technische Universität Clausthal, Lehrstuhl für Umwelt- und Energietechnik, Leibnizstraße 23, 38678 Clausthal-Zellerfeld, martin.faulstich@tu-clausthal.de

Einleitung
Ergebnisse der r³-Fördermaßnahme des BMBF

Deutschland zählt zu den fünf größten Importländern für metallische Rohstoffe. Die Wettbewerbsfähigkeit der deutschen Industrie, die bei den sogenannten wirtschaftsstrategischen Rohstoffen fast vollständig auf den Import angewiesen ist, hängt von der Versorgung und effizienten Nutzung von Rohstoffen ab. Versorgungsengpässe können die Hightech-Industrie empfindlich treffen. Kostensteigerungen betreffen vor allem die für Schlüsseltechnologien erforderlichen metallischen Rohstoffe wie Stahlveredler, Platingruppenmetalle und Seltene Erden. Um den enormen Bedarf an diesen Ressourcen zu decken, müssen geologische Rohstoffe oftmals mit hohem Material- und Kostenaufwand aus teilweise großen Tiefen gefördert werden. Eine umweltverträgliche Gewinnung, eine sparsame Nutzung sowie die möglichst vollständige Wiederverwendung von Rohstoffen bis hin zur Substitution besonders knapper Rohstoffe durch weniger knappe Rohstoffe sind deshalb zentrale Themen einer nachhaltigen Rohstoff- bzw. Forschungspolitik, deren prioritäres Ziel es sein muss, Anreize für einen effizienten und umweltverträglichen Umgang mit natürlichen Rohstoffen zu schaffen.

Die Forschungspolitik des BMBF zur nachhaltigen Rohstoffnutzung
Die in diesem Band vorgestellten Ergebnisse der Fördermaßnahme „r³ – Innovative Technologien für Ressourceneffizienz – Strategische Metalle und Mineralien" (2011 – 2016) sind Resultate der Forschungsförderung, die das Bundesministerium für Bildung und Forschung (BMBF) seit 2005 im Rahmen seiner nunmehr dritten Auflage des Rahmenprogramms „Forschung für Nachhaltige Entwicklung (FONA³)" zur Rohstoffversorgung betreibt. Die rohstoffbezogene Förderung innerhalb von FONA wurde mit dem Forschungs- und Entwicklungsprogramm „Wirtschaftsstrategische Rohstoffe für den Hightech-Standort Deutschland" (2012) gebündelt. Es fokussiert insbesondere auf Hightech-Metalle und Mineralien, die für Zukunfts- und Schlüsseltechnologien sicher verfügbar sein müssen.
Dazu zunächst ein Überblick: Die abgeschlossene Fördermaßnahme „r² – Innovative Technologien für Ressourceneffizienz – Rohstoffintensive Produktionsprozesse" (2009 – 2013) hat große Rohstoffeinsparpotenziale in der Metall-, Stahl-, Chemie-, Keramik- und Baustoffindustrie aufgezeigt. Der Bereich Metallerzeugung und -recycling mit den Schwerpunktthemen Rückführung hochwertiger Metallfraktionen aus Abfallströmen, Verbesserung der Energie- und Materialeffizienz in der Metallerzeugung und neue Verfahrensentwicklungen stellte mit 12 von insgesamt 22 geförderten Verbundvorhaben einen Schwerpunkt dar. Die prognostizierten Wirkungen der Förderung, die das Fraunhofer-Institut für System- und Innovationsforschung ISI im Rahmen seiner Tätigkeit als Integrations- und Transferprojekt der Fördermaßnahme abgeleitet hat, können sich sehen lassen: Bei deutschlandweiter Umsetzung der Forschungsergebnisse in industrielle Prozesse könnten pro Jahr z. B. rund 80 Mio. t Rohstoffe eingespart und die deutschlandweite Rohstoffproduktivität um

5 – 6 % gesteigert werden. Gleichzeitig könnte der jährliche Energieverbrauch um rund 75 TWh reduziert werden. In Summe ließen sich damit die Produktionskosten um rund 3,4 Mrd. EUR jährlich senken.

Mit den nachfolgenden Fördermaßnahmen unterstützt das BMBF Forschung und Entwicklung für neue Rohstofftechnologien entlang der gesamten Wertschöpfungskette mit dem Ziel, das heimische Angebot an wirtschaftsstrategischen Primär- und Sekundärrohstoffen deutlich zu erhöhen und damit die Importabhängigkeit zu senken. Die Fördermaßnahme „r^3 – Innovative Technologien für Ressourceneffizienz – Strategische Metalle und Mineralien" (2011 – 2016) verfolgte die Themen Recycling, Einsparung/Substitution, Urban Mining und Bewertung/Transfer. Die Fördermaßnahme „r^4 – Innovative Technologien für Ressourceneffizienz – Forschung zur Bereitstellung wirtschaftsstrategischer Rohstoffe" ist 2015 in ihre erste Runde gestartet. Die Forschungsthemen der rund 40 r^4-Verbünde reichen von der Entwicklung neuer Explorationsverfahren für Lagerstätten in großen Tiefen über die Entwicklung eines autonomen untertägigen Erkundungs- und Gewinnungsfahrzeugs und die Ressourcenpotenzialabschätzung für bedeutende Erzlagerstätten in Deutschland bis hin zur Rückgewinnung von Platingruppenmetallen und Seltenerdelementen aus Katalysatorschlacken, Elektronikaltgeräten und Permanentmagneten.

Ein vielversprechender Ansatz zur Verbreiterung der Rohstoffbasis und Unterstützung der Energiewende ist die Nutzung von CO_2 als Rohstoff für die chemische Industrie. CO_2 kann fossile Kohlenstoffquellen in der Chemieproduktion (z. B. für Polymere) ersetzen oder chemische Energiespeicher bereitstellen, um „überschüssige" erneuerbare Energie zu nutzen (Power-to-X-Technologien). Das BMBF fördert Projekte der Wissenschaft und Wirtschaft in der Fördermaßnahme „Chemische Prozesse und stoffliche Nutzung von CO_2" (2009 – 2016), die zeigen, dass das Treibhausgas CO_2 als nachhaltiger Rohstoff genutzt werden kann und die Emissionen der chemischen Industrie drastisch reduziert werden können. Die Förderprojekte der nachfolgenden Fördermaßnahme „CO_2Plus – Stoffliche Nutzung von CO_2 zur Verbreiterung der Rohstoffbasis" starten Ende 2016.

Kleine und mittelständische Unternehmen (KMU) sind in vielen Bereichen der Spitzenforschung Vorreiter des technologischen Fortschritts in Deutschland. Durch eine gezielte Förderung von KMU-getriebenen Forschungs- und Entwicklungsvorhaben unterstützt das BMBF diese Unternehmen seit 2007 dabei, ihre Wettbewerbs- und Innovationsfähigkeit auch im Bereich Ressourceneffizienz auszubauen.

In FONA^3 wird die bereits im bisherigen FONA-Rahmenprogramm eingesetzte Maßnahme „CLIENT – Internationale Partnerschaften für nachhaltige Klimaschutz- und Umwelttechnologien und -dienstleistungen" (2010 – 2017) weiterentwickelt. Das BMBF fördert Forschungsverbünde, die gemeinsam mit Partnern aus Entwicklungs- und Schwellenländern Innovationen entwickeln und implementieren. Im Fokus von CLIENT stehen nachfrageorientierte Forschungs- und Entwicklungskooperationen, in denen deutsche Forschungseinrichtungen und Unternehmen gemeinsam mit internationalen Partnern innovative Technologien und Dienstleistungen bedarfsgerecht entwickeln und umsetzen. Prioritäre Themen sind Ressourcen- und Energieeffizienz sowie Wasser- und Landmanagement. Eine Neuauflage dieses bewährten Förderinstruments (CLIENT II – Internationale Partnerschaften für nachhaltige Innovationen) u. a. mit einem Schwerpunkt auf Rohstofftechnologien ist 2016 gestartet.

Um die beschriebenen Potenziale in der Praxis auszuschöpfen, werden mit der Fördermaßnahme „r+Impuls – Innovative Technologien für Ressourceneffizienz" weitere konkrete Schritte und Maßnahmen gefördert, die den Transfer von Forschungsergebnissen aus dem Technikum oder einer Pilotanlage in die industrielle Praxis beschleunigen. Eine Übertragung in den Demonstrations- und Industriemaßstab ist ohne begleitende Forschung oftmals nicht möglich und darüber hinaus mit hohen finanziellen und technischen Risiken verbunden. Die in 2016 gestarteten Förderprojekte gehören zu den ersten Aktivitäten der Leitinitiative „Green Economy", um die Wirtschaft bei der Entwicklung und Hochskalierung von Ressourceneffizienztechnologien zu unterstützen. Damit soll der Transfer von Forschungsergebnissen aus dem Labor in die industrielle Anwendung beschleunigt werden. Denn nur Forschungsergebnisse, die den Weg in die Praxis finden, können durch vielfache Umsetzung tatsächlich zur Entlastung der Umwelt und Steigerung der Rohstoffproduktivität beitragen.

Versorgungssicherheit mit Rohstoffen

Im Rahmen von „r^3 – Innovative Technologien für Ressourceneffizienz – Strategische Metalle und Mineralien" wurden insgesamt 28 Verbundprojekte mit einem Volumen von rund 30 Mio. EUR in folgenden Schwerpunkten gefördert:

Urban Mining (13 Verbünde)

Die Arbeiten konzentrierten sich auf anthropogene Lager und Ablagerungen, die metallische und teilweise andere Rohstoffe enthalten. Dazu zählten Ascheablagerungen, Bergbauhalden, Deponien und Altgebäude. Hieraus konnten Wertmetalle gewonnen werden. Zudem stellte sich die Frage nach einem sicheren Rückbau dieser Ablagerungen.

Recycling (8 Verbünde)

Im Bereich Recycling wurde untersucht, wie die in Elektro- und Elektronikaltgeräten oder Solarmodulen enthaltenen Metalle zurückgewonnen und aus Produktionsabfällen wiederverwertet werden können. Es wurden zudem Konzepte erarbeitet, die die Rückführung von Hightech-Rohstoffen aus ausgedienten Exportgütern in das Herstellungsland Deutschland ermöglichen.

Substitution und Einsparung (5 Verbünde)

Die Projekte zum Thema Substitution und Einsparung verfolgten das Ziel, wertvolle Metalle durch andere Stoffe mit vergleichbaren Eigenschaften zu ersetzen bzw. Metalle einzusparen. Dazu gehört die Substitution von Indium bei der Herstellung leitfähiger Schichten durch andere, weniger seltene Elemente oder von Chrom durch neue Gerbverfahren von Leder. Ein weiterer Forschungsverbund untersuchte Möglichkeiten, den Einsatz von Wolfram und Molybdän in der Produktion zu verringern.

Bewertung (2 Verbünde)

Eines der Projekte befasste sich mit der Entwicklung einer Methodik zur Bewertung der Ressourceneffizienz, die auf die Bedürfnisse industrieller Anwender zugeschnitten ist. Unter anderem wurden geeignete Indikatoren zur Messung von Ressourceneffizienz bereitgestellt.

Das zweite Bewertungsprojekt, das Integrations- und Transferprojekt der Fördermaßnahme, konnte zeigen, dass bei einer Umsetzung der r³-Forschungsergebnisse deutliche Einsparpotenziale bei den strategischen Metallen und Mineralien zu erwarten sind. Bei deutschlandweiter Umsetzung in industrielle Prozesse könnten rund 1,55 Mio. t Rohstoffe und 1.320 GWh Energie eingespart sowie der Ausstoß von Treibhausgasen um 240.000 t CO_2-Äquivalente pro Jahr gesenkt werden. Die größten Einsparpotenziale lassen sich im Bereich Substitution mit knapp 50 % erzielen, gefolgt von den Bereichen Urban Mining und Recycling, die etwa 30 – 40 % bzw. 13 – 20 % zum Gesamteinsparpotenzial beitragen (Bild 1).

Bild 1: Die theoretischen Einsparpotenziale der Fördermaßnahme r³ bei Umsetzung auf deutschlandweiter Ebene bezogen auf die r³-Cluster Urban Mining, Recycling und Substitution (Quelle: Brandstetter, Universität Stuttgart)

Die Beiträge der Forschungsergebnisse zur Verbesserung der Versorgungssicherheit sind für die einzelnen wirtschaftsstrategischen Rohstoffe stark unterschiedlich ausgeprägt. Bei Indium ergeben sich aus der Kombination von Substitution und Recycling von Altgeräten bedeutende Möglichkeiten. Bis 2030 könnten theoretisch bei weltweiter Umsetzung der r³-Technologien ca. 10 % weniger Primärindium im Vergleich zum Basisszenario benötigt werden. Bedeutende Beiträge der Forschungsergebnisse zur Versorgungssicherheit Deutschlands sind auch für Flussspat und Magnesium zu erwarten.

Die erzielten Forschungsergebnisse sind also vielversprechend. Entscheidend wird es sein, welche der Innovationen in der Zukunft tatsächlich den Weg in die industrielle Praxis finden werden. Ein Teil der Projektkonsortien beabsichtigt, die Ergebnisse im eigenen Betrieb umzusetzen, andere Projektpartner planen weitere Forschungsarbeiten zur Erprobung und Maßstabsvergrößerung und suchen eine Anschlussförderung im Rahmen von „r+Impuls". Wesentlich für die Umsetzung ist darüber hinaus, dass die Ergebnisse verbreitet und bei den potenziellen Nutzern bekannt gemacht werden. Hierzu soll das vorliegende r³-Abschlussbuch einen wichtigen Beitrag leisten.

01. Bo2W – Auf dem Weg zu nachhaltigem Recycling von Elektroschrott und Altfahrzeugen in Entwicklungsländern – „Lessons learned" der Implementierung des Best-of-two-Worlds-Konzeptes in Ghana und Ägypten

Matthias Buchert, Stefanie Degreif, Andreas Manhart, Georg Mehlhart (Öko-Institut e.V., Darmstadt)

Projektlaufzeit: 01.06.2012 bis 31.10.2016   Förderkennzeichen: 033R097

ZUSAMMENFASSUNG

Tabelle 1: Zielwertstoffe

Zielwertstoffe im r³-Projekt Bo2W					
Ag	Au	Cu	Pb	Pd	Seltene Erden

Das Verbundforschungsprojekt „Globale Kreislaufführung strategischer Metalle: Best-of-two-Worlds-Ansatz (Bo2W)" [Buchert et al. 2012 – 2015] erprobte zwischen 2012 und 2015 das Bo2W-Konzept in der Praxis in den beiden Pilotländern Ägypten und Ghana. Es wurde im Rahmen der BMBF-Fördermaßnahme r³ gefördert. Das Konsortium setzte sich aus dem Öko-Institut e.V. (Koordination), den Industriepartnern Umicore AG, Johnson Controls, Vacuumschmelze GmbH sowie den lokalen ägyptischen und ghanaischen Partnern City Waste Recycling Ltd. (Accra, Ghana) und dem Centre for Environment and Development for the Arab Region and Europe CEDARE (Kairo, Ägypten) zusammen. Die Verzahnung von wissenschaftlicher und unternehmerischer Kompetenz in enger Zusammenarbeit mit erfahrenen Partnern vor Ort, die über entsprechende Kontakte und Zugänge in Ägypten und Ghana verfügen, war ein besonderes Kennzeichen des umfassenden Projektes.

Das Bo2W-Konzept steht für ein erfolgreiches Modell und sollte der Kernansatz für ein umweltverträgliches und sozial akzeptables Elektroschrott- und Altfahrzeugrecycling in Entwicklungs- und Schwellenländern sein. Die Vorteile der Entwicklungs- und Schwellenländer sind insbesondere arbeitsintensive Prozesse, die zu positiven sozioökonomischen Entwicklungen, hohen Rückgewinnungsraten für Wertstoffe sowie besseren Gesundheits-, Sicherheits- und umweltverträgliche Arbeitsbedingungen führen können.

Die hohe Reinheit der manuell getrennten Abfallfraktionen vor Ort ist für die Recyclingwirtschaft von besonderem Interesse. Vergleichbare Qualitäten der separierten Fraktionen sind durch mechanische Vorbehandlungsprozesse meistens nur sehr schwer zu erreichen. Daher sollten Strategien zur Entwicklung einer angemessenen Recyclinginfrastruktur in Entwicklungs- und Schwellenländern nicht auf reinen Technologietransfer setzen.

Dennoch ist zu betonen, dass das Bo2W-Modell in den meisten Ländern mit einem sehr starken informellen Sektor konkurrieren muss, der einen klaren wirtschaftlichen Vorteil durch

Externalisierung der Kosten aufweist. Aus diesem Grund konnte das Bo2W-Konzept derzeit nur in Nischenmärkten umgesetzt werden. Eine relevante Verbreitung des Bo2W-Konzepts kann nicht ohne eine konsequente Einwirkung auf die Rahmenbedingungen auf nationaler Ebene erwartet werden. Dies ist von Bedeutung, da Demontageunternehmen, die sich dem Bo2W-Konzept verpflichtet haben, unter dem ungleichen Wettbewerb auf dem Abfallmarkt leiden. Der erwähnte ungleiche Wettbewerb muss durch Änderung der Rahmenbedingungen verbessert werden. Es gilt, einen „Business Case" für das angemessene Recycling in Entwicklungs- und Schwellenländern zu realisieren. Das Prinzip der erweiterten Herstellerverantwortung (EPR) im Bereich Elektroschrott ist der Grundstein zur Verbesserung der Rahmenbedingungen. Basierend auf der anhaltenden nationalen Diskussion könnte Ghana die Vorreiterrolle zur Praxiseinführung des EPR-Grundsatzes spielen.

Die Herausforderungen an das Recycling von Elektroschrott und Altfahrzeugen werden durch die steilen Wachstumsraten dieser Abfallfraktionen in Entwicklungs- und Schwellenländern weiter zunehmen. Diese Fakten sind für Ägypten und Ghana durch die Ergebnisse des Bo2W-Projekts eindeutig verifiziert. Die detaillierten Ergebnisse sind in den Publikationen (siehe Kapitel Veröffentlichungen) dargestellt.

Aufgrund der dramatisch wachsenden Herausforderung durch unsachgemäße Praktiken beim Recycling von Elektroschrott und Altfahrzeugen sollte in vielen Entwicklungs- und Schwellenländern ein koordinierter internationaler Förderprozess für ein umweltgerechtes Recycling durch die Vereinten Nationen initiiert werden. Dies ist dringend notwendig, da in vielen Ländern die nationalen Ressourcen auf Regierungsebene nicht ausreichen, um die wachsenden Probleme und den Notstand zu adressieren.

1. EINLEITUNG

In den Schwellen- und Entwicklungsländern wächst in rasantem Tempo der Anfall von End-of-Life(EOL)-Gütern wie Altfahrzeuge und Elektronikaltgeräte (Computer, TV-Geräte, Mobiltelefone usw.); (vgl. u. a. [Schluep et al. 2009]). Dieses steigende Aufkommen enthält einerseits ein gewaltiges Potenzial an Sekundärrohstoffen (sowohl Basismetalle wie Stahl/Eisen, Aluminium, Kupfer, Blei etc. als auch Technologiemetalle wie z. B. Palladium, Gold, Silber, Kobalt, Neodym). Andererseits führen die meist fehlenden bzw. unzureichenden Recyclingstrukturen verbunden mit inakzeptablen Praktiken (u. a. offenes Abbrennen von Kabeln zur Gewinnung von Sekundärkupfer) in vielen Schwellen- und Entwicklungsländern zu teils extremen Umwelt- und Gesundheitsbelastungen. Die schnell wachsenden Mengen von EOL-Gütern in den Entwicklungs- und Schwellenländern werden sowohl aus dem Import von Gebrauchtwaren aus den Industrieländern als auch aus dem schnell wachsenden einheimischen Konsum gespeist [Schluep et al. 2011].

Um diesen Herausforderung zu begegnen wurde vor einigen Jahren der Best-of-two-Worlds-Ansatz (Bo2W) entwickelt. Der Kern des Ansatzes ist eine optimale Arbeitsteilung zwischen einer weitgehend manuellen Vorbehandlung der EOL-Güter in Schwellen- und

Entwicklungsländern und geeigneten und möglichst direkten Schnittstellen zu modernen Sekundärmetallhütten in Industrieländern wie Deutschland [Wang et al. 2012]. Es sei aber hervorgehoben, dass das Bo2W-Konzept selbstverständlich nicht die strikte Durchsetzung des Basler Übereinkommens (Basel Convention on the Control of Transboundary Movements of Hazardous Wastes and Their Disposal) zur Unterbindung der illegalen Verbringung von E-Schrott von Industrie- in Entwicklungs- und Schwellenländer ersetzen kann.

2. VORGEHENSWEISE, ERGEBNISSE UND DISKUSSION

Die Vorgehensweise sowie Projektergebnisse werden im Folgenden in sechs Themenblöcke gegliedert.

Einbezug von Stakeholdern

Im Rahmen des Bo2W-Projektes wurde fortlaufend enger Kontakt zu Stakeholdern in Ghana und Ägypten gehalten und diese in die diversen Aktivitäten für den Projektfortschritt einbezogen. Zu diesen Stakeholdern zählen lokale Nichtregierungsorganisationen (NGOs), Schlüsselakteure des informellen Recyclingsektors, Vertreter aus Politik und Verwaltung in Ghana und Ägypten sowie Akteure aus dem Bereich Wirtschaft, Wissenschaft und Medien. Mithilfe der lokalen Projektpartner in Ghana (City Waste Recycling) und Ägypten (CEDARE) konnten diese Kontakte effizient und zeitnah geknüpft werden. Das Projekt, seine Ziele und Partner wurden den lokalen Stakeholdern in einer frühen Projektphase auf einem Workshop im Juni 2013 (in Ghana) und im Rahmen des Runden Tisches der „GREEN ICT Group" im November 2012 (in Ägypten, organisiert vom Ministerium für „Information and Communication Technology" (ICT)) direkt vorgestellt. Dabei wurde eine Diskussion auf Augenhöhe bzgl. der prioritären Schritte zum Aufbau einer fortschrittlichen Recyclingwirtschaft in Ghana und Ägypten gestartet. In Ghana beispielsweise entwickelte sich ein guter Kontakt zur dortigen Umweltbehörde, der für die Realisierung von späteren Exportgenehmigungen von Sekundärmaterial (Leiterplattenschrott, verbrauchte Blei-Säure-Batterien) aus Ghana nach Deutschland/Belgien sowie bei der Diskussion von zusätzlichem Regelungsbedarf in Ghana eine wichtige Rolle spielte und spielt. Im Rahmen der wiederholten Projektreisen von Vertretern des Projektkonsortiums (Öko-Institut plus Vertreter der deutschen/belgischen Industriepartner) wurden wiederholt die aufgeführten Schlüsselakteure in Ghana und Ägypten kontaktiert, über neue Entwicklungen im Projekt informiert und umgekehrt aktuelle Entwicklungen der lokalen Situation aufgenommen.

Abschätzungen zum EOL-Geräteaufkommen

Ein erstes Ziel des Projektes war eine Abschätzung über aktuelle und zukünftige Mengen an rohstoff- und mengenrelevanten Altgeräten in Ghana sowie in Ägypten und, daraus abgeleitet, der enthaltenen Sekundärrohstoffpotenziale. Diese Informationen sind für die inländischen und ausländischen Marktteilnehmer für den Aufbau und die Planung von adäquaten Recycling- und Entsorgungssystemen wichtige Voraussetzung. In einem ersten Schritt wurden Informationen zu spezifischen Gerätegewichten, Ausstattungsgraden und Daten zur Bevölkerungsentwicklung in Ghana und Ägypten erhoben und aufbauend darauf die Entwicklung der jeweiligen Geräte in der Nutzungsphase prognostiziert. In der folgenden Abbildung ist das Ergebnis am Beispiel der Entwicklung der genutzten Mobiltelefone in Ghana dargestellt.

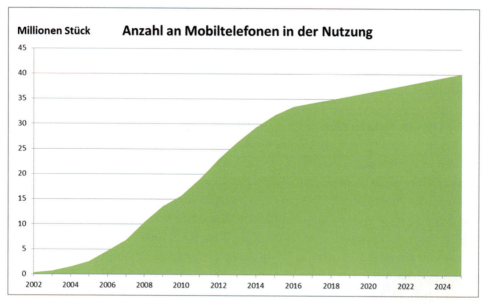

Bild 1: Entwicklung des Bestandes an genutzten Mobiltelefonen in Ghana zwischen 2002 und 2025
(Quelle: Hochrechnung und Darstellung Öko-Institut)

Aufbauend auf diesen Ergebnissen konnten Abschätzungen für das EOL-Potenzial der einzelnen Altgeräte bis 2025 aufgestellt werden. Mithilfe der Kenntnisse der Projektpartner zur Zusammensetzung der untersuchten Geräte wurden die Sekundärrohstoffpotenziale in Ghana und Ägypten fundiert abgeschätzt. So wurden für Wertmetalle wie z. B. Gold, Silber, Palladium die aktuellen bzw. bis 2025 zu erwartenden Sekundärrohstoffpotenziale aus den mengen- und rohstoffrelevanten EOL-Geräten wie Notebooks, Standrechner, TVs, Mobiltelefone etc. ermittelt. Gleichermaßen wurde auch das Aufkommen von Fraktionen ohne bzw. mit negativem Wert wie Kunststoffe (aus Fernseh- und Computergehäusen) und Bildröhrenglas quantifiziert. Die umfangreichen Ergebnisse wurden in Präsentationen vorgestellt [Manhart et al. 2014, Mehlhart et al. 2015] und in ausführlichen Länderreports für Ghana sowie Ägypten veröffentlicht [Buchert et al. 2012–2015]. Daher wird hier auf die Darstellung weiterer Einzelheiten verzichtet. Zusammenfassend hat sich jedoch bestätigt, dass sowohl in Ghana als auch in Ägypten in den nächsten zehn Jahren mit einem stark wachsendem Aufkommen an EOL-Geräten zu rechnen ist und die bereits beträchtlichen Sekundärrohstoffpotenziale z. B. für Edelmetalle weiter wachsen werden. Kurzum: Ghana und Ägypten sind stellvertretend für viele Entwicklungs- und Schwellenländer wachsende Märkte für die Recyclingwirtschaft.

Transfer von Know-how und Praxistraining

Im Laufe des Bo2W-Projektes wurde von den Projektpartnern auch ein umfassender Know-how-Transfer hinsichtlich der Qualitätsanforderungen (und Einhaltung dieser) an separierte Materialfraktionen wie z. B. Leiterplatten, Magnetschrotte (Neodym-Eisen-Bor-Magnete) oder Blei-Säure-Batterien geleistet. Den lokalen Partnern wie City Waste Recycling Ltd. in Ghana oder „Start-ups" zur E-Schrottzerlegung in Ägypten, die sich im Projektverlauf gebildet hatten, konnten wichtige Informationen zur optimalen Zerlegung und Sortierung sowie zur sachgerechten und sicheren Lagerung, Verpackung und Verschiffung der Sekundärmaterialfraktionen vermittelt werden (Bild 2).

Bild 2: Schulung zur optimierten Demontage von Elektroschrott und Wissenstransfer über angemessene Verpackung ausgedienter Blei-Säure-Batterien auf dem CWR-Gelände in Accra/Ghana im Jahr 2012 (Quelle: Öko-Institut)

Anleitungen zur Demontage von CRT-Fernsehern und Desktop-Computern sowie Hinweise zur Verpackung von gebrauchten Blei-Säure-Batterien wurden auf Postern zur Verfügung gestellt (Bild 3). Die Poster sind in Englisch, Französisch, Arabisch und zwei lokalen ghanaischen Sprachen (Twi & Hausa) übersetzt und mit einer Vielzahl von Bildern versehen, um sicherzustellen, dass sie von den lokalen Kräften inklusive möglicher Analphabeten verstanden werden können.

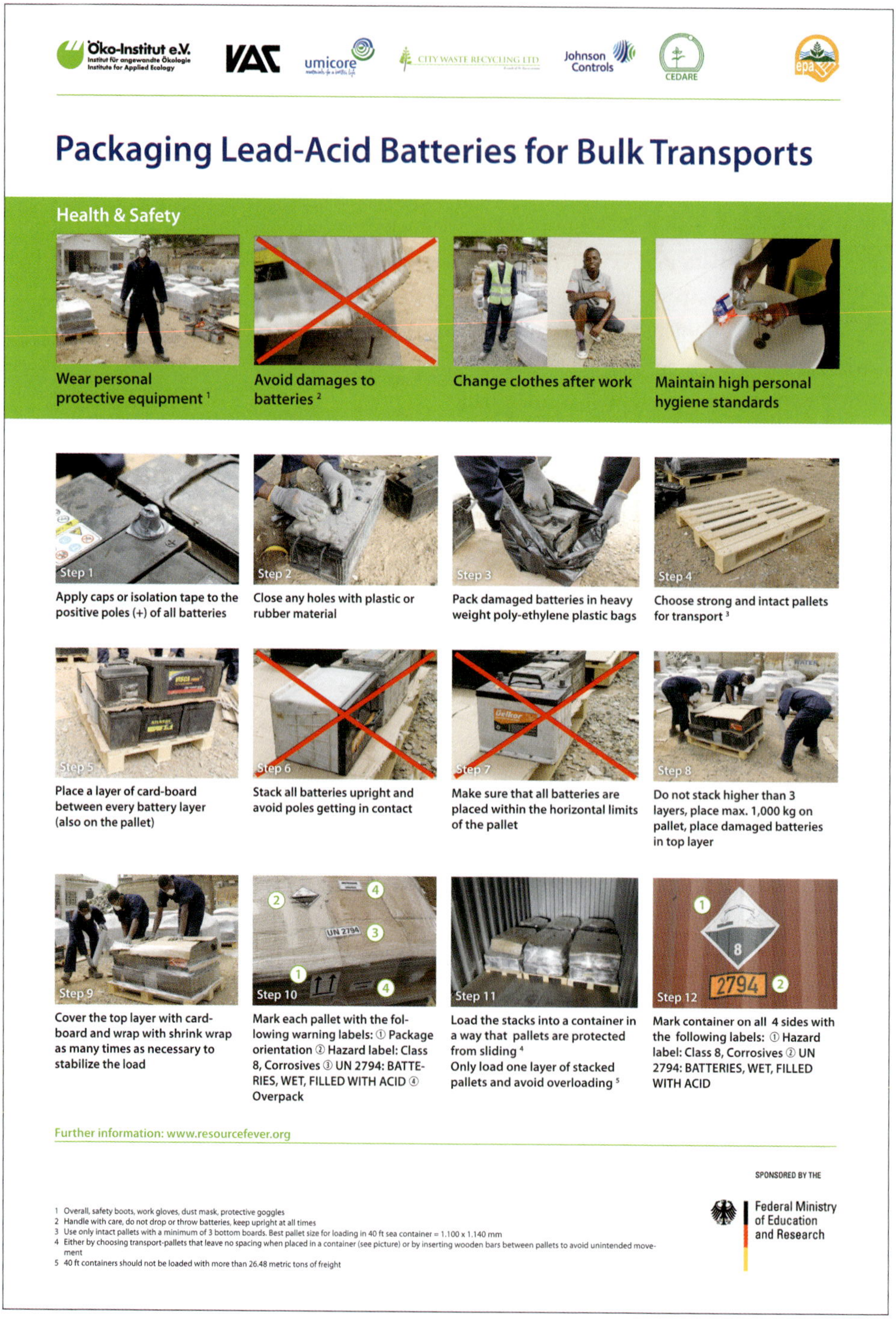

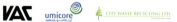

Öko-Institut e.V.
Institut für angewandte Ökologie
Institute for Applied Ecology
umicore
CITY WASTE RECYCLING LTD
Johnson Controls
CEDARE
epa
Packaging Lead-Acid Batteries for Bulk Transports
Health & Safety
Wear personal protective equipment 1
Avoid damages to batteries 2
Change clothes after work
Maintain high personal hygiene standards
Step 1
Apply caps or isolation tape to the positive poles (+) of all batteries
Step 2
Close any holes with plastic or rubber material
Step 3
Pack damaged batteries in heavy weight poly-ethylene plastic bags
Step 4
Choose strong and intact pallets for transport 3
Step 5
Place a layer of card-board between every battery layer (also on the pallet)
Step 6
Stack all batteries upright and avoid poles getting in contact
Step 7
Make sure that all batteries are placed within the horizontal limits of the pallet
Step 8
Do not stack higher than 3 layers, place max. 1,000 kg on pallet, place damaged batteries in top layer
Step 9
Cover the top layer with card-board and wrap with shrink wrap as many times as necessary to stabilize the load
Step 10
UN 2794
Mark each pallet with the following warning labels: ① Package orientation ② Hazard label: Class 8, Corrosives ③ UN 2794: BATTERIES, WET, FILLED WITH ACID ④ Overpack
Step 11
Load the stacks into a container in a way that pallets are protected from sliding 4
Only load one layer of stacked pallets and avoid overloading 5
Step 12
8
2794
Mark container on all 4 sides with the following labels: ① Hazard label: Class 8, Corrosives ② UN 2794: BATTERIES, WET, FILLED WITH ACID
Further information: www.resourcefever.org
SPONSORED BY THE
Federal Ministry of Education and Research
1 Overall, safety boots, work gloves, dust mask, protective goggles
2 Handle with care, do not drop or throw batteries, keep upright at all times
3 Use only intact pallets with a minimum of 3 bottom boards. Best pallet size for loading in 40 ft sea container = 1.100 x 1.140 mm
4 Either by choosing transport-pallets that leave no spacing when placed in a container (see picture) or by inserting wooden bars between pallets to avoid unintended movement
5 40 ft containers should not be loaded with more than 26.48 metric tons of freight

Bild 3: Bo2W-Poster mit Anweisungen zur Verpackung von Blei-Säure-Batterien zur Information vor Ort (Quelle: Öko-Institut)

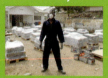

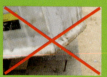

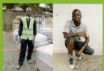

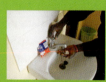

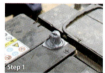

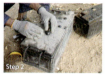

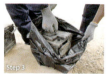

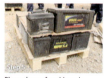

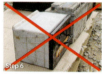

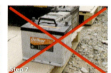

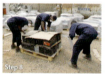

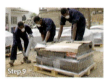

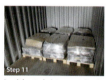

Die europäischen Industriepartner führten in Zusammenarbeit mit den lokalen Akteuren in Ghana und Ägypten praktische Zerlegeversuche und spezifische Datenerhebungen (beispielsweise für eine Tiefenzerlegung von Festplattenlaufwerken im ghanaischen Kontext [Buchert et al. 2012 – 2015]) durch. Dieses Praxistraining war eine wichtige Voraussetzung für die Implementierung der Recyclingbeziehungen zwischen den lokalen KMU in Ghana und Ägypten und den international agierenden Industrieunternehmen in Deutschland/Belgien.

Pilothafte Implementierung der Recyclingbeziehungen zwischen Ghana/Ägypten sowie Deutschland/Belgien

Ein Ziel des Projektes war es, beispielhaft in Ägypten sowie Ghana EOL-Geräte durch die lokalen KMU manuell zu zerlegen, die Materialfraktionen zu separieren und geeignete Fraktionen wie z. B. Leiterplatten für den Export nach Belgien/Deutschland vorbereiten zu lassen. Dieses Ziel wurde mit Unterstützung der Industriepartner aus Belgien/Deutschland pilothaft umgesetzt. So konnten aus den Pilotländern mehrere Container mit ausgedienten Blei-Säure-Batterien und manuell separierten Leiterplattenschrotten/Mobiltelefonen nach Europa zum hochwertigen Recycling von Wertmetallen überführt werden. Basismetalle wie Stahl werden vor Ort in Ghana/Ägypten in lokal vorhandenen Anlagen recycelt. Weitere Materiallieferungen nach Deutschland betrafen Blei-Säure-Batterien. Die entsprechenden Wertmetalle (Kupfer, Gold, Silber, Palladium, Blei) konnten in den High-Tech-Anlagen der Projektpartner Umicore in Belgien bzw. Johnson Controls in Deutschland mit hervorragenden Rückgewinnungsraten (mind. 95 % und mehr) recycelt und den Materialmärkten wieder zur Verfügung gestellt werden.

Identifizierung von Fraktionen mit negativem Wert und deren Entsorgungsmöglichkeiten

Eine wesentliche Herausforderung bei der Verwertung von Altgeräten aus dem Elektronikbereich (WEEE) liegt in der Tatsache, dass neben „Gewinnbringern" (vor allem Kupfer, Edelmetalle usw.) auch potenzielle „Verlustbringer" (Fraktionen mit negativem Wert wie Kunststoffe und Schadstoffe) anfallen und entsprechend sachgerecht verwertet oder beseitigt werden müssen. Vor dem Hintergrund vielfach fehlender gesetzlicher Rahmenbedingungen für die Kreislaufwirtschaft bzw. kaum vorhandenem angemessenem Vollzug von Regelungen in Ländern wie Ghana oder Ägypten ist der gegenwärtige Umgang mit Fraktionen mit negativem Wert eine Hauptursache für massive Umwelt- und Gesundheitsbelastungen (Bild 4).

Bild 4: Wilde Entsorgung von Kunststofffraktionen aus dem informellen E-Waste-Sektor in Agbogbloshie, Ghana
(Quelle: Öko-Institut)

Im Bo2W-Projekt konzentrierten sich die Projektpartner auf die Analyse von Lösungsmöglichkeiten hinsichtlich des Umgangs mit Bildröhrenglas (u. a. mit hohen Bleianteilen) sowie Kunststoffen aus Elektronikschrotten, die überwiegend bromhaltige Flammschutzmittel enthalten. Im Rahmen des Projektes wurden für diese beiden Fraktionen umfangreiche Recherchen hinsichtlich akzeptabler Verwertungs- bzw. Beseitigungswege und die damit verbundenen Mehrkosten gegenüber wilder Ablagerung vorgenommen. Diese Ergebnisse sind im Detail und ausführlich dokumentiert veröffentlicht [Buchert et al. 2012 – 2015, Manhart et al. 2014, Mehlhart et al. 2015, Bleher 2014a, Bleher 2014b]. Zusammenfassend kann gesagt werden, dass für die genannten Kunststoffkomponenten bei intelligenter Zerlege- und Separierungsstrategie in Zusammenarbeit mit internationalen High-Tech-Kunststoffrecyclern zumindest eine „schwarze Null" bezüglich der Kosten-Erlös-Rechnung erreicht werden kann. Deutlich ungünstiger sieht es beim Bildröhrenglas aus. Dessen ordnungsgemäße Verwertung/Beseitigung stellt ein internationales Problem dar [Bleher 2014a]. Zwar gibt es durchaus akzeptable Verwertungswege in Europa für diese Materialströme, jedoch sind diese mit nicht unerheblichen spezifischen Kosten für den E-Waste-Zerleger verbunden. Da ein Export dieser Fraktion von Afrika nach Europa noch zusätzlich Kosten generieren würde, erscheinen zukünftig für Afrika separate Abschnitte auf geeigneten lokalen Deponien die derzeit sinnvollste Option. Da auch die Errichtung entsprechender Deponien in Afrika mit Kosten verbunden ist, ist die Einlagerung von Bildröhrenglas für den Zerlegebetrieb mit geringen Kosten und mit einem negativen Erlös verbunden. Für das Bildröhrenglasaufkommen in Ägypten bis 2025 hat das Öko-Institut überschlägig Beseitigungskosten von insgesamt 4,5 Mio. EUR berechnet [Mehlhart et al. 2015]. Zur Lösung dieses Problems in Ländern wie z. B. Ägypten und Ghana wären daher abgestimmte internationale Aktivitäten zur Gegenfinanzierung zu empfehlen, um das wilde Ablagern von Bildröhrenglas nach und nach zu beenden.

3. AUSBLICK

Ungeachtet der zuvor geschilderten Erfolge des Bo2W-Projektes wurden im Projektverlauf eine Reihe von relevanten strukturellen Barrieren für die Umsetzung des Best-of-two-Worlds-Ansatzes in den Pilotländern Ghana und Ägypten identifiziert. Hier sei daran erinnert, dass Ghana und Ägypten Entwicklungsländer mit z. T. spezifischen aber auch z. T. strukturell übergreifenden Problemlagen sind. Bei einer Einordnung dieser strukturellen Barrieren muss sich immer wieder vor Augen gehalten werden, welche großen Unzulänglichkeiten in der Kreislaufwirtschaft auch in einem Industrieland wie Deutschland noch vor nicht allzu langer Zeit (70er, 80er Jahre) bestanden haben.

Eine wesentliche strukturelle Barriere zur schnelleren und umfassenderen Umsetzung des Bo2W-Ansatzes in die Praxis liegt in der Externalisierung von Umwelt- und Gesundheitskosten durch die dominierenden informellen Akteure des Recyclingsektors in Ländern wie Ghana und Ägypten. Viele Angehörige des informellen Sektors verdienen sich mit dem Sammeln und Zerlegen von E-Waste, Bleibatterien oder auch anderen Schrotten buchstäblich das tägliche Überleben. In dieser Konstellation blockieren Einbußen im Gewinn die Beachtung von Umweltvorschriften oder auch einen sorgsamen Umgang mit Fraktionen von negativem Wert. So werden nach wie vor Kabel unter freiem Himmel abgebrannt, Kunststofffraktionen wild abgelagert oder Batteriesäure in den unbefestigten Boden verkippt.

Vielfach fehlen Umweltgesetze und -regularien, es fehlt der Vollzug bestehender Vorschriften und oft ist das Gesundheitsrisiko weder genau bekannt noch wird es erfasst. Dabei muss aber auch bedacht werden, dass ein Vollzug von Umweltauflagen in dem äußerst unübersichtlichen informellen Teil der Volkswirtschaft (in Ghana verdienen 80 % der Erwerbstätigen ihre Einkommen durch Tätigkeiten in der informellen Wirtschaft) einerseits nur schwer möglich ist, andererseits auch mit vielfältigem sozialen Sprengstoff behaftet ist.

Dies führt dazu, dass Unternehmen wie City Waste Recycling Ltd. große Probleme haben, E-Schrottmaterial oder Blei-Säure-Batterien zu wettbewerbsfähigen Kosten zu erwerben. Der Konkurrent, der keinerlei Umwelt- und Gesundheitsvorkehrungen beachtet, ist relativ gesehen immer im Wettbewerbsvorteil.

Das Bo2W-Projektteam hat aus den Erkenntnissen des Projektes folgende Lösungsstrategien identifiziert:

- Ausweitung des Business-to-Business(B2B)-Geschäfts
- Verbesserter Zugang zu Absatzmärkten (B2C – Business-to-Consumer)
- Regulierungen bzw. Anhebung national bindender Umweltstandards
- Finanzierungsmechanismen und Extended Producer Development Systeme
- Finanzierungshilfen für afrikanische KMUs

Diese Lösungsstrategien können für eine nachhaltige Verbesserung der Situation in Ägypten und Ghana im Sinne des Bo2W-Ansatzes besonders durch Synergien positive Wirkung entfalten. Die Lösungsstrategien sind in bisherigen Veröffentlichungen zum Projekt sowie dem finalen „Synthesis Report" näher beschrieben [Buchert et al. 2012–2015, Manhart et al. 2014, Mehlhart et al. 2015] und werden in aktuellen und zukünftigen Projekten des Öko-Instituts konsequent weiterverfolgt.

Liste der Ansprechpartner aller Vorhabenspartner

Dr. Matthias Buchert Öko-Institut e.V., Rheinstraße 95, 64295 Darmstadt, m.buchert@oeko.de, Tel.: +49 6151 8191-0

Marcel Picard Umicore AG & Co. KG, Rodenbacher Chaussee 4, 63457 Hanau, marcel.picard@eu.umicore.com, Tel.: +49 6181 59-6138

Franziska Weber Johnson Controls Power Solutions, Am Leineufer 51, 30419 Hannover, franziska.weber@jci.com, Tel.: +49 511 975-1510

Dr. Rolf Blank Vacuumschmelze GmbH & Co. KG, Grüner Weg 37, 63450 Hanau, rolf.blank@vacuumschmelze.com, Tel.: +49 6181 38-2269

Veröffentlichungen des Verbundvorhabens

[Bleher 2014a] Bleher, D.: Recycling options for waste CRT glass. Darmstadt, April 2014, online verfügbar unter www.resourcefever.org

[Bleher 2014b] Bleher, D.: Recycling options for WEEE plastic components. Darmstadt, Oktober 2014, online verfügbar unter www.resourcefever.org

[Bleher 2016] Bleher, D.: How to finance the Bo2W approach, Darmstadt, März 2016, online verfügbar unter www.resourcefever.org

[Buchert 2015a] Buchert, M.: Bo2W Closing Event: Project introduction. Vortrag. Berlin, 24.09.2015, online verfügbar unter www.resourcefever.org

[Buchert 2015b] Buchert, M.: Bo2W Closing Event: Summary project achievements. Vortrag. Berlin, 24.09.2015, online verfügbar unter www.resourcefever.org

[Buchert 2015c] Buchert, M.: Bo2W Closing Event: Remaining challenges. Vortrag. Berlin, 24.09.2015, online verfügbar unter www.resourcefever.org

[Buchert et al. 2016a] Buchert, M.; Manhart, A.; Mehlhart, G.; Degreif, S.; Bleher, D.; Schleicher, T.; Meskers, C.; Picard, M.; Weber, F.; Walgenbach, S.; Kummer, T.; Blank, R.; Allam, H.; Meinel, J.; Ahiayibor, V.: Auf dem Weg zu nachhaltigem Recycling von Elektroschrott und Altfahrzeugen in Entwicklungsländern – „Lessons learned" der Implementierung des Best-of-two-Worlds Konzeptes in Ghana und Ägypten. Februar 2016, online verfügbar unter www.resourcefever.org

[Buchert et al. 2016b] Buchert, M.; Manhart, A.; Mehlhart, G.; Degreif, S.; Bleher, D.; Schleicher, T.; Meskers, C.; Picard, M.; Weber, F.; Walgenbach, S.; Kummer, T.; Blank, R.; Allam, H.; Meinel, J.; Ahiayibor, V.: Transition to sound recycling of e-waste and car waste in developing countries – Lessons learned from implementing the Best-of-two-Worlds concept in Ghana and Egypt. März 2016, online verfügbar unter www.resourcefever.org

[Buchert, Manhart 2013] Buchert, M.; Manhart, A.: Globale Kreislaufführung strategischer Metalle: Best-of-two-Worlds Ansatz. In: Thomé-Kozmiensky, K. J.; Goldmann D. (Hrsg.): Recycling und Rohstoffe, Band 6. Nietwerder: TK Verlag Karl Thomé-Kozmiensky, 2013.

[Degreif et al. 2014] Degreif, S.; Mehlhart, G.; Merz, C.: Global Circular Economy of Strategic Metals (Bo2W) – Chapter Egypt. Darmstadt, Juli 2014, online verfügbar unter www.resourcefever.org

[Hay, Mehlhart 2016a] Hay, D.; Mehlhart, G.: Recycling options for gas discharge lamps. Darmstadt, Februar 2016, online verfügbar unter www.resourcefever.org

[Hay, Mehlhart 2016b] Hay, D.; Mehlhart, G.: Recycling options for disposable and rechargeable dry-cell batteries. Darmstadt, April 2016, online verfügbar unter www.resourcefever.org

[Manhart et al. 2014a] Manhart, A.; Ahiayibor, V.; Buchert, M.; Bleher, D.; Meinel, J.; Schleicher, T.; Vandendaelen, A: Status des Best-of-two-Worlds Projekts – Länderbeispiel Ghana. Vortrag, Berliner Recycling- und Rohstoffkonferenz, März 2014

[Manhart et al. 2014b] Manhart, A.; Ahiayibor, V.; Buchert, M.; Bleher, D.; Meinel, J.; Schleicher, T.; Vandendaelen, A.: Status des Best-of-two-Worlds Projekts – Activities and Results in Ghana. Vortrag, Berliner Recycling- und Rohstoffkonferenz, März 2014

[Manhart et al. 2014c] Manhart, A.; Schleicher, T.; Degreif, S.: Global Circular Economy of Strategic Metals (Bo2W) – Chapter Ghana. Freiburg, April 2014, online verfügbar unter www.resourcefever.org

[Manhart et al. 2014d] Manhart, A.; Meinel, J.; Walgenbach, S.: Legal and institutional requirements in Ghana. Oktober 2014, online verfügbar unter www.resourcefever.org

[Manhart et al. 2014e] Manhart, A.; Ahiayibor, V.; Buchert, M.; Bleher, D.; Meinel, J.; Meskers, C.; Picard, M.; Schleicher, T.; Vandendaelen, A.: Status des Projekts Best-of-two-Worlds – Beispiel Ghana. In: Thomé-Kozmiensky, K. J.; Goldmann D. (Hrsg.): Recycling und Rohstoffe, Band 7. Neuruppin: TK Verlag Karl Thomé-Kozmiensky, 2014.

[Manhart et al. 2015] Manhart, A.; Buchert, M.; Degreif, S.; Mehlhart, G.; Meinel. J.: Recycling of Hard Disk Drives – Analysing the optimal dismantling depth for recyclers in developing countries and emerging economies. Darmstadt & Accra, November 2015, online verfügbar unter www.resourcefever.org

[Manhart 2015] Manhart, A.: Bo2W Closing Event: Possible solution strategies. Vortrag, Berlin, 24.09.2015, online verfügbar unter www.resourcefever.org

[Mehlhart et al. 2015a] Mehlhart, G.; Buchert, M.; Bleher, D.: Globale Kreislaufführung strategischer Metalle: Praxistest für den Best-of-two-Worlds Ansatz – Projektstand für das Länderbeispiel Ägypten. Vortrag, Berliner Recycling- und Rohstoffkonferenz, März 2015

[Mehlhart et al. 2015b] Mehlhart, G.; Buchert, M.; Bleher, D.: Status des Projekts Best-of-two-Worlds – Beispiel Ägypten. In: Thomé-Kozmiensky, K. J.; Goldmann D. (Hrsg.): Recycling und Rohstoffe, Band 8. Neuruppin: TK Verlag Karl Thomé-Kozmiensky, 2015.

[Öko-Institut 2012a] Flyer Global Circular Economy of Strategic Metals (Bo2W), 2012

[Öko-Institut 2012b] Press release: global circular economy of strategic metals, 2012

[Öko-Institut 2012c] Pressemitteilung: Das Beste aus zwei Welten: Projektstart für nachhaltiges Schrottrecycling in Afrika. http://www.oeko.de/presse/presseinformationen/archiv-presseinformationen/2012/das-beste-aus-zwei-welten-projektstart-fuer-nachhaltiges-schrottrecycling-in-afrika/

[Öko-Institut 2014a] Press release: Bo2W lead acid batteries, 2014

[Öko-Institut 2014b] Pressemitteilung: Blei-Säurebatterien aus Ghana erfolgreich verwertet. http://www.oeko.de/presse/presseinformationen/archiv-presseinformationen/2014/blei-saeurebatterien-aus-ghana-erfolgreich-verwertet/

[Öko-Institut 2015a] Bo2W Poster: Dismantling CRT (english, french, twi, hausa, arab). online verfügbar unter www.resourcefever.org

[Öko-Institut 2015b] Bo2W Poster: Dismantling Desktop Computer (english, french, twi, hausa, arab). online verfügbar unter www.resourcefever.org

[Öko-Institut 2015c] Bo2W Poster: Packaging Lead Acid Batteries (english, french, twi, hausa, arab). online verfügbar unter www.resourcefever.org

[The Story Company 2015] Film über die Problematik des Recyclings von Blei-Säure-Batterien in Afrika. Produziert im Rahmen des Bo2W-Projektes. http://www.oeko.de/aktuelles/2015/neuer-film-zum-recycling-von-blei-saeure-batterien-in-ghana/

Quellen

[Buchert et al. 2012–2015] Buchert, M.; Degreif, S.; Manhart, A.; Mehlhart, G.; Merz, C.; Vandendaelen, A.; Meskers, C.; Schmidt, W.; Coelho, M.; Dempwolff, F. et. al.: Globale Kreislaufführung strategischer Metalle: Best-of-two-Worlds Ansatz (Bo2W), Verbundprojekt im Rahmen des BMBF-Programms r^3 (2012 – 2015), http://www.resourcefever.org/project/items/global_circular_economy_of_strategic_metals.html

[Schluep et al. 2009] Schluep, M.; Hagelüken, C.; Kuehr, R.; Magalini, F.; Maurer, C.; Meskers, C.; Müller, E.; Wang, F.: Recycling – From E-waste to Resources. EMPA, Umicore, United Nations University (UNU), veröffentlicht durch UNEP DTIE, Paris 2009.

[Schluep et al. 2011] Schluep, M.; Manhart, A.; Osibanjo, O.; Rochat, D.; Isarin, N.; Müller, E.: Where are WEee in Africa? Findings from the Basel Convention E-Waste Africa Programme. Geneva, 2011.

[Wang et al. 2012] Wang, F.; Huisman, J.; Meskers, C.; Schluep, M.; Stevels, A.; Hagelüken, C.: The Best-of-2-Worlds philosophy: Developing local dismantling and global infrastructure network for sustainable e-waste treatment in emerging economies. Waste Management, Volume 32, Issue 11, November 2012, pp. 2134 – 2146.

02. InAccess – Entwicklung eines ressourceneffizienten und wirtschaftlichen Recyclingprozesses für LCD-Bildschirmgeräte unter besonderer Berücksichtigung der Rückgewinnung des Indium-Inhalts

Guido Sellin, Hannes Fröhlich (Electrocycling GmbH, Goslar), Kai Rasenack (TU Clausthal-Zellerfeld, Institut für Aufbereitung, Deponietechnik und Geomechanik – IFAD)

Projektlaufzeit: 01.06.2012 bis 30.11.2015   Förderkennzeichen: 033R088

ZUSAMMENFASSUNG

Tabelle I: Zielwertstoff

Zielwertstoff im r³-Projekt InAccess
In

Ziel des Projektes InAccess ist die Entwicklung eines ganzheitlichen, ressourceneffizienten und wirtschaftlich umsetzbaren Erfassungs-, Rückführungs- und Verwertungssystems von LCD-Bildschirmgeräten aus TV- und IT-Anwendungen. Das Projekt soll so gestaltet werden, dass eine Erweiterung der zu entwickelnden Indiumrückgewinnung auf andere indiumhaltige Abfallströme aus dem Bereich der Beschichtungsanwendungen möglich ist. Die Verbundpartner sind Electrocycling GmbH (ECG), Umicore AG & Co. KG (Umicore), ENE EcologyNet Europe GmbH (ENE) und TU Clausthal, Institut für Aufbereitung, Deponietechnik und Geomechanik (IFAD).

Im Ergebnis wurde eine Prozesskette entwickelt, die auf die Erfordernisse im Recycling dieser Geräteart abgestimmt ist. Bereits für die Erfassung und Sammlung konnte ein Behälter entwickelt werden, der die Geräte zerstörungsfrei sammelt und in herkömmliche Transportsysteme problemlos integrierbar ist. Im zweiten Schritt in der Prozesskette werden die Geräte zerlegt und die quecksilberhaltige Hintergrundbeleuchtung wird entnommen. Hierfür wurden zwei teilautomatisierte Prozesse entwickelt, installiert und aus dem Probebetrieb in einen industriellen Maßstab überführt. Diese Prozesse verringern das zeitaufwendige, manuelle Zerlegen der Geräte um das 10-fache. Das in den Geräten enthaltene Quecksilber der Hintergrundbeleuchtung wird sicher erfasst und einer Verwertung zugeführt. Das im Displayglas enthaltene Indium kann über eine Kombination aus mechanischer Vorbehandlung (Mahlen zur Abreicherung der Kunststofffraktion) und hydrometallurgischem Prozess (Laugung im Labormaßstab und Fällung als Hydroxid) so angereichert werden, dass es – nach weiterer Nachbehandlung – bei geeigneten Indium-Erzeugern in den bestehenden Prozess eingesetzt werden könnte und damit der Wirtschaft wieder zur Verfügung steht.

1. EINLEITUNG

Die Motivation zu diesem Projekt ist, die steigende Anzahl der in Verkehr gebrachten LCD- Bildschirmgeräte im IT- und TV-Sektor, zukünftig ressourceneffizient zu recyceln. Trotz des zu erwartenden Altgeräterücklaufs existierte bisher kein industriell eingesetztes Recyclingverfahren, das speziell auf die Anforderungen dieser Geräteart angepasst ist. Derzeit werden solche Geräte noch manuell zerlegt. Der Fokus liegt dabei vor allem auf der Entfernung der quecksilberhaltigen Hintergrundbeleuchtung. Ein weiterer Fokus im Projekt InAccess liegt in der Gewinnung des im Displayglas enthaltenen Indiums. Durch den komplexen Aufbau der Geräte benötigt man bei einer manuellen, händischen Zerlegung bis zu 20 min für ein LCD-Bildschirmgerät. Diese Zerlegzeiten sollen deutlich verringert werden. Da die Geräte stark in ihrer Größe variieren, war bisher die ergonomische Gestaltung solcher Arbeitsplätze für die Zerlegung schwierig. Auch war bisher zu beachten, dass es bei der Zerlegung von LCD-Bildschirmgeräten leicht zum Bruch der quecksilberhaltigen Hintergrundbeleuchtung kommen kann. Damit das frei werdende Quecksilber nicht die Gesundheit der Mitarbeiter gefährdet und die Umwelt schädigt, werden manuelle Zerlegungen dieser Geräteart an Arbeitstischen durchgeführt, die mit einer abgesaugten Kabine ausgestattet sind. Dies erschwert die Zerlegung der LCD-Bildschirmgeräte zusätzlich. Daher war eines der Ziele von Beginn an die Entwicklung eines teilautomatisierten Zerlegeverfahrens für diese Geräte. Der zu entwickelnde Prozess musste also so gestaltet werden, dass die quecksilberhaltige Hintergrundbeleuchtung sicher entfernt wird, das Displayglas für eine spätere Indiumrückgewinnung separat zur Verfügung steht und die nötigen Zerlegezeiten pro Gerät deutlich verringert werden, um nötige Investitionen zu refinanzieren. Nur mit diesen Ansätzen können Arbeitsabläufe für den einzelnen Mitarbeiter erleichtert werden.

Für das in den Displays dieser Geräte enthaltene Indium gab es zu Beginn des Projektes InAccess keine wirtschaftlichen Verfahren, die es möglich machen, das Indium aus dem Displayglas zurückzugewinnen und es dem Wirtschaftskreislauf wieder zur Verfügung zu stellen. Letztendlich bedeutet eine Rückgewinnung von Indium auch den Einsatz von nicht unerheblichen Mengen Chemikalien und Energie. Besonders für die Fraktionen, die mengenmäßig einen großen Anteil an dem Displaymaterial ausmachen (v. a. Glas), muss ein entsprechender Markt gefunden werden. Wenn die gesamte Recyclingkette betrachtet wird und alle einzelnen Prozessschritte aus wirtschaftlicher Sicht Sinn ergeben, kann das Recycling dieser Geräteart wirtschaftlich effizient und ökologisch sinnvoll gestaltet werden.

2. VORGEHENSWEISE

Aufbau und Funktion von LCD-Bildschirmgeräten

Um die Vorgehensweise der Prozessentwicklung besser zu verstehen, wird zunächst der Aufbau der LCD-Bildschirmgeräte beschrieben. Der funktionale Aufbau von LCD-Bildschirmgeräten ist bei allen Gerätetypen gleich. Die Hauptkomponente eines LCD-Bildschirmgerätes ist das LCD-Panel (Liquid Cristal Display). Dieses ist die bildgebende Einheit und besteht aus schichtweise angeordneten Komponenten. Diese sind zwei dünne, auf der Innenseite mit Indiumzinnoxid(ITO)-Leiterbahnen bedampfte Glasscheiben, zwischen denen sich die Flüssigkristalle befinden. An den Außenseiten befinden sich Polarisationsfolien. Als Hintergrundbeleuchtung dienen LED (Light Emitting Diode) oder quecksilberhaltige Leuchtstofflampen. Zusätzliche optische Elemente wie z. B. Streuscheiben sind im Panel verbaut. Die einzelnen Bestandteile des LCD-Panels werden durch einen Kunststoff- und Stahlblechrahmen zusammengehalten.

Der grundsätzliche modulare Aufbau von LCD-Bildschirmgeräten war zunächst zu untersuchen, um einen Ansatz für die Prozessentwicklung einer teilautomatisierten Zerlegung zu finden. So wurde eine Reihe von manuellen Zerlegeversuchen mit Geräten verschiedener Hersteller durchgeführt und dokumentiert. Der Aufbau unterscheidet grundsätzlich zwischen zwei Bauarten: Geräte mit seitlicher (bis 19" Bildschirmdiagonale) und Geräte mit flächiger Hintergrundbeleuchtung (> 19" Bildschirmdiagonale). In Bild 1 sind die beiden Bauarten mit quecksilberhaltiger Hintergrundbeleuchtung dargestellt. In weiteren Versuchen wurde untersucht, mit welchen Trennverfahren und Werkzeugen es möglich ist, eine teilautomatisierte Zerlegung zu gestalten.

Bild 1: Bauarten von LCD-Bildschirmgeräten mit quecksilberhaltiger Hintergrundbeleuchtung (Quelle: ECG 2012)

Schadstoffhaltige Bauteile

In den älteren LCD-Bildschirmgeräten sind CCFL (Cold Cathode Flourescent Lamp) als Hintergrundbeleuchtungen verbaut, die Quecksilber enthalten. Bei der Behandlung dieser Geräte muss sichergestellt werden, dass diese Hintergrundbeleuchtung so entfernt wird, dass eine Freisetzung von Quecksilber ausgeschlossen ist. Ferner erfolgten Untersuchungen zur Bindung des integrierten Quecksilbers mit verschiedenen Aktivkohleherstellern.

Mengenaufkommen, Sammlung und Erfassung von LCD-Bildschirmgeräten

Im Rahmen des Forschungsprojektes InAccess wurde zur Analyse des Mengenaufkommens eine Studie „Daten und Prognosen zum Lebenszyklus von LCD-Bildschirmgeräten" [Michels et al. 2013] bei der Ecowin GmbH in Auftrag gegeben. Dieser Studie zufolge sind die Mengen an in Verkehr gebrachten LCD-Bildschirmgeräte im IT- und TV-Sektor in den letzten Jahren deutlich gestiegen. Die derzeit zum Recycling zurücklaufende Generation an LCD-Bildschirmgeräten (Geräte mit quecksilberhaltiger Hintergrundbeleuchtung) befindet sich bereits seit einigen Jahren kaum mehr im Handel. Das Verkaufshoch dieser Gerätegeneration lag um die Jahre 2008 – 2010. Für das Altgeräterecycling ist im Bereich der LCD-Monitorgeräte mit einer maximalen Rücklaufmenge von 3,05 Mio. [Michels et al. 2013] für das Jahr 2016 zu rechnen. Nach Erreichen dieses Maximalwertes verringert sich das Recyclingaufkommen bis zum Jahr 2020 auf 2,9 Mio. Geräte pro Jahr. Die Recyclingmengen wurden ab dem Jahr 2000 dargestellt und entwickeln sich analog zu den Verkaufszahlen. Bild 2 stellt die prognostizierten Rücklaufmengen für Monitorgeräte dar. Die Prognose basiert auf einem ermittelten Durchschnittsalter für Monitorgeräte von acht Jahren.

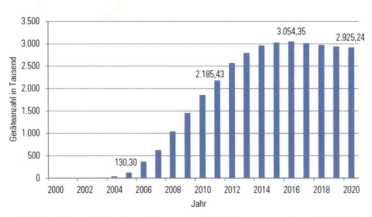

Bild 2: Entwicklung des Recyclingaufkommens an LCD-Monitorgeräten (Quelle: [Michels et al. 2013])

Im Bereich der LCD-Fernsehgeräte ist bei einer Nutzungsdauer von 10 Jahren mit einer Rücklaufmenge von 8,2 Mio. Geräten [Michels et al. 2013] für das Jahr 2020 zu rechnen (siehe Bild 3). Das Durchschnittsalter der entsorgten TV-Geräte von 10 Jahren wurde im Rahmen eines Pilottests als derzeit realistisch ermittelt. Mit der Einführung von LED-Hintergrundbeleuchtung werden sich die zukünftigen Rücklaufmengen von quecksilberhaltigen Bildschirmgeräten reduzieren, da Quecksilber nur in den Leuchtstoffröhren der Hintergrundbeleuchtung enthalten ist.

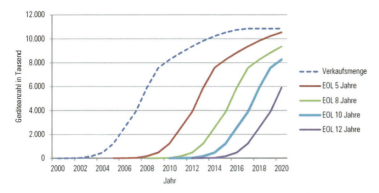

Bild 3: Entwicklung des Recyclingaufkommens an LCD-TV-Geräten (Quelle: [Michels et al. 2013])

Um ein effektives und umweltgerechtes Recycling von LCD-Bildschirmgeräten zu ermöglichen, ist ein flächendeckendes Sammel- und Erfassungssystem notwendig. Durch dieses Sammel- und Erfassungssystem muss ein zerstörungsfreier Transport bis zur Erstbehandlungsanlage gewährleistet werden, um eine diffuse, unkontrollierbare Freisetzung von Quecksilber zu vermeiden. Derzeit werden LCD-Bildschirmgeräte an kommunalen Sammelstellen in mind. 30 m³ Containern als Sammelgruppe 3 zusammen mit anderen Bildschirmgeräten erfasst. Das führt häufig zu Beschädigungen der LCD-Bildschirmgeräte, wodurch einerseits Quecksilber freigesetzt wird und anderseits eine fachgerechte Aufbereitung der Geräte erheblich erschwert wird.

In Zusammenarbeit mit einem öffentlich-rechtlichen Entsorgungsträger (örE) wird im Rahmen von InAccess und darüber hinaus ein neues Sammel- und Erfassungssystem für LCD-Flachbildschirme entwickelt und an über 20 kommunalen Sammelstellen in der Region Hannover erprobt. Bei diesem System werden spezielle Sammelbehälter eingesetzt, in denen die Bildschirmgeräte aufrecht gelagert und bruchfrei erfasst werden (siehe Bild 4).

Bild 4: Befüllter Sammelbehälter für LCD-Bildschirmgeräte (Quelle: ECG 2014)

Manuelle Zerlegung von LCD-Bildschirmgeräten

Bei der manuellen Zerlegung müssen die LCD-Bildschirmgeräte bis auf Panelebene zerlegt werden, um eine Entnahme der Hintergrundbeleuchtung zu ermöglichen. Die manuelle Zerlegung von LCD-Bildschirmgeräten dauert je nach Aufbau ca. 10 – 20 min pro Gerät.

Bild 5: Bestandteile eines LCD-Panel mit seitlicher Hintergrundbeleuchtung (Quelle: ECG 2012)

Bild 6: Bestandteile eines LCD-Panel mit flächiger Hintergrundbeleuchtung (Quelle: ECG 2012)

Teilautomatisierte Zerlegung von LCD-Bildschirmgeräten

Im Rahmen des Forschungsprojektes InAccess wurden zwei Zerlegeverfahren entwickelt, die für eine schnellere und wirtschaftlichere Verarbeitung von LCD-Bildschirmgeräten geeignet sind. Als Ergebnis wurde eine Pilotanlage zur teilautomatisierten Zerlegung von LCD-Bildschirmgeräten mit seitlicher Hintergrundbeleuchtung und eine Anlage zur Zerlegung von Geräten mit flächiger Hintergrundbeleuchtung entwickelt und errichtet. Beide Anlagen arbeiten mittlerweile im industriellen Maßstab.

Zerlegeverfahren für LCD-Bildschirmgeräte mit seitlicher Hintergrundbeleuchtung

Bei der Zerlegung von LCD-Bildschirmgeräten mit seitlicher Hintergrundbeleuchtung kommt ein Schneidwerkzeug zum Einsatz. Dieses Schneidwerkzeug wird ober- und unterhalb der LCD-Anzeige genau senkrecht über den CCFL-Beleuchtungseinheiten positioniert. Anschließend taucht das Schneidwerkzeug so tief in den LCD-Bildschirm ein, dass die CCFL-Röhren der Hintergrundbeleuchtung erfasst und zerstört werden (siehe Bild 7). Das Schneidwerkzeug verfährt über die gesamte Bildschirmbreite. Der dabei entstehende Schneidspan enthält unter anderem die gesamte quecksilberhaltige Hintergrundbeleuchtung. Nach dem Trennvorgang können die einzelnen Fraktionen und das LCD-Panel aus dem Gerät entnommen werden. Die abgesaugte Luft aus dem Prozess wird über eine geeignete Abluftreinigung geführt und das enthaltene gasförmige Quecksilber entnommen. Bild 8 zeigt den schematischen Ablauf des Zerlegeverfahrens.

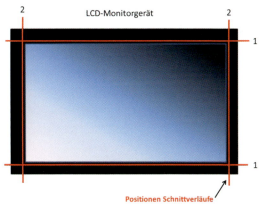

Bild 7: Schnittverlauf bei Geräten mit seitlicher Hintergrundbeleuchtung (Quelle: ECG 2013)

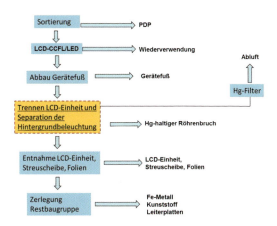

Bild 8: Verfahrensablauf zur Zerlegung von LCD-Geräten mit seitlicher Hintergrundbeleuchtung (Quelle: ECG 2013)

Zerlegeverfahren für LCD-Bildschirmgeräte mit flächiger Hintergrundbeleuchtung

Bei der flächigen Hintergrundbeleuchtung wird das Schneidwerkzeug so positioniert, dass der Schnitt innerhalb der LCD-Anzeige, parallel entlang des Bildrahmens verläuft (siehe Bild 9). Nach dem Schneidprozess werden die LCD-Anzeige, die Streuscheibe und die Polarisationsfolien entnommen, wodurch der Zugang zu der Hintergrundbeleuchtung freigegeben ist. Der nächste Arbeitsschritt ist die Separierung der CCFL-Röhren der Hintergrundbeleuchtung. Die Röhren werden bei der Entnahme gebrochen und in ein luftdichtes Gebinde überführt. Die gesamte Abluft des Prozesses wird von Staubpartikeln und gasförmigem Quecksilber gereinigt. Bild 10 zeigt den schematischen Ablauf des Zerlegeverfahrens.

Bild 9: Schnittverlauf bei Geräten mit flächiger Hintergrundbeleuchtung (Quelle: ECG 2013)

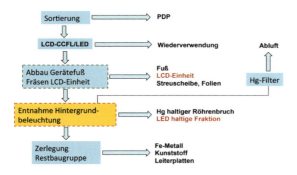

Bild 10: Verfahrensablauf zur Zerlegung von LCD-Geräten mit flächiger Hintergrundbeleuchtung (Quelle: ECG 2013)

Gewinnung des Indiums

Die LCD-Anzeige besteht jeweils aus zwei dünnen Glasscheiben, auf denen innen Indium-Leiterbahnen aufgebracht sind. Zwischen den Glasscheiben befinden sich die Flüssigkristalle. Außen befindet sich jeweils eine aus Kunststoff bestehende Polarisationsscheibe. Durch die Separierung der LCD-Anzeigen während des Zerlegeverfahrens und der anschließenden mechanischen Zerkleinerung wird eine Voranreicherung des Indiums erreicht. Durch die Behandlung mit einer Hammermühle und anschließender Siebung zur Abtrennung von Kunststoffanteilen kann von ausgangs rund 12 g/t im Gesamtgerät eine Konzentration von ca. 190 g/t erreicht werden.

Aufgrund des geringen Gehalts an Indium in den Displays entstehen gewisse Anforderungen an die Indiumrückgewinnung aus LCDs. Zum einen sollten in Abhängigkeit von der Marktsituation (Preis, Nachfrage) unterschiedliche Aufbereitungstiefen zur Verfügung stehen, zum anderen sind lange Transportwege der Panels zu einer Indiumrückgewinnung unwirtschaftlich und somit zu vermeiden. Um diesen Anforderungen gerecht zu werden, wurde ein modulares System entwickelt, sodass in Abhängigkeit von Markt und Produktionsstandort der Aufbereitungsprozess angepasst werden kann. Das modulare System besteht aus einer mechanischen Aufbereitung (grau), sowie dem Konzept einer hydrometallurgischen Aufbereitung (Bild 11). Die Laugung wurde systematisch im Labormaßstab untersucht und für den Ionenaustauscher wurden geeignete Kandidaten identifiziert. Eine Variante, in der nach der Laugung eine Fällung von Indiumhydroxid erfolgt, wurde auf die wirtschaftliche Umsetzbarkeit getestet.

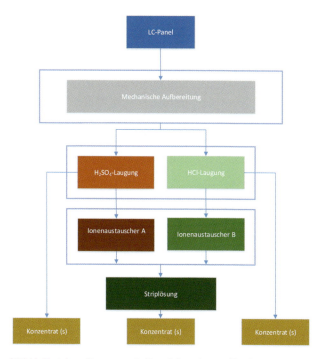

Bild 11: Modularer Prozess zur Indiumrückgewinnung (Quelle: IFAD 2014)

Mechanische Aufbereitung

Die LCD-Anzeigen enthalten noch rund 25 % Kunststoffanteil in Form von Folienbeschichtung. Mit einem speziellen Zerkleinerungsverfahren werden die LCD-Anzeigen so aufgeschlossen, dass der Glas-Kunststoff-Verbund gelöst wird und voneinander separiert werden kann. Zudem entsteht ein nötiger Aufschluss, der es ermöglicht, das Indium effektiver im nachfolgenden Schritt zu laugen. Die kunststofffreie Glasfraktion, welche das Indium enthält, wird dem Laugeverfahren zugeführt.

Die hydrometallurgische Aufbereitung kann in zwei Verfahrensschritte geteilt werden, der Laugung und dem Ionentauscherprozess. Um eine möglichst hohe Flexibilität zu erreichen, wurde im Projekt sowohl eine schwefelsaure (H_2SO_4), als auch eine salzsaure (HCl) Route betrachtet. Nach der Laugung kann jeweils direkt ein Feststoff mittels Fällung gewonnen werden. Um eine weiterreichende Qualität zu ermöglichen, wurden für beide Routen ionenselektive Prozesse betrachtet, die bisher nicht zu einem industriell umsetzbaren Prozess geführt haben. Für eine genauere Betrachtung wurde folgender Basisprozess entwickelt:

BASISPROZESS (HCL-LAUGUNG)

Das indiumhaltige Glas aus der mechanischen Aufbereitung der LCD-Anzeige wird in einen Reaktor gegeben, in welchem sich eine Säure mit definiertem pH-Wert befindet. Durch Rühren erfolgt eine vollständige Vermischung der Glasfraktion und des Lösungsmittels.

Nach einer bestimmten Laugezeit im Reaktor, die eine vollständige Lösung des Indiums vom Panel gewährleistet, wird die Suspension über einen Vorlagebehälter in eine Fest-Flüssig-Trennung gepumpt. Hier wird die mit Indium aufkonzentrierte Lösung von dem Feststoff durch Filtration getrennt. Nach der Entnahme der mit Indium angereicherten Lösung aus der Glasfraktion erfolgt ein Spülen des Porenvolumens mit Wasser. Durch das Spülen mit Wasser erfolgt ein „Austreiben" der Restlösung. Diese Restlösung wird zusammen mit dem Filtrat in eine Säurevorlage überführt und anschließend für einen weiteren Laugeschritt aufgefrischt. Somit steht eine mit Indium angereicherte Säure für einen nächsten Lösungsprozess zur Verfügung.

Zur Gewinnung des Indiums aus diesem Kreislauf wird jeweils ein definiertes Volumen des Filtrats einer Fällung zugeführt. Hierbei wird das abgenommene Lösungsvolumen mit Natriumhydroxid auf einen definierten pH-Wert gebracht, sodass das Indium vollständig ausfällt.

Durch diese Art der Prozessführung ist es möglich, nahezu 95 % des in der LCD-Anzeige enthaltenen Indiums auszubringen.

3. ERGEBNISSE UND DISKUSSION

Im Forschungsprojekt InAccess sollten drei verschiedene Teilbereiche der Verwertungskette für Displaygeräte untersucht werden, die im Folgenden detaillierter vorgestellt werden: Sammlung, Zerlegung/Schadstoffentfrachtung und Behandlung der Glasfraktion zur Rückgewinnung von Indium. So wurde ein Sammelsystem für diese Geräteart entwickelt, welches sich in den bestehenden Logistiksystemen problemlos einsetzen lässt. Dieses Sammelsystem (spezielle Gitterboxen) erfasst die LCD-Bildschirmgeräte bruchfrei und bietet gleichzeitig die Möglichkeit der eindeutigen Vorsortierung von LCD-TV- und LCD-Monitor-Geräten. Die Sammlung der LCD-Bildschirmgeräte wird über den Projektzeitraum bei der Electrocycling GmbH weiter fortgeführt. Eine herkömmliche Sammlung in Containern der Sammelgruppe 3 gemeinsam mit deutlich schwereren CRT-Monitoren und TV-Geräten führt zu einer Zerstörung eines Großteils der LCD-Bildschirmgeräte. Zerstörte oder teilzerstörte LCD-Bildschirmgeräte lassen sich in den entwickelten Prozessen nicht einsetzen. Sowohl für die LCD-TV-Geräte als auch für die LCD-Monitorgeräte konnte ein teilautomatisierter Prozess zur Schadstoffentfrachtung und Zerlegung der Geräte entwickelt werden. In diesen Verfahren wird die quecksilberhaltige Hintergrundbeleuchtung entnommen und das enthaltene Quecksilber sicher erfasst. Gleichzeitig wird in diesem Prozess das indiumhaltige Display freigelegt und steht damit getrennt vom Restgerät für eine weitere Aufbereitung zur Verfügung. Das Schadstoff entfrachtete Restgerät wird durch herkömmliche mechanische Verfahren weiter zerlegt und die enthaltenen Sekundärrohstoffe werden der Kreislaufwirtschaft zugeführt. Hervorzuheben ist in diesem Projektteil die deutliche Steigerung der Produktivität. Benötigte man bei einer manuellen Zerlegung je nach Aufbau der LCD-Bildschirmgeräte 10 – 20 min pro Gerät, so wird mit den entwickelten Apparaten nun eine Zerlegezeit von ca. 2 min pro Gerät erreicht. Beide Zerlegelinien wurden aus der Entwicklungsphase in den industriellen Maßstab überführt und werden seither eingesetzt. Zielwertstoff im Projekt war das Indium. Im Projektverlauf ist ein Verfahren entwickelt worden, mit welchem es gelungen ist, das im Displayglas enthaltene Indium herauszulaugen und die Lösung für bestehende Prozesse der Indiumgewinnung so weit anzureichern, dass das in den Geräten enthaltene Indium nahezu vollständig recycelt werden kann. Das Verfahren erweist sich bei dem derzeitigen Indiumpreis als unwirtschaftlich. Die mechanische Aufbereitung des Displayglases ist aufwendig und verschleißintensiv. Für die Laugung müssen Reagenzien vorgehalten werden und sind säurebeständige Apparate anzuschaffen. Der Laugungsprozess ist langwierig und bringt weitere Kosten mit sich. Der zu erzielende Preis für das Indiumkonzentrat kann die Kosten für diesen Prozessschritt nicht decken. Der entwickelte Prozess ist in jedem Fall für ähnliche indiumhaltige Abfallströme übertragbar (indiumhaltige Glasfraktionen aus dem Recycling von Solarmodulen).

4. AUSBLICK

Um einen ressourceneffizienten und wirtschaftlichen Recyclingprozess für LCD-Bildschirmgeräte zu verwirklichen, muss bereits bei der Sammlung der Geräte angesetzt werden. Es ist ein Sammelsystem zu schaffen, dass es ermöglicht, diese Geräteart separat zu erfassen, bruchfrei zu sammeln und zu transportieren. Um LCD-Bildschirmgeräte wirtschaftlich aufbereiten zu können, muss ein gewisser Gerätedurchsatz erreicht werden, welcher durch den Einsatz von teilautomatisierten Zerlegeverfahren gewährleistet wird. Für den Einsatz teilautomatisierter Zerlegeverfahren ist eine Unterscheidung der LCD-Geräte in Geräte mit seitlicher Hintergrundbeleuchtung und in Geräte mit flächiger Hintergrundbeleuchtung vorzunehmen. Diese Unterscheidung sollte möglichst schon bei der Sammlung der Geräte erfolgen. Ein Hauptaugenmerk bei der Aufbereitung von LCD-Bildschirmgeräten ist die Entfernung der quecksilberhaltigen Hintergrundbeleuchtung aus den Geräten. Mit geeigneten Zerlegeverfahren ist es möglich, diese schadstoffhaltigen Bauteile mit wenigen Arbeitsschritten aus den Geräten zu separieren. Gleichzeitig kann in diesem Arbeitsschritt die indiumhaltige LCD-Anzeige gewonnen werden. Durch die Separation der LCD-Anzeige vom Restgerät erfolgt bereits eine erste Anreicherung des enthaltenen Indiums. Die indiumhaltigen LCD-Anzeigen werden in einem chemischen Laugeverfahren weiter aufbereitet, sodass am Ende ein vermarktungsfähiges Indiumkonzentrat vorliegt. Dieses Konzentrat kann in bestehenden metallurgischen Prozessen zur Herstellung von Indium eingesetzt werden. Die schadstofffreien Restgeräte können mit vorhandenen Verfahrenstechniken der Elektroaltgeräteaufbereitung zu hochwertigen Sekundärrohstoffen weiterverarbeitet werden.

Für das Indium aus den LCD-Bildschirmgeräten lassen sich nach Projektende folgende Aussagen treffen. Legt man die ermittelten Daten über Rücklaufmengen der [Michels et al. 2013] zugrunde, fallen in Deutschland 7.900 t/a Displayglas aus der Verwertung von LCD-Bildschirmgeräten an. Von dieser Masse stehen nach einer mechanischen Aufbereitung 6.715 t/a für eine Laugung des enthaltenen Indiums zur Verfügung. In diesem Displayglas sind durch die bis dahin durchgeführten Verfahrensschritte 190 g/t Indium angereichert. Wendet man den entwickelten Prozess für alle dem Recycling zur Verfügung stehenden LCD-Bildschirmgeräte an, kann man in Deutschland ca. 1,3 t Indium pro Jahr zurückgewinnen, was weniger als 0,25 % der Weltproduktion entspricht. Die im Projekt gewonnenen Ergebnisse wurden zu einem großen Teil umgesetzt und bilden bei der Electrocycling GmbH den Standard zur Verwertung von LCD-Bildschirmgeräten. Gemeint sind das entwickelte Sammelsystem und die teilautomatisierten Zerlegeverfahren der LCD-Bildschirmgeräte. Das entwickelte Sammelsystem hat sich als sehr praktikabel erwiesen. Die öffentlich-rechtlichen Entsorgungsträger, mit denen Optierungsverträge abgeschlossen sind, sammeln die LCD-Bildschirmgeräte in den speziellen Gitterboxen. Die entwickelte teilautomatisierte Zerlegung dieser Geräteart wurde in einen industriellen Maßstab überführt und macht die Verwertung deutlich wirtschaftlicher und ökologisch sinnvoller. Die weitere Aufbereitung der indiumhaltigen Displays kann derzeit wirtschaftlich nicht betrieben werden und wird daher nicht angewendet. Ein Hemmnis ist hier der aktuelle Preis, den man für das Indium erzielen kann. Im Projektzeitraum ist der Indiumpreis auf dem Weltmarkt etwa um ein Viertel gesunken. Das aus dem Prozess anfallende Displayglas geht derzeit andere Verwertungswege, in welchen das enthaltene Indium verloren geht. Fortschritte im Bereich der Beschichtungstechnologie führen außerdem dazu, dass immer dünnere ITO-Schichten erzeugt werden können (bis in den Nanometerbereich) und damit trotz größer werdender Displays weniger Indium in den Geräten enthalten ist.

Liste der Ansprechpartner aller Vorhabenspartner
Dipl.-Ing. (FH) Guido Sellin Electrocycling GmbH, Landstraße 91, 38644 Goslar, guido.sellin@electrocycling.de, Tel.: +49 5321 3367-44

Dipl.-Ing. Hannes Fröhlich Electrocycling GmbH, Landstraße 91, 38644 Goslar, hannes.froehlich@electrocycling.de, Tel.: +49 5321 3367-65

Dipl.-Ing. Kai Rasenack TU Clausthal-Zellerfeld, Institut für Aufbereitung, Deponietechnik und Geomechanik, kai.rasenack@tu-clausthal.de, Tel.: +49 5323 72-3335

Dr. Marcel Picard Umicore AG & Co. KG, Rodenbacher Chaussee 4, 63457 Hanau-Wolfgang, marcel.picard@eu.umicore.com, Tel.: +49 6181 59-6138

Veröffentlichungen des Verbundvorhabens
[Sellin et al. 2016] Sellin, G.; Fröhlich, H.; Rasenack, K.: InAccess – Rückgewinnung von Indium durch effizientes Recycling von LCD-Bildschirmgeräten. In: Thomé-Kozmiensky, K. J., Goldmann, D. (Hrsg.) Recycling und Rohstoffe, Band 9, S. 163 – 176, TK Verlag Karl J. Thomé-Kozmiensky, Neuruppin

[Goldmann & Rasenack 2015] Goldmann, D.; Rasenack, K.: Recycling of indium from end-of-life LCDs. In: Proceedings of the European Metallurgical Conference EMC 2015, Düsseldorf, 14.–17.06.2015. GDMB Verlag GmbH, Vol. 2, pp. 759–770, ISBN: 978-3-940276-62-9

[Rasenack & Goldmann 2014] Rasenack, K.; Goldmann, D.: Herausforderungen des Indium-Recyclings aus LCD-Bildschirmen und Lösungsansätze. In: Thomé-Kozmiensky, K. J., Goldmann, D. (Hrsg.) Recycling und Rohstoffe, Bd. 7, S. 205 – 215, TK-Verlag, Neuruppin

[Rasenack & Goldmann 2013] Rasenack, K. K.; Goldmann, D.: Herausforderungen des Indium-Recyclings aus LCD-Bildschirmen und Lösungsansätze. In: Herstellung und Recycling von Technologiemetallen, Heft 133 der Schriftenreihe der GDMB Gesellschaft der Metallurgen und Bergleute e. V., S. 57 – 70, Hrsg.: Fachausschuss für Metallurgische Aus- und Weiterbildung der GDMB, GDMB Verlag GmbH, Clausthal-Zellerfeld

Quellen
[Michels et al. 2013] Michels, A.: Arlt, M.-K.: Gödde, J.: Daten und Prognosen zum Lebenszyklus von LCD-Bildschirmgeräten – Ecowin GmbH.

03. Photorec – Rückgewinnung von seltenen strategischen Metallen aus EOL Dünnschicht-PV-Modulen

Reiner Weyhe, Albrecht Melber (Accurec Recycling GmbH, Mülheim), Bernd Friedrich, Marek Bartosinski (RWTH Aachen, IME Metallurgische Prozesstechnik und Metallrecycling), Marcel Mallah, Lars Musiol (Fricke und Mallah Microwave Technology GmbH, Peine)

Projektlaufzeit: 01.05.2012 bis 31.10.2015   Förderkennzeichen: 033R083

ZUSAMMENFASSUNG

Tabelle 1: Zielwertstoffe

Zielwertstoffe im r³-Projekt Photorec		
Ga	In	Te

Gesamtziel des Projektes „Photorec" war die Entwicklung eines thermischen und selektiven Rückgewinnungsverfahrens von strategischen Wertstoffen auf Cadmiumtellurid (CdTe) und Kupfer-Indium-Gallium-Diselenid (CIGS) basierenden Dünnschicht-Solarmodulen, für die bisher ein wirtschaftliches Recyclingverfahren fehlt. Wesentliches Merkmal der Dünnschicht-Technologie stellt der relativ geringe Anteil an Funktionsmetallen (Ga, In, Te) an der Gesamtmasse dar (ca. 0,1 %). Dementsprechend basieren bisherige Recyclingmethoden für Dünnschicht-Solarmodule auf aufwendigen hydrometallurgischen Prozessschritten über Laugung hin zu Fällung in mehreren Stufen. Im Projekt Photorec wurde der Einsatz von Mikrowellenstrahlung (MW) zur Trennung von Funktionsschichten untersucht, um auf ressourceneffiziente Art die Wertmetalle wiederzugewinnen. Die verwendete Mikrowellentechnik wurde vom Projektpartner Fricke und Mallah Microwave Technology GmbH neu entwickelt und an der RWTH Aachen, Institut für Metallurgie (IME), Abteilung Metallurgische Prozesstechnik und Metallrecycling, in Betrieb genommen. Hauptmerkmal dieser Mikrowellen-Vakuum-Destillationsanlage (MVD) ist die Möglichkeit der Einstellung einer definierten Atmosphäre (Luft, Schutzgas, Vakuum) und eine regelbare MW-Leistung unter kontinuierlicher Temperaturüberwachung.

Als zwingend notwendig erwies sich eine für den Prozess entsprechende Vorkonditionierung der Solarmodule zwecks Auftrennung des Glasverbundes, Verringerung des metallfreien Glasanteiles und Freilegung der Wertmetallschichten. Der Projektpartner Accurec Recycling GmbH entwickelte dazu eine mechanische Vorbehandlungskette, bestehend aus Walzenmühlen und Spaltsieben. Der Vorteil dieser Trennmethode liegt darin, dass die anschließende Behandlung in der Mikrowelle (MW) im Wesentlichen ohne anhaftende Kunststoffe bzw. Ethylenvinylacetat(EVA)-Folie erfolgen kann.

Neben der theoretischen Betrachtung erfolgte die Validierung der Mikrowellendestillation am IME anhand von Solarmodulschrotten. Die Arbeiten haben gezeigt, dass eine destillative Abtrennung der Halbleiterschichten mittels Mikrowellen im Fall von CdTe-Modulen prinzipiell möglich ist. Der Cd- und Te-Gehalt konnten so auf unter 20 ppm bezogen auf die Gesamtmasse gesenkt werden. Für CIGS-Module hingegen wird der Prozess durch die Eigenschaften des Trägerglases limitiert. Bei Erreichen einer kritischen Temperatur (ca. 600 °C) wird das Glas zum Mikrowellensuszeptor, was folglich zum Aufschmelzen des Glases führt, sodass die Wertmetalle eingeschlossen und verschleppt werden können. Vollständig konnte lediglich Selen aus dem Verbund abgetrennt werden.

1. EINLEITUNG

Durch das Inkrafttreten des Erneuerbare-Energien-Gesetzes und die dadurch wachsende Anzahl installierter Photovoltaikmodule ist zukünftig mit einer stetig zunehmenden Menge (Bild 1) ausgedienter Altmodule zu rechnen. Die Solarmodule sind seit 2015 im ElektroG [Bundesregierung 2015], das die WEEE-Richtlinie umsetzt, integriert und unterliegen damit einer festgeschriebenen Erfassungsquote von 85 Gew.-% und einer Recyclingquote von 80 Gew.-%.

In 2011 wies der Bestand der installierten Solarmodule überwiegend Module auf Siliciumbasis aus. Für die Zukunft werden die Dünnschicht-Photovoltaikmodule aufgrund ihrer einfacheren und kostengünstigeren Herstellung zunehmend verwendet. Insbesondere Module auf Cadmiumtellurid- (CdTe) sowie auf Kupfer-Indium-Gallium-Diselenid-Basis (CIGS) gelten als aussichtsreich. In diesen Modulen werden sowohl die kritischen und wirtschaftsstrategischen Metalle Indium und Gallium als auch Tellur verwendet. Bisherige Recyclingmethoden für Dünnschicht-Solarmodule befinden sich hauptsächlich in der Entwicklungsphase und basieren auf komplexen hydrometallurgischen Prozessschritten mit einer vorgeschalteten mechanischen Aufbereitung. Eine wesentliche Herausforderung beim Recycling dieser Module besteht darin, dass die Funktionsschichten nur wenige Mikrometer dick sind und somit nur ca. 0,1 % der Gesamtmasse ausmachen. Hohe Selektivität bei der Wiedergewinnung ist dementsprechend essenziell.

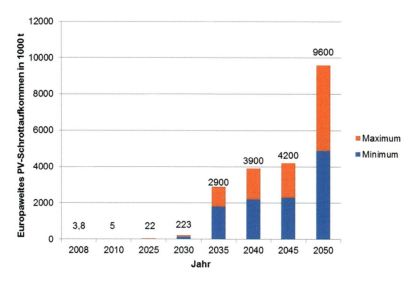

Bild 1: Abfallprognosen für Dünnschicht-Solarmodul-Schrott bis 2050 [Green 2013]

Diese hohe Selektivität könnte über eine Mikrowellentechnik erreicht werden. Mikrowellentechnik stellt eine vergleichsweise neue Technologie für Hochtemperaturanwendungen dar und bietet eine bis dato noch nicht erprobte Methode für das Recycling von Dünnschicht-Solarmodulen. Bei der Mikrowellenerwärmung wird die einfallende Strahlung nur in dem Material zu Wärme umgewandelt, das entsprechende dielektrische Eigenschaften aufweist und Mikrowellen absorbiert. Während Oxide wie Al_2O_3 und SiO_2 transparent sind, werden Mikrowellen von Leitern mit freien Elektronen aufgrund der geringen Eindringtiefe größtenteils an der Oberfläche reflektiert. Ist das Oberflächen-zu-Volumen(O/V)-Verhältnis wie bei Partikeln, Metallfolien oder mit leitenden Schichten bedampften Oberflächen jedoch sehr groß, kann es zu einer signifikanten Anregung der Elektronen an der Oberfläche kommen. Die dadurch erzeugte Wärme kann aufgrund des geringen Volumens nicht ausreichend über den Metallkörper abgeführt werden und staut sich im angeregten Volumen. Diese selektive Einkopplung der Mikrowellen in leitenden Metallschichten kann für die Aufbereitung von Dünnschicht-Solarmodulen genutzt werden. Dünnschicht-Solarmodule bestehen aus halbleitenden Schichten, deren Dicke ungefähr gleich der Mikrowelleneindringtiefe ist. Im Vakuum sollen diese Schichten nach der Mikrowellenbehandlung verdampft und wiedergewonnen werden. Eigene Entwicklungsvorleistungen im Gramm-Maßstab hatten bereits gezeigt, dass die Mikrowellenenergie überwiegend in die Metall- bzw. Halbleiterschicht eingekoppelt wird und so gezielt die Heizleistung zur Flash-Verdampfung der Dünnschichtmetalle einbringt [Metaxas 1983, Meredith 1998, Agrawal 2006, Yoshikawa 2010].

Eine wirtschaftliche Rückgewinnung strategischer Metalle aus den Solarmodulen mit dieser Recyclingtechnologie kann durch folgende Entwicklungsziele erreicht werden:
- eine prozessstufenarme und reststoffminimierte Behandlungstechnik
- hohe Ressourceneffizienz
- eine Stoffsystem-flexible Recyclingtechnik
- geringstmöglicher Betriebsmitteleinsatz
- geringstmöglicher Energieaufwand
- eine geringe Störgrößenempfindlichkeit
- eine „Zero Waste/Zero Emission"-Technologie durch hermetisch geschlossenes Vakuumsystem

2. VORGEHENSWEISE

Im Teilprojekt „Mikrowellentechnik" wurde die Mikrowellen-Destillationsanlage durch die Projektpartner entwickelt. Hierfür konnte zunächst ein Konzept für die Mikrowellen-Vakuum-Destillationsanlage (MVD) unter Berücksichtigung anlagenspezifischer Kennwerte ausgearbeitet werden. Der Fokus dieses „Basic Engineerings" lag dabei neben der Anlagengeometrie auf den elektrischen Parametern Mikrowellenleistung und -frequenz. Die erforderlichen Parameter und Kennwerte (Zusammensetzung der Module, erforderliches Prozessfenster, benötigte Energiedichte) wurden in Laborversuchen und die Anlagengeometrie der MVD in Computersimulationen von Fricke und Mallah Microwave Technology GmbH ermittelt und in Zusammenarbeit mit den Projektpartnern ein erstes Anlagenkonzept erstellt. Anschließend wurde die MVD konstruiert, eine Steuerungssoftware programmiert sowie die Anlage am IME in Aachen aufgebaut und in Betrieb genommen.

Die mechanische Vorbehandlung zielt auf eine kurze und effiziente MVD-Behandlung, sodass die spontan verdampfenden Halbleitermetalle aus der frontseitigen Glasschicht möglichst in freiem Strömungsfeld entweichen können und den kürzesten Gasaustrittsweg erfahren. Zudem sollte eine größtmögliche Glasmasse ohne Zielmetall im Vorfeld abgetrennt werden, um den Mikrowellendurchsatz zu maximieren. Zunächst wurde ein möglichst dichtes Netz an Spalten und Rissen über das Frontglas gelegt und so die Gastransportwege hinter dem Frontglas auf die Dicke des Frontglases begrenzt. Eine Diffusions- bzw. Transportbehinderung mit ggfs. störender Rückkondensation sollte damit sicher verhindert werden. Der Aufbau der untersuchten Dünnschicht-Solarmodule unterscheidet sich bei den verschiedenen Herstellern in der Art der verwendeten Front- und Rückgläser. Hier kommen fast ausschließlich Einscheibensicherheitsgläser (ESG) und teilvorgespannte Gläser (TSG) zum Einsatz, Verbundgläser (VG) wurden in den untersuchten Modulen nicht gefunden. Anhand von mechanischen Belastungstests wurden sowohl Bruchform der einzelnen Gläser als auch die theoretische Druckkraft ermittelt, die für das Einbringen möglichst vieler Risse benötigt wird. Es stellte sich heraus, dass die erforderliche Druckkraft für eine Zwei- oder Dreiwalzenanlage zu hoch ist, um homogen Risse über die gesamte Oberfläche einzubringen. Daher wurde ein alternativer Weg eingeschlagen und es wurden Vorzerkleinerungsmethoden in verschiedenen Laboranlagen getestet. Als erfolgreich stellte sich der Einsatz eines Rotorwalzenzerkleinerers heraus, mit dem eine gleichzeitige Abtrennung von Rückseitenglas und des Laminationspolymers im Vorbehandlungsschritt erreicht wurde. Dadurch entfällt ein der MW-Behandlung nachgeschalteter Separationsschritt. Die weitere Kombination mit nachgeschalteten Sieben sowie einer Walzenmühle zur Trennung von Glas und Kunststoffen wurde ebenfalls im Rahmen des Projektes aufgebaut und anhand von CdTe-Modulen erfolgreich validiert.

Im Projektverlauf wurde sowohl eine theoretische Betrachtung der Destillation und eine Machbarkeitsprüfung (proof of principle) als auch die experimentelle Validierung durchgeführt. Im Fokus der Forschung standen vorkonditionierte Modulschrotte auf CdTe- und CIGS-Basis, welche vom Projektpartner Accurec Recycling GmbH zur Verfügung gestellt wurden. In einem ersten Schritt wurde das Material charakterisiert und die Zusammensetzung der einzelnen Funktionsschichten ermittelt. In Vorversuchen im Vakuuminduktionsofen wurde das erforderliche Prozessfenster für das Abtrennen der Funktionsschichten untersucht. Darüber hinaus konnten die Prozessgrenztemperaturen definiert werden, ab der das Glassubstrat aufweicht bzw. aufschmilzt oder bei hinreichend geringen Drücken aufschäumt. Durch Temperatur- und Druckbehandlung werden die Wertmetalle im Glas gelöst bzw. eingeschlossen und irreversibel verschleppt. Nach Inbetriebnahme der durch den Projektpartner Fricke und Mallah Microwave Technology GmbH entwickelten MVD-Anlage erfolgten zunächst Ankopplungsversuche mit den Halbleitermaterialien in Reinform und des reinen Trägerglases. Es folgten Destillationsversuche in der Mikrowellenanlage mit Solarmodulschrotten im Gramm bzw. Kilogramm-Maßstab. Somit durchliefen Modulschrotte im Rahmen des Projektes die in Bild 2 dargestellte Prozessroute:

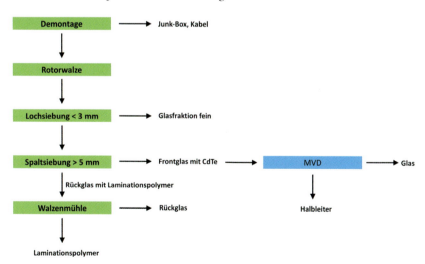

Bild 2: Photorec-Prozessfließbild: Demontage (Entfernung der Anschlussdose bzw. Kabel), mechanische Aufbereitung und Vakuum-Destillation [Photorec]

3. ERGEBNISSE UND DISKUSSION

Die Mikrowellenerwärmung der Funktionsschichten von Dünnschicht-Solarmodulen stellt aufgrund der geringen Schichtdicke und der Größe der zu erwärmenden Fläche sehr hohe Anforderungen an die Feldhomogenität. Aufgrund der relativ niedrigen Frequenz der Mikrowellenstrahlung im Vergleich zum sichtbaren Licht ergibt sich in einer beliebigen Mikrowellenkammer stets eine diskrete räumliche Verteilung der Maxima und Minima des Mikrowellenfeldes. Daher wurde im Rahmen des Verbundprojektes Photorec ein innovatives Konzept zur Feldhomogenisierung entwickelt. Besonders vielversprechende Ergebnisse für eine optimale Feldhomogenisierung im zeitlichen Mittel haben sich für das Konzept einer Acht-Tor-Mikrowellenkammer mit Zylindergeometrie ergeben. Die acht Mikrowelleneinkopplungen wurden speziell an die Anforderungen des Projekts Photorec angepasst. Hierbei erwiesen sich die Vorgaben für den im Prozess abzudeckenden Druckbereich als Herausforderung. Bild 3 zeigt die am IME in Betrieb genommene MVD-Anlage. Die acht Mikrowellengeneratoren sind über die Steuerung der MVD mit einer Wärmebildkamera gekoppelt. Auf diese Weise wurde eine gezielte Bewegung des Mikrowellenfeldes bei ruhendem Erwärmungsgut möglich. Für die Erwärmung der großflächigen Dünnschicht-Solarmodule notwendige hohe Homogenität des Mikrowellenfeldes wurde im zeitlichen Mittel erreicht.

Bild 3: MVD-Anlage der Firma Fricke und Mallah Microwave Technology GmbH am IME in Aachen [Photorec]

Bild 4 zeigt die von der Accurec Recycling GmbH entwickelte Vorkonditionierungsanlage. Besonders vorteilhaft bei dieser Zerkleinerungsart ist der Effekt, dass sich das Frontglas mit der metallischen Schicht in Scherben der Größe 5 – 40 mm vom Restverbund aus Rückseitenglas und EVA-Folie abtrennen ließ. Während die Scherben des Frontglases eine absolut ebene Geometrie in der Dicke des Frontglases aufwiesen und frei von Kunststoffanteilen sind, fallen die Verbunde aus Rückseitenglas und Kunststoff in einer gekrümmten Geometrie an und weisen so eine höhere mittlere Dicke als die Frontscherben auf.

Bild 4: Vorbehandlungsanlage für Dünnschichtmodule, Teilprojekt Accurec Recycling GmbH [Photorec]

Das nachfolgende Bild 5 zeigt das Material vor und nach der Vorbehandlung. Die schwarz scheinenden Scherben sind als Oberseite des Frontglases erkennbar. An den dunkelgrauen Scherben erkennt man die metallisierte Rückseite des Frontglases. Die am Rückglas verbleibende Kunststofffolie ist nicht frei von Cadmium und Tellur. Etwa 2,8 % des Gesamtcadmiums aus der Halbleiterschicht haftet an der Kunststofffolie im Rückseitenglas. Eine weitere Behandlung dieser Verbunde in der Mikrowelle war aufgrund der Vermischung der Kohlenwasserstoffkondensate mit den Metalldestillaten erfolglos. Ähnliches gilt für die Feinfraktion Glas (< 3 mm) nach der Lochsiebung. Die Bilanz ergibt, dass ca. 1,6 % Cadmium aus der Halbleiterschicht des Frontglases über feinste Glassplitter ausgetragen wird. Eine konventionelle Verwertung ist wegen der zu hohen Cadmium- und Tellurgehalte noch nicht möglich, eine wirtschaftliche Behandlung in der Mikrowelle als Schüttgut jedoch technisch nicht realisierbar. Daher muss diese Feinfraktion vorerst der Entsorgung zugeführt werden. Eine Prüfung alternativer, wirtschaftlich sinnvoller Behandlungsmethoden sollte angestrebt werden. Durch die Verwertung der Frontgläser und der Rückgläser aus der Walzenmühle kann jedoch mit einer Verwertungsquote von ca. 86 % die gesetzliche Vorgabe übertroffen werden.

Bild 5: Intaktes CdTe-Modul (links), Frontglas mit Wertmetallschichten nach mech. Behandlung (rechts) [Photorec]

Qualitative Ankopplungsversuche mit pulverförmigen Halbleiter-Reinstoffen an der MVD-Anlage zeigten, dass sich sowohl CIGS als auch CdTe mittels Mikrowellen gut erwärmen lassen. Die Heizraten betragen bei einer Gesamtgeneratorleistung von 4 kW und einer Probenmenge von 250 g mehr als 100 °C/min. Die maximal gemessene Temperatur lag bei ca. 900 °C. Das reine Glassubstrat (Kalk-Natron-Glas: 75 % SiO_2, 15 % Na_2O, 10 % CaO) hingegen konnte unter denselben Bedingungen lediglich auf 250 °C erwärmt werden. Ankopplungsversuche im Vakuum (ca. 0,01 mbar) mit CdTe- und CIGS-Modulschrotten im Gramm-Maßstab ergaben, dass Mikrowellen selektiv in die Halbleiterschichten ankoppeln, was ebenfalls zu Heizraten > 100 °C/min führte. Es konnte im Fall von CdTe ein offensichtlich vollständiger Abtrag der CdTe-Schicht beobachtet werden, während CIGS-Module keine Veränderung zeigten. Durch Heizen unter Luft hingegen wurde eine deutliche Verfärbung festgestellt, die durch Oxidation von Selen erklärbar ist (Bild 6). Eine Analyse der Zusammensetzung mittels Röntgenfluoreszenz belegt eine fast vollständige Abtrennung des CdTe im Vakuum (bei 700 °C), hingegen nur eine leichte Abnahme bei 700 mbar Stickstoff. Für CIGS-Schrotte konnte eine hochgradige Verflüchtigung des Selens bestätigt werden. Tabelle 2 fasst die Analyseergebnisse zusammen. Scale-up-Versuche im Kilogramm-Maßstab zeigten sehr inhomogene Temperaturverteilungen in der Schüttung für beide Solarmodularten, was material- und vorbehandlungsbedingt durch die vielen Kanten und Spitzen verursacht wird. Diese führen zu Feldverzerrungen und Feldfokussierungen und dementsprechend zu sogenannten „Hotspots", in welche die Mikrowellenstrahlung bevorzugt ankoppelt. Die Wertmetalle konnten hier nicht ausreichend verdampfen und kondensieren.

Zusammenfassend lässt sich feststellen, dass die Halbleiterschichten mittels Mikrowellen im Fall von CdTe-Modulen prinzipiell destillativ abgetrennt werden können. Für CIGS-Module hingegen wird der Prozess durch die Eigenschaften des Trägerglases limitiert. Bei Überschreiten einer kritischen Temperatur (ca. 600 °C) wird das Glas zum Mikrowellensuszeptor, was folglich zum Aufschmelzen des Glases führt, und die Wertmetalle dissipativ verschleppt werden können, bevor diese abdampfen können.

 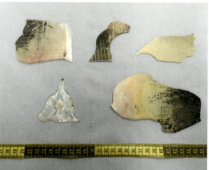

Bild 6: CdTe- (links) und CIGS-Modulscherben (rechts) nach MVD-Behandlung [Photorec]

Tabelle 2: Gehalt der Wertmetalle in CdTe- und CIGS-Dünnschicht-Solarmodule vor (rot) und nach (blau) MW-Behandlung [Photorec]

Probe*	Cd ppm	Te ppm	Probe**	Cu ppm	Ga ppm	Se ppm	In ppm
CdTe (700 mbar)	558	507	CIGS I „braun"	320	46	144	190
CdTe (< 10 mbar)	19	3	CIGS II „rot"	218	68	8	240
			CIGS III „transp."	152	49	8	160
CdTe Ausgangsmaterial	780	787	CIGS Ausgangsmaterial	311	35	261	140

*Versuche unter Stickstoff-Atmosphäre

**Versuche unter Luft

4. AUSBLICK

Zum einen führt der steigende Bedarf an seltenen bzw. kritischen Metallen für die Solarindustrie zu einer Verknappung und damit potenziellen Preissteigerungen für diese Metalle. Zum anderen steigt auch in den nächsten Jahren das Volumen der ausgedienten (End-of-Life) Solarmodule. Somit kann ein Recycling von strategischen Metallen aus Solarmodulen zukünftig durchaus wirtschaftlich sein.

Um einzuschätzen, welche Materialmengen zukünftig zur Verwertung anstehen, wurden in einer Studie [Ökopol 2004] zunächst die Entwicklung des PV-Marktes seit 1990 und die zu erwartende Entwicklung in Deutschland und in der EU untersucht. Mithilfe einer simulierten Absterbekurve wurde die zur Entsorgung anstehende Abfallmenge in 2015 bereits auf ca. 5.000 t und 2040 ca. 33.000 t alleine in Deutschland prognostiziert. Bezogen auf Europa ist in 2030 laut einer weiteren Ökopol-Studie [Ökopol 2007] mit einem Solarmodul-Abfallaufkommen von über 130.000 t zu rechnen. Unter Annahme eines Zielmetallgehaltes von 0,1 % und einer Stabilität der Rohstoffpreise von 2007 (berücksichtigt werden In, Ga und Te; Cd und Se werden in dieser Kalkulation aufgrund des geringeren Materialwerts vernachlässigt) ergibt sich für 2030 in erster Näherung ein Zielmetallmaterialwert von über 40 Mio. EUR allein in Europa. Hinzugezählt werden könnten noch weitere 15 % Produktionsausschuss mit einem Erlös von 100 EUR/t rezykliertem Flachglas und einer zur Zeit marktüblichen Entsorgungsgebühr von 150 EUR/t. Daraus ergibt sich ein Gesamtumsatzwert von über 87 Mio. EUR.

Die 2011 durch massiven Preiskampf ausgelöste Solarkrise führte zu einer Konsolidierung des Herstellermarktes und einem weiteren Abbau der Recyclingaktivitäten. So hat Bosch

Solar das Business-Segment verkauft, Herstellungskapazitäten geschlossen oder in den asiatischen Raum verlagert. First Solar hat die gesamte Fertigung in Frankfurt (Oder) 2014 liquidiert und abgebaut. Dazu zählt auch die – bisher einzig verfügbare – spezifische Demonstrationsanlage zur Aufbereitung von CdTe-Dünnschichtmodulen. Ebenso wurde unmittelbar nach Gründung und Ankündigung einer signifikanten Recyclinginvestition durch die Firma Sunicon GmbH wegen der Zuspitzung der Krise das Vorhaben zurückgenommen. Eine Wiederaufnahme ist nicht geplant, da sich die Recyclingkapazitäten auch durch Produktionsschrotte der Solarworld AG decken sollten, die nunmehr wegen der Marktkonsolidierung nicht mehr gegeben sind. Ankündigungen der Saperatec GmbH und Loser Chemie GmbH, nach Weiterentwicklung der nasschemischen Verfahren eine Demonstrationsanlage bzw. Fertigungsstätte aufzubauen, wurden bisher nicht umgesetzt. Dies liegt zum einen am bisherigen Entsorgungspreisniveau von Solarmodulen (< 150 EUR/t) und an der Tatsache, dass hier die bisher verfügbare geringe Menge von Dünnschichtmodulen im Gros der siliciumbasierten Altmodule verdünnend verschwindet. Zum anderen sind die Mengenprognosen der einschlägigen Fachverbände gering und erkennen für die nahe Zukunft insbesondere für Dünnschichtmodule keinen Geschäftsfall. Insgesamt waren im Bereich des Dünnschichtrecyclings, auch international, während der Projektlaufzeit die Aktivitäten rückläufig.

Nach weiteren vergangenen vier Jahren Erfahrung zur Betrachtung des End-of-Life-Solarmodul-Marktes kann der Rücklauf von alten Solarmodulen noch nicht hinreichend sicher kalkuliert werden, insbesondere im Hinblick auf Dünnschicht-Solarmodule. Dennoch plant die Accurec Recycling GmbH konkret zunächst eine Pilotanlage für siliciumbasierte Solarmodule in Deutschland. Hier ist zunächst die bedeutendste Menge schnell anwachsender Jahrestonnagen zu erwarten, wobei erste Erfahrungen im halbtechnischen Maßstab gesammelt werden konnten, und sie eine für Dünnschichtmodule fördernde Erfahrungszunahme darstellen.

Das vorgeschlagene Verfahren kommt in regionaler Hinsicht unmittelbar jungen deutschen, innovativen Mittelstandsunternehmen zugute. Es hat zunächst einerseits intensiv den universitären Know-how-Transfer und anderseits den Aufbau von fachspezifischem Wissen durch eigene Entwicklungsleistungen innerhalb der beteiligten Mittelstandsunternehmen gefördert. Hinsichtlich Forschung und Lehre kam das Verbundprojekt unmittelbar den Auszubildenden an der Universität bzw. im Unternehmen sowie der Ingenieurausbildung des beteiligten Institutes zugute. Im Detail wurden eine begleitende Dissertation abgeschlossen sowie Studenten mit dieser zukunftsorientierten Materie im Rahmen von Bachelor- und Masterarbeiten angeleitet. Die Forschungsergebnisse wurden in Fachzeitschriften (s. u.) veröffentlicht und sollen auf zukünftigen internationalen Tagungen (PV-Recycling Conference) vorgestellt werden.

Mit dem erfolgreichen Einsatz der MVD-Anlage im Recycling von Solarmodulen durch Fricke und Mallah Microwave Technology GmbH wurde für diese Technologie eine vielversprechende zusätzliche Anwendung geschaffen. Darüber hinaus kann dieses Verfahren potenziell auch in anderen Bereichen des Recyclings angewendet werden.

Zukünftig soll die Technologie der Mikrowellenverdampfung mit anschließender Kondensation am IME weiterentwickelt und auf andere Anwendungsfälle übertragen werden.
Die abschließende technische Beurteilung der Projektergebnisse weist aber auch darauf hin, dass unterschiedliche Prozessdetails noch nicht hinreichend erklärt sind oder verbessert werden könnten. So muss zunächst Reproduzierbarkeit hinsichtlich der Wertmetallabtragung gewährleistet werden. Eine allgemeingültige Prozessführung zum vollständigen Abtrag der Wertmetallschichten konnte bislang noch nicht erzielt werden. Hintergrund sind Temperaturgradienten, die sich aufgrund der Materialgeometrie an Spitzen und Kanten ausbilden. Folglich schmilzt das Glas lokal auf, was nicht nur zur Verschleppung der Wertmetalle führt, sondern auch einen erhöhten Energiebedarf benötigt, da Mikrowellen zunehmend in das heiße Glassubstrat einkoppeln. Hierzu soll der Einsatz eines kontinuierlichen Mikrowellendrehrohrs getestet werden. Wesentlicher Vorteil ist eine definierte Verweilzeit des Aufgabeguts bei Durchlaufen derselben Feldverteilung. So sollen Hotspots und folglich auch Thermal Runaways (lokale unkontrollierte Überhitzung) vermieden werden. Ein weiterer kritischer Aspekt ist das Eintreten von Plasmaeffekten, was mit hohen elektrischen Felddichten einhergeht. Bedingt durch die benötigten Energiedichten, die für eine Abtrennung der Halbleiterschichten bei weitestgehender Vermeidung des Energieeintrages ins Glas erforderlich sind, kann es zur Ausbildung von Plasmen kommen. Nachteil ist die Einkopplung der Mikrowellen ins Plasma und ein „Abschirmungseffekt" der zu behandelnden Charge. Wesentliche Einflussparameter sind einerseits die Anlagengeometrie, andererseits die Menge und Geometrie des Inputmaterials. Um einen plasmafreien Betrieb sicherzustellen, sind weitere Simulationsrechnungen nötig.

Sind diese Hürden überwunden, ließe sich ausreichend Wertmetallkondensat sammeln, um eine finale Bewertung des Gesamtprozesses durchzuführen.

Die aufgeführten technologischen Schwierigkeiten weisen darauf hin, dass vor einem Upscaling in einen industriellen Maßstab – gerade durch die Empfindlichkeit der MVD-Technik – eine Zwischenstufe in der Übertragung der Ergebnisse erforderlich ist. Eine Auslegung, Bau und Test einer angepassten Demonstrationsanlage für Inputkenndaten (Bautyp, Zustand und max. Abmessungen der Dünnschichtmodule sowie Durchsatz) sollte das Verständnis aller Prozessschritte und ihre gegenseitigen Abhängigkeiten so verbessern, dass ein weiteres Upscaling in den Produktionsmaßstab für Mittelstandsunternehmen mit einem wirtschaftlich tragbarem bzw. minimalem Risiko verbunden ist. Eine Förderung über diesen Demonstrationszwischenschritt hinweg im Sinne eines Folgeprojektes halten die Projektteilnehmer für unbedingt empfehlenswert.

Liste der Ansprechpartner aller Vorhabenspartner

Dr.-Ing. Reiner Weyhe Accurec GmbH, Wiehagen 12 – 14, 45472 Mülheim a.d.R., reiner.weyhe@accurec.de, Tel.: +49 208 781173

Dr.-Ing. Albrecht Melber Accurec GmbH, Wiehagen 12 – 14, 45472 Mülheim a.d.R., albrecht.melber@accurec.de, Tel.: +49 208 781175

Prof. Dr.-Ing. Dr. h.c. Bernd Friedrich RWTH Aachen, IME, Intzestraße 3, 52072 Aachen, bfriedrich@ime-aachen.de, Tel.: +49 241 8095850

Dipl.-Ing. Marek Bartosinski RWTH Aachen, IME, Intzestraße 3, 52072 Aachen, mbartosinski@ime-aachen.de

Dipl.-Ing. Marcel Mallah Fricke und Mallah Microwave Technology GmbH, Werner-Nordmeyer-Straße 25, 31226 Peine, marcel.mallah@microwaveheating.net, Tel.: +49 5171 545719

Dipl.-Phys. Lars Musiol Fricke und Mallah Microwave Technology GmbH, Werner-Nordmeyer-Straße 25, 31226 Peine, l.musiol@microwaveheating.net, Tel.: +49 5171 545719

Veröffentlichungen des Verbundvorhabens

[Bartosinski 2014] Bartosinski, M.: Recycling von Dünnschicht-Solarmodulen mittels Mikrowellen-Vakuum-Destillation. In: „Deutschlands Elite-Institute", Alpha Verlag, ISSN 1614-8185, erschienen 2014

[Bartosinski 2015a] Bartosinski, M.: Separation of semiconductor layers from thin film solar panels using microwave radiation. In: Proceedings of the European Metallurgical Conference 2015, ISBN: 978-3-940276-62-9, S. 715 – 724

[Weyhe 2013] Weyhe, R.: TF-Solar Panel Recycling – New Challenges In Cost Efficiency, 3th Conference on PV-Solar Recycling, Rome 27./28.02.2013

[Weyhe 2014a] Rückgewinnung von seltenen strategischen Metallen aus EOL Dünnschicht-PV Modulen, Vortrag, r³-Statuskonferenz und Urban Mining Kongress Essen 11./12.06.2014

[Weyhe 2014b] Weyhe, R.: New Technologies in Solar Panel Recycling, 29th European Photovoltaic Solar Energy Conference and Exhibition 2014, Vortrag, Amsterdam, Netherland, 23.09.2014

[Bartosinski 2015b] Bartosinski, M.: PHOTOREC – Rückgewinnung von seltenen strategischen Metallen aus EOL Dünnschicht-PV-Modulen, Vortrag, r³-Abschlusskonferenz Bonn, 15./16.09.2015

[Michaelis et al. 2016] Michaelis, D.; Bartosinski, M.; Friedrich, B.: Rückgewinnung von Elektronikmetallen aus Solarpanel-Schrott durch Mikrowellen unterstützte Vakuumdestillation, Vortrag, Berliner Recycling- und Rohstoffkonferenz, 07./08.03.2016, Berlin

Quellen

[Agrawal 2006] Agrawal, D.: Microwave sintering, brazing and melting of metallic materials. In: International Symposium Advanced Processing of Metals and Materials, Vol 4, 2006, p. 183 – 192

[Bundesregierung 2015] Bundesregierung der Bundesrepublik Deutschland: Gesetz über das Inverkehrbringen, die Rücknahme und die umweltverträgliche Entsorgung von Elektro- und Elektronikgeräten, unter: http://www.gesetze-im-internet.de/elektrog/, Stand: 15.05.2015

[EUR 2012] Europäisches Parlament: „Richtlinie 2012/19/EU des europäischen Parlaments und des Rates vom 04.07.2012 über Elektro- und Elektronik-Altgeräte (Neufassung)",
unter: http://eur-lex.europa.eu/

[Erdmann et al. 2011] Erdmann, L.; Bernhardt, S.; Feil, M.: „Kritische Rohstoffe für Deutschland", Institut für Zukunftsstudien und Technologiebewertung (IZT) unter: https://www.izt.de/,
Stand: 19.05.2015

[Green 2013] Green Jobs Austria, „Recycling von PV-Modulen; Hintergrundpapier zum Round Table 2013", 2013

[Meredith 1998] Meredith, R. J.: ‚Engineers' handbook of industrial microwave heating. IEE power series. 1998, London: Institution of Electrical Engineers. xiv, p. 363

[Metaxas & Meredith 1983] Metaxas, A. C.; Meredith, R. J.: Industrial microwave heating. IEE power engineering series. 1983, London, UK: P. Peregrinus on behalf of the Institution of Electrical Engineers. xv, p. 357

[Ökopol 2004] Institut für Ökologie und Politik GmbH: Stoffbezogene Anforderungen an Photovoltaik-Produkte und deren Entsorgung. In: Umwelt-Forschungs-Plan, FKZ 202 33 304 Endbericht, 2004

[Ökopol 2007] Institut für Ökologie und Politik GmbH: Studie zur Entwicklung eines Rücknahme- und Verwertungssystems für photovoltaische Produkte, Förderkennzeichen 03MAP092, BMU Abschlussbericht, 2007, unter: http://epub.sub.uni-hamburg.de/epub/volltexte/2012/12655/pdf/Gesamtbericht_PVCycle_de.pdf, Stand: 25.06.2016

[Photorec] Bartosinski, M.; Friedrich, B.; Weyhe, R.; Melber, A.; Musiol, L.; Mallah, M.: Photorec-Rückgewinnung von seltenen strategischen Metallen aus EOL Dünnschicht-PV-Modulen, BMBF Abschlussbericht, Förderkennzeichen 033R083-A,B,C, 2016

[Wirth 2015] Wirth, H.: Aktuelle Fakten zur Photovoltaik in Deutschland, unter www.pv-fakten.de, Stand: 25.12.2015

[Yoshikawa 2010] Yoshikawa, N.: Fundamentals and applications of microwave heating of metals. In: Journal of Microwave Power and Electromagnetic Energy, 2010. 44(1): p. 4 – 13

04. r³ BECE – Separate Rückgewinnung von Zinn und Kupfer aus verbrauchten Zinn-Stripperlösungen der Leiterplattenindustrie

Christian Berger (BECE Leiterplatten-Chemie GmbH, Rheinböllen), Egon Erich, Frank Grüning (Institut für Energie- und Umwelttechnik e.V., Duisburg), Hans-Jürgen Klein (Harmuth Entsorgung GmbH, Essen)

Projektlaufzeit: 01.12.2012 bis 31.03.2015   Förderkennzeichen: 033R096

ZUSAMMENFASSUNG

Tabelle 1: Zielwertstoffe

Zielwertstoffe im r³-Projekt r³ BECE	
Cu	Sn

Bei der Leiterplattenfertigung fallen als verbrauchte Betriebslösungen unter anderem Zinn-Stripperlösungen mit beträchtlichen Gehalten der hochpreisigen Industriemetalle Zinn (Sn) und Kupfer (Cu) an. Die derzeitige Entsorgung erfolgt unspezifisch gemeinsam mit anderen Reststoffströmen. Das Projekt r³ BECE hatte daher zum Ziel, ein geeignetes Verfahren für das Recycling von Zinn und Kupfer aus den Prozessabfällen (Stripperlösungen) zu entwickeln.

Im Projekt r³ BECE erarbeitete der Forschungsverbund aus Stripperproduzent, Entsorger und Forschungsinstitut einen Lösungsweg zur Rückgewinnung der im Produktionsrückstand enthaltenen Wertmetalle unter zusätzlichem Erhalt der marktfähigen Nebenprodukte Kaliumaluminiumalaun und Kaliumsulfat. Neben der Zielstellung des Recyclings von Zinn und Kupfer bestand eine weitere Aufgabe in der Gewährleistung einer Anschlussfähigkeit hinsichtlich der Rückgewinnung weiterer wirtschaftsstrategischer Metalle aus flüssigen Reststoffströmen. Nach dem Ausscheiden des Projektpartners Harmuth Entsorgung GmbH musste auf den ursprünglich geplanten Bau und Betrieb der bereits projektierten Demonstratoranlage verzichtet werden.

Im neuen Verfahren wird die kolloidale Stripperlösung zunächst in eine zinnreiche Festphase und kupferreiche Flüssigphase aufgetrennt. Es reichern sich 99 % des Zinns in der Festphase an, 97 % des Kupfers in der Lösung. Die anschließende Aufarbeitung der kupferreichen Flüssigphase erfolgt bis zum Erhalt eines Feststoffkonzentrates, dessen externe Weiterverarbeitung ökonomisch sinnvoll ist. Aus der zinnreichen Festphase wird über eine rein hydrometallurgische Reaktionsfolge das elementare Metall mit einer Umsatzrate >90 % bei Reinheiten >80 % erhalten. Zudem liefert das Verfahren als Nebenprodukte Kaliumaluminiumalaun und Kaliumsulfat.

1. EINLEITUNG

Die verbrauchten Zinn-Stripperlösungen haben sich während der Betriebszyklen in erheblichem Maße mit den Wertstoffen Zinn und Kupfer angereichert. Je nach Beanspruchung können die Metallgehalte stark schwanken, wobei hohe Zinngehalte von mehr als 150 g/l möglich sind. Die Kupferkonzentration liegt zwischen 10 und 50 g/l (Betriebserfahrungen der BECE Leiterplatten Chemie GmbH, Rheinböllen). Zu deren Rückgewinnung existiert bislang kein angewandtes spezifisches Recyclingverfahren.

Derzeit erfolgt die Behandlung gemeinsam mit anderen metallionenhaltigen Reststoffströmen, was infolge damit einhergehender Verdünnungs- und Vermengungseffekte keine optimale Verwertungsstrategie für die Wertstoffe aus dem betrachteten Abfallstrom darstellen kann. Erhalten werden Feststoffkonzentrate der unterschiedlichsten Metalle (zumeist als Oxide und Hydroxide), die anschließend ggf. in Verhüttungsbetrieben nach weiterer Konditionierung als Zuschlagstoff pyrometallurgisch eingesetzt werden können [WRC 2011]. Eine Beseitigung ohne Verwertung der enthaltenen wertvollen Bestandteile, die aber nach Vermengung mit anderen Abfällen weiter verdünnt worden sind, erfolgt auch bis in die jüngere Zeit durch Deponierung des nach Neutralisationsfällung erhaltenen Hydroxid-/Oxidschlamms [Kerr 2004, Scott et al. 1997, Keskitalo et al. 2007, Buckle und Roy 2008]. Wirtschaftlich unbefriedigend ist vor allem, dass dem produzierenden Gewerbe für die Entsorgung gebrauchter Zinn-Stripperlösungen trotz der wertvollen Inhaltsstoffe beträchtliche Entsorgungskosten entstehen.

Die aktuell übliche Behandlungspraxis verbrauchter Zinn-Stripperlösungen korrespondiert mit der recherchierten Literatur- und Patentsituation, wonach die veröffentlichten spezifischen Aufarbeitungswege kosten- und arbeitsintensive Schritte erfordern. Bei den beschriebenen Laboruntersuchungen wurde häufig mit Modelllösungen gearbeitet. Die gewerbliche Etablierung eines spezifischen Recyclingverfahrens für verbrauchte Zinn-Stripper aus diesen Arbeiten fand nicht statt, sodass hierfür kein expliziter Stand der Technik existiert.

Das Hauptproblem einer spezifischen Aufarbeitung liegt darin, dass Zinn in Form feinstverteilter, chemisch inerter Zinnsäurepartikel als Suspension vorliegt (Bild 1), die sich durch eine herkömmliche Filtration nicht separieren lassen. Weiterhin erschweren die als Additive zugesetzten Komplexbildner beispielsweise elektrochemische Recyclingmethoden, da sich durch sie die Stromausbeute verringert. Dies ist besonders ausgeprägt unter den vorliegenden stark salpetersauren Bedingungen, die zudem eine unerwünschte Freisetzung von Wasserstoff und/oder Stickoxiden bei Kontakt mit eingesetzten metallischen Werkstoffen bzw. Reaktanten fördern [Buckle 2007].

Bild 1: Verbrauchte Zinn-Stripperlösung aus der BECE-Produktion (Foto: Grüning)

2. VORGEHENSWEISE

Der verfahrenstechnische Lösungsweg zur Aufarbeitung verbrauchter Zinn-Stripper sieht zunächst die Separation der Zinn-Stripperlösung in eine kupferreiche Flüssigphase und eine zinnreiche Feststoffphase vor. Nach Trennung voneinander erfolgt die Reaktion des Feststoffes zu einer gelösten Zinnverbindung. Beide Flüssigkeiten werden getrennt aufgearbeitet und liefern neben elementarem Zinn und festem Kupferkonzentrat die Nebenprodukte Kaliumsulfat (K_2SO_4) sowie Kaliumaluminiumsulfat (Alaun, $KAl(SO_4)_2 \cdot 12\ H_2O$). Bild 2 gibt das Schema der zunächst vorgesehenen Umsetzungen mit den drei Hauptschritten

- Phasentrennung,
- Aufarbeitung der kupferreichen Flüssigphase zu Kupfer und
- Aufarbeitung der zinnreichen Festphase zu Zinn

wieder.

Um einen möglichst breiten Anwendungshorizont zu gewährleisten, erfolgten Untersuchungen mit drei unterschiedlichen verbrauchten Zinn-Stripperlösungen: je ein Stoffstrom hoher und niedriger Metallkonzentrationen aus der BECE-Produktion sowie eine Zinn-Stripperlösung eines anderen Herstellers. Tabelle 2 gibt die Haupteigenschaften der untersuchten Zinn-Stripperlösungen wieder; Bild 3 zeigt Materialproben hiervon im Bild.

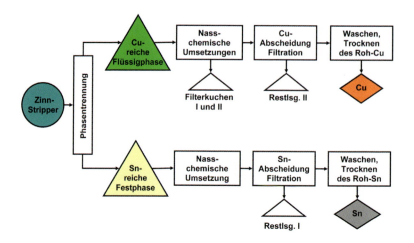

Bild 2: Geplanter Verfahrensablauf (Grafik: Grüning)

Tabelle 2: Eigenschaften der untersuchten Zinn-Stripper

	SN-STRIPPER I	SN-STRIPPER II	SN-STRIPPER III
Herkunft/Bemerkungen	BECE/ Niedrige Metallgehalte	BECE/ Hohe Metallgehalte	Anderer Hersteller
Dichte / g/ml	1,267	1,374	1,295
H^+-Konz. / mol/l	4,4	3,8	5,2
Metallgehalte / g/l	Sn: 65	Sn: 121	Sn: 71
	Cu: 13	Cu: 44	Cu: 8
	Fe: 7	Fe: 7	Fe: 9

Bild 3: Auswahl der Zinn-Stripper I, II, III (v.l.n.r.) (Foto: Grüning)

3. ERGEBNISSE UND DISKUSSION

Phasentrennung

Von grundlegender Bedeutung für die Aufarbeitung ist die Trennung der Zinn- und Kupferphasen. Hierbei soll mit größtmöglicher Trennschärfe hinsichtlich der Zielmetalle eine Aufspaltung der ursprünglichen Kolloidsuspension in eine zinnreiche Festphase und eine kupferreiche Flüssigphase realisiert werden. Ein für alle untersuchten Strippersorten gleichsam erfolgreich anwendbares Phasentrennverfahren ist aus den Testreihen hervorgegangen. Die Bilder 4 bis 7 illustrieren den Reaktionsverlauf der Phasentrennung bei der Sedimentation; in Tabelle 3 sind die Ergebnisse der Phasentrennung der verschiedenen Stripper I bis III aufgezeigt.

Bild 4: Laboraufbau der Behandlung zur Phasentrennung / Bild 5: Zu Beginn der Sedimentation (Foto: Grüning)

Bild 6: 19 Stunden nach Sedimentationsbeginn (Foto: Grüning)

Bild 7: Zinnreiche Festphase und kupferreiche Flüssigphase nach Separation (Foto: Grüning)

Tabelle 3: Phasentrennung

	SN-STRIPPER I	SN-STRIPPER II	SN-STRIPPER III
Volumenanteile nach Phasentrennung	73 % Flüssigkeit 27 % Sediment	60 % Flüssigkeit 40 % Sediment	78 % Flüssigkeit 22 % Sediment
Masse getr. Feststoff* pro Strippervolumen	125 g/l	194 g/l	139 g/l

* Getrocknet bei 120 °C bis Gewichtskonstanz

Die zusammengefassten Untersuchungsergebnisse (Tabelle 3) zeigen, dass für alle Stripperlösungen eine effektive Trennung der Metalle Zinn und Kupfer durch ein Verfahren mit immer gleichbleibenden Reaktionsparametern möglich ist und stripperspezifisch auch zu ähnlich zusammengesetzten Zwischenprodukten führt. Durchschnittlich reichern sich 99 % des Zinns in der Festphase, 97 % des Kupfers in der Lösung an, sodass eine hervorragende Auftrennung der Metalle gegeben ist.

Aufarbeitung der kupferreichen Flüssigphase

Erste Versuche zum Erhalt von elementarem Kupfer aus der kupferreichen Flüssigphase führten zur Erarbeitung einer Reaktionsfolge, mit der das zurückbleibende Filtrat bis unter die analytische Bestimmungsgrenze von 0,002 mg/l Kupfer abgereichert werden konnte. Allerdings ist die Übertragbarkeit in ein praktisch anwendbares Verfahren ausgeschlossen, da die Einzelschritte reaktionstechnisch sensibel sind und auch zu Verschleppungsraten bis hin zu 40 % des enthaltenen Kupfers führten. Aufgrund der nicht befriedigenden Resultate zur elementaren Kupferrückgewinnung wurde die kupferreiche Flüssigphase mit Lauge bis in den schwach alkalischen Bereich behandelt, wie dies in der physikalisch-chemischen Behandlung flüssiger Abfälle gängig ist. Für das dabei entstehende feste Fällungsprodukt kommt aufgrund des Kupferanteils von > 20 Gew.-% die Weitergabe an externe Verwertungsbetriebe in Frage, ebenso wie für die verbleibende Restlösung. Entsprechende Übernahmeangebote aufgrund eingesandter Musterproben liegen vor. Die Menge an Restlösung lässt sich durch verfahrensinterne Rückführung um ca. 50 % reduzieren.

Aufarbeitung der zinnreichen Festphase

Aus der zinnreichen Feststoffphase lassen sich sowohl das elementare Zinn als auch die Wirtschaftsminerale Kaliumsulfat (K_2SO_4) und das Alaun Kaliumaluminiumsulfat ($KAl(SO_4)_2 \cdot 12\ H_2O$) gewinnen. Hierzu ist zunächst die Auflösung des schwer löslichen Feststoffes unter Temperaturzufuhr vorzunehmen. Nach entsprechender Behandlung gelingt die vollständige Solvatisierung zu einer klaren Flüssigkeit, aus der beim Abkühlen sortenrein K_2SO_4 auskristallisiert (Bild 8). Nach Abfiltration der Kristalle erfolgt der Reaktionsschritt zur Bildung metallischen Zinns, das mit einer Reinheit von 84 % bei 93%igem Umsatzgrad anfällt (Bild 9 und 10). Der Zinnabtrennung schließt sich eine nochmalige Kristallisation an, die zur Bildung des

Alaun $(KAl(SO_4)_2 \cdot 12\ H_2O)$ führt (Bild 11 und 12). Das Filtrat wird vollständig zurück zur Lösestufe der zinnreichen Feststoffphase rezykliert (Bild 13).

Die Behandlung der zinnreichen Festphase ergab bei ursprünglichem Einsatz von 10 l Zinn-Strippergemisch (Tabelle 2) die Mengen von 790 g Rohzinn sowie jeweils 2,3 kg Kaliumsulfat und Kaliumaluminiumalaun.

Das optimierte Gesamtverfahren ist in Bild 13 gezeigt. Aufbauend hierauf erfolgten Basic- und Detailengineering für den ursprünglich vorgesehenen Bau des Demonstrators.

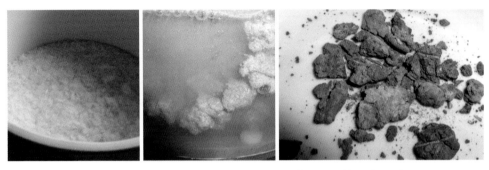

Bild 8: Abgetrennte K_2SO_4-Kristalle nach Solvatisierung der zinnreichen Festphase (Foto: Grüning)
Bild 9: Zinnabscheidungen im Glasreaktor bei fortgeschrittenem Reaktionsverlauf (Foto: Grüning)
Bild 10: Elementares Zinn nach Waschen und Trocknen (Foto: Grüning)

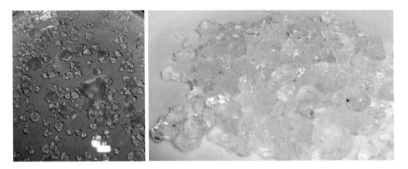

Bild 11: Einsetzende Kristallisation von $KAl(SO_4)_2 \cdot 12\ H_2O$ (Foto: Grüning)
Bild 12: Abgetrennte $KAl(SO_4)_2 \cdot 12\ H_2O$-Kristalle (Foto: Grüning)

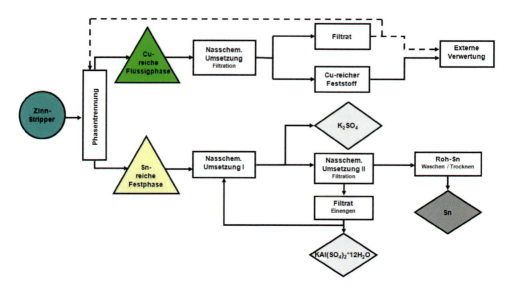

Bild 13: Optimiertes Verfahren (Grafik: Grüning)

4. AUSBLICK

Im Projekt r³ BECE wurde erstmals die separate Rückgewinnung von Zinn und Kupfer aus verbrauchten Zinn-Stripperlösungen der Leiterplattenfertigung realisiert. Die technologische Übertragbarkeit auf andere Bereiche und eine übergreifende Verfahrensanwendung sind prinzipiell denkbar. Die Verwertung der Zielwertstoffe folgt dem Prinzip der Vermeidung einer Deponierung, was auch für die im Prozess einzusetzenden Hilfsstoffströme weitestgehend gegeben ist und sich deutlich vom derzeitigen Stand der Technik abhebt. Besonders hervorzuheben ist die wertschöpfende Aufarbeitung des Zinnanteils zum elementaren Metall. Neben ökonomischen Aspekten der Schließung des kompletten Kreislaufs resultieren aus Vermeidung von Deponierung und auch damit einhergehender Verkehrsminderung positive Umwelteinflüsse. Es findet eine Wissensgenerierung insbesondere in Bezug auf die Entwicklung einer Verwertungstechnik kolloiddisperser Systeme statt. Nicht völlig befriedigend gelöst werden konnte die Aufarbeitung des Kupferanteils, sodass hier die Dienstleistung externer Fachbetriebe erforderlich ist. Die Wirtschaftlichkeit des Verfahrens weist eine gewisse Volatilität hinsichtlich der Kosten von zu erwerbenden Hilfsstoffen bzw. den Erlösen für die Produkte auf. Marktchancen ergeben sich durch den innovativen Umgang mit einer verbrauchten Lösung, die bisher nur diffus genutzt und unspezifisch behandelt wurde. Zudem ergibt sich die Perspektive zur Erschließung von Auslandsmärkten sowie der Rückführung von Stoffen in den Produktionskreislauf vor dem Hintergrund langfristig ansteigender Rohstoffpreise. Für den Zugang zu den Ausgangsmaterialien bestehen perspektivisch Chancen der Ausweitung von Geschäftsfeldern wie z. B. auf die Elektromobilität, was mit einer Steigerung der Leiterplattenproduktion einhergehen würde. Den Risiken von

Stagnation des Leiterplattenmarktes und von verstärkt steigenden Energie- und Personalkosten steht der Trend zur Miniaturisierung der Bauteile entgegen, was zur Steigerung der mittels Stripperlösung zu behandelnden Oberflächen führt [Kleeberg und Schneider 2014]. Die Partner des Projekts r³ BECE schätzen den deutschlandweiten jährlichen Anfall verbrauchter Zinn-Stripperlösungen auf ca. 1.200 t, woraus ca. 250 t Zinn und ca. 50 t Kupfer recycelt werden könnten. Zusätzlich zur Rückgewinnung von Zinn und Kupfer aus Restlösungen kann das in r³ BECE entwickelte Verfahren auch auf weitere unterschiedliche Anwendungsgebiete mit anderen Metallaufkommen angewendet werden. Diese liegen zum einen im mittel- und unmittelbaren Zugriffsbereich der BECE Leiterplatten-Chemie GmbH über bestehende Kundenkontakte, zum anderen bietet sich die Erweiterung des Produktspektrums auf den Sektor der Edel- und Seltenerdmetalle an, da diese Stoffe prinzipiell über geeignete Stoffeigenschaften verfügen. Ebenso denkbar ist die Anwendung bei flüssigen Reststoffströmen der Galvanikindustrie und im Umweltschutz (z. B. bei Deponiesickerwässern). Die Eignung des entwickelten Verfahrens für die verschiedenen Reststoffströme ist im Einzelfall zu überprüfen und dementsprechend anzupassen.

Auf der Grundlage des erarbeiteten Verfahrens ist es möglich, strategisch wichtige Metalle aus Reststoffen effizient zurückzugewinnen, die ansonsten dem Wirtschaftskreislauf entzogen werden. Hervorstechender Aspekt in der Nachhaltigkeitsbewertung ist die Rückführung bisher ungenutzter Güter in den Produktionsprozess unter weitgehender Vermeidung von Abfällen.

Liste der Ansprechpartner aller Vorhabenspartner

Christian Berger BECE Leiterplatten-Chemie GmbH, Industriepark Soonwald 6, 55494 Rheinböllen, christian.berger@bece-chemie.de, Tel.: +49 6764 961101

Egon Erich Institut für Energie- und Umwelttechnik e. V., Bliersheimer Straße 58 – 60, 47229 Duisburg, erich@iuta.de, Tel.: +49 2065 418-268

Frank Grüning Institut für Energie- und Umwelttechnik e. V., Bliersheimer Straße 58 – 60, 47229 Duisburg, gruening@iuta.de, Tel.: +49 2065 418-213

Hans-Jürgen Klein Harmuth Entsorgung GmbH, Am Stadthafen 33, 45356 Essen, klein@harmuth-entsorgung.de, Tel.: +49 201 43793300

Veröffentlichungen des Verbundvorhabens

[Berger et al. 2015] Berger, C.; Grüning, F.; Berry, A.; Klein, H.-J.: Separate Rückgewinnung von elementarem Zinn und Kupfer aus verbrauchten Zinn-Stripperlösungen der Leiterplattenindustrie. In: WOMag 12, 2015, S. 4 – 6

[Berger 2014] Berger, C.: Separate Rückgewinnung von elementarem Zinn und Kupfer aus verbrauchten Zinn-Stripperlösungen der Leiterplattenindustrie. Vortrag, r³-Statusseminar Essen 11./12.06.2014

[**Grüning et al. 2015**] Grüning, F.; Berry, A.; Kube, C.; Haep, S.; Berger, C.; Klein, H-J.: Separate Rückgewinnung von Zinn und Kupfer aus Stripperlösungen der Leiterplattenindustrie. Poster, Jahrestagung der ProcessNet-Fachgemeinschaften „Abfallbehandlung und Wertstoffrückgewinnung", „Gasreinigung" und Hochtemperaturtechnik"; 17./18.02.2014, Karlsruhe

[**Grüning 2015**] Grüning, F.: Separate Rückgewinnung von elementarem Zinn und Kupfer aus verbrauchten Zinn-Stripperlösungen der Leiterplattenindustrie. Vortrag, r^3-Abschlusskonferenz Bonn 15./16.09.2015

[**Klein 2013**] Klein, H.-J.: Separate Rückgewinnung von elementarem Zinn und Kupfer aus verbrauchten Zinn-Stripperlösungen der Leiterplattenindustrie. Vortrag, r^3-Kickoffmeeting Freiberg 17./18.04.2013

Quellen

[**Buckle und Roy 2008**] Buckle, R.; Roy, S.: The recovery of copper and tin from waste tin stripping solution, Part I. In: Separation and Purification Technology 62, 2008, S. 86 – 96

[**Buckle 2007**] Buckle, R.: The recovery of metals from waste solution by electrochemical methods, Dissertation, Newcastle University 2007

[**Kleeberg und Schneider 2014**] Kleeberg, K.; Schneider, K.: Protokoll des INTRA r^3+-Workshops am 20.11.2014 in Duisburg

[**Kerr 2004**] Kerr, C.: Sustainable technologies for the regeneration of acidic tin stripping solutions used in PCB fabrication. In: Circuit World 30/3, 2004, S. 51 – 58

[**Keskitalo et al. 2007**] Keskitalo, T.; Tanskanen, J.; Kuokkanen, T.: Analysis of key patents of the regeneration of acidic cupric chloride etchant waste and tin stripping waste. In: Resources, Conservation and Recycling 49, 2007, S. 217 – 243

[**Scott et al. 1997**] Scott, K.; Chen, X.; Atkinson, J. W.; Todd, M.; Armstrong, R. D.: Electrochemical recycling of tin, lead and copper from stripping solution in the manufacture of circuit boards. In: Resources, Conservation and Recycling 20, 1997, S. 43 – 55

[**WRC 2011**] WRC World Resources Company GmbH, Wurzen: Telefonische Auskunft 9/2011

05. UPgrade – Integrierte Ansätze zur Rückgewinnung von Spurenmetallen und zur Verbesserung der Wertschöpfung aus Elektro- und Elektronikaltgeräten

Vera Susanne Rotter, Maximilian Ueberschaar, Perrine Chancerel, Max Marwede (TU Berlin), Gotthard Walter, Sabine Flamme (FH Münster), Jakob Breer (INFA)

Projektlaufzeit: 01.08.2012 bis 29.2.2016   Förderkennzeichen: 033R087

ZUSAMMENFASSUNG

Tabelle 1: Zielwertstoffe

Zielwertstoffe im r³-Projekt UPgrade							
Co	Ga	Ge	In	Sb	Sn	Ta	Seltenerdelemente

Das Ziel des Projektes „UPgrade" war die Anreicherung von ausgewählten Metallen durch neue und optimierte Prozesse und Prozessketten bei der Behandlung von Elektroaltgeräten (EAG) und deren Komponenten über alle Stufen der Recyclingkette. Mit diesen Ansätzen soll die Rückgewinnung von Zielmetallen innerhalb existierender Recyclingsysteme verbessert, sollen Verluste minimiert und Kreisläufe geschlossen werden.

Im Rahmen des Projektes konnten Potenziale, Verluste sowie Recyclingkonflikte der Zielmetalle gegenüber Leitmetallen, die die finanziellen Treiber beim Recycling sind (vgl. Tabelle 1), in aktuellen Aufbereitungsprozessen von EAG aufgezeigt werden. Für die Rückgewinnung der Zielmetalle aus Geräten und Komponenten wurden Einzellösungen entwickelt, ohne hierbei die Leitmetalle zu verlieren. Hieraus wurden Barrieren und Treiber für das Recycling der Zielmetalle sowie Design-for-Recycling-Empfehlungen für die zukünftige Gestaltung von Elektro- und Elektronikgeräten abgeleitet.

1. EINLEITUNG

Elektro- und Elektronikaltgeräte (EAG) sind aufgrund ihres hohen Gehaltes an hochfunktionalen Elementen als wichtige Sekundärrohstoffquelle anerkannt. Unterschiedliche Aspekte erschweren eine effiziente Nutzung der hier gebundenen Potenziale. Untersucht man das Recycling von EAG, wird deutlich, dass derzeit nur unzureichende Rückgewinnungsquoten über die gesamte Behandlungskette umgesetzt werden. Besondere Herausforderungen sind hierbei die vorhandene Schadstoffbelastung, der Aufbau und die Zusammensetzung sowie die Stoffvielfalt der Geräte, die kurze Innovations- und Nutzungsdauer sowie die hohe Dissipation der Elemente in Bauteilen und Komponenten. Diese Faktoren setzen technische, aber auch ökonomische Grenzen und werden allgemein als Recyclingrestriktionen bezeichnet.

Doch auch aufgrund fehlender gesetzlicher Anreize in der gegenwärtigen Entsorgungspraxis werden besonders die „kritischen" Metalle, die lediglich in geringen Mengen in Bezug auf das Gerätegewicht vorhanden sind, nur bedingt zurückgewonnen [UNEP – International Resource Panel 2011].

In dem Forschungsprojekt „Integrierte Ansätze zur Rückgewinnung von Spurenmetallen und zur Verbesserung der Wertschöpfungskette aus Elektro- und Elektronikaltgeräten – UPgrade" haben Wissenschaftler der TU Berlin und der FH Münster gemeinsam in einem Verbund mit Partnern aus der Wirtschaft die Behandlung von EAG und deren Komponenten optimiert. Dazu wurde die Anreicherung von ausgewählten Metallen durch neue und verbesserte Prozesse und Prozessketten über alle Stufen der Recyclingkette untersucht, um so deren Rückgewinnung innerhalb existierender Recyclingsysteme zu verbessern, Verluste zu minimieren und Kreisläufe zu schließen.

Im Rahmen des Projektes wurden ausgewählte Metalle, die als kritisch einzustufen sind und die eine gewisse Relevanz für EAG besitzen, als „Zielmetalle" definiert. Diese wurden hinsichtlich der Recyclingmöglichkeiten und der Recyclingeffizienz bewertet. Hierbei wurden auch sogenannte „Leitmetalle" betrachtet (Silber, Gold, Platingruppenmetalle (PGM), Kupfer, Stahl ⇨ Eisen, Aluminium), die als Indikatoren für die Effizienz der derzeit angewendeten Recyclingprozesse und der metallurgischen Rückgewinnungsverfahren dienten (siehe Bild 1).

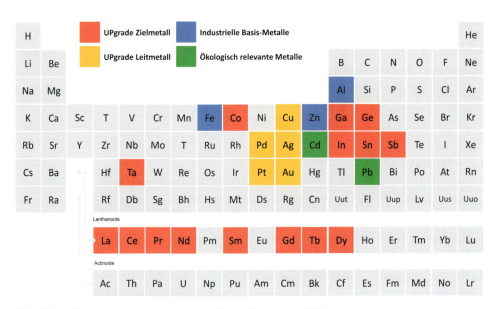

Bild 1: Ziel- und Leitmetalle im Forschungsprojekt UPgrade [Rotter et al. 2016a]

2. VORGEHENSWEISE

Um dissipative Verluste von Spurenmetallen im derzeitigen Recyclingsystem zu erfassen, basiert der Forschungsansatz für UPgrade auf der Betrachtung der gesamten Wertschöpfungskette. Experimentelle Untersuchungen einzelner Prozesse (technisch und organisatorisch) stellen die Grundlagen zur Prozessoptimierung hinsichtlich der Erhöhung der prozessspezifischen Recyclingraten dar. Weiterhin wurden Stoffstrommodelle entwickelt, welche als Basis der Schnittstellen- und Systemoptimierung dienen. Anhand der gewonnenen Daten wurde eine Barrierenanalyse hinsichtlich des Recyclings der UPgrade-Zielmetalle erstellt. Hieraus wurden u. a. Design-for-Recycling-Richtlinien abgeleitet. [Rotter et al. 2016b, Marwede et al. 2015, Chancerel et al. 2016]

2.1 Identifikation von Potenzialen

Die Erfassung von Daten über die Materialzusammensetzung der EAG, insbesondere die Gehalte an strategischen Metallen, ist grundlegend, um die Potenziale zur Metallrückgewinnung zu quantifizieren. Hierfür wurden die tatsächlichen Gehalte von Zielmetallen in Geräten und einzelnen Komponenten bestimmt. Allerdings lässt sich nur ein Teil dieses Gesamtinhalts mit adäquaten technischen Mitteln zurückgewinnen. Optimierte Verfahren und innovative Technologien haben das Potenzial, zu verbesserten Rückführungsquoten zu führen. Daher wurden in UPgrade nicht nur die maximalen, sondern auch die technikbasierten Potenziale bestimmt. Darüber hinaus wurden erste Abschätzungen zu ökonomischen Zielkonflikten durchgeführt.

2.2 Systembilanzierung und -optimierung der Metallrückgewinnung aus EAG

Um die Relevanz von spezifischen Anwendungen der UPgrade-Metalle besser zu verstehen, wurden Systembilanzierungen durchgeführt. Hierzu wurden die Stoffflüsse der Zielmetalle mit unterschiedlichen Systemgrenzen (Deutschland, Europa und weltweit) untersucht.

Systemoptimierungen organisatorischer Art spielen eine wichtige Rolle, besonders bei der gezielten Erfassung von EAG. Daher wurden neue Sammlungskonzepte erarbeitet und innerhalb des Projektes getestet.

2.3 Bilanzierung und Verfahrensoptimierung

Behandlungsversuche und Anlagenbilanzierungen im technischen Maßstab ermöglichen es, Outputfraktionen zu identifizieren, in denen sich Ziel- und Leitmetalle anreichern. Diese Versuche stellen eine wesentliche Grundlage für die Bewertung und Entwicklung von Behandlungsstrategien dar. Die Parameter „Ausbringen" und „Selektivität" sind hierbei wichtige Kennziffern. Um die dissipativen Verluste bei der Erstbehandlung von EAG zu ermitteln und die Wege und den Verbleib von Zielmetallen bei der Behandlung zu identifizieren, wurden Bilanzierungen in einer Aufbereitungsanlage durchgeführt.

Die Methodik bei diesen unterschiedlichen Behandlungsversuchen orientierte sich an den möglichen Strategien für die verschiedenen EAG (z. B. manuelle Vorsortierung, Verbesserung der Trennschärfe in den Aufbereitungsanlagen, Aufbereitung von Recyclaten). Hierfür ist ein Grundverständnis der Anlagentechnik notwendig. Im Rahmen von Behandlungsversuchen wurden daher auch Optimierungen der Sichtertechnik entwickelt sowie Versuche zur selektiven Zerkleinerung durchgeführt. Zusätzlich wurde in weitergehenden Versuchen mit unterschiedlichen Aufbereitungstechniken das Ziel verfolgt, Zielmetalle anzureichern, um sie anschließend zu separieren.

2.4 Design-for-Recycling

Im Rahmen des Projektes wurden designspezifische Herausforderungen, die das Recycling der UPgrade-Metalle verhindern, identifiziert. Dazu wurden Metallanwendungen (Erfüllung einer spezifischen technischen Funktion) in unterschiedlichen Bauteilgruppen betrachtet. Grundlage dieser Arbeiten war eine projektinterne Analyse von Herausforderungen und Barrieren der existierenden bzw. der innerhalb von UPgrade entwickelten Recyclingprozesse. Diese Analyse wurde ergänzt durch Interviews mit Experten aus Industrie und Forschung.

3. ERGEBNISSE

3.1 Inventar und Wissensbasis

Die Ergebnisse einer ersten Priorisierung der relevanten Anwendungen hinsichtlich des Gehalts an UPgrade-Zielmetallen [Chancerel et al. 2013] zeigt Tabelle 2.

Tabelle 2: Als relevant klassifizierte Anwendungen der UPgrade-Zielmetalle in EAG mit Recyclingpotenzialen [Rotter et al., 2015a, 2015b]

Metall	Bauteil	Komponente	Funktion	Metallmassenanteil in Bauteil	Metallmassenanteil in Komponente	Massenanteil des Bauteils am Gerätegewicht
Antimon	Kunststoffgehäuse	–	Flammschutz, Synergist	0,1–2%		1–50%
Cobalt	Sekundärbatterien (Li-Ion, NiMH und NiCd)[1]	Anode und Kathode	Kathodenmaterial	Li-Ion[1] 2–8% NiMH[1] 2,5–3,5% NiCd[1] 0,5–1,5%		Li-Ion[1] 1–22% NiMH[1] 1–12% NiCd[1] 1–19%
Gallium	Leiterkarte	Hochfrequenz-Halbleiter, Chips	Halbleiter	0–140 ppm	0,1–0,4%	10–30%
Indium	LCD-Panel	ITO-Schicht	Transparentes Elektrodenmaterial (ITO)	100–300 ppm	78%	10–20%
Neodym, Dysprosium	Festplatte	Magnet	Verbesserung der magn. Eigenschaften	Nd 3–12x 10^3 ppm Dy 0–1,4x 10^3 ppm	Nd 20–26% Dy 0–3%	3–4%
Tantal	Leiterkarte	Kondensator	Anode	0–2%	30–40%	< 0–1% (Mobiltelefone ggf. höher)

[1] Li-Ion = Lithium-Ionen-Batterien, NiMH = Nickel-Metallhydrid-Batterien, NiCd = Nickel-Cadmium-Batterien

Die Kriterien für die Auswahl von relevanten Anwendungen von UPgrade-Zielmetallen in EAG für die weiteren Untersuchungen waren a) Kritikalität des Metalls, b) Gesamtbedarf der Elektronik am weltweiten Metallverbrauch, c) Konzentration und Gehalt pro Gerät, d) Datenverfügbarkeit, e) Gesamtpotenzial und Grad der Dissipation.

3.1.1 Potenziale durch verkaufte Geräte

Um zu untersuchen, welche Mengen an strategischen Metallen auch mittel- und langfristig relevante Potenziale für das Recycling bergen, wurden unter Berücksichtigung der Datenunsicherheiten die Masse und der ökonomische Wert von neun Metallen und Metallfamilien abgeschätzt (Cobalt, Gallium, Indium, leichte und schwere Seltene Erden, Tantal, Zinn, Gold, Palladium und Silber). Hierzu wurden nur Metallmengen aus Geräten der Informations- und Kommunikationstechnologie (IKT) und Unterhaltungselektronik betrachtet, welche in den Referenzjahren 2007 und 2012 in Deutschland auf den Markt gebracht wurden. Dabei stellen allein die vier Geräftearten „Flachbildfernseher", „Desktop-PCs", „Laptops" und „Smartphones" bei Indium und Gallium ca. 90 %, bei Tantal ca. 80 % und bei Gold ca. 70 % der über Elektrogeräte in 2012 in Deutschland in den Markt gebrachten Gesamtmenge dar.

Die Abschätzungen zeigen, dass Gold bei weitem der wichtigste Träger des intrinsischen Wertes ist (Bild 2).

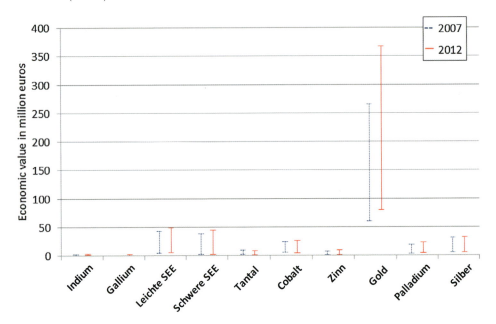

Bild 2: Intrinsischer Wert ausgewählter Metalle aus Geräten der IKT und Unterhaltungselektronik basierend auf der in Deutschland auf den Markt gebrachten Menge (Bezugsjahr 2007 und 2012) in Mio. EUR [Chancerel et al. 2015]

3.1.2 Potenziale durch erfasste EAG

Wichtig für die Rückgewinnung von Zielmetallen sind die durch die Sammlung von EAG zur Verfügung stehenden Mengen. Die durchgeführten Potenzialanalysen beziehen sich auf die Ausgangsmaterialien, die Anwendungen und die hierfür eingesetzten Metalle (siehe Tabelle 3).

Die Daten basieren auf den Rücknahmemengen der Sammelgruppe 3 (239 Tsd. Mg) und 5 (96 Tsd. Mg) im Jahr 2013. Auf Grundlage der im Projekt durchgeführten Anlagenbilanzierung bei einem Erstbehandler konnten die Anteile der zielmetallführenden Geräte bzw. Komponenten bestimmt werden. Die jeweiligen Mengen für anfallende Kunststoffe, Leiterplatten, Batterien, PCs, Laptops und Festplatten wurden hieraus abgeleitet. Für die Differenzierung der Bildschirmgeräte in TV, Mobilfunktelefone, PC-Monitore und Notebooks sowie der Batterien in Li-Ion- und NiCd-Batterien wurden separate projektinterne Untersuchungen durchgeführt.

Mit der Durchführung von recyclingorientierten Produktcharakterisierungen konnten die Metallpotenziale von Gerätetypen und Komponenten für die Metalle Indium, Neodym und Dysprosium sowie Tantal und Antimon erarbeitet werden.

Tabelle 3: Abschätzung der Potenziale für die UPgrade-Zielmetalle in Deutschland in 2013, basierend auf [EMPA & SWICO 2011, Jalalpoor et al. 2013, Krämer et al. 2010, 2009, Sommer et al. 2015, Stiftung 2015, stiftung elektro-altgeräte register 2014, Ueberschaar and Rotter 2014, Ueberschaar et al. 2016b, Wang and Gaustad 2012] und eigenen Untersuchungen. SG 3 = Sammelgruppe 3, SG 5 = Sammelgruppe 5

Metall	Spezifizierung Ausgangsmaterial	Menge Ausgangsmaterial		Menge Konzentrat		Metall-Potenziale (Produkttyp | gesamt)	
Antimon	Kunststoffe aus SG 3 und SG 5	75.–80.000 Mg		Flammschutzhaltige Kunststoffe			70 – 85 Mg
				PC-ABS	1.–1.500 Mg	PC ABS	0,1–0,4 Mg	
				PS	7.–10.000 Mg	PS	10–15 Mg	
				ABS	10.–15.000 Mg	ABS	60–80 Mg	
Indium	Bildschirmgeräte (SG 3)	SG 3: 239.000 Mg; davon		LCD Panel			200 – 400 kg
		TV	5.000 Mg	TV	300 Mg	TV	25–70 kg
		Mobilfunk	800 Mg	Mobilfunk	60 Mg	Mobilfunk	8–30 kg
		PC-Monitore	7.500 Mg	PC-Monitore	700 Mg	PC-Monitore	95–135 kg
		Notebooks	3.000 Mg¹	Notebooks	550 Mg	Notebooks	65–140 kg
Cobalt	Batterien aus Geräten (SG 3 und SG 5)	600 – 800 Mg		Li-Ion	60 – 70 Mg	Li-Ion	5–6 Mg	8 – 9 Mg
				NiMH	60 – 70 Mg	NiMH	1–3 Mg
				NiCd	100 – 120 Mg	NiCd	1–2 Mg
Neodym Dysprosium	Desktop-Computer, Laptops, externe Festplatten (SG 3 und SG 5)	Desktop-PC	30.–40.000 Mg	NdFeB Magnete			10–15 Mg (Nd) 0,5–1,5 Mg (Dy)
				Desktop-PC	33 Mg	Desktop-PC	7,6 Mg Nd, 0,5 Mg Dy
		Notebooks	2.–3.000 Mg	Notebooks	7 Mg	Notebooks	1,6 Mg Nd, 0,1 Mg Dy
		Externe Festplatten	600 Mg	Festplatten	18 Mg	Festplatten	4,1 Mg Nd, 0,3 Mg Dy
Tantal	Leiterkarten (SG 3 und SG 5)	Leiterkarten von		Ta-Kondensatoren			3–5 Mg
		Desktop-PC	1.500 – 2.000 Mg	Desktop-PC	3,5 – 5 Mg		
		Notebooks	200 – 300 Mg	Notebooks	2 – 3 Mg		
		Festplatten	100 Mg	Festplatten	0,6 – 0,7 Mg		
		Mobilfunktelefone	100 – 200 Mg	Mobilfunktelefone	0,3 – 0,7 Mg		

3.2 Erfassung von EAG

Aus den verschiedenen Untersuchungen konnte abgeleitet werden, dass realistisch eine potenzielle Erfassungsmenge von ca. 13 kg/(E★a) an EAG in Deutschland erreicht werden kann. Das würde in etwa dem Sammelziel der EU-Kommission (WEEE-RL II) für 2019 entsprechen; also einer Sammelquote von 65 %.

Von diesem Sammelziel ist Deutschland derzeit ca. 4 kg/(E★a) oder 20 % entfernt. Die Hintergründe für diese Differenz sind vielfältig. Sie resultiert i. W. aus
- einem hohem Abfluss über den informellen Sektor (ca. 4 – 5 kg/(E★a)),
- einem hohen Anteil an nicht dokumentierten Mengen (bis 2 kg/(E★a)) und
- den beim Konsumenten „eingelagerten" Mengen (ca. 5 – 6 kg/(E★a)).

Auf Basis einer Bewertung der Kriterien Effizienz (erfasste Menge), Bequemlichkeit für den Bürger, Tauglichkeit für Groß-, Klein- und Kleinst-EAG, Rechtskonformität und Kosten wurde ein Ranking der Erfassungssysteme erarbeitet. Danach wurden folgende Bausteine eines aus Sicht der öffentlich-rechtlichen Entsorgungsträger (örE) optimalen Erfassungssystems für EAG erarbeitet:

- Wertstoffhöfe sind das universelle Bringsystem für Groß- und Kleingeräte, welches jederzeit vom Bürger genutzt werden kann. Der Einsatz von Depot-Containern (DC) steht unter dem Vorbehalt der Konformität mit dem Gefahrgutrecht (Stichwort ADR-Konformität).
- Bei den Holsystemen ist die Sperrmüllabfuhr nur noch mit entsprechenden begleitenden Maßnahmen gegen Beraubung als Baustein zu empfehlen. Die Duotonne wird wegen des hohen Aufwandes bei geringen Qualitäten und Quantitäten eher kritisch gesehen
- Halböffentliche Systeme könnten vor allem im Sinne der Öffentlichkeitsarbeit ein weiterer Baustein sein. Allerdings müssen diese Behälter unter Kontrolle stehen, ansonsten kommt es hier zur ungewünschten Beraubung
- Aus Sicht des Handels wird für Großgeräte die direkte Rücknahme im Tausch zukünftig eine immer größere Rolle im (dokumentierten) Mengenstrom einnehmen. Ob die 1:0- bzw. 1:1-Rückgabe im Geschäft von den Bürgern in größerem Umfang als bisher angenommen wird, ist derzeit noch offen.

Darüber hinaus gibt es noch ein tatsächliches zusätzliches Potenzial von ca. 7 kg/(E★a), welches nach und nach durch Sensibilisierung der Endnutzer für eine ordnungsgemäße und zeitnahe Rückgabe ausgeschöpft werden kann. Hier sind vor allem Maßnahmen der Öffentlichkeitsarbeit gefragt.

Im Hinblick auf die Rückgewinnung der UPgrade-Zielmetalle ist es wichtig, dass Laptops, Flachbildschirme und Tablets einer getrennten Erfassung zugeführt werden. Da zu vermuten ist, dass die aktuellen Bildröhren-Verarbeiter zukünftig auch die Aufbereitung von Flachbildschirmen übernehmen werden, ist deren Erfassung in der im novellierten ElektroG definierten Sammelgruppe (SG) „Bildschirme" zu begrüßen. Das gleiche gilt für die SG „kleine Informations- und Telekommunikationsgeräte (ITK)". Alle anderen werthaltigen EAG aus den Kategorien ITK und Unterhaltungselektronik (UE) werden sich in der neuen SG 5 wiederfinden. Letzteres wird die Gewinnung der Zielmetalle deutlich erschweren, denn es fehlen derzeit noch geeignete Aufbereitungstechniken, um die sehr werthaltigen von den weniger werthaltigen Geräten zu trennen. Aus der Mischung wird die z. Z. noch sehr anspruchsvolle gezielte Gewinnung der Zielmetalle kaum möglich sein.

3.3 Aufbereitungsversuche und Verfahrensoptimierung

3.3.1 Anlagenbilanzierung

In der untersuchten Anlage, die dem Stand der Technik bei der Aufbereitung von EAG entspricht und durchaus als typisch angesehen werden kann, werden die in der SG 3 und 5 aufgeführten Gerätekategorien, außer Bildschirme, aufbereitet. Die Anlage verfügt über zwei aufeinanderfolgende, umfangreiche manuelle Vorsortierungsstufen, denen jeweils eine Zerkleinerungsstufe vorgeschaltet ist. Durch diese beiden Schritte werden komplette Geräte oder Bauteile mit hohen Wertstoff- bzw. Schadstoffgehalten abgetrennt und einer anlagenexternen weiteren Aufbereitung zugeführt. Darüber hinaus werden Komponenten entfernt, die in der nachfolgenden maschinellen Aufbereitung Störungen verursachen können. Nach der manuellen Demontage wird das Material zerkleinert und so für die mechanischen Separationsstufen vorbereitet. In der mechanischen Aufbereitung werden durch verschiedene Prozesse NE- und Fe-Metalle, eine Shredderleichtfraktion, Kunststoffe und geschredderte Leiterplatten abgetrennt. Im Rahmen eines Batch-Versuches mit 40 Mg Inputmaterial aus der SG 3 und SG 5 wurden die Anlagenprozesse analysiert und die jeweiligen Outputfraktionen intensiv untersucht.

Danach stellen die Kunststoff- und die Fe-Fraktion mit 47 bzw. 37 Gew.-% den größten Anteil bei den Outputfraktionen aus der mechanischen Aufbereitung. Alle anderen Fraktionen des Outputs liegen im Bereich zwischen 2 und 6 Gew.-% (Bild 3).

Bei einem Vergleich der stofflichen Zusammensetzung fallen die relativ hohen Reinheiten bei der NE- und Fe-Fraktion mit 92 bzw. 93 Gew.-% auf, während alle anderen Fraktionen deutlich höhere Anteile an Verunreinigungen durch weitere Fraktionen aufweisen (unter Sonstiges sind hier Fraktionen wie z. B. Schaumstoffe, Glas/Keramik und Organik zusammengefasst).

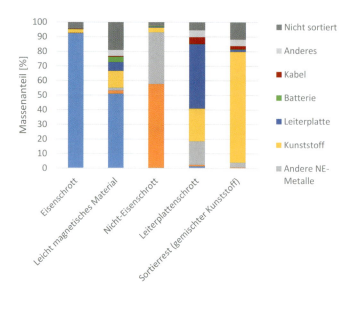

Bild 3: Massenanteile der händisch sortierten Materialien in der Sortieranalyse an den jeweiligen untersuchten Output-Fraktionen in der mechanischen Aufbereitung des durchgeführten Batch-Versuchs [Ueberschaar et al. 2016a]

Betrachtet man die Stoffflüsse innerhalb der Anlage wird deutlich, dass die manuelle Vorsortierung in dieser Anlage eine wichtige Rolle spielt. Hier werden rd. 35 % des Gesamtinputs und damit auch große Anteile der Zielmetalle separiert (siehe Bild 4).

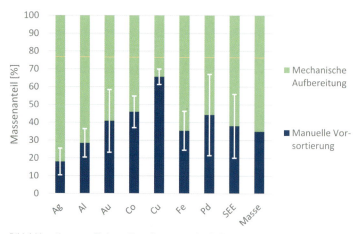

Bild 4: Verteilung von Zielmetallen, abgetrennt durch die manuelle Vorsortierung und verarbeitet in mechanischer Aufbereitung inkl. der Gesamt-Massenverteilung innerhalb des durchgeführten Batch-Versuchs [Ueberschaar et al., 2016a, 2015]

So werden theoretisch über 40 % des Palladium- und Cobaltpotenzials und rd. 65 % des Kupferpotenzials in der manuellen Sortierung abgetrennt. Bei den übrigen Metallen gelangt der überwiegende Anteil in die mechanische Aufbereitung. Hierbei ist jedoch die, vor allem analysenbedingte, große Unsicherheit der Daten zu berücksichtigen (insbesondere bei Gold und den SEE). Weitere kritische Metalle wie Indium oder Tantal wurden fast vollständig in der manuellen Sortierung abgetrennt und sind daher nicht gesondert aufgeführt.

Für die UPgrade-Zielmetalle führt die nachgeschaltete mechanische Aufbereitung, wie Bild 5 zeigt, meist zu einer Dissipation über die Outputfraktionen.

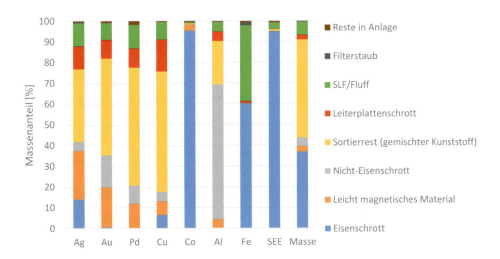

Bild 5: Verteilung der Zielmetalle und der Gesamtmasse in den Outputfraktionen der mechanischen Behandlung innerhalb des durchgeführten Batch-Versuchs [Ueberschaar et al., 2016a, 2015]

3.3.2 Aufbereitungsversuche

Um eine Aufkonzentration von UPgrade-Zielmetallen zu erreichen, wurden verschiedene Versuche zur Optimierung der Aufbereitungstechnik sowie experimentelle Aufbereitungsversuche mit als relevant eingestuften Baugruppen und Recyclaten aus der Erstbehandlung von EAG durchgeführt. In Tabelle 4 werden die Ergebnisse dieser Versuche kurz erläutert:

Tabelle 4: Übersicht über die im UPgrade-Projekt durchgeführten Behandlungsversuche
[Rotter et al. 2016b, Marwede et al. 2015, Chancerel et al. 2016]

	Versuche	Zielstellung	Ergebnisse
Technik	Selektive Zerkleinerung	Verbesserter Aufschluss und Reduzierung der Wertstoffverluste über Materialverbunde	• Zerkleinerung mittels Ultra-Rotor ist grundsätzlich geeignet um komplexe Materialverbünde aus Metall und Kunststoff aufzuschließen. • Selektive Zerkleinerung von SLF zwecks Auflösung der kupferhaltige Gewöllestruktur ist nicht zielführend. • NE-haltige Festplattenkomponenten können feinst vermahlen und anschließend nasschemisch gelöst werden. • Vorzerkleinerte Leiterplatten können feinst vermahlen werden, hierbei Anreicherung von Kupfer und Gold in Fein- und Staubfraktion.
	Optimierung von Sichterprozessen	Erhöhung der Trennschärfe in Windsichtern und Entwicklung von Optimierungsansätzen	Modellierung der Trennvorgänge ermöglicht gezielte Anpassung im Hinblick auf die Gewinnung von ausgewählten Metallen.
Mechanische Aufbereitung von Recyclaten (Filterstaub, Fluff, Mischkunststoffe, Metallfraktionen)		Potenzialanalyse, Versuche zur Anreicherung von Zielmetallen durch Siebung	Gezielte Anreicherung von Zielmetallen ist möglich, aber häufig mit einer Erhöhung der Schwermetallkonzentrationen verbunden.
Aufbereitung von Komponenten	Aufbereitung von Festplatten	Herstellung von NdFeB-Magnetkonzentraten	• Aufkonzentration der Magnetmaterialien in der ferromagnetischen Fraktion in der mechanischen Aufbereitung. • Großer Austrag des Zielstoffes durch Staub; dies gilt insbesondere bei der Prall-, Schlagbeanspruchung während der Zerkleinerung. • Hydrometallurgische Ansätze ließen sich nicht trennscharf anwenden. • Durch pyrometallurgische Ansätze konnten die SEE weiter aufkonzentriert werden.
	Tantal aus Kondensatoren	Visuelle Identifizierung, Potenzialanalyse, Trennbarkeit der Kondensatoren	• Mobiltelefone, Laptops, Festplatten und Server enthalten besonders tantalhaltige Leiterplatten. • Eine Aufkonzentration von Tantal durch die Separation von visuell identifizierbaren Kondensatoren ist möglich. • Edelmetallverluste in Höhe von ca. 10–20 % (Silber) • Verringerung der eingesetzten Tantalmengen in neueren Geräten
	Indiumrückgewinnung aus LCD-Panels	Auftrennung des LCD-Verbunds zur Rückgewinnung der ITO-Schicht sowie von Glas und Kunststoffen	Eine Auftrennung des LCD-Panel-Verbunds wurde erreicht. Hierdurch können Folien (Celluloseacetat), Glas und das Indium-Zinn-Oxid (ITO) einzeln aufbereitet und vermarktet werden. Allerdings wurden Störstoffe im Glas nachgewiesen. Das Indium aus dem ITO konnte in weiteren Verfahren separiert und aufkonzentriert werden.
	Rückgewinnung von Ga und SEE aus LED	Trennung des Konvertermaterials (mit SEE) vom Chip (mit Gallium, Indium & Edelmetalle)	Gezielte Trennung des SEE-führenden Konverters von dem Ga-führenden Chip ist möglich. Für die Isolierung der Zielmetalle aus der Silikonmatrix fehlen entsprechende Technologien.
	Gallium-Aufkonzentration aus IC (Chips)	Identifizierung, Potenzialanalyse, thermischer Aufschluss	Gezielte Anreicherung von Gallium in hohen Konzentrationen ist möglich. Allerdings werden auch Gold und Kupfer transferiert, sodass weitere Selektierung erforderlich ist, die sich pyrometallurgisch einfach umsetzen lässt.
	Anreicherung von Flammhemmern	Identifizierung antimonhaltiger Kunststoffe und Aufkonzentration von Antimon und Brom	• Antimonanreicherung aus Kunststofffraktion ist gelungen. • Antimonfreie Hauptfraktionen (ABS und PS in der Leichtfraktion und Polymerlösung) lassen sich in werkstoffliche Kunststoffrecyclingverfahren integrieren. • Extraktion erfasst aber nur 50 % des Antimons. ⇨ Umfassendere Extraktionsausbeute durch Erweiterung des Zielkunststoffspektrums sinnvoll. • Kunststoffrecyclate aus antimonfreien Polymerlösungen weisen geringe Qualität auf ⇨ Polymerextraktionen polymerspezifisch gestalten. • Antimonkonzentrate sind noch nicht marktfähig ⇨ bessere Reinigungsverfahren notwendig.
	Vorbehandlungsstrategien für Batteriesysteme	Potenzialanalyse, Zuordnung zu Gerätegruppen und Trennbarkeit werthaltiger Inhaltsstoffe	• Batteriesysteme lassen sich bestimmten Gerätearten zuordnen. • Durch entsprechende Sortierungen lassen sich Ziel- und Störstoffe separieren. • Analysen zeigen großes Potenzial an Zielmetallen.

3.4 Design-for-Recycling

Anstatt konkrete Design-Maßnahmen vorzugeben, wurden im UPgrade-Projekt bewusst designspezifische Herausforderungen aufgezeigt [Chancerel et al. 2016]. Produktdesignern und -entwicklern wird somit die Möglichkeit gegeben, recyclinggerechte Designs abhängig vom Produkt und den zu erwartenden Recyclingprozessen zu entwickeln. Hierfür wurde eine Liste von technischen und nicht technischen Herausforderungen für das Design-for-Recycling im Zusammenhang mit kritischen Metallen erstellt. Basierend auf den Herausforderungen wurden (u. a. politische) Vorschläge entwickelt, mit denen die bestehenden Barrieren überwunden werden können. Die Ergebnisse in UPgrade zeigen, dass es nicht reicht, das Produktdesign zu ändern, um die Recyclingfähigkeit der Zielmetalle zu erhöhen. Zusätzlich sind Veränderungen im Recyclingsystem, in den Wirtschaftsmodellen, in der Politik und beim Konsumentenverhalten erforderlich. Derzeit verhindern unterschiedliche Lock-in-Phänomene wie fehlende ökonomische Anreize, fehlende Gesetze oder deren Vollzug, fehlende Zusammenarbeit zwischen Recyclern und Herstellern sowie technische Einschränkungen auf Produkt- oder Recyclingprozessebene, dass der Kreislauf für die hier betrachteten Zielmetalle geschlossen wird. Solange das Recycling dieser Zielmetalle ohne zusätzliche Finanzierung nicht ökonomisch ist, muss politisch entschieden werden, ob ein nationales oder öffentliches Interesse besteht, z. B. der Industrie die Metalle in ausreichendem Maße zur Verfügung zu stellen. In diesem Fall müssen (z. B. ordnungspolitische) Maßnahmen das Recycling dieser Metalle vorschreiben oder entsprechende (z. B. wirtschaftliche) Anreize geschaffen werden, die von Konsumenten, Produzenten oder durch öffentliche Gelder (ko-)finanziert werden [Chancerel et al. 2016, Marwede et al. 2015].

4. AUSBLICK

Aus den technischen Ergebnissen sowie dem intensiven Austausch mit projektexternen Akteuren wurden designspezifische, technikspezifische, stoffstromspezifische und ökonomische Barrieren abgeleitet. Da alle Barrieren spezifisch für einzelne technische Anwendungen von Zielmetallen sind, wurde eine Matrix aufgestellt, in der die Barrieren pro Zielmetallanwendung bewertet wurden.

Dabei wurde deutlich, dass alle Anwendungen der Ziel- und Leitmetalle Barrieren für eine Steigerung des Recyclings haben, welche überwunden werden müssen, um eine Kreislaufführung zu ermöglichen.

Für **Kupfer, Edelmetalle und Zinn** sind das eher technische Hindernisse, welche mit neuen Aufschlusstechniken bzw. einem neuen Design für einen guten Aufschluss behoben werden können. Die aktuellen gesetzlichen Rahmenbedingungen setzen wenig Anreize für qualitativ hochwertiges Recycling. Eine bessere Kontrolle und ein Monitoring der Stoffströme können hier als Lösungsansätze genannt werden.

Antimon, Indium, Tantal und Neodym sind Metalle, die nicht im Rahmen der Leiterplatten-Behandlung zurückgewonnen werden. Hier ist zuvor eine Separierung wertmetallhaltiger Bauteile und Komponenten erforderlich, da die Rückgewinnung dieser Metalle technisch möglich ist. Ob diese zusätzlichen Separierungsschritte tatsächlich in der Praxis umgesetzt werden, hängt von dem Aufbau einer entsprechenden Endverwertungsinfrastruktur ab, welche eine gewisse kritische Masse an Material erfordert. Hier könnte künftig eine Bündelung von Stoffströmen unterstützend wirken. Jedoch wird dies aufgrund von Designänderungen für Neodym und Tantal nur eine Brückentechnologie sein, da diese Rohstoffe mittlerweile substituiert und somit in neuen Produkten weniger oder gar nicht mehr verbaut werden.

Bei **Cobalt** sind die Separierung und die Verwertung von Batterien zielführend. Aufgrund neuer Anforderungen an den Umgang mit energiereichen Batterien ist zu erwarten, dass als „Nebeneffekt" auch die Verwertung rentabler wird, da eine spezifische Sammlung, Separierung und Behandlung aus Sicherheitsaspekten heraus notwendig ist.

Deutlich komplexer ist die Situation für das Recycling von **Dysprosium, Europium, Yttrium und Gallium**. Die Barrieren treten entlang der gesamten Recyclingkette auf. Hier sind weitere Forschungsarbeiten notwendig; jedoch ist eine baldige großtechnische Umsetzung und somit Steigerung der Recyclingquoten nicht zu erwarten.

Für alle Zielmetalle gilt übergreifend, dass eine Bündelung der Stoffströme sinnvoll ist. Da die Recyclingketten länderübergreifend strukturiert sind, können internationale Kooperationen sowie eine Harmonisierung entsprechender Aktivitäten Grundbausteine für ein mögliches Recycling sein. Die Transparenz der Stoffströme ist allerdings wichtig. Auch spielt die Marktstabilität eine große Rolle, damit die notwendigen Investitionen in die Anlagen und die Infrastruktur getätigt werden. Hier könnten politische Rahmenbedingungen eine Basis schaffen. Dies beinhaltet zum Beispiel die Einführung von Anreizsystemen für die Förderung von Endverwertungsquoten. Auf dieser Grundlage könnten so neue Geschäftsmodelle entstehen.

Liste der Ansprechpartner aller Vorhabenspartner

Prof. Dr.-Ing. Vera Susanne Rotter Technische Universität Berlin, Fachgebiet Kreislaufwirtschaft und Recyclingtechnologie, Sekretariat Z2, Straße des 17. Juni 135, 10623 Berlin, vera.rotter@tu-berlin.de; Tel.: +49 30 314-22619

Maximilian Ueberschaar Technische Universität Berlin, Fachgebiet Kreislaufwirtschaft und Recyclingtechnologie, Sekretariat Z2, Straße des 17. Juni 135, 10623 Berlin, maximilian.ueberschaar@tu-berlin.de; Tel.: +49 30 314-29136

Prof. Dr.-Ing. Sabine Flamme FH Münster, IWARU, Arbeitsgruppe Ressourcen, Corrensstraße 25, 48149 Münster, flamme@fh-muenster.de, Tel.: +49 251 83 65 253

Gotthardt Walter FH Münster, IWARU, Arbeitsgruppe Ressourcen, Corrensstraße 25, 48149 Münster, gwalter@fh-muenster.de, Tel.: +49 251 83 65 258

Julia Geiping FH Münster, IWARU, Arbeitsgruppe Ressourcen, Corrensstraße 25, 48149 Münster, j.geiping@fh-muenster.de, Tel. +49 251 8365154

Dr.-Ing. Perrine Chancerel Technische Universität Berlin, Forschungsschwerpunkt Technologien der Mikroperipherik, Sekretariat TIB 4/2-1, Gustav-Meyer-Allee 25, 13355 Berlin, Perrine.Chancerel@tu-berlin.de, Tel.: +49 30 46403-157

Dr. Max Marwede Technische Universität Berlin, Forschungsschwerpunkt Technologien der Mikroperipherik, Sekretariat TIB 4/2-1, Gustav-Meyer-Allee 25, 13355 Berlin, Max.Marwede@tu-berlin.de, Tel.: +49 30 46403-7989

Prof. Dr.-Ing. Arno Jantzen FH Münster, Labor für Strömungstechnik und -simulation, Stegerwaldstraße 39, 48565 Steinfurt, jantzen@fh-muenster.de, Tel.: +49 2551 9-62743

Dr.-Ing. Jakob Breer INFA, Institut für Abfall, Abwasser, Site und Facility Management e. V., Beckumer Straße 36, 59229 Ahlen/Westf., breer@infa.de, Tel.: +49 23 82 964-509

Dr. Martin Schlummer Fraunhofer Institut für Verfahrenstechnik und Verpackung IVV, Giggenhauser Straße 35, 85354 Freising, martin.schlummer@ivv.fraunhofer.de, Tel.: +49 8161 491750

Michael Andreae-Jäckering Altenburger Maschinen Jäckering GmbH, Vorsterhauser Weg 46, 59067 Hamm, jaeckering@jaeckering.de, Tel.: +49 2381 4220

Matthias Reinert Jöst GmbH + Co KG, Gewerbestraße 28 – 32, 48249 Hamm, mreinert@joest.com, Tel.: +49 2590 98290

Dr. Wolfram Palitzsch Loser Chemie GmbH, Bahnhofstraße 10, 08134 Langenweißbach, wolfram.palitzsch@loserchemie.de, Tel.: +49 37603 5320

Gerhard Jokic Remondis Elektrorecycling GmbH, Brunnenstraße 138, 44536 Lünen, gerhard.jokic@remondis.de, Tel.: +49 2306 106558

Dr. Horst Bröhl-Kerner Recyclingzentrum Frankfurt, Lärchenstraße 131, 65933 Frankfurt a. M., Horst.Broehl-Kerner@werkstatt-frankfurt.de

Veröffentlichungen des Verbundvorhabens

IN PEER-REVIEW JOURNALS VERÖFFENTLICHTE ERGEBNISSE

[Chancerel et al. 2013] Chancerel, P.; Rotter, V. S.; Ueberschaar, M.; Marwede, M.; Nissen, N. F.; Lang, K.-D. (2013): Data availability and the need for research to localize, quantify and recycle critical metals in information technology, telecommunication and consumer equipment. In: Waste Management Research, 31 (10 Suppl), 3 – 16. doi:10.1177/0734242X13499814

[Rotter et al. 2013] Rotter, V. S.; Chancerel, P.; Ueberschaar, M.: Recycling-oriented product characterization for electric and electronic equipment as a tool to enable recycling of critical metals (2013). In: TMS Annual Meeting (pp. 192 – 201)

[Sommer et al. 2015] Sommer, P.; Rotter, V. S.; Ueberschaar, M.: Battery related cobalt and REE flows in WEEE treatment (2015). In: Waste Management, 45. doi:10.1016/j.wasman.2015.05.009

[Ueberschaar et al. 2014] Ueberschaar, M.; Rotter, V. S.: Enabling the recycling of rare earth elements through product design and trend analyses of hard disk drives (2014). In: Journal of Material Cycles and Waste Management. doi:10.1007/s10163-014-0347-6

IN (KONFERENZ-) BÜCHERN VERÖFFENTLICHTE ERGEBNISSE

[Rotter et al. 2012] Rotter, V. S.: Waste Electric and Electronic Equipment (WEEE) as a resource for critical metals – what do we know about our alternative mines? (2012) In: Proceedings of the MFA 2012 – ConAccount Section – Conference 2012, Darmstadt

[Götze et al. 2012] Götze, R.; Rotter, S. V.: Challenges for the Recovery of Critical Metals from Waste Electronic Equipment – A Case Study of Indium in LCD Panels (2012). In: Electronics Goes Green 2012+ (Egg). Retrieved from http://ieeexplore.ieee.org/xpl/articleDetails.jsp?arnumber=6360485

[Rotter et al. 2012] Rotter, V. S.; Chancerel, P.: Recycling of Critical Resources – Upgrade Introduction Example: recovery of metals from end-of-life mobile phones (2012). In: Electronic goes Green 2012+

[Rotter et al. 2013] Rotter, V. S.; Ueberschaar, M.; Chancerel, P.: Rückgewinnung von Spurenmetallen aus Elektroaltgeräten (2013). In: Thomé-Kozmiensky, K. J. Goldmann, D. (Hrsg.), Recycling und Rohstoffe – Band 6 (pp. 481 – 493). Neuruppin, TK Verlag Karl Thomé-Kozmiensky

[Ueberschaar et al 2012] Ueberschaar, M.; Rotter, V. S.: Rückgewinnung von Nebenmetallen aus EAG am Beispiel Festplatten aus PCs (2012). In: Depotech2012, Abfallwirtschaft, Abfalltechnik und Altlasten. Lehrstuhl für Abfallverwertungstechnik und Abfallwirtschaft der Montanuniversität Leoben

[Flamme et al. 2013] Flamme, S.; Geiping, J.: Elektroaltgeräte: Qualitätsrecycling? – Was ist noch zu tun? (2013), 13. Münsteraner Abfallwirtschaftstage, Münster 2013, S. 145 – 152 ISBN 978-3-98111 42-3-2

[Heyer et al. 2012] Heyer, S.; Krämer, P.; Götze, R.; Ueberschaar, M.; Walter, G.; Flamme, S.; Seliger, G.: Bottom-up organized Recycling Networks as Strategies for Corporate Sustainability (2012). In: Proceedings 1, 7, Electronics Goes Green 2012+, ECG 2012 – Joint International Conference and Exhibition

[Ueberschaar et al 2013] Ueberschaar, M.; Götze, R.; Rotter, V. S.: Differing methods and results for experimental analysis of critical metals in WEEE: Reflection on LCD hard disc drive studies (2013). In: DGAW 3. Wissenschaftskongress, Berlin, DGAW

[Rotter et al. 2013] Rotter, V. S.; Ueberschaar, M.; Heinrich, S.: Quantification of critical metals in WEEE (Sardinia 2013). 14th International Waste Management and Landfill Symposium, Forte Village S. Margherita di Pula, Italy

[Flamme et al. 2013] Flamme, S.; Geiping J.; Krämer, P.: Das Rohstoffpotenzial durch Urban Mining. In: Voigt, I.; Zehrfeld, W. A. (Hrsg.): Ressourceneffizienz – Der Innovationstreiber von morgen, Frankfurter Allgemeine Buch, Frankfurt, 2013, S. 260 – 279

[Sommer et al. 2014] Sommer, P.; Rotter, V. S.; Ueberschaar, M.: Relevance of batteries for resource efficient WEEE treatment (2014). In: Proceedings SUM 2014 – Second Symposium on Urban Mining

[Rotter et al 2014] Rotter, V. S.; Geiping, J.; Flamme, S.; Ueberschaar, M.: Anlagenbilanzierung als Bewertungsinstrument für ein Qualitätsrecycling von Elektroaltgeräten (2014). In: Thomé-Kozmiensky, K. J.; Goldmann, D. (Hrsg.), Recycling und Rohstoffe, Band 7, pp. 191 – 203, Neuruppin: TK Verlag Karl Thomé-Kozmiensky

[Geiping et al. 2014] Geiping, J.; Flamme, S.: Rückgewinnung kritischer Metalle aus Elektro- und Elektronikaltgeräten im mechanischen Aufbereitungsprozess – Status-Quo-Ermittlung durch Anlagebilanzierung / Stoffflussanalyse (2014). 4. Wissenschaftskongress Abfall- und Ressourcenwirtschaft. Münster, 27.– 28.03.2014; Deutsche Gesellschaft für Abfallwirtschaft e.V., Bockreis, A.; Faulstich, M.; Flamme, S.; Kranert, M.; Nelles, M.; Rettenberger, G.; Rotter, V. S. (Hrsg.), S. 151 – 154, 2014, ISBN 978-3- 98111424-9

[Rotter et al. 2015] Rotter, V. S., Ueberschaar, M., Geiping, J., Chancerel, P.: Potenziale zum Recycling wirtschaftsstrategischer Metalle aus Elektroaltgeräten (2015). In: Thomé-Kozmiensky, K. J. Goldmann, D. (Hrsg.), Recycling und Rohstoffe, Band 8 (pp. 249 – 267). TK Verlag Karl Thomé-Kozmiensky, Neuruppin

[Geiping et al. 2014] Geiping, J.; Flamme, S.: Ressourcenorientierte Aufbereitung von Elektroaltgeräten (EAG) (2014). In: Tagungsband zur 12. DepoTech Konferenz. Leoben, 04.–11.11.2014; Pomberger, R. et al. (Hrsg.), 2014, ISBN 978-3-20003797-7

[Ueberschaar et al. 2014] Ueberschaar, M.; Rotter, V. S.: Dynamische Schwankungen in der Zusammensetzung sekundärer Erze (2014). In: Depotech 2014, Abfallwirtschaft, Abfalltechnik und Altlasten. Lehrstuhl für Abfallverwertungstechnik und Abfallwirtschaft der Montanuniversität Leoben

[Geiping et al. 2015] Geiping, J.; Flamme, S.: Experimentelle Stoffflussanalyse einer Erstbehandlungsanlage für Elektro- und Elektronikaltgeräte zur Untersuchung von Optimierungsmöglichkeiten (2015). In: Bockreis, A., Faulstich, M., Flamme, S., Kranert, M., Nelles, M., Rettenberger, G., Rotter, V. S. (Hrsg.), Tagungsband 5. Wissenschaftskongress Abfall- und Ressourcenwirtschaft, Innsbruck, 19. – 20.03.2015, Deutsche Gesellschaft für Abfallwirtschaft e.V

[Breer 2015] Breer, J.: Haushaltsnahe Angebote zur Erfassung von Elektroaltgeräten – Chancen und Risiken (2015). In: Flamme, S., u.a. (Hrsg.), Tagungsband 14. Münsteraner Abfallwirtschaftstage, Münster 2015, S. 189 – 195, ISBN 978-3-98111 42-5-6

[Geiping et al. 2015] Geiping, J.; Flamme, S.: Bilanzierung einer Erstbehandlungsanlage für Elektro- und Elektronikaltgeräte zur Untersuchung von Optimierungsmöglichkeiten (2015). In: S. Flamme u. a. (Hrsg.), Tagungsband 14. Münsteraner Abfallwirtschaftstage, Münster 2015, S. 189 – 195, ISBN 978-3-98111 42-5-6

[Marwede et al. 2015] Marwede, M.; Chancerel, P.; Ueberschaar, M.; Rotter, V. S.; Nissen, N. F.; Lang, K.-D.: Building the bridge between innovative recycling technologies and recycling-friendly product design – The example of technology metals (2015). In: Global Cleaner Production and Sustainable Consumption Conference

[Rotter et al. 2016] Rotter, V. S.; Otto, S. J.; Ueberschaar, M.; Chancerel, P.: Resultate aus dem Projekt UPgrade – Beispiel Gallium (2016). In: K. J. Thomé-Kozmiensky, D. Goldmann (Eds.), Recycling und Rohstoffe, Band 9, TK Verlag Karl Thomé-Kozmiensky, Neuruppin

[Rotter et al. 2015] Rotter, V. S.; Ueberschaar, M.; Geiping, J.; Flamme, S.: UPgrade – Strategien zur Rückgewinnung von kritischen Metallen (2015). In: Münsteraner Schriften zur Abfallwirtschaft, Band 16, pp. 1 – 9. Labor für Abfallwirtschaft, Siedungswasserwirtschaft, Umweltchemie (LASU) der Fachhochschule Münster

[Ueberschaar 2015] Ueberschaar, M.: Resource efficiency by means of alloy determination on the example of rare earth elements (2015). In: DGAW 5. Wissenschaftskongress, Berlin, DGAW

[Ueberschaar et al. 2015] Ueberschaar, M.; Geiping, J.; Rotter, V. S.; Flamme, S.: Substance flow analysis as a tool for improving resource efficiency of pre-processing of WEEE (2015). In: Global Cleaner Production and Sustainable Consumption Conference, pp. 1 – 14

BEREITS EINGEREICHTE ARTIKEL

Ueberschaar, M.; Rotter, V. S.; Jalalpoor, D.; Korf, N.: Potentials and Barriers for Tantalum Recycling from WEEE (2016). Eingereicht in: Journal of Industrial Ecology

Ueberschaar, M.; Otto. S.; Rotter, V. S.: Challenges for critical raw material recovery from WEEE – the case study of Gallium (2016). Eingereicht in: Waste Management

NOCH ZU VERÖFFENTLICHENDE ERGEBNISSE

Ueberschaar, M.; Geiping, J.; Rotter V. S.; Flamme, S. (2016): Substance flow analysis as a tool for improving resource efficiency of pre-processing of WEEE. Wird eingereicht in Resources, Conservation and Recycling

Ueberschaar, M.; Schlummer M.; Rotter, V. S. (2016): Potentials and recycling strategies for Indium in LCD displays from WEEE. Wird eingereicht

Ueberschaar, M.; Rotter, V. S. (2016): Recovery strategies for rare earth elements from hard disk drives. Wird eingereicht

Breer, J. (2016): Optimierung der Elektroaltgeräte-Erfassung. Wird veröffentlich im Rahmen der Münsteraner Schriften zur Abfallwirtschaft und in gekürzter Form in der einschlägigen Fachpresse

Reinert, M.; Jantzen, A.; Flamme, S. (2016): Optimierter Einsatz von Sieb- und Sichtungstechnik bei der Anreicherung von Zielmetallen aus Elektroaltgeräten. Wird eingereicht

Quellen

[Chancerel et al. 2015] Chancerel, P.; Marwede, M.; Nissen, N. F.; Lang, K.-D.: Estimating the quantities of critical metals embedded in ICT and consumer equipment (2015). In: Resour. Conserv. Recycl. 98, 9 – 18. doi:10.1016/j.resconrec.2015.03.003

[Chancerel et al. 2016] Chancerel, P.; Marwede, M.; Rotter, V. S.; Ueberschaar, M.: Design challenges for recycling of critical metals (2016). Arbeitspapier

[Chancerel et al. 2013] Chancerel, P.; Rotter, V. S.; Ueberschaar, M.; Marwede, M.; Nissen, N. F.; Lang, K.-D.: Data availability and the need for research to localize, quantify and recycle critical metals in information technology, telecommunication and consumer equipment (2013). In: Waste Manag. Res. 31, 3 – 16. doi:10.1177/0734242X13499814

[EMPA & SWICO 2011] EMPA & SWICO: Entsorgung von Flachbildschirmen in der Schweiz (2011). Report, St. Gallen

[Jalalpoor et al. 2013] Jalalpoor, D.; Götze, R.; Rotter, V. S.: Einsatz und Rückgewinnungspotenzial von Indium in LCD Geräten (2013). In: Müll und Abfall 06

[Krämer et al. 2010] Krämer, P.; Walter, G.; Flamme, S.; Mans, C.: Aufbereitung von Elektroaltgeräten (2010). In: Müll und Abfall 3, 127 – 132

[Krämer et al. 2009] Krämer, P.; Walter, G.; Flamme, S.; Mans, C.: Elektroaltgeräte (2009). In: Müll und Abfall 12, 623 – 627

[Marwede et al. 2015] Marwede, M.; Chancerel, P.; Ueberschaar, M.; Rotter, V.S.; Nissen, N. F.; Lang, K.-D.: Building the bridge between innovative recycling technologies and recycling-friendly product design – The example of technology metals (2015). In: Global Cleaner Production and Sustainable Consumption Conference

[Rotter et al. 2016a] Rotter, V. S.; Otto, S. J.; Ueberschaar, M.; Chancerel, P.: Resultate aus dem Projekt UPgrade – Beispiel Gallium (2016). In: Thomé-Kozmiensky, K. J.; Goldmann, D. (Eds.), Recycling und Rohstoffe, Band 9, TK Verlag Karl Thomé-Kozmiensky, Neuruppin

[Rotter et al. 2016b] Rotter, V. S.; Ueberschaar, M.; Walter, G.; Flamme, S.; Chancerel, P.; Marwede, M.: Final report – UPgrade, Technische Universität Berlin (2016). In: Institute of Environmental Technology, Chair of Circular Economy and Recycling Technology

[Rotter et al. 2015a] Rotter, V. S.; Ueberschaar, M.; Geiping, J.; Chancerel, P.; Flamme, S.: Potenziale zum Recycling wirtschaftsstrategischer Metalle aus Elektroaltgeräten – Ergebnisse aus dem UPgrade Projekt (2015). In: Thomé-Kozmiensky, K. J., Goldmann, D. (Eds.), Recycling und Rohstoffe, Band 8. TK Verlag, Neuruppin

[Rotter et al. 2015b] Rotter, V. S.; Ueberschaar, M.; Geiping, J.; Flamme, S.: UPgrade – Strategien zur Rückgewinnung von kritischen Metallen (2015). In: Münsteraner Schriften zur Abfallwirtschaft, Band 16. Labor für Abfallwirtschaft, Siedlungswasserwirtschaft, Umweltchemie (LASU) der Fachhochschule Münster, pp. 1 – 9

[Sommer et al. 2015] Sommer, P.; Rotter, V. S.; Ueberschaar, M.: Battery related cobalt and REE flows in WEEE treatment (2015). In: Waste Manag. 45, 298 – 305. doi:10.1016/j.wasman.2015.05.009

[Stiftung elektro-altgeräte register 2015] Stiftung elektro-altgeräte register: Rücknahmemengen je Sammelgruppe (2015). online verfügbar https://www.stiftung-ear.de/service_und_aktuelles/kennzahlen/ruecknahmemengen_je_sammelgruppe (accessed 01.12.15)

[Stiftung elektro-altgeräte register 2014] Stiftung elektro-altgeräte register: Jahres-Statistik-Meldung (2014). online verfügbar https://www.stiftung-ear.de/service_und_ aktuelles/kennzahlen/jahres_statistik_meldung

[Ueberschaar et al. 2015] Ueberschaar, M.; Geiping, J.; Rotter, V. S.; Flamme, S.: Substance flow analysis as a tool for improving resource efficiency of pre-processing of WEEE (2015). In: Global Cleaner Production and Sustainable Consumption Conference. pp. 1 – 14

[Ueberschaar et al. 2014] Ueberschaar, M.; Rotter, V. S.: Enabling the recycling of rare earth elements through product design and trend analyses of hard disk drives (2014). In: J. Mater. Cycles Waste Manag. doi:10.1007/s10163-014-0347-6

[Ueberschaar et al. 2016a] Ueberschaar, M.; Rotter, V. S.; Geiping, J.; Walter, G.; Flamme, S.: Substance flow analysis as a tool for improving resource efficiency of pre-processing of WEEE (2016). To be sumitted in Resour. Conserv. Recycl.

[Ueberschaar et al. 2016b] Ueberschaar, M.; Rotter, V. S.; Jalalpoor, D.; Korf, N.: Potentials and Barriers for Tantalum Recycling from WEEE (2016). In: Submitt. J. Ind. Ecol.

[UNEP – International Resource Panel 2011] UNEP – International Resource Panel: Recycling rates of metals: A status report (2011). In: UNEP – International Resource Panel

[Wang and Gaustad 2012] Wang, X.; Gaustad, G.: Prioritizing material recovery for end-of-life printed circuit boards (2012). In: Waste Manag. 32, 1903 – 1913. doi:10.1016/j.wasman.2012.05.005

[Ueberschaar et al. 2016c] Ueberschaar, M.; Rotter, V. S.; Jalalpoor, D.; Korf, N. (2016): Potentials and Barriers for Tantalum Recycling from WEEE. Submitted in: Journal of Industrial Ecology

06. CaF$_2$ – Rückgewinnung von Calciumfluorid als Sekundärrohstoff für Fluorpolymere

Thorsten Gerdes, Christopher Schymura, Achim Schmidt-Rodenkirchen, Monika Willert-Porada (Universität Bayreuth, InVerTec), Thomas Berger (Fluorchemie GmbH), Klaus Hintzer, Tilman Zipplies (Dyneon GmbH)

Projektlaufzeit: 01.05.2012 bis 30.04.2015   Förderkennzeichen: 003R080

ZUSAMMENFASSUNG

Tabelle I: Zielwertstoff

Zielwertstoff im r³-Projekt CaF$_2$
CaF$_2$

Im Rahmen des Projektes wurde ein neuartiges Verfahren zum chemischen Recycling von teilfluorierten Polymeren entwickelt, bei dem diese zu Fluorwasserstoff und Kohlenstoffdioxid oxidativ umgesetzt werden. Dabei wird Fluorwasserstoff an einen Calciumträger gebunden. Das so mit einem CaF$_2$-Gehalt von über 90 % gewonnene Material dient als Sekundärrohstoff zur Herstellung von wasserfreier Flusssäure und führt so zur Einsparung äquivalenter Mengen des Primärrohstoffs Flussspat.

Um einen geeigneten Werkstoff für die extremen Prozessbedingungen auszuwählen, wurden zunächst Korrosionsversuche durchgeführt. Im Anschluss daran wurde eine auf den Versuchsergebnissen basierende Laboranlage zur Hochtemperaturkonvertierung (HTC) fluorierter Polymere ausgelegt, gebaut und betrieben.

Das entstehende fluorwasserstoffhaltige Gas wurde in unterschiedlichen Verfahren an einen Calciumträger gebunden. Es erfolgte ferner ein Vergleich zwischen einem nasschemischen und einem trockenen Verfahren. Konkret wurden zum einen die nasschemische Lösungskristallisation von Calciumhydroxid und Fluorwasserstoff und zum anderen die quasitrockene Umkristallisation von Calciumcarbonat und Fluorwasserstoff untersucht. Die Umkristallisation stellte sich dabei als besonders geeignet heraus und wurde im Anschluss an die Laborphase erfolgreich im Pilotmaßstab getestet.

Bei dem Verfahren zur Trockensorption von Fluorwasserstoff an Calciumcarbonat wurde der fluorwasserstoffhaltige Abgasstrom durch eine Reaktorkaskade geleitet. Dabei wurde eine hohe Ausbeute an Calciumfluorid generiert.

1. EINLEITUNG

Calciumfluorid bzw. das Mineral Flussspat ist einer von 14 strategisch wichtigen Rohstoffen, welche die Europäischese Kommission als „critical raw material" für die Europäischese Union eingestuft hat [EC 2014]. China ist mit einem Marktanteil von über 60 % der Hauptproduzent von Flussspat [Merchant 2014], während in Deutschland im Jahre 2011 ca. 380.000 t importiert werden mussten [BGS 2014]. Der Großteil des Flussspates wird für die Weiterverarbeitung zu Fluorchemikalien verwendet, weitere Anteile werden in der metallverarbeitenden Industrie benötigt.

Trotz der hohen Bedeutung von Calciumfluorid für viele Industriezwige und der prognostizierten Ressourcenknappheit gibt es heute kaum Recyclingkonzepte für fluorhaltige Materialien.

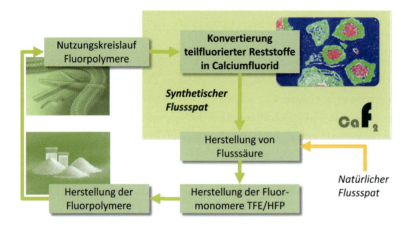

Bild 1: Synthetischer Flussspat aus teilfluorierten Polymeren (Quelle: Universität Bayreuth, Gerdes)

In den letzten Jahren wurde ein Recyclingverfahren für perfluorierte Polymere, wie Polytetrafluorethylen entwickelt. Die weltweit erste Demonstrationsanlage im technischen Maßstab wurde 2015 vom Projektpartner Dyneon GmbH in Betrieb genommen. Dieser Prozess ist aufgrund der Beeinflussung der Selektivität durch Wasserstoffatome in organischen Verbindungen nicht für teilfluorierte Polymere nutzbar. Für teilfluorierte Polymere existiert neben dem „Repro"-Markt kein Recyclingkonzept. Diese Fluorpolymere müssen zurzeit in speziellen Müllverbrennungsanlagen thermisch verwertet werden, da das Deponieren von Stoffen mit einem Brennwert höher 6000 kJ/kg mit Inkrafttreten der neuen Deponieverordnung gesetzlich untersagt ist.

Um diese Fluorquelle nutzbar zu machen, wurde ein Verfahrenskonzept (Kreislauf in Bild 1) entwickelt, bei dem in einer Hochtemperaturkonvertierung (High Temperature Conversion HTC) Fluorpolymere zu Fluorwasserstoff und Kohlenstoffdioxid oxidiert werden und der Fluorwasserstoff aus dem Gasstrom an Calciumträgern zu Flussspat umgesetzt wird.

Um diesen Flussspat als Sekundärrohstoff zur Herstellung von wasserfreier HF einsetzen zu können, müssen die in Tabelle 1 zusammengefassten Qualitätsmerkmale erfüllt sein.

Tabelle 2: Qualitätsanforderungen an Flussspat zur wasserfreien HF-Herstellung

Merkmal	Spezifikation
Gehalt an CaF_2	>90 %
Partikelgröße	90 – 40 µm
Organische Bestandteile	< 200 ppm (g/t)

2. VORGEHENSWEISE

Die im Projekt bearbeiteten Teilprozesse zur Herstellung von synthetischem Flussspat sind in Bild 2 dargestellt.

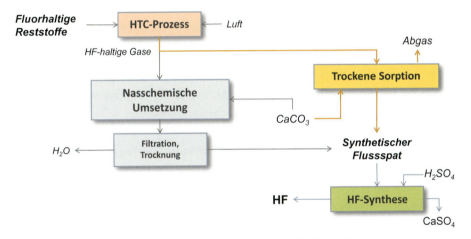

Bild 2: Teilprozesse zur Herstellung von synthetischem Flussspat (Quelle: Universität Bayreuth, Gerdes)

Im Gegensatz zur Pyrolyse der perfluorierten Polymere, bei der wieder die Monomere als Produkt entstehen, wurden die teilfluorierten Polymere mit Sauerstoff umgesetzt und ein fluorwasserstoffhaltiges Gas als Wertprodukt gewonnen.

Bei der exothermen Verbrennung im HTC-Prozess entsteht ein Produktgas mit hoher Fluorwasserstoff-Konzentration und entsprechenden Herausforderungen an das Reaktordesign und die Wahl der Werkstoffe. So müssen die Werkstoffe nicht nur einem korrosivem Angriff durch gasförmigen Fluorwasserstoff, sondern auch bezüglich Sauerstoff bei Temperaturen von über 500 °C beständig sein.

Als Referenzmaterial für teilfluorierte Polymere wurde das Ethylen-Tetrafluorethylen-Co-polymer (ETFE) ausgewählt. Dieses besteht aus den beiden Monomeren Ethylen und Tetrafluorethylen. ETFE enthält zudem keine weiteren Elemente wie Schwefel oder Chlor und besitzt ein Molverhältnis von 1:1 zwischen Ethylen und Tetrafluorethylen, weswegen es sich als Testmaterial für Verbrennungsuntersuchungen teilfluorierter Polymere sehr gut eignet. In Bild 3 ist die Strukturformel eines ETFE-Monomers grafisch dargestellt.

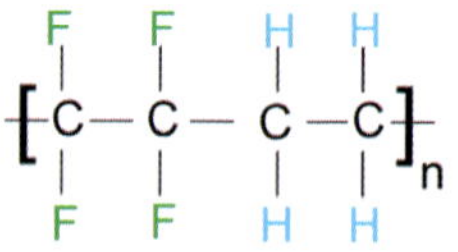

Bild 3: Strukturformel des ETFE-Monomers [Scheirs 1997]

3. ERGEBNISSE UND DISKUSSION

HTC-Prozess

Die Grundlagen für die Auslegung des Prozesses bilden thermodynamische und reaktionskinetische Untersuchungen zur Verbrennung von ETFE. Durch thermogravimetrische Untersuchungen der maximalen Massenänderung in Abhängigkeit vom Sauerstoffpartialdruck wurde deutlich, dass zunächst die Polymerkette bricht und kurzkettige volatile Komponenten bildet. In einer Massenspektroskopieuntersuchung konnten als organische Hauptbestandteile Vinylidenfluorid und Difluorcarben bzw. deren Derivate in der Gasphase nachgewiesen werden. Da der größere Anteil aus der homologen Reihe des Vinylidenfluorids bestand, wurde der in Bild 4 und Gleichung (1) dargestellte Depolymerisationsmechanismus als Startpunkt der Berechnungen ausgewählt.

$$C_4H_4F_4 \text{ (s)} \xrightarrow{T} 2\ C_2H_2F_2 \text{ (g)} \quad (1)$$

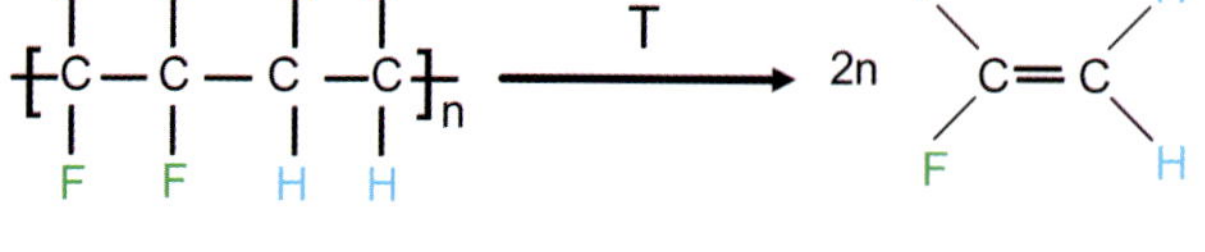

Bild 4: Depolymerisationsmechanismus des ETFE (Quelle: Universität Bayreuth, Schymura)

Hierbei zersetzt sich das feste Polymer in gasförmiges Vinylidenfluorid, welches dann in der Gasphase nach Gleichung (2) zu Fluorwasserstoff und Kohlenstoffdioxid verbrennt.

$$2C_2H_2F_2(g) + 4O_2(g) + 4N_2(g) \xrightarrow{T} 4CO_2(g) + 4HF(g) + 4N_2(g) \quad (2)$$

Bei der Prozessführung ist zu beachten, dass dem System ausreichend Sauerstoff zugeführt wird, um die Bildung von unerwünschten Nebenprodukten wie z. B. dem toxischen Fluorphosgen (COF_2) zu vermeiden. Bild 5 gibt die Berechnung des thermodynamischen Gleichgewichts in Abhängigkeit der Temperatur wieder, wobei hier der Sauerstoff um die Hälfte unterstöchiometrisch vorgegeben wurde (vgl. Gl. 29).

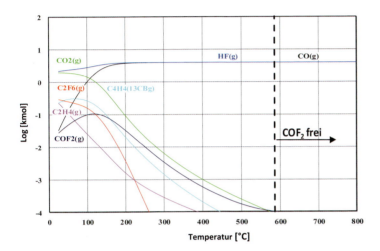

Bild 5: Thermodynamische Berechnung der Verbrennung von ETFE mit unterstöchiometrischem Sauerstoffanteil
(Quelle: Universität Bayreuth, Schymura)

Bei der Verbrennung von ETFE handelt es sich um eine exotherme Reaktion (ΔH_R = -2.100 kJ/mol), deren Reaktionsenthalpie nach Erreichen des Zündpunktes aus dem Reaktor abgeführt werden muss.
Aus thermogravimetrischen Analysen war es möglich, Rückschlüsse auf die Reaktionskinetik der ETFE-Verbrennung bzw. -Pyrolyse zu ziehen. In Bild 6 sind die Ergebnisse der thermogravimetrischen Analyse für unterschiedliche Sauerstoffkonzentrationen dargestellt.

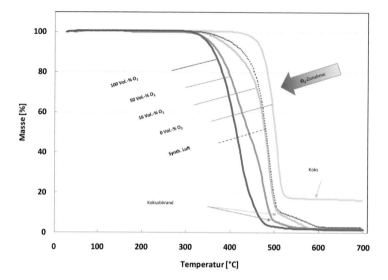

Bild 6: Ergebnisse der thermogravimetrischen Untersuchungen zur Verbrennung von ETFE
(Quelle: Universität Bayreuth, Schymura)

Bei der Pyrolyse von ETFE blieb eine Restmasse von etwa 20 Gew.-% zurück, die als Koks identifiziert werden konnte. Dieser Koks verbrennt, sobald Sauerstoff zugegeben wird, was bei den O$_2$-Konzentrationen von 16 bis 50 Vol.-% an einem charakteristischen Knick der Kurve zu erkennen ist (Bild 6). Je höher die Sauerstoffkonzentration gewählt wird, desto früher und stärker setzt die Massenänderung ein.

Die gewonnenen Daten ermöglichen es, die Aktivierungsenergie und die Reaktionsgeschwindigkeit unter Verwendung der Gleichung (3) nach [Andresen 2009] zu berechnen.

$$\frac{m_C}{m_{C,0}} = \exp\left(-\frac{k_{m,C,0}\, c_{O_2}\, M_C\, RT^2}{H\, E_A}\, e^{-\frac{E_A}{RT}} \left(1 + \frac{2!}{\left(\frac{-E_A}{RT}\right)} + \frac{3!}{\left(\frac{-E_A}{RT}\right)^2} + \frac{4!}{\left(\frac{-E_A}{RT}\right)^3}\right)\right) \quad (3)$$

Weiter konnten nun die Zündtemperaturen der exothermen Gas-/Feststoffreaktion in Abhängigkeit der Sauerstoffkonzentration berechnet werden, was in Bild 7 dargestellt ist.

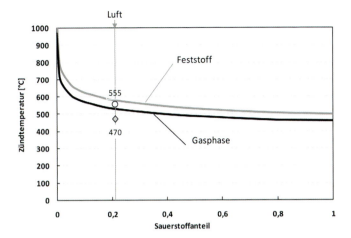

Bild 7: Berechnete Zündtemperaturen der ETFE-Verbrennung (Quelle: Universität Bayreuth, Schymura)

Die beiden Kurven in Bild 7 zeigen die Feststoff- und Gasphasen-Zündtemperaturen, welche für Luft als Brenngas auch von [Lin 2009] bestätigt werden. Ein kostengünstiger Betrieb der Anlage mit Luft ist somit bei Zündtemperaturen von 550 °C möglich.

Die Werkstoffauswahl ist für die extreme Beanspruchung wie Temperatur, Fluorwasserstoff-Angriff, Verzunderung und Abrasion durch das Bettmaterial entscheidend. Zur Korrosion von Metallen unter Hochtemperatur- und gleichzeitiger Fluorwasserstoff-Einwirkung existieren wenige Angaben in der Literatur. Daher wurden ausgewählte Legierungen eigenhändig untersucht. Die Ergebnisse der untersuchten Legierungen sind in Bild 8 zusammengefasst.

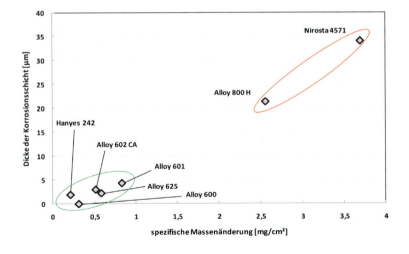

Bild 8: Auftragung der Korrosionsschichtdicke gegen die spezifische Massenänderung.
Grün: Nickelbasislegierungen, Rot: Austenitische Stähle (Quelle: Universität Bayreuth, Schymura)

In Bild 9 ist das Fließbild des HTC-Prozesses der Laboranlage zu sehen. Die verfahrenstechnische Auslegung des Wirbelschichtreaktors erfolgte nach [Kunii 1991]. Das Rohgas des Reaktors wird in der Quensche mit Wasser gekühlt und das HF absorbiert.

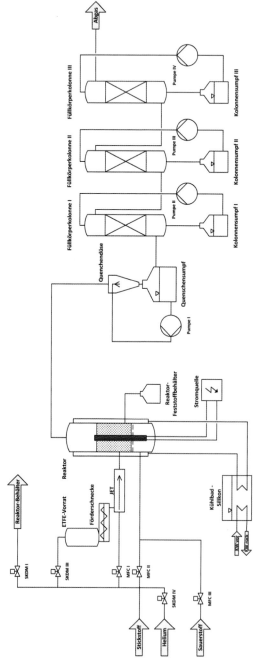

Bild 9: Fließbild des HTC-Prozesses (Quelle: Universität Bayreuth, Schymura)

Nasschemische Umsetzung

Zur Umwandlung des im ersten Prozessschritt gewonnenen HFs wurden zwei nasschemische Varianten untersucht, mit denen der Fluorwasserstoff als Calciumfluorid ausgefällt werden kann:

1. Fällung aus der Lösung und anschließendes Aufwachsen auf CaF_2-Keimkristallen
2. Umkristallisation calciumhaltiger Partikel zu Calciumfluorid

Im Fall der Lösungskristallisation stellte sich heraus, dass es zu einer Bildung von CaF_2-Kristallen mit einer bimodalen Verteilung mit Maxima von 7 und 18 µm kam. Das Ergebnis konnte nicht durch eine Parameterstudie verbessert werden. Dieses sehr feine Material ist für die Weiterverarbeitung im nachfolgenden Drehrohprozess ungeeignet.

Die Umkristallisation von Calciumcarbonat zu Calciumfluorid zeigte eine Diffusion des Fluors bis in den Kern. Dies konnte durch energiedispersive Röntgenspektroskopie (EDX) der Partikelquerschnitte sichtbar gemacht werden (siehe Bild 10).

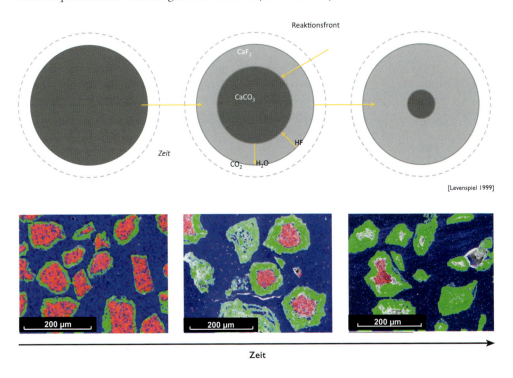

Bild 10: Umkristallisation analog dem „Shrinking core model" EDX-Mapping Aufnahme von Partikeln nach 10, 60 und 150 Minuten Versuchszeit. Grün: Fluor, Rot: Sauerstoff, Blau: Kohlenstoff (Quelle: Universität Bayreuth, Schymura)

Mit dieser Methode konnten Umsätze der Umkristallisation von $CaCO_3$ zu CaF_2 von bis zu 94 % bei hoher Formtreue bezüglich des vorgegebenen Carbonats erreicht werden.

Zur ersten Überprüfung der Industrietauglichkeit wurden 673 kg Flussspat mit einem CaF_2-Anteil von 90 Gew.-% durch nasschemische Umkristallisation hergestellt und im Drehrohofen der Fluorchemie Stulln mit Schwefelsäure umgesetzt. Der synthetische Spat wurde mit 95 Gew.-% mineralischem Spat verschnitten. Mit dieser Mischung konnten alle Prozessparameter bei der HF-Herstellung in den geforderten Grenzen gehalten werden, womit gezeigt wurde, dass der synthetische Flussspat geeignet ist, den Primärrohstoff zu substituieren.

Trockensorption

Als Alternative zu den nasschemischen Verfahren wurde bei der Trockensorption die direkte Chemisorption von HF mit $CaCO_3$ ohne Quenchprozess nach Reaktion (3) untersucht.

$$CaCO_3 + 2HF \rightarrow CaF_2 + CO_2 + H_2O \quad \Delta H_R = -150 \text{ kJ/mol} \quad (3)$$

Zur Bestimmung der Reaktionskinetik der Umkristallisation war es notwendig, definierte HF-Konzentrationen einstellen zu können. Als Modellreaktion diente Reaktion (4).

$$CH_2F_2 + O_2 \rightarrow 2HF + CO_2 \quad \Delta H_R = -490 \text{ kJ/mol} \quad (4)$$

Als inertes Trägergas wurde Stickstoff gewählt, um die Konzentration des Fluorwasserstoffes im Reaktor einzustellen.

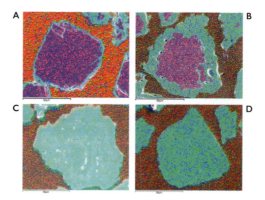

Bild 11: Rasterelektronenmikroskopaufnahmen der Partikelquerschnitte nach den jeweiligen Versuchszeiten aus Kartusche 1. (A) 5 Stunden, (B) 10 Stunden, (C) 15 Stunden und (D) 19,5 Stunden.
Energiedispersive Röntgenspektroskopie: Rot = O, Blau = Ca, Grün = F (Quelle: Universität Bayreuth, Schymura)

In der Anlage konnten nach 19,5 h Verweilzeit bei 10 Vol.-% HF im Gas ein Umsatz von 98 % erzielt werden.

Ökobilanz

Im Rahmen der Konzepterstellung für die Integration der Verfahren in einen industriellen Anlagenverbund wurde für die nasschemische Sorption an $CaCO_3$ ein Life Cycle Assessment (LCA), auch als Ökobilanz bezeichnet, erstellt.

Zur Durchführung der LCA wurde die Software SimaPro mit der Datenbank Ecoinvent verwendet. Zur Ermittlung des Energiebedarfes wurde die Methode Cumulative Energy Demand (CED) angewendet, für den Umwelteinfluss ReCiPe [Goedkoop 2009].

Basis für die Bewertung ist ein Vergleich der Herstellung von mineralischem Flussspat mit synthetischem Flussspat. Die Funktionseinheit wurde als 1 kg CaF_2 definiert.
Als Edukt für die synthetische Route wird Dünnsäure mit einem HF-Gehalt zwischen 6 und 12 Gew.-% und Verunreinigungen von 0 bis 12 Gew.-% an HCl angenommen. Beim mineralischen CaF_2 wird ein Abbau über Tage in den Hauptlagerstätten außerhalb Europas, also Mexiko oder China, angenommen.
In Bild 12 sind die Stoffströme der synthetischen CaF_2-Herstellung schematisch dargestellt. Im ersten Verfahrensschritt erfolgt die Umkristallisation des Calciumcarbonats zu Calciumfluorid durch Reaktion mit HF. Als Nebenprodukt wird CO_2 gebildet. Nach der Neutralisierung der Säure mit Kalkhydrat wird das feste Endprodukt abgetrennt, welches aus CaF_2, $CaCO_3$, H_2O und $CaCl_2$ besteht. Das Abwasser enthält die gleichen Bestandteile in gelöster Form.

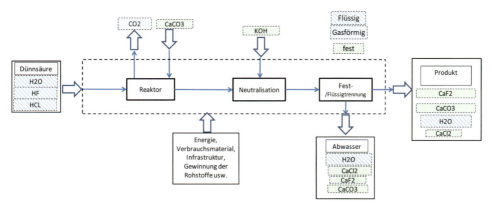

Bild 12: Fließbild der synthetischen Flussspatherstellung aus Dünnsäure als Grundlage der LCA
(Quelle: InVerTec, Schmidt)

Das Verfahren zur CaF_2-Gewinnung im Tagebau ist in Abbildung 13 dargestellt. In analoger Form ist es auch in SimaPro hinterlegt.

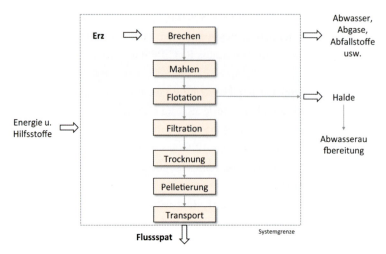

Bild 13: Fließbild der Gewinnung von mineralischem Flussspat als Grundlage der LCA (Quelle: InVerTec, Schmidt)

Das geförderte Erz wird zunächst gebrochen und gemahlen und durch Flotation von der Gangart abgetrennt. Nach einer Trocknung und der optionalen Pelletisierung ist das fertige CaF_2 transportbereit zum Ort der Weiterverarbeitung. Mit China, Südafrika und Mexiko als bedeutendste Produktionsländer und einem Importanteil außerhalb Europas von 75 % wird ein durchschnittlicher Transportweg (mit Hamburg als Zielhafen) von 12,5 tkm pro kg CaF_2 angenommen.

Bei bergmännisch gewonnenem Flussspat errechnet sich ein Energiebedarf von 4,02 MJ/kg, wobei mit 1,55 MJ/kg rund 40 % des Gesamtenergiebedarfs auf den Transport entfallen. Bild 14 zeigt den deutlichen energetischen Vorteil der Gewinnung von synthetischem sekundärem Flussspat gegenüber der bergmännischen Gewinnung von primärem Flussspat.

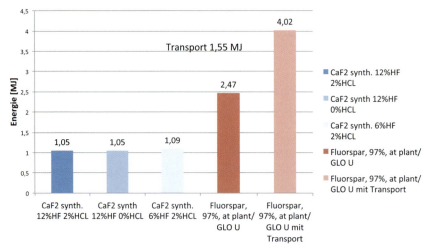

Bild 14: Vergleich des KEA von natürlichem (rot) und synthetischem (blau) Flussspat (Quelle: InVerTec, Schmidt)

In Bild 15 werden die CO_2-Emissionen bei der Herstellung von sekundärem synthetischem Flussspat mit der Primärressource verglichen. Bei der synthetischen Flussspatherstellung gibt es zwei dominierende CO_2-Quellen. Die kleinere ist hierbei die Herstellung von $Ca(OH)_2$, das im Prozess zur Neutralisierung der Restsäure verwendet wird. Der größere Teil an CO_2 wird bei der Umkristallisation von $CaCO_3$ zu CaF_2 frei.

Wird berücksichtigt, dass teilfluorierte EOL-Polymere gemäß dem Stand der Technik verbrannt und die Abgase mit Kalkmilch neutralisiert werden, entstehen dabei CO_2-Emissionen, die vergleichbar sind mit den Emissionen, die bei der Herstellung des synthetischen Flussspates entstehen. Dieser Beitrag wurde bei der Darstellung in Bild 15 nicht berücksichtigt.

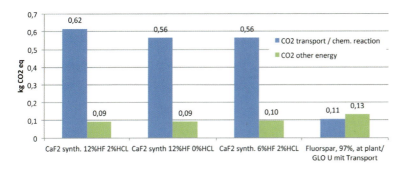

Bild 15: Vergleich des CO_2-Ausstoßes für Sekundärspat aus unterschiedlich konzentrierten Flusssäuren im Vergleich Primärrohstoff Flussspat (Quelle: InVerTec, Schmidt)

4. AUSBLICK

Trotz der positiven Projektresultate zur Schließung des Fluorkreislaufes stellt die Überführung in einen industriellen Prozess eine erhebliche Herausforderung dar. Der stark gesunkene Rohstoffpreis für Flussspat in Verbindung mit dem noch anstehenden, anlagentechnischen Entwicklungsaufwand sowie die damit verbundenen technischen Risiken stellen erhebliche Hürden dar. So muss das Verfahren zur Herstellung von sekundärem Flussspat sich wirtschaftlich rechnen, um diese Investitionen tatsächlich zu tätigen.

Zur Übertragung der Laborergebnisse in den Demonstratormaßstab soll daher im Rahmen des „r+Impuls"-Programms des BMBF eine Anlage zum Recycling von HF-haltigen Säuren mit einer Kapazität von 900 t/a, bezogen auf produzierten Flussspat, geplant, gebaut und betrieben werden. Das Projekt ist im April 2016 gestartet und hat eine Laufzeit von 3 Jahren.

Liste der Ansprechpartner aller Vorhabenspartner

Dr. K. Hintzer Dyneon GmbH, Industrieparkstraße 1, 84508 Burgkirchen, khintzer@3M.com, Tel.: +49 8679 74666

Dr. T. Berger Fluorchemie Stulln GmbH, Werksweg 2, 92551 Stulln, Thomas.Berger@Fluorchemie.de, Tel.: +49 9435 306-300

Dr. T. Gerdes Universität Bayreuth, Lehrstuhl für Werkstoffverarbeitung, 95440 Bayreuth, gerdes@uni-bayreuth.de, Tel.: +49 921 557202

A. Schmidt InVerTec e.V., Gottlieb-Keim-Straße 60, 95448 Bayreuth, schmidt@invertec-ev.de, Tel.: +49 921 50736119

Veröffentlichungen des Verbundvorhabens

[EP 2952478 A1] Patent. Method for the production of free flowing synthetic calcium fluoride and use thereof

[Willert-Porada 2014] Willert-Porada, M.: Rückgewinnung von Calciumfluorid als Sekundärrohstoff für Fluorpolymere (2014). Vortrag, 5. Urban Mining Kongress 2014 und r³-Statusseminar, Essen 2014

Quellen

[EC 2014] European Commission: Critical raw metarials for the EU. Internetquelle: http://ec.europa.eu/enterprise/policies/raw-materials/files/docs/report-b_en.pdf (Letzter Aufruf 2014)

[Merchant 2014] Merchant Research & Consulting ltd.: Fluorspar Market Review. Internetquelle: http://mcgroup.co.uk/researches/fluorspar (Letzter Aufruf 2016)

[BGS 2014] British Geological Survey. European Minerals Statistics. Internetquelle: http://www.bgs.ac.uk/downloads/start.cfm?id=1389 (Letzter Aufruf 2016)

[Goedkoop 2009] Goedkoop, M. J.; Heijungs, R.; Huijbregts, M.; De Schryver, A.; Struijs, J.; Van Zelm, R.: ReCiPe 2008. A life cycle impact assessment method which comprises harmonised category indicators at the midpoint and the endpoint level; First edition Report I: Characterisation; 2009, p. 5

[Andresen 2009] Andresen, A.: Zünd-Lösch-Verhalten von Prozessgasen der partiellen Oxidation von Kohlenwasserstoffen und Reaktivität der gebildeten Koksablagerungen (2009). Dissertation. Shaker, Aachen

[Kunii 1991] Kunii, D.; Levenspiel, O.: Fluidization Engineering (1991). In: 2nd ed. Butterworth-Heinemann, Newton

[Levenspiel 1999] Levenspiel, O.: Chemical Reaction Engineering (1999). In: 3rd ed. Wiley, New York

[Lin 2009] Shiow-Ching, L.; Bradley, K.: Flammability of Fluoropolymers (2013). In: Fire and Polymers V. Washington, D. C.: American Chemical Society, 2009, vol. 1013, pp. 288 – 297

[Scheirs 1997] Scheirs J.: Modern Fluoropolymers (1997). John Wiley & Sons Ltd., Chichester

07. NickelRück – Ressourcenschonende neuartige Nickelrückgewinnung aus Prozesswässern der Phosphatierung

Ralf Wolters, Matthias Kozariszczuk (VDEh-Betriebsforschungsinstitut, Düsseldorf); Axel Böcking, Matthias Wessling (RWTH Aachen, AVT.CVT, Aachen); Michael Jeske, Bernd Bauer (FuMA-Tech, Bietigheim-Bissingen); Wilfried Moosbauer, Christoph Hinzen (IAM, Kaarst); Klaus Lüer, Markus Jankowski (Adam Opel, Rüsselsheim)

Projektlaufzeit: 01.11.2012 bis 31.10.2015   Förderkennzeichen: 033R089

ZUSAMMENFASSUNG

Tabelle 1: Zielwertstoffe

Zielwertstoffe im r³-Projekt NickelRück		
Mn	Ni	Zn

Im Rahmen des Vorhabens sollte erstmalig eine betriebstaugliche, ressourcenschonende Technologie zur selektiven Rückgewinnung strategisch wichtiger Metalle aus Prozesswässern der Phosphatierung von Stahl entwickelt und erprobt werden. Die Entwicklung erfolgte exemplarisch für die Phosphatierung mit Nickel an einer Betriebsanlage eines deutsche Automobilproduzenten und kann als Verfahren in verschiedene Branchen (bspw. Stahlindustrie, Galvanotechnik) zur Ressourcenschonung übertragen werden. Es wurden neuartige Membrankontaktoren zur Extraktion und Re-Extraktion eingesetzt, die sich durch ihre hohen volumenspezifischen Stoffaustauschflächen auszeichnen, ohne dass die Einsatzphasen dispergiert werden müssen.

In Betriebsversuchen wurde chargenweise Spülwasser aus der Produktion aufbereitet, wobei das Spülwasser mit einem Nickelgehalt von ca. 200 mg/l auf weniger als 20 mg/l abgereichert wurde. Neben Nickel wurden in einem zweistufigen Extraktionsverfahren die Metalle Zink und Mangan zurückgewonnen, die bei der Trikationenphosphatierung eingesetzt werden. Die Rückgewinnung der strategisch wichtigen Metalle erfolgt bei dem gegebenen pH-Wert von ca. 4 im Spülwasser zunächst bevorzugt für Zink und Mangan, während Nickel in einem 2. Prozessschritt bei pH-Werten von 5 bis 6 abgetrennt wird. In der Re-Extraktion konnten Nickel und die Begleitmetalle Zink und Mangan in der Stripsäure auf Werte aufkonzentriert werden, die oberhalb des Niveaus im Phosphatierbad liegen. Die Betriebsversuche bestätigten die systematischen Labor- und Technikumsversuche. Desweiteren wurden poröse Membranfasern mit einer SPEEK-Beschichtung (sulfoniertes Polyetheretherketon) modifiziert, sodass der geringe (aber unvermeidbare) Organikübergang durch den Phasenkontakt zwischen Prozesswasser und Extraktionsmittelsystem weiter verringert werden konnte. Das Funktionsprinzip der extraktiven Nickelrückgewinnung in Membrankontaktoren wurde im Rahmen des Verbundvorhabens erfolgreich nachgewiesen.

1. EINLEITUNG

Die Phosphatierung von Stahl bzw. Karosserien in der Automobilindustrie dient dem Korrosionsschutz und als Haftgrund für die nachfolgende Lackbeschichtung [König & Schultze 2007]. Durch die Phosphatierung bildet sich auf der Oberfläche der Stahlteile eine fest haftende Metallphosphatschicht, die eine Schutzfunktion übernimmt. Nach der Phosphatierung müssen die Oberflächen mittels Spülwasser gereinigt werden. Dabei reichert sich das Spülwasser mit den Wertmetallen an, bei der Trikationenphosphatierung mit Nickel sowie Mangan und Zink. In Bild 1 sind exemplarisch eine Phosphatierungslinie mit nachfolgender Spülstufe sowie das KTL-Tauchbecken für Automobilkarosserien dargestellt.

Bild 1: Phosphatierungslinie mit Spülstufen und KTL-Tauchbecken (Quelle: Adam Opel)

Stand der Technik

Zur Rückgewinnung von gelösten Metallen aus Prozesswässern können prinzipiell verschiedene Verfahren eingesetzt werden, z. B. Nanofiltration/Umkehrosmose [Herr et al. 2009], Ionenaustausch [Neumann 2009, Schwarz & Schiffer 2009] und Flüssig-Flüssig-Extraktion [Lo et al. 1983]. In diesem Forschungsvorhaben wurde das Verfahren der Flüssig-Flüssig-Extraktion mit Einsatz von Membrankontaktoren als innovativem Trennapparat untersucht.

Die Flüssig-Flüssig-Extraktion ist ein aus mindestens zwei Prozessschritten bestehendes Trennverfahren, mit dem sich u. a. in wässrigen Lösungen enthaltene Metallionen selektiv entfernen und aufkonzentrieren lassen. Wie in Bild 2 dargestellt, wird im ersten Prozessschritt, der Extraktion, die wässrige Phase mit dem Extraktionsmittel in Kontakt gebracht. Das Extraktionsmittel ist üblicherweise in einem organischen Lösungsmittel gelöst. Im Extraktionsschritt bilden die Metallionen mit dem Extraktionsmittel einen Komplex, der eine hohe Löslichkeit in der organischen Phase aufweist. In diesem Komplex gehen die Metalle in die organische Phase über, bis sich ein Gleichgewichtszustand eingestellt hat. Es liegen danach eine metallarme, wässrige Phase und eine metallreiche, organische Phase vor. Die Extraktionsreaktion findet an der Phasengrenze statt, weshalb eine große Phasengrenzfläche vorteilhaft ist, die speziell von den betrachteten, innovativen Membrankontaktoren angeboten wird.

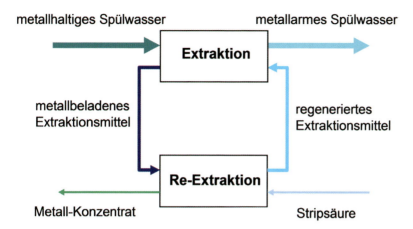

Bild 2: Funktionsschema der Flüssig-Flüssig-Extraktion zur Metallrückgewinnung

In einem zweiten Prozessschritt, Re-Extraktion oder Strippung genannt, wird die metallreiche, organische Phase durch Einsatz einer Säure regeneriert, sodass diese in einem geschlossenen Kreislauf erneut der Extraktion zugeführt werden kann. Aus der Strippung resultiert ein Metallkonzentrat, das im Prozess wieder eingesetzt oder weiterverarbeitet werden kann. Die Metallextraktion dient somit der selektiven Entfernung von Metallionen aus einer Lösung bei gleichzeitiger Aufkonzentrierung der Metallionen. Für die Abtrennung von Metallionen aus wässrigen Lösungen mittels Reaktivextraktion kommen verschiedene Extraktionsmittelsysteme in Betracht. Vielfach in der Literatur beschrieben sind bspw. für Zink Extraktionen mit Phosphorsäure-di(2-ethylhexyl)-ester (D_2EHPA) in Kombination mit verschiedenen Lösungsmitteln. Das reaktive Extraktionsmittel wird üblicherweise in einem geeigneten Lösungsmittel verdünnt. Dadurch werden generell die Eigenschaften des Extraktionsmittelsystems z. B. hinsichtlich der Viskosität und Dichte verbessert. Das Lösungsmittel selbst extrahiert keine Stoffe, beeinflusst aber die Extraktionsfähigkeit des Extraktionsmittelsystems. Unerwünscht ist das Lösen der organischen Phase in der wässrigen Phase. Die Löslichkeit ist abhängig von der Zusammensetzung des Extraktionsmittelsystems, der Temperatur und den Eigenschaften der wässrigen Phase.

2. VORGEHENSWEISE

Die Forschungsstelle BFI hat ein neuartiges Extraktionsverfahren für metallhaltige Prozesswässer der Phosphatierung mittels Membrankontaktoren entwickelt (Bild 3). Bei der Extraktion im Membrankontaktor wird die Phasengrenze zwischen der wässrigen und der organischen Phase durch die Membran bzw. die Membranporen gebildet, sodass die beiden Phasen nicht ineinander dispergiert werden und folglich eine abschließende Phasentrennung mit den damit einhergehenden Problemen wie der unzureichenden Phasenseparation unnötig ist. Durch den Wegfall der Dispergierung der Phasen – wie im konventionellen

Mixer-Settler – wird der Eintrag von organischen Komponenten in die wässrige Phase signifikant verringert.

Die Extraktion im Membrankontaktor ist daher besonders geeignet zur Behandlung von Lösungen, die in qualitätsrelevante Prozesse zurückgeführt werden sollen. Genau dies gilt für Prozesswässer der Phosphatierung.

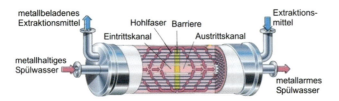

Bild 3: Aufbau eines Membrankontaktor-Moduls mit Hohlfasermembranen [Membrana 2008]

Im Membrankontaktor dient eine mikroporöse Membran zur Kontaktierung der beiden Phasen. Die Phasengrenze wird durch die Druckdifferenz der Phasen in der Membran stabilisiert: Bei Einsatz einer hydrophoben Membran benetzt die organische Phase die Membran und wird durch den höheren Druck der wässrigen Phase am Durchtritt durch die Membran gehindert. Hierbei werden bevorzugt Hohlfasermembranen mit einem Durchmesser von ca. 300 μm eingesetzt. Durch die dichte Packung der Hohlfasern können ca. 500–750 Fasern/cm² untergebracht werden und damit spezifische Stoffaustauschflächen von 1.000–3.000 m²/m³ erreicht werden. Für die betriebliche Umsetzung ist damit ein höchst kompakter Stoffaustauschapparat verfügbar.

In einem weiteren Entwicklungsschritt wurden die mikroporösen Membranen beschichtet, sodass ein Organikübergang möglichst vollständig vermieden wird (Projektpartner FuMA-Tech und AVT.CVT). Hier wurde die poröse Membranfaser als Stützstruktur verwendet und mit einer dünnen Schicht von Ionentauschern versehen. Die Stützstruktur gewährleistet die mechanische Stabilität, während die dünne, aktive Schicht für die Membranfunktion verantwortlich ist, die nur Ionen mit der vorgegebenen Polarität transportiert.

3. ERGEBNISSE UND DISKUSSION

Zur Aufbereitung von nickelhaltigen Prozesswässern wurden an der Phosphatierungslinie von Opel in Rüsselsheim die Spülwässer aus der Vorabspritzung und dem Überlauf des Spülbades als geeignete nickelhaltige Stoffströme identifiziert.

Der Nickelgehalt in den Proben der Phosphatierung liegt zwischen 1.085 und 1.239 mg/l, in denen der Vorabspritzung (ca. 1,2–1,5 m³/h) zwischen 155 und 247 mg/l sowie im Überlauf des Spülbades (ca. 0,8 m³/h) zwischen 12,1 und 26,6 mg/l. Die Ergebnisse von drei repräsentativen Probenahmen sind in der nachfolgenden Tabelle 2 aufgeführt.

Tabelle 2: Metallkonzentrationen und pH-Wert an der Phosphatierungslinie

Probenahme	Ni in mg/l	Zn in mg/l	Mn in mg/l	Fe in mg/l	pH-Wert [–]
Phosphatierung 1. Probe 2. Probe 3. Probe	1085 1239 1160	Ø 1420	Ø 640	Ø 4,4	Ø 3,2
Vorabspritzung 1. Probe 2. Probe 3. Probe	219 247 155	Ø 190	Ø 120	< 0,1	Ø 4,2
Spülbad 1. Probe 2. Probe 3. Probe	16,6 26,6 12,1	Ø 1,2	Ø 5,0	< 0,1	Ø 6,6

Die dargestellten Analysen der Inhaltsstoffe erfolgten mittels ICP-OES (Inductively Coupled Plasma – Optical Emission Spectrometry). Die Schwankungen der Konzentrationen in den Spülstufen sind durch die industrielle Fertigung bedingt. Insbesondere sind diese abhängig vom Karosseriedurchsatz und der vorgegebenen Spülwassermenge. Mit zunehmender Spülwassermenge verringern sich die Metallkonzentrationen im Prozesswasser der Vorabspritzung sowie im Spülbad entsprechend dem Verdünnungseffekt.

Systematische Laboruntersuchungen zur Nickelextraktion wurden vom BFI mit einem porösen Liqui-Cel-Kontaktor der Firma Membrana und der kleinsten kommerziell verfügbaren Größenordnung (2,5 x 8 inch; Membrankontaktorfläche AM = 1,4 m²) durchgeführt. Für die Technikums- und Betriebsversuche wurden kommerziell verfügbare, poröse Kontaktoren vom selben Typ ausgewählt, da diese für eine betriebliche Anwendung eine repräsentativ große Membranfläche (4 x 13 inch; Membrankontaktorfläche AM = 8,1 m²) zur Verfügung stellen. Die Entwicklung bzw. Fertigung der neu beschichteten Kontaktoren in der erforderlichen Größenordnung war zu diesem Zeitpunkt noch nicht weit genug fortgeschritten, sodass diese nicht in der Technikumsanlage getestet werden konnten. Als Extraktionsmittel wurde 30 Ma.-% D2EHPA in Exxsol D80 eingesetzt und durch die Hohlfasern gefördert. Zur möglichst vollständigen Metallabtrennung wird ein mehrstufig geführter Extraktionsprozess mit pH-Wert-Anpassung vorgegeben, da sich dieser in den Laborversuchen und später in den Technikumsversuchen als geeignet in Bezug auf die Metallrückgewinnung erwiesen hat. Für die Bestimmung der Metalle Nickel, Mangan und Zink in den Prozesswässern wurden zahlreiche Analysen mittels RFA durchgeführt und die Überprüfung der Endkonzentrationen erfolgte mittels ICP-OES. Bild 4 zeigt die mobile, vom Partner IAM umgebaute Technikumsanlage im BFI, die speziell für die Anforderung der Nickelrückgewinnung angepasst wurde.

Bild 4: Technikumsanlage im BFI mit Membrankontaktoren zur Extraktion und Re-Extraktion (Quelle: BFI, R. Wolters)

In den Technikumsversuchen zur Extraktion wurde eine Abreinigung der Metallgehalte auf Werte unter 20 mg/l (Nachweisgrenze RFA) erzielt. Mangan und Zink werden bei dem anfänglich im Spülwasser vorliegenden pH-Wert von ca. 4 bevorzugt extrahiert, Nickel wird bei höheren pH-Werten abgetrennt. Durch die Extraktion erfolgt ein Protonenaustausch – beim Übergang der Metalle in das Extraktionsmittel wird eine entsprechende Anzahl von Wasserstoff-Protonen in das Prozesswasser transferiert. Die Steuerung der Anlage wurde so eingestellt, dass der Anfangs-pH-Wert 60 min konstant gehalten wird, danach erfolgt ein Anstieg auf einen pH-Wert von 5,5 bis 6. Um auf der Prozesswasserseite einen konstanten pH-Wert zu ermöglichen, wird kontinuierlich die entsprechende Menge Natronlauge benötigt (d. h. auch bereits mit Beginn des Extraktionsvorgangs). Mittels der Technikumsversuche wurden die Betriebsparameter identifiziert, die eine gute Rückgewinnung der Metalle ermöglichen. Anschließend wurde die Membrankontaktoranlage für die Betriebsversuche zur Phosphatierungslinie von Opel in Rüsselsheim befördert. Die Anlage wurde vom Anlagenbauer IAM direkt an die Produktionslinie angebunden (Bild 5).

Bild 5: Anbindung der Membrankontaktoranlage an die Phosphatierungslinie während der Betriebsversuche
(Quelle: BFI, R. Wolters)

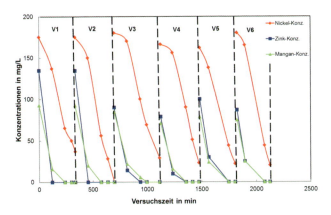

Bild 6: Betriebsversuche – Verlauf der Metallkonzentrationen Nickel, Mangan und Zink

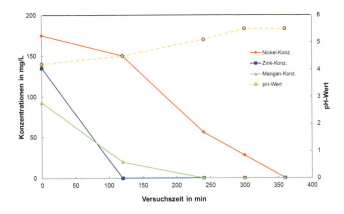

Bild 7: Typischer Verlauf der Metallkonzentration beispielhaft in Betriebsversuch V2

In den Betriebsversuchen wurden chargenweise ca. 200 Liter Spülwasser aufbereitet, wobei ein Nickelgehalt von < 20 mg/l im Spülwasser erreicht werden kann. Insgesamt wurden 1,2 m³ nickelhaltiges Spülwasser behandelt (Bild 6). Bild 7 zeigt exemplarisch die Aufbereitung einer Charge. Es ist zu erkennen, dass die Abtrennung der Metalle Zink und Mangan bei dem gegebenen Anfangs-pH-Wert von ca. 4 stattfindet, während die Nickelabtrennung in einem zweiten Prozessschritt bei höherem pH-Wert erfolgt. Die vorangegangenen Labor- und Technikumsversuche wurden bestätigt. Bei der Re-Extraktion konnte die Nickelkonzentration bis auf 10 g/l in der Stripsäure aufkonzentriert werden. Die Begleitmetalle Zink und Mangan wurden ebenfalls auf Werte, die oberhalb des Niveaus im Phosphatierbad liegen, angereichert. Der Prozess der Re-Extraktion lässt sich bedarfsspezifisch anpassen, sodass gemäß den Anforderungen sowohl höhere als auch niedrigere Konzentrationen vorgegeben werden können.

Das Verfahren der Metallrückgewinnung aus dem Spülwasser der Phosphatierung wurde in den Betriebsversuchen mittels poröser Membrankontaktoren zur Extraktion und Re-Extraktion somit erfolgreich nachgewiesen.

Bei der Extraktion im porösen Kontaktor wurde jedoch ein geringer Organikübergang durch den Kontakt der Phasen festgestellt (ca. 50 – 150 mg/l TOC im metallarmen Spülwasser bei einer Grundbelastung von etwa 10 mg/l). Zur Vermeidung des Organikübergangs wurden poröse Membranen modifiziert. Die Herstellung dieser Membranmaterialien durch Funktionalisierung der Hohlfasern erfolgte durch den Projektpartner FuMA-Tech. Zu diesem Zweck wurden Funktionsschichten auf Basis von sulfoniertem Polyetheretherketon (SPEEK) entwickelt und auf Hohlfasermembranen vom Typ Accurel®PP S6/2 (Fa. Membrana) sowie in einer späteren Projektphase auf Hohlfasermembranen vom Typ VM-HFM-D1/140702 sowie VM-HFM-D1-15/121104 aufgebracht.

In verschiedenen Versuchsreihen wurden zunächst die Sulfonierungsreaktionen derart angepasst, dass die IEC-Werte der SPEEK-Beschichtung sehr genau eingestellt werden konnten. Anschließend wurden die Lösungen auf SPEEK-Basis bezüglich der Konzentration so gewählt, dass eine möglichst effektive Infiltration der porösen Struktur der Hohlfasern erzielt wurde. Die Fasern wurden dann mit den verschieden konzentrierten Lösungen beschichtet und die Ausprägung dieser Funktionsschichten mittels Rasterelektronenmikroskopie (REM) untersucht. Die REM-Untersuchungen zeigten neben der Ausprägung der oben aufliegenden Schichten auch Einblicke in die Porenstruktur, wobei sich die Eindringtiefe der Beschichtungslösungen visuell nachvollziehen lässt. Basierend auf diesen Ergebnissen wurden die Lösungen angepasst und die Beschichtungstechnik verfeinert. In Bild 8 ist die Funktionsschicht dargestellt, die in das Innere der Porenstruktur eingedrungen ist und diese auskleidet. Durch die Anpassung der Konzentrationen in den Lösungen konnte eine sehr gute Infiltration in die tieferen Strukturen der Hohlfasermembran erreicht werden.

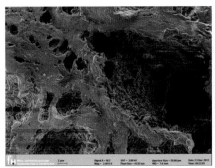 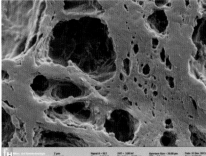

Bild 8: Auskleidung der Oberfläche und Porenstruktur mit der Funktionsschicht auf Basis von SPEEK (links ohne Beschichtung / rechts mit SPEEK-Beschichtung) (Quelle: FuMA-Tech, M. Jeske)

Die funktionelle Schicht verschließt die Struktur nicht völlig, es wird vielmehr eine homogene Auskleidung insbesondere der Poren erzielt. Dies schränkt die Penetrierung durch die jeweilige Lösung in die Membranstruktur nicht ein, da sich keine komplett durchgehende Barriere der Funktionsschicht ausbildet. Die Schichten mit den funktionellen Sulfonsäuregruppen unterstützen den selektiven Transport der Nickelionen durch das weiterhin zugängliche Porengefüge der Hohlfasermembran. Durch weitere Optimierung der Beschichtungsparameter oder mehrfache Beschichtung ist die Dichtigkeit dieser Schicht gezielter einstellbar und Transporteigenschaften sowie Selektivität können verbessert werden.

Die neuentwickelten Hohlfasermembranen wurden in Testreihen beim Projektpartner AVT bezüglich der Leistungsfähigkeit und der Trenneigenschaften untersucht. Dazu wurden sowohl Modelllösungen als auch Originallösungen aus den Phosphatierbädern des Projektpartners Opel AG in Rüsselsheim verwendet.

Anhand eines Optionsbaums wurden zunächst für D2EHPA die Lösemittel Decanol, Exxsol D80 und Octan als prinzipiell geeignet zur Nickelextraktion bewertet. Beste Extraktionsergebnisse für Nickel ergaben zwar Versuche mit Decanol. Dieses Lösemittel wurde im Laufe der Untersuchungen jedoch ausgeschlossen, da die Versuche zur Rückextraktion im Membrankontaktor keine zufriedenstellenden Ergebnisse lieferten. Das Lösemittel Octan wurde nicht bevorzugt, da es keinen Vorteil gegenüber Extraktion mit Exxsol bietet und deutlich teurer ist. Für das Extraktionsmittel D2EHPA wurde anhand von Testreihen der AVT festgestellt, dass eine Konzentration über 30 Ma.-% im Lösemittel keinen Vorteil bei der Metallabtrennung bietet (Bild 9). Eine Verringerung der Konzentration führte zu schlechteren Extraktionsraten.

Die mit den Funktionsschichten modifizierten Einzelfasermembranen zeigten einen verbesserten Organikrückhalt. Die Untersuchungen zum Rückhalt der Organik (TOC-Wert) in größeren 50-Fasermodulen konnten diesen positiven Trend bestätigen (Bild 10). Die Versuche mit innen und außen beschichteten Membranen ergaben einen bis zu 60 % geringeren Anstieg des TOC-Werts (höherer Organikrückhalt) als die unbeschichteten Membranfasern. Die Versuche mit beschichteten Membranfasern zeigten auch, dass nur ein zweistufiger Prozess mit einer Anpassung des pH-Wertes eine vollständige Nickelextraktion ermöglicht, wobei das Nickel selektiv abgetrennt werden kann. Für alle Fasertypen sind weitere Optimierungsschritte zur Verbesserung der Trenneigenschaften und der Selektivität möglich, insbesondere um eine dichtere SPEEK-Schicht mit einem höheren TOC-Rückhalt zu generieren.

Auf Basis eines Modells für den Stoffübergang konnten die Versuchsergebnisse in guter Näherung u. a. mithilfe eines pH-Wert abhängigen Extraktionsparameters wiedergegeben werden.

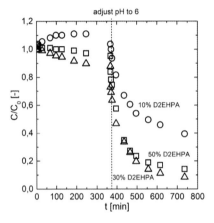

Bild 9: Vergleich des Konzentrationsverhältnisses des Nickelions für verschiedene D2EHPA-Konzentrationen in Abhängigkeit der Zeit t.

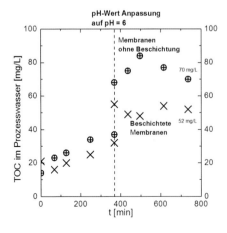

Bild 10: Reduktion des TOC-Gehalts durch Beschichtung von Membranfasern mit SPEEK (50-Faser-Modul)

Verfahrenskonzept zur Metallrückgewinnung

Das entwickelte Konzept zur Metallrückgewinnung ist in Bild 11 dargestellt. Die Metalle aus der Vorabspüle werden mittels Membranextraktion zunächst in das Extraktionsmittel und anschließend über einen zweiten Membrankontaktor als Konzentrat in eine Säure überführt. Vorzugsweise gibt man für die Aufkonzentrierung Metallkonzentrationen vor, die auch im vorhandenen Prozessbad vorliegen. Bei einer Trikationenphosphatierung werden nach diesem Verfahren Nickel, Mangan und Zink zurückgewonnen. Um die Metalle in das Phosphatierbad zurückzuführen, wird als Stripmedium bevorzugt Phosphorsäure ausgewählt. Zusätzlich lässt sich neben der Vorabspüle das Prozesswasser aus der nachfolgenden, ersten Spülstufe behandeln, wobei hier die zurückgewonnene Menge an Metallen aufgrund der niedrigeren Konzentrationen geringer ausfällt.

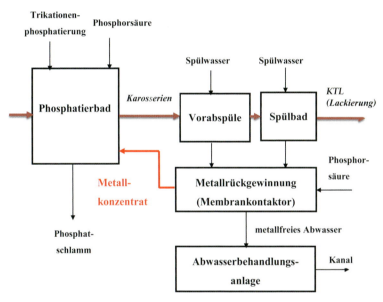

Bild 11: Verfahrenskonzept zur Metallrückgewinnung aus Prozesswässern der Phosphatierung

Wirtschaftlichkeit

Die wirtschaftliche Bewertung des Verfahrensprinzips ist signifikant von den Rahmenbedingungen abhängig und insbesondere von den stark volatilen Rohstoffpreisen der Metalle.

Im Rahmen der Untersuchungen zur Wirtschaftlichkeit wurden in Zusammenarbeit mit der Begleitforschung die eingehenden und austretenden Inputströme erfasst (IST-Zustand) und mit den Stoffströmen nach erfolgreicher Bearbeitung des Forschungsprojekts an der Linie verglichen. Es ergibt sich für die Aufbereitung des Spülwassers exemplarisch eine Rückgewinnung von Metallen in Höhe von 2.400 kg/a Nickel, 1.500 kg/a Mangan und

2.500 kg/a Zink. Dies entspricht bei einem Nickelpreis von 14.000 USD/t (Stand 2014) und der Möglichkeit der Rückführung in den Prozess einem potenziellen Ertrag von 25.200 EUR/a. Entsprechend ergeben sich auf das jeweilige Metall bezogen für Mangan und Zink Erträge in Höhe 2.600 bzw. 3.700 EUR/a. Berücksichtigt man, dass das Spülwasser nahezu metallfrei in die Abwasserbehandlung geleitet werden kann, verringert sich die zu entsorgende Abwassermenge um bis zu 16.000 m³/a und es ergeben sich bei Abwasserkosten von 2 EUR/m³ zusätzliche Einsparungen in Höhe von 32.000 EUR/a.

Bei beschichteten Membrankontaktoren und unter der Annahme, dass hier der Organikübergang vermieden werden kann, lässt sich ein Teil des Spülwassers in einer Spülkaskade wieder nutzen. Bei 0,8 EUR/m³ Frischwasserkosten entspricht dies Einsparungen von max. 12.800 EUR/a. Insgesamt lässt sich so eine jährliche Kosteneinsparung von < 77.300 EUR abschätzen. Gleichzeitig fallen bei Realisierung des Konzepts Anlagenkosten in Höhe von etwa 215.000 EUR an (Annahme: Scale-up um Faktor 10). Die Amortisationszeit liegt somit bei ca. drei Jahren, wobei zusätzlich eine ökologische Wertschöpfung durch die Vermeidung der Dissipation von Nickel (sowie Mangan und Zink) in die Umgebung bzw. in den Deponieschlamm vorliegt.

Da der Nickelpreis sehr volatil ist, handelt es sich bei der Abschätzung der Amortisationszeit um eine Momentaufnahme, die abhängig vom Metallpreis deutlich positiver, aber auch schlechter ausfallen kann.

Bei der Betrachtung der Wirtschaftlichkeit wurde angenommen, dass das Extraktionsmittel durch den Phasenkontakt nicht in das Abwasser übergeht, sondern die Kosten bei Kreislaufbetrieb (mit Extraktion und Aufbereitung des Extraktionsmittels) zunächst nur einmalig bei Inbetriebnahme der Anlage anfallen. Des Weiteren lässt sich aktuell noch keine belastbare Aussage zur Membranstandzeit treffen; für konkrete Abschätzungen ist der längerfristige Betrieb einer Demonstrationsanlage notwendig. Die Phosphorsäure, die als Stripsäure benötigt wird, verhält sich in dem Verfahrenskonzept kostenneutral, da die Säure alternativ zum Neuansatz des Phosphatierbades mit neuwertigem Trikationen-Konzentrat benötigt wird.

4. AUSBLICK

Ressourceneffizienz
Die Betriebsversuche zeigten exemplarisch, dass sich die Wertmetalle Nickel, Mangan und Zink aus dem Spülwasser von Phosphatierungen zurückgewinnen lassen. Diese Wertmetalle sind ohne Rückgewinnung verloren und werden aktuell in Deponieschlamm überführt.

Der Ressourcenverbrauch der eingesetzten Wertmetalle verringert sich um etwa 2.400 kg/a Nickel, 1.500 kg/a Mangan und 2.500 kg/a Zink pro Linie bei Umsetzung der Technologie. Deutschlandweit ist von einer Einsparung von ca. 50 t/a Nickel und Zink sowie 30 t/a Mangan auszugehen, jeweils unter der Voraussetzung eines identischen Betriebs der Linien und vergleichbarer Rahmenbedingungen. Dabei wurde die Übertragung auf insgesamt 20 Linien angenommen. Die ökonomische Wertschöpfung liegt bei 1.270.000 EUR/a (laut Berechnung der Begleitforschung dieser Fördermaßnahme).

Die Kosteneinsparungen durch die Prozessoptimierung führen bei Umsetzung des Konzepts zu einer Stärkung des Wirtschaftsstandorts Deutschland und somit auch zu einer Sicherung deutscher Arbeitsplätze – einerseits in den produzierenden Betrieben der Automobilindustrie und andererseits bei Anlagenbauern und Membranherstellern, die diese neuartige Technologie vertreiben.

Eine Übertragung auf weitere Anwendungen für metallhaltige Spül- und Prozesswässer ist möglich. Das Verfahren ist dann wirtschaftlich sinnvoll, wenn es sich um ausreichend hohe Konzentrationen (bspw. > 100 mg/l) eines Metalls mit hohem Rohstoffpreis handelt. Hierzu zählt Nickel, d. h. das Verfahren könnte bspw. auch bei der Vernickelung in der Galvanoindustrie eingesetzt werden. Durch Anpassung des Extraktionsmittelsystems können prinzipiell auch andere Wertmetalle (wie bspw. Silber, Gold) abgetrennt werden, die bislang über das Prozesswasser verloren gehen. Über eine mögliche Umsetzung des Verfahrens entscheidet jeweils eine Kosten-Nutzen-Analyse.

Für die Verfahrensentwicklung im Rahmen des Forschungsvorhabens besitzt das BFI ein europäisches Patent („Vorrichtung und Verfahren zur selektiven Abtrennung zumindest eines Metalls aus einem Phosphatierungsbad"), wodurch die genannte Anwendung für eine spätere betriebliche Umsetzung und für die spätere Vervielfältigung der Technologie geschützt werden soll [EP 2014].

Weiterer Entwicklungsbedarf ist für den Einsatz beschichteter Membrankontaktoren gegeben. Die Herstellung von Membranen mit einer zunehmend dichteren Schicht würde den Organikübergang minimieren bzw. vorzugsweise vollständig vermeiden. Auf Basis geeignet beschichteter Membranfasern ist dann ein Kontaktor mit der erforderlichen Austauschfläche (ca. 10 m²) herzustellen und in einem Pilotvorhaben zu untersuchen.

Liste der Ansprechpartner aller Vorhabenspartner

Dr.-Ing. Ralf Wolters VDEh-Betriebsforschungsinstitut, Sohnstraße 65, 40237 Düsseldorf, ralf.wolters@bfi.de, Tel.: +49 211 6707-573

Dr.-Ing. Matthias Kozariszczuk VDEh-Betriebsforschungsinstitut, Sohnstraße 65, 40237 Düsseldorf, matthias.kozariszczuk@bfi.de, Tel.: +49 211 6707-494

Dipl.-Ing. Axel Böcking RWTH Aachen, AVT.CVT, Turmstraße 46, 52064 Aachen, axel.boecking@avt.rwth-aachen.de, Tel.: +49 241 80-98108

Prof. Dr.-Ing. Matthias Wessling RWTH Aachen, AVT.CVT, Turmstraße 46, 52064 Aachen, matthias.wessling@avt.rwth-aachen.de, Tel.: +49 241 80-95488

Dr.-Ing. Michael Jeske FuMA-Tech GmbH, Carl-Benz-Straße 4, 74321 Bietigheim-Bissingen, michael.jeske@fumatech.com, Tel.: +49 7142 3737-940

Dr.-Ing. Bernd Bauer FuMA-Tech GmbH, Carl-Benz-Straße 4, 74321 Bietigheim-Bissingen, bernd.bauer@fumatech.com, Tel.: +49 7142 3737-900

Wilfried Moosbauer, Geschäftsführer, IAM Industrieanlagenmontage GmbH, Daimlerstraße 23, 41564 Kaarst, Tel.: +49 2131 66159-0

Christoph Hinzen IAM Industrieanlagenmontage GmbH, Daimlerstraße 23, 41564 Kaarst, christoph.hinzen@IAMgmbh.de, Tel.: +49 2131 66159-24

Klaus Lüer Adam Opel AG, IPC42-30, 65423 Rüsselsheim, klaus.luer@opel.com, Tel.: +49 6142 7-71496

Markus Jankowski Adam Opel AG, Lackiererei K115, PKZ 50-01, 65423 Rüsselsheim, markus.jankowski@opel.com, Tel.: +49 6142 7-68063

Veröffentlichungen des Verbundvorhabens

[Wolters 2014] Wolters, R.: Rückgewinnung von Nickel – NickelRück. Vortrag auf dem 5. Urban Mining Kongress und r^3-Statusseminar, Essen, 11.–12.06.2014

[Böcking et al. 2014] Böcking, A.; Wolters, R.; Wessling, M.: Metal recovery from phosphating process water. 15. Aachener Membrankolloquium, November 2014, Aachen, S. 271 – 275

[Wolters 2015] Wolters, R.: Recycling von Nickel aus Prozesswässern – NickelRück. Konferenzvortrag „Die Zukunftsstadt als Rohstoffquelle – Urban Mining" und BMBF r^3-Abschlusskonferenz, Bonn, 15.–16.09.2015

[Böcking et al. 2015] Böcking, A.; Walman, F.; Wolters, R.; Wessling, M.: Selective metal extraction from phosphating process water. Konferenz-Poster der „Euromembrane 2015", Aachen, 06.–10.09.2015

[Wolters et al. 2016] Wolters, R.; Böcking, A.; Wessling, M.; Jeske, M.: Membrankontaktoren zur Metallextraktion aus Prozesswässern der Phosphatierung in der Automobilindustrie. Vortrag auf dem Jahrestreffen der ProcessNet-Fachgruppe Mechanische Flüssigkeitsabtrennung und Membrantechnik, Kassel, 02.–03.03.2016

Quellen

[EP 2014] Europäisches Patent EP 2 031 089 B1: Vorrichtung und Verfahren zur selektiven Abtrennung zumindest eines Metalls aus einem Phosphatierungsbad. VDEh-Betriebsforschungsinstitut GmbH Düsseldorf, 12.03.2014

[Herr et al. 2009] Herr, J.; Katzner, C.; Lyko, S.; Melin, T. et al.: Rückhalt von Nickel durch Schließung von Wasserkreisläufen in der Automobilindustrie mittels Membranverfahren. In: Tagungsband DWA Industrietage Wassertechnik, 2009, S. 33 – 43

[König & Schultze 2007] König, U.; Schultze, J. W.: Vorbehandlung von Stahl vor der Lackierung – Einfluss und Bedeutung der Phosphatierung. In: Galvanotechnik (2007) Nr. 8, S. 1834 – 1839

[Lo et al. 1983] Lo, T. C.; Baird, M. H. I.; Hanson, C.: Handbook of Solvent Extraction. John Wiley & Sons New York, 1983

[Neumann 2009] Neumann, S.: Rückgewinnung von Wertstoffen mittels Ionenaustauschern und Adsorberharzen. Preprints Bremer Colloquium Produktionsintegrierte Wasser-/Abwassertechnik, 2009, S. C 29 – C 62

[Schwarz & Schiffer 2009] Schwarz, R.; Schiffer, A.: Kostensenkung durch Umweltschutz – optimierte Nickelrückgewinnung in der Praxis. Preprints Bremer Colloquium Produktionsintegrierte Wasser-/Abwassertechnik, 2009, S. G 91 – G 100

[Membrana 2008] Membrana-Charlotte: Liquicel Membrane Contactors, Liquicel-Übersichtsbroschüre, 2008

08. EcoTan – CO$_2$-Gerbung – Ressourceneffiziente Nutzung von Chromgerbstoffen durch weitgehende Substitution im Gerbprozess

Manfred Renner (Fraunhofer-Institut UMSICHT, Oberhausen), Anna-Luisa Oelbermann, Andreas Kilzer (Ruhr-Universität Bochum), Peter Welters, Guido Jach (Phytowelt GreenTechnologies GmbH), Jan Grundmann, Susanne Iost (Vattenfall Europe New Energy GmbH), Dietrich Tegtmeyer (Lanxess Deutschland GmbH), Thomas Heinen (Lederfabrik Josef Heinen GmbH & Co KG)

Projektlaufzeit: 01.08.2012 bis 31.07.2015   Förderkennzeichen: 033R093

ZUSAMMENFASSUNG

Tabelle 1: Zielwertstoff

Zielwertstoff im r³-Projekt EcoTan
Cr

Die Lederherstellung basiert zu über 90 % auf der Nutzung von Chrom-III-Salz als Gerbstoff. Ein großer Teil des Chroms wird dabei nicht im Leder gebunden, sondern über das Abwasser emittiert. Da Chrom zu den wirtschaftsstrategischen Metallen mit begrenzter Reichweite gehört, wurde im Rahmen des Projekts EcoTan eine signifikante Einsparung dieses Metalls fokussiert.

Das Ziel des Projektes lässt sich in zwei Schwerpunkte gliedern. Zum einen soll ein am Fraunhofer-Institut UMSICHT entwickeltes, vollkommen neuartiges chrombasiertes, aber chromabwasserfreies Gerbverfahren weiterentwickelt werden und zum anderen soll ohne die Emission von chromhaltigem Abwasser die jährlich eingesetzte Menge an Chromgerbstoff von 500.000 t signifikant gesenkt werden. Weiterhin soll durch die Erschließung eines pflanzlichen Gerbstoffreservoirs eine Substitution von Chrom als Gerbstoff erfolgen.

An der Entwicklung des Gerbprozesses unter dem Einfluss verdichteten Kohlendioxids waren die Projektpartner Fraunhofer UMSICHT, Lanxess und die Lederfabrik Heinen beteiligt. Fraunhofer UMSICHT hat die Gerbung unter Kohlendioxideinfluss durchgeführt. Hierfür sind speziell für die Gerbung hergestellte Hochdruckanlagen verwendet worden. Lanxess und Heinen haben alle Häute für die Gerbung vorbereitet (enthaaren, spalten, pH-Wert verändern etc.) und die Leder zu marktüblichen Ledern weiterverarbeitet (färben, fetten, dünnschneiden, teilweise prägen, beschichten, hydrophobieren etc.), analysiert und getestet. Grundlegende Idee war es, Gerbstoff aus Pappelrinde zu gewinnen und damit Chrom im Gerbverfahren zu substituieren. Vattenfall hat in den Regionen um Berlin 2.000 ha Pappelplantagen zur Biomassegewinnung angelegt. Die Pappeln werden auf Kurzumtriebsplantagen (KUP) in Zyklen von 4 Jahren (Pflanzung bis Ernte) gefällt und dann in Form von Hackschnitzeln in Biomassekraftwerken energetisch verwertet. Da die Rinde jedoch einen schlechten Brennwert aufweist, ist sie für die thermische Verwertung irrelevant. Untersuchungen bei Fraunhofer UMSICHT haben gezeigt, dass vor allem die Rinde von Pappeln gerbstoffhaltig ist. Ziel eines Teils des Projektes war es daher, die Nutzung der Rinde zur Extraktion von Gerbstoffen zu untersuchen, um damit die Wertschöpfung pro Flächeneinheit Pappelplantage zu steigern und gleichzeitig Chromgerbstoff zu substituieren. Vattenfall AG stellte für das Projekt den Rohstoff Pappel bereit. Das Fraunhofer UMSICHT und die Ruhr-Universität Bochum (RUB) haben damit die Extraktion der Rinde und die Gerbstoffaufbereitung bis hin zur Anwendung in der Gerbung durchgeführt. Die Häute wurden wiederum von Lanxess und Heinen speziell vorbereitet sowie die Leder zum Endprodukt verarbeitet und analysiert. Der Partner Phytowelt hat den Gerbstoff modifiziert, um eine höhere Anbindung des pflanzlich basierten Gerbstoffs an das Hautkollagen zu ermöglichen.

Das Projekt hat gezeigt, dass über die Gerbung mit pflanzlichen Gerbstoffen eine signifikant hohe Menge an Chrom eingespart werden kann. Die Ergebnisse des zweiten Verfahrensweges haben gezeigt, dass eine Substitution grundsätzlich durch die Verwendung von Pappel als Gerbstoffträger möglich ist.

1. EINLEITUNG

Die Gerbereiindustrie produziert jährlich ca. 2.200 km² Leder (dies entspricht ungefähr 50 % der Fläche des Ruhrgebiets) unter Verwendung von Chromgerbstoffen zur Produktion von über 90 % aller Leder.

Ziel des Gerbprozesses ist es, hochgradig fäulnisanfällige, rohe Häute oder Felle zu einem haltbaren Material, dem Leder, zu verarbeiten. Das Gesamtverfahren beinhaltet zahlreiche komplexe chemische Reaktionen und mechanische Bearbeitungsschritte. Der Gerbschritt bildet dabei die grundlegende Prozessstufe, durch die das Leder haltbar wird und seine wesentlichen Merkmale erhält. Bei der Gerbung gelangen Gerbstoffe in die Haut, die für eine Brückenbildung zwischen den Hautkollagenen und dem Gerbstoff sorgen. Auf diese Weise vernetzt sich die Haut noch stärker als im Ursprungszustand und wird haltbar und stabil.

Das Fraunhofer-Institut UMSICHT hat ein neues Verfahren entwickelt, das es ermöglicht über 95 % des chromkontaminierten Abwassers und somit bis zu 50 % des zu verwendenden Chromgerbstoffs gegenüber konventionellen Verfahren einzusparen.

Erstmals wird beim neuen Gerbverfahren Wasser durch verdichtetes Kohlendioxid substituiert. Hierfür ist eine neue Anlagen- und Verfahrenstechnik entwickelt worden. Durch die Verwendung verdichteten Kohlendioxids lässt sich zum einen der pH-Wert, der entscheidend für den Gerberfolg ist, druckinduziert steuern. Zum anderen diffundieren die für den Gerberfolg essenziellen Chromionen durch einen durch Kohlendioxid vereinfachten Stofftransport schneller durch die kollagene Struktur der Haut. Darüber hinaus kann bis zu 50 % des einzusetzenden Chroms gespart werden, indem nur genau so viel Chrom verwendet wird, wie sich in der Haut binden kann.

Um eine möglichst große Menge an Chromgerbstoff einsparen zu können, wurde das r³-Projekt EcoTan in zwei Themenschwerpunkte gegliedert:
- die Minimierung der Chrommenge im Chromgerbprozess sowie
- die Substitution von Chrom durch die Verwendung pflanzlicher Gerbstoffe aus heimischen Hölzern und Kombinationsgerbung von synthetischen und vegetabilen Gerbstoffen.

Im Fokus der bisherigen Untersuchungen standen die Reduzierung der Prozessdauer und die Einsparung chromkontaminierten Abwassers. Als vollkommen neuartig einzuschätzendes Ziel dieses Vorhabens bzgl. der Reduktion der Chrommenge im Gerbprozess ist die Reduzierung des nicht gebundenen Chroms im Leder. Unterstützt wird die Einsparung an Chrom durch die weitere Verringerung der Chrommenge im Abwasser.

Die Extraktion von pflanzlichen Gerbstoffen aus dem regional verfügbaren Holz der Pappel ist als vollkommen neuartiger Forschungsansatz zu bezeichnen. Die grundlegende Idee ist eine Verbesserung entlang der Produktionskette, beginnend beim Gerbstoff. Die Vegetabilgerbstoffe werden bisher zu einem Großteil in Südamerika hergestellt und von dort aus verschifft. Ziel des Vorhabens ist daher die Gewinnung von pflanzlichem Gerbstoff aus europäischen Hölzern. Vattenfall will dafür bis 2020 jährlich 200.000 t Pappelholz für die thermische Verwertung ernten. Somit fallen jährlich 20.000 t Rinde an, die für die energetische Verwertung nicht geeignet sind, aber als Gerbstofflieferant dienen können. Auf diese Weise wird eine Kaskadennutzung (von der energetischen Nutzung hin zur stofflichen Nutzung als Gerbstoff) möglich. Das Konzept kann auch auf andere gerbstoffhaltige europäische Hölzer wie Kastanie, Birke, Sumach etc. übertragen werden. Durch die Substitution von strategischen Metallen wie z. B. Chrom kann eine Loslösung vom Import gelingen. Durch pflanzliche Gerbung ist es somit möglich, anorganische durch organische Materialien zu substituieren. Das Ziel der kohlendioxidunterstützten Gerbung ist die Verwendung der durch Extraktion gewonnenen, vegetabilen Gerbstoffe und eine signifikante Prozessverbesserung durch gesteigerte Diffusion von gelösten Gerbstoffkomponenten und nicht löslichen, füllend wirkenden Partikeln. Gerade die für das Produkt Leder wichtigen Partikel sind im konventionellen Prozess nur mit großem Aufwand in die Haut einzubringen. Die kohlendioxidunterstützte Gerbung soll dieses Problem minimieren und den Einsatz an Gerbstoff signifikant senken. Die von dem Projektpartner Phytowelt zu entwickelnden Enzyme sollen die Vorteile des neuen Verfahrens unterstützen. Die Enzyme vernetzen die löslichen Gerbstoffbestandteile (Tannine) zusätzlich und sollen eine Anbindung der füllenden Partikel an die Kollagenmatrix ermöglichen. Dies ist im konventionellen Prozess bisher kaum möglich.

Die Kombination der beiden Schwerpunkte des Vorhabens macht das Verfahren für eine große Zahl von Anwendern noch attraktiver. Das Einsparungspotenzial an Chrom kann nicht nur gegenüber dem Stand der Technik, sondern auch im Vergleich zum Stand der Wissenschaft (das von Fraunhofer UMSICHT entwickelte chromabwasserfreie Verfahren) signifikant gesteigert werden.

2. VORGEHENSWEISE

Die Aufgabe von Fraunhofer UMSICHT, Lanxess und Heinen bestand in der Reduzierung und Optimierung des Chromgerbstoffeinsatzes bei der kohlendioxidintensivierten Gerbung. Die Partner sollten ihre jeweilige Expertise in der Hochdruckgerbung und der konventionellen Gerbung einsetzen. Es sollte im Gerbschritt geprüft werden, wie eine nahezu vollständige Bindung und damit eine optimale Ausnutzung des eingesetzten Gerbstoffes verwirklicht werden kann. Lanxess und Heinen sollten die zu gerbenden Häute vorbereiten und zu fertigen Ledern verarbeiten. Durch diese aufwendige Vorgehensweise sollte sichergestellt werden, dass die Verfahrensentwicklung aussagekräftige Ergebnisse liefert. Die Qualitätsbeurteilung der erzeugten Leder erfolgte sowohl bei Heinen als auch in der Versuchsgerberei von Lanxess.

Die zweite Aufgabenstellung war die Substitution von Chromgerbstoffen durch vegetabile Gerbstoffe. Die Aufgaben von UMSICHT umfassten die Verwendung der an der Ruhr-Universität Bochum hergestellten pflanzlichen Gerbstoffextrakte im CO_2-beaufschlagten und im konventionellen Gerbprozess. Dies sollte im Labor-, Technikums- und Pilotmaßstab erfolgen. Die Präparation bzw. Vorgerbung der Häute vor allem mit synthetischen Gerbstoffen, die Versuchsbegleitung, die Nachgerbung, Zurichtung und Qualitätsbeurteilung erfolgte durch und mit Lanxess und Heinen.

Die Aufgaben des Lehrstuhls für verfahrenstechnische Transportprozesse an der RUB umfassten die Planung und den Aufbau einer Hochdruckextraktionsanlage zur Extraktion der KUP-Pappelrinden, die Entrindung der KUP-Bäume und Konditionierung der Rinden und die Herstellung von Pappelextrakten. Bei der Pappelrindenextraktion lag ein besonderer Fokus auf der mit CO_2-Druck-beaufschlagten Extraktion der Pappelrinde. Die KUP-Bäume wählte die RUB in Absprache mit Vattenfall aus.

Das von Phytowelt im Rahmen von EcoTan bearbeitete Teilprojekt „Enzymentwicklung" umfasst zwei Aspekte: Zum einen die Bereitstellung von Pappelbiomasse zur vergleichenden Untersuchung der Tannine durch die Projektpartner und zum anderen die Durchführung von Proof-of-Concept-Arbeiten, welche die Erzeugung verbesserter Gerbstoffe mittels enzymatischer Funktionalisierung zum Ziel hatten. Die Evaluierung der enzymatischen Gerbstofffunktionalität stellte hierbei die Hauptaufgabe dar.

Vattenfall lieferte Hölzer aus KUP zur Gewinnung von gerbstoffhaltigen Pflanzenextrakten und zur Erhebung von KUP-spezifischen Massenbilanzen. Außerdem entwickelte Vattenfall ein Anbaukonzept, welches die Maximierung der Gerbstofferträge aus KUP zum Ziel hatte. Entscheidend für die Umsetzung der Technologie bis in den vorindustriellen Maßstab war die Nutzung einer vollkommen neuen Anlagentechnik bei Fraunhofer UMSICHT. Zentrales Element der Anlagentechnik ist ein Hochdruckbehälter, in dem sich das Leder rotierend bewegen muss. Die Rotation beruht auf den Erfahrungen mit der konventionellen Verfahrensweise und ist für die Hochdrucktechnik erstmals adaptiert worden. Das Verfahren ist vom Labormaßstab mit einem Behältervolumen von 63 ml über den Technikumsmaßstab mit einem Behältervolumen von 20 l bis in den vorindustriellen Maßstab mit einem Behältervolumen von 1.700 l entwickelt worden. In der 1.700-l-Anlage lassen sich bis zu einer halben Tonne Leder pro Batch verarbeiten.

3. ERGEBNISSE UND DISKUSSION

Zusammenfassung der Ergebnisse | Technikumsmaßstab – 20-l-Anlagenvolumen

Die Verwendung von Chromgerbstoff und anderen Chemikalien sollte signifikant reduziert werden. Damit wird entstehendes Abwasser und der Chemikaliengehalt des Abwassers reduziert. Die grundsätzliche Idee war, einen Teil der in den zu gerbenden Häuten enthaltenen Flüssigkeit auszupressen und diese Flüssigkeit als Basis für die Gerblösung zu nutzen. Es zeigte sich, dass genau so viel Gerbstoff in der abgepressten Flüssigkeit gelöst werden kann, dass eine ausreichend hohe Chrommasse im „Wet-blue" (nasse, mit Chrom gegerbte Haut; Zwischenprodukt im Gerbprozess, das weiterverarbeitet werden muss, um Leder zu werden (Fettung, Färbung, Beschichtung etc.)) gebunden werden kann. Eine Kombination verschiedener Parameter führte dabei zu einem optimalen Ergebnis. Der pH-Wert der Haut vor der Gerbung sollte einen Wert von pH 4 nicht unterschreiten. Die Haut wird in diesem Zustand Pickelblöße genannt. Ein optimales Ergebnis wurde bei einer auf das Gewicht der Pickelblöße bezogenen Masse an Chromgerbstoff von minimal 4,5 Gew.-% (ca. 3 Gew.-% bezogen auf das Gewicht nach dem Äschern, das in der Branche üblicherweise verwendet wird) erzielt. Die Gerbzeit betrug 4 h bei einem Druck von 60 bar.

Bei allen Prozessen ist keine Gerblösung im Autoklaven zurückgeblieben. Somit ist das Verfahren abwasser- bzw. flottenfrei. Die Bestimmung des mit Wasser aus dem „Wet-blue" auswaschbaren Anteil an Chrom hat Werte zwischen 700 und 1.100 mg Chrom pro Kilogramm „Wet-blue" ergeben.

Zusammenfassung der Ergebnisse | vorindustrieller Maßstab – 1.700-l-Anlagenvolumen

Im Technikumsmaßstab konnte bei einem minimalen Druck von 60 bar und einer Gerbzeit von 4 h qualitativ hochwertiges „Wet-blue" hergestellt werden. Für die Gerbung wurde die Blöße auf einen pH-Wert von pH 4 eingestellt und es wurden 4,5 Gew.-% Chromgerbstoff eingesetzt. Ein Chromgehalt von 3,2 bis 3,5 Gew.-% wurde erzielt. 700 bis 1.100 mg Chrom pro Kilogramm „Wet-blue" konnten ausgewaschen werden.

Es konnte demonstriert werden, dass die im Technikumsmaßstab entwickelten Parameter im Pilotmaßstab angewendet werden können. Darüber hinaus konnte gezeigt werden, dass der Druck auf 30 bar und die Gerbzeit auf 3,5 h reduziert werden konnte. Rinderblößen eines Querschnitts von 1,7 bis 3,9 mm und ungespaltene Kälberblößen mit einem Hautquerschnitt von über 8 mm wurden zu qualitativ hochwertigen Ledern gegerbt. Es wurde ein Chromoxidgehalt von 3,1 bis 4,3 Gew.-% im Leder gebunden. Dieser Gehalt konnte gezielt durch die Variation der eingesetzten Gerbstoffmenge und des pH-Wertes eingestellt werden. Die Versuchsreihen haben gezeigt, dass ein pH-Wert der zu gerbenden Blößen von über pH = 3,9 zu einer hohen Auswaschstabilität des Chroms und einem hohen Chromgehalt in der „Wet-blue"-Lösung führt. Es konnte nachgewiesen werden, dass die Menge an auswaschbarem Chrom auf unter 500 mg/kg reduziert werden kann. Die Auswaschstabilität konnte somit gegenüber dem Technikumsmaßstab nochmals reduziert werden.

Die im Vergleich zu den im Technikumsmaßstab erzielten Ergebnissen nochmals verbesserten Messwerte bzgl. Chromgehalt der „Wet-blue" und Auswaschstabilität des Chroms sind vor allem auf den verbesserten Stofftransport zurückzuführen. Die Walkung der Haut und die damit verbundenen Pump- und Saugeffekte fördern den Stofftransport. Somit kann bei nochmals verkürzter Gerbzeit und nochmals reduziertem Druck ein, bezogen auf den Chromgehalt, gleichwertiges, qualitativ hochwertiges Leder hergestellt werden. Die auf das Niveau hochwertiger industriell erzeugter Leder gesteigerte Qualität wird vor allem im Erscheinungsbild der „Wet-blue", der Crust (nahezu fertiges Leder, optisch kaum von fertigem Leder zu unterscheiden, aber vor allem noch nicht oberflächlich beschichtet und somit kann jeder oberflächliche Fehler einfach detektiert werden) und der fertig zugerichteten Leder sichtbar. Die „Wet-blue" zeigen eine homogene Blaufärbung bzgl. der Fläche sowie bzgl. des Hautquerschnitts. Sowohl am „Wet-blue", wie auch am Crust konnte ein festes und feines Narbenbild festgestellt werden. Es kam zu keinem oberflächlichen Schrumpfen des Narbens und es konnte keine irreversible Faltenbildung detektiert werden. Die Weichheit der Leder entsprach Standardledern. Sämtliche Nachgerb- und Zurichtsubstanzen konnten im industriell üblichen Vorgehen appliziert werden.

Gewinnung des Rohstoffes „Pappelrinde"

Nach einem zuvor von der RUB und von Vattenfall festgelegten Anforderungsprofil hat Vattenfall die jeweilige KUP ausgewählt, geeignete Bäume ausgesucht und gefällt und den Transport der Biomasse organisiert. Je nach Bedarf wurden die Bäume von Vattenfall markiert, entastet und zugeschnitten und einzelne KUP-Flächen für das BMBF-Projekt EcoTan reserviert.

Zur Gewinnung der Pappelrinde wurden die KUP-Stämme manuell entrindet. Die Rinde fiel hierbei in Rindenstreifen von bis zu 300 mm Länge und 15 mm Breite an. Da die Stämme von 1- bis 4-jährigen KUP-Pappeln maximale Stammdurchmesser von ca. 100 mm und eine Rindendicke von 1 bis 4 mm (im feuchten Zustand) aufweisen, konnten existierende Entrindungstechnologien zur Entrindung der Stämme nicht eingesetzt werden. Die Gewinnung der Pappelrinde stellte sich dadurch als sehr zeit- und arbeitsintensiv dar.

Für die meisten Versuchsreihen wurden Pappeln der Sortenmischung „Max 1, Max 3 und Max 4" eingesetzt. Das Alter der Pappeln betrug, abhängig von der jeweiligen Versuchsreihe, 1 bis 4 Jahre. Der Erntezeitpunkt wurde nach Bedarf variiert. Alle KUP-Bäume stammten aus dem 1. Umtrieb. Der 1. Umtrieb geht immer mit einem geringeren Biomasseertrag einher als die folgenden Umtriebe. Grund hierfür ist vor allem, dass im ersten Umtrieb ein Stamm pro Setzling aufwächst und in den folgenden Umtrieben mehrere Stämme aufwachsen.

Nach der Entrindung wurde die noch feuchte Pappelrinde für die meisten Versuchsreihen getrocknet. Die Rinde wurde auf dem Hallenboden an der Luft getrocknet. Jede Stammlieferung entsprach einer Charge, sodass die zugehörigen Rindenchargen nach der Trocknung separiert voneinander in Boxen gelagert und nach Bedarf für die jeweiligen Versuchsreihen ausgewählt wurden.

Für die Extraktionen wurde die Rinde konditioniert. Es wurde der Trocknungsgrad, d. h. die Rindenfeuchte und der Zerkleinerungsgrad der Rinde variiert.

Bilanzierung der Gerbstoffextrakte aus KUP-Rinde

Im Rahmen des EcoTan-Projektes konnte gezeigt werden, dass aus KUP-Pappelrinde gerbstoffhaltige Extrakte gewonnen werden können, die für den Einsatz in der Lederherstellung geeignet sind.

Um den Ertrag des Pappelextrakts pro Hektar KUP berechenbar zu machen, wurde die anfallende Stammrinde pro Hektar Pappel-KUP mittels Erntestichproben (1. Umtrieb, 4-jährig) bilanziert, Massenbilanzen bzgl. verschiedener Massenströme über den gesamten Extraktionsprozess erhoben und Gerbstoffgehalte analysiert und berechnet. Für eine Pappel-KUP (1 ha, 1. Umtrieb, 4-jährig) wurde eine gesamte Extraktmasse (atro) von ca. 650 kg mit einer enthaltenen Gerbstoffmasse von 55 bis 90 kg bilanziert.

Die vorgenommene Bilanzierung gilt nur in Bezug auf 4-jährige KUP im 1. Umtrieb. Bei Pappeln aus einem „höheren" Umtrieb als dem 1. Umtrieb wird von einer Steigerung der Biomasseerträge ausgegangen, die in höheren Extrakterträgen resultieren würden.

Bei Identifikation weiterer Wertsubstanzen im Spektrum der extrahierbaren Nichtgerbstoffe im Pappelextrakt ist eine Fraktionierung des Extraktes voraussichtlich wertschöpfend. Durch die Extraktfraktionierung könnten zukünftig ein gerbstoffhaltiges Extrakt mit höherem Gerbstoffgehalt und mindestens ein weiteres Extrakt mit der entsprechenden Wertsubstanz gewonnen werden.

Verwendung des Pappelgerbstoffes im Gerbprozess

UMSICHT testete die an der RUB hergestellten Pappelrindenextrakte in verschiedenen Gerbprozessvarianten in Zusammenarbeit mit Lanxess und Heinen.

Der hergestellte Pappelgerbstoff wurde überwiegend in Kombination mit Glutardialdehyd oder Austauschgerbstoffen oder anderen pflanzlichen Extrakten oder mit Chromsalzen in der Gerbung eingesetzt. In den Gerbungen wurden in Bezug auf das Hautgewicht zwischen 3 und 50 Gew.-% Pappelextrakt der Flotte (= flüssige, wasserbasierte Flüssigphase) zugegeben. Die Schrumpfungstemperaturen betrugen zwischen 72 und 100 °C. Dies ist ein industriell üblicher Wert und kann somit als Erfolg eingeschätzt werden. Der Narben (typische Oberflächenstruktur von Leder) von pappelgegerbten Ledern zeigte sich als besonders fest. Ein fester Narben stellt z. B. im Automobilbereich eine Zielgröße dar. Es wurden überwiegend Leder für den Automobil- und den Möbellederbereich hergestellt.

In einigen Versuchsreihen wurde die Zugabe von unterschiedlichen Partikelfraktionen an Pappel- oder Eichenrinde zur Gerbflotte getestet. Entweder wurde die Rinde als alleinige Gerbstoffquelle der Gerbflotte zugegeben oder in Kombination mit weiteren Gerbstoffextrakten. Die Partikelfraktionen waren von der Größenordnung 125 bis 250 µm, 250 bis 500 µm und 500 bis 1000 µm. Durch die Zugabe der aufgemahlenen Rinde dickte die Gerbflotte in Abhängigkeit der vorgenommenen Rindeneinwaage und des Mahlgrades unterschiedlich stark ein, sodass die Gerbstoffdiffusion aus der Rinde in die Flotte und dann aus der Flotte in die Haut verzögert oder ganz gestoppt wurde. Die Zugabe von Pappel- oder Eichenrinde erscheint für den Grubengerbprozess mitunter geeignet, für den Gerbprozess im Fass aufgrund der starken Schlammbildung im Fass, dem damit verbundenen Reinigungsaufwand und der Gefahr der Narbenbeschädigung und der unvollständigen Durchgerbung (bei ausschließlicher Rindenzugabe) aber nicht.

4. AUSBLICK

In Europa arbeiten über 26.000 Menschen in mehr als 1.600 Gerbereien. Ein Viertel des weltweit produzierten Leders (2.200 km^2, davon über 90 % mit Chrom-III-Gerbstoffen gegerbt) wird in der EU hergestellt. Ein Großteil dieser Leder wird für qualitativ hochwertige Produkte eingesetzt. Der Umsatz für das Zwischenprodukt Leder liegt bei 50 Mrd. USD. Das Interesse europäischer und weltweiter Gerbereien und der Unternehmen in den Bereichen Automobil-, Bekleidungs-, Schuh-, Luftfahrt- und Möbelindustrie, die das Leder weiterverarbeiten, an umweltfreundlicheren und nachhaltigeren Verfahren ist immens groß. Es gibt bislang keine Alternative, Chromgerbstoff großindustriell signifikant zu ersetzen oder einzusparen. Gerade die geforderte hohe Qualität des Leders, die durch die Verwendung von Chromgerbstoffen erzielt werden kann, schließt zumeist die Verwendung alternativer Gerbstoffe aus. Zudem ist die Verfügbarkeit gerade pflanzlicher Gerbstoffe limitiert. Emissionsgrenzwerte für Gerbereien, aber auch das gestiegene Bewusstsein der Konsumenten für die Verantwortung gegenüber der Natur und den Menschen, welche die Artikel herstellen und in Gerbereiregionen leben, bieten eine große Chance für das neue Gerbverfahren.

Der Anfall von rohen Fellen und Häuten wird vom Tierbestand und dem Schlachtaufkommen bestimmt und hängt in erster Linie vom weltweiten Fleischkonsum ab. Der entscheidende Schritt der Lederherstellung ist die Gerbung. Im Gerbprozess werden hochgradig fäulnisanfällige, rohe Häute oder Felle zu einem haltbaren und widerstandsfähigen Material, dem Leder, verarbeitet, das zur Herstellung verschiedenster Produkte verwendet werden kann.

Den großen Vorteilen, die das Material Leder mit sich bringt, steht ein großer Nachteil gegenüber – die starke Umweltbelastung durch den Prozess. Nahezu alle Prozessschritte bei der Gerbung werden in wässriger Phase durchgeführt. Wie bereits beschrieben werden 90 % aller Leder aufgrund der hohen Lederqualität und der einfachen Prozessführung mittels Chrom-III-Gerbsalzen gegerbt. Hierfür werden ca. 500.000 t Gerbstoff eingesetzt. 160.000 t des Gerbstoffes werden nicht im Leder gebunden und gelangen ins Abwasser. Weltweit, vor allem in Europa, aber auch in vielen asiatischen Ländern, werden die Abwassergrenzwerte bzgl. der Chemikalienbelastung reduziert, was zur Stilllegung von nicht umweltgerecht produzierenden Gerbereien führt.

Die im Projekt EcoTan entwickelten bzw. weiterentwickelten Gerbtechnologien ermöglichen eine drastische Reduzierung des Chrom-, Chemikalien- und Wassereinsatzes bei gleichzeitig erheblich kürzerer Gerbdauer durch die Zugabe von verdichtetem Kohlendioxid im Prozess.

Die Einsparungspotenziale des Verfahrens können folgendermaßen beziffert werden:
- 100 % weniger chromkontaminiertes Wasser
- 75 % weniger Zeit
- 50 % weniger Chromgerbstoff

Explizit bedeutet das bei weltweiter Betrachtung des Potenzials:
- Reduzierung des chromkontaminierten Abwassers um 14 Mrd. l
- Reduzierung der Gerbdauer von 12 auf unter 3 h
- Chromeinsparung von 160.000 t pro Jahr (daraus resultieren 6 Mrd. l Wasser- und $7,744 \cdot 10^{10}$ MJ Energieeinsparung, die zur Herstellung des Chromgerbstoffs notwendig wären)
- Reduzierung der Kohlendioxidemission um 4 Mio. t Kohlendioxid

Diese Zahlen zeigen das immens große Umweltentlastungs- und Nachhaltigkeitspotenzial des Verfahrens. Industriepartner (OEMs), bei denen eine nachhaltige Produktion einen hohen Stellenwert einnimmt, haben explizit bestätigt, dass es für eine großindustrielle Produktion chromgegerbten Leders keine Alternative zum hier vorgestellten kohlendioxidbasierten Chromgerbverfahren gibt. Ein Bumerangeffekt kann ebenfalls ausgeschlossen werden, da das verwendete natürliche Gas Kohlendioxid ist. Das für den Prozess verwendete Kohlendioxid wird vollständig aus industriellen Prozessen abgeschieden (garantiert durch die Hersteller weltweit). Somit wird das Kohlendioxid einer Kaskadennutzung zugeführt. Dies gilt sowohl in Europa wie auch weltweit.

Ebenso besteht die Hoffnung, mit dem neuen Verfahren Arbeitsplätze in bestehenden Gerbereien in Europa zu sichern und neue Arbeitsplätze im Bereich des Anlagenbaus zu schaffen. Die wichtigsten Gründe hierfür sind:
- Die Grenzwerte innerhalb Europas werden zunehmend gesenkt und werden ohne Prozessalternativen in Zukunft nur durch Investitionen im Bereich des Abwasserrecyclings zu realisieren sein. Die einfachste Lösung ist es, die Verschmutzung in Form von Chrom, Salz und weiteren Chemikalien erst gar nicht zu verursachen. Die in EcoTan entwickelten neuen Technologien ermöglichen dies.
- Durch die hohen Anforderungen an das Engineering und die Stahlbearbeitung sind deutsche und europäische Firmen prädestiniert für den Anlagenbau. Die bisher aufgebaute Anlagentechnik ist bei allen zentralen Elementen vollständig mit deutschen und schweizerischen Komponenten aufgebaut worden. Auch für die industrielle Umsetzung

ist dies geplant. Somit können gerade in diesem spezialisierten Bereich neue Arbeitsplätze geschaffen werden.

Der nächste Schritt in der Verwertung ist für die beiden entwickelten Technologien unterschiedlich. Die kohlendioxidbasierte Chromgerbung muss im nächsten Schritt in den industriellen Maßstab überführt werden. Explizit bedeutet das eine Steigerung des Volumens des Hochdruckbehälters um den Faktor 10 von 1.700 l auf 17.000 l. Eine solche Anlage wird mit ca. 10 – 12 t Haut pro Batch beladen. Der Standort muss in einer Gerberei sein. Eine solche Anlage kann nicht im Institut betrieben werden. Eine Gerberei, die diese Technologie umsetzt, wird zurzeit gesucht und das neue Verfahren wird international vermarktet.

Die Gerbung mit Pappelgerbstoff befindet sich noch nicht in einem mit der kohlendioxidintensivierten Gerbung vergleichbaren Entwicklungsstadium. Eine der wesentlichen, noch nicht beantworteten Fragestellungen ist die Entrindung der Bäume. Im Anschluss an das Projekt soll in einem neuen Vorhaben eine Entrindungstechnik entwickelt werden. Ideal wäre die Entrindung in dem Forstgerät (Harvester), mit dem die Bäume geerntet werden. Im unmittelbaren Anschluss daran würde die Rinde in Hackschnitzel geschreddert. Wenn diese Aufgabe gelöst ist, muss die Extraktion und die Aufkonzentration des Gerbstoffs optimiert werden, um eine wirtschaftliche Verfahrensweise zu ermöglichen. Mit potenziellen Verwertern des pappelgegerbten Leders und Projektpartnern aus den verschiedenen adressierten Bereichen werden zurzeit vorbereitende Gespräche geführt.

Liste der Ansprechpartner aller Vorhabenspartner
Dr. Manfred Renner Fraunhofer Institut UMSICHT, Osterfelder Straße 3, 46047 Oberhausen, manfred.renner@umsicht.fraunhofer.de, Tel.: +49 208 8598-1411
Prof. Dr. Andreas Kilzer Ruhr-Universität Bochum, Lehrstuhl für Verfahrenstechnische Transportprozesse, Universitätsstraße 150, 44780 Bochum, kilzer@vtp.rub.de, Tel.: +49 234 322-6581
Dr. Dietrich Tegtmeyer Lanxess GmbH, Business Unit Leather, Haus 106, 51369 Leverkusen, dietrich.tegtmeyer@Lanxess.com
Thomas Heinen Lederfabrik Josef Heinen GmbH & Co KG, Fussbachstraße 13 – 17, 41844 Wegberg, t.Heinen@Heinen-leather.de, Tel.: +49 2434 9920-0
Dr. Jan Grundmann Vattenfall Europe New Energy GmbH, Überseering 12, 22297 Hamburg, jan.grundmann@Vattenfall.de, Tel.: +49 40 2718-2280
Dr. Peter Welters Phytowelt Green Technolgies GmbH, Kölsumer Weg 33, 41334 Nettetal, peter.welters@Phytowelt.com, Tel.: +49 2162 7785-9

Veröffentlichungen des Verbundvorhabens
[Renner et al. 2013] Renner, M.; Weidner, E.; Geihsler, H.: cleantan – chromium tanning without chromium and water residues (2013). Journal of the American Leather Chemists Association, Vol. 108 (8), pp. 289 – 294

09. Innodruck – Einsparung von Refraktärmetallen und deren Legierungen durch Entwicklung einer innovativen Siebdrucktechnologie zur Direktherstellung von komplexen Bauteilen

Thomas Studnitzky, Kay Reuter (Fraunhofer IFAM Dresden), Stefan Wirth (Siemens AG), Guido Stiebritz (H. C. Starck Hermsdorf GmbH)

Projektlaufzeit: 01.07.2012 bis 30.06.2015   Förderkennzeichen: 033R084

ZUSAMMENFASSUNG

Tabelle 1: Zielwertstoffe

Zielwertstoffe im r³-Projekt Innodruck			
Mo	Nb	Ta	W

Bei der konventionellen Herstellung von Bauteilen aus Refraktärmetallen in der Medizintechnik führt die mechanische Nachbearbeitung von metallischen Bauteilen zu einem Verlust an strategischen Metallen wie Wolfram, Molybdän, Tantal. Hinzu kommt, dass manche filigrane und komplexe Strukturen, wie sie vom Industriepartner Siemens benötigt werden, mit konventionellen Verfahren nur mit unverhältnismäßigem Aufwand beziehungsweise gar nicht hergestellt werden können. Im r³-Projekt Innodruck wurde eine Technologie zur Direktherstellung von Bauteilen entwickelt, die die Prozessschritte verringert, einen Verlust an den o. g. Metallen minimiert und eine neue Möglichkeit eröffnet komplexe Strukturen effizient herzustellen.

Im Rahmen des Projekts konnte gezeigt werden, dass Bauteile aus Refraktärmetallen mittels dreidimensionalem Siebdruck gedruckt und endformnah zu dichten Körpern gesintert werden können. Hierbei wurden vor allem Probekörper aus Wolframverbundwerkstoff und Molybdän gedruckt. Das Verfahren bietet dabei prinzipiell auch die Möglichkeit, weitere Refraktärmetalle wie Niob oder Tantal zu drucken, wobei diese Elemente im Rahmen des Projekts nicht verdruckt wurden. Es wurde zudem gezeigt, dass das angestrebte Einsparpotenzial in vollem Umfang erreicht wird und so, gegenüber konventionellen Verfahren, der Energie- und Materialverbrauch deutlich reduziert wird.

Mit diesem Projekt unter der Leitung von H.C. Starck sollten insbesondere technologische Grundlagen zur Herstellbarkeit von auf Refraktärmetallen basierenden Bauteilen für Computertomographen (CT) mittels 3D-Siebdruck erarbeitet werden. Die anvisierten Bauteile (Kollimatoren) werden in der Detektoreinheit des CTs benötigt und sind essenziell für die

Bildgebung, da sie die unerwünschte Streustrahlung herausfiltern und nur durchlässig sind für senkrecht auftreffende Strahlung, welche nicht im untersuchten Objekt gestreut wurde.

Das Vorhaben umfasst die Entwicklung von druckfähigen Pasten, den Druckvorgang selbst und die Untersuchung des Entbinderungs- und Sinterverhaltens der gedruckten Bauteile.

Für die ersten grundlegenden Arbeiten im Projekt war das Fraunhofer-Institut für Fertigungstechnik und Angewandte Materialforschung IFAM Dresden zuständig. Mit seiner langjährigen Erfahrung auf dem Gebiet der Pulvertechnologie und in der Herstellung zellularer metallischer Strukturen konnte das IFAM eine druckbare Paste entwickeln und zunächst zu Probekörpern im kleinen Format verdrucken. Die dabei gewonnenen Erkenntnisse wurden genutzt, um Probekörper zu drucken, die den erwarteten Dimensionen der Industriepartner (H.C. Starck, Siemens AG) entsprachen.

Die H.C. Starck Gruppe gehört zu den Weltmarktführern in der Herstellung und Verarbeitung von Refraktärmetallpulvern zu Produkten für diverse Anwendungsbereiche. H.C. Starck besitzt daher umfangreiche Erfahrungen in der gesamten Prozesskette von der Pulverherstellung über die Formgebung und Wärmebehandlung bis hin zum fertigen Bauteil. Im Anschluss an die im Projekt durchgeführten Druckversuche führte H.C. Starck Versuche zur Wärmebehandlung durch, um ein Bauteil mit einer entsprechenden mechanischen Festigkeit und entsprechenden physikalischen Eigenschaften zu erhalten. Eine der wichtigsten physikalischen Eigenschaften ist hierbei eine hohe Dichte, welche mit einem Wert von 17 g/cm^3 erreicht werden konnte. Da bei der Wärmebehandlung eine Verdichtung des Materials stattfindet, welche mit einer erheblichen Schwindung verbunden ist, kann es bedingt durch Asymmetrien im Bauteil und ungleichmäßigen Wärmeeintrag bei der Wärmebehandlung zu einem Verzug der Bauteile kommen. Also das Bauteil wird nicht gleichmäßig kleiner und es ergeben sich unerwünschte Formabweichungen. Dieser Verzug beim Sintern konnte weitestgehend minimiert, aber noch nicht vollständig beseitigt werden.

Die Siemens AG übernahm als Verwerter die rechnerische und konstruktive Auslegung der Demonstratorteile, die am Fraunhofer IFAM Dresden hergestellt und bei der H.C. Starck Hermsdorf GmbH gesintert wurden. Die fertigen Teile wurden zudem bei der Siemens AG getestet und liefern den Input für eine weitere Verbesserung. Die Siemens AG besitzt das nötige Know-how zur Bewertung der erzielten Qualität der Bauteile und deren Weiterentwicklung für die Verbesserung in der Bildgebung von CT-Scannern, da sie führender Hersteller von CTs in Europa ist und das gesamte Spektrum von bildgebenden Systemen für die Diagnose und Therapie in der Elektromedizin abdeckt.

1. EINLEITUNG

Für die Herstellung komplexer Strukturen aus Pulvern haben sich in den letzten Jahren verschiedene Verfahren des Rapid-Prototyping [Kumar & Kruth 2010, Qiana et al. 2008] und Rapid-Manufacturing [Zhong et al. 2004] etabliert, bei denen in einem geschlossenen Pulverbett Bauteile hergestellt werden können. Diese erlauben zwar komplexe dreidimensionale Strukturen, jedoch bleibt die Strukturpräzision, Oberflächengüte und die minimale Bauteilfeinheit weit hinter dem Siebdruck zurück, was eine aufwendige Nachbearbeitung erfordert. Des Weiteren wird durch das geschlossene Pulverbett im Vergleich zum Siebdruck mehr Primärmaterial benötigt, was bei teuren Ausgangsmaterialien wie beispielsweise Refraktärmetallen weitere Kosten verursachen kann.

Im Rahmen des Projekts Innodruck sollte mit dem dreidimensionalen Siebdruck eine neue Technologie zur Direktherstellung von komplexen Bauteilen aus Refraktärmetallen wie zum Beispiel Wolfram, Wolframverbundwerkstoff, Molybdän, Niob oder Tantal entwickelt und getestet werden. Der dreidimensionale Siebdruck ist eine Erweiterung des klassischen zweidimensionalen Siebdrucks. Eine Erweiterung in die dritte Dimension bis zu mehreren Zentimetern zur Realisierung von integrierten Kühlstrukturen oder Hinterschneidungen könnte auch bei bestehenden Anwendungen zu einem Innovationssprung führen. Diese unikale Technologie ermöglicht gegenüber dem Stand der Technik eine signifikante Einsparung des Primäreinsatzes von Refraktärmetallen von bis zu 80 % gegenüber konventionellen Herstellungsverfahren, da deutlich weniger Prozessschritte erforderlich sind. Weil durch die endformnahe Fertigung die bisherige mechanische Nachbearbeitung entfallen kann, leistet der damit mögliche Wegfall des Recyclings einen zusätzlichen Beitrag zum Umweltschutz, da die Aufbereitung von Refraktärmetallen sehr energieintensiv ist und spezielle Maßnahmen zum Umweltschutz verlangt. Dazu können während der Fertigung weitere Ressourcen wie Energie und Kosten wesentlich reduziert werden. Außerdem können mit dem dreidimensionalen Siebdruck auch vollkommen neue funktionsoptimierte Strukturen dargestellt werden, die mit den zurzeit existierenden Herstellungsverfahren nicht realisierbar sind. In diesem Projekt sollen beispielhaft für Refraktärmetallbauteile sog. Kollimatoren aus Wolfram- und Molybdänlegierungen entwickelt werden, die z. B. in Röntgendetektoren für die Computertomographie zur Unterdrückung störender Streustrahlen verwendet werden. Diese Kollimatoren ermöglichen zusätzlich zur Ressourceneinsparung ein höheres Auflösungsvermögen bei gleichzeitiger Dosisreduktion und verbessern somit die Diagnosegenauigkeit in der Medizin wesentlich.

Neben der angestrebten späteren Verwertung des Kollimators dient das Projekt als Referenzprojekt, da nach einer erfolgreichen Bearbeitung die Ergebnisse auch auf andere Anwendungen und Branchen übertragen werden können. Dies sind zum einen weitere Bauteile aus Refraktärmetallen wie spezielle Heizleiterstrukturen, Brennstoffzellenkomponenten oder Sensorelemente. Zum anderen können die Ergebnisse auch auf andere Werkstoffgruppen übertragen werden wie z. B. auf Titanwerkstoffe im Flugzeugbau, Magnetwerkstoffe aus seltenen Erden oder Superlegierungen für Hochtemperaturbauteile.

Der dreidimensionale Siebdruck hat zwar seine Machbarkeit bei Bauteilen aus Keramik und Stahl [Studnitzky & Strauß 2008, Studnitzky & Strauß 2009, Studnitzky et al. 2010] prinzipiell bewiesen, allerdings ist die technologische und kommerzielle Reife insbesondere bei metallischen Bauteilen noch nicht so hoch wie für konventionelle Bauteile, gefertigt mit der klassischen zweidimensionalen Siebdruckmethode.

2. VORGEHENSWEISE

Beim dreidimensionalen Siebdruck werden die Vorteile des klassischen Siebdrucks wie Strukturfeinheit und Massentauglichkeit mit der Komplexität der Rapid-Prototyping-Verfahren verknüpft. Die Machbarkeit für metallische Werkstoffe wurde grundsätzlich nachgewiesen, ist aber von der kommerziellen Reife noch deutlich entfernt [Studnitzky et al. 2010].

Im r^3-Projekt Innodruck wurde über das dreidimensionale Siebdruckverfahren eine Pulver-Binder-Suspension Schicht für Schicht durch ein Sieb gedruckt, sodass ein mechanisch stabiler Grünkörper entstand, der anschließend versintert wurde und ein dreidimensionales Bauteile ergab (Bild 1 und 2). Durch optionalen Siebwechsel können auch komplexe dreidimensionale Bauteile hergestellt werden. Ein entscheidender Vorteil ist, dass durch die einstellbare Rheologie der Pasten ohne Stützstrukturen gearbeitet werden kann und so kein überschüssiges Pulver anfällt, das nachher entfernt werden muss. Dies ist insbesondere bei teuren und strategisch relevanten Metallen entscheidend.

Das Verfahren ist daher insbesondere dafür geeignet, spröde und schwer bearbeitbare Werkstoffe in hoher Präzision zu Bauteilen zu verarbeiten. Ein Beispiel für solche Werkstoffe ist dabei die Gruppe der Refraktärmetalle, zu deren technologisch und wirtschaftlich wichtigsten Vertretern Legierungen aus Wolfram, Tantal und Molybdän zählen. Alle Refraktärmetalle gehören zu den strategisch relevanten Metallen. Bei der Verarbeitung von Refraktärmetallen ist wegen der besonderen Eigenschaften mangelnder Bearbeitbar- und Umformbarkeit sowie wegen der hohen Schmelzpunkte die Nutzung von konventionellen Verfahren eingeschränkt. In der Regel können nur einfache Geometrien realisiert werden, dies oft auch nur unter hohem Ressourceneinsatz.

Im Einzelnen geht es um folgende Ziele:
- Erhöhung der maximalen Bauteilhöhe von Metallen auf mehrere Zentimeter
- Verbesserung der Oberflächengüte der gesinterten Bauteile
- Erhöhung der Lagendicke zur Verkürzung der Prozesszeiten
- Erweiterung des Werkstoffportfolios
- Optimierung der Maschinenparameter
- Verbesserung der Suspensionsformulierung
- Erweiterung der Bauteilkomplexität
- Verringerung der Steg-/Wanddicken auf < 50 µm

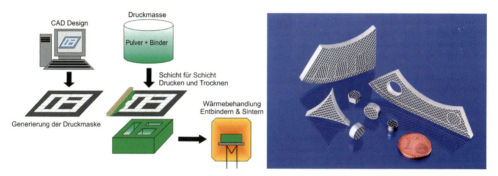

Bild 1: Siebdruckschema. Die Druckpaste wird lagenweise durch ein Sieb zu einem 3D-Bauteil gedruckt und anschließend versintert. (Quelle: Fraunhofer IFAM Dresden)

Bild 2: Demonstratorbauteile von metallischen Siebdruckstrukturen aus Chrom-Nickel-Stahl 316L (Quelle: Fraunhofer IFAM Dresden)

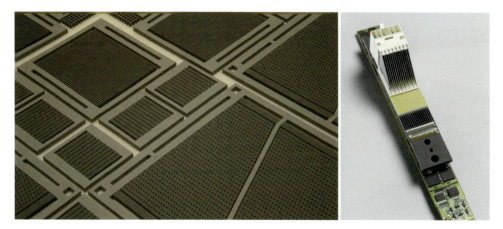

Bild 3: Siebgedruckte dreidimensionale Bipolarplatte für Brennstoffzellen (Quelle: Fraunhofer IFAM Dresden)
Bild 4: Tomographenbauteil mit integriertem Refraktärkollimator (Quelle: Siemens AG)

Beispielhaft wurden im Projekt Gitterstrukturen aus Wolfram mit dünnen Wänden hergestellt, die in medizinischen Anwendungen als Kollimatoren genutzt werden (Bild 4). Die bisherige Herstellung erfordert mehrere Verfahrensschritte bei Temperaturen > 2.000 °C, bei denen bis zu 80 % des eingesetzten Primärmaterials nicht für das Bauteil Verwendung finden. Zudem kann die eigentlich gewünschte Bauteilgeometrie prinzipiell nicht erreicht werden.

3. ERGEBNISSE UND DISKUSSION

Im Rahmen des Projekts konnte erfolgreich gezeigt werden, dass mittels dreidimensionalen Siebdrucks Bauteile aus Wolframverbundwerkstoff gedruckt werden konnten (Bild 5 und 6). Die Zielhöhe von 7,5 mm des gesinterten Bauteils konnte realisiert werden, ebenso die angestrebte Dichte des Bauteils von 17 g/cm³. So wurde auch die erwünschte Einsparung von 80 % des Primäreinsatzes von Energie und Material bei der Herstellung gegenüber konventionellen Verfahren vollständig erreicht. Es gibt nahezu keinen Materialverlust beim Drucken und auch der Energieaufwand beim Drucken sowie beim Sintern ist deutlich geringer im Vergleich zu konventionellen Verfahren. Zudem wurden Bauteile realisiert, die den Anforderungen der Anwendung mehr entgegenkommen und damit eine höhere Performance erzielen können. So kann durch die Gitterstruktur eine Abschirmwirkung gegen Streustrahlung an vier Seiten, im Gegensatz zu üblicherweise zwei Seiten, realisiert werden. Dadurch ergeben sich Verbesserungen in der Auflösung und die eingesetzte Strahlendosis kann reduziert werden.

Daher war das Projekt von den angestrebten Zielen vor allem im Hinblick auf den Nachweis der Ressourceneffizienz sehr erfolgreich.

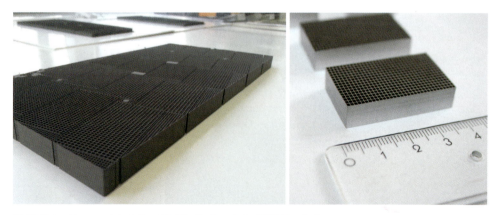

Bild 5: Gedruckte, ungesinterte Bauteile (Quelle: Fraunhofer IFAM Dresden)
Bild 6: Gesinterte Wolframverbundstrukturen (Quelle: H.C. Starck Hermsdorf GmbH)

Abstriche müssen jedoch bei der Realisierung der angestrebten Toleranzen gemacht werden (Bild 7). Das ehrgeizige Ziel, Positionstoleranzen von ±0,02 mm zu erreichen, war im Projektzeitraum nicht möglich. Dabei ermöglicht das Siebdruckverfahren durchaus einen solchen Toleranzbereich. Da sich das anschließende Sintern mit teilweise hohen Schwindungsraten jedoch schwer auf diese filigranen Bauteile abstimmen ließ, sind noch weitere Tests und Versuche notwendig, um die Vorgaben zur Positionstoleranz zu erreichen.

Die Messungen zeigen jedoch, dass man diesen Vorgaben über kleinere Bereiche schon sehr nahe kommt und mit einem noch besseren Verständnis für das System sowie einer weiteren Entwicklung der Prozessparameter diese Zielstellung durchaus erreichbar ist.

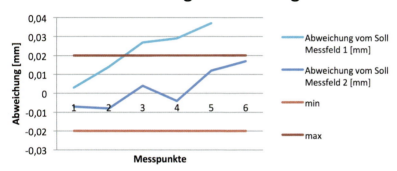

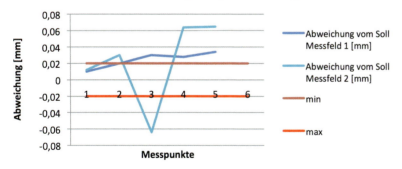

Bild 7: Darstellung der Abweichungen der Stegpositionen nach der Sinterung.
Die Zieltoleranz von ± 0,02 mm wurde nur knapp nicht erreicht. (Quelle: H. C. Starck Hermdsorf GmbH)

Im Laufe des Projektes wurde deutlich, dass der Siebdruckprozess keine signifikanten Nachteile für die Herstellung von Refraktärmetallbauteilen besitzt, sodass das Projektkonzept ohne Abstriche und Änderungen weiterhin Gültigkeit hat. Die Weiterentwicklung des dreidimensionalen Siebdrucks zum industriellen Fertigungsverfahren für diese Werkstoffe machte durch dieses Projekt deutliche Schritte nach vorn, dennoch ist das Gesamtkonzept industriell noch nicht nutzbar. Reproduzierbarkeit, Prozesskontrolle und Durchsatz müssen weiter gesteigert werden, damit es für den Endanwender nutzbar und bezahlbar wird. Insbesondere fehlt es noch an qualitätssichernden Maßnahmen, um das Verfahren industriell nutzbar zu machen. Diese Fragestellungen waren jedoch nicht Teil des bisherigen Projektes, sondern sollen in Nachfolgeprojekten betrachtet werden.

4. AUSBLICK

Effizienzpotenzial
Das Effizienzpotenzial kann in Werkstoff-, Energie- und Bauteileffizienz unterteilt werden.

Bezüglich der Werkstoffeffizienz konnte gezeigt werden, dass das eingesetzte Primärmaterial nahezu zu 100 % in Bauteile umgesetzt werden kann. Dies ist eine entscheidende Verbesserung gegenüber dem Stand der Technik von derzeit 20 %. Zwar fällt beim Druck immer ungenutzte Restpaste an, diese kann aber mit wenig Aufwand wieder zu neuer Paste umgearbeitet werden.

Bezüglich der Energieeffizienz sind ebenfalls wichtige Fortschritte in der Herstellung der Refraktärmetallbauteile erzielt worden. Bisher sind bei der konventionellen Herstellung dieser Bauteile mit hoher Auflösung mehrere Hochtemperaturprozessschritte notwendig, während in dem im Projekt erstellten Konzept nur ein einziger Sinterschritt benötigt wird. Mit diesem Ansatz werden daher erhebliche Energieeinsparungen erzielt.

Für die Bauteileffizienz ist darauf hinzuweisen, dass die konventionelle Herstellung nur eine eingeschränkte Designfreiheit erlaubt. Bei den gewählten Beispielbauteilen des Kollimators (Bild 4) waren bisher nur schlitzartige Strukturen realisierbar, für die Anwendung waren jedoch Gitterstrukturen als effizienter eingeschätzt worden. Der Siebdruck hat die Möglichkeit aufgezeigt, diese Gitterstrukturen in hoher Präzision zu fertigen, was für den Einsatz in Röntgenanwendungen erhebliche Fortschritte bedeuten kann. So kann einerseits die Bildauflösung von Computertomographen gesteigert und andererseits die Strahlungsbelastung der Patienten ggf. sogar signifikant gesenkt werden.

Notwendige weitere Schritte
Im Projekt wurde zwar erfolgreich die prinzipielle Machbarkeit nachgewiesen, jedoch liegt der Technical Readyness Level (TRL) zurzeit noch bei 4 (= Nachweis im Labor). Für eine erfolgreiche Erhöhung des TRL bis TRL 9 (= kommerzielle Anwendung) sind noch technologische Herausforderungen zu meistern, die teilweise schon in diesem Projekt eingear-

beitet wurden. So konnte im Laufe des Projektes eine neue, moderne Anlagentechnikgeneration am IFAM in Betrieb genommen werden. Diese Anlage beinhaltet bereits Elemente, die auch für industrielle Fertigungsanlagen notwendig sind. Beispielhaft zu nennen sind ein Zweitischsystem zur Erhöhung der Produktivität, eine Klimatisierung der Prozesskammer zur Sicherung konstanter Druckbedingungen und Vorrichtungen zur Rückverfolgbarkeit. Außerdem konnte mit dieser Anlage nach einer Einfahrphase die Bauteilqualität gesteigert werden. Die Anlage ist in Bild 8 dargestellt.

Bild 8: 3D-Siebdruckmaschine der neuesten Generation (Quelle: EKRA Automatisierungssysteme GmbH)

Zusätzlich fehlen aber noch Konzepte zur Qualitätssicherung und die notwendige Hochskalierung zu einer echten Massenfertigungsanlage. Da der eigentliche Druckprozess nicht der zeitlich bestimmende Faktor ist, können auf einer Druckstation gleichzeitig mehrere Tische bedient werden. Mit einer so industriell optimierten Anlage mit mehreren Tischen und einer Druckfläche von bis zu einem Quadratmeter könnte der Ausstoß um mehrere Größenordnungen gesteigert werden (Bild 9).

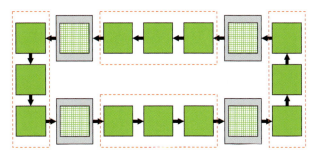

Bild 9: Schematische Darstellung einer potenziellen industriellen Anlage mit zwölf Drucktischen und vier Druckstationen (Quelle: Fraunhofer IFAM Dresden)

Der Prozessparametersatz hat noch nicht die erforderliche Reife, da noch zu viele Qualitätsprobleme auftreten, welche im Laborbetrieb zu einer erhöhten Ausschussquote führen. Zusätzlich ist es erforderlich, die Wärmebehandlung weiter zu verbessern, damit die Lagetoleranzen der Stege verbessert werden können (Bild 7). Schließlich erscheint es erforderlich, die Schichtdicke jeder Drucklage zu erhöhen, um die Fertigungszeit zu reduzieren und damit die Produktivität zu steigern und Kostensenkungspotenziale zu erschließen.

Da dies bei hohen Chancen weiterhin Risiken beinhaltet, wird hier mehrgleisig vorgegangen. Einerseits werden in den laufenden Projekten auch zu anderen Werkstoffen kontinuierlich Verbesserungen des Prozesses entwickelt. Andererseits planen die Verbundpartner auch nach Ablauf des bisherigen Förderprojektes weitere intensive Kooperationen. Neben Produktverbesserungen ist hier vor allem die Einreichung einer Skizze beim Projektträger Karlsruhe (PTKA) zu nennen. In der vom BMBF geförderten Maßnahme „ProMat_3D" sollen die Kernelemente der Anlagentechnik (Drucker, Trockner) weiterentwickelt und Qualitätssicherungssysteme integriert werden. Dabei konnte auch ein Anlagenhersteller für industrielle Siebdrucklinien ins Konsortium integriert werden, sodass schließlich eine prototypische Fertigungsanlage entstehen soll, die den Übergang in die industrielle Praxis vorbereitet.

Liste der Ansprechpartner aller Vorhabenspartner

Dr. Stefan Wirth Siemens AG, Siemensstraße 1, 91301 Forchheim, stefan.sw.wirth@siemens.com, Tel.: +49 9191 18-9853

Dr.-Ing. Thomas Studnitzky Fraunhofer-Institut für Fertigungstechnik und Angewandte Materialforschung IFAM, Institutsteil Dresden, Winterbergstraße 28, 01277 Dresden, thomas.studnitzky@ifam-dd.fraunhofer.de, Tel.: +49 351 2537-339

Dipl.-Ing. Guido Stiebritz H.C. Starck Hermsdorf GmbH, Robert-Friese-Straße 4, 07629 Hermsdorf, guido.stiebritz@hcstarck.com, Tel.: +49 36601 922-262

Veröffentlichungen des Verbundvorhabens

Im Rahmen des Projekts gab es keine Veröffentlichungen.

Quellen

[Studnitzky & Strauß 2008] Studnitzky, T.; Strauß, A.: „Direct Typing of Metals as Method for Producing Microstructured parts", Proceedings of the International Symposium on Cellular Metals for Structural and Functional Applications, Seite 342, Dresden

[Studnitzky & Strauß 2009] Studnitzky, T.; Strauß, A.: „Metallischer Siebdruck als Fertigungsverfahren für die Mikrosystemtechnik", Proceedings des Mikrosystemtechnikkongresses, Berlin

[Studnitzky et al. 2010] Studnitzky, T.; Strauß, A.; Helm, P.; Wartmann, J.: „Optimizing fuel cell parts by using 3D screen printed parts", Proceedings of the Conference on materials for energy, Book A, pp. 143, Karlsruhe

[Kumar & Kruth 2010] Kumar, S.; Kruth, J. P.: „Composites by rapid prototyping technology", Materials and Design 31, pp. 850 – 856, Elsevier Verlag, München

[Qiana et al. 2008] Qiana, Y.; Huang, J.; Zhang, H.; Wang G.: „Direct rapid high temperature alloy prototyping by hybrid plasma laser technology", Journal of material processing technology 208, pp. 99 – 104, Elsevier Verlag, München

[Zhong et al. 2004] Zhong, M.; Liu, W.; Ning, G.; Yang, L.; Chen Y.: „Laser direct manufacturing of tungsten nickel collimation component", Journal of material processing technology 147, pp. 167 – 173, Elsevier Verlag, München

10. PitchER – Magnetloser Pitchantrieb in Windenergieanlagen durch den Einsatz elektrischer Transversalfluss-Reluktanzmaschinen

Holger Raffel (Bremer Centrum für Mechatronik, Bremen), Bernd Orlik, Jacek Borecki, Alexander Norbach (Universität Bremen – IALB, Bremen)

Projektlaufzeit: 01.04.2013 bis 31.07.2016　　　　Förderkennzeichen: 033R106

ZUSAMMENFASSUNG

Tabelle 1: Zielwertstoffe

Zielwertstoffe im r³-Projekt PitchER				
Cu	Dy	Ne	Tb	Seltene Erden

In Maschinen von Windenergieanlagen kommen Antriebssysteme zum Einsatz, die mit Permanentmagneten (PM) konstruiert werden. Das Magnetmaterial der PM besteht zu einem hohen Anteil aus Seltenen Erden (SEE) wie Neodym, Terbium und Dysprosium. Chinas Weltmonopol bei den weltweiten Reserven von SEE sowie Exportrestriktionen Chinas für SEE treiben die Preise von hocheffizienten Antrieben mit PM-erregten Synchronmaschinen in die Höhe. Dadurch entstand in der Vergangenheit bereits eine Verknappung und kritische Versorgungslage für SEE in Deutschland. Durch die Entwicklung einer Transversalfluss-Reluktanzmaschine (TFRM) wird ein magnetloser, kraftdichteoptimierter Motor realisiert, der mit heutigen, Permanentmagnet-basierten Stellantrieben konkurrieren kann. Da hierbei prinzipbedingt die konventionellen und aufwendigen Wicklungen mit ihren Wicklungsköpfen entfallen, lässt sich außerdem am Rohstoff Kupfer sparen. Die Transversalfluss-Reluktanzmaschine wird mehrsträngig ausgelegt, um eine fehlertolerante Motor-Umrichter-Topologie zur längerfristigen Aufrechthaltung des Betriebs in einem Fehlerfall zu erhalten.

Im Themenfeld der nachhaltigen Nutzungsstrategien für strategische Metalle und Industriemineralien werden diese strategischen Rohstoffe – im vorliegenden Projekt die SEE – substituiert bzw. eingespart.

In dem Projekt PitchER wurde ein neuartiger magnetloser Antrieb ohne SEE mithilfe einer TFRM entwickelt und getestet. Obwohl das Prinzip der TFRM schon länger bekannt ist, gibt es bisher keine industriellen Anwendungen. Es existieren lediglich wissenschaftliche Abhandlungen und einige wenige rein akademische Anwendungen. Der neu entwickelte Antrieb (Pitchantrieb) zur Flügelverstellung in Windenergieanlagen stellt einen modernen Industrieantrieb vor, der erstmalig in der Praxis mithilfe einer TFRM demonstriert werden kann.

1. EINLEITUNG

TFRM können für den sogenannten Pitchantrieb in Windenergieanlagen (WEA) verwendet werden. In WEA werden die Rotorblätter durch Pitchantriebe verstellt. Unter einem Pitchantrieb versteht man die Verstellung des Pitchwinkels, d. h. des Einstellwinkels der Rotorblätter zum Wind. Elektrische Pitchantriebe bestehen gewöhnlich aus einer Motor-Getriebe-Kombination, die in einen Zahnkranz am Blattfuß eingreift. An dem Blattzahnkranz wird ein hohes Drehmoment benötigt, während nur kleine Drehzahlen gefahren werden. Als eine vielversprechende Lösung für diese Anwendung wurde im Projekt PitchER eine neuartige TFRM für den Pitchantrieb entwickelt.

Dank ihrer besonderen Eigenschaften, u. a. des einfachen Aufbaus, können die üblich verwendeten geschalteten Reluktanzmaschinen (SRM: Switched Reluctance Machine mit konventionellen Kupferwicklungen) bereits eine kostengünstige Alternative für Antriebssysteme im Vergleich zu PM-erregten Synchronmaschinen darstellen. Durch das Fehlen eines Kommutators und von PM oder Wicklungen im Rotor sind SRM kaum fehleranfällig. Der wesentliche Unterschied zwischen SRM und der entworfenen TFRM ist der komplett andere Aufbau der Maschine. Zum einen ist bei der TFRM der jeweilige Phasenstrom im jeweiligen Strang integriert, zum anderen ist die Feldführung und Ansteuerung eine andere. Des Weiteren kann die einfachere Spulenfertigung als wesentliches Merkmal der TFRM erwähnt werden. Der unipolare Strom, der für SRM benötig wird, ermöglicht ein weites Spektrum von neuen Umrichtertopologien, die mit einer geringeren Anzahl von Halbleiterelementen auskommen. Enorme Fortschritte in der Steuerelektronik wie die digitale Signalverarbeitung ermöglichen eine kosteneffektive Realisierung von vielen hoch entwickelten Regelungsverfahren, Fehlererkennungsmethoden und Fehlerbehandlungen. Alle oben genannten Aspekte erschaffen ein großes Potenzial für eine fehlertolerante, effektive und vor allem kostengünstige Alternative zu Maschinen mit PM-Erregung. Heutzutage finden Reluktanzmaschinen ihren Platz in modernen, effizienten Haushaltsgeräten, insbesondere in Hochgeschwindigkeitsanwendungen, also dort, wo ein großes Drehmoment bei kleiner Drehzahl erforderlich ist.

Die im Projekt PitchER durchgeführten Arbeiten konzentrierten sich auf das Anforderungsprofil für den Einsatz der TFRM als Pitchantrieb, der Spezifikation, die Vorgaben der Fehlertoleranz und der Redundanz sowie die Modellierung der TFRM. Ziel war es außerdem, für diesen neuartigen Transversalfluss-Reluktanzantrieb eine ebenso hohe Kraftdichte zu erreichen, wie die mit Magneten betriebenen Motoren haben. Bei diesem Antrieb entfallen überdies die Wickelköpfe im Motor, sodass im Vergleich zu den konventionellen Maschinen Kupfer eingespart wird. Ein weiterer Schwerpunkt des Vorhabens war darüber hinaus, die Zuverlässigkeit des Motor-Umrichter-Systems zu erhöhen. Dies hat deshalb einen hohen Stellenwert, da das Pitchsystem auch als Sicherheitssystem dient. So müssen die Rotorblätter im Falle einer Notabschaltung der Turbine in die sichere Fahnenstellung gefahren werden, um den Rotor zu bremsen. Das Pitchsystem sollte also stets in der Lage sein, das Blatt schnell um 60 bis 90° mit Geschwindigkeiten im Bereich von ca. 6°/s zu drehen.

Erreicht wird die erhöhte Zuverlässigkeit der TFRM durch mehrere, voneinander entkoppelte Motorwicklungen in transversaler Flussführung. Sie stellen sicher, dass der Betrieb auch dann aufrechterhalten wird, wenn in einem einzelnen Strang ein Fehler auftritt. Zusätzlich soll eine spezielle Ausführung des Umrichters dazu beitragen, dass das Antriebssystem auf Fehler reagiert und langfristig zuverlässig arbeitet.

Das neue PitchER-Konzept schützt vor Wicklungsausfall, Stromkreisunterbrechung durch Leistungshalbleiterdefekt in einzelnen Phasen, Diodenkurzschluss, Wicklungskurzschluss,- Kurzschluss im Frequenzumrichter, gleichzeitiger innerer Kurzschluss in verschiedenen Wicklungen. Jede Phase im Motor wird dazu als eine geschlossene Einheit aufgebaut, um eine Fehlerfortpflanzung im Störungsfall zu vermeiden. Um im Notfall kurzfristig ein vielfaches Nenndrehmoment zu liefern, damit das Windblatt in die sichere Fahnenstellung zum Schutz der Windenergieanlage gefahren werden kann, ist der PitchER-Motor mit der notwendigen Überlastfähigkeit ausgelegt. Mit dieser fehlertoleranten Konstruktion kann u. a. auch der Markteintritt für dieses neue Antriebssystem erleichtert werden.

2. VORGEHENSWEISE

Die Technologie der Reluktanzmaschinen ist bislang wenig erforscht und verspricht, eine aussichtsreiche Entwicklung für Antriebe mit langsamer Drehzahl aber hohem Drehmoment zu werden. Die Prämisse der Optimierung ist eine Maschine mit möglichst großem Drehmoment, möglichst geringer Drehmomentwelligkeit und maximalem Wirkungsgrad. Innerhalb vorgegebener maximaler Kenngrößen wie Abmessung, Spannungsversorgung und Kühlung wurde die Dimensionierung ausgeführt. Anschließend wurden insbesondere geometrische Parameter wie beispielsweise die Polzahl, die Strangzahl, die Polform und die Windungszahl hinzugezogen. Die Wirkungsweise der TFRM entspricht der von SRM, wobei bei der TFRM allerdings immer alle Polelemente einer Phase an der Drehmomentbildung beteiligt sind. Dies ist bei der SRM, bei der sich immer nur ein Polpaar im Eingriff befindet, nicht der Fall. Hieraus begründet sich auch die höhere Kraftdichte der TFRM gegenüber den SRM. TFRM weisen gegenüber Transversalflussmaschinen mit Dauermagneten zwar geringere Kraftdichten auf, erreichen aber ähnliche Kraft-/Leistungsdichten und höhere Wirkungsgrade als elektrisch- oder PM-erregte Drehfeldmaschinen bei gleichzeitig kleinerer Masse. Der Wirkungsgrad der TFRM ist aufgrund ihrer Rotorverluste ebenfalls deutlich ungünstiger. Der Hauptunterschied der TFRM gegenüber konventionellen, dreiphasigen Drehfeldmaschinen (Longitudinalflussmaschinen) besteht darin, dass der Magnetfluss quer zur Bewegungsrichtung geführt wird. Dadurch ist es möglich, die Polteilung zu verkleinern, ohne den Querschnitt für den Statorstrom zu reduzieren. Die Wicklungen bestehen aus einfachen

Ringspulen. Hierbei entstehen unmittelbar auch Einsparungseffekte beim Kupfer, da bei Transversalflussmaschinen keinerlei Wickelköpfe an den Enden der Maschinen entstehen. Dieser Umstand ist gleichzeitig bei der Fertigung der Maschine sehr vorteilhaft.

Im Projekt ist die komplette Auslegung und Optimierung einer TFRM durchgeführt worden. Basierend auf den grundsätzlichen Betrachtungen zu magnetischen Kreisen wurde die Bau- und Funktionsweise der TFRM eingeführt. Entscheidendes Wirkprinzip hierbei ist, dass ein magnetischer Kreis stets nach der minimalen Reluktanz strebt. Besitzt ein magnetischer Kreis einen beweglichen Teil, so wirkt auf diesen die Reluktanzkraft so lange, bis die minimale Reluktanz und somit der energetisch günstigere Zustand erreicht ist.

Nach der Bestimmung einzelner Referenzparameter auf Basis vorgegebener Maximalabmessungen wurde die Polzahl optimiert und wurden erste Parameter mittels eines zweidimensionalen Simulationsmodells untersucht. Auf dieser Basis wurde ein dreidimensionales Modell in Flux3D angepasst, das die komplexe, räumliche Flussverteilung besser beschreibt. In zahlreichen Simulationen wurden geometrische Parameter der aktiven Bauteile in Stator und Rotor vor dem Hintergrund einer möglichst großen Drehmomentausbeute optimiert.

FEM-Simulationen und Optimierungen

Die Simulation und die Optimierung der TFRM erfolgte überwiegend mittels Finite-Elemente-Methode (FEM)-Simulation mithilfe der Software Flux 3D von Cedrat (Bild 1). Im Anschluss an die Simulationen zur Optimierung der Geometrie werden die Ergebnisse in ein bestehendes Hybrid-Simulationsmodell in MATLAB/Simulink für die mehrsträngige TFRM eingearbeitet. Das Simulink-Modell gibt eine Drehmoment-/Drehzahlkennlinie aus, die es abschließend zu untersuchen gilt.

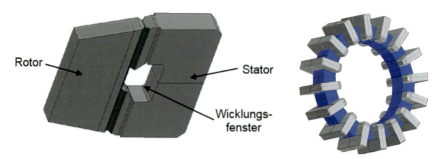

Bild 1: Geometrische Abmessungen und die Darstellung eines Pols mit Flux 3D (Quelle: IALB, Universität Bremen)

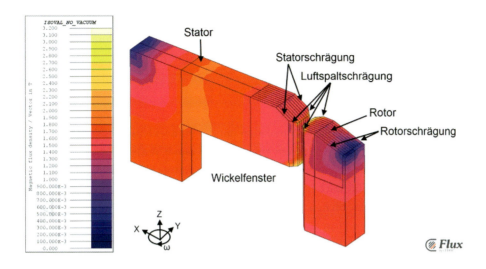

Bild 2: Geometrische Abmessungen und die Felddarstellung eines magnetisch durchflossenen Kerns in Flux 3D
(Quelle: IALB, Universität Bremen)

Bild 2 zeigt das geometrische Modell eines magnetisch durchflossenen Kerns in Flux 3D. Bei dem Aufbau wird die Symmetrie in z-Richtung ausgenutzt, sodass nur ein halber Pol zu simulieren ist. Durch anschließende Skalierung wird das gleiche Ergebnis gewonnen, allerdings in effizienterer Berechnungszeit. Ebenso wird die Periodizität der Kerne im Modell verwendet, bei der eine Rotation um die Drehachse (z-Achse) eine p-fache Wiederholung der Ergebnisse der Simulation nach sich zieht. Das 3D-Modell liefert daher direkt als Ergebnis das Strangdrehmoment für jeweils eine Rotorstellung.

Zur Beschreibung des stationären Betriebsverhaltens der mehrsträngigen TFRM wurde ein Hybridmodell in MATLAB/Simulink genutzt. Der Zusammenhang zwischen Strom, Fluss und Drehmoment wird dabei aus den dreidimensionalen Simulationen bereitgestellt und in Form einer Werte-Tabelle in MATLAB/Simulink integriert. Die Werte-Tabellen vermeiden die Implementierung der nicht linearen Gleichungen und erlauben gleichzeitig eine schnelle Anpassung der Geometrie, indem sie durch neue Simulationsdaten ersetzt werden. Im Zuge der Simulation wurde die ursprünglich auf drei Strängen optimierte Geometrie auf vier Stränge erweitert, um bei höheren Drehzahlen die geringe Welligkeit zu erreichen. Gleichzeitig wurde die Wicklungszahl geringer dimensioniert, um das Ein- und Ausschaltverhalten jedes Strangs zu verbessern. Deutlich wird insbesondere, dass die TFRM bei kleinen Drehzahlen sehr große Momente liefern kann.

Die wichtigste Eigenschaft ist die nahezu vollständige magnetische und elektrische Entkopplung der einzelnen Phasen, sodass die detaillierten FEM-Simulationen nur für eine einzelne Phase durchgeführt werden müssen. Die mit der FEM-Simulation gewonnenen Daten wurden verwendet, um unter MATLAB/Simulink das Modell einer einzelnen Phase zu erstellen.

Nach der Erstellung einer Phase kann eine Simulation des Motors ohne großen Mehraufwand mit unterschiedlichen Phasenzahlen und bei unterschiedlichen Fehlerfällen durchgeführt werden. Änderungen können einfach vorgenommen werden.

3. ERGEBNISSE UND DISKUSSION

Die Ergebnisse der dreidimensionalen Simulation mit der Finite-Elemente-Methode liefern sehr detaillierte Werte für das erreichte Drehmoment, die durch Wirbelströme auftretenden Verluste und diverse andere Parameter, die für die weitere Entwicklung des Antriebssystems notwendig sind. Leider sind solche Simulationen sehr rechenintensiv, was für die Analyse eines Motors mit unterschiedlichen Phasenzahlen und verschiedenen Kombinationen von Störungen in den einzelnen Phasen mit einer enormen Berechnungszeit verbunden ist. Daher wurden für die Untersuchung des Antriebssystems die Vorteile der dreidimensionalen FEM-Simulation mit der Simulation im Zeitbereich mit MATLAB/Simulink kombiniert.

Mithilfe der oben beschriebenen Modelle wurden verschiedene Konfigurationen der TFRM mit drei bis neun Phasen durchgeführt. Der Einfluss von defekten Phasen in allen möglichen Kombinationen wurde für alle Motorkonfigurationen untersucht und die sich ergebenden Drehmomentverläufe wurden miteinander verglichen.

In Bild 3 wird die Beispielanalyse für einen sechsphasigen Motor durchgeführt. In dieser Konfiguration bewirkt der Ausfall einer Phase, zweier bestimmter Phasen oder im Einzelfall auch dreier Phasen nur eine Absenkung des mittleren Drehmoments, der Motor kann aber weiter im Normalbetrieb mit vertretbaren Momentpulsationen betrieben werden und auch ein kurzzeitiger Überlastbetrieb bleibt weiterhin möglich.

Die Untersuchungen haben gezeigt, dass ein Betrieb der Maschine beim Ausfall einer Phase ab einer Phasenzahl von fünf möglich ist, jedoch schränkt dies die möglichen Umrichtertopologien ein, welche auf symmetrischen Eigenschaften basieren. Eine übermäßig hohe Phasenzahl wiederum erhöht aufgrund der erhöhten Komplexität und Anzahl an Bauteilen die Ausfallwahrscheinlichkeit. Unter Beachtung dieser Ergebnisse wurde für den Pitchantrieb eine sechsphasige Konfiguration ausgewählt. Hierdurch gewinnt man Freiheitsgrade bezüglich der Umrichtertopologie, der Regelung, der Möglichkeiten für eine Fehlerdetektion und der Parametrierung des Antriebs.

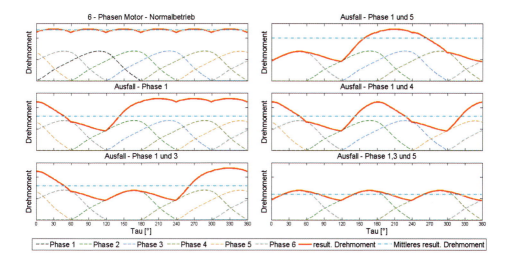

Bild 3: Drehmomentverlauf bei unterschiedlichen Ausfallkombinationen (Quelle: IALB, Universität Bremen)

In Bild 4 sind die Drehmomentverläufe abgebildet, die über eine Periode für unterschiedliche Ströme aufgetragen sind. Als eine Periode wird der Durchlauf des Läuferpols zwischen zwei Polen des Stators bezeichnet. Für den Betrieb des Motors wird je nach Drehrichtung jeweils nur eine Halbperiode benutzt und die zweite bleibt inaktiv.

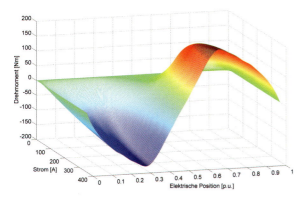

Bild 4: Drehmoment über dem Rotorwinkel für verschiedene Strangströme (Quelle: IALB, Universität Bremen)

Mittels Simulationen von Parametervariationen wurde eine optimale Geometrie festgelegt, die beim Aufbau des PitchER-Motors realisiert wurde. Bei der Erstellung der Konstruktionspläne konnten weiterhin kleine Änderungen vorgenommen werden, ohne dabei die magnetischen und elektrischen Eigenschaften stark zu verändern. Diese Änderungen sind erforderlich, um beispielsweise die Befestigung der Bleche im Läufer und Ständer zu ermöglichen, die mechanische Konstruktion zu vereinfachen oder die Festigkeit zu erhöhen.

Der Konzeptions- und analytischen Entwurfs- und Optimierungsphase schlossen sich Struktur-, Temperatur- und Magnetfeldanalysen mit der Methode der finiten Elemente an.

Nach der aus der Zusammenfassung der Untersuchung resultierenden Endspezifikation wurden die detaillierten Konstruktionsunterlagen aller Baugruppen erarbeitet, finalisiert und schließlich der erste TFRM-Prototyp gefertigt. Wichtige Vorgehensweise war dabei die Optimierung der Abmessungen mit Blick auf die Sicherstellung eines ausreichenden Drehmoments. Die Spezifikation des PitchER-Motors sieht eine fehlertolerante Auslegung mit sechs Phasen vor, die um einen elektrischen Winkel von jeweils 60° zueinander verdreht sind. Um eine maximale Ausnutzung für das maximal erreichbare Drehmoment zu bekommen, wurde die maximal mögliche Durchflutung berücksichtigt. Die TFRM wird in diesem Fall im Sättigungsbereich des Magnetwerkstoffes betrieben. Durch voneinander unabhängige Wicklungen, die den elektrisch entkoppelten Betrieb aller Phasen bewirken, kann der Totalausfall der elektrischen Maschine verhindert und die Zuverlässigkeit der Anwendung gesteigert werden. Folgende Konstruktionsmerkmale besitzt die gefertigte Variante:

- Der Rotor der Maschine besteht aus sechs Scheiben, die versetzt zueinander angeordnet sind, um den entsprechenden elektrischen Phasenversatz zu realisieren.
- Die einzelnen Rotorscheiben bestehen aus jeweils zwei Stirnscheiben sowie je 16 Polen in Form von 16 Einzelblechpaketen, die miteinander verschweißt sind.
- Der Stator besteht ebenfalls aus sechs Scheiben, die zueinander ausgerichtet angeordnet sind.
- Alle sechs Statorscheiben bestehen aus einem bewickelten Wicklungsträger, auf den jeweils 16 Statorblechpakete aufgesteckt werden (Bild 5).
- Die einzelnen Statorblechpakete werden nach dem Aufstecken mit einem Außenring verschweißt.

Bild 5: Aufbau der Transversalfluss-Reluktanzmaschine (Quelle: IALB, Universität Bremen)

Da der PitchER-Prototyp für Versuche unter Laborbedingungen gefertigt ist, besitzt er kein Gehäuse. Statorzähne und Wicklung sind so z. B. für Messung der Betriebstemperatur frei zugänglich. Die Maschine hat einen Durchmesser von 370 mm, eine Länge von 840 mm und ein Gewicht von 119 kg, wovon 25 kg auf den Rotor entfallen.

Bild 6: Aufbau der Maschine (links) am Drehmomentprüfstand (rechts) (Quelle: IALB, Universität Bremen)

Der Prototyp wurde zur Parameteridentifikation auch ohne Steuerelektronik in Betrieb genommen mit einer dafür konstruierten Messvorrichtung für das Drehmoment sowie mit Messaufnehmer und Bremseinrichtung. Die in Bild 6 dargestellte Vorrichtung dient dazu, die stationären Messungen des Drehmoments in Abhängigkeit der Rotorlage zu untersuchen. Um den Pitchantrieb zu vervollständigen, wurde parallel der intelligente Frequenzumrichter entwickelt und aufgebaut. Sowohl die komplette Leistungselektronik als auch die Implementierung der TFRM-Regelung wurden in den speziell angepassten Umrichter integriert.

Für die Ansteuerung der TFRM kann kein handelsüblicher Umrichter für Synchron- oder Asynchronmotoren mit drei Halbbrücken-Phasenausgängen verwendet werden. Die Ansteuerung eines Wicklungsstranges der TFRM erfordert eine asymmetrische Vollbrücke aus zwei aktiven Schaltern und zwei Dioden. Aufgrund der geringen Verbreitung von Reluktanzmaschinen und der besonderen Motorwicklung aus sechs Phasen ist ein passender Standardumrichter auf dem Markt kaum erhältlich, sodass ein spezieller Umrichter gesondert angefertigt werden musste. Aufgrund der Forderung nach Redundanz besteht die Leistungsstufe dieses Umrichters aus zwei Blöcken zur Ansteuerung von je drei Motorsträngen. Jeder dieser Leistungsblöcke besteht aus Gleichrichter, Chopper-Switch und drei asymmetrischen Halbbrücken. Bei einem Ausfall eines Leistungsblockes kann der zweite Leistungsblock die Funktion bei vermindertem Drehmoment aufrechterhalten. Hier zeigt sich ein weiterer Vorteil der TFRM ohne PM, die selbst bei einem Kurzschluss im defekten Leistungsblock die Maschine nicht nennenswert durch Induktion abbremst. Die Steuerung des Umrichters ist nicht redundant ausgeführt, da eine exakte Synchronisierung der beiden Leistungsblöcke erforderlich ist. Die Leistungsendstufen des Umrichters sind gekühlt und erlauben einen kurzzeitigen Überlastbetrieb für das Erreichen von Losbrechmomenten. Nachdem die fehlertolerante Motor-/ Umrichtertopologie in Betrieb genommen wurde, folgten Testreihen, in denen die Stromregelung zur Motorsteuerung nachgewiesen werden konnte.

Speziell den Forderungen einer hohen Fehlertoleranz wird durch diese Umrichterkonfiguration bzw. Mehrphasigkeit Rechnung getragen. Mit einem Phasenstrom von < 80 A lässt sich das spezifizierte maximale Drehmoment erzielen. Die PitchER-Spezifikation bezieht sich auf eine TFRM, die sich als direkte Alternative zu herkömmlichen Pitchmotoren in aktuellen Pitchsystemen integrieren lässt. Die spezifizierten Werte beziehen sich auf die schnell drehende Seite des Pitchgetriebes (HSE: high speed equivalent) und sind in Tabelle 2 zusammengefasst. Die Werte wurden von einem Motor abgeleitet, der von der Firma Moog GmbH in marktüblichen zwei bis drei Megawatt WEA eingesetzt wird.

Tabelle 2: Spezifikation der TFRM als Pitchmotor

Nenn-Pitchbetrieb (HSE)	
Nenn-Pitchmoment (S9/S1)	55 Nm
Nenn-Pitchdrehzahl (S9/S1)	500 rpm
S2 20s Moment	50 Nm
S2 20s Drehzahl	2600 rpm
S2 3s Peak-Moment	170 Nm
S2 3s Peak-Drehzahl	750 rpm

(S1: Dauerbetrieb bei konstanter Belastung; S2: Kurzzeitbetrieb bei konstanter Belastung;
S9: Ununterbrochener Betrieb mit nichtperiodischer Last-/Drehzahländerung)

Eine zusätzliche Randbedingung für die TFRM ergibt sich aus dem beschränkten Einbauraum in bzw. an der Turbinennabe. Eine maximale Größe des Motors wurde durch den Vergleich verschiedener Naben festgelegt. Zwei Beispiele für die Einbaubedingungen des Motors werden in Bild 7 gezeigt. In den Zeichnungen ist der maximale Bauraum durch farbige Zylinder markiert. Über die Schnittmenge der verschiedenen Zylinder wurden die maximalen Maße für Durchmesser und Länge definiert. Ein Durchmesser von 430 mm und eine Länge von 1.050 mm darf demnach von der TFRM nicht überschritten werden.

 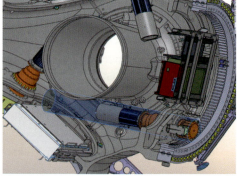

Bild 7: Einbauraum für Pitchmotoren in der Nabe verschiedener WEA (Quelle: MOOG Unna GmbH)

Verifikation des Simulationsmodells

Um das vorhandene Hybridmodell der TFRM durch Wertetabellen zu verbessern, wurde ein experimenteller Messaufbau entwickelt, um die Induktivität, den magnetischen Fluss und das Drehmoment in Abhängigkeit von verschiedenen Strömen und Rotorlagen zu messen. Dabei wird das sogenannte Superpositionsverfahren (Überlagerungsverfahrens) mit einem Gleichstrom- und einem zusätzlichen Wechselstromanteil angewendet.

Mit einer Hochspannung wird ein variabler Gleichstrom eingestellt, mit dem der Motor in verschiedene Arbeitspunkte bzw. Sättigungsbereiche gefahren wird. Der Gleichstrom wird zwischen 0 und 100 A variiert. Mit einem Stelltransformator, der primärseitig an ein 230-V-Netz angeschlossen ist, wird ein Wechselstrom mit einer Amplitude von 40 mA eingeprägt. Es findet somit eine Überlagerung von Gleichstrom mit einem geringen Wechselstrom statt. Die Induktivität kann aus den Effektivwerten von Wechselstrom, Wechselspannung und dem ohmschen Statorwiderstand berechnet werden.

Um die vergleichsweise kleinen Wechselgrößen mit hoher Auflösung messen zu können, wird zur Unterdrückung der Gleichstromanteile ein zweiter Stelltransformator eingesetzt. Die Gleichspannung über dem Motorstrang wird mithilfe eines Hochpasses unterdrückt. Die Messergebnisse der Wechselgrößen sowie des Drehmoments (Bild 8) liefern eine gute Übereinstimmung mit den simulierten Ergebnissen der entworfenen TFRM. Somit können diese Ergebnisse für eine Regelung mit der optimalen Stromform verwendet werden.

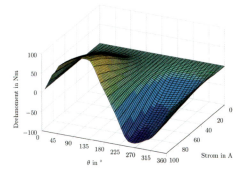

Bild 8: Gemessenes Drehmoment über dem Rotorwinkel für unterschiedliche Strangströme
(Quelle: IALB, Universität Bremen)

Optimierte Stromformen

Die Hauptgründe, aus denen sich Transversalflussmaschinen mit PM-Erregung bisher nicht in der Industrie durchgesetzt haben, sind die ungewöhnliche mechanische Konstruktion mit einem minimal gehaltenen Luftspalt und die prinzipiellen großen Drehmomentschwankungen. Während der erste Nachteil heutzutage durch gewonnene Konstruktionserfahrungen

aufgehoben werden kann, ist der zweite nur durch intelligente Regelungsverfahren zu lösen. Ein Ansatz sind hier angepasste Stromformen, wobei die meisten bis jetzt untersuchten Verfahren auf mehreren Annahmen basieren wie z. B.:
- volle mechanische Symmetrie,
- unbegrenzte Ausgangsspannung des Wechselrichters,
- begrenzter Drehzahlbereich.

Um einen energieeffizienten Betrieb zu garantieren, müssen zudem die herkömmlichen Regelungsalgorithmen einem Optimierungsverfahren unterzogen werden. In dem PitchER-Projekt wurde ein neuartiges Verfahren untersucht, welches von Anfang an als reine Optimierungsmethode klassifiziert ist. Damit werden vor einem praktischen Einsatz abschließend keine besonderen Annahmen oder weitere Optimierungsschritte mehr notwendig.

Bei dem Verfahren handelt es sich um die sogenannte Methode des kürzesten Pfades (Dijkstra-Algorithmus), wobei der Pfad durch verschiedene Strangstromkombinationen führt, und das resultierende Drehmoment aller Stränge bei jeder diskreten Position das Solldrehmoment erzeugt. Wichtig ist, parallel dazu die notwendige Spannung zu beachten, sodass die zur Verfügung stehende Wechselrichterspannung nicht überschritten wird. Eine erfolgreich abgeschlossene Optimierung in dem ausgewählten Arbeitspunkt garantiert sowohl den minimalen Durchschnittswert des Strangstromes als auch einen konstanten Drehmomentverlauf unter Berücksichtigung der vorgegebenen Spannungsbegrenzung.

Zur Anwendung dieser Stromformenberechnungsmethode sind folgende Maschinenkennlinien notwendig:
- Abhängigkeit des Drehmoments von Rotorposition und Stromwert (Bild 3),
- Abhängigkeit des verketteten Flusses von Rotorposition und Stromwert.

Diese Kennlinien können entweder durch FEM-Simulationen oder durch die Vermessung der Maschine auf einem Prüfstand gewonnen werden. Im Frühstadium des Projekts sind Simulationsergebnisse verwendet worden.

Nach dem Maschinenaufbau sind statische Messungen durchgeführt worden, um die Ergebnisse der Simulationen unter realen Bedingungen abzugleichen (siehe auch Kapitel 3).

In Bild 9 auf der linken Seite werden die Drehmomentverläufe unter MATLAB/Simulink simuliert, die durch eine konventionelle Bestromung mit Zweipunktregler erreicht werden können. Es ist gut zu erkennen, dass die Drehmomentschwankung hierbei bis zu 30 % des Solldrehmoments entspricht, was zu zusätzlichen mechanischen Belastungen und einer Geräuschentwicklung führen würde. Auf der rechten Seite in Bild 9 ist alternativ ein Beispielergebnis der vorgeschlagenen Optimierungsmethode dargestellt. Im Vergleich zu dem konventionellen Verfahren, weist nun der Drehmomentverlauf keine Schwankungen mehr auf. Hierdurch wird auch gleichzeitig der Betrieb mit minimalen Kupferverlusten garantiert.

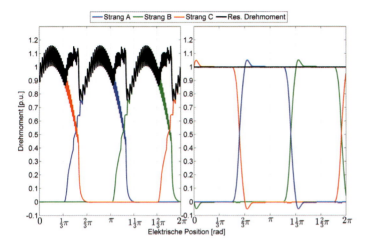

Bild 9: links – Drehmomentverläufe durch konservative Bestromung; rechts – Optimierungsmethode
(Quelle: IALB, Universität Bremen)

Nach der Durchführung der Optimierungsmethode kann das potenzielle Arbeitsfeld der Maschine dargestellt werden. Das Simulationsergebnis in Bild 10 zeigt, dass die neuentwickelte TFRM ein sehr ähnliches Verhalten wie die bisher in den Pitchantrieben eingesetzte Synchronmaschine mit PM aufweist.

In der dargestellten Arbeitsfeldkennlinie sind lediglich die Wechselrichterbeschränkungen einbezogen, die thermische Belastung der Maschine ist hier nicht berücksichtigt worden.

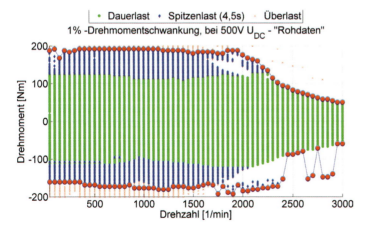

Bild 10: Drehmoment-Drehzahl-Arbeitsfeld der Maschine (Quelle: IALB, Universität Bremen)

4. AUSBLICK

Der neuartige Transversalfluss-Reluktanzantrieb TFRM ermöglicht den Einsatz als Pitchantrieb in Windenergieanlagen ohne Magnetmaterial in gleicher Baugröße wie die bisher eingesetzten konventionellen Maschinen, die PMs mit SEE enthalten. Da China quasi ein Monopol bei der Gewinnung von SEE hat, besteht ein erhöhtes Versorgungsrisiko an diesen Rohstoffen, die zudem starken Preisschwankungen unterworfen sind. In dem von der Fördermaßnahme r³ des Bundesministeriums für Bildung und Forschung geförderten Verbundprojekt PitchER wurde ein innovativer Antriebsmotor entwickelt, der ohne Dauermagnete und somit ohne SEE auskommt. Der Wirkungsgrad der Maschine zeigte sich in den Simulationen zwischen 550 – 750 U/min am deutlichsten. Allerdings erreicht der Wirkungsgrad nicht die gewünschten 90 %. Genauere Ergebnisse werden erst nach weiteren, genaueren Tests bekannt sein. Deshalb sollten weitere Untersuchungen den Fokus auf die Optimierung des Wirkungsgrads richten. Im Wesentlichen gilt es, das Design der magnetisierten Kerne in der TFRM weiter zu optimieren. Konkret verspricht die Optimierung der Schrägung auf die zuletzt betrachtete tangentiale Polbreite Erfolgsaussichten (siehe Bild 2). Ebenso gilt es, eine Veränderung der Läuferjochhöhe zu untersuchen, den Luftspalt weiter zu optimieren und die in diesem Projekt durchgeführte Simulation des Luftspalts auf den Produktionsaufwand hin zu prüfen.

Der Wirkungsgrad der TFRM ohne PM ist zwar geringer als bei den konventionellen Elektromotoren mit Magneten, dafür besitzt der neue Antrieb aber einen robusten Aufbau. Dank der voneinander entkoppelten Wicklungen besitzt die Maschine eine sehr hohe Fehlertoleranz, was einen langfristigen und zuverlässigen Einsatz unter schweren Bedingungen ermöglicht. Aufgrund der verhältnismäßig komplizierten Geometrie der Blechpakete ist eine kostengünstige Produktion nur bei größeren Stückzahlen und einer hohen Automatisierung der Herstellungsprozesse denkbar. Das Einsparpotenzial der NdFeB-Magneten liegt bei 1,8 kg pro Antrieb. Zukünftig soll diese Technologie ebenfalls in der industriellen Antriebstechnik Verwendung finden. Beispielsweise ist diese Technologie auch sehr gut auf Linearantriebssysteme übertragbar und kann erfolgreich mit den herkömmlichen Antrieben mit PM konkurrieren. Hierdurch wird das Einsparpotenzial an SEE noch weiter erhöht.

Weitere Arbeiten werden sich mit der genauen Vermessung der TFRM befassen. Dabei wird die TFRM auf einem Prüfstand Messungen unterzogen, die ebenfalls bei der Qualifizierung von herkömmlichen Pitchmotoren angewendet werden. Bei diesem Prüfablauf werden insbesondere für einen Pitchantrieb typische Belastungszyklen appliziert, um die Leistungsfähigkeit des Antriebs für den Dauerbetrieb, aber auch für den Spitzenlastbetrieb zu untersuchen. Des Weiteren wird während des Prüfablaufs die Stabilität der Regelung untersucht, insbesondere in den Spitzenlastbereichen. Ein konstantes Drehmoment ermöglicht die Verwendung der TFRM als Direktantrieb mit hoher Kraftdichte, da bei kleinen Drehzahlen bereits hohe Drehmomente erzielt werden konnten.

Liste der Ansprechpartner aller Vorhabenspartner

Dr.-Ing. Tobias Rösmann MOOG Unna GmbH, Max-Born-Straße 1, 59423 Unna, troesmann@moog.com, Tel.: +49 2303 5937-0

Edward Hopper MACCON GmbH, Aschauer Straße 21, 81549 München, e.hopper@maccon.de, Tel.: +49 89 651220-0

Jörg H. Krebs Krebs & Aulich GmbH, Ueckerstraße 6, 38895 Derenburg, J.Krebs@krebsundaulich.de, Tel.: +49 39453 6339-120

Prof. Dr.-Ing. Bernd Orlik Universität Bremen – IALB, Otto-Hahn-Allee NW1, 28359 Bremen, ial@uni-bremen.de, Tel.: +49 421 218-62681

Dr.-Ing. Holger Raffel Universität Bremen – BCM, Otto-Hahn-Allee NW1, 28359 Bremen, raffel@mechatronik-bcm.de, Tel.: +49 421 218-62690

Veröffentlichungen des Verbundvorhabens

[Siatkowski 2014] Hirsch, R.; Orlik, B.; Siatkowski, M.: Auslegung einer Transversalfluss-Reluktanzmaschine. SPS/IPC/DRIVES 2014, Nürnberg

[Hirsch 2014] Hirsch, R.; Orlik, B.: Windenergieanlagen ohne SEE – PitchER. 5. URBAN MINING Kongress gemeinsam mit dem r³-Statusseminar 2014, Essen

[Hirsch 2015] Hirsch, R.; Orlik, B.: r³-Verbundprojekt PitchER. r³-Abschlusskonferenz 2015, Bonn

[Borecki 2016] Orlik, B.; Borecki, J., Joost, M.: Novel approach for optimal current waveform calculations for ripple-free output torque of Transverse Flux Reluctance Motor. Fortschritte in der Antriebs- und Automatisierungstechnik, Fraunhofer Verlag 2016, S. 205 – 214, Stuttgart

Quellen

keine

11. SubITO – Entwicklung eines Schichttransferverfahrens für die Substitution von Zinn-dotiertem Indiumoxid (ITO) durch Fluor-dotiertes Zinnoxid (FTO) in leitfähigen, transparenten Polymerfolien

Thomas Abendroth, Holger Althues (Fraunhofer IWS Dresden), Andrea Glawe (KROENERT GmbH Hamburg), Steffen Bornemann, Rene Kalio (Folienwerk Wolfen GmbH, Bitterfeld-Wolfen), Werner Schubert (UBW Universal-Beschichtung GmbH Wolfen), Julia Grothe, Florian Michael Wisser (TU Dresden)

Projektlaufzeit: 01.05.2012 bis 30.04.2015　　　　　　Förderkennzeichen: 033R082

ZUSAMMENFASSUNG

Tabelle 1: Zielwertstoff

Zielwertstoff im r³-Projekt SubITO
In

Ziel des Projektes SubITO war es, Technologien für die Herstellung von Polymerfolien mit transparenter, leitfähiger Beschichtung auf Basis von Fluor-dotiertem Zinndioxid (FTO) zu entwickeln. Ein solches Material ist bisher nicht verfügbar und hat das Potenzial, die Folienbeschichtung mit Zinn-dotiertem Indiumoxid (ITO) in Anwendungen verschiedener Zukunftstechnologiefelder zu substituieren. In diesem Entwicklungsprojekt waren Forschungsinstitute aus dem Bereich Oberflächentechnik und Beschichtungsverfahren (Fraunhofer Institut für Werkstoff- und Strahltechnik, Technische Universität Dresden) sowie Unternehmen aus den Bereichen der Anlagenentwicklung (Kroenert GmbH), der Folienherstellung (Folienwerk Wolfen GmbH) und Folienbeschichtung (Universalbeschichtung Wolfen GmbH) sowie potenzielle Endanwender der FTO-Folien eingebunden.

Folgende wissenschaftliche und technische Ergebnisse wurden im Rahmen des Projektes erzielt:
- Entwicklung eines Verfahrens zur kontinuierlichen FTO-Beschichtung mittels chemischer Gasphasenabscheidung bei Atmosphärendruck (AP-CVD)
- Entwicklung geeigneter Verfahren, Substrate und Polymerfolien für den Schichttransfer
- Nachweis geforderter Schichteigenschaften (Flächenwiderstand < 200 Ω, Transmission > 75 %)
- Herstellung und Evaluierung von Applikationsdemonstratoren (Touchpanel, Elektrolumineszenz-Folie)
- Entwicklung eines Anlagenkonzeptes für die Umsetzung der Prozessschritte im Rolle-zu-Rolle-Verfahren

Im Rahmen des Projektes ist es somit gelungen, das Konzept zur Substitution von Indium durch ein innovatives Verfahren zu demonstrieren. Das Verfahren hat zudem das Potenzial, zukünftig auch in anderen Produkten bzw. funktionellen Polymeroberflächen Anwendung zu finden.

I. EINLEITUNG

Motivation
Ziel des Projektes war es, Technologien für die Herstellung von Polymerfolien mit transparenter, leitfähiger Beschichtung auf Basis von FTO zu entwickeln. Ein solches Material ist bisher nicht verfügbar und hat das Potenzial, ITO-beschichtete Folien in Anwendungen verschiedener Zukunftstechnologiefelder zu substituieren. Die Abhängigkeit vom verknappenden Rohstoff Indium soll somit reduziert werden.

Indium ist ein Element von besonderer strategischer Relevanz [Hunt et al. 2013, Angerer 2009]. Sein Anteil an der kontinentalen Erdkruste beträgt nur 0,05 ppm [Wedepohl 1995] und ist damit seltener als Silber mit einer Konzentration von 0,079 ppm. Die Europäische Union importiert diesen Rohstoff zu 81 % aus China, dem weltgrößten Indiumproduzenten [EU-2010].

Stand zum Vorhabenbeginn
Die Hauptanwendung von Indium ist die Dünnfilmbeschichtung, insbesondere in Form der Verbindung ITO. Dieses Material wird als transparentes leitfähiges Oxid (transparent conducting oxide TCO) genutzt und ist eine Schlüsselkomponente in Displays (z. B. Flat Panel, LCD, Touchscreen), Beleuchtung (organic light emitting diode OLED, electro luminesence EL) und Solarzellen. Diese Märkte stellen mit einem weltweiten Jahresbedarf von 234 t Indium (2006) bei einer Gesamtproduktion von 581 t den größten Verbraucher für das seltene Metall dar. Für das Jahr 2030 wird eine drastische Zunahme des Indiumbedarfs von 1.911 t für die Zukunftstechnologien abgeschätzt [EU-2010]. Für die genannten Zukunftstechnologien ist das Element Indium somit eine entscheidende Schlüsselkomponente und droht zum Engpass für deren Weiterentwicklung zu werden. Um eigene Ressourcen zu schonen, hat China bereits im zweiten Halbjahr 2010 die Ausfuhrquoten von Indium um ca. 30 % reduziert [US 2011].

In Deutschland sind unter anderem Hersteller von Flachdisplays und Beleuchtungstechnik (potenzielle) Nutzer des elektrisch leitfähigen ITO-Materials. Diese Bereiche der optischen Technologien erzielten 2008 einen Umsatz von 1,1 Mrd. EUR (Flachdisplays), bzw. 2,5 Mrd. EUR (Beleuchtungstechnik). Ein weiteres starkes Wachstum wurde nach einem leichten Produktionsrückgang im Jahr 2009 festgestellt [BMBF 2010]. Verstärkt werden Entwicklungen der OLED-Technologie sowohl für Flachdisplays als auch für Beleuchtungsanwendungen erwartet, in denen TCO-Schichten eine Schlüsselfunktion einnehmen. Auch für neuere Entwicklungen im Bereich der elektrooptischen Bauteile wie dem elektronischen Papier oder organischen Solarzellen werden zukünftig leitfähige Folien mit transparenten Elektroden benötigt.

Um die Abhängigkeit der Zukunftstechnologien von dem sich verknappenden strategischen Metall Indium zu reduzieren, sollten u. a. zukünftig Technologien entwickelt werden, die auch ohne das strategische Metall auskommen. Eine indiumfreie leitfähige Folienbeschichtung mit denselben Eigenschaften bei gleichzeitig wirtschaftlicher Umsetzbarkeit ist bisher noch nicht entwickelt worden.

Deutsche Unternehmen dieser Branchen beziehen zurzeit ITO-beschichtete Materialien überwiegend aus dem Ausland und machen sich damit in Qualität, langen Lieferzeiten und Preis von diesem Markt abhängig. Der Preis wird zudem durch den stark schwankenden Rohstoffpreis des Indiums bestimmt und bildet einen schwer zu kalkulierenden Faktor.

Substitute, die ITO-beschichtete Folien ersetzen und die am Standort Deutschland erzeugt werden, würden die Abhängigkeit vom Rohstoffpreis und von ausländischen Lieferanten umgehen. Gerade neue Entwicklungen im Bereich der genannten Zukunftstechnologien könnten von einer engen Kooperation mit den Folienherstellern durch die Entwicklung maßgeschneiderter Produkte profitieren. Die Produkte und die dazugehörige Technologie könnten darüber hinaus einen neuen Exportmarkt adressieren und würden insgesamt die Wertschöpfung der Produkte für Deutschland entscheidend erhöhen.

Stand der Technik

ITO ist das meistverwendete Material für transparente, leitfähige Elektroden und wird in der Regel durch Sputterprozesse abgeschieden. Optimierte ITO-Schichten auf Glassubstraten weisen eine hohe optische Transmission von > 90 % im sichtbaren Wellenlängenbereich und einen geringen elektrischen Widerstand von < $2 \cdot 10^{-4}$ $\Omega \cdot$cm auf. Abscheidetemperaturen liegen dabei typischerweise bei 250 – 300 °C. Bei der Beschichtung von Polymeren werden aufgrund geringer Substrattemperaturen in der Regel Qualitätseinbußen in Kauf genommen. Mittels gepulster Laserabscheidung gelang es ITO-Schichten mit einem spezifischen Widerstand von ca. $4 \cdot 10^{-4}$ $\Omega \cdot$cm auf PET (Polyethylenterephtalat) bei 100 °C herzustellen [Kim 2001]. Handelsübliche ITO-beschichtete PET-Folien sind mit Flächenwiderständen zwischen 10 und 500 Ω und Transmissionen von > 80 % verfügbar.

Alternativen für ITO sind die TCO-Materialien auf Basis von n-dotiertem Zinkoxid und n-dotiertem Zinndioxid. Technisch relevant sind dabei Bor- oder Aluminium-dotiertes Zinkoxid (AZO), die ebenfalls durch Sputterprozesse hergestellt werden, aber genügend hohe Leitfähigkeiten auch nur bei erhöhten Temperaturen > 200 °C aufweisen [Ellmer 2001].

FTO erreicht spezifische Widerstände von $5 \cdot 10^{-4}$ $\Omega \cdot$cm bei der Herstellung über AP-CVD [Proscia 1992] oder Spraypyrolyse auf Glassubstraten. Für diese Prozesse werden Temperaturen > 350 °C benötigt, was die direkte Beschichtung von Polymersubstraten ausschließt. Als transparente, leitfähige Glasbeschichtung für die Photovoltaik oder OLED-Beleuchtung werden bereits indiumfreies FTO und AZO eingesetzt. Zur flexiblen ITO-Polymerfolie gibt es jedoch derzeit keine kommerzielle Alternative. Um vom Rohstoff Indium auch in diesem Bereich unabhängig werden zu können, müssen also neue Technologien zur Herstellung von Polymerfolien mit alternativen TCO-Beschichtungen entwickelt werden.

Herausforderung

Die große Herausforderung liegt in der Herstellung der FTO-Folien. Da eine direkte FTO-Beschichtung von flexiblen, transparenten Polymerfolien mit bisher bekannten Verfahren nicht möglich ist, soll das Produkt über einen indirekten Schichttransferschritt hergestellt werden. Für die dafür notwendigen Prozessschritte sollen geeignete skalierbare und kostengünstige Verfahren entwickelt werden. Die resultierenden FTO-Folien sind für verschiedene Anwendungen im Vergleich zum Stand der Technik zu evaluieren.

2. VORGEHENSWEISE

Um eine FTO-PET-Folie herzustellen, wurden in unterschiedlichen Prozessschritten verschiedene Materialverbünde hergestellt und danach gezielt an bestimmten Grenzflächen wieder getrennt. Dazu wurden verschiedene Schichtabscheideverfahren verwendet, um Schichten mit bestimmten Eigenschaften zu erzeugen. Die Material- und Prozessentwicklung konnte dabei jedoch nicht getrennt voneinander entwickelt werden, da diese einander bedingen. Die Bewertung der einzelnen Beschichtungsprozesse konnte schlussendlich nur hinreichend vorgenommen werden, wenn sich die Schichten vom temporären Substrat auch auf die PET-Folien übertragen ließen. Aus den im Projekt hergestellten FTO-PET-Folien wurden dann verschiedene Demonstratoren (Elektrolumineszenz-Bauteil, Touchpanel, Solarzelle) hergestellt und evaluiert.

Zur Herstellung einer FTO-PET Folie wurden die folgenden Materialien und Verfahren untersucht und entwickelt. Die gesamte Material- und Prozesskette ist in Bild 1 dargestellt.

2.1 Temporäres Substrat

Auf dem temporären Substrat soll die transparente und leitfähige FTO-Schicht bei hohen Temperaturen abgeschieden werden. Daher sollte diese den folgenden Anforderungen entsprechen:
- hohe Oberflächenqualität
- als Bandmaterial verfügbar (späterer Einsatz im Rolle-zu-Rolle (R2R)-Prozess)
- thermische Beständigkeit (für nachfolgende CSD- und CVD-Prozesse)
- chemische Beständigkeit (für nachfolgende CSD- und CVD-Prozesse)

2.2 Opferschicht

An der Opferschicht soll die großflächige Trennung des FTO-PET-Verbunds gewährleistet werden. Hergestellt werden soll diese Opferschicht mit Beschichtungen aus der flüssigen Phase (CSD – Chemical Solution Deposition). Die Anforderungen an die anorganischen Opferschichten sind vielfältig:
- thermische Beständigkeit (für nachfolgende CVD-Prozesse)
- chemische Beständigkeit (für nachfolgende CVD-Prozesse)
- chemische Lösbarkeit (für nachgelagerten Ätzschritt)
- Morphologie (Einfluss auf das Wachstum der FTO-Schichten im CVD-Prozess, Rauheit der FTO-Schichten).

2.3 Herstellung der transparenten und leitfähigen FTO-Schicht mittels AP-CVD

Das FTO ist die Schicht mit den benötigten Eigenschaften (Transparenz und Leitfähigkeit), welche den ITO-Ersatz darstellen soll. Um mit den ITO-Schichten vergleichbare Eigenschaften zu erreichen, müssen bestimmte Prozesstemperaturen (> 400 °C) gewährleistet werden. Zudem muss die Schicht so kompakt sein, dass sich diese auch großflächig auf ein PET-Substrat übertragen lässt. Die Anforderungen dieser FTO-Schicht sind:
- Flächenwiderstand < 200 Ω
- Transmission > 75 % (bei 550 nm)

2.4 Herstellung und Oberflächenveredelung einer PET-Folie

PET-Folien sollten als Substrat eingesetzt werden. Um die FTO-Schichten erfolgreich auf PET-Folien zu übertragen, müssen die PET-Folien gegebenenfalls hinsichtlich ihrer physikalischen Eigenschaften verändert bzw. angepasst werden.

2.5 Herstellung eines Verbunds

In diesem Prozessschritt wird das temporäre Substrat mit Opferschicht und FTO-Schicht gegen die PET-Folie kalandriert.

2.6 Trennung des Verbunds und Übertrag der FTO-Schicht auf PET-Folie

In diesem Prozessschritt wird die FTO-Schicht vom temporären Substrat auf die PET-Folie übertragen.

2.7 Nasschemischer Reinigungsschritt (chemisches Ätzen)

Im letzten Schritt werden FTO-PET-Folie bzw. gegebenenfalls das temporäre Substrat mittels nasschemischer Reinigung von eventuell verbliebenen Resten der Opferschicht befreit.

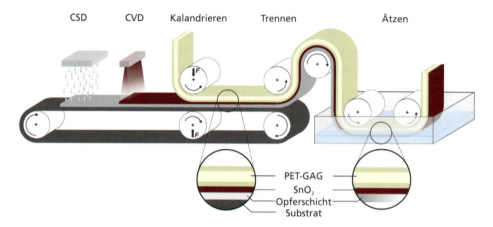

Bild 1: Prinzipielle Darstellung aller einzelnen Prozessschritte im Rolle-zu-Rolle-Verfahren zur Herstellung einer FTO-PET-Folie (Quelle: Fraunhofer IWS)

3. ERGEBNISSE UND DISKUSSION

FTO-PET-Folie

Im Rahmen des SubITO-Projekts konnten durch gezielte Einstellung von Materialeigenschaften und Prozessschritten erfolgreich FTO-PET-Folien hergestellt werden. Diese FTO-PET-Folien wurden hinsichtlich optischer (siehe Bild 2, links) und elektrischer Eigenschaften untersucht und es konnte gezeigt werden, dass sich die Meilensteinkriterien erfüllen ließen.

SOLL: 100 x 100 mm; Transmission T > 75 %; Widerstand R < 200 Ω

IST: 100 x 100 mm; T = 76 % für FTO-PET (500 µm); R = 150 Ω

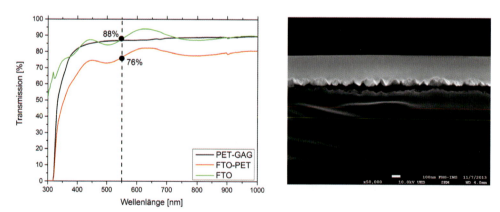

Bild 2: Transmissionsspektren von PET-Folie (500 µm), FTO-PET-Folie (500µm) sowie FTO-Schicht ohne Substrat (links), sowie REM-Aufnahme einer präparierten FTO-PET-Folie (Trennung der Grenzfläche FTO-PET) zur Verdeutlichung der mechanischen Verklammerung durch Oberflächentextur der FTO-Schicht (rechts) (Quelle: Fraunhofer IWS)

Zudem wurden Rasterelektronenmikroskopie (REM)-Aufnahmen gemacht, um Aussagen zur Struktur zu treffen. In Bild 2 (rechts) ist deutlich die raue Grenzfläche zwischen FTO-Schicht und PET-Folie zu sehen. Diese Rauheit kommt durch die charakteristische Oberflächentextur der kristallinen FTO-Schicht zustande. Diese Oberfläche ist durch ihre große Rauheit und den damit verbundenen Hinterschneidungen besonders für eine gute Haftung mit dem Polymer geeignet.

Demonstrator Touchpanel
In Absprache mit einem Touchpanel-Hersteller wurden FTO-PET-Folien (Folienstärke 200 µm) hergestellt. Zum Bau von Touchpanel-Demonstratoren wurden FTO-PET-Folien mit Flächenwiderständen im Bereich von 100 – 170 Ω zum Hersteller gesendet. Diese Folien wurden zu funktionierenden Touchpanels weiterverarbeitet, sodass hier erste Demonstratoren bereitgestellt werden konnten (siehe Bild 3, links).

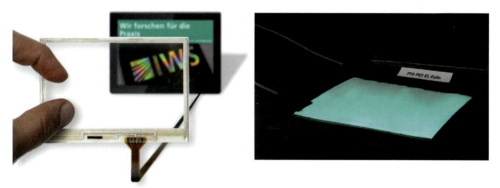

Bild 3: Touchpanel auf Basis von FTO-PET-Folie (links) sowie EL-Bauteil auf Basis von FTO-PET-Folie (rechts) (Quelle: Fraunhofer IWS)

Demonstrator für ein Elektrolumineszenz-Bauteil
Die im Projekt entstandenen FTO-PET-Folien wurden zu Elektrolumineszenz-Bauteilen verarbeitet. Der prinzipielle Funktionsnachweis konnte ebenfalls erbracht werden (siehe Bild 3, rechts).

Demonstrator für eine Dünnschicht-Photovoltaikzelle
Mithilfe von FTO-PET-Folien sollte eine flexible Dünnschicht-Photovoltaikzelle hergestellt werden. Da sich im Gegensatz zu den ITO-Schichten die FTO-Schichten aufgrund ihrer hohen chemischen Beständigkeit sehr schlecht mit Ätzpasten nachträglich strukturieren lassen, wurde zudem die Strukturierung mittels Laserabtrags untersucht. Dadurch war es möglich, den Anforderungen entsprechend, die gewünschten Strukturen zu erzeugen (siehe Bild 4, links). Die Herstellung der Solarzellen-Demonstratoren erwies sich jedoch als schwierig, da die zur Herstellung benötigten Temperaturen von 150 °C nicht durch die PET-Folien

realisiert werden können. Als Resultat kommt es zu Schichtenthaftungen auf der Folie. Eine Aktivität unter Sonnenlichtbestrahlung konnte daher bisher nicht nachgewiesen werden.

Bild 4: Laserstrukturierung von FTO-PET-Folie (links) sowie antistatische Eigenschaften einer CNT-PET-Folie im Vergleich zu einer unveredelten PET-Folie (rechts) (Quelle: Fraunhofer IWS)

Demonstrator für eine antistatische CNT-PET-Folie

Neben den drei beschriebenen Demonstratoren wurde zudem ein weiterer Demonstrator in Form einer antistatischen CNT-PET-Folie hergestellt. Die optischen Eigenschaften dieser Folie sind vergleichbar mit den untersuchten ITO-PET- bzw. FTO-PET-Folien. Jedoch ist die elektrische Leitfähigkeit um Größenordnungen geringer, sodass mit diesem Produkt nur antistatische Eigenschaften erreicht werden konnten. Jedoch können die CNT-PET-Folien für diese Anwendung ebenfalls zur Substitution von ITO beitragen (siehe Bild 4, rechts).

Verfahrenstechnische Prozess- und Anlagentechnik

Die zur Herstellung der FTO-PET-Folie benötigten Verfahrensschritte wurden alle hinsichtlich ihrer Rolle-zu-Rolle-Eignung ausgesucht und entwickelt. Zudem wurden einzelne Systemkomponenten wie CVD-Beschichtungskopf und eine Rolle-zu-Rolle-fähige Substratheizung für den CVD-Prozess entwickelt und angefertigt (siehe Bild 5, links).

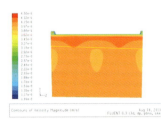

Bild 5: Simulation der Strömungsverhältnisse in der Schlitzdüse am Düsenausgang (links), CVD-Beschichtungskopf (Mitte) und CVD-Modul und Substratheizung in Laboranlage (rechts) (Quelle: Fraunhofer IWS)

Mithilfe der gewonnenen Erkenntnisse aus den einzelnen Verfahrensschritten konnte ein ganzheitliches Anlagenkonzept für ein Rolle-zu-Rolle-Verfahren entwickelt werden. In Bild 6 ist ein Anlagenbeispiel gezeigt, wie die fertige Produktionslinie ausschauen könnte.

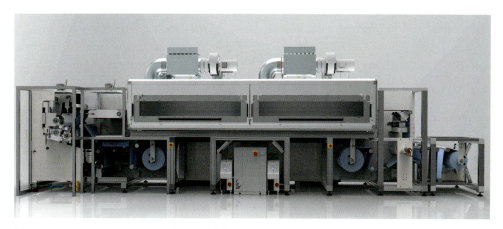

Bild 6: Anlagenbeispiel einer möglichen Kroenert Rolle-zu-Rolle-Produktionslinie (Quelle: Kroenert GmbH & Co KG)

Das wichtigste wissenschaftlich-technische Ergebnis dieses Vorhabens ist das Verfahren des Schichtübertrags, d. h. die Trennung der Schichtherstellung von der eigentlichen Beschichtung. Dadurch sind Materialpaarungen möglich, welche bisher prozessbedingt nicht möglich waren. Im konkreten Fall konnte eine bei 450 °C hergestellte FTO-Schicht auf eine PET-Folie (Schmelztemperatur: 250 – 260 °C) aufgebracht werden. Der Flächenwiderstand von < 200 Ω und die Transmission der FTO-PET-Folie > 85 % entsprechen den Kriterien des Meilensteins im Projekt. Um dieses Ziel zu erreichen, erforderte es jedoch fundierte Prozess- und Materialkenntnisse. Um Schichten erfolgreich von temperaturstabilen Substraten auf temperatursensitive Polymerfolien zu übertragen, müssen die Schichtspannungen sowie die Grenzflächen gezielt konfektioniert werden. Zudem ist eine gute Prozesskontrolle der einzelnen Verfahrensschritte (CVD, Kaschieren, Trennen) erforderlich. Neben dem FTO-Schichtübertrag auf PET-Folie wurden im Projekt auch der Übertrag und die Integration von Nanopartikeln, insbesondere Kohlenstoffnanoröhren (CNTs), in PET-Folien untersucht. Mit CNTs lassen sich jedoch nicht die elektrischen Leitfähigkeiten erreichen, welche sich mit ITO bzw. FTO erreichen lassen. Daher entsprechen CNT-PET-Folien mit ihren Eigenschaften (Flächenleitfähigkeiten im 10^6-Ω-Bereich bei geringen Transmissionsverlusten < 10 %) auch nicht den Anforderungen für elektrooptische Anwendungen. Dennoch kann auch diese Materialpaarung einen Beitrag zur Ressourceneffizienz von Indium leisten, da auch für viele antistatische Anwendungen (z. B. Ex-Schutz) bisher ITO-Schichten auf Polymeren verwendet wurden.

4. AUSBLICK

Effizienzpotenzial

Die im SubITO-Projekt hergestellte FTO-PET-Folie besitzt optische und elektrische Eigenschaften, welche den Anforderungen vieler elektrooptischer Anwendungen gerecht werden. Da die erforderten Eigenschaften gezielt durch ein neues indiumfreies Materialsystem (FTO) eingestellt werden können, ist die Effizienz dieser Materialsubstitution maximal, sodass ein hohes Potenzial zur Schonung der Ressource Indium besteht.

Im Begleitvorhaben INTRA r³+ wurden u. a. verschiedene ökonomische und ökologische Deutschlandpotenziale bestimmt [Dürkoop et al. 2016]. Auf der ökologischen Seite können unter den gewählten Randbedingungen durch die Substitution von ITO-PET-Folien mit FTO-PET-Folien Treibhausgasemissionen in Höhe von ca. 690.000 kg CO_2-Äqvivalenten pro Jahr eingespart werden. Auf der ökonomischen Seite ergibt sich (abzüglich Investitionskosten und Aufwendungen für Personal, Wartung und Betrieb der für die Umsetzung notwendigen Anlagen) ein Einsparpotenzial von ca. 409.000 EUR/a [Brandstetter 2015].

Zudem wurde eine SWOT-Analyse mit den Stärken und Schwächen sowie den Chancen und Risiken der Technologieentwicklung im Projekt SubITO von der TU Bergakademie Freiberg angefertigt (s. u.) [Kleeberg 2015]. Eine aggregierte Auswertung der SWOT-Analysen für die r³-Projekte steht online auf www.r3-innovation.de zur Verfügung [Kleeberg et al. 2016].

SWOT-Analyse für das r³-Projekt SubITO der TU Bergakademie Freiberg im Rahmen von INTRA r³+ Integration und Transfer der r³-Fördermaßnahme

STÄRKEN
Als Stärke wurde die Neuartigkeit der Idee bewertet, da hier erstmalig ein Schichttransfer-Verfahren zur Substitution von ITO durch FTO für transparente, leitfähige Polymerfolien entwickelt wurde. Auch die technologische Funktionsfähigkeit wurde positiv bewertet, da es sich um ein ganzheitliches Verfahren zur direkten Applikation auf transparente Polymerfolien handelt. Zudem wurde der Funktionsnachweis in der Einsatzumgebung erbracht, was zu erfolgreichen Applikationsdemonstratoren (Elektrolumineszenz-Folien, Touchpanels, Organische Solarzellen) geführt hat. Eine Verbesserung der Qualität und Eigenschaften bzw. Funktionalitäten (hohe Leitfähigkeit, Vermeidung elektrostatischer Aufladungen, Transparenz, elektrooptische Bauteile, hohe Abscheidetemperaturen bei Beschichtungen möglich) ist ebenfalls als Stärke bewertet worden. Der Zielwertstoff Indium wird durch den vollständigen Ersatz von ITO nachhaltig geschont. Durch die günstigeren Rohstoffkosten sowie ein kostengünstigeres Beschichtungsverfahren können Kosten eingespart werden und die potenzielle Wirtschaftlichkeit des Verfahrens ist somit ebenfalls als Stärke bewertet worden.

SCHWÄCHEN

Da derzeit noch keine Pilotisierung durchgeführt bzw. abschließend gesicherte Qualität (Leitfähigkeit, Geschwindigkeit der Beschichtung, Prozessstabilität) überprüft werden konnte, wurde die technologische Funktionsfähigkeit als Schwäche bewertet. Zudem wurde davon ausgegangen, dass voraussichtlich zusätzliche Prozessschritte benötigt werden. Auch könnten sich der steigende Zinnverbrauch sowie das Schadstoffpotenzial durch HF nachteilig auswirken. Die zusätzlich benötigte Energie für die Prozesse, zusätzlich benötigtes Siliciumoxid für die Zusatzschicht (Spezialbehandlung Stahlsubstrat) sowie der Umgang mit chlorhaltigen Lösungen (Entsorgung vs. Recycling) wurden als Schwäche bewertet.

CHANCEN

Als Chancen wurden der Markt und der Zugang zu den Ausgangsmaterialien bewertet. Weiterhin wurde ein hoher Nutzenvorteil in der Antistatik gesehen, da sich hierdurch weitere Verwertungsmöglichkeiten erschließen. Positiv bewertet wurden Patente für Schlüsselprozesse, da mithilfe dieser Technologien langfristig die Abhängigkeit von Rohstoffimporten aus China verringert werden kann. Auch zukünftige Entwicklungsfelder und neue Anwendungsfelder, z. B. biologisch abbaubare oder biogene Folien, werden als Chance bewertet, da hiermit Alternativfolien bzw. neue Produkte entstehen können. Zudem hätte der Produktions- und Folienentwicklungsstandort Deutschland ein Alleinstellungsmerkmal. Durch die Herstellung von Halbzeugen würde außerdem ein Imagezugewinn entstehen. Die Möglichkeit, die Anwendung bzw. das Produkt weiter zu spezifizieren, könnte die Kundenorientierung erhöhen.

RISIKEN

Als Risiken wurde der Wegfall von bisherigen Fertigfolien-Produzenten bewertet. Zudem ist noch kein großer Markt in Deutschland zu sehen. Für die Umsetzung besteht jedoch die Notwendigkeit der Adaption von Prozessen. Weiterhin sind die Materialkosten als Treiber für Folienkosten als Risiko zu betrachten.

Ergebnisverwertung

Auch wenn das SubITO-Projekt als erfolgreich zu bewerten und das entstandene Produkt in seinen elektrischen und optischen Eigenschaften konkurrenzfähig ist, sind jedoch noch weitere Entwicklungsarbeiten notwendig, um die Aufskalierung der einzelnen Prozessschritte zu einem wirtschaftlichen Herstellungsprozess zu realisieren. Zudem sind hohe Investitionen notwendig, um diese Aufskalierung zu untersuchen. Um diese Investitionen zu rechtfertigen, müssen weitere Interessenten gefunden werden. Daher soll kurz- und mittelfristig das Produkt FTO-PET und CNT-PET sowie deren Herstellungsprozess durch Teilnahme an Messen und Konferenzen einem größeren Publikum vorgestellt werden. Dadurch wird mittelfristig eine bessere Verzahnung der Forschungsaktivitäten und Produktionsstrategien erwartet. Der wirtschaftliche Vorteil des im Projekt erarbeiteten Verfahrens soll zudem deutlicher herausgestellt werden, besonders auch indem gezielt die kostengünstige Veredelung von sogenannten Lowtech-Produkten untersucht und publiziert wird. Besonders antistatische Polymeroberflächen stellen eine Veredelung dar, welche ein riesiges Marktpotenzial (Anti-Staub-Produkte, Explosionsschutz) besitzen. Durch CNT-PET kann nicht nur ein kostengünstiges Verfahren bzw. eine Materialpaarung mit interessanten optischen und elektrischen Eigenschaften angeboten werden, sondern auch technisch eine verbesserte Lösung im Vergleich zum Stand der Technik (Additive wie Ruß oder Tenside) vor allem hinsichtlich Transparenz und Langzeitstabilität gegeben werden.

Für den Prozess des Schichtübertrags wird ein breites Anwendungspotenzial über den Markt der transparenten, leitfähigen Folien hinaus gesehen. Durch den Transfer anorganischer Schichten auf Folien sind völlig neue Materialkombinationen und damit weitere Anwendungsbereiche möglich. Durch die Integration von Funktionen ausschließlich in die Oberfläche wird das Verfahren immer ein ressourcenschonender Ansatz sein (insbesondere gegenüber Additiven von Kunststoffen). Am Fraunhofer IWS ist dazu ein Patentportfolio im Aufbau und in weiteren Entwicklungsprojekten sollen neue Anwendungsmöglichkeiten erschlossen werden. Neue branchenübergreifende Anwendungen werden z. B. durch die mit Integration von Nanomaterialien erzielten Eigenschaften möglich:
– antistatisch (Explosionsschutz, Staubfreiheit)
– lumineszierend (Produktschutz)
– niedrig- bzw. hochbrechende Grenzflächen (Antireflex).

Für die konkrete kommerzielle Verwertung der Ergebnisse über die Produktion einer FTO-Folie werden weitere Schritte geprüft. Dabei spielen die Marktentwicklung im Bereich der Anwendungen (Zukunftsmärkte im Bereich OLED-Beleuchtung, PV und Displays), die damit verbundenen Materialanforderungen und die Kostenentwicklungen bei den Rohstoffen eine wichtige Rolle. Als nächster Schritt wäre die Übertragung der Ergebnisse auf eine Pilotlinienproduktion und die Materialentwicklung für eine spezifische Anwendung notwendig.

Liste der Ansprechpartner aller Vorhabenspartner

Dr. rer. nat. Holger Althues Fraunhofer Institut für Werkstoff- und Strahltechnik Dresden, Winterbergstraße 28, 01277 Dresden, holger.althues@iws.fraunhofer.de, Tel.: +49 351 83391 3476

Thomas Abendroth Fraunhofer Institut für Werkstoff- und Strahltechnik Dresden, Winterbergstraße 28, 01277 Dresden, thomas.abendroth@iws.fraunhofer.de, Tel.: +49 351 83391 3294

Andrea Glawe KROENERT GmbH & Co KG, Schützenstraße 105, 22761 Hamburg, andrea.glawe@kroenert.de, Tel.: +49 40 853 93 660

Dr. rer. nat. Steffen Bornemann Folienwerk Wolfen GmbH, Guardianstraße 4, 06766 Bitterfeld-Wolfen, steffen.bornemann@folienwerk-wolfen.de, Tel.:+49 3494 6979 51

Dr. rer. nat. Werner Schubert UBW Universal-Beschichtung GmbH Wolfen, Gießereiweg 1, 06749 Bitterfeld, schubert@universal-beschichtung.de, Tel.: +49 3493 76050

Dr. rer. nat. Julia Grothe Technische Universität Dresden, Institut für Anorganische Chemie, Bergstraße 66, 01069 Dresden, Julia.Grothe@chemie.tu-dresden.de, Tel.: +49 351 4633 2029

Veröffentlichungen des Verbundvorhabens

[Abendroth 2013] Abendroth, T.: Transfer-Verfahren für anorganische Funktionsschichten auf Polymerfolien; Jahresbericht Fraunhofer IWS, 2013

[Abendroth et al. 2014] Abendroth, T.; Schumm, B.; Liebich, J.; Althues, H.; Kaskel, S.: Cost-Efficient Deposition Techniques for Transparent Conducting Thin-Films on Glass and Polymer Substrates. Posterbeitrag ICCG 10, Dresden, 23.06.2014

[Abendroth et al. 2014] Abendroth, T.; Schumm, B.; Liebich, J.; Althues, H.; Kaskel, S.: Nanoparticle Surface Integration Towards Functional Polymer Products. Posterbeitrag Nanosmat Dublin, 09.09.2014

[Abendroth 2014] Abendroth, T.: Im Rolle-zu-Rolle-Verfahren zu transparenten elektrisch leitfähigen Oberflächen. Jahresbericht Fraunhofer IWS, Dresden

[Kalio 2014] Kalio, R.: Alternativen zu ITO-PET aus der Sicht eines Folienherstellers. 10. ThGOT Thementage Grenz- und Oberflächentechnik, Leipzig, 02.09.2014

[Abendroth et al. 2015] Abendroth, T.; Liebich, J.; Härtel, P.; Schumm, B.; Althues, H.; Kaskel, S.; Beyer, E.: Transparente und leitfähige Veredelung von Kunststoffoberflächen. In: Vakuum in Forschung und Praxis, Volume 27, Issue 3, Weinheim

Quellen

[Angerer et al. 2009] Angerer, G.; Erdmann, L.; Marscheider-Weidemann, F.; Scharp; Lüllmann, A.; Handke, V.; Marwede, M.: Rohstoffe für Zukunftstechnologien: Einfluss des branchenspezifischen Rohstoffbedarfs in rohstoffintensiven Zukunftstechnologien auf die zukünftige Rohstoffnachfrage. Fraunhofer IRB Verlag, Stuttgart

[BMBF 2010] BMBF Marktstudie Optische Technologien; Aktualisierung (2010) (http://www.optischetechnologien.de/)

[Brandstetter 2015] Schriftliche Mitteilung über die Ergebnisse aus dem Intra r³+ Begleitvorhaben von Herrn Peter Brandstetter (Universität Stuttgart) am 03.03.2015 in Form des Erhebungstool Verbund SubITO

[Dürkoop et al. 2016] Dürkoop, A.; Albrecht, S.; Büttner, P.; Brandstetter, C. P.; Erdmann, M.; Gräbe, G.; Höck, M.; Kleeberg, K.; Moller, B.; Ostertag, K.; Rentsch, L.; Schneider, K.; Tercero, L.; Wilken, H.; Pfaff, M.; Szurlies, M.: INTRA r³+ Integration und Transfer der r³-Fördermaßnahme – Ergebnisse der Begleitforschung. In: Recycling und Rohstoffe Band 9 (2016), S. 253 – 274, K. J. Thomé-Kozmiensky, D. Goldmann, TK Verlag, Neuruppin

[Ellmer 2001] Ellmer, K.: Resistivity of polycrystalline zinc oxide films: current status and physical limit. J. Phys. D: Appl. Phys. 34, 3097 – 3108, Bristol

[EU-2010] EU-Bericht; Critical raw materials for the EU (http://ec.europa.eu/DocsRoom/documents/5662/attachments/1/translations/en/renditions/native)

[Hunt et al. 2013] Hunt, A. J.; Farmer, T. J.; Clark, J. H.: Element Recovery and Sustainability: Chapter 1 Elemental Sustainability and the Importance of Scarce Element Recovery, ed. A. Hunt, RSC, 2013, pp. 1 – 28, Cambridge

[Kim et al. 2001] Kim, H.; Horwitz, J. S.; Kushto, G. P.; Kafafi, Z. H.; Chrisey, D. B.: Indium tin oxide thin films grown on flexible plastic substrates by pulsed-laser deposition for organic light-emitting diodes. Appl Phys Lett 2001; 79:284–6, Mellville

[Kleeberg 2015] schriftliche Mitteilung über die Ergebnisse aus dem Intra r³+ Begleitvorhaben von Frau Kirstin Kleeberg (Technische Universität Bergakademie Freiberg) am 30.07.2015 in Form eines Protokolls des INTRA r³+-Workshops zu übergreifenden Bewertungsansätzen der Technologie und Nachhaltigkeit in der r³-Maßnahme „SubITO".

[Kleeberg et al. 2016] Kleeberg, K.; Schneider, K.; Höck, M.; Rentsch, L.: Bewertung innovativer Technologien zur Steigerung der Ressourceneffizienz – Kernergebnisse der r³-Fördermaßnahme. Arbeitspapier im Rahmen des INTRA r³+ Integration und Transfer der r³-Fördermaßnahme online auf http://www.r3-innovation.de/de/15100

[Proscia 1992] Proscia, J.; Gordon, R. G.: Properties of fluorine-doped tin oxide films produced by atmospheric pressure chemical vapor deposition from tetramethyltin, bromotrifluoromethane and oxygen. Thin Solid Films 214, p. 175 – 187, Amsterdam

[US 2011] U.S. Geological Survey, Indium-Statistics and Information (2011) (http://minerals.usgs.gov/minerals/pubs/commodity/indium/)

[Wedepohl 1995] Wedepohl, K. H.: The composition of the continental crust. In: Geochimica et Cosmochimica Acta. 1995, 59, 7, 1217 – 1232, New York.

12. SubMag – Substitution von Magnesium bei der Entschwefelung von Gusseisen

Rüdiger Deike, Aron Brümmer, Andreas Kahrl, Bartosz Smaha (Universität Duisburg-Essen, Institut für Technologien der Metallen), Marc Walz, Robert Hentsch (Fritz Winter Eisengiesserei GmbH & Co.KG), Wolfgang Baumgart (OCC GmbH), Ulf Boenkendorf (Fels-Werke GmbH)

Projektlaufzeit: 01.11.2012 bis 31.01.2016   Förderkennzeichen: 033R102

ZUSAMMENFASSUNG

Tabelle 1: Zielwertstoff

Zielwertstoff im r³-Projekt SubMag
Mg

Die EU hat im Rahmen einer Rohstoffstrategie kritische Rohstoffe [EC 2014] identifiziert, für deren Versorgungssicherheit spezielle Konzepte entwickelt werden müssen. Zu diesen Elementen zählt auch Magnesium (Mg), das in Eisengießereien zur Herstellung von Gusseisen mit Vermiculargraphit (GJV) und Gusseisen mit Kugelgraphit (GJS) in Form von Eisen-Silicium-Magnesium-Legierungen oder als Reinmagnesium eingesetzt wird. Magnesium ist nicht aufgrund seiner physischen Verfügbarkeit als kritischer Rohstoff einzustufen, sondern weil heute ca. 85 % des weltweit produzierten Magnesiums aus China stammen [EC 2014].

In solchen Marktstrukturen ist die Preisgestaltung durch eine hohe Volatilität gekennzeichnet, sodass in einem marktwirtschaftlichen Wirtschaftssystem der kurzfristige Aufbau neuer Produktionskapazitäten durch existierende oder neu in den Markt eintretende Wettbewerber mit nicht zu kalkulierenden wirtschaftlichen Risiken verbunden ist und daher mit hoher Wahrscheinlichkeit unterbleiben wird. Eine dauerhafte Versorgungssicherheit der deutschen Eisengussindustrie ist unter solchen Bedingungen nur gegeben, wenn es im Rahmen einer nachhaltigen Innovation gelingt, Magnesium als Entschwefelungsmittel möglichst durch alternative heimische Rohstoffe zu substituieren.

Deshalb wurde in diesem Vorhaben untersucht, wie Magnesium, das nach der Entschwefelung in einer extrem dissipativen Struktur vorliegt und daher nicht mehr wirtschaftlich recycelt werden kann, durch ein anderes Produkt in Kombination mit einer neuen Technologie bei gleicher Funktionalität substituiert werden kann.

Die Innovation des Verfahrens beruht darauf, dass kalkbasierte Mischungen untersucht wurden, die eine ähnlich schnelle Entschwefelung erlauben wie die bisher verwendeten Legierungen auf der Basis von Eisen-Silicium-Magnesium (FeSiMg) bzw. Reinmagnesium.

Ausgehend von Laborversuchen über Technikums- bis hin zu Industrieversuchen wurden kalkbasierte Entschwefelungsmischungen zur Entschwefelung von Gusseisen getestet. Diese Arbeiten erlauben eine Abschätzung der technischen und ökonomischen Potenziale für eine industrielle Umsetzung.

1. EINLEITUNG

Im Jahr 2014 wurden weltweit 85,9 Mio. t Eisen-, Stahl- und Temperguss (EST) [WC 2015] produziert, wobei 46 % der Produktion auf China entfielen. Deutschland ist mit 4,1 Mio. t Eisen-, Stahl- und Temperguss im Jahr 2014 (Bild 1) die größte Gusseisen produzierende Nation in Europa.

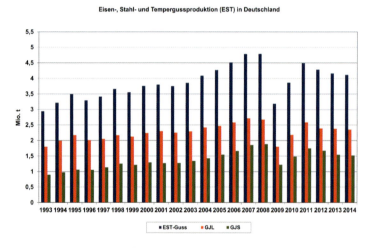

Bild 1: Entwicklung der Eisen-, Stahl- und Tempergussproduktion in Deutschland (Quelle: Deike, Uni Duisburg-Essen)

Die deutsche Eisengussindustrie ist mit einem Exportanteil von ca. 50 % eine international absolut wettbewerbsfähige Industrie. Das hat unter anderem zur Folge, dass Deutschland mit einer durchschnittlichen Gussproduktion von 47 kg/Kopf (China: 27 kg/Kopf) zu den sechs größten Eisenguss produzierenden Nationen (China, Indien, USA, Japan, Russland) auf der Welt gehört [Deike 2013].

Dies ist insbesondere vor dem Hintergrund zu erwähnen, dass Eisengießereien unter dem Aspekt „Green Economy" absolute Spitzenunternehmen sind. Denn die Eisengussindustrie gehört – allerdings wenig beachtet von der Öffentlichkeit – und abgesehen von der Edelmetallbranche, zu den ressourceneffizientesten Industrien. So ist es in der Eisengussindustrie seit Jahrzehnten Stand der Technik, aus Schrott, Kreislaufmaterial und sehr geringen Anteilen an Roheisen, das unter Umständen selbst auch ein Recyclingprodukt [Deike 2007] sein kann, qualitativ hochwertige Gussprodukte (Motorblöcke, Bremsscheiben, Schwenklager, Radträger) herzustellen, die häufig als Sicherheitsbauteile im Automobil- und Maschinenbau Anwendung finden. Neben dem nahezu 100%igen Einsatz von Sekundärrohstoffen werden insgesamt in der Größenordnung von ca. 1 – 5 % Legierungsmittel und Magnesium zur Herstellung von Gusseisen mit GJV und GJS und Impfmittel eingesetzt.

Mit 1,5 Mio. t GJS entfallen 37 % der EST-Gesamtproduktion in Deutschland auf diese Werkstoffgruppe, in der das Gusseisen zurzeit mit Magnesium entschwefelt wird, um in Kombination mit einer Impfbehandlung (Förderung der Keimbildung) die kugelförmige Ausbildung des Graphits einstellen zu können.

Durch die so erzielte kugelartige Ausbildung des Graphits zeichnet sich der Werkstoff GJS gegenüber dem Gusseisen mit Lamellengraphit (GJL), das nicht mit Magnesium behandelt wird, durch eine generell höhere Festigkeit bei gleichzeitig höherer Dehnung aus. Im Vergleich dazu bedingt die lamellenförmige Graphitausbildung beim GJL eine bessere Dämpfung (wichtig im Motorenbau) und höhere Wärmeleitfähigkeit (wichtig bei Bremsscheiben). Bei dem modernsten Werkstoff unter den Gusseisenqualitäten, dem GJV, wird durch eine wurmartige Graphitstruktur versucht, die Vorteile des GJS und des GJL in einem Werkstoff zu vereinigen.

Die Hauptanwendung des GJV (Tabelle 1) [Deike 2014] liegt im Antriebsbereich von Nutzfahrzeugen (Zylinderköpfe bzw. Zylinderkurbelgehäuse), aber auch im zunehmenden Maß im Antriebsbereich von Personenkraftwagen (Zylinderkurbelgehäuse).

Tabelle 2: Eigenschaften unterschiedlicher Gusseisenwerkstoffe (Quelle: Deike, Uni Duisburg-Essen)

Werkstoffe	Zugfestigkeit Rm in [MPa]	Bruchdehnung A in [%]	Elastizitätsmodul E in [kN/mm²]	Wärmeleitfähigkeit λ in [W/mK]
(GJL)	140 – 450	0,8 – 0,3	78 – 143	50,0 – 43,5
(GJV)	300 – 575	1,5 – 0,5	140 – 185	45,0 – 35,0
(GJS)	300 – 900	22 – 2,0	169 – 176	36,2 – 31,1

Im Falle des Nutzfahrzeug-Zylinderkopfes kommt aufgrund der Kombination von thermischer und mechanischer Belastung die Zwischenstellung des GJV am wirkungsvollsten zum Tragen, da in diesem Bereich sowohl gute mechanische Eigenschaften als auch eine annehmbare Wärmeleitfähigkeit gefordert werden. Im Zuge der Gewichtsreduktion in der gesamten PKW- und Nutzfahrzeugindustrie wird zukünftig mit dem verstärkten Einsatz von GJV-Produkten zu rechnen sein, da sie ein hohes Potenzial für Wanddicken- und somit auch Gewichtsreduktionen bieten, sodass selbst Leichtbauwerkstoffe wie Aluminium oder Magnesium in diesem Bereich substituiert werden können.

Ein besonderes Merkmal der Herstellung von GJV und GJS ist die Tatsache, dass durch eine Magnesiumbehandlung die Schwefelgehalte auf < 0,02 % (im Vergleich zu ca. 0,1 % beim GJL) gesenkt werden müssen, da ansonsten nicht die gewünschten Graphitausbildungen beim GJV und GJS erreicht werden können. Weltweit werden Magnesiumbehandlungen in der Gießereiindustrie zur Herstellung von GJS derzeit fast ausschließlich mit zwei unterschiedlichen Arten von Rohstoffen durchgeführt:

1. Vorlegierungen auf Basis von Eisen-Silicium-Magnesium (3 % – 7 % Mg)

Da Magnesium bei Behandlungstemperaturen des flüssigen Eisens von 1.500 °C sehr reaktiv ist, wird es in Eisen-Silicium-Legierungen mit unterschiedlichen Magnesiumgehalten (nach Wünschen der Kunden) legiert, um durch den Verdünnungseffekt den Reaktionsablauf in gewissen Grenzen kontrollieren zu können. Diese FeSiMg-Legierungen werden mit zahlreichen Abwandlungen in einer Pfanne mit dem Gusseisen überschüttet oder über einen Fülldraht in die Schmelze eingespult.

2. Reinmagnesium

Für Gießereien, die von der Größenordnung her mehr als 40.000 t/a an GJS produzieren, kann sich unter Kostengesichtspunkten die Magnesiumbehandlung nach dem Georg-Fischer-Verfahren (GF) lohnen. Bei dem GF-Verfahren wird mit Reinmagnesium entschwefelt, wobei dass Reinmagnesium in stückiger Form in einen Konverter gegeben wird. Diese Konverterbehandlung muss in speziell verschließbaren Kammern mit entsprechender Absaugung der Reaktionsgase erfolgen.

Magnesium, das zur Entschwefelung benutzt wird, liegt anschließend in einer ausgeprägt dissipativen Verteilung, überwiegend als Magnesiumoxid (MgO) vor, das durch Folgereaktionen des Magnesiumsulfids (MgS) mit dem Luftsauerstoff entstanden ist. Das in der Schlacke vorliegende MgO ist durch eine sehr hohe negative Standardbildungsenthalpie gekennzeichnet, sodass ein erheblicher Energieaufwand zur Reduktion des MgO notwendig wäre. Diese Tatsache in Kombination mit der dissipativen Verteilung ist der Grund dafür, dass das Magnesium unter diesen Bedingungen wirtschaftlich nicht mehr zurückgewonnen werden kann.

Bei einer derartigen Verwendung des Magnesiums kann eine Verbesserung der Rohstoffeffizienz und eine Verringerung des Versorgungsrisikos nur bedeuten, dass im Rahmen einer nachhaltigen Substitutionsstrategie versucht werden muss, Magnesium durch andere Elemente, unter Umständen in Kombination mit einer veränderten Verfahrenstechnik, zu ersetzen.

2. VORGEHENSWEISE

Durch dieses Vorhaben soll es zukünftig möglich sein, Magnesium durch die Anwendung kalkbasierter Mischungen in Kombination mit einer neuen Technologie bei gleicher Funktionalität der Entschwefelung zu substituieren.

Die Innovation des Verfahrens beruht auf der Entwicklung einer kalkbasierten Mischung zur Entschwefelung von Gusseisenschmelzen in der Gießereiindustrie. Kalkbasierte Mischungen werden auch in der Stahlindustrie eingesetzt, allerdings sind in einer Gießerei die folgenden extrem unterschiedlichen Rahmenbedingungen zu beachten:

- In einer Gießerei werden im Gegensatz zu einem Stahlwerk deutlich kleinere Pfannen (1 – 10 t / 150 – 350 t) benutzt, die dazu führen, dass die Schmelzen schneller auskühlen und somit nur begrenzte Reaktionsräume und Reaktionszeiten zur Verfügung stehen.
- In einer Gießerei wird im Gegensatz zu einem Stahlwerk die Entschwefelung kurz vor dem Abgießen der Schmelze in die Form durchgeführt, sodass keine großen Korrekturen mehr durchgeführt werden können. In diesem Zusammenhang muss gewährleistet sein, dass sich die bildende Schlacke gut von der Schmelze trennen lässt.

Dieses Vorhaben wurde in einer strategischen Partnerschaft zwischen Wissenschaft und Wirtschaft entlang der gesamten Wertschöpfungskette durchgeführt, da sowohl grundsätzliche wissenschaftliche als auch technische Fragestellungen untersucht werden mussten. Die Entschwefelung von Gusseisenschmelzen in der Gießerei zur Herstellung von GJV oder GJS ist eine Behandlung der Schmelze, die in einer definierten Zeit (< 10 min) und in einem definierten Temperaturbereich stattfinden muss. Damit eine vergleichbare Funktionalität gewährleistet ist, mussten eine hohe Reaktivität des Kalks in dem neuen Prozess realisiert und dafür folgende Aspekte berücksichtigt werden:
- Die Reaktivität des Kalks wird durch die Brennbedingungen bestimmt, Weich- und Hartbranntkalk zeichnen sich z. B. durch unterschiedliche Kristallitgrößen und Porenvolumina aus.
- Die Art und Weise der Zugabe muss gewährleisten, dass das Entschwefelungsmittel in der zur Verfügung stehenden Zeit die Schmelze entschwefelt.

Darüber hinaus waren aber im Rahmen einer Gesamtbetrachtung dieser neuen innovativen Technologie zur Erhöhung der Ressourceneffizienz auch die folgenden Fragestellungen zu berücksichtigen:
- Wie wirken sich die kalkhaltigen Schlacken auf die Standzeit der Feuerfestausmauerung der Pfannen aus?
- In welchen Mengen und Zusammensetzungen fallen die Entschwefelungsschlacken an und wie können sie entsorgt werden?
- Wie stark kühlen sich die Schmelzen durch die Entschwefelungsbehandlung ab?

In diesem Vorhaben hat der Kalkproduzent (Fels-Werke GmbH), vor dem Hintergrund seiner Erfahrungen aus der jahrzehntelangen Herstellung von Kalk, in einem kontinuierlichen Entwicklungsprozess optimierte Kalkmischungen für die Entschwefelung in der Gießereiindustrie hergestellt.

Diese verschiedenen Mischungen wurden durch das Institut für Technologien der Metalle der Universität Duisburg-Essen intensiv unter Labor-, Technikums- und letztendlich Betriebsbedingungen (Bild 2) untersucht.

In gemeinsamer Abstimmung mit der Fels-Werke GmbH und nach zwischenzeitlich erfolgten Optimierungen wurden Mischungen für den betrieblichen Einsatz identifiziert.

Der betriebliche Transfer des neuen Verfahrens in die Fritz Winter Eisengießerei GmbH & Co. KG wurde von der Fa. OCC GmbH federführend begleitet, da die OCC GmbH in der Gießereiindustrie über ein spezielles Know-how in der Regelungs- und Steuerungstechnik gießereitechnischer Prozesse verfügt.

Die Fritz Winter Eisengießerei GmbH & Co. KG, eine der weltgrößten Gießereien, stellte ihre Betriebsanlagen zur Verfügung und führte die betrieblichen Versuche und die damit einhergehenden Untersuchungen (chemische und metallographische Untersuchungen, Zugversuche etc.) durch.

 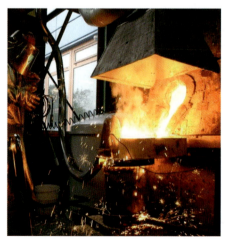 

Bild 2: Entschwefelungsversuche unter Labor- (a), Technikums- (b) und Betriebsbedingungen (c)
(Fotos: Kahrl, Brümmer, Uni Duisburg-Essen)

3. ERGEBNISSE UND DISKUSSION

Im Rahmen von Labor- und Technikumsversuchen wurde eine Vielzahl von kalkbasierten Entschwefelungsmitteln an einem selbst entwickelten Versuchsaufbau getestet, der die Erprobung von Kalkmischungen im Labormaßstab erlaubt. Besondere Aufmerksamkeit wurde hierbei einem geeigneten Verfahren zur Probennahme gewidmet, das die schnelle und reproduzierbare Analyse der Schwefelgehalte aus dem Metallbad erlaubt, ohne die Reaktionen zwischen Schmelze und Entschwefelungsmittel zu unterbrechen. Durch die Analysen der Schmelzen in 5 min Abständen konnten somit die Entschwefelungsverläufe exakt gemessen, dokumentiert und ausgewertet werden. Zusätzlich wurden die einzelnen Versuche in entsprechenden Videosequenzen dokumentiert.

Die Ergebnisse der Labor- und Technikumsversuche zeigen im Wesentlichen die folgenden Ergebnisse:
– Die Entschwefelung erfolgt nach der Aufgabe des Entschwefelungsmittels sehr schnell und kommt dann zum Stillstand [Deike 2015] bis die nächste Charge an Entschwefelungsmittel aufgegeben wird. Aus dieser Tatsache ist zu entnehmen, dass eine gleichmäßige und kontinuierliche Zuführung des Entschwefelungsmittels in optimierten Mengen sehr wichtig ist.
– Entschwefelungsmittel mit einer sehr feinen Körnung (< 100 µm) können unter Umständen einen geringeren Entschwefelungseffekt aufweisen als Entschwefelungsmittel mit einer gröberen Körnung (2 – 6 mm).
– Abstichtemperaturen oberhalb von 1.500 °C haben nicht unbedingt ein besseres Entschwefelungsergebnis zur Folge.
– An der Grenzfläche zwischen einem CaO-Korn und einer Gusseisenschmelze bilden sich Calciumsilkatphasen aus, die von Calciumsulfidschichten (Bild 3) umhüllt sein können.
– Mit Entschwefelungsmitteln ohne Magnesium auf Basis von CaO können Schwefelgehalte sehr schnell reduziert werden (Bild 4).

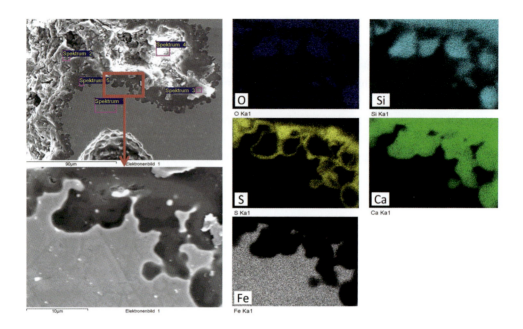

Bild 3: Elementmapping einer Reaktionsgrenzschicht zwischen CaO und einer Gusseisenschmelze

(Fotos: Brümmer, Uni Duisburg-Essen)

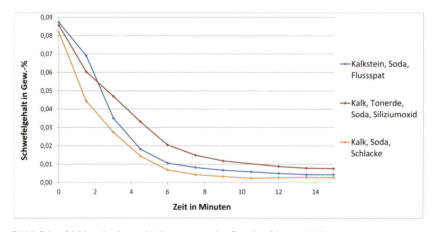

Bild 4: Schwefelabbau durch verschiedene untersuchte Entschwefelungsmittel

(Ein fehlender Wert in der dunkelroten Kurve basiert auf einer fehlerhaften Probe.)

Mit diesen Erkenntnissen aus den Labor- und Technikumsversuchen wurde eine ausgewählte kalkbasierte Mischung in einen Fülldraht verpackt und in einem Betriebsversuch über die Drahteinspulanlage der Firma Fritz Winter Eisengießerei GmbH & Co. KG der Gusseisenschmelze zugegeben.

Aus den Gefügebildern und den Zugfestigkeiten in Bild 5 ist ersichtlich, dass in den Versuchen 1, 2 und 4 hochfester GJS mit Kalk, Soda, Flussspat mit einer Zugfestigkeit von 736 MPa hergestellt werden konnte. Aus den beiden rechten Teilbildern (Pfanne 4) ist ersichtlich, dass ohne Probleme ausgehend von einem lamellaren Ausgangsgefüge ein Gusseisen mit Kugelgraphit hergestellt werden konnte. In dem mit Pfanne 3 bezeichneten Versuch wurde ein Calcium/Eisen-Draht der Schmelze zugegeben, der aber wider Erwarten nicht den gewünschten Entschwefelungserfolg gezeigt hat.

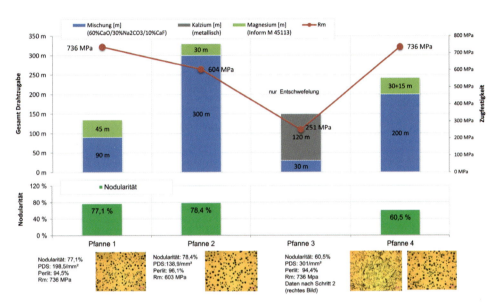

Bild 5: Gefügebilder und Zugfestigkeiten (Rm) von GJS-Proben nach unterschiedlichen Zugabemengen kalkbasierter Entschwefelungsmittel mittels eines Drahteinspulverfahrens (Quelle: Baumgart, OCC GmbH)

Die überzeugendsten Ergebnisse konnten in einem weiteren industriellen Versuch durch das Einblasen einer Entschwefelungsmischung in die flüssige Schmelze erzielt werden. Hierbei übertrafen sowohl die Ausbringung und die damit erreichten Schwefelendgehalte von unter 40 ppm als auch die überaus kurze Behandlungsdauer die Erwartungen bei Weitem.

Die industriellen Versuche (Bild 5) haben gezeigt, dass nach der Entschwefelung mit der Kalk-Soda-Flussspat-Mischung noch kleine Mengen an Magnesium (keimbildende Wirkung) nachgespult werden mussten, um das gewünschte Gefüge einstellen zu können. Diese kleine Menge ist möglicherweise bei allen kalkbasierten Mischungen notwendig, was allerdings noch weiter zu untersuchen ist, da das Magnesium bei der Bildung von Keimen [Deike et al. 2014a, Hag 2015] für die Graphitkristallisation vermutlich eine wichtige Rolle spielt.

4. AUSBLICK

Die Ergebnisse des Vorhabens SubMag zeigen, dass Magnesium als Entschwefelungsmittel durch ein neuartiges Entschwefelungsverfahren auf Basis von Kalkmischungen prinzipiell substituiert werden kann. Dies ist zudem mit geringeren Kosten und darüber hinaus auch unter der Verwendung von derzeit zu deponierenden Schlacken aus der Stahlindustrie und Abfallstoffen aus der chemischen Industrie möglich.

Durch die Vernetzung des r³-Vorhabens SubMag mit dem r³-Vorhaben CaF_2 konnte festgestellt werden, dass der in den kalkbasierten Mischungen enthaltene Flussspat (CaF_2) über Schlacken aus dem Elektroschlackeumschmelzverfahren, die derzeit deponiert werden müssen, oder über Rückstände aus der chemischen Industrie ersetzt werden kann. Flussspat gehört nach der Definition der EU [EC 2014] ebenfalls zu den strategischen Rohstoffen, für die ein Versorgungsrisiko identifiziert wurde. Durch die Verwendung der Schlacken aus dem Elektroschlackeumschmelzverfahren können somit die natürlichen Flussspatressourcen geschont und gleichzeitig die zu deponierenden Schlackenmengen verringert werden.

Moderne Gießereien, insbesondere auf den Großserienguss spezialisierte Gießereien für die Automobilindustrie, sind in die Lieferketten der Kunden eingebunden, sodass Verfahrensänderungen nur dann – auch bei noch so großen technisch-ökonomischen Potenzialen – möglich sind, wenn der gesicherte Produktionsablauf in keiner Weise gefährdet ist.

Vor diesem Hintergrund wäre ein weiteres Forschungsprojekt zu empfehlen, dass sich dem Einblasen von kalkbasierten Mischungen widmet, sodass am Ende eine großtechnische Umsetzung im Produktionsablauf einer modernen Großseriengießerei realisiert werden kann.

Da die Entschwefelung mit kalkbasierten Mischungen mit der Entstehung nicht unerheblicher Abgasmengen verbunden ist, müssen entsprechende Absaugeinrichtungen konstruiert werden, die vom Prinzip her aber schon mit größeren Abgasmengen in der Stahlindustrie existieren. Des Weiteren sind die Einblasparameter entsprechend der eingesetzten Anlagentechnik zu optimieren. In diesem Zusammenhang ist es ebenfalls wichtig, den Prozess so zu optimieren, dass die Abkühlung der Schmelze durch das Einblasen der Mischungen in einem zu tolerierenden Bereich erfolgt.

Durch die Verwendung der kalkbasierten Mischungen entstehen größere Schlackenmengen als bei der Verwendung von Eisen-Silicium-Magnesium(FeSiMg)-Legierungen, die nach der Behandlung von der Oberfläche der Schmelze entfernt werden müssen. Die Schlackenkonsistenz wird zum einen durch die Zusammensetzungen der Mischungen und zum anderen durch die eingeblasene Menge an Entschwefelungsmittel bestimmt. Die Schlacken müssen so konditioniert werden, dass sie sich gut und vollständig entfernen lassen.

Da je nach verwendeter Schlacke die Schlacken Calciumfluorid (CaF_2) in entsprechenden Bindungen mit anderen Schlackenkomponenten enthalten können, müssen die Schlacken in Hinblick auf die Schlackeentsorgung sehr detailliert untersucht werden.

In der Eisengussindustrie sind Pfannen aufgrund häufiger Temperaturwechsel mit sauren Feuerfestmassen auf der Basis von SiO_2 ausgekleidet. Im Kontakt mit kalkhaltigen Schlacken geht die Standzeit durch entsprechende Reaktion zwischen CaO und SiO_2 drastisch zurück. Um diese Reaktionen zu vermeiden, müssen die Pfannen für eine Entschwefelung mit kalkbasierten Mischungen mit anderen Feuerfestmassen ausgekleidet werden. Hier sollten entsprechende Feuerfestsysteme untersucht und identifiziert werden, die einerseits eine adäquate Standzeit garantieren, aber auch für die häufigen Temperaturwechsel der Pfannen geeignet sind.

Mit dem hier entwickelten, neuartigen Verfahren zur Substitution von Magnesium bei der Entschwefelung von Gusseisen würde bei einer Implementierung in einen kontinuierlichen Produktionsprozess einer Großseriengießerei eine innovative und effiziente Technologie zur Ressourcennutzung existieren, da kritische Rohstoffe nicht mehr in dissipativen Strukturen verwendet werden. Die bei der Realisierung zu erwartenden Kosteneinsparpotenziale und die damit ebenfalls verbundene Versorgungssicherheit würden darüber hinaus der deutschen Gießereiindustrie Wettbewerbsvorteile verschaffen und ihr helfen, eine Spitzenposition im internationalen Wettbewerb zu verteidigen.

Liste der Ansprechpartner aller Vorhabenspartner
Rüdiger Deike Universität Duisburg-Essen (UDE), Friedrich-Ebert-Straße 12, 47119 Duisburg, ruediger.deike@uni-due.de, Tel.: +49 203 379-3455
Aron Brümmer Universität Duisburg-Essen (UDE), Friedrich-Ebert-Straße 12, 47119 Duisburg, aron.brümmer@uni-due.de, Tel.: +49 203 379-4256
Andreas Kahrl Universität Duisburg-Essen (UDE), Friedrich-Ebert-Straße 12, 47119 Duisburg, andreas.kahrl@uni-due.de, Tel.: +49 203 379-3451
Bartosz Smaha Universität Duisburg-Essen (UDE), Friedrich-Ebert-Straße 12, 47119 Duisburg, bartosz.smaha@uni-due.de, Tel.: +49 203 379-3648
Marc Walz Fritz Winter Eisengiesserei GmbH & Co. KG, Albert-Schweitzer Straße 15, 35260 Stadtallendorf, Marc.Walz@fritzwinter.de, Tel.: +49 6428 78-840
Robert Hentsch Fritz Winter Eisengiesserei GmbH & Co.KG, Albert-Schweitzer Straße 15, 35260 Stadtallendorf, Robert.Hentsch@fritzwinter.de, Tel.: +49 6428 78-6282
Wolfgang Baumgart Heraeus Electro-Nite GmbH & Co. KG, vormals OCC GmbH, Eickener Straße 111, 41063 Mönchengladbach, Wolfgang.Baumgart@occ-web.com, Tel.: +49 2161 948869-0
Ulf Boenkendorf Fels-Werke GmbH, Kalkwerk Kaltes Tal, Kaltes Tal 1a, 38875 Elbingerode, Ulf_Boenkendorf@fels.de, Tel.: +49 39454 58-249

Veröffentlichungen des Verbundvorhabens

[Deike et al. 2013] Deike, R.; Brümmer, A.: r³-Kick-off-Konferenz, r³-SubMag – „Entwicklung eines alternativen Entschwefelungsverfahrens in der Gießereiindustrie". Vortrag, r³-Kick-off, Freiberg 17./18.04.2013

[Deike et al. 2014] Deike, R.; Brümmer, A.; Smaha, B.; Kahrl, A.: r³-Verbundprojekt „SubMag". Vortrag, URBAN MINING Kongress & r³-Statusseminar, „Strategische Metalle. Innovative Ressourcentechnologien, Essen 11./12.06.2014

[Deike et al. 2014a] Deike, R.; Smaha, B.; Maqbool, S.: What is magnesium really doing in ductile iron production, Vortrag. 54th International Foundry Conference, Portorož, 19.09.2014

[Deike et al. 2014b] Deike, R.; Smaha, B.; Maqbool, S.; Reschke, C.: Was macht das Mg bei der Magnesium-Behandlung? Vortrag, Barbarafeier Universität Duisburg-Essen, Duisburg, 28.11.2014

[Deike et al. 2015] Deike, R.; Brümmer, A.; Smaha, B.; Kahrl, A.: Vortrag, r³-Abschlusskonferenz, „Die Zukunftsstadt als Rohstoffquelle – Urban Mining", Bonn 15./16.09.2015

Quellen

[EC 2014] Report on Critical Raw Materials for the EU. Report of the Ad hoc Working Group on defining critical raw materials. Online verfügbar unter http://ec.europa.eu/DocsRoom/documents/10010/attachments/1/translations/en/renditions/native, zuletzt geprüft am 21.09.2015

[WC 2015] 49th Census of World Casting Production. Modern Casting, p. 26, December 2015

[Deike 2013] Deike, R.: Global raw material markets developments affecting iron foundries. Casting Plant & Technology, 3, pp. 36 – 41, 2013

[Deike 2014] Deike, R.: Eisenbasis Gusswerkstoffe. In: Bührig-Polaczek, A.; Michaeli, W.; Spur, G. (Hrsg.): Handbuch Urformen, Edition Handbuch der Fertigungstechnik, HANSER Verlag, München 2014

[Deike 2007] Deike, R.; Dings, J.: Die Produktion von hochwertigem Gießereiroheisen aus eisenhaltigen oxidischen Reststoffen. Giesserei 94, Nr. 6, S. 198 – 205, 2007

[Hag 2015] Hagemann, U.; Smaha, B.; Maqbool, S.; Deike, R.: Nodular graphite in ductile iron, a scanning auger microscopy study. Postersession, 16th European Conference on Applications of Surface and interface Analysis, Grenada (Spain), 28.09.– 01.10.2015

13. ATR – Aufschluss, Trennung und Rückgewinnung von ressourcenrelevanten Metallen aus Rückständen thermischer Prozesse mit innovativen Verfahren

Olaf Holm, Franz-Georg Simon (Bundesanstalt für Materialforschung und -prüfung, Berlin), Stefan Lübben (Stadtreinigung Hamburg), Claus Gronholz (TARTECH eco industries AG)

Projektlaufzeit: 01.07.2012 bis 30.06.2015 Förderkennzeichen: 033R086

ZUSAMMENFASSUNG

Tabelle 1: Zielwertstoffe

Zielwertstoffe im r³-Projekt ATR			
Al	Cu	Pb	Zn

Ziel des Vorhabens war die Steigerung der Rückgewinnung von Metallen aus Aschen und Schlacken, insbesondere aus Hausmüllverbrennungsaschen (HMVA), durch Aufschluss aus den mineralischen Verbunden. Durch das innovative Prallzerkleinerungsverfahren des Projektpartners TARTECH eco industries AG sollten Verunreinigungen an den Metallen vollständig abgeschlagen werden. Für die großtechnische Demonstration dieses Verfahrens wurden durch die Projektpartner Stadtreinigung Hamburg (SRH) und Berliner Stadtreinigung (BSR) unterschiedliche Chargen HMVA, insgesamt ca. 5.000 Mg, zur Verfügung gestellt. Das zerkleinerte und von Eisen- und Nichteisen-Metallen entfrachtete Material mit vorwiegend oxidisch gebundenen Metallen wurde für weitere Verfahren verwendet. Zur Rückgewinnung von Kupfer wurden an der Bundesanstalt für Materialforschung und -prüfung (BAM) Verfahren zur Flotation und Dichtesortierung und bei der Spicon GmbH Verfahren zur enzymatischen Extraktion erforscht. An der Ludwig-Maximilians-Universität (LMU) wurde die hydrothermale Extraktion von Blei und Zink sowie deren Rückfällung untersucht.

Mit Blick auf die weitgehende Verwertung separierter Stoffströme wurde zum einen untersucht, ob die mineralische Fraktion nach einer derartigen Behandlung noch zur Verwertung bei der Deponiesanierung einsetzbar ist. Zum anderen wurde eine aus HMVA gewonnene Aluminiumfraktion (< 3 mm) beim Projektpartner Helmholtz-Zentrum für Material- und Küstenforschung GmbH (HZG) zur Synthese von Wasserstoffspeichermaterialien eingesetzt.

Mit Blick auf einen möglichen Technologietransfer für das innovative Prallzerkleinerungsverfahren wurden seitens des Projektpartners Universität Duisburg-Essen (UDE) geeignete Schlacken aus der Stahl-, Edelstahl- und NE-Metallindustrie ermittelt. Zudem wurden beim Projektpartner Fraunhofer-Institut für Umwelt-, Sicherheits- und Energietechnik UM-

SICHT Reststoffe aus WEEE-Recyclingprozessen verbrannt und in Teilen der großtechnisch umgesetzten Anlage aufbereitet.

Die Arbeiten im Rahmen des Verbundprojektes haben gezeigt, dass mit innovativen Technologien die NE-Rückgewinnungsquoten aus HMVA gegenüber Anlagen, die nach dem Stand der Technik arbeiten, deutlich erhöht werden können. Vor allem die Metalle Aluminium, Kupfer sowie Legierungselemente aus Messing konnten vermehrt zurückgewonnen werden. Die Anreicherung von weiteren wertvollen Metallen in separierten Stoffströmen aus der Fraktion < 2 mm wurde im Rahmen des Projektes nicht systematisch untersucht, wurde jedoch durch die Abnehmer der gewonnenen Konzentrate bestätigt. Der Anteil dieser Fraktion < 2 mm wird zwar bereits in der Alpha-Linie deutlich erhöht, eine Verwertung im Deponiebau auf der Deponie Schöneicher Plan ist jedoch weiterhin möglich.

1. EINLEITUNG

Siedlungs- und Gewerbeabfälle, welche in die thermische Abfallbehandlung gelangen, enthalten das vollständige Spektrum anthropogen genutzter Stoffe und Materialien. Durch eine getrennte Sammlung und Behandlung werden zwar erhebliche Mengen an Wertstoffen vor dem Verbrennungsprozess abgeschöpft und in den Wirtschaftskreislauf zurückgeführt, dennoch gelangen volkswirtschaftlich relevante Mengen von Metallen in den Restabfall und somit in die thermische Abfallbehandlung. Diese Metalle werden bisher nur teilweise nach dem Verbrennungsprozess zurückgewonnen.

Bei Verbrennungsprozessen entstehen verschiedene feste und gasförmige Rückstände. Flugaschen und andere Rückstände aus der Rauchgasreinigung werden meist untertage entsorgt. Die größte Rückstandsfraktion bildet die HMVA. Unter HMVA wird im Allgemeinen der Verbrennungsrückstand verstanden, der bei der Feuerung nicht über die Abluft, sondern in der Regel durch ein Rost nach unten aus dem Verbrennungsraum ausgetragen wird. Vielfach wird daher auch der Begriff Rostasche verwendet. Aus 1.000 kg Siedlungsabfall entstehen etwa 250 kg HMVA. Da in Deutschland jährlich etwa 20 Mio. Mg Siedlungsabfälle verbrannt werden, fallen folglich rund 5 Mio. Mg HMVA an. HMVA enthält weit weniger Problem- und Störstoffe als die Flugaschen und die Rückstände aus der Rauchgasreinigung. Sie enthält zudem Metalle in elementarer Form und hat sehr gute bautechnische Eigenschaften. Aber auch sie kann nicht ohne weiteres als Ersatzbaustoff genutzt werden.

Frische HMVA ist ein inhomogenes Stoffgemisch mit metallischen und mineralischen Anteilen sowie sogenannten Durchläufermaterialien wie Steine, Glas, Keramik und einem kleinen Anteil Restorganik. Der Metallanteil beträgt etwa 10 Ma.-%, wobei ein Großteil auf magnetische Eisenmetalle (Fe-Metalle) entfällt. Ein kleinerer, nichtmagnetischer Anteil (NE-Metalle) besteht vornehmlich aus den Metallen Aluminium und Kupfer sowie Legierungen wie Messing und Edelstahl. Über 80 Ma.-% der HMVA ist mineralisches Material, das etwa in gleichen Teilen aus Asche und Schlacke, also glasigen oder kristallinen Schmelzprodukten besteht. Daher werden sie häufig auch als HMV-Schlacken bezeichnet.

HMVA wird in Deutschland fast ausschließlich nass, z. B. über ein Wasserbad, aus der Müllverbrennungsanlage (MVA) ausgetragen. Der mineralische Anteil besteht in der Hauptsache aus den Oxiden von Silicium, Aluminium sowie den Oxiden und Carbonaten der Erdalkalimetalle Calcium und Magnesium. Der Gehalt an Erdalkalioxiden prägt das chemische Verhalten von HMVA im Kontakt mit Wasser. Calcium- und Magnesiumoxid werden von Wasser zu den entsprechenden Hydroxiden gelöscht. Es stellt sich ein pH-Wert von über 12 ein. Diese hohen pH-Werte führen zur Oxidation unedler Metalle. Aluminium setzt dabei Wasserstoff frei. Zudem gehen abhängig vom pH-Wert unterschiedliche Schwermetalle in Lösung und können ausgewaschen werden.

Aus diesen Gründen wird in technischen Regelwerken zur stofflichen Verwertung von mineralischen Reststoffen gefordert, dass HMVA aufbereitet und abgelagert werden muss, bevor sie einer Verwertung zugeführt werden. Konkretisiert wird die Ablagerung z. B. in den Technischen Lieferbedingungen für Gesteinskörnungen im Straßenbau, wonach die Ablagerung nass zu erfolgen hat und mindestens drei Monate umfassen soll. Da fast ein Drittel der HMVA im Straßenbau eingesetzt wird, hat sich dieser Prozessschritt als Stand der Technik etabliert.

Ziel der Lagerung ist es, Alterungsprozesse im Vorfeld der Verwertung ablaufen zu lassen. Die resultierende chemische und physikalische Stabilisierung der HMVA sichert unter anderem deren Raumbeständigkeit und damit die Stabilität oder Beschaffenheit der Bauwerke. So wird beispielsweise bei den resultierenden pH-Werten kein Wasserstoff mehr aus der Oxidation von Aluminium freigesetzt, der hohe Drücke und schließlich Risse in Bauwerken verursachen könnte. Zudem werden Schadstoffe teilweise immobilisiert bzw. deren Auswaschung gemindert. Durch Prozesse wie Carbonatisierung, Hydratbildung und Oxidation werden aber nicht nur Schadstoffe, sondern auch wertvolle Rohstoffe (vor allem Metalle) beeinflusst. Im Wesentlichen entstehen auf nahezu allen Partikeloberflächen mineralische Verkrustungen, die teilweise zusammenwachsen, die HMVA insgesamt verfestigen und so die Metallrückgewinnung erschweren.

Zur Steigerung der Rückgewinnung von Metallen aus HMVA wurden in der Projektlaufzeit bei den Aufbereitern von HMVA in Deutschland große Anstrengungen unternommen. So wurden z. B. immer mehr Sieblinien mit kleineren Kornbandbreiten eingesetzt, um die Effizienz von Sortierverfahren, vor allem die der Wirbelstromscheidung, zu steigern. Um die Metalle diesen und anderen Prozessschritten zugänglich zu machen, wurden die Aufbereitungsverfahren auf unterschiedliche Art und Weise umgestellt. Vielfach sollen, wie bei dem

Projektpartner TARTECH, Metalle mittels mechanischer Beanspruchung von den mineralischen Anhaftungen befreit werden. Ein anderer Weg ist die möglichst schnelle Aufbereitung nach der Verbrennung, um der Bildung von mineralischen Anhaftungen und der Verfestigung der HMVA zuvorzukommen. Laut einer Befragung deutscher Aufbereiter von HMVA aus dem Jahr 2014 werden nach dem Stand der Technik derzeit im Durchschnitt 7,7 Ma.-% Fe-Metalle mit 5 Magnetscheidern und 1,3 Ma.-% NE-Metalle mit 5 Wirbelstromscheidern zurückgewonnen [Kuchta et al. 2015].

Durch die Implementierung oben genannter zusätzlicher Prozessschritte zur Verbesserung der Metallausbeute bei der Aufbereitung von HMVA erhöht sich der Feinanteil der verbliebenen mineralischen Fraktionen zum Teil erheblich. Bereits ohne diese Aufbereitungsschritte besteht HMVA zu rund 25 Ma.-% aus Körnern unter 4 mm. Der Anteil der Fraktion < 0,25 mm hat immer noch rund 10 Ma.-%. In Anlagen, die nach dem Stand der Technik operieren, wird der Feinkornanteil im Allgemeinen nicht zur Metallrückgewinnung aufbereitet. Im Laufe der Projektzeit hat sich die durchschnittliche Untergrenze der NE-Metallrückgewinnung von etwa 4 auf 2 mm verringert [Kuchta et al. 2015]. Allerdings zielen alle in der Praxis realisierten Verfahren lediglich auf die Rückgewinnung gediegener Metalle ab. In der Feinfraktion von HMVA befinden sich allerdings auch relevante Anteile Metalle in chemisch gebundener Form. Die Verfahren im Verbundprojekt ATR adressieren sowohl die ungenutzten Potenziale der Rückgewinnung chemisch gebundener Metalle als auch die der Rückgewinnung gediegener Metalle aus der Feinfraktion < 2 mm.

2. VORGEHENSWEISE

Ziel des Vorhabens war die Steigerung der Rückgewinnung von Metallen aus Aschen und Schlacken durch Aufschluss aus den mineralischen Verbunden. Durch ein innovatives Prallzerkleinerungsverfahren des Projektpartners TARTECH sollten die Verunreinigungen an den metallischen Anteilen praktisch vollständig abgeschlagen werden. Diese Technologie wurde im Rahmen des Projektes so verfeinert und angepasst, dass auf diese Weise Partikel > 2 mm in einer großtechnisch operierenden Anlage (Alpha-Linie, Durchsatzleistung ca. 100 Mg/h) aufbereitet werden können. Für die Fraktion 0 – 2 mm wurde zudem eine weitergehende, mehrstufige Aufbereitungsanlage entwickelt und errichtet (Beta-Linie, bis zu 8 Mg/h).

Für die Leistungsbeschreibung dieser Anlagenteile wurde im Rahmen des Projektes HMVA aus mehreren Hamburger MVA zu verschiedenen Jahreszeiten jeweils direkt nach der Verbrennung geliefert, gealtert und später aufbereitet. Teilweise waren diese Chargen bereits mit vorhandener Technik vorbehandelt, also teilberaubt. So sollten Wechselwirkungen zwischen Maßnahmen der Getrennthaltung von Abfall, der HMVA-Aufbereitung und der Wiederfindungsrate von strategischen Metallen für HMVA aus Hamburg ermittelt werden. Stellvertretend für Aschen aus Monodeponien wurde untersucht, ob von der BSR seit 2009 auf der Deponie Schöneicher Plan eingelagerte HMVA ausgebaut und die darin noch enthaltenen Metalle mit der innovativen Technik der TARTECH-Anlage separiert werden können.

Weitergehende Aufbereitung der Feinfraktion unter Berücksichtigung chemisch gebundener Metalle

Das zerkleinerte und von Fe- und NE-Metallen entfrachtete Material mit vorwiegend oxidisch gebundenen Metallen sollte für weitere Prozessschritte verwendet werden. Durch Flotation und Dichtesortierung gewonnene Kupferkonzentrate könnten als Rohstoff für die Kupfermetallurgie eingesetzt werden. Entsprechende Verfahrensansätze wurden bei der BAM entwickelt und getestet. Andere gebundene Metalle wie Zink und Blei aus der Feinstfraktion könnten hydrothermal extrahiert, als Carbonate wieder ausgefällt und der Verhüttung zugeführt werden (Arbeiten an der LMU). Durch SpiCon wurde zudem die biogene Extraktion von Kupfer und später Zink durch Ganzzellverfahren untersucht. Dafür wurden Mikroorganismen eingesetzt, die speziell dafür geeignete Enzyme bilden können. So sollte unter Berücksichtigung der Anlagenentwicklung bei TARTECH ein mehrstufiges Aufschluss-, Trennungs- und Rückgewinnungsverfahren entstehen, um die in HMVA enthaltenen Wertmetalle weitestgehend nutzbar zu machen.

Verwertung der Restmineralik und feiner Aluminiumfraktionen

Mit Blick auf die Verwertung separierter Stoffströme wurde zum einen untersucht, ob die mineralische Fraktion nach einer derartigen Behandlung noch zur Verwertung bei der Deponiesanierung einsetzbar ist. Fraglich waren hier die verbliebene Gasdurchlässigkeit und die Einhaltung hiesiger Zuordnungswerte. Zum anderen ist bekannt, dass sich Aluminium in Korngrößen < 3 mm nicht für eine direkte Verwertung durch Einschmelzen eignet (zu hoher Anteil an Al_2O_3). Daher wurde beim Projektpartner HZG die Synthese von Wasserstoffspeichermaterialien mit Aluminiumfraktionen aus o. g. Verfahren im Labormaßstab untersucht und die Möglichkeit der Synthese von Wasserstoff anhand einer Literaturrecherche überprüft.

Weitere Anwendungsgebiete der TARTECH-Technologie abseits von HMVA

Schlacken aus der Metallurgie enthalten ebenfalls Einschlüsse elementarer Metalle in Form kleinster Tröpfchen, die nicht mit klassischen mechanischen Trennverfahren vom mineralischen Anteil getrennt werden können. Projektpartner UDE ermittelte daher geeignete Schlacken aus der Stahl-, Edelstahl- und NE-Metallindustrie, die sich für eine Prallzerkleinerung mit der TARTECH-Technologie anbieten. Insbesondere Schlacken aus der Edelstahl- und NE-Metallindustrie enthalten wertvolle Metalle wie z. B. Nickel und Kupfer.

Beim Projektpartner Fraunhofer UMSICHT wurden zudem Verbrennungsversuche mit Resten aus Recyclingverfahren für Elektro- und Elektronikschrott (WEEE-Abfall) durchgeführt und in der Beta-Linie aufbereitet. Diese Untersuchungen sollten als Grundlage für die Bewertung einer Mitverbrennung von im Hausmüll enthaltenen Elektrokleingeräten dienen.

Bilanzierung, Quantifizierung und Bewertung
Sämtliche Projektschritte und -ergebnisse werden durch eine übergeordnete Nachhaltigkeitsbetrachtung bewertet. Von besonderer Bedeutung ist dabei das Ressourceneffizienzpotenzial, welches sowohl für die im Projekt aufzubauenden Anlagen als auch für verschiedene Szenarien der Marktentwicklung dargestellt wird. Darüber hinaus werden nach der Methodik der Multikriterienanalyse weitere ökologische, ökonomische und soziale Kriterien in die Bewertung einbezogen. Hierzu werden verschiedene Indikatoren definiert, welche die Auswirkungen auf die Nachhaltigkeitsaspekte hinreichend charakterisieren. Als ökologische Indikatoren bieten sich beispielsweise Treibhauspotenzial (GWP in CO_2-Äquivalenten) und Energieverbrauch an.

Das Teilprojekt bei UMSICHT wurde kostenneutral verlängert. Für eine detaillierte Bewertung wird daher auf den noch ausstehenden, finalen Schlussbericht verwiesen.

3. ERGEBNISSE UND DISKUSSION

Die Technologieerprobung wurde in einer neu errichteten Anlage in Wiesbaden durchgeführt. Die dort errichtete TARTECH-Anlage (siehe Bild 1) besteht im Wesentlichen aus zwei Anlagenteilen (Alpha- und Beta-Linie). Die Alpha-Linie wurde entwickelt, um aus Rückständen thermischer Prozesse Metalle > 2 mm zurückzugewinnen. Die innovative Beta-Linie ergänzt diesen Ansatz für die Aufbereitung von Rückständen < 2 mm und ermöglicht zudem die Anreicherung von in diesen Korngrößen vorhandenen strategischen Metallen.

Im Verbundprojekt wurde in der Alpha-Linie erstmals mit einer Ausbaustufe des sog. TAR-Prozessors (Hochgeschwindigkeits-Rotations-Beschleuniger, siehe Bild 2 links) gearbeitet. Mit dieser Ausbaustufe konnten die Aufprallgeschwindigkeiten in der Rotorkammer von zuvor max. 300 km/h auf > 650 km/h gesteigert werden.

Bild 1: Ansicht der Aufbereitungsanlage für Hausmüllverbrennungsaschen (HMVA) in Wiesbaden: Alpha-Linie im Hintergrund, Beta-Linie (weiß) im Vordergrund (Quelle: TARTECH AG Gronholz)

Bild 2: Im Rahmen des Projektes (weiter-)entwickelte TAR-Prozessoren (Hochgeschwindigkeits-Rotations-Beschleuniger) zum Prallaufschluss von HMVA: Alpha-Linie (links) und Beta-Linie (rechts) (Quellen: BAM, Holm (links), SRH, Lübben (rechts)

Die SRH stellte für die Untersuchungen ca. 4.300 Mg HMVA in sieben verschiedenen Qualitäten zur Verfügung. Aus 3.480 Mg frischer HMVA unterschiedlicher Chargen wurden insgesamt 62,64 Mg NE-Metalle zurückgewonnen. Dabei sind die VA-Metalle (Chrom-Nickel-Stähle) nicht berücksichtigt. Der Verschmutzungsgrad lag bei max. 15 Ma.-%. Unter der Berücksichtigung dieses sogenannten Schuttabzugs und der VA-Metalle ergibt sich eine Rückgewinnungsquote von 1,80 Ma.-% für die reinen NE-Metalle. Zudem wurden bereits in SRH-Anlagen fertig aufbereitete HMVA-Chargen nachbehandelt. Aus 348,60 Mg HMVA der MVA Borsigstraße konnten noch 1,24 Ma.-% und aus 506,0 Mg HMVA der MVA Rugenberger Damm noch 1,27 Ma.-% reine NE-Metalle zurückgewonnen werden. Auch aus der ebenfalls bereits konventionell aufbereiteten und bereits abgelagerten HMVA (534,38 Mg) der BSR konnten relevante Mengen NE-Metalle (0,95 Ma.-%) separiert werden. Aufgrund oben genannter Verfestigungsreaktionen konnten die enthaltenen Metalle jedoch nicht mit dem gleichen Reinheitsgrad abgeschieden werden wie aus frischer HMVA.

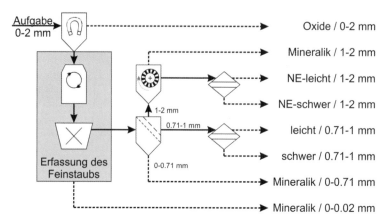

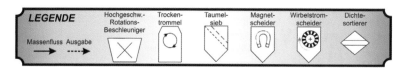

Bild 3: Verfahrensfließschema der Beta-Linie zur Aufbereitung von HMVA-Fraktionen < 2 mm (Quelle: BAM, Holm)

Mit der innovativen Beta-Linie wurde im Rahmen des Verbundvorhabens 4.487 Mg HMVA aufbereitet. Die Aufbereitung erfolgte je nach Witterung in unterschiedlichen Chargen. Aus dem Inputstoffstrom 0 – 2 mm HMVA wurden zwischen 1,58 und 1,70 Ma.-% NE-Metalle zurückgewonnen. Der Anteil dieser Inputfraktion 0 – 2 mm aus der Aufbereitung in der Alpha-Linie schwankte zwischen 48,0 und 50,5 Ma.-%. Unter Berücksichtigung der Schuttabzüge konnten somit insgesamt (Alpha- und Beta-Linie) im Mittel 2,61 Ma.-% reine NE-Metalle aus der HMVA der SRH zurückgewonnen werden. Das entspricht gegenüber dem Stand der Technik (s. o.) einer Verdopplung der Ausbeute an NE-Metallen.

Weitergehende Aufbereitung der Feinfraktion unter Berücksichtigung chemisch gebundener Metalle

Ein im Vorfeld bekanntes Problem bei der Flotation von HMVA ist, dass die Metalle und Metallverbindungen nicht frei vorliegen. Doch auch künstlich zugegebene Kupferkomponenten ließen sich nicht zurückflotieren. Dass die Chemikalien grundsätzlich geeignet waren, konnte in den Versuchen mit einer Hallimond-Röhre gezeigt werden, doch die Milieubedingungen, die durch die Suspension von HMVA in der Trübe entstehen, sind derart ungünstig, dass weitergehende Untersuchungen nicht zielführend waren. Die komplexen Eigenschaften von HMVA führten auch dazu, dass die Abhängigkeiten der hydrothermalen

Extraktion von Blei und Zink unter unterschiedlichen pH-Wert-Bedingungen und unter Verwendung verschiedener Säuren mittels Modellierungen nur eingeschränkt erklärbar sind. Anhand der Dichtesortierung mittels Zentrifugalsortierer hingegen konnte Kupfer gut aufkonzentriert werden. Besonders die Teilfraktion 0 – 710 µm aus der Beta-Linie (siehe Bild 3) erwies sich als gutes Ausgangsmaterial für die Zentrifugalsortierung. Bei Anreicherungsfaktoren zwischen 25 und 90 konnten aus dieser Fraktion unter verschiedenen Milieubedingungen jeweils rund 40 % des enthaltenen Kupfers in das Konzentrat überführt werden. Die biogene, enzymatisch kontrollierte Extraktion von Metallen (vor allem von Kupfer) aus HMVA wurde unter Laborbedingungen erfolgreich durchgeführt.

Verwertung der Restmineralik und feiner Aluminiumfraktionen
Die chemische Untersuchung der Eluate der verbliebenen mineralischen Fraktion nach der Aufbereitung in der Alpha-Linie ergab, dass die Zuordnungswerte der Deponieverordnung eingehalten wurden. Ausgehend von der Kornsummenkurve (ermittelt nach DIN 18 123) ist eine Verwertung dieser mineralischen Fraktion in der gasgängigen Trag- und Ausgleichsschicht der Deponie Schöneicher Plan möglich.

Die Oberflächen der Partikel der aus HMVA separierten Aluminiumfraktion waren mit einer Oxidschicht überzogen, die vornehmlich Silicium und Calcium enthielt. Dieses Aluminium wurde mit NaH unter einem Wasserstoffdruck von 100 bar gemahlen. Aus der Druck- und Temperaturentwicklung konnte die Bildung von $NaAlH_4$ abgeleitet und mittels Röntgendiffraktometrie-Messungen bestätigt werden. Weiterhin wurde mittels dynamischer Differenzkalorimetrie gezeigt, dass die Probe zuerst zu Na_3AlH_6 und erst später weiter zu $NaAlH_4$ reagierte. Die Synthese von Wasserstoff aus einer entsprechenden Aluminiumfraktion ist laut Literaturrecherche chemisch möglich.

Weitere Anwendungsgebiete der TARTECH-Technologie abseits von HMVA
Die Bestimmung des Metallinhaltes der untersuchten metallurgischen Schlacken wurde durch zerkleinernde Verfahren erreicht. Der Metallanteil der untersuchten Schlacken betrug ca. 25 Ma.-% Untersuchungen mit dem Rasterelektronenmikroskop ergaben, dass die Metallpartikel weitestgehend der Zusammensetzung der Schmelze entsprechen, aus der sie stammen. Zurückgewonnene Metalle könnten somit ohne die Gefahr von Kreuzkontamination durch unerwünschte Legierungselemente in Schmelzen ähnlicher Zusammensetzung recycelt werden.

4. AUSBLICK

Die Gewinnung elementarer Metalle aus HMVA hat gegenüber der Herstellung aus Primärrohstoffen deutliche Vorteile. In der Tabelle 2 werden kumulierter Energieaufwand (KEA) und kumulierter Exergieverbrauch (cumulative exergy consumption CExC) der Herstellung von Eisen (Fe), Kupfer (Cu) und Aluminium (Al) verglichen [Simon et al. 2014].

Die energetischen Vorteile von Metallen aus Sekundärproduktion wirken sich vorteilhaft in Ökobilanzen aus. Für den Prozess der HMVA-Aufbereitung resultieren aus der Abtrennung der elementaren Metalle Gutschriften für verschiedene Wirkungskategorien einer Ökobilanz. Die aufgeführten Gutschriften in der Tabelle 3 beziehen sich auf 18 kg elementare Metalle (88 % Fe, 1,4 % Cu und 11,6 % Al), einer Menge, die im Durchschnitt mit heutiger Technik aus 1 Mg Siedlungsabfall gewonnen werden kann. Diese sind den Umweltbelastungen durch die Verbrennung in einer MVA mit trockener Rauchgasreinigung gegenübergestellt [Verein Deutscher Ingenieure 2016]. Weitere Erlöse resultieren aus der Produktion von Strom und Wärme. Die Werte in Tabelle 3 gelten für eine MVA mit überwiegend Stromproduktion. Trotz der geringen Menge an Metallen im Vergleich zum mineralischen Anteil (rund 10 Ma.-% gegenüber > 80 Ma.-%) ist die Höhe der Gutschriften beachtlich. Im Prozess der thermischen Abfallbehandlung sind die Gutschriften für Strom- und Wärmeerzeugung jedoch höher (siehe Vergleichswerte in Tabelle 3).

Tabelle 2: Vergleich von KEA und CExC für die Primär- und Sekundärproduktion von Metallen [Simon et al. 2014, ergänzt]

	Primär	Sekundär	Differenz	Ref.
KEA [MJ/t]				
Fe	32000	10100	21900	[Alcorn et al. 1998]
Cu	*44214	30716	13498	[Verein Deutscher Ingenieure 2013]
Al	204050	15694	188356	[Verein Deutscher Ingenieure 2013]
CExC [MJ/t]				
Fe	**26690	22740	3950	[Szargut et al. 1987]
Cu	67000	***4450–20150	46850–62550	[Szargut et al. 1987], [Ayres et al. 2002]
Al	157300	9960	147340	[Koltun et al. 2006]

* unter Einsatz von 43 % Sekundärmaterial
** unter Einsatz von 15 % Sekundärmaterial
*** abhängig von der Schrottqualität, siehe [Ayres et al. 2002]

Tabelle 3: Gutschriften für die Abtrennung elementarer Metalle im Vergleich zu Gutschriften aus der Energieproduktion und Umweltbelastungen durch die Abfallverbrennung [Verein Deutscher Ingenieure 2016, ergänzt]

Einfluss der ...	GWP100 [kg CO_2 eq.]	AP [kg SO_2 eq.]	HTP [kg DCB eq.]	EP [kg PO4 eq.]
... Metallrückgewinnung aus der HMVA-Aufbereitung	-62,5	-0,37	-2,49	-0,08
... Strom- und Wärmeerzeugung aus der Abfallverbrennung	-358,7	-0,57	-5,97	-0,19
... Verbrennung	349,8	0,36	15,9	0,06

Abkürzungen: GWP global warming potential, AP acidification potential, HTP human toxicity potential,
DCB 1,4-Dichlorbenzol, EP euthrophication potential

Als Wirkungskategorie für die Ausbeutung natürlicher Ressourcen wurde der Parameter ADP (abiotic resource depletion potential, Knappheitsverhältnis bezogen auf die Referenzressource Antimon) mit der Einheit kg Sb-eq./kg Metall bzw. Mineral entwickelt. Tabelle 4 zeigt die Charakterisierungsfaktoren für die Zielwertstoffe für den Parameter ADP (bezogen auf ökonomisch nutzbare Reserven) [van Oers et al. 2002].

Tabelle 4: Charakterisierungsfaktoren für den Parameter ADP für die Metalle Fe, Cu, Al, Zn und Pb (Antimon und Gold zum Vergleich) [van Oers et al. 2002]

	Sb	Fe	Cu	Al	Pb	Zn	Au
ADP [kg Sb eq./kg Metall]	1	$3,64 \times 10^{-6}$	$3,94 \times 10^{-3}$	$2,14 \times 10^{-5}$	$2,67 \times 10^{-2}$	$8,05 \times 10^{-3}$	39,9

Die erhöhte Metallausbeute durch die verbesserte HMVA-Aufbereitung hat daher deutliche ökologische Vorteile. Diese beruhen im Wesentlichen auf der Energieeinsparung im Vergleich zur Metallproduktion aus Erzen und damit verbunden dem Treibhauspotenzial (Eisen hat hier wegen der Menge den größten Anteil [Simon et al. 2016]) und der Schonung natürlicher Ressourcen (hier vor allem Kupfer).

Laut TARTECH hat die Alpha-Linie einen TRL (technology readiness level) von 9 erreicht und wird daher als marktreif und großtechnisch einsetzbar eingeschätzt. Weltweit laufen demnach derzeit 5 vergleichbare Anlagen. Die im Rahmen des Projektes realisierte Beta-Linie zur Aufbereitung des Stoffstromes < 2 mm wird als Prototyp mit dem TRL 6 angesehen. Aufgrund der guten Ergebnisse soll dieser Anlagenteil in Hamburg großtechnisch umgesetzt werden. Für diesen Schritt wurde ein Antrag für die BMBF-Fördermaßnahme r+

Impuls (www.bmbf.de/foerderungen/bekanntmachung-961.html) eingereicht. Angestrebt ist im Rahmen des beantragten Projektes einen TRL von 8 zu erreichen.

Zusätzlich zur erwarteten Steigerung der NE-Rückgewinnungsquoten konnte ein positiver Einfluss des Prallzerkleinerungsverfahrens auf die Granulometrie der Mineralik festgestellt werden, was in eine gezielte Herstellung mineralischer Baustoffe mit bestimmten bauphysikalischen und chemischen Eigenschaften münden könnte. Die sich abzeichnenden Veränderungen rechtlicher Vorgaben (Mantelverordnung derzeit im 3. Arbeitsentwurf, darin: Einführung einer ErsatzbaustoffV und Novellierungen der DepV, BBodSchV und GrwV) lassen erwarten, dass sich der Absatz von HMVA in die konventionellen Wege verändern wird. Bereits heutzutage ist es problematisch, die aus der HMVA erzeugten mineralischen Fraktionen am Markt zu platzieren, sie werden wieder zunehmend deponiert. Physikalische und chemische Verfahren und Verfahrenskombinationen zur Rückgewinnung verschiedener Rohstoffe aus HMVA sind daher weiterzuentwickeln, um den künftigen Ansprüchen gerecht zu werden. Aktuelle Marktentwicklungen fokussieren allerdings hauptsächlich auf die Erhöhung der NE-Metallausbeute, in deren Folge sich der bisher nicht verwertbare, mineralische Feinanteil erhöht. Neben der Rohstoffverwertung der gröberen mineralischen Fraktionen (z. B. für den Straßenbau oder die Beton- und Asphaltindustrie) rückt damit auch die mineralische Feinfraktion (z. B. für die Zementklinkerproduktion) in den Vordergrund. In einem ebenfalls vom BMBF geförderten Folgeprojekt (OPTIMIN, Fördermaßnahme KMU-Innovativ, www.optimin.de) sind zukünftige Rohstoffabnehmer anhand von Eignungsprüfungen direkt beteiligt. Die Trocken- und Nassaufbereitung mineralischer Rückstände bis hin zum großtechnischen Einsatz in bestehenden Anlagen berücksichtigt dabei die gesamte Breite der mineralischen Fraktionen. Nicht verwertbare Anteile sollen minimiert und definierte mineralische Rohstoffe zur Substitution von Primärrohstoffen bereitgestellt werden.

Liste der Ansprechpartner aller Vorhabenspartner

Olaf Holm Bundesanstalt für Materialforschung und -prüfung (BAM), Unter den Eichen 87, 12205 Berlin, olaf.holm@bam.de, Tel.: +49 30 8104-1433

Claus Gronholz TARTECH eco industries AG, Unter den Linden 32 – 34, 10117 Berlin, cgronholz@tartech.com, Tel.: +49 30 2067159-0

Peter Degener Fraunhofer-Institut für Umwelt-, Sicherheits- und Energietechnik UMSICHT, An der Maxhütte 1, 92237 Sulzbach-Rosenberg, peter.degener@umsicht.fraunhofer.de, Tel.: +49 9661 908-431

José Bellosta von Colbe Helmholtz-Zentrum für Material- und Küstenforschung GmbH (HZG), jose.bellostavoncolbe@hzg.de, Tel.: +49 4152 872554

Stefan Lübben Stadtreinigung Hamburg (SRH), Bullerdeich 19, 20537 Hamburg, s.luebben@srhh.de, Tel.: +49 40 2576-1071

Tjado Auhagen Berliner Stadtreinigung (BSR), Ringbahnstraße 96, 12103 Berlin, tjado.auhagen@bsr.de, Tel.: +49 30 7592-5139

Thorsten Spirgarth SpiCon GmbH, Weinmeisterhornweg 48, 13593 Berlin, spirgarth@spicon.eu, Tel.: +49 30 679648-14

Rüdiger Deike Universität Duisburg-Essen (UDE), Friedrich-Ebert-Straße 12, 47119 Duisburg, ruediger.deike@uni-due.de, Tel.: +49 203 379-3455

Amanda Günther Ludwig-Maximilians Universität (LMU), Theresienstraße 41, 80333 München, guenther@min.uni-muenchen.de, Tel.: +49 89 2180-4276

Veröffentlichungen des Verbundvorhabens

[Bergemann 2014] Bergemann, N.; Pistidda, C.; Milanese, C.; Girella, A.; Hansen, B. R. S.; Wurr, J.; Bellosta von Colbe, J. M.; Jepsen, J.; Jensen, T. R.; Marini, A.; Klassen, T.; Dornheim, M.: $NaAlH_4$ production from waste aluminum by reactive ball milling (2014). Int. Journal Hydrogen Energy, 39(18): 9877 – 9882

[Deike 2013] Deike, R.; Ebert, D.; Schubert, D.; Ulum, R.; Warnecke, R.; Vogell, M.: Reste in Schlacke und Asche – Beim Recycling von Metallen aus den Rückständen der Abfallverbrennung kommt es auf die Reinheit der Fraktionen an (2013). ReSource, 26(3): 24 – 30

[Enzner 2014a] Enzner, V.; Kuchta, K.: Metallrückgewinnung aus Hausmüllverbrennungsschlacken. Poster und Beitrag zum Tagungsband: 3. Symposium Rohstoffeffizienz und Rohstoffinnovationen. 05.+06.02.2014. Nürnberg

[Enzner 2014b] Enzner, V.; Ritzkowski, M.; Kuchta, K.: Metals in bottom ash landfills – resource potential and recovery options. Crete 2014. Beitrag zum Tagungsband: 4th International Conference – Industrial and Hazardous Waste Management. 02.–05.09.2014. Chania, Crete, Greece

[Günther 2013] Günther, A.; Beck, A.; Fehr, K. T.: Hydrothermal recovery of Zn and Pb from MSWI bottom ashes and APC Residues (2013). Beitrag zum Tagungsband: 3rd International Solvothermal and Hydrothermal Association Conference. 13.–17.01.2013. Austin, Texas, USA

[Günther 2014a] Günther, A.; Fehr, K. T.; John, M.: Hydrothermale Extraktion von MVA Rückständen (2014). Beitrag zum Tagungsband: DepoTech 2014. 04.–07.11.2014. Leoben, Österreich

[Günther 2014b] Günther, A.; Fehr, K. T.: Hydrothermal solution of heavy metals from MSWI fly ashes (2014). Beitrag zum Tagungsband: 4th International Solvothermal and Hydrothermal Association Conference. 26.–29.10.2014. Bordeaux, France

[Günther 2014c] Günther, A.; Fehr, K. T.; Hochleitner, R.: Hydrothermal Solution of Heavy Metals from MSWI Residues (2014). Beitrag zum Tagungsband: 92. DMG-Jahrestagung. 21.–24.09.2014, Jena

[Holm 2014] Holm, O.: Recovery of copper from small grain sizes of municipal solid waste incineration bottom ash by means of density separation (2014). Beitrag zum Tagungsband: SUM 2014 – 2nd Symposium on Urban Mining. 19.–21.05.2014. Bergamo

[Holm 2015] Holm, O.: Innovative treatment trains of bottom ash (BA) from municipal solid waste incineration (MSWI) in Germany (2015). Beitrag zum Tagungsband: SARDINIA 2015 – 15th International Waste Management and Landfill Symposium. 05. – 09.10.2015. Margherita di Pula, Cagliari, Italy

[Kuchta 2014] Kuchta, K.: Schlackeaufbereitung zur Separierung von Metallen und Seltenen Erden (2014). Beitrag zum Tagungsband: Deponietechnik 2014. 21.+22.01.2014, Hamburg.

[Lübben 2015] Lübben, S.: Verwertung von Abfallverbrennungsasche als Zuschlagstoff in der Beton-, Asphalt- und Zementindustrie (2015). Beitrag zum Tagungsband: Berliner Konferenz – Mineralische Nebenprodukte und Abfälle – Aschen, Schlacken, Stäube und Baurestmassen. 04.+05.05.2015, Berlin.

[Simon 2013a] Simon, F. G.; Holm O.: Recovery of metals from waste, an example for the resource cycle (2013). Beitrag zum Tagungsband: World Resources Forum, Shaping the Future of Natural Resources. 06.–09.10.2013. Davos, Switzerland.

[Simon 2013b] Simon, F. G.; Holm, O.: Rostasche – Durch Aufschluss, Trennung und Rückgewinnung von Metallen aus Rückständen thermischer Prozesse kann die Metallausbeute erhöht werden (2013). ReSource, 26(3): 31 – 37.

[Simon 2013c] Simon, F. G.; Holm, O.: Aufschluss, Trennung, Rückgewinnung von Metallen aus Rückständen thermischer Prozesse – Verdopplung der Metallausbeute aus MVA-Rostasche (2013). Beitrag zum Tagungsband: Berliner Schlackenkonferenz – Aschen, Schlacken, Stäube aus Abfallverbrennung und Metallurgie. 23.+24.09.2013. Berlin.

[Simon 2015] Simon, F. G.; Holm, O.: Recovery of metals from waste, an example for the resource cycle, Natural resources, Sustainable targets, technologies, lifestyles and governance (2015). C. Ludwig, C. Matasci and X. Edelmann. Villigen PSI, CH, Paul Scherrer Institut, 289 – 293.

[Simon 2016a] Simon, F. G.; Holm, O.: Exergetic considerations on the recovery of metals from waste (2016). International Journal of Exergy, 19(3): 352 – 363.

[Simon 2016b] Simon, F. G.; Holm, O.: Reduction of natural resource use by improving resource efficiency (2016). Universal Journal of Material Science, 4(3): 54 – 59.

Quellen

[Alcorn et al. 1998] Alcorn, A.; Wood, P.: New Zealand Building Materials Embodied Energy Coefficients Database (1998). Centre of Building Performance Research, Volume II – Coefficients, Wellington, NZ

[Ayres et al. 2002] Ayres, R. U., Ayres, L. W.; Råde, I.: The Life Cycle of Copper, its Co-Products and By-Products (2002). International Institute for Environment and Development, Report of the Mining, Minerals and Sustainable Development Project (MMSD), No. 24

[Koltun et al. 2006] Koltun, P.; Tharumarajah, A.: Measuring the Eco-value of a Product Based on Exergy Analysis (2006). 5th Australian Conference on LCA, Melbourne, Australia, Australian Life Cycle Assessment Society

[Kuchta et al. 2015] Kuchta, K.; Enzner, V.: Metallrückgewinnung aus Rostaschen aus Abfallverbrennungsanlagen – Bewertung der Ressourceneffizienz (2015). Report für die Entsorgungsgemeinschaft der deutschen Entsorgungswirtschaft e. V. – EdDE, Hamburg 2015

[Simon et al. 2014] Simon, F. G.; Hiebel, M.: Bewertung von Abfallbehandlungsverfahren: Entscheidungsunterstützung durch die neue VDI-Richtlinie 3925 (2014). Chemie Ingenieur Technik 86(11), 1954 – 1964

[Simon et al. 2016] Simon, F. G.; Holm, O.: Exergetic Considerations on the Recovery of Metals from Waste (2016). International Journal of Exergy, in press

[Szargut et al. 1987] Szargut, J.; Morris, D. R.: Cumulative Exergy Consumption and Cumulative Degree of Perfection of Chemical Processes (1987). Energy Research 11, 245 – 261

[van Oers et al. 2002] van Oers, L., de Koning, A., Guinee, J. B.; Huppes, G.: Abiotic resource depletion in LCA, Improving characterisation factors for abiotic resource depletion as recommended in the new Dutch LCA Handbook (2002). Road and Hydraulic Engineering Institute

[Verein Deutscher Ingenieure 2013] Verein Deutscher Ingenieure: Cumulative energy demand (CED) – Examples (2013), VDI Richtlinie, VDI 4600, Part 1

[Verein Deutscher Ingenieure 2016] Verein Deutscher Ingenieure: Methoden zur Bewertung von Abfallbehandlungsanlagen – Beispielrechnungen (2016). VDI Richtlinie (Gründruck), VDI 3925, Blatt 2

14. Kraftwerksasche – Abfall oder potenzielle Ressource – Untersuchung von möglichen Optionen zur Metallrückgewinnung und Verwertung

René Kermer, Susan Reichel, Franz Glombitza, Eberhard Janneck (G.E.O.S., Halsbrücke), Sabrina Hedrich (BGR, Hannover), Sören Bellenberg, Wolfgang Sand (Universität Duisburg-Essen), Beate Brett, Daniel Schrader, Martin Bertau, Gerhard Heide (TU Freiberg), Petra Schönherr, Wolfram Palitzsch (Loser Chemie, Zwickau), Martin Köpcke, Lars Weitkämper, Herrmann Wotruba (RWTH Aachen), Karsten Siewert, Horst-Michael Ludwig (Universität Weimar), Nils Günther (Nickelhütte Aue), Roswitha Partusch (Vattenfall Europe Mining, Cottbus), Axel Schippers (BGR, Hannover)

Projektlaufzeit: 01.11.2012 bis 31.10.2015   Förderkennzeichen: 033R099
(Partner mit kostenneutraler Verlängerung: bis 31.12.2015, 31.01.2016 bzw. 29.02.2016)

ZUSAMMENFASSUNG

Tabelle 1: Zielwertstoffe

Zielwertstoffe im r³-Projekt Kraftwerksasche					
Al	Ca	Fe	Mg	Si	NE-Metalle / Spurenelemente

Aschen aus Braunkohlen stellen eine potenzielle Quelle industriell benötigter Rohstoffe dar. Sie enthalten strategische Metalle, Metalloide sowie Spurenelemente und Seltene Erden Elemente (SEE). Die Ziele des Projektes Kraftwerksasche beinhalteten die Recherche von für eine Verwertung verfügbaren Aschemengen in Deutschland, die Bewertung des Wertstoffpotenzials der verfügbaren Aschen sowie die Entwicklung eines Verfahrens, um Wertstoffe aus Braunkohlenaschen effizient zu gewinnen und die Aschen dabei möglichst ganzheitlich zu verwerten.

Im ersten Teil des Projektes wurde eine Bestandsaufnahme zur Ermittlung des Wertstoffpotenzials von Braunkohlenaschen durchgeführt. Diese zeigte auf, dass in Deutschland die größten Aschemengen für eine potenzielle Verwertung im Lausitzer Revier verfügbar sind und dort somit das höchste Wertstoffpotenzial vorliegt. Als Hauptprobe diente daher eine stabilisierte Braunkohlenasche („Stabilisat"), die dem Landschaftsbauwerk „Spreyer Höhe", Lausitz, entnommen wurde. Daneben wurden auch Filteraschen und Aschen aus anderen Revieren untersucht. Zur Abtrennung und Extraktion von Wertstoffen aus den Aschen wurden mechanische und thermische Aufbereitungstechnologien sowie chemisch-biotechnologische Laugungsansätze angewendet. Versuche zur mechanischen Aschevorbehandlung zeigten, dass eine Wertstoffanreicherung aus der Asche mithilfe verschiedener Sortierungs- und Trennmethoden prinzipiell möglich ist. Jedoch konnte für die produzierten Aschefraktionen nur eine sehr geringe Ausbeute erzielt werden. Thermische Ansätze zur Aschevorbehandlung erbrachten eine Vielzahl von Mineralphasenumwandlungen im Vergleich zur Ausgangsasche, die die späteren Laugungsversuche positiv beeinflussten. Durch chemische Extraktionsansätze wie Aufschlussversuche mit überkritischem CO_2 (sc-CO_2) und Mineralsäure-Laugungsversuche mit HCl_{aq} wurde ein hohes Metallausbringen für die Metalle Al, Ca, Fe und Mg erzielt. Die Behandlung der thermisch vorbehandelten Asche erbrachte hierbei etwas höhere Werte gegenüber Versuchen mit unbehandelter Asche. Weiterhin wurden biologische Laugungsversuche unter Benutzung von acidophilen Fe-/S-oxidierenden oder Fe-reduzierenden Mikroorganismen (MO) sowie heterotrophen MO durchgeführt. Die Ergebnisse zeigten, dass eine ähnlich hohe Metallextraktion wie bei den chemischen Ansätzen für eine Reihe von Elementen wie z. B. Al, Ca, Fe, Mg, Mn, V, Zn und Zr sowie für einige SEE erzielt wurde. Zum Teil konnte auch eine gewisse Spezifität des Metallausbringens beobachtet werden. Anhand von Experimenten zur Verwertung der unbehandelten Asche sowie von Aschefraktionen und Asche-Laugungsrückständen wurden zwei prinzipielle Verwertungsrouten identifiziert: 1) die Teilsubstitution des Originalausgangsstoffes durch unbehandelte Stabilisat-Asche und Aschefraktionen bei der Herstellung von Al-Fe-Lösungen, die zur Wasserbehandlung eingesetzt werden können und 2) die Nutzung unbehandelter Stabilisat-Asche oder von Laugungsrückständen als Rohmehlkomponente bei der Portlandzementklinker-Herstellung oder als reaktiver Zusatzstoff bei der Zement-, Beton- und Mörtelherstellung (mit der Einschränkung einer geringeren puzzolanischen Aktivität als z. B. bei Steinkohlenflugaschen).

I. EINLEITUNG

Aschen sind in der Vergangenheit in großen Mengen bei den Verbrennungsprozessen zur Wärme- und Energiegewinnung angefallen. Sie entstehen heute noch bei der Energieerzeugung aus Gas, Öl und Kohle. Die Gewinnung von Metallen aus Kraftwerksaschen wird deshalb seit Jahrzehnten intensiv diskutiert. Dabei stand typischerweise die Gewinnung von Aluminiumoxid, Eisenoxid und Titandioxid aus den Aschen im Vordergrund [Bohdan 1986]. Angesichts des im vergangenen Jahrhundert noch unzureichend ausgeprägten Bewusstseins in Bezug auf einen nachhaltigen Umgang mit Ressourcen wurde die technische Ascheverwertung zwar immer wieder diskutiert, blieb aber stets ein Gebiet, dem mangelnde Wirtschaftlichkeit attestiert wurde. Bereits 1981 wurde festgestellt, dass die Verwertung von Kraftwerksaschen noch nicht hinreichend wirtschaftlich war, dass aber die Verwertung der Aschen auf lange Sicht alternativlos wäre [Calzonetti und Elmes 1981].

Während die Aschen von Öl, Heizöl und Raffinerierückständen mit ihren hohen Vanadium-, Eisen- und Nickelkonzentrationen heute bereits verwertet werden [Hopf et al. 2006, Meawad et al. 2010], werden die in den Aschen der Braun- und Steinkohlen enthaltenen Metalle und Spurenelemente stofflich nicht genutzt. Das lag in der Vergangenheit vorrangig an den sehr niedrigen Rohstoffpreisen, ungeeigneten Aufarbeitungstechnologien und der geschilderten

Unwirtschaftlichkeit. Einen Überblick über die Arbeiten zur Elementgewinnung aus Kohleaschen (vor allem Ge, Ga, Be, Mo) findet sich in [Smirnova 1977, Münch 1996]. Ebenso wurde intensiv versucht, Eisen aus den Flugaschen zu gewinnen. Diese Arbeiten sind bis zur großtechnischen Prüfung geführt worden, eine Überführung in die Produktion ist aber aus analogen Gründen nicht erfolgt [Münch 1996, Zenger 1991]. Im Gegensatz dazu wurde in einer Studie das hohe Wirtschaftlichkeitspotenzial einer Metallrückgewinnung aus Flugaschen aufgezeigt [Gilliam et al. 1982], indem konsequent alle Wertkomponenten betrachtet wurden, so wie dies heute üblich ist. Obwohl die vorgeschlagene Technologie aufgrund von zu vielen Prozessstufen den Nachteil einer zu hohen Komplexität hatte, hebt sie dennoch das hohe wirtschaftliche Potenzial hervor.

Aufgrund des gestiegenen Interesses an Spurenmetallen in den letzten Jahren rückte die Metallgewinnung aus Aschen wieder mehr in den Vordergrund. Obwohl die Gewinnbarkeit von Metallen aus Aschen angesichts ihrer geringen Gehalte unterschiedlich bewertet wird, gibt es Hinweise, dass diese unter Laborbedingungen prinzipiell lösbar ist [Fytianos et al. 1998, Llorens et al. 2001, Okada et al. 2007]. Für die Übertragung auf den technischen Maßstab erweisen sich aber hohe Säureeinsätze, die Anwendung kostenintensiver Laugungsreagenzien sowie eine hohe Anzahl von erforderlichen Prozessstufen als hinderlich.

Neben chemischen Ansätzen zur Metallrückgewinnung aus Aschen gab es auch biologische Ansätze unter Benutzung von Mikroorganismen (Biolaugung). Die bekanntesten Biolaugungs-Mikroorganismen sind acidophile Fe(II)- und S-oxidierende Arten, die die Umwandlung von unlöslichen Metallsulfiden in wasserlösliche Formen wie z. B. Metallsulfate, vermitteln [DECHEMA 2013, Schippers et al. 2014]. Biolaugung wurde auch für eine Reihe nicht-sulfidischer Minerale und Reststoffe untersucht wie z. B. Material aus Bergbauhalden, industrielle Reststoffe wie Schlämme, Schlacken und Aschen sowie Elektronikschrott. Klassischerweise wurden hierfür autotrophe acidophile Bakterien (z. B. *Acidithiobacillus ferrooxidans*) sowie heterotrophe Bakterien und Pilze eingesetzt [Lee und Pandey 2012, Glombitza et al. 2014]. In einer Reihe von Studien mit acidophilen Fe(II)- und S-oxidierenden Arten konnte im Labor- und teilweise auch im Pilotmaßstab die Anwendbarkeit der Biolaugung für die Rückgewinnung verschiedener Metalle und Spurenelemente aus Aschen gezeigt werden, wobei diese Versuche auf Aschen aus der Müllverbrennung begrenzt sind [Bosecker 1987, Brombacher et al. 1997, Brombacher et al. 1998, Krebs et al. 2001, Jain und Sharma 2004]. Neben der Biolaugung mit autotrophen Mikroorganismen sind silikatische, oxidische und carbonatische Erze mithilfe von heterotrophen Mikroorganismen unter Zugabe eines organischen Substrates laugbar [Schippers et al. 2014, Glombitza und Reichel 2014]. Die Biolaugung mit Heterotrophen wurde für Flugaschen und Schlacken aus Müllverbrennungsanlagen [Xu und Ting 2003, Bosshard et al. 1996] sowie für Flugaschen aus Braunkohlekraftwerken [Krejcik 2012, Singer et al. 1982, Torma und Singh 1993] untersucht.

Aufgrund einer fehlenden stofflichen Verwertung bestand die Nutzung der Braunkohleaschen in der Vergangenheit lediglich darin, 1) sie in Halden und Kippen bergbaulich zu verwerten (Rekultivierung), 2) sie in Tagebaurestlöchern zu verstürzen und zu verspülen, um sie als hydraulische Barrieren gegen aufsteigendes Grundwasser und als pH-Puffer für die Neutralisation des niedrigen pH-Wertes zu nutzen oder 3) sie als Zuschlagstoff bei Versatz im Bergbau zu nutzen [Pinka 1994, Blankenburg 1986, Strzodka 1986]. Weiterhin gab es bereits umfangreiche Untersuchungen zur Verwendung der Aschen in der Baustoffindustrie und im Bauwesen [TGL 26382 Bl4], die sich aufgrund schwankender Zusammensetzungen als problematisch erwiesen [Münch 1996, Tauber 1988].

Aschen aus Braunkohleverstromung fallen heutzutage nach wie vor an. In Deutschland werden ca. 25 % der Stromerzeugung durch Braunkohlekraftwerke gedeckt [AG Energiebilanzen e.V. 2015], wofür eine Menge von ca. 160 Mio. t Braunkohle pro Jahr verbraucht wird [DEBRIV 2014]. Bei einem Ascheanteil von ca. 10 % in der Kohle werden somit ca. 16 Mio. t Asche pro Jahr produziert. Bis 1990 wurden in den mitteldeutschen und Lausitzer Braunkohlenrevieren ca. 30–60 Mio. t Asche jährlich produziert (Förderung von ca. 300 Mio. t Braunkohle pro Jahr), die auf unterschiedlichste Weise in der Rekultivierung genutzt, als Zuschlagstoff verwertet oder deponiert worden sind. In diesen Aschen ist eine große Menge wirtschaftsstrategischer Metalle wie Al, Mg, Fe, Mn und Si sowie Spurenelemente und SEE gespeichert, wobei die Konzentrationen je nach Lagerstätte variieren. Während des Verbrennungsprozesses im Kraftwerk gehen die in der Braunkohle gebundenen Metalle entweder direkt in die Asche oder in das Rauchgas über, von welchem sie anschließend zusammen mit anderen Aschepartikeln durch verschiedene Reinigungsschritte abgetrennt werden (Elektrofilter, Rauchgasentschwefelungsanlage, REA). Später im Kraftwerksprozess wird durch Zusammenführung der REA-Waschlösung mit der produzierten Asche eine stabilisierte Asche, das sog. „Stabilisat", erzeugt [RWE Power AG 2016]. Auf diese Weise werden in Deutschland jährlich ca. 10 Mio. t Stabilisat produziert, das die so transferierten Metalle enthält.

Das Projekt Kraftwerksasche befasste sich mit diesem potenziellen Rohstoff. Das Projekt konzentrierte sich zum einen darauf, anhand der verfügbaren Mengen an Braunkohlenkraftwerksaschen in Deutschland und der darin vorkommenden Wertmetallgehalte das Wertstoffpotenzial der Ressource Kraftwerksasche zu bewerten. Das Hauptziel des Projektes war die Entwicklung eines Verfahrens zur effizienten Gewinnung von Wertstoffen aus Braunkohlenaschen in Verbindung mit einer möglichst ganzheitlichen Verwertung der Aschen.

2. VORGEHENSWEISE

Das Projekt gliederte sich in folgende Teilabschnitte: 1) Bewertung des Wertstoffpotenzials und Auswahl des Probenmaterials, 2) Untersuchung mechanischer und thermischer Vorbehandlungstechniken zur Herstellung von Aschekonzentraten bzw. zur Wertstoffanreicherung, 3) Test von chemisch-biotechnologischen Gewinnungs-/Laugungsverfahren zur Extraktion/Mobilisierung von Wertelementen, 4) Prüfung von industriellen Verwertungsoptionen (Baustoffindustrie, Wasserbehandlung) für die unbehandelte Stabilisat-Asche, hergestellte Fraktionen und Laugungsrückstände.

2.1 Ermittlung des Wertstoffpotenzials und Auswahl des Probenmaterials

Für die Recherche der verfügbaren Aschemengen wurden Daten von allen relevanten Revieren in Deutschland herangezogen (Rheinland, Mitteldeutschland, Lausitz und Helmstedt), welche sowohl jährlich produzierte als auch bereits abgelagerte Aschemengen beinhalteten, d. h. auch die für Rekultivierungsprozesse oder Landschaftsbau genutzten Aschen. In Kooperation mit Vattenfall Europe Mining wurden 2 t stabilisierte Asche (Stabilisat) von dem Landschaftsbauwerk (LSB) „Spreyer Höhe" im Lausitzer Revier in Sachsen als Probenmaterial genommen. Nach Homogenisierung erfolgte die Verteilung an alle Projektpartner. Elementanalysen des homogenisierten Probenmaterials wurden mittels RFA (Röntgenfluoreszenzanalyse) und ICP-MS (Inductively Coupled Plasma Mass Spectrometry) durchgeführt.

2.2 Mechanische Vorbehandlung

Die Asche (Stabilisat) wurde mechanisch vorbehandelt, um Konzentrate und Fraktionen mit spezifisch angereicherten Elementgehalten zu erzeugen. Die Versuche wurden mit klassiertem und mit zerkleinertem Material (< 500 µm) durchgeführt und umfassten die Methoden Dichtescheidung (Schüttelherd und Falcon-Zentrifuge), Magnetscheidung, Elektrostatikscheidung sowie Flotation. Die Tests wurden mit jeweils verschiedenen Partikelgrößenfraktionen und Versuchsparametern durchgeführt. Die Elementgehalte der generierten Fraktionen wurden mittels ICP-MS bestimmt.

2.3 Thermische Vorbehandlung

Das Ziel der thermischen Ascheaufbereitung war es, durch Rekristallisationsprozesse eine spezifische Metallanreicherung an den Partikeloberflächen zu erreichen. Hierzu wurde die Asche bei verschiedenen Temperaturen unterschiedlich lang (900 °C, 1.000 °C, 1.057 °C; 1 h, 4 h und 9 h) in Korundschalen in einem Muffelofen getempert. Nach Abkühlung erfolgte die Mineralphasenanalyse über XRD (Röntgenbeugung, X-ray diffraction) und REM (Rasterelektronenmikroskopie).

2.4 Chemische Laugung

Zur Untersuchung der Metallgewinnung aus der beprobten Asche wurden chemische Laugungstests mit überkritischem CO_2 (sc-CO_2), mit Mineralsäuren sowie durch Kombination beider Einzelmethoden durchgeführt. Die Versuche wurden jeweils mit 10 % (w/V) (Massenkonzentration, Masse der Asche bezogen auf Volumen des Laugungsansatzes) der unbehandelten oder einer thermisch vorbehandelten Asche (1.000 °C, 1 h) durchgeführt und beinhalteten verschiedene Testbedingungen (Temperatur, Zeit). Die Metallgehalte in der Laugungslösung wurden mittels AAS (Atomabsorptionsspektroskopie), die Laugungsrückstände mittels XRD analysiert.

2.5 Biolaugung

Biologische Laugungstests zur Metallgewinnung aus der Asche wurden zum einen mit Fe-/S-oxidierenden (verschiedene Temperaturoptima) sowie Fe-reduzierenden acidophilen chemolithoautotrophen Mikroorganismen (MO) durchgeführt. Zunächst wurden Schüttelkolbenversuche mit steigenden Aschezugaben (1 – 40 % (w/V)) bei entsprechender Temperatur und pH-Werten in Mineralmedium durchgeführt [Mackintosh 1978]. Es folgten aerobe und anaerobe Laugungsexperimente in 2-l-Rührreaktoren in Mineralsalzmedium [Wakeman et al. 2008] bei 30 °C, pH 2,0 und unter Zugabe von 1 % (w/V) Schwefel. Alle Versuche wurden mit 10 % (w/V) Asche und einer Verweilzeit von 28 d mit automatischer pH- und Temperatur-Regelung ausgeführt. Weiterhin erfolgten Tests mit dem heterotrophen Gluconsäure produzierenden Bakterienstamm *Acidomonas methanolica*. Die Versuche wurden nach Vorversuchen im Schüttelkolbenmaßstab in einem 7-l-Rührreaktor in destilliertem Wasser mit 165 g/l Glucose bei pH 3,6 und 30 °C durchgeführt [Iske et al. 1987]. Nach Erreichen von ~ 85 % Umsatz (Messung der gebildeten freien Gluconsäure) wurde Asche schrittweise bis zu 10 % (w/V) zugegeben und für weitere 8 d gelaugt. Außerdem wurde der Silikat solubilisierende heterotrophe Bakterienstamm *Bacillus circulans* für Laugungstests eingesetzt, die in N-freiem Medium bei pH 7,0 – 7,5 und 30 °C mit 20 g/l Glucose und 10 % (w/V) Asche in Schüttelkolben durchgeführt wurden. Halbkontinuierliche Biolaugungsexperimente erfolgten durch regelmäßigen Austausch der Laugungslösung (3 – 5 d) mit einer Gesamtverweilzeit von 47 d. Die Laugungsrückstände wurden mit 5 g/l EDTA behandelt. Batchversuche erfolgten analog, aber ohne Austausch der Lösungen mit 63 d Verweilzeit. Kontrollversuche erfolgten jeweils mit demselben Ansatz unter sterilen Bedingungen. Für die Überstände/Lösungen wurden jeweils die Metallgehalte mittels ICP-MS bestimmt. Die Rückstände wurden mittels XRD analysiert.

2.6 Verwertung von Asche als Zusatz in Wasserbehandlungsprodukten

Unbehandelte Asche (Stabilisat), angereicherte Fraktionen sowie Asche-Laugungslösungen wurden auf ihre Anwendbarkeit in der Produktion von Wasserbehandlungsmitteln hin untersucht (vollständiger oder teilweiser Rohstoffersatz bzw. Zusatz). Die Versuche erfolgten über eine zweistufige saure Umsetzung mit verdünnter HCl_{aq} und Rühren im ersten Schritt und konzentrierter HCl$_{aq}$ bzw. H$_2$SO$_4$ sowie Rühren unter Normaldruck- und Rückflussbedingungen oder bei Überdruck im zweiten Schritt. Nicht umgesetzte Aschebestandteile wurden durch Filtration abgetrennt. Anschließend wurden die Produkte analysiert sowie deren Anwendbarkeit als Flockungsmittel geprüft.

2.7 Verwertung von Asche als Zusatz in Baustoffen

Stabilisat-Asche und deren Rückstände aus Aschelaugung wurden mittels indirekten und direkten Methoden auf ihre puzzolanische Reaktivität überprüft. Als indirekte Methode diente die Ermittlung des Aktivitätsindexes (AI). Dieser ist definiert als das Verhältnis der Druckfestigkeiten von gleichaltrigen (> 90 d) Standard-Mörtel-Presslingen, einmal bestehend aus 75 % (w/w) (Massenprozent, Massenanteil) Testzement und 25 % (w/w) Asche und einmal aus 100 % (w/w) Testzement. Bei einem Verhältnis > 85 % wird das eingesetzte Testmaterial als puzzolanisch aktiv bewertet (DIN EN 450-1, 2012). Indirekte Methoden lassen keine Aussage über das puzzolanische Material selbst zu. Über direkte Methoden lässt sich die chemische Reaktion von Calciumhydroxid (Kalk bzw. Portlandit) mit dem Puzzolan beschreiben. Der Kalkverbrauch wurde mit einer modifizierten Form des sog. Chapelle's Test [Quarcioni et al. 2015] bestimmt.

3. ERGEBNISSE UND DISKUSSION

3.1 Ermittlung des Wertstoffpotenzials und Auswahl des Probenmaterials

Im Rahmen der Recherche zeigte sich, dass in Deutschland die größten Mengen der für eine Verwertung verfügbaren Braunkohleaschen im Lausitzer Revier verfügbar sind. In den deutschen Braunkohlerevieren fallen jährlich etwa 10 Mio. t Braunkohleaschen an. Etwa 5 Mio. t entfallen dabei auf das Lausitzer Revier, welche aufgrund fehlender Aufbereitungstechnologien überwiegend deponiert oder für Rekultivierungszwecke bzw. Landschaftsbau (z. B. LSB Spreyer Höhe) genutzt werden. Die übrigen 5 Mio. t Braunkohleasche entfallen auf die restlichen Reviere und stehen zum Großteil nicht für eine stoffliche Verwertung zur Verfügung. Eine Elementanalyse des Probenmaterials vom LSB Spreyer Höhe zeigte hohe Gehalte an Al, Ca, Fe, Mg, Mn, Ti und Si. Weiterhin wurden erhöhte Gehalte der Metalle Cr, Cu, V, Zn, Zr sowie der SEE Ce und La gefunden. Unter Berücksichtigung von bereits seit Mitte der 1990er Jahre abgelagerten Aschemengen (ca. 20 Mio. t) und den jährlich generierten Aschenmengen (ca. 5 Mio. t) sowie der pro Tonne Asche enthaltenen Wertstoffmengen ergibt sich ein hohes Wertstoffpotenzial. Als kalkulatorischer Metallwert wurde ein Wert von ca. 640 EUR/t Stabilisat ermittelt (Metallpreise vom 22.10.2015), wobei die größten Wertanteile durch die enthaltenen Mengen an Si, Ti, Al, Mg, Ni und Fe zustande kommen. Es ist zu beachten, dass es sich um einen theoretischen Metallwert am Ende der Wertschöpfungskette handelt, der keine Aufwendungen für Abtrennung und Raffination bis zum Metall berücksichtigt. Allerdings lässt sich daraus der Kostenrahmen ableiten, in welchem die Wertstoffgewinnung erfolgen muss.

3.2 Mechanische Vorbehandlung

Eine Anreicherung von Wertmetallen durch mechanische Aufbereitung ist aufgrund einer feinen Verteilung derselbigen über die Aschepartikel nur ansatzweise möglich gewesen. Durch Anwendung von Magnet- und Dichtescheidung gelang prinzipiell die Herstellung einer Fe-reichen Aschefraktion (ca. 80 % Fe), jedoch nur mit sehr geringem Ausbringen und geringer Wertstoffanreicherung (2,5 % und 1,5 %). Weiterhin konnte ein Fe-reiches Aschekonzentrat mittels Magnetscheidung einer einzelnen Partikelgrößenfraktion (125 – 250 µm) erzeugt werden (ca. 70 % Fe), jedoch ebenfalls nur mit geringem Ausbringen (2 % und 0,3 %). Generell wäre die Herstellung Fe-reicher Aschekonzentrate für hydro-/pyrometallurgische Anwendungen technisch möglich, jedoch nur sehr ineffizient mit geringem Wertstoffausbringen.

3.3 Thermische Vorbehandlung

Es konnte gezeigt werden, dass eine gezielte thermische Behandlung im Vergleich zur unbehandelten Asche eine Vielzahl von Mineralphasenänderungen verursacht. Mit zunehmender Temperatur und Zeit wurde eine Reihe von zuwachsenden und abnehmenden Trends in der Phasenverteilung festgestellt. Ein signifikanter Rückgang wurde für den röntgenamorphen Anteil beobachtet, was auf partiale Re-Kristallisationsprozesse zurückzuführen ist. Im Ergebnis der Temperversuche wurden Optimalbedingungen (1.000 °C, 1 h) ermittelt, die für die Herstellung von thermisch vorbehandeltem Probenmaterial z. B. für chemische Laugungsversuche angewandt wurden. Die Gründe für diese Wahl sind 1) eine ausreichend hohe Re-Kristallisation des amorphen Anteils, 2) eine ausreichend hohe Umwandlung von schwer löslichen in leicht lösliche Verbindungen sowie 3) wirtschaftliche Gesichtspunkte. Weitere Punkte zur positiven Beeinflussung der thermischen Vorbehandlung auf die chemische Laugbarkeit werden im folgenden Abschnitt 3.4 diskutiert.

3.4 Chemische Laugung

Eine Schwierigkeit bei der Metallgewinnung aus Aschen durch hydrometallurgische Prozesse ist die geringe Löslichkeit von Silikaten in Mineralsäuren [Vassilev et al. 1994]. Ein Ansatz ist daher die Behandlung von Aschen entsprechend dem Konzept der beschleunigten Verwitterung („enhanced weathering"), bei dem die Silikate durch Reaktion mit überkritischem CO_2 (sc-CO_2) unter hydrothermalen Bedingungen gelöst werden [Brett et al. 2015a und 2015b]. Die Experimente zeigten, dass durch eine solche Behandlung (sc-CO_2, 150 bar, 100 °C, 24 h) eine Reihe von silikatischen, sulfatischen und oxidischen Verbindungen in säurelösliche Carbonate und Bicarbonate umgewandelt werden konnten. Vergleichende Experimente mit unbehandelter und thermisch vorbehandelter Asche (1.000 °C, 1 h) zeigten, dass die Carbonisation durch thermische Vorbehandlung gesteigert wurde, was sich z. B. anhand des zu den Alumosilikaten zählenden Bandsilikats Mullit zeigte. Ein ähnlich verbessertes Reaktionsverhalten wurde auch für die Säurelöslichkeit gefunden. Die Kombination aus thermischer Vorbehandlung, sc-CO_2-Aufschluss und Säurelaugung mit HCl_{aq} (31 %, 100 °C, 4 h) erbrachte eine erhöhte Mobilisierung der Metalle Ca, Fe, Al und Mg. Die analysierten Metallgehalte der erhaltenen Flüssigphasen nach Säurelaugung zeigten, dass sowohl die thermische Vorbehandlung als auch der sc-CO_2-Aufschluss zu einer gesteigerten Metallmobilisierung führen. Die thermische Vorbehandlung hat dabei einen stärkeren Einfluss als der CO_2-Aufschluss, sodass letzterer auch entfallen kann. Eine detailliertere Auswertung und Diskussion zu den erfolgten Phasenumwandlungen durch die angewandten chemischen Behandlungstechniken sowie zum Einfluss der thermischen Vorbehandlung befindet sich in [Brett et al. 2015b]. Weitere Untersuchungen zum chemischen Aufschluss- und Reaktionsverhalten von Asche zeigten nur einen geringen Einfluss der spezifischen Oberfläche und Partikelgröße auf die Metallmobilisierung aus Braunkohlenasche. Tatsächlich wird das Reaktionsverhalten für eine chemische Behandlung durch die mineralische Zusammensetzung dominiert [Brett et al. 2015b].

3.5 Biolaugung

Sowohl durch Laugung mit chemolithoautotrophen acidophilen als auch mit heterotrophen MO konnte eine Reihe von Elementen aus der Asche mobilisiert werden. Fe-/S-oxidierende Kulturen tolerierten einen Feststoffanteil von bis zu 40 % (w/v). Die Asche-Biolaugung war jedoch bei Gehalten unter 20 % effizienter. Weiterhin wurden die biologische Schwefeloxidation und Biolaugungskinetik durch erhöhte Temperatur gesteigert, wobei die erhaltene Metallmobilisierung letztlich für alle Ansätze ähnlich war. Lediglich für Fe war die Mobilisierung bei 45 °C und 65 °C besser als bei 28 °C. Biolaugungsansätze unter reduktiven (anaeroben) Bedingungen führten im Vergleich zu aeroben Ansätzen zu einer höheren Mobilisierung der Metalle Fe, Mg, Zn, Al, Ca, Si sowie einiger SEE. Für die meisten der betrachteten Elemente wurde eine Extraktion von 30 – 60 % erreicht, für die Metalle Cr, Mg, Mn, Zn sogar 60 – 70 %. XRD-Analysen der Laugungsrückstände bestätigten in allen Fällen einen Rückgang des amorphen Anteils, was auf eine Auflösung schwachkristalliner Minerale hindeutete. Der amorphe Anteil war in den Rückständen der biologischen Ansätze höher als in chemischen Kontrollansätzen, wahrscheinlich aufgrund der Bildung von Sekundärmineralen (z. B. Schwertmannit).

Die Biolaugung mit dem Gluconsäure produzierenden MO *A. methanolica* führte zu einer erhöhten Mobilisierung verschiedener Metalle wie z. B. Al, Ca, Fe, Mg mit Extraktionswerten von 30 – 60 % bzw. bis hin zu 80 % für Ca. Außerdem wurde eine erhöhte Mobilisierung für die Metalle Ce, Sr, Ti, V und Zr zwischen 50 und 80 % erzielt. Jedoch wurden in chemischen Ansätzen mit kommerzieller Gluconsäure ähnlich hohe Extraktionswerte erreicht wie in biologischen Ansätzen, was abgesehen von der Gluconsäure-Produktion auf einen geringen Einfluss der Mikroorganismen selbst hindeutet. Halbkontinuierliche Versuche mit dem Silikat solubilisierenden MO *B. circulans* führten im Vergleich zu Batch-Laugungsversuchen ohne Austausch der Laugungslösung vor allem zu einer deutlich verbesserten Mobilisierung von Ca und Mg (~ 70 %), aber nicht für die weiteren betrachteten Elemente. Eine EDTA-Behandlung der Rückstände aus den halbkontinuierlichen Versuchen deutete darauf hin, dass nur geringe Metallmengen nach vormaliger Laugung wieder als Niederschlag in den Rückstand übergingen und danach durch EDTA-Behandlung wieder in Lösung gebracht werden konnten. Im Gegensatz dazu konnten größere Metallmengen aus Rückständen der Batchversuche auf diese Weise wieder in Lösung gebracht werden. Eine detaillierte Auswertung der durchgeführten Biolaugungsexperimente befindet sich in [Hedrich et al. 2015] und [Kermer et al. 2016].

3.6 Verwertung von Asche als Zusatz in Wasserbehandlungsprodukten

Für die Untersuchungen wurde der originale Rohstoff zur Herstellung von Wasserbehandlungsprodukten (Bauxit, $Al(OH)_3$) vollständig oder teilweise mit unbehandelter Asche (Stabilisat), angereicherten Aschefraktionen oder Al-haltigen Aschelaugungslösungen ersetzt. Die Versuche basierten auf einer zweistufigen sauren Umsetzung mit Mineralsäuren. Im ersten Schritt erfolgte die Umsetzung der Asche mit verdünnter HCl_{aq} und es wurden Ca-Mg-Lösungen als Produkte erhalten. In der zweiten Stufe erfolgte die Umsetzung der Rückstände aus dem vorigen Schritt mit konzentrierter HCl_{aq} oder H_2SO_4, wobei Al-Fe-Lösungen erhalten wurden. Beide Produkte wiesen das gleiche Verhalten auf wie kommerzielle Lösungen für die Wasserbehandlung. Einem kommerziellen Einsatz derselben für die Behandlung von Trinkwässern stehen die enthaltenen Schwermetalle (z. B. Cr, Ni) entgegen, jedoch wäre der Einsatz in der industriellen Abwasserbehandlung möglich.

3.7 Verwertung von Asche als Zusatz in Baustoffen

Für die Bestimmung des AI wurden 25 % (w/w) Zement mit Asche (Stabilisat) ersetzt. Die Untersuchungen zeigen, dass sowohl das unbehandelte Stabilisat als auch Rückstände aus Asche-Biolaugung einen AI von über bzw. annähernd 85 % aufwiesen. Diese Ergebnisse deuten folglich auf eine puzzolanische Aktivität des Stabilisats bzw. der Rückstände hin, die somit aktiv am Hydratationsprozess teilnehmen, ein eigenes Aushärtungspotenzial besitzen und folglich nicht als inertes Material betrachtet werden können. Puzzolane reagieren mit gelöstem Kalk und tragen damit zur Aushärtung von Zement und Mörtel bei. Je höher der Kalkverbrauch, desto höher ist die puzzolanische Reaktivität. Der Kalkverbrauch wurde anhand der Differenz des zugegebenen (Kalksuspension) und des verbleibenden Kalks (Kalk-Asche-Suspension) berechnet (Chapelle's Test). Die Ergebnisse zeigten, dass sowohl die unbehandelte Asche (Stabilisat) als auch die Rückstände aus der Asche-Biolaugung eine vergleichbare puzzolanische Reaktivität aufweisen wie Referenzmaterialien aus der Literatur [Quarcioni et al. 2015]. Die Verwendung von REA-stabilisierter Braunkohlenasche bzw. dessen Laugungsrückständen in Baustoffen erscheint daher möglich. Das Vorhandensein puzzolanischer Eigenschaften in Lausitzer Filteraschen (nicht Stabilisat) ist hinlänglich bekannt. Diese werden unter dem Namen „Jäwament" als Baustoffzusatz kommerziell vertrieben [Landwehrs et al. 2004].

4. AUSBLICK

Die Untersuchungen zeigten, dass es möglich ist, Metalle bzw. Wertelemente aus Braunkohlenasche-Stabilisat in Lösung zu bringen. Darüber hinaus zeigte sich, dass sowohl die unbehandelte Asche als auch die Rückstände aus der Aschelaugung für eine Verwertung im Rahmen von Wasserbehandlungsprodukten oder als Zusatz in Baustoffen genutzt werden können. Somit konnte erstmalig (REA-)stabilisierte Braunkohlenkraftwerksasche als Wertstoff genutzt werden.

Die mechanische Aufbereitung von Asche-Stabilisat zur Herstellung von angereicherten Aschekonzentraten/Fraktionen war prinzipiell möglich, erwies sich jedoch als problematisch. Die größten Schwierigkeiten hierbei stellten vor allem geringe Metallausbeuten in den produzierten Konzentraten/Fraktionen dar sowie eine feine und gleichmäßige Verteilung der Elemente über die Aschepartikel, die eine Separation über physikalische Eigenschaften nahezu unmöglich machten. Ein Lösungsansatz besteht in einer intensiveren thermischen Behandlung, welche alternativ zu mechanischen Techniken untersucht wurde. Im Ergebnis dieser Experimente konnte eine Reihe von unlöslichen Aschebestandteilen in leicht lösliche Bestandteile umgewandelt werden. Diese Art der Behandlung hatte einen positiven Einfluss auf sich anschließende Laugungstests mit dem Asche-Stabilisat, welches dadurch besser durch Mineralsäuren angreifbar war. Aus wirtschaftlichen Gesichtspunkten ist eine solche thermische Behandlung aufgrund des hohen Energiebedarfs allerdings weniger empfehlenswert. Die Mobilisierung von Metallen aus Asche-Stabilisat wurde mit chemischen und biologischen Laugungsmethoden untersucht und lieferte in vielen Fällen eine gute bis sehr gute Mobilisierung verschiedener Elemente. Die teilweise sehr niedrigen Elementgehalte in der Asche selbst hatten allerdings ebenso niedrige Elementgehalte in den resultierenden Laugungslösungen zur Folge. Versuche zur Abtrennung einzelner Wertelemente von den Laugungslösungen (hier nicht dargestellt) waren wenig erfolgreich, da hohe Gehalte anderer Elemente bzw. Begleitelemente wie Si, Fe und Ca die Abtrennungsreaktionen störten.

Nach zusammenfassender Betrachtung aller untersuchten Ascheaufbereitungs- und Verwertungsmöglichkeiten können zwei dieser Optionen als vielversprechend herausgestellt werden:

1. Teilsubstitution des Originalrohstoffs durch unbehandelte Stabilisat-Asche (ohne jegliche Vorbehandlung und Laugung) für die Herstellung von Wasserbehandlungsprodukten.
   Eine potenzielle kommerzielle Nutzung der produzierten Al-Fe-Lösungen wäre aufgrund hoher Schwermetallgehalte nur für industrielle Abwässer möglich.

2. Nutzung von unbehandelter Stabilisat-Asche oder Rückständen aus Aschelaugung als Rohmehlkomponente bei der Portlandzementklinker-Herstellung oder als reaktiver Zusatzstoff bei der Zement-, Beton- und Mörtelherstellung (mit der Einschränkung einer

geringeren puzzolanischen Aktivität als z. B. bei Steinkohlenflugaschen). So wäre es möglich, Portlandzementklinker zu ersetzen oder den Gehalt an Zement in Beton zu reduzieren. Beides würde dazu beitragen, die Ressourcenproduktivität zu verbessern und die Emission von Treibhausgasen zu verringern.

4.1 Effizienzpotenzial

Den Ausgangspunkt für die Bewertung der untersuchten und entwickelten Prozesse und Technologien bildeten Fließbilder, die aus detaillierten Einzelschemen für jeden einzelnen untersuchten Prozess erstellt wurden. Diese beinhalteten Informationen über Ausgangsmaterialien, Zwischenprodukte, Endprodukte und anfallende Reststoffe, relevante Metallgehalte sowie über Art und Menge nötiger Verbrauchsmaterialien. Weiterhin wurden die Einzelschemen in vereinfachterer Form in einem integrierten Fließschema zusammengefasst, um einen Überblick über alle im Projekt untersuchten Prozesse zu erhalten (Bild 1).

Eine generelle Schwierigkeit bei der Bewertung ist die Tatsache, dass durch die chemischen und biologischen Laugungsansätze z. T. zwar eine relativ hohe Metallextraktion erzielt wurde, im Ergebnis jedoch lediglich polymetallische Lösungen und damit keine unmittelbar verwertbaren Produkte erhalten wurden. Die Gründe hierfür sind v. a. die geringe Selektivität der untersuchten bzw. angewandten Laugungstechniken sowie das Fehlen von effektiven und ausreichend selektiven Methoden zur Abtrennung von (Wert-)Metallen. Ausnahmen bildeten die Versuche zur chemischen Aschelaugung für die Herstellung von Wasserbehandlungsreagenzien sowie die Versuche zur Aschenutzung als Zusatz in Baustoffen, für die beide prinzipiell anwendbare Produkte erhalten wurden. Jedoch sind für die meisten der untersuchten Prozesse zunächst weitere Schritte bzw. Untersuchungen nötig, damit Produkte erzeugt und anhand dessen eine sinnvolle Bewertung vorgenommen werden kann.

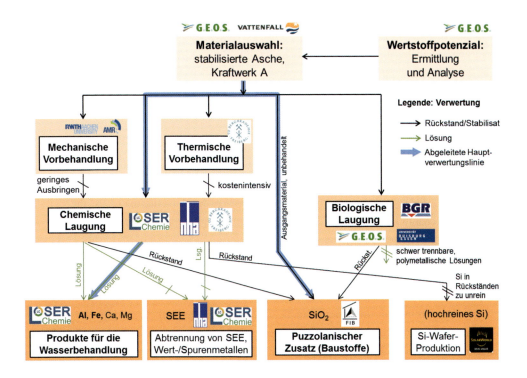

Bild 1: Im Projekt „Kraftwerksasche" untersuchte Prozesse und abgeleitete Verwertungslinien [R. Kermer]

Alternative Ansätze zur Bewertung erbrachte ein im April 2015 durchgeführter Workshop mit Vertretern der TU Bergakademie Freiberg aus dem Begleitforschungsprojekt INTRA r³+. Eine Darstellung von Technology Readiness Levels (TRLs, Technologie-Reifegrade) oder eine SWOT-Analyse (Stärken-Schwächen-Chancen-Risiken-Matrix) erschienen aus unserer Sicht besser geeignet für die Einschätzung der entwickelten Prozesse als eine Bewertung über eine Wirtschaftlichkeitsanalyse. Diese Ansätze werden im Folgenden betrachtet.

4.2 SWOT-Analyse

Es wurde eine Reihe von Stärken des Projektes herausgestellt. So bestand die Innovation/Neuartigkeit der Idee in der erstmaligen Nutzung von (REA-)stabilisierter Braunkohlenkraftwerksasche als Wertstoff. Weiterhin erfolgte eine Reihe von technologischen Neuentwicklungen bzw. Anpassungen bestehender Technologien mit erfolgreichem Funktionsnachweis. Die technologische Verwertung der Zielwertstoffe wurde im Rahmen eines ganzheitlichen Konzepts geplant und beinhaltete die Erzeugung marktfähiger Konzentrate sowie kommerziell verwertbarer Rohprodukte. Für ein Teilprodukt (Al-Fe-Lösungen) konnte die potenzielle wirtschaftliche Verwertbarkeit gezeigt werden. Auch gibt es Hinweise für eine (wirtschaftliche) Verwertung von Braunkohlenaschen-Stabilisat bzw. dessen Laugungsrückständen als Zusatz in Baustoffen. Im Sinne einer Verbesserung (ausgewählter) Umwelteinflüsse kann durch die Ascheverwertung, v. a. durch Herauslösen der enthaltenen Schwermetalle, das Schadstoffpotenzial verringert werden. Ggf. ist auch eine Verringerung des zu deponierenden Abfallaufkommens möglich. Außerdem konnte in vielen Punkten der Wissensstand verbessert werden. Das betrifft zum einen die untersuchten bzw. angewandten Technologien und Teilprozesse sowie deren Parameter für eine optimale Umsetzung. Zum anderen wurden neue Erkenntnisse über Rohstoffpotenziale von bereits abgelagerten Braunkohleaschen erhalten, die für zukünftige Arbeiten nützlich sein können.

Das Vorhaben weist auch Schwächen auf. So ist der technologische Entwicklungsstand aus verschiedenen Gründen noch nicht auf den (groß-)technischen Maßstab übertragbar. Gründe sind u. a. die komplexen stofflichen Eigenschaften des Ausgangsmaterials, die den Erfolg von mechanischen Anreicherungsverfahren und damit auch anschließende Schritte zur Wertstoffmobilisierung und -gewinnung bzw. -abtrennung begrenzen. Weiterhin ist die fehlende bzw. schwache Selektivität der Laugungs- und Abtrennungsverfahren zu nennen, die zu einem offenen Verfahrensschritt auf der Stufe der Metallgewinnung aus den generierten polymetallischen Laugungslösungen führen. Hinderlich sind ebenfalls die z. T. hohen Einsätze an Betriebsmitteln und Energie (z. B. durch thermische Vorbehandlung). Aus genannten Gründen konnte die angestrebte ganzheitliche Verwertung somit nicht erreicht werden. Kosten und Wirtschaftlichkeit der Einzelverfahren sowie des Gesamtverfahrens sind zum gegenwärtigen Zeitpunkt zu hoch bzw. nicht gegeben.

Es lassen sich aber auch Chancen für das Vorhaben feststellen. Unter Betrachtung der Marktsituation sind derzeit keine Konkurrenzlösungen für eine technologische Ascheverwertung bekannt. Aktuell ist dieser Verwertungsansatz alternativlos gegenüber einer Deponierung bzw. Landschaftsbau. Für den Unternehmensstandort Deutschland wären mögliche Ansiedlungen von KMUs bzw. Gewerbeparks für die Verwertung von Asche-Stabilisat denkbar (Herstellung von Wasserbehandlungsprodukten oder Baustoffen).

Das Vorhaben weist darüber hinaus eine Reihe von Risiken auf. Seitens der Marktsituation ist die Begrenzung des Marktes für Al-Fe-Lösungen als Wasserbehandlungsprodukte zu berücksichtigen. Weiterhin ist eine Konkurrenz der geplanten Verwertungsprodukte mit dem bereits bestehenden Angebot am Markt denkbar. Ggf. treten Vorbehalte hinsichtlich der Herkunft der zur Herstellung eingesetzten Roh-/Reststoffe auf, da aktuell Anforderungen an Reinheit und Qualität nur teilweise erreicht werden [DIN EN 878 2015, DWA Arbeitsblatt A202 2011]. Das Ausgangsmaterial kann eine heterogene Zusammensetzung infolge der unterschiedlichen Herkunft der Braunkohle aufweisen. Der Zugang zum Ausgangsmaterial ist sehr wahrscheinlich endlich (z. B. gesetzliche Einschränkungen der Energieerzeugung durch Braunkohlekraftwerke).

4.3 TRL-Analyse

Eine Zuordnung zu TRLs (TRL-Definitionen nach [Horizon 2020 Work Programme 2014 – 2015, Armstrong 2015]) erfolgte für alle relevanten Techniken und Methoden, die im Rahmen des Projektes entwickelt und untersucht wurden. Dabei wurde für die meisten der betrachteten Technologien (mechanische Vorbehandlung, thermische Vorbehandlung, chemische Laugung mit thermisch vorbehandeltem Material, biologische Laugung, Metallabtrennung aus Polymetalllösungen) eine Einordnung in TRL 4 vorgenommen, d. h. ein Funktionsnachweis der jeweiligen Technik im Labor wird als erreicht angesehen. Es wurde weiterhin eingeschätzt, dass für dieselben Techniken realistisch betrachtet maximal TRL 5 erreichbar wäre, d. h. ein Funktionsnachweis in der Einsatzumgebung (ohne gegebene Wirtschaftlichkeit). Für zwei Teilprozesse, 1) der chemischen Aschelaugung zur Herstellung von Wasserbehandlungsprodukten und 2) der baustofflichen Verwertung der Asche bzw. deren Laugungsrückständen, wurde die TRL 5 bereits als erreicht betrachtet. Für diese beiden Teilverfahren wurde die Erreichung von TRL 6, d. h. ein Funktionsnachweis als Prototyp in einer realitätsnahen Einsatzumgebung unter wirtschaftlichen Bedingungen als machbar eingestuft. Unter Berücksichtigung aller Teilprozesse wurde für das Gesamtprojekt TRL 4 als erreicht eingeschätzt. Unserer Einschätzung nach ist dieser Grad gleichzeitig auch die zum gegenwärtigen Zeitpunkt maximal erreichbare Stufe. Ein Funktionsnachweis ist also bisher nur unter Laborbedingungen möglich.

Diese Einschätzung kann mit den genannten Schwierigkeiten begründet werden, die hier noch einmal zusammengefasst werden: 1) die getesteten mechanischen Anreicherungsverfahren führten nur bei wenigen (Wert-)Metallen zu einer Anreicherung mit nur geringem Ausbringen, 2) die untersuchten Laugungsansätze ermöglichten nur z. T. eine spezifische Mobilisierung von Wertstoffen aus der Asche, erfolgreich war dies nur für Al, Fe, Ca, Mg im Rahmen der Aschenutzung für Wasserbehandlungsagenzien, 3) es fehlen selektive Methoden zur Metallabtrennung aus den generierten polymetallischen Laugungslösungen bzw. lieferten die untersuchten Ansätze nicht den gewünschten Trennungserfolg.

4.4 Ergebnisverwertung und weiterer Forschungsbedarf

Zur weiteren Entwicklung des untersuchten Verwertungsverfahrens ist aus unserer Sicht weiterer Forschungsbedarf nötig, v. a. auf den Gebieten der gezielten Vorbehandlung der Aschen (z. B. durch thermische Verfahren) und bei der Entwicklung von Verfahren zur selektiven Mobilisierung von (Wert-)Metallen aus der Asche sowie zur Abtrennung und Gewinnung derselben aus den durch (chemische oder biologische) Aschelaugung generierten polymetallischen Laugungslösungen. Wenn auf diese Weise zumindest ein Teil der noch bestehenden Schwierigkeiten gelöst werden könnte, dann wäre eine Anwendung von Teilprozessen des Verfahrens nach unserer Einschätzung in einem Zeitraum von ca. 5 – 10 Jahren denkbar, auch unter der Berücksichtigung von gleichbleibenden politisch-ökonomischen Randbedingungen und wieder ansteigenden Markt- bzw. Metallpreisen. Im Falle einer Herauslösung der vielversprechenden Ansätze zur direkten Ascheverwertung, zum einen als Zusatz bei der Produktion von Wasserbehandlungsagenzien für industrielle Abwässer und zum anderen als (reaktiver) Zusatz bei der Herstellung von Baustoffen (z. B. in Rohmehl für Portlandzementklinker), wäre evtl. auch eine frühere Anwendung denkbar. Hierbei stünde die Metallrückgewinnung aus der Asche allerdings nicht mehr im Vordergrund, sondern es ginge vorrangig um deren Verwertung, die alternativ zur Rekultivierung bzw. zur Deponierung angewendet werden könnte.

Liste der Ansprechpartner aller Vorhabenspartner

Dr. Eberhard Janneck G.E.O.S. Ingenieurgesellschaft mbH, Schwarze Kiefern 2, 09633 Halsbrücke, e.janneck@geosfreiberg.de, Tel.: +49 3731 369-129

Dr. René Kermer G.E.O.S. Ingenieurgesellschaft mbH, Schwarze Kiefern 2, 09633 Halsbrücke, r.kermer@geosfreiberg.de, Tel.: +49 3731 369-270

Prof. Dr. Axel Schippers Bundesanstalt für Geowissenschaften und Rohstoffe – BGR, Stilleweg 2, 30655 Hannover, axel.schippers@bgr.de, Tel.: +49 511 643-3103

Dr. Sabrina Hedrich Bundesanstalt für Geowissenschaften und Rohstoffe – BGR, Stilleweg 2, 30655 Hannover, sabrina.hedrich@bgr.de, Tel.: +49 511 643-3187

Prof. Dr. Wolfgang Sand Universität Duisburg-Essen (UDE), Aquatische Biotechnologie – Biofilm Centre, Fakultät für Chemie, Universitätsstraße 5, 45141 Essen, wolfgang.sand@uni-due.de, Tel.: +49 201 1837-080

Dr. Sören Bellenberg Universität Duisburg-Essen (UDE), Aquatische Biotechnologie – Biofilm Centre, Fakultät für Chemie, Universitätsstraße 5, 45141 Essen, soeren.bellenberg@uni-due.de, Tel.: +49 201 1837-084

Dr. Tilman Gehrke Universität Duisburg-Essen (UDE), Aquatische Biotechnologie – Biofilm Centre, Fakultät für Chemie, Universitätsstraße 5, 45141 Essen, tilman.gehrke@uni-due.de

Prof. Dr. Martin Bertau TU Bergakademie Freiberg (TUBAF), Institut für Technische Chemie, Leipziger Straße 29, 09599 Freiberg, martin.bertau@chemie.tu-freiberg.de, Tel.: +49 3731 39-2384

Beate Brett TU Bergakademie Freiberg (TUBAF), Institut für Technische Chemie, Leipziger Straße 29, 09599 Freiberg, beate.brett@chemie.tu-freiberg.de, Tel.: +49 3731 39-3651

Prof. Dr. Gerhard Heide TU Bergakademie Freiberg (TUBAF), Institut für Mineralogie, Brennhausgasse 14, 09596 Freiberg gerhard.heide@tu-freiberg.de, Tel.: +49 3731 39-2665

Daniel Schrader TU Bergakademie Freiberg (TUBAF), Institut für Mineralogie, Brennhausgasse 14, 09596 Freiberg daniel.schrader@mineral.tu-freiberg.de

Prof. Dr. Hermann Wotruba RWTH Aachen, Aufbereitung mineralischer Rohstoffe (AMR), Lochnerstraße 4 – 20, 52064 Aachen, wotruba@amr.rwth-aachen.de, Tel.: +49 241 8097-246

Dr. Lars Weitkämper RWTH Aachen, Aufbereitung mineralischer Rohstoffe (AMR), Lochnerstraße 4 – 20, 52064 Aachen, weitkaemper@amr.rwth-aachen.de, Tel.: +49 241 8096-346

Martin Köpcke RWTH Aachen, Aufbereitung mineralischer Rohstoffe (AMR), Lochnerstraße 4 – 20, 52064 Aachen, koepcke@amr.rwth-aachen.de, Tel.: +49 241 8096-344

Prof. Dr.-Ing. Horst-Michael Ludwig Bauhaus-Universität Weimar, Fakultät Bauingenieurwesen, F. A. Finger-Institut für Baustoffkunde (FIB), Coudraystraße 11, 99421 Weimar, horst-michael.ludwig@uni-weimar.de, Tel.: +49 3643 5847-61

Dr.-Ing. Karsten Siewert Bauhaus-Universität Weimar, Fakultät Bauingenieurwesen, F. A. Finger-Institut für Baustoffkunde (FIB), Coudraystraße 11, 99421 Weimar, karsten.siewert@uni-weimar.de, Tel.: +49 3643 5847-25

Dr. Nils Günther Nickelhütte Aue GmbH (NhA), Rudolf-Breitscheid-Straße 65, 08280 Aue, n.guenther@nickelhuette-aue.de, Tel.: +49 3771 505-208

Dr. Wolfram Palitzsch Loser Chemie GmbH, Kopernikusstraße 38 – 42, 08056 Zwickau, wolfram.palitzsch@loserchemie.de, Tel.: +49 375 27476-0

Dr. Petra Schönherr Loser Chemie GmbH, Kopernikusstraße 38 – 42, 08056 Zwickau, petra.schoenherr@loserchemie.de, Tel.: +49 375 27476-0

Roswitha Partusch Vattenfall Europe Mining AG (VEM AG), Vom-Stein-Straße 39, 03050 Cottbus, roswitha.partusch@vattenfall.de, Tel.: +49 355 2887-4500

Doreen Menz Vattenfall Europe Mining AG (VEM AG), Vom-Stein-Straße 39, 03050 Cottbus, doreen.menz@vattenfall.de, Tel.: +49 355 2887-3104

Prof. Dr. Armin Müller Solarworld Solicium GmbH, Berthelsdorfer Straße 111A, 09599 Freiberg, armin.mueller@sunicon.de, Tel.: +49 3731 301-3620

Veröffentlichungen des Verbundvorhabens

PUBLIKATIONEN

[Kermer et al. 2016] Kermer, R.; Hedrich, S.; Bellenberg, S.; Brett, B.; Schrader, D.; Schönherr, P.; Köpcke, M.; Siewert, K.; Günther, N.; Gehrke, T.; Sand, W.; Räuchle, K.; Bertau, M.; Heide, G.; Weitkämper, L.; Wotruba, H.; Ludwig, H.-M.; Partusch, R.; Schippers, A.; Reichel, S.; Glombitza, F.; Janneck, E.: Lignite ash: Waste material or potential resource – Investigation of metal recovery and utilization options (2016). In: Hydrometallurgy, 2016, im Druck, DOI: dx.doi.org/10.1016/j.hydromet.2016.07.002

[Brett et al. 2016] Brett, B.; Schrader, D.; Räuchle, K.; Heide, G.; Bertau, M.: Gewinnung von Wertstoffen – Charakterisierung der chemischen und mineralogischen Zusammensetzung von Aschen (2016). In: Schüttgut Nr. 3/2016: 52 – 56

[Brett et al. 2015b] Brett, B.; Schrader, D.; Räuchle, K.; Heide, G.; Bertau, M.: Wertstoffgewinnung aus Kraftwerksaschen Teil II: Thermische und chemische Behandlung von Braunkohlenkraftwerksaschen zur Gewinnung strategischer Metalle (2015). In: Chem. Ing. Tech. 87(11): 1514 – 1526

[Hedrich et al. 2015] Hedrich, S.; Bellenberg, S.; Kermer, R.; Gehrke, T.; Sand, W.; Schippers, A.; Reichel, S.; Glombitza, F.; Janneck, E.: Biotechnological recovery of valuable metals from lignite ash (2015). In: Proceedings of the International Biohydrometallurgy Symposium (IBS), Adv. Mat. Res. 1130: 664 – 667

[Kermer et al. 2015] Kermer, R.; Hedrich, S.; Brett, B.; Schrader, D.; Räuchle, K.; Schönherr, P.; Schippers, A.; Reichel, S.; Glombitza, F.; Janneck, E. and project partners: Metal recovery and exploitation of lignite ashes by combined physicochemical and biotechnological approaches (2015). In: Proceedings of the International Biohydrometallurgy Symposium (IBS), Adv. Mat. Res. 1130: 296 – 299

[Brett et al. 2015] Brett, B.; Schrader, D.; Räuchle, K.; Heide, G.; Bertau, M.: Wertstoffgewinnung aus Kraftwerksaschen Teil I: Charakterisierung von Braunkohlenkraftwerksaschen zur Gewinnung strategischer Metalle (2015). In: Chem. Ing. Tech. 87(10): 1383 – 1391

[Hedrich und Schippers 2014] Hedrich, S.; Schippers, A.: Geobiotechnische Metallgewinnung. (2014). In: BioSpektrum 01/2014: 103 – 104

[Schippers et al. 2014] Schippers, A.; Hedrich, S.; Vasters, J.; Drobe, M.; Sand, W.; Willscher, S.: Biomining: metal recovery from ores with microorganisms (2014). In: Geobiotechnology I – Metal-related Issues, A. Schippers, F. Glombitza, and W. Sand (Hrsg.), Springer-Verlag, Berlin-Heidelberg, (2014). Adv. Biochem. Eng. Biotechnol. 141: 1 – 47

[Glombitza und Reichel 2014] Glombitza, F.; Reichel, S.: Metalcontaining residues from industry and in the environment – Biotechnological urban mining (2014). In: Geobiotechnology I – Metal-related Issues, A. Schippers, F. Glombitza, and W. Sand (Hrsg.), Springer-Verlag, Berlin-Heidelberg, 2014. Adv. Biochem. Eng. Biotechnol. 141: 49 – 107

VORTRÄGE

[Brett et al. 2016] Brett, B.; Schrader, D.; Räuchle, K.; Heide G.; Bertau, M.: Wertstoffe aus Kraftwerksaschen? Thermische und chemische Behandlung von Braunkohlenkraftwerksaschen (2016). Jahrestagung der ProcessNet-Fachgruppen Energieverfahrenstechnik und Abfallbehandlung und Wertstoffrückgewinnung, Frankfurt/Main, 23.02.2016

[Kermer et al. 2015] Kermer, R.; Hedrich, S.; Brett, B.; Schrader, D.; Räuchle, K.; Schönherr, P.; Schippers, A.; Reichel, S.; Glombitza, F.; Janneck, E. and project partners: Metal recovery and exploitation of lignite ashes by combined physicochemical and biotechnological approaches (2015). International Biohydrometallurgy Symposium (IBS), 05.– 09.10.2015, Bali, Indonesien

[Kermer et al. 2015] Kermer, R.; Hedrich, S.; Brett, B.; Schrader, D.; Räuchle, K.; Schönherr, P.; Schippers, A.; Reichel, S.; Glombitza, F.; Janneck, E. and project partners: r^3-Joint Research Project „Kraftwerksasche"– Chemical-biotechnological recovery of precious metals and valuable resources from lignite ash (2015). 66. Berg- und Hüttenmännischer Tag (BHT), Biohydrometallurgy-Symposium, 17.– 19.06.2015, Freiberg

[Bellenberg et al. 2014] Bellenberg, S.; Hedrich, S.; Kermer, R.; Gehrke, T.; Schippers, A.; Janneck, E.; Glombitza, F.; Sand, W.: Biotechnologische Gewinnung von Metallen und wertvollen Ressourcen aus Braunkohlenasche (2014). ProcessNet-Jahrestagung und 31. DECHEMA-Jahrestagung der Biotechnologen. 30.09.– 02.10.2014, Aachen. Kurzer Beitrag (Abstract) hierzu im Journal Chemie, Ingenieur, Technik erschienen

[Hedrich et al. 2014] Hedrich, S.; Blöthe, M.; Schippers, A.: The abandoned Rammelsberg mine: a potential source of novel microbial miners? (2014). Biohydrometallurgy, 14, 09.–11.06.2014, Falmouth, UK

[Schippers & Hedrich 2014] Schippers, A.; Hedrich, S.: Geobiotechnological metal dissolution and precipitation. Goldschmidt, 2014. 08.–13.06.2014, Sacramento, CA, USA

[Schrader et al. 2014] Schrader, D.; Brett, B.; Räuchle, K.; Bertau M.; Heide, G.: Mineralogical characterization and heat treatment of brown coal ashes (2014). International forum – competition of young researchers: Topical issues of rational use of natural resources, 23.–25.04.2014, St. Petersburg, RU

[Brett et al. 2015] Brett, B.; Schrader, D.; Räuchle, K.; Heide G.; Bertau, M.: Wertstoffe aus Kraftwerksaschen? Thermische und chemische Behandlung von Braunkohlenkraftwerksaschen (2015). Freiberger Forschungsforum/BHT 17.–19.06.2015, Freiberg

POSTER

[Brett et al. 2015] Brett, B.; Schrader, D.; Räuchle, K.; Heide G.; Bertau, M.: Wertstoffe aus Kraftwerksaschen – Thermische und chemische Behandlung von Kraftwerksaschen zur Rückgewinnung strategischer Metalle (2015). UVR-FIA Jahrestagung Aufbereitung und Recycling, 11.–12.11.2015, Freiberg (kurzer Beitrag im Tagungsband)

[Hedrich et al. 2015] Hedrich, S.; Bellenberg, S.; Kermer, R.; Gehrke, T.; Sand, W.; Schippers, A.; Reichel, S.; Glombitza F.; Janneck, E.: Biotechnological recovery of valuable metals from lignite ash (2015). International Biohydrometallurgy Symposium (IBS), 05.–09.10.2015, Bali, Indonesien

[Kermer et al. 2014] Kermer, R.; Reichel, S.; Janneck, E.; Glombitza F. and Projekt Partner: Chemical-biotechnological recovery of precious metals and valuable resources from lignite ashes 2014). ProcessNet-Jahrestagung und 31. DECHEMA-Jahrestagung der Biotechnologen. 30.09.–02.10.2014, Aachen. Kurzer Beitrag (Abstract) hierzu im Journal Chemie, Ingenieur, Technik erschienen

[Brett et al. 2015] Brett, B.; Schrader, D.; Räuchle, K.; Heide G.; Bertau, M.: Chemical treatment of lignite ashes for recovery of strategic metals (2015). Freiberger Forschungsforum/BHT 17.–19.06.2015, Freiberg

[Schrader et al. 2015] Schrader, D.; Brett, B.; Räuchle, K.; Bertau M.; Heide, G.: Mineralogical Characterization and Heat Treatment of Lignite Ashes (2015). 5. Symposium Freiberger Innovationen, 25.–26.03.2015, Freiberg

[Brett et al. 2015] Brett, B.; Schrader, D.; Räuchle, K.; Heide G.; Bertau, M.: Chemical treatment of lignite ashes for recovery of strategic metals (2015). 5. Symposium Freiberger Innovationen, 25.–26.03.2015, Freiberg

[Schrader et al. 2014] Schrader, D.; Brett, B.; Räuchle, K.; Bertau M.; Heide, G.: Mineralogische Charakterisierung und thermische Behandlung einer Braunkohlekraftwerksaschen (2014). UVR-FIA Jahrestagung Aufbereitung und Recycling, 12.–13.11.2014, Freiberg. Kurzer Beitrag im zugehörigen Tagungsband erschienen

[Brett et al. 2014] Brett, B.; Schrader, D.; Räuchle, K.; Heide G.; Bertau, M.: Chemische Behandlung von Kraftwerksaschen mit überkritischem CO_2 zum Recycling strategisch wichtiger Metalle (2014). UVR-FIA Jahrestagung Aufbereitung und Recycling, 12.–13.11.2014, Freiberg. Kurzer Beitrag im zugehörigen Tagungsband erschienen

[Schönherr et al. 2014] Schönherr, P.; Palitzsch W.; Loser, U.: Kraftwerksasche als Sekundärrohstoff für die Wasserhilfsmittelproduktion? (2014). Jahrestagung Aufbereitung und Recycling, 12.–13.11.2014, Freiberg

[Schrader et al. 2014] Schrader, D.; Brett, B.; Räuchle, K.; Bertau M.; Heide, G.: Mineralogische Charakterisierung und thermische Behandlung einer Braunkohlekraftwerksaschen (2014). Urban Mining Congress/r³-Statusseminar, 11.–12.06.2014, Essen

[Brett et al. 2014a] Brett, B.; Schrader, D.; Räuchle, K.; Heide G.; Bertau, M.: Chemische Behandlung von Kraftwerksaschen mit überkritischem CO_2 zum Recycling strategisch wichtiger Metalle (2014). Urban Mining Congress/r³-Statusseminar, 11.–12.06.2014, Essen

[Brett et al. 2014b] Brett, B.; Schrader, D.; Räuchle, K.; Heide G.; Bertau, M.: Chemische Behandlung von Kraftwerksaschen mit überkritischem CO_2 zum Recycling strategisch wichtiger Metalle (2014). 3. Symposium Rohstoffeffizienz und Rohstoffinnovationen, 05.–06.02.2014, Nürnberg. Poster-Preis, 1.Platz. Beitrag im zugehörigen Tagungsband erschienen

[Hedrich et al. 2013] Hedrich, S.; Schippers, A.; Bellenberg, S.; Sand, W.; Glombitza F.; Janneck, E.: Biotechnological recovery of metals from lignite combustion ashes (2013). International Biohydrometallurgy Symposium (IBS), 08.–11.10.2013, Antofagasta, Chile. Einseitiger Abstract im Tagungsband erschienen

Quellen

[AG Energiebilanzen e.V. 2015] AG Energiebilanzen e.V. Die Braunkohle in der Energiewirtschaft Deutschlands 2014, Stand 08/2015. (Online) AG Energiebilanzen e.V. (Zitat vom: 19.02.2016) www.braunkohle.de

[DWA Arbeitsblatt A 202 2011] DWA Arbeitsblatt A 202. Chemisch physikalische Verfahren zur Elimination von Phosphor aus Abwasser. s. l.: Deutsche Vereinigung für Wasserwirtschaft, Abwasser und Abfall e.V. DWA, 05/2011

[Armstrong 2015] Armstrong, K.: Emerging Industrial Applications (2015). In: (Buchverf.) P. Styring, E. A. Quadrelli und K. Armstrong. Carbon Dioxide Utilisation: Closing the Carbon Cycle. Elsevier, Amsterdam, 2015

[Blankenburg 1986] Blankenburg, H.-J.: Eigenschaften und Einsatzmöglichkeiten der Braunkohlenflugaschen der DDR (1986). In: Freiberger Forschungshefte C 413. 1986. S. 102–114

[Bohdan 1986] Bohdan, L.: Method for extraction of iron, aluminum and titanium from coal ash. 1986. Patent 4567026 US, 1986

[Bosecker 1987] Bosecker, K.: Microbial recycling of mineral waste products. In: Acta Biotechnologica (1987), Bd. 7, 6, S. 487–497

[Bosshard et al. 1996] Bosshard, P. B.; Bachofen, R.; Brandl, H.: Metal leaching of fly ash from municipal waste incineration by Aspergillus niger (1996). In: Environ Sci Technol. 1996, 30, S. 3066–3070

[Brett et al. 2015a] Brett, B.; Schrader, D.; Räuchle, K.; Heide, G.; Bertau, M.: Wertstoffgewinnung aus Kraftwerksaschen, Teil I: Charakterisierung von Braunkohlenkraftwerksaschen zur Gewinnung strategischer Metalle (2015). In: Chem. Ing. Tech. 2015a, Bd. 87, 10, S. 1383–1391

[Brett et al. 2015b] Brett, B.; Schrader, D.; Räuchle, K.; Heide, G.; Bertau, M.: Wertstoffgewinnung aus Kraftwerksaschen, Teil II: Thermische und chemische Behandlung von Braunkohlekraftwerksaschen zur Gewinnung strategischer Metalle (2015). In: Chem. Ing. Tech. 2015b, Bd. 87, 11, S. 1514 – 1526

[Brombacher et al. 1997] Brombacher, C.; Bachofen, R.; Brandl, H.: Biohydrometallurgical processing of solids: a patent review. In: Appl. Microbial. Biotechnol. 1997, 48, S. 577 – 587

[Brombacher et al. 1997] Brombacher, C.; Bachofen, R.; Brandl, H.: Development of a laboratory-scale leaching plant for metal extraction from fly ash by Thiobacillus strains (1998). In: Appl. Environ. Microbiol. 1998, 64, S. 1237 – 1241

[Calzonetti & Elmes 1981] Calzonetti, F. J.; Elmes, G. A.: Metal recovery from power plant ash: An ecological approach to coal utilisation. In: Geo J. 1981, 3, S. 59 – 70

[DEBRIV 2014] Produktionsbericht 2014. (Online) DEBRIV, Bundesverband Braunkohle (2014). (Zitat vom: 19. 02 2016.) www.braunkohle.de

[DECHEMA 2013] Geobiotechnologie – Status und Perspektiven, Ein Statuspapier des Temporären Arbeitskreises Geobiotechnologie in der DECHEMA e.V., Dechema, 2013. http://dechema.de/en/studien-path-123211.html

[DIN EN 878 2015] DIN EN 878 2015: Produkte zur Aufbereitung von Wasser für den menschlichen Gebrauch – Aluminiumsulfat; Deutsche und Englische Fassung FprEN 878:2015

[DIN EN 450-1 2012] DIN EN 450-1 2012: Fly ash for concrete – Part 1: Definition, specifications and conformity criteria. 08/2012

[Fytianos et al. 1998] Fytianos, K.; Tsaniklidi, B.; Voudrias, E.: Leachability of heavy metals in Greek fly ash from coal combustion. In: Environ. Int. 1998, 24, S. 477 – 486

[Gilliam et al. 1982] Gilliam, T. M.; Canon, R. M.; Egan, B. Z.; Kelmers, A. D.; Seeley, F. G.; Watson, J. S.: Economic metal recovery from fly ash (1982). In: Res. Cons. 1982, 9, S. 155 – 168

[Glombitza & Reichel 2014] Glombitza, F.; Reichel, S.: Metal-containing residues from industry and in the environment – Biotechnological urban mining (2014). In: A. Schippers, F. Glombitza und W. Sand (Hrsg.): Geobiotechnology I, Springer-Verlag, Berlin-Heidelberg, 2014. Adv. Biochem. Eng. Biotechnol. 141: 49 – 107; online: http://www.springer.com/chemistry/biotechnology/book/978-3-642-54709-6

[Hedrich et al. 2015] Hedrich, S.; Bellenberg, S.; Kermer, R.; Gehrke, T.; Sand, W.; Schippers, A.; Reichel, S.; Glombitza, F.; Janneck, E.: Biotechnological recovery of valuable metals from lignite ash (2015). In: Proceedings of the International Biohydrometallurgy Symposium (IBS), Advanced Materials Research 1130: 664 – 667. 2015

[Hopf et al. 2006] Hopf, N.; Bimüller, A.; Poehlmann, E.; Sattelberger, S.: Energieeinsparung in der Metallurgie am Beispiel der energieeffizienten Aufschmelzung von Vanadiumkonzentraten, Abschlussbericht des Forschungs- und Entwicklungszentrum für Sondertechnologien. 2006

[Horizon 2020 – Work programme 2014 – 2015] Horizon 2020 – Work programme 2014 – 2015, Annex G: Technology readiness levels (TRL)

[Iske et al. 1987] Iske, U.; Bullmann, M.; Glombitza, F.; Babel, W.; Miethe, D.; Dietze, H.-J.; Becker, S.: Verfahren zur mikrobiellen Laugung von Seltene Erdmetalle enthaltenden Phosphatmineralien und Abprodukten. Patent DD 249156 A3 German Democratic Republic, 02.09.1987

[Jain & Sharma 2004] Jain, N.; Sharma, D. K.: Biohydrometallurgy for Nonsulfidic Minerals – A review (2004). In: Geomicrob. J., 2004, 21, S. 135 – 144

[Kermer et al. 2016] Kermer, R.; Hedrich, S.; Bellenberg, S.; Brett, B.; Schrader, D.; Schönherr, P.; Köpcke, M.; Siewert, K.; Günther, N.; Gehrke, T.; Sand, W.; Räuchle, K.; Bertau, M.; Heide, G.; Weitkämper, L.; Wotruba, H.; Ludwig, H.-M.; Partusch, R.; Schippers, A.; Reichel, S.; Glombitza, F.; Janneck, E.: Lignite ash: Waste material or potential resource – Investigation of metal recovery and utilization options. In: Hydrometallurgy, 2016, im Druck, DOI: dx.doi.org/10.1016/j.hydromet.2016.07.002

[Krebs et al. 2001] Krebs, W.; Bachofen, R.; Brandl, H.: Growth stimulation of sulfur oxidizing bacteria for optimization of metal leaching efficiency of fly ash from municipal solid waste incineration. In: Hydrometallurgy, 2001, 59, S. 283 – 290

[Krejcik 2012] Krejcik, S.: Cultivation of microorganisms for heterotrophic leaching of lignite filter ash. TU Bergakademie Freiberg, Thesis Bachelor of Science, Freiberg, 2012

[Landwehrs et al. 2004] Landwehrs, K.; Weisheit, S.; Müller, U.: Eignung aufbereiteter Braunkohlenflugasche für die Verwendung als Zusatzstoff für selbstverdichtenden Beton, Schlussbericht zum Forschungsvorhaben. Technische Informationsbibliothek (TIB) Hannover. (Online) 2004. (Zitat vom: 21.03.2016) http://edok01.tib.uni-hannover.de/edoks/e01fb05/482997729.pdf.

[Lee und Pandey 2012] Lee, J. C.; Pandey, B. D.: Bio-processing of solid wastes and secondary resources for metal extraction – a review. In: Waste Management, 2012, 32, S. 3 – 18

[Llorens et al. 2001] Llorens, J. F.; Fernandez-Turiel, J. L.; Querol, X.: The fate of trace elements in a large coal-fired power plant. In: Environ. Geol. 2001, 40, S. 409 – 416

[Mackintosh 1978] Mackintosh, M.: Nitrogen fixation by Thiobacillus ferrooxidans. In: J. Gen. Microbiol. 1978, Bd. 105, S. 215 – 218

[Meawad et al. 2010] Meawad, A. S.; Bojinova, D. Y.; Pelovski, Y. G.: An overview of metals recovery from thermal power plant solid wastes. In: Waste Management, 2010, 30, S. 2548 – 2559

[Münch 1996] Münch, U.: Zu Konstitution, Elutionsverhalten und Kathodolumineszenz von Braunkohlenaschen. TU Bergakademie Freiberg, Dissertation, Freiberg, 1996

[Okada et al. 2007] Okada, T.; Tojo, Y.; Tanaka, N.; Matsuto, T.: Recovery of zinc and lead from fly ash from ash-melting and gasification-melting processes of MSW-comparison and applicability of chemical leaching methods. In: Waste Management, 2007, 27, S. 69 – 80

[Pinka 1994] Pinka, J.: Chemische und biochemische Prozesse bei der Wechselwirkung von Wässern mit abgelagerten Braunkohlefilteraschen in Bergbaufolgelandschaften. TU Bergakademie Freiberg, Fakultät für Mathematik und Naturwissenschaften, Dissertation, Freiberg, 1994

[Quarcioni et al. 2015] Quarcioni, V. A.; Chotoli, F. F.; Coelho, A. C. V.; Cincotto, M. A.: Indirect and direct Chapelle's method for the determination of lime consumption in pozzolanic materials. In: Rev. IBRACON Estrut. Mater. 2015, Bd. 8, 1, S. 1 – 7

[RWE Power AG 2016] RWE Power AG: Das Projekt BoA 2&3 – Klimavorsorge mit Hochtechnologie (2016). (Zitat vom: 19.02.2016). http://www.rwe.com/web/cms/de/1575962/rwe-power-ag/energietraeger/braunkohle/standorte/kw-neurath-boa-2-3/mediencenter/

[Schippers et al. 2014] Schippers, A.; Hedrich, S.; Vasters, J.; Drobe, M.; Sand W.; Willscher, S.: Biomining: Metal Recovery from Ores with Microorganisms (2014). In: A. Schippers, F. Glombitza und W. Sand (Hrsg.). Geobiotechnology I. Springer-Verlag, Berlin-Heidelberg, 2014. Adv. Biochem. Eng. Biotechnol. 141: 1 – 47; online: http://www.springer.com/chemistry/biotechnology/book/978-3-642-54709-6

[Singer et al. 1982] Singer, A.; Navrot, J.; Shapira, R.: Extraction of aluminium from fly-ash by commercial and microbiologically-produced citric acid. In: Eur. J. Appl. Microbiol. Biotechnol. 1982, 16, S. 228 – 230

[Smirnova 1977] Smirnova, N.: Seltene Elemente in Kohlen und den Produkten ihrer Verarbeitung. In: Z. angew. Geol. 1977, 23, S. 42 – 43

[Strzodka 1986] Strzodka, M.: Untersuchungen zum Einsatz von Braunkohlenfilteraschen als Dichtstoff bei der Abriegelung von Grundwasserzuflüssen in Kippen. TU Bergakademie Freiberg, Dissertation, Freiberg, 1986

[Tauber 1988] Tauber, C.: Spurenelemente in Flugaschen, Kohle-Kraftwerk-Umwelt. s.l. : Köln Verlag TÜV Rheinland, 1988

[TGL 26382 Bl4] TGL 26382 Bl4. Qualitätsanforderungen an Aschen für den Einsatz in der Bauindustrie

[Torma & Singh 1993] Torma, A. E.; Singh, A. K.: Acidolysis of coal fly ash by Aspergillus niger. In: Fuel. 1993, 12, S. 1625 – 1630

[Vassilev et al. 1994] Vassilev, S. V.; Yossifova, M. G.; Vassileva, Ch. G.: Mineralogy and geochemistry of Bobov-Dol coals, Bulgaria. In: Int. J. Coal Geol. 1994, Bd. 26, S. 185 – 213

[Wakeman et al. 2008] Wakeman, K.; Auvinen, H.; Johnson, D. B.: Microbiological and geochemical dynamics in simulated-heap leaching of a polymetallic sulfide ore. In: Biotechnol. Bioeng. 2008, Bd. 101, S. 739 – 750

[Xu & Ting 2003] Xu, T. J.; Ting, Y. P.: Optimization study on bioleaching of municipal solid waste incineration fly ash by Aspergillus niger (2003). In: (Hrsg.) M. Tsezos, A. Hatzikioseyian und E. Remoundaki. Biohydrometallurgy: a sustainable technology in evolution (First edition 2004), Proceedings of the 15th International Biohydrometallurgy Symposium (IBS). National technical University of Athens, Athens, Greece, 2003, S. 329 – 336

[Zenger 1991] Zenger, R.: Methodische Untersuchungen zur Schwefel- und Eisenführung in Braunkohlen u. Braunkohlefilteraschen des niederlausitzer Braunkohlenreviers (I); Literaturzusammenstellung: Versuche der Eisenkonzentratgewinnung aus Braunkohlefilteraschen in der ehem. DDR (II), TU Bergakademie Freiberg, Diplomarbeit, Freiberg, 1991

15. PhytoGerm – Germaniumgewinnung aus Biomasse

Hermann Heilmeier, Oliver Wiche (TU Bergakademie Freiberg, Institut für Biowissenschaften), Silke Tesch, Norbert Schreiter, Ines A. Aubel, Martin Bertau (TU Bergakademie Freiberg, Institut für Technische Chemie)

Projektlaufzeit: 01.07.2012 bis 31.12.2015 Förderkennzeichen: 033R091

ZUSAMMENFASSUNG

Tabelle 1: Zielwertstoff

Zielwertstoff im r³-Projekt PhytoGerm
Ge

Germanium (Ge) wird für Hightechprodukte (insbesondere optische und optoelektronische Produkte) vor allem als Halbleitermetall benötigt und die Nachfrage steigt [Angerer 2009]. Nach [EU 2014] zählt Germanium zu den versorgungskritischen Rohstoffen in der EU. Germanium kann sich in Pflanzenmaterial anreichern [Kabata-Pendias 2001] und, z. B. nach einer energetischen Nutzung der Biomasse, wieder aus der Asche recycelt werden. Diese Art des Recyclings aus ehemaligem Pflanzenmaterial bezeichnet man als Phytomining [Sheoran et al. 2009].

Im Projekt PhytoGerm wurde zum einen die Fähigkeit verschiedener Energiepflanzenarten zur Akkumulation von Germanium in ihrer Biomasse unter dem Einfluss von Düngung und Bodenzusatzstoffen auf das Wachstum der Pflanzen und die Bioverfügbarkeit von Germanium untersucht, zum anderen ein integriertes Verfahren zur vollständigen Verwertung dieser Germaniumakkumulenten hinsichtlich der Gewinnung von Germanium, Biogas, Mineralstoffen und Wärmeenergie entwickelt. In einem integrativen Bewertungsansatz wurde der Erfolg des Phytominings einschließlich der Verwertung der Biomasse anhand einer Ökoeffizienzanalyse bewertet.

Für ein Phytomining des ubiquitär in Böden vorhandenen, jedoch in geringer Konzentration vorkommenden Germaniums eignen sich insbesondere die als Siliciumakkumulatoren bekannten Gräser wie Mais, Rohrglanzgras oder Schilf, wobei die Germaniumakkumulation durch chelatisierende Substanzen wie organische Säuren erhöht werden kann. Die polymergestützte Fest-Flüssig-Separation eignet sich am besten zur Gewinnung von Germanium aus den Gärresten der für die Biogaserzeugung verwendeten Germaniumakkumulatoren, wobei der erhaltene Feststoff nach der Trocknung der thermischen Verwertung zugeführt und die germaniumangereicherten Aschen aufgeschlossen werden, um das Germanium extraktiv abzutrennen und die Konzentrate der Extraktion zur Gewinnung des Zielproduktes Germaniumdioxid (GeO_2) zu destillieren. Durch diese destillative Germaniumgewinnung aus Gärproduktaschen lassen sich bei angenommenen 100 t germaniumhaltigem Gärrest pro Jahr bei einem Germaniumgehalt von 10 ppm in trockener Biomasse 39 kg Germaniumdioxid·wirtschaftlich gewinnen. Bei einer Verdopplung des Weltmarktpreises (1.313 EUR/kg GeO$_2$, Stand Dezember 2014) entspräche dies einem Erlös von 102.000 EUR/a durch den Einsatz von Phytomining.

I. EINLEITUNG

Germanium (Ge), ein chemisches Element der vierten Hauptgruppe, zählt zu den sogenannten wirtschaftsstrategischen Rohstoffen [BMBF 2012], welches in den nächsten Jahrzehnten eine deutliche Steigerung der Nachfrage im Verhältnis zur heutigen Weltproduktion erfahren wird [Angerer 2009]. Es wird überwiegend in der Infrarot- und Glasfasertechnik, in der Halbleiterindustrie und als Katalysator bei der Polykondensation von PET verwendet.

Germanium kommt überwiegend in sulfidischen Mineralien wie Argyrodit (1,8 – 6,9 % Ge), Germanit (5 – 10 % Ge) und Renierit (6,3 – 7,7 % Ge) vor [Rosenberg 2007]. Darüber hinaus ist Germanium in einigen anderen Rohstoffen wie in Zinkerzen oder Kohle in niedriger Konzentration enthalten. Durch das Fehlen abbauwürdiger Lagerstätten ist derzeit eine herkömmliche Gewinnung mit bergmännischen Methoden nicht zu realisieren. Dementsprechend wird Germanium überwiegend aus Röstaschen der trockenen Zinkgewinnung bzw. Flugaschen bestimmter Kohlesorten gewonnen.

Germanium ist mit dem leichteren Element Silicium (Si) chemisch eng verwandt und liegt dementsprechend im überwiegenden Teil seines Vorkommens in der Erdkruste mit Silicium vergesellschaftet vor, allerdings mit einer Häufigkeit von 1:10.000. So ist Germanium am Aufbau der Erdkruste nur mit ca. 1,6 mg/kg beteiligt [Rosenberg 2007], die mittlere Konzentration in Böden liegt zwischen 0,8 und 1,6 mg/kg [Kabata-Pendias 2001].

Aufgrund der zukünftig stark steigenden Nachfrage nach Germanium [Angerer 2009] besteht ein dringender Bedarf für alternative Quellen. In diesem Kontext wird seit gut zwei Jahrzehnten für einige Elemente wie Gold oder Nickel das sogenannte Phytomining („Bergbau mit Pflanzen") als nicht nur umweltfreundliches, sondern auch als wirtschaftlich aussichtsreiches biologisches Alternativverfahren für mit herkömmlichen bergmännischen Methoden ökonomisch nicht gewinnbare Elemente diskutiert [Baker & Brooks 1989]. Die wirtschaftliche Machbarkeit dieses Konzeptes wurde erstmals für die Pflanzenart *Streptanthus polygaloides* gezeigt, welche Nickel in hohen Konzentrationen aus Böden in ihrer Biomasse anreichert [Nicks & Chambers 1995]. Nach der Ernte wird üblicherweise die Biomasse der Pflanzen, die bestimmte Elemente in hohem Maße akkumuliert, enzymatisch, chemisch, pyrolytisch oder durch Verbrennen aufgeschlossen. Die Wertstoffe können anschließend aus den dabei entstehenden Gärresten, Aschen oder der Flüssigphase gewonnen werden.

Somit kann durch die mit dem Biomasseaufschluss verbundene energetische Nutzung der Biomasse ein zusätzlicher wirtschaftlicher Gewinn erzielt werden.

Der Erfolg des Phytominings hängt dabei von folgenden Faktoren ab: (1) Biomasseertrag der Pflanzen, (2) Metall- und Halbmetallgehalt im Erntegut, (3) Bioverfügbarkeit des Metalls bzw. Halbmetalls [Sheoran et al. 2009]. Die Bioverfügbarkeit von Metallen und Halbmetallen kann dabei durch pflanzeninterne und externe Faktoren beeinflusst werden. Dazu gehören physikalische, chemische und biologische Bedingungen in der unmittelbaren Umgebung der Wurzeln (Rhizosphäre), die durch die Pflanzenwurzeln beeinflusst werden. Bodenfaktoren, die diesbezüglich relevant sind und durch Maßnahmen der Bodenbewirtschaftung beeinflusst werden können, sind beispielsweise: (1) Boden-pH, (2) Düngung (z. B. Verringerung des Boden-pH durch Ammoniumsalze), (3) Bodenzusatzstoffe, die durch eine Absenkung des pH-Wertes oder chelatisierende Effekte eine bessere Verfügbarkeit der zu extrahierenden Elemente bewirken können [Heilmeier 2006].

Zum Aufschluss von lignocellulosehaltiger Biomasse wird häufig das „Steam-Explosion"-Verfahren verwendet, bei dem die Biomasse in einzelne Faserbündel aufgetrennt und die Cellulose freigelegt wird [Glazer & Nikaido 1998]. Ein weiteres Verfahren bietet der Mikrowellenaufschluss, bei dem die wässrige Phase, in der sich die Biomasse befindet, durch Mikrowellenstrahlung auf Temperaturen von über 100 °C erhitzt wird. Dadurch werden glycosidische Bindungen destabilisiert und Hemicellulosen gespalten. Durch Folgereaktionen von freigesetzten Säureresten der Hemicellulosen bilden sich Essig- und Uronsäuren [Pérez et al. 2007]. Auf diese Weise können etwa 35 – 40 % des Lignins und bis zu 100 % der Hemicellulosen aufgeschlossen werden. Zur Delignifizierung ligninreicher Biomassen eignet sich insbesondere der alkalische Aufschluss mittels Natriumhydroxid. Dadurch wird die Cellulose für Enzyme zugänglich und es lassen sich etwa 60 % des Lignins und 70 % der Hemicellulosen entfernen [Weil et al. 1994]. Bei den genannten Verfahren kann der hohe Aufwand an Energie bzw. chemischen Aufschlussmitteln erheblich die Wertstoffextrahibilität beeinträchtigen im Gegensatz zu einem biologischen Aufschluss über mikrobielle Vergärung, bei dem die Lignocellulose unter (weitgehendem) Luftausschluss enzymatisch hydrolysiert wird.

Für den Zielwertstoff Germanium erfolgt die metallurgische Gewinnung klassisch aus Rauchgasen bzw. Flugaschen. Eine Gewinnung aus Rückständen der energetischen Verwertung von Biomasse (Gärreste der Biogaserzeugung, Aschen der Verbrennung) ist bislang nicht bekannt.

2. VORGEHENSWEISE

Das Projekt bestand aus drei Teilvorhaben von der Extraktion von Germanium aus Böden mittels Phytomining über die vollständige Verwertung der Germaniumakkumulenten bis zur integrativen Bewertung einschließlich rechtlicher und wirtschaftlicher Aspekte.

Phytomining

Zuerst wurden die Pflanzenarten ermittelt, die für ein kommerzielles Phytomining von Germanium mit anschließender energetischer Verwertung der Biomasse im gemäßigten mitteleuropäischen Klimabereich geeignet sind, also Germanium akkumulierende Kräuter und Gräser, die gleichzeitig auch als Energiepflanzen geeignet sind. Dazu gehören Grasarten wie Mais (*Zea mays*), Saat-Hafer (*Avena sativa*) und Saat-Gerste (*Hordeum vulgare*), die aufgrund ihrer hohen Siliciumaufnahme und der chemischen Ähnlichkeit zwischen Silicium und Germanium eine hohe Akkumulationsrate des Zielwertstoffes Germanium erwarten lassen. Darüber hinaus wurden krautige Energiepflanzen wie Raps (*Brassica napus*) untersucht, da der hohe Thiolgehalt in Brassicaceen aufgrund des chalkophilen Verhaltens von Germanium ebenfalls auf hohe Germaniumanreicherung schließen ließ.

Zudem wurde der Einfluss von Bodenzusatzstoffen auf das Wachstum der Pflanzen und die Bioverfügbarkeit von Germanium untersucht. Die Bioverfügbarkeit von Germanium in Böden wurde durch die Zugabe von organischen Säuren (z. B. Citronen-, Essig-, Weinsäure) verbessert. Zur Analyse der Mobilisierung von Germanium mittels dieser chelatisierend wirkenden Substanzen wurde die Bodenlösung mithilfe von Saugkerzen extrahiert. Die Bindungsformen von Germanium im Pflanzenmaterial wurden mittels elektrothermischer Verdampfung (ETV) gekoppelt an ein ICP-Atomemissionsspektrometer ermittelt.

Entwicklung eines integrierten Verfahrens zur vollständigen Verwertung von Germaniumakkumulenten hinsichtlich der Gewinnung von Germanium, Biogas, Mineralstoffen und Wärmeenergie

Als Voraussetzung für die Gewinnung von Germanium mittels Phytomining wurde zunächst ein biologisches (fermentatives) Aufschlussverfahren mit den Zielen maximaler Biogaserzeugung sowie Germaniumfreisetzung in die wässrige Phase entwickelt. Dabei wurde die Biogasfermentation in einem Ankom-Gasproduktionssystem sowie in einem Infors-Feststofffermenter durchgeführt, teilweise, je nach Substrateigenschaften, mit vorgeschalteter enzymatischer Hydrolyse mit Cellulasen aus *Penicillium verruculosum* sowie mit chemischer Vorbehandlung der Biomasse mittels Mineralsäuren (Schwefelsäure, Salzsäure, Salpetersäure) sowie Basen (Natriumhydroxid).

Daran anschließend wurde ein Verfahren zur Germaniumextraktion aus Biomasselysaten (Gärreste, Aschen) und nachfolgender Mineralstoffverwertung für die Düngemittelproduktion entwickelt. Die ersten Schritte dazu waren eine Fest-Flüssig-Trennung und die

Übertragung der Untersuchungen in den Technikumsmaßstab unter Einsatz der Labordekanterzentrifuge. Das Verfahren bestand in einer Germaniumextraktion über das System der Fest-Flüssig-Trennung aus Trioctylamin in Kerosin und Catechol als Komplexbildner und einer Destillation über GeIV-Chlorid mit anschließender Hydrolyse mit > 6 M salzsaurer Lösung. Das dabei gebildete leicht flüchtige gasförmige Germaniumtetrachlorid wurde in eine basische Lösung überführt, wo das $GeCl_4$ hydrolysiert und als GeO_2 ausfällt.

Für die Fälle, in denen eine komplette stoffliche Verwertung der Biomasse in Form von Biogas aufgrund der Substrateigenschaften (z. B. hoher Gehalt an Lignozellulosen) nicht möglich ist, wurde eine Verbrennung des germaniumreichen Pflanzenmaterials bei 800 °C im Röhrenofen und Muffelofen durchgeführt.

Integrativer Bewertungsansatz

Der Erfolg des Phytominings und der Verwertung der Biomasse wurden anhand einer Ökoeffizienzanalyse bewertet. Als Voraussetzung wurden zunächst die rechtlichen Rahmenbedingungen für Phytomining in der EU analysiert, insbesondere die Aspekte Biomasseproduktion in der EU, Gärreste unter Düngemittelrecht, Gärreste unter Abfallrecht und Gärreste als Ersatzbrennstoff. Anschließend wurde mit dem KTBL-Biogasrechner (Fachagentur Nachwachsende Rohstoffe, http://daten.ktbl.de/biogas) unter Anwendung auf eine Biogasanlage mittlerer Größe mit einer elektrischen Nennleistung von 500 kW_{el} die Wirtschaftlichkeit des Gesamtprozesses analysiert. Im Vordergrund standen dabei die Kosten und Investitionen, die für eine Extraktion von Germanium zusätzlich nötig sind, und die Gasverwertung vor Ort durch Kraft-Wärme-Kopplung in einem Blockheizkraftwerk.

3. ERGEBNISSE UND DISKUSSION

In allen 3 Teilvorhaben wurden die Ziele entsprechend dem Antrag überwiegend erreicht.

Phytomining

Ein erstes Ziel war es, die Pflanzenarten zu ermitteln, die für ein kommerzielles Phytomining von Germanium mit anschließender energetischer Verwertung der Biomasse im gemäßigten mitteleuropäischen Klimabereich geeignet sind.

Bei den im Gewächshaus durchgeführten semikontrollierten Versuchen mit einem für die Freiberger Region repräsentativen Ackerboden (durchschnittliche Germaniumkonzentration in der Trockenmasse 1,8 mg/kg TM) wiesen die untersuchten zweikeimblättrigen Arten erwartungsgemäß nur maximal 0,4 mg Ge/kg TM (Sonnenblume) in der oberirdischen Biomasse und somit in den für ein Phytomining zugänglichen Pflanzenteilen auf [Heilmeier et al. 2016]. In den Grasarten waren dagegen die Germaniumkonzentrationen um den Faktor

10 höher (Bild 1). Als beste Germaniumakkumulenten wurden Schilf, Mohren-Hirse und Rohrglanzgras identifiziert (4,0, 2,6 und 1,6 mg Ge/kg TM).

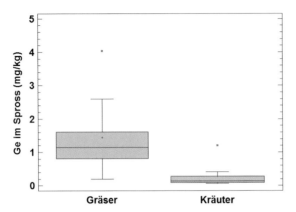

Bild 1: Germaniumkonzentration im Spross von verschiedenen Gräsern und Kräutern im Gewächshausversuch mit Ackerboden aus der Umgebung von Freiberg

Im Rahmen von Freilandversuchen in Großlysimetern auf dem Gelände der Firma Bauer Umwelt GmbH in Hirschfeld (Sachsen) wurde das Germanium-Akkumulationspotenzial von geeigneten Pflanzenarten auf einem Modellsubstrat untersucht. Aufgrund seiner vergleichsweise hohen Biomasseerträge wies Raps die höchste Elementakkumulation in der Gruppe der Kräuter (30 µg Ge/m^2) auf, die insgesamt höchsten Elementaufnahmen wurden jedoch für Mais (182 µg Ge/m^2), Hafer (110 µg Ge/m^2) und Rohrglanzgras (104 µg Ge/m^2) nachgewiesen. Somit konnten Bioenergiepflanzen, insbesondere Gräser mit hohen Biomasseerträgen, eindeutig als geeignete Arten für ein Phytomining von Germanium identifiziert werden.

Darüber hinaus wurde der Einfluss von Bodenzusatzstoffen auf das Wachstum der Pflanzen und die Bioverfügbarkeit von Germanium untersucht sowie die Bindungsformen von Germanium in Boden und Pflanze analysiert. Da gemäß von Ergebnissen der sequenziellen Extraktion ein Großteil des Germaniums im Boden in der Kristallstruktur von Silikaten und an Eisen- und Manganoxide gebunden vorliegt, spielen Düngung und Bodenzusatzstoffe eine Rolle für die Bioverfügbarkeit von Germanium. So erhöht die Zugabe von chelatisierenden Agentien (z. B. organische Säuren) die Mobilität von Germanium deutlich: 10 mmol/l Citronensäure konnten 30 % des Gesamtgehaltes des Bodens an Germanium extrahieren (Bild 2). Die Elementkonzentrationen im Pflanzengewebe waren dabei für die untersuchten Arten bei der Zugabe von Citronensäure zum Boden auch im Vergleich zu einer Mineralsäure (Salpetersäure mit pH 3,7) signifikant erhöht, was auf die Bedeutung chelatisierender Substanzen für die Erhöhung der Bioverfügbarkeit von Germanium hinweist (s. Beispiel für Rohrglanzgras in Bild 2).

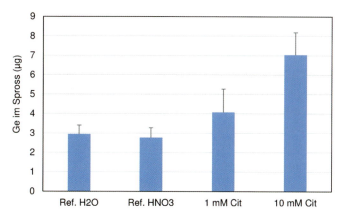

Bild 2: Einfluss einer Mineralsäure (Salpetersäure HNO_3, pH 3,7) und von zwei Konzentrationen einer organischen Säure (1 mM und 10 mM Citronensäure) auf die Germaniumkonzentration im Spross von Rohrglanzgras (*Phalaris arundinacea*)

Zur Analyse möglicher Bindungsformen von Germanium und deren Gehalte (Spezies) in Pflanzenmaterial wurde das Analyseverfahren der elektrothermischen Verdampfung (ETV) gekoppelt mit der ICP-Atomemissionsspektroskopie (ETV-ICP OES) eingesetzt, wobei die Detektion weiterer relevanter Elemente wie z. B. Silicium oder Schwefel, wenn diese zeitgleich mit Germanium freigesetzt werden, Hinweise auf die Bindungsform (organisch, sulfidisch, silikatisch etc.) lieferte. Für Proben des Germaniumakkumulators Schilf (*Phragmites australis*) wurde ein Großteil des Germaniums zusammen mit dem Element Schwefel freigesetzt, was auf organische Spezies hinweist. Darüber hinaus konnte – entsprechend dem hohen Si-Gehalt in Gräsern – eine silikatisch gebundene Germaniumfraktion postuliert werden.

Da jedoch mit dem Verfahren der ETV-ICP OES Germaniumgehalte in für natürlicherweise in den Pflanzen vorkommenden Bereichen nicht erfasst werden können, wurde zur direkten Bestimmung von Germanium in pflanzlichem Gewebe eine Methode mittels Graphitofen-Atomabsorptionsspektrometrie (GF-AAS) entwickelt. Durch eine Optimierung der Analysebedingungen für die GF-AAS konnte eine hohe Übereinstimmung mit den Ergebnissen der als Referenz verwendeten ICP-MS-Methode erzielt werden (R = 0,9989; p < 0,001; n = 11).

Entwicklung eines integrierten Verfahrens zur vollständigen Verwertung von Germaniumakkumulenten hinsichtlich der Gewinnung von Germanium, Biogas, Mineralstoffen und Wärmeenergie

1. ENTWICKLUNG EINES BIOLOGISCHEN (FERMENTATIVEN) AUFSCHLUSSVERFAHRENS MIT DEN ZIELEN MAXIMALER BIOGASERZEUGUNG SOWIE GERMANIUMFREISETZUNG IN DIE WÄSSRIGE PHASE:

Bei der Biogasfermentation (Ankom-Gasproduktionssystem, Infors-Feststofffermenter) wurde zwar Germanium durch die Biogasproduktion in die flüssige Phase überführt, jedoch verblieb ein großer Anteil von bis zu 70% im Feststoff. Um die Fraktionierung von zuckerhaltigen Flüssigkeiten und germaniumhaltigen Feststoffen zu verbessern, wurde mit Cellulasen aus *Penicillium verruculosum* versucht eine enzymatische Hydrolyse vorzuschalten. Dies erbrachte allerdings keine entscheidende Erhöhung der Germaniummobilisierung in die Flüssigphase. Nach einer chemischen Vorbehandlung der Biomasse mittels Mineralsäuren (Schwefelsäure, Salzsäure, Salpetersäure) sowie Basen (Natriumhydroxid) konnten mehr als 90 Gew.-% des Germaniums aus dem untersuchten Pflanzenmaterial mobilisiert werden. Die entstehenden Prozesslösungen enthalten etwa 1 mg/l Ge und können somit direkt in weitere Prozessstufen zur Konzentrierung bzw. Germaniumabtrennung überführt werden. Um eine ganzheitliche Verwertung der Pflanzenmaterialien sicherzustellen, wurden die enzymatische Hydrolysierbarkeit mit dem Cellulasekomplex von *Penicillium verruculosum* und die fermentative Biogasproduktion der Substrate untersucht (enzymatische Hydrolyse 24 h, Citratpuffer 50 mM, pH 5,0, T = 50 °C, 15 IU g/TS, Biogasfermentation 28 d). Für den dabei eingesetzten Hafer (*Avena sativa*) zeigte sich eine unveränderte Zuckerfreisetzung von ca. 3 g/l nach chemischer Behandlung. Hingegen konnte beim trockenen Sumpfreitgras (*Calamagrostis canescens*) die Zuckerfreisetzung durch die chemische Behandlung von etwa 0,5 g/l auf bis zu 9 g/l gesteigert werden, was eine verbesserte Biogasverwertbarkeit prognostiziert. Versuche in den Laborfermentern ergaben für frisches Rohrglanzgras eine gleichbleibende gute Biogasbildung mit bzw. ohne chemische Vorbehandlung von 500 ± 50 Nl/kg$_{OTS}$.

2. ENTWICKLUNG VON VERFAHREN ZUR GERMANIUMEXTRAKTION AUS BIOMASSELYSATEN UND NACHFOLGENDER MINERALSTOFFVERWERTUNG FÜR DIE DÜNGEMITTELPRODUKTION (Bild 3):

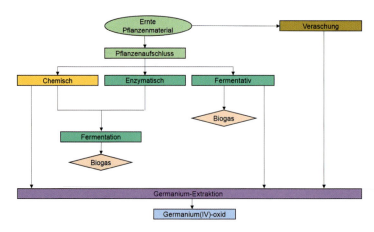

Bild 3: Verfahrenswege zur Germaniumextraktion aus Biomasselysaten

- Verfahrenskonzept zur Germaniumgewinnung aus Gärprodukten

Da es nicht möglich ist, Germanium im Gärprozess in der Flüssigphase oder dem Feststoff anzureichern, ist ein Trennschritt nach dem Fermenter erforderlich, was erfolgreich mit der polymergestützten Fest-Flüssig-Trennung realisiert werden konnte. Der erhaltene Feststoff wurde getrocknet und der thermischen Verwertung zugeführt. Die germaniumangereicherten Aschen wurden aufgeschlossen und das Germanium extraktiv abgetrennt. Um das Zielprodukt GeO_2 zu erhalten, wurden die Konzentrate der Extraktion destilliert.

- Verfahrenskonzept zur Germaniumgewinnung aus Aschen

Für Biomasse, die nicht für die Biogasproduktion geeignet ist, stellt die Verbrennung einen gangbaren Weg dar. Nach der Biomasseverbrennung können die Aschen direkt gelaugt und die Lösungen extraktiv aufgearbeitet werden. Die abschließende Destillation führt zum Zielprodukt GeO_2.

- Verfahrenskonzept zur Germaniumgewinnung aus der Flüssigphase

Werden Biomassen chemisch vorbehandelt, so erfolgt die Aufarbeitung direkt über die extraktive Flüssig-Flüssig-Extraktion mit nachfolgender Destillation zum Zielprodukt Germaniumdioxid (GeO_2). Dabei ergeben sich große Vorteile durch die Einsparung von Prozessschritten im Vergleich zur Germaniumgewinnung aus Gärprodukten sowie im Vergleich zur Germaniumgewinnung aus Aschen, die aus verwerteter germaniumhaltiger Biomasse anfallen. Nachteilig ist jedoch die hohe organische Belastung der Extraktionslösungen, was bisher zu Ausbeuteverlusten und einem höheren Einsatz an Chemikalien führt. Zukünftige Arbeiten zielen darauf ab, die organische Fracht sowie den Chemikalieneinsatz zu reduzieren. Interessante Ansatzpunkte bieten hier elektrochemisch-verfahrenstechnische Ansätze.

Integrativer Bewertungsansatz einschließlich rechtlicher und wirtschaftlicher Aspekte

1. ANALYSE DER RECHTLICHEN RAHMENBEDINGUNGEN FÜR PHYTOMINING IN DER EU

Aus juristischer Sicht fallen für Gärreste als Produkte „Nachwachsender Rohstoffe (NaWaRo)", die ohne Beimengung von Abfallstoffen im Verlauf des Gärprozesses entstanden sind, bei der Nutzung die geringsten Probleme an. Der flüssige Gärrest kann idealerweise als Wirtschaftsdünger auf betriebseigenen oder gepachteten Flächen ausgebracht werden, weil in diesem Fall nur die Vorgaben der Düngeverordnung zu beachten sind und das gewerbsmäßige Inverkehrbringen gemäß der Düngemittelverordnung entfällt.

2. WIRTSCHAFTLICHKEITSANALYSE

Die aus Sicht der chemischen Technik aussichtsreichste Variante der destillativen Germaniumgewinnung aus Gärproduktaschen wurde als Grundlage einer vergleichenden Wirtschaftlichkeitsbetrachtung im Rahmen einer Machbarkeitsstudie verwendet [Rentsch et al. 2016]. Bei angenommenen 100 t germaniumhaltigem Gärrest pro Jahr lassen sich bei einem Germaniumgehalt von 10 mg/kg in trockener Biomasse 39 kg GeO_2/a wirtschaftlich gewinnen. Dies entspricht bei Verdopplung des Weltmarktpreises (1.313 EUR/kg GeO_2, Stand Dezember 2014) einem Erlös von 102.000 EUR/a für das Germanium, das mithilfe von Phytomining gewonnen werden könnte. **Das PhytoGerm-Verfahren ist damit das weltweit einzige Verfahren, das in der Lage ist, Germanium aus geringkonzentrierten Vorkommen so hoch anzureichern, dass eine wirtschaftliche Gewinnung möglich ist.**

4. AUSBLICK

Effizienzpotenzial

Der innovative Aspekt von Phytomining besteht in der Kombination der energetischen Verwertung der Biomasse mit der Extraktion von in den Resten der energetischen Verwertung (Gärreste, Aschen) vorhandenen Wertelementen, wobei verfahrenstechnisch die Biomasseaufschlussverfahren der energetischen Verwertung zur Bereitstellung des Substrates für die Wertstoffextraktion genutzt werden. Dies erfordert zwar spezielle Investitionen für die Prozessschritte der Germaniumgewinnung sowie operative Prozesskosten beispielsweise für Chemikalien zur Extraktion und Endaufbereitung des Wertstoffes Germaniumdioxid. Da jedoch ansonsten verworfene Wertstoffe durch Phytomining genutzt werden können, birgt dieses Verfahren ein erhebliches Potenzial zur effizienten Ressourcennutzung angesichts einer zukünftig problematischer werdenden Versorgungslage. Das Prinzip der Ressourcennutzung über Phytomining kann auch zur Rückgewinnung von anderen Wertstoffen wie Seltene Erden oder Phosphat und Nitrat angewendet werden. Werden Wertstoffe akkumulierende Pflanzen z. B. auf mit toxischen Spurenelementen wie Schwermetallen oder Arsen belasteten Flächen (z. B. Halden und Tailings der Erzaufbereitung) angebaut, könnten die Pflanzen eine Kontamination von Böden und Gewässern mit Schadstoffen verringern und damit einen zusätzlichen positiven Umwelteffekt erzielen.

Mit Ausnahme der Nutzung kontaminierter Standorte wird das Risiko der gesamten Prozesskette vom Anbau bis zur energetischen Nutzung der Biomasse einschließlich der Gewinnung von Germanium als gering eingeschätzt, solange keine Beimengung von Abfall im Vergärungsprozess stattfindet. Lediglich auf geogen oder anthropogen mit Spurenelementen belasteten Flächen kann durch die angestrebte Erhöhung der Bioverfügbarkeit der Wertstoffe mittels chelatisierender Substanzen (die im Idealfall von in Mischkultur angebauten Pflanzen, beispielsweise Leguminosen, in den Boden abgegeben werden) die Mobilität von Schadstoffen gesteigert werden. In derartigen Fällen ist ein kontinuierliches Monitoring der Bodenlösung im Wurzelhorizont und in tieferen Bodenhorizonten unerlässlich.

Das Phytomining ist für die Inanspruchnahme von geogen schadstoffbelasteten Flächen unkritisch bis sogar positiv, da für diese oftmals in unbesiedelten Gebieten gelegenen Standorte und Bergbaufolgeflächen durch die Reduzierung von Schadstoffen erst eine höherwertige Nutzung ermöglicht wird. Neben dem positiven Effekt auf die Bilanz von Treibhausgasen erreicht man durch die Bioenergie u. a. die Schließung von Stoffkreisläufen durch die Rückgewinnung von Nährstoffen wie Phosphat und Nitrat aus Gärresten und Aschen für Düngungszwecke.

Eine regionale Verwertung der dezentral anfallenden Gärreste und Aschen würde zur Stärkung der Wirtschaftskraft (peripherer) ländlicher Räume führen und zusätzliche Arbeitsplätze für qualifizierte Bewerber in (eventuell neu zu gründenden) Unternehmen der Rohstoffbranche schaffen. Die Entwicklung neuartiger Extraktionsverfahren für Wertstoffe aus Biomasselysaten stellt einen Technologieschub dar und kann zur Versorgungssicherheit des Wertstoffes in Deutschland beitragen. Für Germanium könnten mithilfe des Phytominings mind. 10 % des Jahresbedarfs gedeckt werden (unter konservativen Annahmen: Ge-Gehalt in Bioenergiepflanzen 0,3 mg/kg TM, Biomasseertrag 10 t TM/ha ⇨ „Elementernte" ca. 3 g Ge/ha; Anbaufläche für Energiepflanzen in Deutschland 1 Mio. ha; Effizienz der Extraktion von Ge aus Biomasselysaten 50 %).

Ergebnisverwertung
PHYTOMINING
Durch eine Optimierung der Bodenbedingungen für die Aufnahme von Germanium mittels gezielter Düngung (insbesondere Stickstoff und Phosphor) und Mischkulturen mit Pflanzen, welche chelatisierende Verbindungen produzieren wie beispielsweise Leguminosen, kann die Effizienz der Germaniumextraktion erhöht werden. Ein mögliches Hemmnis stellt dabei der überwiegende Anteil von Germanium in schwer mobilisierbaren Bodenfraktionen dar.

Durch Selektion/Züchtung geeigneter Energiepflanzen sowie die Wahl eines günstigen Erntezeitpunktes können die Germaniumakkumulation und das Bioenergiepotenzial (Biomasseertrag, Energiegehalt) gleichzeitig optimiert werden. Allerdings könnten dabei Zielkonflikte („trade-off") zwischen einer möglichst hohen Germaniumkonzentration in den Pflanzen und dem Biomasseaufbau/Energieertrag der Pflanzen in Abhängigkeit vom Erntezeitpunkt infolge interner Verlagerungsprozesse und Seneszenzerscheinungen auftreten.

VOLLSTÄNDIGE VERWERTUNG DER GERMANIUMAKKUMULENTEN (GEWINNUNG VON GERMANIUM, BIOGAS, MINERALSTOFFEN UND WÄRMEENERGIE)
Die Germaniumgewinnung aus den Rückständen der energetischen Verwertung der Biomasse kann durch Prozessoptimierung mit apparativer Auslegung/Anpassung entwickelter Verfahrensmodule auf einen ausgewählten Germaniumakkumulenten im Industriemaßstab erhöht werden. Da bestimmte Germaniumakkumulenten (insbesondere Gräser) teilweise eine schlechte Monovergärbarkeit aufweisen, könnten zusätzliche Untersuchungen zum Einfluss von Co-Fermentationen nötig werden.

Ergänzung durch Aussagen aus der SWOT-Analyse von TUBAF:
Die Koppelung von Wertstoff- und Energiegewinnung, die Koppelung von Germanium mit anderen Zielelementen, die Berücksichtigung der gesamten Verwertungskette im landwirtschaftlichen Stoffkreislauf, eine mögliche Sanierung von problembelasteten Flächen sowie die Erhöhung lokaler Wertschöpfung stellen eindeutig Stärken des PhytoGerm-Ansatzes dar. Schwächen liegen in der Begrenzung des Transferfaktors für Wertelemente und der Auswirkung von Schadelementen auf den Biomasseaufbau der Energiepflanzen.

Erläuterung offener Fragen und weiterer Forschungsbedarf
PHYTOMINING
Ein tieferes Verständnis des Einflusses der Bodenbedingungen (insbesondere in der Rhizosphäre) auf die Bioverfügbarkeit von Germanium und anderen Wertelementen (z. B. Seltenerdmetalle) ist zur Erhöhung der Aufnahmeraten der Wertelemente unerlässlich. Dabei spielen auch die Aufnahmemechanismen für Germanium und andere Wertelemente in die Wurzel eine Rolle, z. B. inwieweit freies oder komplexiertes Germanium aufgenommen wird. Als weiterer Schritt für die Germaniumakkumulation in der oberirdischen Biomasse ist die Translokation von Germanium und anderen Wertelementen von den Wurzeln in den für die Ernte leichter zugänglichen Sprossbereich entscheidend. Da sich Gräser aufgrund ihres hohen Anreicherungsvermögens für Silicium als vielversprechend für eine Akkumulation von Germanium herausgestellt haben, diese aber oft hohe Anteile an Ligninen und Faserstoffen aufweisen, müssen Pflanzenarten/-sorten mit guter Eignung für die energetische Verwertung (insbesondere fermentative Biogaserzeugung) selektiert werden. Bei der Aufnahme und Akkumulation von Germanium und anderen Wertelementen in Pflanzen ist auf kontaminierten Böden die Interaktion der Wertstoffe mit Schadstoffen zu untersuchen.

VOLLSTÄNDIGE VERWERTUNG DER GERMANIUMAKKUMULENTEN (GEWINNUNG VON GERMANIUM, BIOGAS, MINERALSTOFFEN UND WÄRMEENERGIE)
Ein mechanistisches Verständnis der Mobilisierung von Germanium und anderen Wertmetallen aus Biomassen ist insbesondere bei den Verfahrensschritten Vorbehandlung und Fermentation von Biomassen gefordert. Für die effiziente Extraktion von Germanium müssen die Bindungsformen von Germanium in der polymergestützten Fest-Flüssig-Trennung von Gärresten sowie die Veränderung der Bindungsformen von Germanium bzw. anderen Wertmetallen bei der thermischen Verwertung von Biomassen und Gärprodukten aufgeklärt werden. Zudem muss die chemische Aufschlussfähigkeit von Gärprodukten und Aschen für Germanium bzw. andere Wertmetalle untersucht werden. Aus ökonomischer Sicht stellt die Minimierung bzw. Substituierung kostenintensiver Einsatzstoffe (z. B. Art des Polymers in der Fest-Flüssig-Trennung) einen wichtigen Forschungsgegenstand dar. Die Optimierung des Recyclings von Prozessströmen ist schließlich ein übergreifendes Forschungsziel.

Liste der Ansprechpartner aller Vorhabenspartner

Prof. Dr. rer. nat. habil. Hermann Heilmeier TU Bergakademie Freiberg,
Institut für Biowissenschaften, Leipziger Straße 29, 09599 Freiberg,
hermann.heilmeier@ioez.tu-freiberg.de, Tel.: +49 3731 39-3208

Prof. Dr. rer. nat. habil. Martin Bertau TU Bergakademie Freiberg,
Institut für Technische Chemie, Leipziger Straße 29, 09599 Freiberg,
Martin.Bertau@chemie.tu-freiberg.de, Tel.: +49 3731 39-2384

Dr. Uwe Schlenker BAUER Umwelt GmbH, Niederlassung Ost, Haßlau 16B, 04741 Roßwein,
Uwe.Schlenker@bauer.de, Tel.: +49 34322 473-40

Lukas Neumann MT-Energie Service GmbH, Ludwig-Elsbett-Straße 1, 27404 Zeven,
Lukas.Neumann@MT-Energie.com, Tel.: +49 4281 9845627

Veröffentlichungen des Verbundvorhabens

[Aubel et al. 2013] Aubel, I.; Schreiter, N.; Bertau, M.: Development of pulping processes for the recovery of biogas as well as germanium (2013). Proceeding-Paper: 21st European Biomass Conference and Exhibition, S. 1023 – 1025 (DOI: 10.5071/21stEUBCE2013-2DV.2.17)

[Heilmeier et al. 2016] Heilmeier, H.; Wiche, O.; Tesch, S.; Aubel, I.; Schreiter, N.; Bertau, M.: Germaniumgewinnung aus Biomasse – PhytoGerm (2016). In: Thomé-Kozmiensky, K. J., Goldmann, D. (Hrsg.): Recycling und Rohstoffe, Band 9, S. 177 – 192. TK Verlag Karl Thomé-Kozmiensky, Neuruppin

[Heinemann et al. 2013] Heinemann, U.; Wiche, O.; Tesch, S.; Heilmeier, H.; Wiesel, M.; Otto, M.: Investigations on germanium speciation in plant materials after bioaccumulation by ETV-ICP OES (2013). In: Tagungsband zum Colloquium Analytische Atomspektroskopie (CANAS) 2013, S. 106, Freiberg

[Rentsch et al. 2016] Rentsch, L.; Aubel, I. A.; Schreiter, N.; Höck, M.; Bertau, M.: PhytoGerm – Extraction of Germanium from Biomass. An Economic Pre-feasibility Study (2016). In: Journal of Business Chemistry 13, S. 47 – 58

[Schreiter et al. 2014] Schreiter, N.; Aubel, I.; Bertau, M.: Phytomining – Gewinnung von Germanium aus Biomasse zur Biogasverwertung (2014). In: Chemie Ingenieur Technik – Special Issue: ProcessNet-Jahrestagung 2014 und 31. DECHEMA-Jahrestagung der Biotechnologen 9/2014, 86, No. 9, S. 1481 (DOI: 10.1002/cite.201450369)

[Schreiter et al. 2015] Schreiter, N.; Aubel, I.; Bertau, M.: Germanium recovery from biomass for biogas production (2015). Poster zu den Freiberger Innovationstagen 11./12.06.2015 und zur FIA-Jahrestagung 11./12.11.2015, Freiberg

[Schreiter et al. 2016] Schreiter, N.; Aubel, I.; Bertau, M.: Extraktive Gewinnung von Germanium aus pflanzlicher Biomasse. In: Chemie Ingenieur Technik (in Vorb.)

[Schreiter et al. 2016] Schreiter, N.; Aubel, I.; Bertau, M.: Extraktive Recovery of Germanium from Biomass. German-Japanese Symposium on Extraction Technologies, 12. – 13.05.2016, Dresden

[Wiche et al. 2013] Wiche, O.; Busch, S.; Kummer, N.-A.; Heinemann, U.; Heilmeier, H.: Bioavailable Germanium in Different Soil Fractions (2013). In: Tagungsband zum Colloquium Analytische Atomspektroskopie (CANAS) 2013, S. 87 – 88, Freiberg

[Wiche et al. 2014] Wiche, O.; Zehnsdorf, A.; Schlenker, U.: Naturnahe Rohstoffgewinnung aus kontaminierten Böden und Sedimenten – Forschung im BRZ Hirschfeld (2014). In: Sächsisches Altlastenkolloquium 2014, 11/2014, Dresden

[Wiche et al. 2014] Wiche, O.; Székely, B.; Kummer, N.-A.; Heinemann, U.; Tesch, S.; Heilmeier, H.: Bioavailable concentrations of germanium and rare earth elements in soil as affected by low molecular weight organic acids and root exudates (2014). In: Geophysical Research Abstracts 04/2014, Vol. 17, EGU Vienna

[Wiche et al. 2014] Wiche, O.; Székely, B.; Kummer, N.-A.; Heinemann, U.; Heilmeier, H.: Analysis of bioavailable Ge in agricultural and mining-affected-soils in Freiberg area (Saxony, Germany) (2014). In: Geophysical Research Abstracts 04/2014, Vol. 17, EGU Vienna

[Wiche et al. 2014] Wiche, O.; Heinemann, U.; Schreiter, N.; Aubel, I.; Tesch, S.; Fuhrland, M.; Bertau, M.; Heilmeier, H.: Phytomining von Germanium – Bioakkumulation und Gewinnung von Germanium aus Biomasse von Pflanzen (2014). In: Teipel, U.; Reller, A. (Hrsg.): Symposium Rohstoffeffizienz und Rohstoffinnovationen. Fraunhofer Verlag, Stuttgart, S. 347 – 348

[Wiche et al. 2014] Wiche, O.; Hoffmann, J.; Gößner, M.: Bioverfügbarkeit von Germanium und Seltenen Erden im Pflanze-Boden-System. Landnutzung und Umweltfaktoren in ihrer Beziehung zum Stoffaustausch im System Pflanze-Boden (2014). In: Merbach, W.; Augustin, J.; Heinze, J. (Hrsg.): Mitteilungen Agrarwissenschaften 25, S. 35 – 41, Verlag Dr. Köster Berlin, ISBN: 978-3-89574-849-3

[Wiche et al. 2015] Wiche, O.; Fischer, R.; Moschner, C.; Székely, B.: Assessment of bioavailable concentrations of germanium and rare earth elements in the rhizosphere of white lupin (Lupinus albus L.) (2015). In: Geophysical Research Abstracts 04/2015, Vol. 17, EGU Vienna

[Wiche & Hentschel 2015] Wiche, O.; Hentschel, W.: Bioavailable concentrations of germanium and rare earth elements in soil fractions (2015). In: Geophysical Research Abstracts 04/2015, Vol. 17, EGU Vienna

[Wiche et al. 2015] Wiche, O.; Székely, B.; Moschner, C.; Heilmeier, H.: Effects of form of nitrogen fertilization on the accumulation of Pb, As, Sc, Ge and U in shoots of reed canary grass (Phalaris arundinacea L.) (2015). In: Geophysical Research Abstracts 04/2015, Vol. 17, EGU Vienna

[Wiche et al. 2015] Wiche, O.; Székely, B.; Moschner, C.; Heilmeier, H.: Intercropping with white lupin (Lupinus albus L.); a promising tool for phytoremediation and phytomining research (2015). In: Geophysical Research Abstracts 04/2015, Vol. 17, EGU Vienna

[Wiche et al. 2016] Wiche, O.; Kummer, N.-A.; Heilmeier, H.: Interspecific root interactions between white lupin and barley enhance the uptake of rare earth elements (REEs) and nutrients in shoots of barley. In: Plant and Soil 01/2016; 402, No. 1, S. 235 – 245. DOI:10.1007/s11104-016-2797-1

[Wiche & Heilmeier 2016] Wiche, O.; Heilmeier, H.: Germanium (Ge) and rare earth element (REE) accumulation in selected energy crops cultivated on two different soils. In: Minerals Engineering 03/2016; 92, No. 3, S. 208 – 215. DOI:10.1016/j.mineng.2016.03.023

[Wiche et al. 2016] Wiche, O.; Székely, B.; Kummer, N.-A.; Moschner, C.; Heilmeier, H.: Effects of intercropping of oat (Avena sativa L.) with white lupin (Lupinus albus L.) on the mobility of target elements for phytoremediation and phytomining in soil solution. In: International Journal of Phytoremediation 03/2016. DOI:10.1080/15226514.2016.1156635

Quellen

[Angerer 2009] Angerer, G.: Rohstoffe für Zukunftstechnologien. Einfluss des branchenspezifischen Rohstoffbedarfs in rohstoffintensiven Zukunftstechnologien auf die zukünftige Rohstoffnachfrage. Fraunhofer-IRB-Verlag, Stuttgart, 2009

[Baker & Brooks 1989] Baker, A. J. M.; Brooks, P. R.: Terrestrial higher plants which hyperaccumulate chemical elements – a review of their distribution, ecology and phytochemistry. In: Biorecovery 02/1989, 1, No. 2, S. 81 – 126

[BMBF 2012] Wirtschaftsstrategische Rohstoffe für den Standort Deutschland. Bundesministerium für Bildung und Forschung, September 2012.

[European Commission 2014] Report on Critical Raw Materials for the EU. Report of the Ad hoc Working Group on defining critical raw materials. Online verfügbar unter http://ec.europa.eu/DocsRoom/documents/10010/attachments/1/translations/en/renditions/native, zuletzt geprüft am 21.09.2015

[Glazer & Nikaido 1998] Glazer, A. N.; Nikaido, H.: Microbial Biotechnology – Fundamentals of Applied Microbiology, 2. Auflage. W. H. Freeman & Company, New York/Oxford, 1998

[Heilmeier 2006] Heilmeier, H.: Boden-Pflanzen-Interaktionen (2006). In: CUTEC-Institut GmbH (Hrsg.): Netzwerk Erneuerbare Energien durch Biomasse aus der Phytoextraktion kontaminierter Böden, S. 55 – 72. Papierflieger Verlag, Clausthal-Zellerfeld

[Kabata-Pendias 2001] Kabata-Pendias, A.: Trace Elements in Soils and Plants. CRC Press, Boca Raton, 2001

[Nicks & Chambers 1995] Nicks, L. J.; Chambers, M. F.: Farming for metals. In: Mining environmental management 3/1995, 3, No. 3, S. 15 – 16

[Pérez et al. 2007] Pérez, J. A.; Gonzáles, A.; Oliva, J. M.; Ballesteros, I.; Manzanares, P.: Effect of process variables on liquid hot water pretreatment of wheat straw for bioconversion to fuel ethanol in a batch reactor. In: Journal of Chemical Technology and Biotechnology 10/2007, 82, No. 10, S. 929 – 938

[Rosenberg 2007] Rosenberg, E.: Environmental speciation of Germanium. In: Ecological Chemistry and Engineering 7/2007, 14, No. 7, S. 707 – 732.

[Sheroan et al. 2009] Sheoran, V.; Sheoran, A. S.; Poonia, P.: Phytomining: a review. In: Minerals Engineering 12/2009, 22, No. 12, S. 1007 – 1019

[Weil et al. 1994] Weil, J.; Westgate, P. J.; Kohlmann, K.; Ladisch, M. R.: Cellulose pretreatments of lignocellulosic substrates. In: Enzyme and Microbial Technology 11/1994, 16, No. 11, S. 1002 – 1004

16. Rotschlamm – Rückbau und Vermeidung von Rotschlammdeponien

Bernd Jaspert, Melanie Mehringskötter (REMONDIS Production GmbH, Lünen), Bernd Friedrich, Frank Kaußen (RWTH Aachen)

Projektlaufzeit: 01.05.2012 bis 30.04.2016 Förderkennzeichen: 033R085

ZUSAMMENFASSUNG

Tabelle 1: Zielwertstoffe

Zielwertstoffe im r³-Projekt Rotschlamm			
Al	Fe	Ga	Mineralischer Baustoff

Das Projekt Rotschlamm befasste sich mit der Verwertung von Rückständen aus der Aluminiumindustrie, den sog. Rotschlämmen. Ziel war es, ein Verfahren zur ganzheitlichen Verwertung des gesamten Rotschlammes zu entwickeln. In diesem Projekt waren maßgeblich die Firmen REMONDIS Production GmbH aus Lünen und das IME der RWTH Aachen beteiligt. Zur Bewertung der Produkte beteiligten sich zudem die Firma Geocycle aus Hamburg und DK Recycling aus Duisburg. Der Prozess der ganzheitlichen Verwertung umfasste drei aufeinanderfolgende Prozessabschnitte. Mit dem ersten Prozessabschnitt, der optimierten Drucklaugung, konnte ein sehr feines Aluminiumhydroxid gewonnen werden. Anschließend wurde im zweiten Prozessabschnitt, dem Ofenprozess, eine Eisenphase für die Stahlindustrie und eine optimierte Schlacke hergestellt, welche in der Glasfaserherstellung optimal eingesetzt werden kann. Im dritten Prozessabschnitt wurde aus der Lauge mithilfe einer Extraktion Gallium gewonnen.

1. EINLEITUNG

Rotschlamm ist ein Rückstand aus der Aluminiumindustrie, der bei der Gewinnung von Aluminiumhydroxid aus Bauxit anfällt. Durch Zugabe von Natronlauge wird in Autoklaven unter Druck und erhöhter Temperatur Aluminiumhydroxid aus Bauxit gelöst (Bayer-Verfahren, siehe Bild 1, roter Kasten). Hierbei geht das Aluminium als Natriumaluminat in Lösung. In einer weiteren Aufbereitungsstufe wird die Natriumaluminatlösung mit Aluminiumhydroxid geimpft, was die Bildung (Ausfällung) von Aluminiumhydroxid-Kristallen begünstigt. Das Aluminiumhydroxid wird im Folgenden bei ca. 1.200 – 1.300 °C kalziniert, sodass sich Aluminiumoxid bildet. Die Herstellung von metallischem Aluminium geschieht anschließend durch das Einschmelzen von Aluminiumoxid in einer Kryolithschmelze mittels Gleichstrom (Schmelzfluss-Elektrolyse). Die Reststoffe aus diesem Prozess (im Wesentlichen Eisenoxid, Aluminiumoxid, Siliciumoxid, Titanoxid und Magnesiumoxid sowie ein Teil der Natronlauge) werden als Rotschlamm bezeichnet. Je produzierter Tonne Aluminium fallen 1,0 – 2,0 t Rotschlamm an. Weltweit entstehen auf diese Weise über 100 Mio. t Rotschlamm pro Jahr [World Aluminium 2014]. Der bei der Aluminiumoxiderzeugung aus Bauxit entstehende Rotschlamm wird gegenwärtig deponiert oder ins Meer geleitet, was zu sog. „Dead Zones" führt. Beide Entsorgungswege sind ökologisch und im Sinne der Nachhaltigkeit als sehr belastend anzusehen. In der Vergangenheit gab es einige Versuche von Industrie und Wissenschaft, den anfallenden Rotschlamm weiter zu verwerten. Meist wurde hierbei der Fokus auf nur ein Produkt gelegt. Vorwiegend war die Intention eine Verringerung der zu deponierenden Rückstandsmenge. Zur Gewinnung von Aluminiumhydroxid ($Al(OH)_3$) bzw. Aluminiumoxid (Al_2O_3) aus Rotschlamm sind in der Literatur zahlreiche Ansätze und Verfahren zu finden, die aber alle bisher keine industrielle Umsetzung erfahren haben.

Allein in Deutschland könnten mit dem folgenden vorgeschlagenen Konzept zusätzlich zu den gewonnen Rohstoffen ca. 60 Mio. m³ Deponieraum zurückgewonnen werden. Durch die immer weiter voranschreitende Rohstoffverknappung wird die Wertstoffrückgewinnung aus Deponien attraktiver als zukünftige Rohstoffquellen. Bei aktiven Deponien oder nur teilweise rekultivierten Deponien besteht zudem der Vorteil der noch vorhandenen Infrastruktur. Aufgrund des Standortes der REMONDIS Production auf dem ehemaligen Lippewerk in Lünen existiert der direkte Kontakt zu einer noch nicht vollständig rekultivierten Rotschlammdeponie.

Das Ziel dieses Projektes ist die Entwicklung eines effizienten und flexiblen Behandlungsprozesses für Rotschlamm aus der primären Aluminiumerzeugung, der sowohl auf die Gewinnung von besonders hochwertigem Aluminiumhydroxid (gekoppelt mit der Gewinnung von sog. kritischen Metallen wie insbesondere Gallium), auf die thermische Erzeugung von Roheisen als auch auf die Aufbereitung des mineralischen Nebenproduktes zur Verwendung in der Baustoffindustrie wie beispielsweise der Mineralwolleherstellung fokussiert. Der Gesamtprozess zur Rotschlammaufbereitung ist in Bild 1 ausführlich dargestellt. Dabei hat die ganzheitliche Verwertung des Rotschlammes oberste Priorität und nicht, wie in der Vergangenheit, die Gewinnung einzelner Wertstoffe ohne Berücksichtigung der anfallenden Rückstände.

2. VORGEHENSWEISE

Um eine rückstandslose Gesamtverwertung der Restmetalle aus dem Rotschlamm zu erreichen, wurde jeder Aufbereitungsprozessschritt nicht nur in Bezug auf die Wertschöpfung der einzelnen Produkte hin untersucht, sondern vielmehr hinsichtlich eines Gesamtkonzeptes (siehe Bild 1). Als ökonomisch und/oder strategisch wichtige Wertmetalle, deren Gewinnung in Reinform erstrebenswert ist, wurden Aluminium und Eisen als Hauptbestandteile des Rotschlamms und Gallium als Technologiemetall identifiziert. Darüber hinaus wurde die Extraktion von Scandium exemplarisch getestet aber nicht weiter verfolgt, weil sie nicht

Kern dieses Projektes ist (Der Prozessweg ist in Bild 1 blass dargestellt). Um dabei wettbewerbsfähig zu sein, muss entweder der Herstellungsprozess kostengünstig und effizient sein oder das spätere Produkt muss sich durch hervorragende Qualität und Reinheit auszeichnen. So gibt es für die Gewinnung von Aluminium grundsätzlich die Möglichkeiten der sauren Laugung mit einer Säure oder der alkalischen Laugung mit Natronlauge. Die saure Laugung kommt einem Vollaufschluss gleich und erzeugt eine Lösung mit vielen verschiedenen Metallionen, die anschließend aufwendig raffiniert werden muss. Aus diesem Grund wurde in diesem Projekt die alkalische Laugung verfolgt, die selektiv nur die Zielmetalle auflöst und als Ziel hat, ein sehr reines Aluminiumhydroxid und späteres Aluminiumoxid zu gewinnen, das den strengen Anforderungen der Farbindustrie hinsichtlich des Weißegrades und der feinen Korngröße genügt. Ein weiterer Vorteil des alkalischen Laugungsschritts ist die simultane Extraktion von Gallium, das mittels Solventextraktion von der Lauge abgetrennt und anschließend nach Stand der Technik in einer Gewinnungselektrolyse in Reinstform gewonnen werden kann.

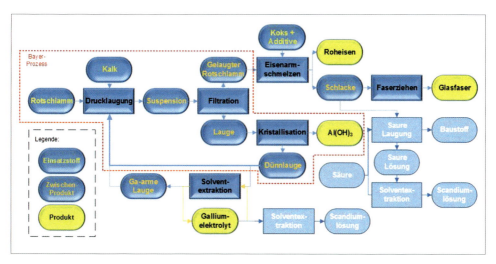

Bild 1: Fließbild des Gesamtprozesses zur Rotschlammaufbereitung. Rot eingekreist sind alle Prozessschritte, die zum Bayer-Prozess gehören, aus dem der Rotschlamm der Deponie Lünen entstammt. Hell ausgeblendet sind alle Prozessschritte, die möglich sind (vgl. Kapitel Ergebnisse und Diskussion), in diesem Projekt jedoch nicht weiter verfolgt wurden.

Der stark an Eisen angereicherte Rückstand wurde im Elektrolichtbogenofen eisenarm geschmolzen und die dabei entstehende Schlacke konnte nach Zugabe von Zuschlägen zu Baustoffen bis hin zu hochwertigeren Produkten wie Glasfasern versponnen werden. Der Vorteil dieses Aggregates liegt in seiner Flexibilität und dem hohen Massendurchsatz bei geringer Baugröße. Zur Herstellung von bspw. Glasfasern ist ein Aufschmelzen zwingend notwendig, da die Fasern nur aus dem schmelzflüssigen Zustand erzeugt werden können. Im Elektrolichtbogenofen können alle Prozessschritte der Eisenerzeugung und -gewinnung, Einstellen der korrekten Glaszusammensetzung und Abguss in eine Faserziehanlage in einer Anlage abgebildet werden. Die dafür erforderliche elektrische Energie ist einerseits teuer, das Verfahren erspart jedoch andererseits anfallende Verbrennungsgase und große Abgasaufbereitungssysteme. Die Innovation des Vorhabens basierte auf der übergreifenden Optimierung der Rohstoffeffizienz, die über eine Verfahrenskombination von einer spezialisierten Drucklaugung des Residuums, der gezielten Extraktion von kritischen Technologiemetallen und einem anschließenden Schmelzprozess in einem Elektroofen erreicht wird. Dieses Verfahren wird wirtschaftlich, wenn die hergestellte Schlacke für ein mineralisches Produkt verwendet werden kann. Der Verarbeitungsprozess umfasste eine innovative Verfahrenskombination zur Verwertung von Rotschlamm als Rückstand der primären Aluminiumherstellung durch metallurgische und verfahrenstechnische Maßnahmen in etablierten Aggregaten und Verfahren. Durch die rückstandslose Verwertung des Residuums sollten Mengenmetalle (Fe, Al) sowie kritische Metalle, insbesondere Technologiemetalle wie Gallium, und eine synthetische Mineralphase mobilisiert werden. Mithilfe der Rückgewinnung von Wertmetallen kann zukünftig ein vollständiger Rückbau der Rotschlammdeponien realistisch werden, der mit einer Reduzierung der Umweltbelastung und der Möglichkeit der Flächenrückgewinnung und einer neuen Flächennutzung einhergehen würde.

Drucklaugung und Aufarbeitung des Rotschlammes
Die Einstellung der Parameter für die Drucklaugung und anschließende Gewinnung des extrem feinen Aluminiumhydroxids erfolgte in einem Autoklaven unter Druck mit anschließender Fest-Flüssig-Trennung und Kristallisation von Aluminiumhydroxid in einem Rührbehälter.

Die Parameter, welche einen Einfluss auf die Drucklaugung haben, sind:
- Temperatur
- Laugenkonzentration
- Verweilzeit
- Zugabe von Hilfsmitteln
- Vorbehandlung des Rotschlammes

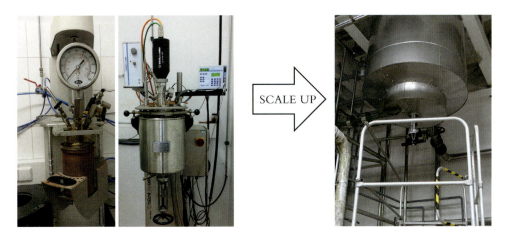

Bild 2: Verwendete Versuchsautoklaven (v.l.n.r.): 1-L-Laborautoklav, 10-L-Laborautoklav zur Herstellung des gelaugten Rotschlammes für anschließende Lichtbogenofentests und 1-m³-Autoklav der Pilotanlage

Die dabei verwendeten Autoklaven für die Parameterstudien hatten mit einem Volumen von 1 l bzw. 10 l Laborgröße und sind in Bild 2 dargestellt. Anschließend erfolgte das Scale-up auf die Pilotanlage. Mit den konzipierten Parametern wurde eine Drucklaugung im 1 m³ großen Autoklaven durchgeführt. Für die Laugung wurde ein Autoklav gewählt, da dieser bereits aus dem Bayer-Prozess bekannt ist und eine Rohraufschlussanlage, wie sie in der heutigen Industrie angewendet wird, im Technikumsmaßstab nicht konzipierbar ist. Die Fest-Flüssig-Trennung erfolgte in einer Membrankammerfilterpresse. Hierdurch wurde eine reine Aufschlusslauge gewonnen. Zudem konnte durch die Membrantechnik der Rückstand in der Kammerfilterpresse für den Lichtbogenofenprozess vorbehandelt werden.

Zur Bewertung der Ergebnisse der einzelnen Versuche zur Drucklaugung wurde die Ausbeutenberechnung für den Aluminiumgehalt im Feststoff und in der Flüssigkeit herangezogen. Ziel hierbei war es, eine möglichst hohe Ausbeute zu erzielen.

Ausrührprozess

Die Ausarbeitung der Parameter für den Ausrührprozess erfolgte auch im Labormaßstab und die Ergebnisse wurden anschließend auf die Technikumsanlage übertragen. Dabei wurde besonders auf die Ausrührtemperatur und die Wahl und die Menge des Impfstoffes geachtet.

Für die Bewertung des Ausrührprozesses war die Korngröße von entscheidender Bedeutung. Es sollte eine bestimmte Korngröße erreicht werden, um das Produkt als Spezialeinsatzstoff einzusetzen.

Extraktion zur Galliumgewinnung

Gallium ist nur als Spurenelement (~ 65 ppm) im Rotschlamm enthalten. Wie in der Einleitung bereits beschrieben reichert sich dieses im Bayer-Verfahren allmählich in der Kreislauflauge an. Nachdem sich in der Lauge eine ausreichend hohe Galliumkonzentration von ~ 100 ppm angesammelt hat, wird ein Teilstrom des Laugenkreislaufs abgezweigt und in die Solventextraktion geleitet. Dort wird die Lauge mit dem Extraktionsmittel, das selektiv die Galliumionen aufnimmt, versetzt. Nach der Trennung von Lauge und Extraktionsmittel wird die an Gallium abgereicherte Lauge wieder für den Bayer-Prozess verwendet und das galliumhaltige Extraktionsmittel in Kontakt mit dem Elektrolyten der Gewinnungselektrolyse gebracht. Durch den veränderten pH-Wert gibt das Extraktionsmittel die Galliumionen freiwillig an den Elektrolyten ab und kann nun wieder in Kontakt mit frischer Lauge aus dem Bayer-Prozess gebracht werden. Für eine funktionierende Solventextraktion werden hohe Anforderungen an das Extraktionsmittel gestellt: hohe Selektivität (reine Extraktion der Zielmetalle, keine Aufnahme von Begleitelementen), hohes Aufnahmevermögen für Gallium, keine chemische Reaktion mit der Lauge oder dem Elektrolyten, gutes Trennvermögen des Extraktionsmittels von Lauge und Elektrolyt und chemische Stabilität im fortlaufenden Kreislaufprozess. Um diese Eigenschaften zu erzielen, werden dem Extraktionsmittel organische Zusatzstoffe beigemischt, die u. a. die Viskosität und die Grenzflächenspannung verändern und damit die Phasentrennung aber auch die Kinetik des Ionenübergangs bestimmen und die Dichte anpassen. Daher ist neben der Auswahl des Extraktionsmittels die chemische Zusammensetzung der organischen Phase von essenzieller Bedeutung. Die Ausarbeitung dieser geeigneten Extraktionsmittelmischung und der Mischungsverhältnisse von Extraktionsmittel und Kreislauflauge bzw. Elektrolyt wurden im Labormaßstab vorgenommen. Eine Umsetzung in einer Pilotanlage sowie die Gewinnung von metallischem Gallium in der Elektrolyse sind nicht in diesem Projekt vorgesehen.

Lichtbogenofenprozess

Mithilfe der Software FactSageTM wurden im Vorfeld die optimalen Prozessparameter für die carbothermische Reduktion des eisenhaltigen Filterrückstandes aus der Laugung bestimmt. Die Simulationen ergaben, dass die Liquidustemperatur des Einsatzmaterials bei ca. 1.350 °C liegt und infolge der Eisenreduktion auf ca. 1.450 °C ansteigt. Die optimale Prozesstemperatur liegt demnach bei 1.550 – 1.650 °C, sodass mit einer ausreichenden Überhitzung eine dünnflüssige und gut handhabbare Schlacke erzielt werden kann. In einem 100 kW Labor-Lichtbogenofen mit einem Fassungsvermögen von 2 – 6 l wurden die Bedingungen anschließend praktisch nachgestellt. Zur Bewertung des Lichtbogenofenprozesses wurde auf eine gut prozessierbare Viskosität der Schlacke geachtet, die eine vollständige Phasentrennung beim Abgießen ermöglicht.

Die optimalen Zugaben für eine zu Glasfasern verarbeitbare Schlacke wurden ebenfalls mit der Software FactSageTM berechnet. Dabei wurden zwei Wege verfolgt: Das Erzielen von

Glasfasern mit möglichst wenig Zusätzen und größtmöglichem Rotschlammanteil sowie die Herstellung von Glasfasern mit einer klassisch verwendeten Zusammensetzung.

Mit den Erfahrungen der Laborversuche wird auch eine Umsetzung in einer Pilotanlage durchgeführt, die jedoch nur die Eisengewinnung verfolgt und nicht die Herstellung von Fasern.

3. ERGEBNISSE UND DISKUSSION

In einem ersten Schritt wurde für die späteren Versuche eine größere Menge Rotschlamm aus der Deponie Lünen geborgen, in einem Mischer homogenisiert und mittels Röntgenfloureszenzanalyse (RFA), Röntgendiffraktometrie (XRD) und Inductively Coupled Plasma Optical Emission Spectrometry (ICP-OES) analysiert. Die ermittelte Zusammensetzung ist in Tabelle 2 dargestellt.

Tabelle 2: Chemische und Phasenzusammensetzung des genutzten Rotschlammes der Deponie Lünen

Al_2O_3 [%]	Fe_2O_3 [%]	SiO_2 [%]	CaO [%]	TiO_2 [%]	Na_2O [%]	Cr_2O_3 [ppm]	Ga [ppm]	Sc [ppm]
27	29.5	13.1	3.8	8	7	3500	67	69
Hämatit [%]	Gibbsit [%]	Boehmit [%]	Anatas [%]	Rutil [%]	Sodalith [%]		Cancrinit [%]	
34	32	9	4	4	7		2	

Die Grundlagenversuche zur Einstellung der Basisparameter bei der Drucklaugung fanden im Labormaßstab im 1-l-Autoklaven statt. Besonderes Augenmerk lag dabei auf der eingesetzten Natronlaugenkonzentration und der Aufschlusstemperatur sowie der Zugabe von Additiven, was insbesondere Kalk beinhaltet. Es zeigte sich, dass bereits geringe Aufschlusstemperaturen von 150 °C und geringe Natronlaugenkonzentrationen von 100 g/l einen Großteil der löslichen Aluminiumverbindungen im Rotschlamm mobilisieren. Mit steigender Aufschlusstemperatur konnten ca. 50 % des enthaltenen Aluminiums extrahiert werden. Die dabei benötigten Aufschlusstemperaturen von 300 °C sind jedoch nicht wirtschaftlich, da sie bei einem hohen Energiebedarf die Ausbeute nur um wenige Prozentpunkte erhöhen, und dabei eine verstärkte Anlagenkorrosion verursachen. Ebenso verhält es sich mit einer Erhöhung des Natronlaugegehaltes, der die Aluminiumausbeute verbessert, aber bei Gehalten über 250 g/l NaOH auch vermehrt Silicium auflöst, was die Reinheit des später auskristallisierten Aluminiumhydroxides gefährdet. Daher ist auch hierbei ein Mittelweg zu beschreiten. Die Zugabe von Kalk erweist sich ebenfalls als ausbeutesteigernd, wobei bereits geringe Zugaben die Aluminiumausbeute auf ca. 65 % anheben. Höhere Zugaben erhöhen die Ausbeute nur marginal auf ca. 70 % und wurden nicht weiter verfolgt, weil sie die Menge des Laugungsrückstandes stark erhöhen. Leider bringt es der Prozess mit sich, dass zur Gewinnung von Aluminiumhydroxid in einem nachfolgenden Kristallisationsschritt eine übersättigte Lösung erzielt werden muss. Durch diese Übersättigung sinkt die Aufnahmefähigkeit der Lauge und es sind verringerte Aluminiumausbeuten von 55 % zu erwarten. Mit den Erfahrungen der Kleinversuche erfolgte das erste positive Scale-up auf einen 10-l-Autoklaven, wobei sich die ausschlaggebenden Ausbeuten entsprechend der Vorversuche verhielten. Die Ausbeuten für Gallium lagen im Durschnitt bei etwas über 80 %.

Hierdurch konnte auch der erste gelaugte Rotschlamm für den Lichtbogenofenprozess hergestellt werden. Die notwendige Kohlenstoffzugabe wurde auf 8 Gew.-% bezgl. der eingesetzten Masse an gelaugtem Rotschlamm kalkuliert. Um eine vollständige Eisenreduktion zu garantieren, fanden die Versuche jedoch in einem Graphittiegel und damit unter Kohlenstoffüberschuss statt. Dabei erfolgte die selektive Eisenreduktion entsprechend nicht über die Kohlenstoffzugabe, sondern über eine möglichst präzise Temperaturführung zwischen 1.600 °C und 1.650 °C, da bei höheren Temperaturen vermehrt Silicium und Titan in die Eisenphase übergehen. Außerdem machte man sich die verlangsamte Reduktionskinetik für die Silicium- und Titanreduktion zunutze. Tabelle 3 zeigt die Ergebnisse der erzielten Metallzusammensetzung und der entsprechenden Schlackenzusammensetzung und Bild 3 gibt einen Einblick in den Versuchsablauf und die im Labormaßstab abgegossene Metall- und Schlackenphase. Zum Vergleich wurde ebenfalls getrockneter Rotschlamm direkt von der Deponie reduzierend eingeschmolzen sowie Rotschlamm, der ohne Kalkzugabe bei der Laugung vorbehandelt war. Es wird deutlich, dass sich die Metallphasen kaum unterscheiden und immer ein Kohlenstoff gesättigtes Roheisen mit hohem Phosphorgehalt darstellen, das in der Konverterroute der Stahlverhüttung eingesetzt werden kann. Die erzeugten Schlacken differieren jedoch stark entsprechend ihrer Herkunft. Ohne vorherige Laugung liegt der Al_2O_3-Gehalt bei stattlichen 50 Gew.-%.

Tabelle 3: Vergleich der Ergebnisse der Eisenreduktion aus Rotschlamm mit und ohne Vorkonditionierung mittels Laugung. Alle Angaben in Gew.-%.

Metall	Fe	C	Si	Ti	Cr	P	S
unbehandelter Rotschlamm	93,0	4,5 – 5,5	0,05	0,1	0,3 – 0,4	0,4	0,1 – 0,2
gelaugter Rotschlamm	93,0	4,5 – 5,5	0,1 – 0,5	0,2 – 0,7	0,4 – 0,5	0,4	0,1 – 0,2
gelaugter Rotschlamm mit Kalkzugabe	94,0	3,8	0,33	0,1	0,4 – 0,5	0,4	0,05
Schlacke	Al_2O_3	SiO_2	CaO	Na_2O	TiO_2	Fe_2O_3	Cr_2O_3
unbehandelter Rotschlamm	49 – 50	23	8	9	14	0,5 – 0,8	0,15
gelaugter Rotschlamm	35,5	26,8	8,9	12 – 14	17	0,2 – 2,5	0,2 – 0,25
gelaugter Rotschlamm mit Kalkzugabe	29 – 32	25	13,7	12 – 14	16 – 20	0,5 – 0,8	0,15 – 0,2

Die experimentell überprüften Ergebnisse der Lichtbogenofenversuche wurden mit den angefertigten Berechnungen verglichen. In vielen Fällen stimmen die berechneten Werte gut bis sehr gut mit den Versuchsergebnissen überein. Beim späteren Einschmelzen zur Eisengewinnung zeigte sich in den Versuchen, dass ebenfalls ein Kalkzusatz notwendig ist, um eine ausreichend geringe Viskosität der Schlacke zu erzielen und eine gute Prozessierbarkeit zu gewährleisten. Andernfalls wird die Prozessführung erschwert, da aufsteigende Kohlenmonoxidblasen aus der carbothermischen Reduktion durch eine zähflüssige Schlacke behindert werden, sodass es zum Aufschäumen der Schlacke kommt. Der Kalkeinsatz ist somit auch bei der Laugung in der späteren Weiterverarbeitung im Lichtbogenofen von Vorteil.

Bild 3: (v.l.n.r.) Abguss einer Lichtbogenofencharge nach dem Armschmelzen, Abgussblock mit abgesetzter Eisenphase und erzeugte Glasfaser

Die erzeugte Schlacke soll in einem weiteren Schritt zu einem möglichst hochwertigen Produkt weiterverarbeitet werden. Wegen ihrer Zusammensetzung kommt sie einer Glaszusammensetzung recht nahe, es ist jedoch insbesondere ein höherer Siliciumoxidanteil notwendig. Mit FactSageTM wurden daher Zugaben für Additive berechnet, um aus den Schlacken Glasfasern herzustellen. Es zeigt sich, dass die Zugabe von 30 Gew.-% Siliciumoxid bezogen auf die Schlackenmasse zu einer verarbeitbaren Glasfaser führt. Aufgrund des hohen Titangehaltes läuft der Prozess jedoch instabil und neigt zur Kristallisation, was eine amorphe Glasphase verhindert. In Versuchen wurde das nachgestellt; die erzeugten Fasern sind ebenfalls in Bild 3 zu sehen.

Auch die Basisparameter des Ausrührprozesses des Aluminiumhydroxids aus dem Laugungsschritt wurden zunächst im Labormaßstab ermittelt. Es zeigte sich, dass unter den richtigen Prozessparametern (Temperatur, Verweilzeit) ein sehr feines Produkt erzielt werden kann. Diese Parameter konnten für den Ausrührprozess nach dem ersten Scale-up von einem 1-l- auf ein 5-l-Becherglas im Labor weiter genutzt werden. Der genauere Vergleich zeigt, dass es sich bereits um ein sehr feines und somit hochwertiges Aluminiumhydroxid handelt. Die d50-Werte liegen bei 3,1 µm im 10-l-Autoklaven bzw. bei 2,8 µm im 1-l-Autoklaven. Die genaue Korngrößenverteilung ist den Diagrammen in Bild 4 zu entnehmen. Zusätzlich zeigt dieser Vergleich, dass bereits ein sehr feines Aluminiumhydroxid gewonnen wurde, das keiner weiteren Nachbehandlung wie bspw. einer aufwendigen und kostenintensiven Vermahlung und Weiterverarbeitung bedarf. Mit den erhaltenen Korngrößenverteilungen ist somit ein Aluminiumhydroxid produziert worden, welches zur Verwendung als Pigment verarbeitet werden kann.

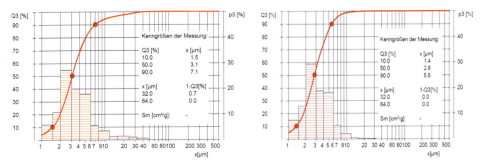

Bild 4: Korngößenverteilung des auskristallisierten Aluminiumhydroxides nach der Laugung im 10-L-(links) und 1-L-Autoklaven (rechts)

Zur Extraktion des in der Lauge gelösten Galliums wurde die Solventextraktion im Labormaßstab entwickelt. Der Mischungsprozess fand dabei im Becherglas auf einer Rührplatte statt und die anschließende Phasentrennung wurde in Scheidetrichtern durchgeführt, wie es in Bild 5 dargestellt ist. Als Extraktionsmittel wurde der Chelatbildner KELEX 100 (7-(4-Ethyl-1-Methyloctyl)-Chinolin-8-ol) [Zhao 2012] verwendet, das hervorragend für die Extraktion von Gallium geeignet ist. Die ersten beiden Bilder (links) von Bild 5 zeigen den grundsätzlichen Versuchsaufbau. Da KELEX 100 sehr zähflüssig ist, wird es in Kerosin gelöst. Das Mischungsverhältnis beider Substanzen beeinflusst die Extraktionswirkung. Eine Mischung mit

10 Vol.-% KELEX 100 wurde als ausreichend gesehen. Da die Literatur eine sehr langsame Kinetik für die Extraktion mit KELEX 100 angibt, wurde als zusätzliches Extraktionsmittel grundsätzlich bei allen Versuchen 1 Vol.-% Versatic 10 als gleichzeitiger Anionenaktivator hinzugegeben. Die Versuche zeigten, dass bereits diese geringe Zugabe von Versatic 10 die Kinetik dramatisch verbessert und das Gleichgewicht der (vollständigen) Galliumextraktion bereits nach wenigen Minuten eingestellt ist. Mit frisch angesetzter Lösung konnten somit Galliumextraktionsraten von → 95 % erzielt werden.

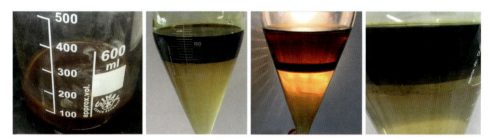

Bild 5: Versuchsaufbau Solventextraktion (v.l.n.r.): Phasenmischung im Becherglas, perfekte Phasentrennung im Scheidetrichter, Drittphasenbildung durch schlechte Separation, Dritt- und Viertphasenbildung durch chemische Reaktionen

Aufgrund des hohen Aluminiumgehaltes in der Lauge werden jedoch neben Gallium auch geringe Mengen an Aluminium mit extrahiert. In einem Reinigungsschritt kann das Extraktionsmittel jedoch weitestgehend von Aluminium befreit werden. Dazu wurde das Extraktionsmittel mit konzentrierter Salzsäure in Kontakt gebracht. Anschließend wurden die Galliumionen mit verdünnter Salzsäure, dem späteren Elektrolyten der Galliumgewinnungselektrolyse, aus dem Extraktionsmittel gelöst. Um den ganzen Kreislauf zu simulieren wurde das wieder von Gallium befreite Extraktionsmittel im Kreislauf gehalten und für die erneute Extraktion von Gallium aus der Lauge genutzt. Auf diese Weise konnte auch getestet werden, ob das Extraktionsmittel mit zunehmender Anzahl der Umläufe seine Wirkung verliert. Durch die starken pH-Wert-Wechsel kam es je nach verwendeter Mischung zu verschlechtertem Absetzverhalten und chemischen Reaktionen, die unerwünschte Dritt- und Viertphasenbildungen zur Folge hatten (siehe Bild 5, Bilder rechts). Aus diesem Grund wurden Lösungsvermittler wie Ethanol und Decanol beigemengt und getestet. Dabei konnte die Mehrphasigkeit durch Decanol unterbunden werden. Auch nach drei experimentell simulierten Durchläufen konnten bei jeder Extraktion konstant 50 % des Galliums aus der Lauge extrahiert werden. Die Galliumextraktion ist dabei um den Faktor 600 – 700 höher als die unerwünschte Aluminiumextraktion, was auf ein sehr selektiv arbeitendes Extraktionsmittel hindeutet. Somit ist diese Zusammensetzung als organische Phase zur Separation am besten geeignet.

Scale-up auf die Pilotanlage

Nach den positiven Laborergebnissen wurde bei der REMONDIS Production eine Pilotanlage nach Bild 6 für die ersten beiden Verfahrensabschnitte gebaut.

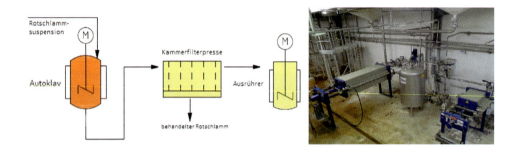

Bild 6: Pilotanlage – Fließbild für die Aluminiumhydroxidgewinnung mit Verfahrensabschnitt 1. Drucklaugung und 2. Ausrührprozess sowie die aufgebaute Anlage, bestehend aus Kammerfilterpresse für die Filtration der Lauge nach dem Aufschluss (links), dem Tank für die Kristallisation (Mitte) und Kammerfilterpresse zur Abtrennung des auskristallisierten Aluminiumhydroxides

Aus den ersten Chargen sind bereits zufriedenstellende Ergebnisse vorhanden. Zum einen liegt die Ausbeute in der gleichen Höhe wie im Labormaßstab. In der Pilotanlage wurden Ausbeuten bis zu 55 % erreicht. Nach dem Aufschluss im Autoklaven wurde die Aluminium reiche Aufschlusslauge von dem ausgelaugten Rotschlamm in der Kammerfilterpresse getrennt und zur Kristallisation in den Ausrührer geleitet. Durch die Membrantechnik der Kammerfilterpresse wurde der Rotschlamm optimal für den Ofenprozess vorbehandelt.

Zum anderen wurde ein genauso feines Aluminiumhydroxid gewonnen wie im Labormaßstab (s. Korngrößenverteilung in Bild 7) und es besteht darin kein weiterer Optimierungsbedarf. Je nach Anforderung an die Reinheit, insbesondere an dem Eisengehalt und daraus resultierendem Weißegrad, könnten jedoch noch Optimierungen erfolgen.

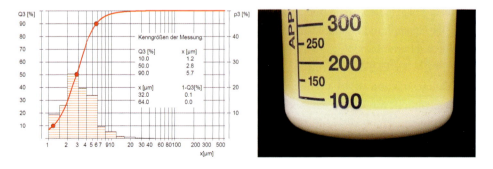

Bild 7: Korngrößenverteilung des gewonnenen Aluminiumhydroxid aus der Pilotanlage

Um die Ausbeute weiter zu verbessern, wurden ebenfalls Versuche zum Natriumcarbonataufschluss von Rotschlamm durchgeführt. Dabei wurde der Rotschlamm mit Natriumcarbonat bei Temperaturen von 1.000 °C gesintert. Dabei wandelt sich das Aluminiumoxid in wasserlösliches Natriumaluminat um, das bei Raumtemperatur ausgewaschen werden kann. In mehreren Versuchsreihen wurden verschiedene Na_2CO_3-Zugaben, Kalkzugaben und Reduktionsmittelzugaben getestet. Um nennenswerte Aluminiumausbeuten zu erhalten, sind 35 – 40 Gew.-% Na_2CO_3 bezogen auf die eingesetzte Rotschlammmenge (Trockenmasse) notwendig. Anschließend kann das im Waschwasser gelöste Aluminiumhydroxid auf dem herkömmlichen Weg der Kristallisation gewonnen werden. Auch Gallium lässt sich auf diesem Wege parallel gewinnen. Die Ausbeuten liegen für Aluminium mit bis zu 80 % und Gallium > 90 % deutlich über den Ausbeuten, die mittels des Bayer-Prozesses erzielbar sind. Jedoch ist eine Weiternutzung des Waschwassers problematisch. Neben den hohen Energieaufwendungen für eine Sinterung bei 1.000 °C muss das Waschwasser aufbereitet werden, was über Verdampfung äußerst unwirtschaftlich ist. Zudem ist für die Herstellung von Glasfasern ein Aluminiumanteil zwingend notwendig, weshalb die nahezu vollständige Entfernung von Aluminumoxid wenig lukrativ ist. Trotzdem ist es zukünftig ein Gedankenspiel wert, den Prozess auf Sinterung umzustellen. Beim Sintern kann zeitgleich Kohlenstoff zugegeben werden, um bei den hohen Temperaturen zeitgleich metallisches Eisen zu erzeugen, das mittels Magnetabscheider abgetrennt werden kann. Dann entfällt das Aufschmelzen im Lichtbogenofen.

4. AUSBLICK

Die Inbetriebnahme der Pilotanlage und die Lichtbogenofenversuche im Labormaßstab mit anschließender Verarbeitung der Schlacken zeigen, dass eine ganzheitliche Verwertung des Rotschlammes möglich ist.

Die Bestimmung des Rohstoffeffizienzpotenzials kann für das Projekt Rotschlamm in der frühen Phase der Pilotanlage nicht eindeutig erfolgen. Nachfolgend ist jedoch eine erste Hochrechnung aufgeführt zu den Erlösen aus den erzeugten Produkten, die der neuartigen Verfahrenskombination zur Aufarbeitung des Rotschlamms der Deponie in Lünen entstammen. Den größten Beitrag liefert das qualitativ hochwertige Aluminiumhydroxid, das ca. 50 – 70 % der Erlöse ausmacht. Die erzeugte Roheisenphase macht hingegen nur ca. 10 % der Erlöse aus, auf einen ebenso großen Betrag kommt das kritische Technologiemetall Gallium. Eine große Unbekannte ist der mineralische Feststoff, der sich für mehrere Anwendungen eignet und je nach Endprodukt (Straßenbau, Dämmwolle, Verstärkungsfaser) zu 0 – 25 % des Erlöses beträgt. Die bei dieser Kalkulation getroffenen Annahmen begründen sich aus den Ergebnissen und Wertmetallausbeuten der Versuchsreihen.

So kann nach derzeitigem Stand mit einer Aluminiumausbeute von 55 %, einer Galliumausbeute von 80 % und einer Eisenausbeute von 102 % (98 % Eisenausbeute zuzüglich der Gewichtszunahme durch den Kohlenstoff zu Roheisen) ausgegangen werden. Außerdem wird mit einer minimal gewinnbringenden Nutzung des mineralischen Rückstandes im Straßenbau gerechnet. Alle Produkte sollen entsprechend der gängigen Marktwerte vergütet werden und sind in Tabelle 4 einzeln aufgeführt:

Tabelle 4: Ökonomisches Potenzial der Deponie Lünen

Produkt	Menge aus der Deponie [t]	Preis pro t [EUR]	Erlös aus der Deponie [EUR]
Aluminiumhydroxid	1.260.000	1.000	1,260 Mrd.
Roheisen	1.270.000	100	127 Mio.
Gallium	333	300 000	99 Mio.
Mineralischer Feststoff	3.420.000	3 – 100 (-1000)	10,26 – 342 Mio. (3,42 Mrd.)

Besonders beim mineralischen Feststoff ist die Kalkulation kompliziert. Eine Anwendung im Straßenbau wird mit 1 – 3 EUR/t vergütet und deckt im Prinzip nur die Transportkosten. Die Herstellung von technischen Glasfasern (Verstärkungsfasern in Kompositbauteilen, Leiterplatten etc.) aus dem Feststoff ist wirtschaftlich besonders interessant, birgt sie doch die höchste Wertschöpfung. Die entsprechenden Produkte werden mit ca. 1 EUR/kg gehandelt. Jedoch ist dabei zu prüfen, ob sich die Industrie auf die veränderte Zusammensetzung mit dem hohen Titangehalt einlässt. Andernfalls kann das mineralische Endprodukt des entwickelten Prozesses nur als Beimischung im Gemenge für die konventionelle synthetische Herstellung dieser technischen Fasern verwendet werden, wodurch sich der Erlös auf die Einkaufskosten der entsprechend substituierten Rohstoffe verringert und wahrscheinlich noch mit hohen Abschlägen wegen der Titangehalte zu rechnen ist. Eine verlässliche Kalkulation ist dann jedoch nicht mehr möglich. Außerdem ist der Glasfasermarkt nicht für derartig große Absatzmengen geeignet. Jederzeit kann ein „Downgrading" erfolgen, sodass die Fasern nicht für Verstärkungszwecke hergestellt, sondern nur zu Dämmmaterialien verarbeitet werden. Entsprechend sinkt dann jedoch auch wieder die Wertschöpfung um 90 % auf ca. 100 EUR/t. Aber auch hier ist der Markt nicht für einen derartig großen Absatz geschaffen.

Für eine Wirtschaftlichkeitsbetrachtung stehen diesen Erlösen noch die Prozesskosten sowie die Investition in eine Neuanlage entgegen. Diese Parameter konnten jedoch in der Projektlaufzeit nicht eindeutig bestimmt werden. Ausschlaggebend ist auch die Preisentwicklung der Wertstoffe. Allerdings sollte berücksichtigt werden, dass die oben genannten Wertstoffe bisher nicht genutzt wurden. Im Bezug zur Ressourcenschonung tragen sie somit auch zur Schonung der primären Ressourcen bei und sichern die Versorgungslage Deutschlands mit Rohstoffen, die nicht mehr natürlich verfügbar sind. Als Beispiel dient der Einsatz der vorher genannten Schlacke in der Glasfaserindustrie. Hier können mindestens 30 % der Glasfaserrohstoffe durch die Schlacke ersetzt werden, um eine technische Glasfaser mit den heutigen Ansprüchen herzustellen.

Zusätzlich wird durch den Abbau von Rotschlammdeponien und anschließender Verarbeitung des Deponats ein großer Beitrag zur Verbesserung der Nachhaltigkeit geleistet. Hierdurch entsteht eine deutliche Reduzierung aktueller Gefährdungen durch Schadstoffe aus nicht ausreichend abgesicherten Altdeponien für die Umwelt. Und die Deponiegrundstücke können nach einer Aufarbeitung wieder einer neuen Flächennutzung zugeführt werden, was insbesondere in dicht besiedelten Gebieten wie der Ruhrregion ein weiterer Vorteil ist.

Weiterer Forschungsbedarf besteht noch in der Übertragung dieser Verfahrenskombination auf die aktive Aluminiumindustrie. Diese konnte in der Projektlaufzeit nicht ausreichend getestet werden, weshalb hierzu keine Angaben gemacht werden können.

Des Weiteren kann perspektivisch eine Gewinnung von Scandium in der vorgeschlagenen Prozessroute (Bild 1) verfolgt werden. Nach der Abtrennung und Gewinnung von Aluminiumhydroxid und Eisen stieg der Scandiumgehalt in der Schlacke auf Werte > 150 ppm an, was eine Extraktion lohnenswert macht. Die Extraktion erfolgte nach üblicher Praxis in saurem Medium [Wang 2011], wobei hohe Säureverluste durch das Auflösen nahezu aller anderen Begleitverbindungen auftreten. In diesem Zusammenhang können ebenfalls die restlichen Gehalte an Aluminium extrahiert werden. Der Rückstand weist dann praktisch nur noch Siliciumdioxid und Titandioxid auf, sodass die Gewinnung von Titan ebenfalls wirtschaftlich relevant sein kann.

Liste der Ansprechpartner aller Vorhabenspartner

Dipl.-Ing. Bernd Jaspert REMONDIS Production GmbH, Brunnenstraße 138, 44536 Lünen, bernd.jaspert@remondis.de, Tel.: +49 20306 106-462

Melanie Mehringskötter REMONDIS Production GmbH, Brunnenstraße 138, 44536 Lünen, melanie.mehringskoetter@remondis.de, Tel.: +49 20306 106-8643

Prof. Dr.-Ing. Dr. h.c. Bernd Friedrich RWTH Aachen, IME Metallurgische Prozesstechnik und Metallrecycling, Intzestraße 3, 52056 Aachen,
bfriedrich@ime-aachen.de, Tel.: +49 241 80-95850

Dipl.-Ing. Frank Kaußen RWTH Aachen, IME Metallurgische Prozesstechnik und Metallrecycling, Intzestraße 3, 52056 Aachen, fkaussen@ime-aachen.de, Tel.: +49 241 80-95861

Veröffentlichungen des Verbundvorhabens

[**Bunk 2016**] Bunk, S.: Eignung von Rotschlamm zur Gewinnung von Glasfaserwerkstoffen, Masterarbeit, Aachen, 02.2016

[**Kaußen & Friedrich 2015**] Kaußen, F., Friedrich, B.: Soda sintering process for the mobilization of aluminum and gallium in red mud. In: Bauxite Residue Valorisation and Best Practices Conference, Leuven, 05.–07.10.2015, ISBN: 9789460189784, S. 157 – 165

[**Kaußen et al. 2015**] Kaußen, F.; Sofras, I. A.; Friedrich, B.: Carbothermic reduction of red mud in an EAF and subsequent recovery of aluminum from the slag by pressure leaching in caustic solution. In: Bauxite Residue Valorisation and Best Practices Conference, Leuven, 05.–07.10.2015, ISBN: 9789460189784, S. 185 – 191

[**Kaußen & Friedrich 2015**] Kaußen, F.; Friedrich B.: Reductive Smelting of Red Mud for Iron Recovery. In: Chemie Ingenieuer Technik (2015), 87, No. 11, 1535 – 1542

[**Kaußen & Friedrich 2016**] Kaußen, F.; Friedrich B.: Methods for Alkaline Recovery of Aluminum from Bauxite Residue (2016). In: Sustainable Metallurgy, submitted

[**Kaußen 2016**] Kaußen, F., et al.: Behavior of Alumina and Titania in Amphoteric Slags and their Influence on Refractory Corrosion. In: 10th International Conference on Molten Slags, Fluxes and Salts, 22.–25.05.2016, Washington, USA

Quellen

[**Wang et al. 2011**] Wang, W.; Pranolo, Y.; Cheng, C. Y.: Metallurgical processes for scandium recovery from various resources: A review. In: Hydrometallurgy (2011), 108, S. 100 – 108

[**Zhao et al. 2012**] Zhao, Z.; Yang, Y.; Xiao, Y.; Fan, Y.: Recovery of gallium from Bayer liquor: A review. In: Hydrometallurgy (2012), 125 – 126, S. 115 – 124

[**World Aluminium 2014**] World Aluminium (2014): Bauxite Residue Management: Best Practice, 08/2014

17. TönsLM – Entwicklung innovativer Verfahren zur Rückgewinnung ausgewählter Ressourcen aus Siedlungsabfalldeponien

Michael Krüger (Karl Tönsmeier Entsorgungswirtschaft GmbH & Co. KG), Bernd Becker (Abfallentsorgungsbetrieb des Kreises Minden-Lübbecke), Kai Münnich (TU Braunschweig, Leichtweiß-Institut für Wasserbau), Thomas Spengler (TU Braunschweig, Institut für Automobilwirtschaft und Industrielle Produktion), Florian Knappe (Institut für Energie- und Umweltforschung Heidelberg GmbH), Günter Dehoust (Öko-Institut e.V.)

Projektlaufzeit: 01.08.2012 bis 31.12.2015   Förderkennzeichen: FKZ 033R090

ZUSAMMENFASSUNG

Tabelle 1: Zielwertstoffe

Zielwertstoffe im r³-Projekt TönsLM					
Al	Cu	Fe	Zn	Mineralische Baustoffe	Kunststoffe/Energierohstoffe

Im Rahmen des Vorhabens wurde eine ganzheitliche Betrachtung (Recht, Technik, Ökonomie und Ökologie) des Enhanced Landfill Minings (ELFM) mit dem Ziel durchgeführt, die Randbedingungen aufzuzeigen, unter denen ELFM eine Alternative zur gesetzlich geforderten Stilllegung und Nachsorge der Deponie darstellt. ELFM wird als Deponierückbau mit besonderem Fokus auf Wertstoffrückgewinnung verstanden [Jones et al. 2013]. Neben der Rückgewinnung von Wertstoffen (Zielwertstoffe siehe Tabelle 1) wurden zur Bewertung Aspekte wie z. B. Aufbereitungsaufwand zur Nutzung der Wertstoffe, Wirkungsgrad bei der energetischen Verwertung, Einsparungen bei der Stilllegung und Nachsorge, der Gewinn von Deponievolumen und andere Standortrandbedingungen betrachtet.

Die Ergebnisse des Forschungsvorhabens werden in Form eines Leitfadens veröffentlicht, der die Entscheidungsfindung – ob ein Rückbau für einen spezifischen Standort durchgeführt werden soll – unterstützt und hierzu Handlungsempfehlungen gibt [Krüger et al. 2016]. Im Ergebnis des Projekts ergibt sich unter Beachtung der wesentlichen Randbedingungen und Sensitivitäten, dass
- die Wertstoffrückgewinnung allein nach derzeitigem Stand kein Argument für einen Deponierückbau darstellt,
- ein ELFM für Deponien in Deutschland, die dem Stand der Technik entsprechen, in der Regel dann ökonomisch vorteilhaft ist, wenn neues Deponievolumen benötigt wird, die Kosten der Stilllegung und Nachsorge sehr hoch sind sowie Standortvorteile (z. B. freie Aufbereitungskapazitäten, geringe Transportkosten) vorhanden sind,

– ein ELFM immer dann ökologisch vorteilhaft ist, wenn der Weiterbetrieb der Deponie oder die Stilllegungs- und Nachsorgephase mit hohen Methanemissionen verbunden ist und wenn dem Aufwand für den Rückbau eine relevante Ausbeute an Wertstoffen gegenübersteht.

Grundsätzlich ist eine periodische Prüfung „ELFM: ja oder nein" für alle infrage kommenden Standorte empfehlenswert.

Insbesondere in Schwellen- und Entwicklungsländern mit einer mangelhaften Abfallwirtschaft und Deponietechnik und dem großen Flächenbedarf in den Metropolregionen ergibt sich die Notwendigkeit, sich auf die absehbare Entwicklung eines ELFM umgehend vorzubereiten.

Für die im Rahmen des Forschungsvorhabens untersuchte Deponie „Pohlsche Heide" im Entsorgungszentrum des Kreises Minden-Lübbecke ergibt sich eine Empfehlung zum Rückbau der Deponie mit einer Verfahrenskombination mittlerer Aufbereitungstiefe.

Folgende Institutionen waren im Verbundvorhaben TönsLM beteiligt: Karl Tönsmeier Entsorgungswirtschaft GmbH & Co. KG (Konsortialführer), der Abfallentsorgungsbetrieb des Kreises Minden-Lübbecke, TU Braunschweig mit dem Leichtweiß-Institut für Wasserbau, dem Institut für Automobilwirtschaft und Industrielle Produktion und dem Institut für Siedlungswasserwirtschaft, RWTH Aachen mit dem Institut für Aufbereitung und Recycling und dem Lehr- und Forschungsgebiet Technologie der Energierohstoffe, TU Clausthal mit dem Institut für Aufbereitung, Deponietechnik und Geomechanik, das Institut für Energie- und Umweltforschung Heidelberg GmbH und das Öko-Institut e.V.

1. EINLEITUNG

Der Begriff Deponierückbau bezeichnet die vollständige oder abschnittsweise Wiederaufnahme von alten Abfallablagerungen und die erneute Deponierung der Abfälle nach einer möglichen mechanischen, biologischen oder thermischen Behandlung unter Einhaltung gesetzlicher Vorgaben bzgl. Arbeits- und Nachbarschaftsschutz. Hierbei werden Gefahrstoffe aussortiert, wirtschaftlich relevante Wertstofffraktionen einer Verwertung zugeführt und nicht verwertbare Anteile nach einer Separation an der Stelle des Ausbaus oder auf einer anderen Deponie wieder abgelagert. Gemäß Deponieverordnung werden nicht ablagerungsfähige Fraktionen einer geeigneten Entsorgung zugeführt. In Abgrenzung dazu wird bei einer Deponieumlagerung kein Material aussortiert [Bockreis und Knapp 2011, Brammer et al. 1997, Rettenberger 2002]. Eine umfassende Erschließung der unterschiedlichen, abgelagerten Abfallströme zu Wertstoffen und Energie mithilfe von innovativen Technologien unter stringenter Berücksichtigung von sozialen und ökologischen Kriterien erweitert den Begriff

Deponierückbau zu „Enhanced Landfill Mining" (ELFM) [Jones et al. 2013]. ELFM bezeichnet also einen Deponierückbau mit besonderem Fokus auf die Wertstoffrückgewinnung.

Die Wiederaufnahme von bereits auf Hausmülldeponien abgelagerten Abfällen wird weltweit seit über 60 Jahren betrieben. Dabei wurden in der Vergangenheit vergleichsweise geringe Stoffströme gezielt einer Verwertung zugeführt; in der Regel sind die wesentlichen Stoffströme lediglich auf andere Flächen umgelagert worden. Insgesamt ist in den letzten Jahren weltweit eine stetige Zunahme der Anzahl an Deponierückbaumaßnahmen erkennbar. Ein Landfill Mining unter dem Aspekt der möglichst weitgehenden Rückgewinnung von Rohstoffen ist allerdings bisher nicht durchgeführt worden.

Die bisher durchgeführten Projekte zeigen, dass der Rückbau von Deponien sowie die anschließende mechanische Materialaufbereitung grundsätzlich machbar ist. Details zur angewandten Technik für die Verfahrensstufen Rückbau, Aufbereitung und Sortierung, Wertstoffkonfektionierung, Reststoffbehandlung und -entsorgung stehen jedoch nicht in ausreichend belastbarer Form zur Verfügung. Insbesondere mangelt es an spezifischen Informationen über die Quantität und Qualität der im Deponiekörper eingebauten Stoffe und der hieraus erzielbaren Produktqualitäten. Dies gilt im Besonderen für Metalle und Mineralien.

Bezüglich der Investitionen und Betriebskosten liegen Informationen, wenn überhaupt, nur bruchstückhaft vor. Bisher sind ganzheitliche Kostenbetrachtungen unter Einbeziehung der Wechselwirkungen u. a. zwischen Aufwendungen für das Landfill Mining, den Einsparungen bei der Stilllegung und Nachsorge sowie des Flächenrecyclings nicht durchgeführt worden. Gleiches gilt für die ökologischen Betrachtungen des Landfill Minings. Dies betrifft insbesondere Fragen zur Ressourceneffizienz aber auch die mögliche Reduktion deponiebürtiger Emissionen.

Prinzipiell kann mit einem Deponierückbau in der Ablagerungs-, in der Stilllegungs- und in der Nachsorgephase begonnen werden. Je früher mit der Rückbauphase begonnen wird, desto geringer ist der Umfang der bereits getätigten Ausgaben in Hinblick auf den Deponieabschluss. Ein Rückbau wird bei weit fortgeschrittener Nachsorgephase vermutlich kaum durchgeführt werden. Äußere Gründe wie z. B. Flächenrecycling können jedoch trotzdem für einen Rückbau sprechen.

2. VORGEHENSWEISE

Die Vorgehensweise des Forschungsprojektes zur Entwicklung innovativer Verfahren zur Rückgewinnung ausgewählter Ressourcen aus Siedlungsabfalldeponien lehnt sich eng an den Ablauf eines ELFM an (Bild 1).

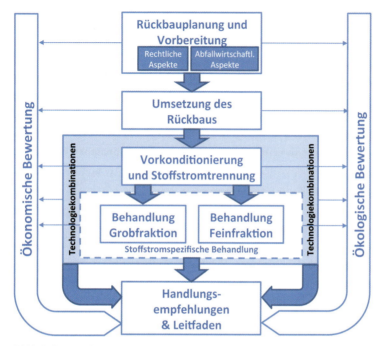

Bild 1: Aufbau und Systematik der Arbeit

Um die Entscheidung für oder gegen ein ELFM zu unterstützen, ist als Ergebnis des Forschungsprojektes ein Leitfaden (Bereich 3) erstellt worden. Dieser basiert auf den Erkenntnissen, die im Rahmen des Projektes durch Versuche, Simulationen und Berechnungen im Bereich 1 (Deponie und Technik) und Bereich 2 (Identifikation sowie ökonomische und ökologische Bewertung von Technologiekombinationen) erlangt wurden. Der Leitfaden liefert somit Antworten auf die im Folgenden dargestellten Fragestellungen:

Bereich 1: Rückbauplanung und Vorbereitung, Umsetzung des Rückbaus, Vorkonditionierung und Stoffstromtrennung sowie stoffstromspezifische Behandlung

Rückbauplanung und Vorbereitung
Welche genehmigungsrechtlichen Anforderungen sind zu erfüllen?
Welches Ressourcenpotenzial bietet die betreffende Deponie?

Umsetzung des Rückbaus
Mit welchen technologischen Konzeptionen / Verfahren und Aggregaten sind eine Materialentnahme bzw. ein Deponierückbau und eine erforderliche Aufbereitung effizient realisierbar?

Vorkonditionierung und Stoffstromtrennung
Welche Sekundärrohstoffe können bereitgestellt werden, in welchen Mengen, Qualitäten, und welche Produkte können erzeugt werden?

Behandlung Grobfraktion
Welche Verwertungswege (stofflich oder energetisch) der Stoffströme aus der Vorkonditionierung sind darstellbar?

Behandlung Feinfraktion
Welche Sekundärrohstoffe können bereitgestellt werden, in welchen Mengen, Qualitäten, und welche Produkte können erzeugt werden?

Bereich 2: Technologiekombinationen sowie ökonomische und ökologische Bewertung

Technologiekombinationen
Welche Technologiekombinationen können sinnvoll konfiguriert werden?

Ökonomische Bewertung
Unter welchen Rahmenbedingungen ist ein ELFM gegenüber konventionellen Optionen (bestehende Stilllegungs- und Nachsorgekonzepte) ökonomisch gleichwertig oder vorteilhaft?

Ökologische Bewertung
Unter welchen Rahmenbedingungen ist ein ELFM gegenüber konventionellen Optionen (bestehende Stilllegungs- und Nachsorgekonzepte) ökologisch gleichwertig oder vorteilhaft?

Bereich 3: Leitfaden

Handlungsempfehlungen
Im Ergebnis steht den Entscheidungsträgern ein Instrument zur Verfügung, das unter Berücksichtigung der relevanten technischen, ökologischen und ökonomischen Randbedingungen des jeweiligen Deponiestandortes eine Objektivierung der Entscheidungsfindung ermöglicht.

Zum besseren Verständnis wird angemerkt, dass die Ergebnisse des Bereichs 1 die Grundlage zur Auswahl und Auslegung der einzusetzenden Technologien für den Bereich 2 bilden. Hier durchgeführte Simulationen ergeben Stoffstrombilanzen, die maßgeblich für die Ergebnisse der ökologischen und ökonomischen Bewertung sind und eine Grobplanung von Anlagen zur Behandlung der Grob- und Feinfraktion ermöglichen.

Es wurden drei Technologieszenarien mit jeweils zwei Ausprägungen festgelegt, die sich nach geringem (Szenario 1), mittlerem (Szenario 2) und hohem Aufbereitungsaufwand (Szenario 3) unterscheiden. Hierbei muss unbedingt berücksichtigt werden, dass die ersten beiden Szenarien mit am Markt etablierten Technologien arbeiten, während im dritten Szenario noch zusätzlicher Forschungs- und Entwicklungsbedarf besteht.

Diese Vorgehensweise macht deutlich, dass bei einem Interesse an der Durchführung eines ELFM (Bereich 3) eine Planung, Vorbereitung und Umsetzung des Rückbaus sowie eine geeignete Verfahrensauswahl mit ökonomischer und ökologischer Bewertung erfolgen muss.

3. ERGEBNISSE UND DISKUSSION

Das Ziel der Arbeit wird mit der Vorlage des Leitfadens erreicht [Krüger et al. 2016].
Damit ein Deponiebetreiber für sich entscheiden kann, ob ein ELFM für seinen Standort eine vorteilhafte Alternative gegenüber der bereits jetzt gesetzlich geregelten „Deponiestilllegung mit Nachsorgeverpflichtung" darstellt, ist der rechtliche Status der Deponie zu ermitteln. Es ist zu prüfen, ob eine Gefährdung über die zu erwartenden Nachsorgeverpflichtungen vorliegt. Zudem sind die relevanten Einflussgrößen auf die Schutzgüter und Wirtschaftlichkeit festzustellen. Hierbei handelt es sich um Betrachtungen für den jeweiligen Einzelfall.

Zur konkreten Entscheidungsfindung ist die Einordnung der eigenen Deponie anhand der Ergebnisse der ökologischen und ökonomischen Sensitivitätsanalysen vorzunehmen. Hierüber soll ersichtlich werden, welche ELFM-Szenarien aus ökologischer bzw. ökonomischer Sicht für den jeweiligen Fall vorteilhaft sind. Die Basisvariante stellt die exemplarische Einordnung der Deponie „Pohlsche Heide" dar.

Die Grobplanung und Auslegung für die drei Technologieszenarien mit jeweils zwei Ausprägungen (siehe Tabelle 2) führte zur Entwicklung eines Planungsmodells. Das Planungsmodell weist eine Vielzahl von Eingabemöglichkeiten auf, die standortspezifisch erfolgen. Das entwickelte Modell ist Grundlage für die weitere ökologische und ökonomische Bewertung des ELFM.

Tabelle 2: Übersicht der Technologieszenarien [Krüger et al. 2016]

	Aufbereitungsschritte	Szenario 1		Szenario 2		Szenario 3	
		a	b	a	b	a	b
Deponat	Umsetzung Rückbau	✓	✓	✓	✓	✓	✓
	Vorkonditionierung & Stoffstromtrennung	Variante A		Variante D	Variante C		Variante B
Fein-fraktion	Biologische Behandlung		✓				
	Wiedereinlagerung	✓	✓				
	Nass-mech. Feinkornaufbereitung			✓	✓	✓	✓
Grobfraktion	Verwertung in MVA & Schlackenaufbereitung	✓	✓	✓	✓	✓	✓
	Verwertung in EBS-Kraftwerk & Schlackenaufbereitung			✓	✓	✓	✓
	Pyrolyse			✓	✓	✓	✓
	Aufb. zur Erzeugung von Kunststoffen					✓	
	SBS-Erzeugung (Zementwerk)						✓

MVA: Müllverbrennungsanlage | EBS: Ersatzbrennstoff | SBS: Sekundärbrennstoff

Die Prüfung auf Vorteilhaftigkeit soll mit der Ökologie beginnen, um zunächst ökologisch vorteilhafte ELFM-Szenarien zu identifizieren, die anschließend ökonomisch eingeordnet werden können. Abschließend sollte verbal-argumentativ abgewogen werden, welche Alternative insgesamt für die jeweils betrachtete Deponie am besten ist.

Ökologische Bewertung

Eine erste, grobe ökologische Einordnung kann anhand der Umweltwirkungskategorie Treibhauseffekt erfolgen.

Zunächst wird über die Gasfassungsrate (GF) und das Alter der Deponie festgelegt, auf welcher der roten Linien (Bild 2) der Weiterbetrieb der Deponie anzusiedeln wäre. Wenn die Deponie geschlossen und mit einer funktionierenden Deponiegasfassung ausgerüstet ist, kann von einer Fassungsrate von zumindest 65 % ausgegangen werden, entsprechend weniger bei nicht geschlossenen Deponien. Das dabei zugrunde gelegte Deponiegaspotenzial gilt für eine Deponie, die Anfang der 90er Jahre erstmals mit Hausmüll befüllt wurde. Wenn die zu betrachtende Deponie jüngeren Alters ist, kann daher ein höherer Wert an freigesetztem Deponiegas angesetzt werden, was im Ergebnis hier einer geringeren Gasfassungsrate entspricht. Bei größerem Alter gilt aufgrund des dann geringeren Deponiegaspotenzials das Umgekehrte.

Die nächste wichtige Kenngröße in Bezug auf die Treibhausgasemissionen ist die Zusammensetzung des Deponats resp. des wertgebenden Anteils (Wertstoffgehalt WSG). Die entscheidende Größe sind die Kunststoffgehalte. Ein WSG ist eher bei „hoch" anzusiedeln, wenn die Kunststoffgehalte über 10 Ma.-% liegen, die Metalle im Bereich 1,5 – 4,5 Ma.-% vorliegen sowie Holz und Textilien 6 – 18 Ma.-% aufweisen. Ansonsten ist der Gesamtgehalt eher bei „WSG niedrig" einzuordnen.

Für die ökologische Bewertung von entscheidender Bedeutung ist weiterhin die Ermittlung der Energiewirkungsgrade (EW) der Verwertungsanlage, in der die heizwertreiche Fraktion des Deponats energetisch genutzt wird. „EW hoch" stellt mit 22 % bezüglich Strom und 50 % bezüglich Wärme eine Maximalabschätzung der Wirkungsgrade insbesondere der Müllverbrennungsanlagen dar.

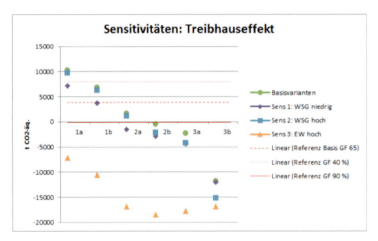

Bild 2: Ökologische Bewertung – Ergebnisse aus der Sensitivitätsberechnung der Deponie „Pohlsche Heide" (Basisvariante)

Aus Lasten der Behandlung und Gutschriften für daraus resultierende Substitutionen lässt sich im Nettoergebnis (Bild 2) festhalten:
Wenn die betrachtete Deponie eine erhöhte unkontrollierte Methanfreisetzung aufweist, sind durch die Einordnung im Bereich GF 40 % auch schon einfache Rückbauszenarien gegenüber dem Weiterbetrieb der Deponie vorteilhaft, wenn diese geringe Kunststoffgehalte aufweist (WSG niedrig).

Bei geringen Kunststoffgehalten < 10 Ma.-% kann auch schon mit einer zusätzlichen Aufbereitung des Feinkorns ohne weitere Behandlung des Grobkorns (Szenario 2a) eine geringe Entlastung im Treibhauseffekt erreicht werden. Bei hohen Metallgehalten lohnt sich der Aufwand für eine zusätzliche Metallabscheidung und Pyrolyse deutlich (Szenario 2b). Eine deutliche Entlastung ergibt sich unabhängig vom Wertstoffgehalt aber nur dann, wenn das Grobkorn zu EBS und SBS verarbeitet wird, um in EBS-HKWs und Zementwerken behandelt werden zu können (Szenario 3b). Wenn der Kunststoffgehalt der Deponie > 10 Ma.-% beträgt und die anderen Wertstoffgehalte gering sind, gilt dies noch verstärkt und ist dann mit noch deutlich höheren Entlastungen verbunden. Wohingegen höhere Kunststoffgehalte bei den einfacheren Varianten eher Lasten bedingen, da den hohen Lasten, die bei der thermischen Verwertung von Kunststoffen entstehen, nur geringe Gutschriften zwecks niedriger Energiewirkungsgrade entgegenstehen.

Wenn eine MVA mit höheren energetischen Wirkungsgraden zur Verfügung steht, ist mit allen Szenarien eine deutliche Entlastung verbunden. Als Optimum ist dann ein Aufbereitungsverfahren vom Typ Szenario 2b anzustreben, in welchem eine Aufbereitung des Feinkorns erfolgt, das Grobkorn aber bis auf die Metallabscheidung nicht weiter behandelt werden muss.

Die einfacheren Konzepte bestehen den ökologischen Vergleich mit den Referenzszenarien nur, wenn die Deponie noch hohe Methanemissionen aufweist. Aber der Bau einer Abdeckung darf nicht wegen des Wartens auf Rahmenbedingungen, die ein ELFM wirtschaftlich attraktiver machen, hinausgezögert werden. Vielmehr muss in solchen Fällen schnell geprüft und entschieden werden, welche der beiden Varianten im konkreten Einzelfall die Maßnahme der Wahl ist. Aus ökologischer Sicht kann in so einem Fall durchaus der Zeitfaktor, bis wann die maßgeblichen Methanemissionen unterbunden werden können, den Hauptausschlag geben.

Ökonomische Bewertung

Eine erste, grobe ökonomische Einordnung kann anhand der Parameter Grundstückspreis und Volumenwert erfolgen.

Zunächst ist der Frage nachzugehen, welches Nachnutzungskonzept für das Deponiegelände nach Beendigung des ELFM zur Anwendung kommt. Soll die Fläche zur anderweitigen Nutzung verkauft oder soll die Deponie bestehen bleiben und das gewonnene Volumen zur erneuten Deponierung genutzt werden? Im nächsten Schritt ist zu entscheiden, ob für das entsprechende Nachnutzungskonzept mit hohen oder niedrigen Werten gerechnet werden kann. Dadurch erfolgt die Einordnung in eine der vier Kategorien A – D (Bild 3).

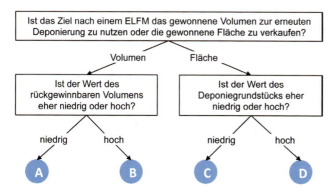

Bild 3: Nachnutzungskonzept von Deponiestandorten: Zuordnung A – D

Sowohl für den Grundstückspreis als auch für den Volumenwert sind hier jeweils ein niedriger und ein hoher Wert angenommen worden.

Grundstückspreis: niedrig: 10 EUR/m², hoch: 410 EUR/m²

Volumenwert: niedrig: 10 EUR/m³, hoch: 40 EUR/m³

Für jede der vier Kategorien A – D sind vier Sensitivitäten berechnet worden: „Basis", „Brennstoffwert hoch", „Transportentfernung weit" sowie „Deponienachsorge 70 Jahre". Die Ausprägungen dieser Sensitivitäten können der Tabelle 3 entnommen werden.

Tabelle 3: Parameterausprägung bei der ökonomischen Bewertung eines ELFM

Parameter	Sensitivitäten			
	„Basis"	„Brennstoffwert hoch"	„Transportentfernung weit"	„Deponienachsorge 70 Jahre"
Behandlungspreis MVA	-59,50 EUR/t*	-33 EUR/t*	-59,50 EUR/t*	-59,50 EUR/t*
Behandlungspreis EBS-HKW	-47,50 EUR/t*	-25 EUR/t*	-47,50 EUR/t*	-47,50 EUR/t*
Transportentfernung zu:				
MVA, EBS-HKW	15 km	15 km	50 km	15 km
Pyrolyse, SBS, Kunststoffaufbereitung	50 km	50 km	100 km	50 km
Transportkostensatz	0,2 EUR/t·km	0,2 EUR/t·km	0,2 EUR/t·km	0,2 EUR/t·km
Dauer Nachsorge	30 Jahre	30 Jahre	30 Jahre	70 Jahre

* Ein negativer Wert bedeutet, dass der Deponiebetreiber Geld für die Abgabe/Weitergabe des Materials zahlen muss.

Die Sensitivität „Brennstoffwert hoch" geht davon aus, dass der Wert für Brennstoffe bzw. Energie allgemein steigt. Daher muss der Deponiebetreiber weniger Geld bezahlen, wenn er heizwertreiche Fraktionen an eine MVA oder ein EBS-HKW abgibt.

Die Sensitivität „Transportentfernung weit" zeigt auf, welchen Einfluss weite Entfernungen zu den stoffstromspezifischen Behandlungsanlagen wie MBA, MVA, EBS-HKW oder Pyrolyse auf die Transportkosten und damit auf die Wirtschaftlichkeit eines ELFM hat.

Die Sensitivität „Deponienachsorge 70 Jahre" betrachtet den Einfluss einer verlängerten Nachsorgedauer auf die Wirtschaftlichkeit eines ELFM. Anstelle der in der Basisvariante angenommenen 30 Jahre werden für diese Sensitivität 70 Jahre angenommen, da oftmals davon auszugehen ist, dass eine Entlassung aus der Nachsorgeverpflichtung nach 30 Jahren nicht der Regelfall sein wird.

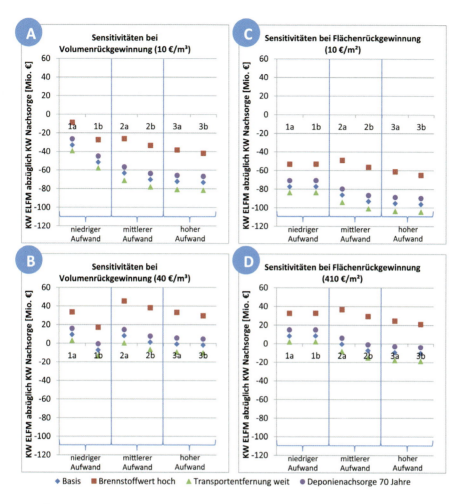

Bild 4: Ökonomische Bewertung: Ergebnisse aus der Sensitivitätsberechnung der Deponie „Pohlsche Heide"

Im Ergebnis (Bild 4) lässt sich festhalten:

Bei niedrigen Volumen- und Flächenwerten (Kategorie A und C) wird aus ökonomischer Sicht in der Regel die Deponiestilllegung und -nachsorge einem ELFM vorzuziehen sein. Sollte dennoch ein Rückbau durchgeführt werden, sind eher einfache Szenarien ökonomisch vorteilhaft. Die Vorteilhaftigkeit einfacher Szenarien gilt ebenfalls für hohe Flächenpreise (D). Mit steigendem Volumenwert (B) gewinnen die aufwendigen Szenarien an Vorteilhaftigkeit, weil hier nahezu das gesamte Deponievolumen gewonnen und vermarktet werden kann. Im Gegensatz hierzu erfolgt in den Szenarien 1a und 1b eine Wiedereinlagerung der Feinkornfraktion, sodass nur ein Teil des Deponievolumens wiedergewonnen werden kann. Für den Volumenwert von 40 EUR/m³ schneidet Szenario 2a in der Basisvariante bereits genauso gut ab wie Szenario 1a.

Bei hohem Brennstoffwert schneidet in der Regel Szenario 2a am besten ab, da hier mehr Brennstoffe erzeugt werden als bei den Szenarien 1a und 1b, der technische Aufwand und damit auch die Kosten aber geringer sind als bei den Szenarien 2b bis 3b.

Es wird deutlich, dass der Brennstoffwert den größten Einfluss auf die ökonomische Vorteilhaftigkeit von ELFM hat. Demgegenüber führt eine verlängerte Deponienachsorge nur zu einer geringfügigen Besserstellung gegenüber der Basisvariante.

Bezüglich der Transportentfernung verschlechtern sich insbesondere die aufwendigeren Szenarien wegen zusätzlicher Transportwege, da davon ausgegangen wird, dass es weniger spezielle Behandlungsanlagen wie Pyrolyse oder Ersatzbrennstoffaufbereitungsanlagen gibt als beispielsweise Abfallverbrennungsanlagen.

Der Einfluss der Parameter „Dauer der Deponienachsorge" und „Transportentfernung" ist in etwa gleichbedeutend.

4. AUSBLICK

Die historische Entwicklung der Abfallwirtschaft in Deutschland und weltweit bringt es mit sich, dass ein enormes Angebot an potenziellen Rückbauobjekten vorliegt. Das Umweltbundesamt [Umweltbundesamt 2006] hat für die Jahre 1960 – 2005 allein in Deutschland deponierte Siedlungsabfälle ohne Bauschutt, Bodenaushub und Straßenaufbruch in einer Größenordnung von mehr als 1 Mrd. t erfasst. Mocker [Mocker 2009] geht davon aus, dass seit dem Jahr 1975 weltweit ca. 36 – 45 Mrd. t Abfall abgelagert wurden.

Für den Deponierückbau ist festzustellen, dass bei Gefährdung des Wohls der Allgemeinheit bzw. der Schutzgüter Boden, Wasser und Luft sofortiger Handlungsbedarf besteht. Dann sind das Ausmaß der Gefährdung festzustellen und die Sanierungsschritte einzuleiten.

Die Sanierungsschritte sind sowohl aus ökonomischer als auch aus ökologischer Sicht gegeneinander abzuwägen. Dies können Maßnahmen der Gefahreneindämmung und Minderung der Schadstoffeinträge seins wie bspw. das Umschließen des Deponiekörpers mit einer vertikalen Dichtwand verbunden mit weiteren hydraulischen Maßnahmen und der Reinigung der gefassten Wasserströme oder auch die Umlagerung von Deponat aus einzelnen problematischen Deponieabschnitten. Wird die Handlungsalternative Rückbau des Deponiekörpers gewählt, sollte dies möglichst in Form eines ELFM erfolgen.

Zur Prüfung der Voraussetzungen ist ein rechtlicher Leitfaden mit dem Ministerium für Klimaschutz, Umwelt, Landwirtschaft, Natur- und Verbraucherschutz des Landes Nordrhein-Westfalen zu den zulassungsrechtlichen Anforderungen entwickelt worden [Krüger et al. 2016].

Hier wird eine Ergänzung oder Erweiterung der rechtlichen Rahmenbedingungen empfohlen. Der ökologische Gedanke eines ELFM sollte unter den Prämissen Naturschutz und Ressourcenschonung als Alternative zur Nachsorgeverpflichtung im Kreislaufwirtschaftsgesetz und in der Deponieverordnung verankert werden.

Es kann sowohl aus rechtlicher Sicht, aus bestehenden Dokumentationsverpflichtungen des Deponiebetreibers als auch aus einer durchzuführenden Analyse eine Entscheidung für oder gegen ein ELFM getroffen werden.

Die Prüfung eines ELFM sollte daher in der wiederkehrenden Überprüfung des Rückstellungsbedarfs für die Nachsorgeverpflichtung mit verankert werden. Die Prüfung sollte auf der Basis einer ökologischen und ökonomischen Bewertung der Deponie erfolgen.

Darüber hinaus sollte darüber nachgedacht werden, den Absatz der aus dem Deponiekörper gewonnenen Sekundärrohstoffe gezielt zu fördern. Dies kann mit der Notwendigkeit eines Nachweises verbunden werden, dass die Umsetzung der Maßnahme und die Rückführung der Massen in den Wirtschaftskreislauf ökologisch (besonders) vorteilhaft sind (z. B. auf der Basis von Ökobilanzen). Die Förderung wäre insbesondere dann sinnvoll, wenn der Deponierückbau so erfolgt, dass keine weiteren Flächen für neue Deponien in Anspruch genommen werden müssen.

Die Prüfung „ELFM: ja oder nein" wird dann positiv zu entscheiden sein, wenn die Umsetzung ökologisch und ökonomisch vorteilhaft ist und wenn die Öffentlichkeit gemeinsam mit der Politik dem jeweiligen Vorhaben zustimmt.

Für die Deponie „Pohlsche Heide" des Entsorgungszentrums des Kreises Minden-Lübbecke ergibt sich aus der ökonomischen und ökologischen Bewertung folgendes Ergebnis:
- Aufgrund der Daseinsvorsorge hat der öffentlich-rechtliche Entsorgungsträger zehn Jahre Entsorgungssicherheit darzustellen. Im Kontext langwieriger Genehmigungsverfahren für den Neubau von Deponien bzw. Deponieabschnitten ist es sinnvoll, die Volumengewinnung durch einen Deponierückbau gegenüber der Option Stilllegung und Nachsorge vorzuziehen. In diesem Fall können die nicht getätigten Investitionen für den Deponieneubau der Volumengewinnung gutgeschrieben werden. Es ist somit davon auszugehen, dass der Wert für Deponievolumen eher hoch ist.
- Zur Beantwortung der Frage, welches ELFM-Szenario angewendet werden soll, erfolgt ein Abwägen der ökonomischen und ökologischen Ergebnisse: Aus ökologischer Sicht ist mindestens ein mittlerer Aufbereitungsaufwand erforderlich. Aus ökonomischer Sicht ist geringer Aufbereitungsaufwand vorzuziehen, wobei sich 1a und 2a nur geringfügig unterscheiden. Daher würde an die Politik eine Entscheidungsvorlage gerichtet werden, dass 2a zu wählen ist, da hier das Volumen der gesamten Deponie zurückgewonnen werden

kann (da keine Wiederablagerung der Feinkornfraktion erfolgt) und damit eine deutliche Laufzeitverlängerung der Deponie (Verfüllvolumen) geschaffen wird.
- Auf Basis dieser Entscheidung wäre nun eine Detailplanung vorzunehmen. Der Kreis Minden-Lübbecke verfolgt diesen Ansatz weiter.
- Ein erweiterter Forschungsbedarf ergibt sich für die Technologieszenarien mit höherem Aufbereitungsaufwand (Szenarien 3).

Ansprechpartner

Dr.-Ing. Michael Krüger Karl Tönsmeier Entsorgungswirtschaft GmbH & Co. KG, An der Pforte 2, 32457 Porta Westfalica, krueger@toensmeier.de, Tel.: +49 571 9744-203

Dipl.-Ing. Bernd Becker Abfallentsorgungsbetrieb des Kreises Minden-Lübbecke, Portastraße 9, 32423 Minden, bernd.becker@aml-immo.de, Tel.: +49 571 50929-127

Dr.-Ing. Kai Münnich TU Braunschweig, Leichtweiß-Institut für Wasserbau, Beethovenstraße 51a, 38106 Braunschweig, k.muennich@tu-bs.de, Tel.: +49 531 391-3962

Veröffentlichungen des Verbundvorhabens

[**Bender et al. 2016**] Bender, J.; Fricke, K.; Krüger, M.: Ökonomischer Vergleich von konventionellen Stilllegungs- und Nachsorgemaßnahmen mit dem Deponierückbau. In: Wiemer, K.; Kern, M.; Raussen, T. (Hrsg.): Bio- und Sekundärrohstoffverwertung XI, Witzenhausen April 2016

[**Bender et al. 2016**] Bender, J.; Fricke, K.; Krüger, M.: Entwicklung eines integrierten Planungsmodells zur betriebswirtschaftlichen Bewertung von Deponierückbau-Projekten. In: Erich Schmidt Verlag GmbH & Co. KG (Hrsg.): Müll und Abfall, Ausgabe 01/2016 Berlin, Januar 2016, S. 4 – 20 (ISSN 0027-2957)

[**Bender et al. 2015**] Bender, J.; Fricke, K.; Krüger, M.: Finanzierungsplanung für Stilllegungs- und Nachsorgemaßnahmen unter Berücksichtigung des abgabenrechtlichen Äquivalenzprinzips. In: K. Wiemer, M. Kern, T. Raussen (Hrsg.): Bio- und Sekundärrohstoffverwertung X, Witzenhausen, April 2015, (ISBN 3-928673-70-X)

[**Bender und Fricke 2015**] Bender, J.; Fricke, K.; Krüger M.: Finanzierungsplanung von Stilllegungs- und Nachsorgemaßnahmen auf Deponien unter Berücksichtigung abgabenrechtlicher Grundsätze. In: Erich Schmidt Verlag GmbH & Co. KG (Hrsg.): Müll und Abfall, Ausgabe 01/2015 Berlin, Januar 2015, S. 13 – 21 (ISSN 0027-2957)

[**Bender et al. 2015**] Bender, J.; Fricke, K.; Krüger, M.: Finanzierungsplanung für Stilllegungs- und Nachsorgemaßnahmen unter Berücksichtigung des abgabenrechtlichen Äquivalenzprinzips. In: DAS-IB GmbH (Hrsg.): Tagungsbuch zur Internationalen Bio- und Deponiegas Fachtagung & Ausstellung, Berlin, 2015 (ISBN 978-3-938775-35-6)

[**Breitenstein et al. 2016**] Breitenstein, A.; Kieckhäfer, K.; Spengler, T. S.: TönsLM – Rückgewinnung von Wertstoffen aus Siedlungsabfall- und Schlackendeponien. In: Thomé-Kozmiensky, K. J.; Goldmann, D. (Hrsg.): Recycling und Rohstoffe, Band 9, S. 193 – 208; TK-Verlag, Neuruppin

[Breitenstein 2015] Breitenstein, B.; Goldmann, D.; Heitmann, B.: NE-Metallrückgewinnung aus Abfallverbrennungsschlacken unterschiedlicher Herkunft, Berliner Konferenz Mineralische Nebenprodukte und Abfälle, Berlin, 04./05.05.2015. Mineralische Nebenprodukte und Abfälle, Band 2, S. 255 – 270 TK-Verlag, Neuruppin

[Breitenstein und Goldmann 2014] Breitenstein, B.; Goldmann, D.: Rückgewinnung von Wertmetallen aus beim Deponierückbau entstehenden Feinkornfraktionen. In: Deponietechnik 2014, Abfall aktuell Verlag

[Breitenstein 2014 b] Breitenstein, B.: Metal recovery by mechanical processing from fine fractions with grainsize < 60 mm generated during landfill mining. SUM2014, Second Symposium on Urban Mining Organized by IWWG

[Breitenstein 2014 c] Breitenstein, B.: Gesamtkonzept zur Ressourcennutzung beim Deponierückbau, 19. Tagung Siedlungsabfallwirtschaft, Magdeburg, 17./18.09.2014. Kreislaufwirtschaft 2.0, Hrsg.: H. Haase, LOGiSCH.

[Diener et al. 2015] Diener, A.; Kieckhäfer, K.; Schmidt, K.; Spengler, T. S.: Abschätzung der Wirtschaftlichkeit von Landfill-Mining-Projekten. In: Müll und Abfall, Jg. 47, 2015, Nr. 1, S. 4 – 12, Erich Schmidt Verlag, Berlin

[Diener 2014] Diener, A.: Stoffstrombasierte ökonomische Bewertung von Landfill-Mining-Konzepten (Vortrag). Herbsttagung der wissenschaftlichen Kommission Nachhaltigkeitsmanagement des Verbandes der Hochschullehrer für Betriebswirtschaft e.V., Ilmenau, 25.09.2014

[Diener et al. 2013] Diener, A.; Kieckhäfer, K.; Spengler, T. S.: A Material Flow-based Approach for the Economic Assessment of Alternative Landfill Mining Concepts. In: Geldermann, J.; Schumann, M. (Hrsg.): First International Conference on Resource Efficiency in Interorganizational Networks, Georg-August-Universität Göttingen, 13./14.11.2013, S. 362 – 373, Universitätsverlag Göttingen

[Diener 2013] Diener, A.: Ökonomische Bewertung von Konzepten zum Rückbau von Deponien (Vortrag). 15. Doktorandenworkshop Nordost, Magdeburg, 01.06.2013.

[Diener 2013 b] Diener, A.: Ansätze zur ökonomischen Bewertung von Konzepten zum Rückbau von Deponien (Vortrag). Workshop der GOR-Arbeitsgruppe „OR im Umweltschutz", Karlsruhe, 08.03.2013

[Fricke et al. 2014] Fricke, K.; Zeiner, A.; Münnich, K., Wanka, S.: Altdeponien – Ressourcenpotenziale in Hausmüll-, Schlacken- und Klärschlammdeponien. 47. ESSENER TAGUNG für Wasser- und Abfallwirtschaft. 19.– 21.03.2014, Essen

[Fricke et al. 2013] Fricke, K.; Münnich, K.; Wanka, S.; Zeiner, A.; Krüger, M.; Schulte, B.: Landfill Mining – A contribution of waste management to resource conservation. International Conference on Solid Waste 2013, Moving Towards Sustainable Resource Management, Hong-Kong (VRC)

[Fricke et al. 2013 b] Fricke, K.; Münnich, K.; Wanka, S.; Zeiner, A.; Krüger, M.; Schulte, B.: Landfill Mining – ein Beitrag der Abfallwirtschaft zur Ressourcensicherung. In: Müll und Abfall 11, Erich Schmidt Verlag, Berlin

[Fülling 2014] Fülling, K.: Entwicklung biologischer und physikalisch-chemischer Verfahren zur Rückgewinnung ausgewählter Ressourcen aus Siedlungsabfall- und Schlackedeponien (Vortrag). IFAT 2014, München, 06.05.2014

[Goldmann et al. 2015] Goldmann, D.; Breitenstein, B.; Duwe, C.; Elwert, T.: „Abfallströme und deren Vorbehandlung zur Erzeugung von Mineralikfraktionen, die für den Baubereich zur Verfügung stehen könnten", 19. Internationale Baustofftagung IBAUSIL, Weimar 2015, Tagungsbericht Band 1, S. 1/57 – 1/75, F.A.Finger Institut f. Baustoffe, Weimar

[Knappe et al. 2013] Knappe, F.; Theis, S.; Reinhardt, J.: Landfill Mining aus ökologischer und ökonomischer Sicht. In: Wiemer, K.; Kern, M.; Raussen, T. (Hrsg.): Bio- und Sekundärrohstoffverwertung VIII – stofflich – energetisch. In: Tagungsband zum 25. Kasseler Abfall-und Bioenergieforum, S. 407ff., Kassel, 2013-ISBN:3-928673-64-5

[Maul und Pretz 2016] Maul, A.; Pretz, Th.: Landfill Mining from the processing perspective. Third International Academic Symposium on Enhanced Landfill Mining, ELFMIII, Lissabon, Portugal, 08.– 10.02.2016

[Maul und Pretz 2015b] Maul, A.; Pretz, Th.: Seperation and Sorting of Landfilled material. International Conference: "MSW: management systems and technical solutions", WasteTech-2015, Moskau, Russische Föderation, 27.05.2015

[Maul und Pretz 2015c] Maul, A.; Pretz, Th.: Unlocking hidden treasures: ELFM in Germany. International Conference: From Waste Management to Resource Recovery, Perm, Russische Föderation, 02.12.2015

[Maul 2015a] Maul, A.: Distribution of Metal Content in Drill Cores of MSW Landfills. In: Research Report 2014, S. 26 – 30, Shaker Verlag, Aachen, 2015

[Maul et al. 2014b] Maul, A.; Feil, A.; Pretz, Th.: Pre-conditioning of old-landfilled material for further upscale processes. Second Symposium of Urban Mining (SUM), Bergamo, Italien, 20.05.2014

[Maul und Pretz 2014a] Maul, A.; Pretz, Th.: Technisches Potenzial moderner Sortiertechnik für rückgebautes Deponiematerial. Berliner Rohstoff- und Recyclingkonferenz, Berlin, 25.03.2014

[Münnich et al. 2016] Münnich, K.; Wanka, S.; Fricke, K.: Deponierückbau: Potenziale für neue Deponiekapazitäten. Müll und Abfall, H. 1, S. 29 – 35. Erich Schmidt Verlag

[Münnich et al. 2015] Münnich, K.; Wanka, S.; Fricke, K.: Neue Deponiekapazitäten durch Deponierückbau? 27. Kasseler Abfall- und Bioenergieforum. 28.– 30.04.2015, Kassel

[Münnich et al. 2015] Münnich, K.; Wanka, S.; Zeiner, A.; Fricke, K. : Landfill mining – recovery and re-use of the fine material. Proceedings Sardinia 2015, Fifteenth International Waste Management and Landfill Symposium S. Margherita di Pula, Cagliari, Italy, 05.– 09.10.2015. CISA Publisher, Italy

[Münnich et al. 2014] Münnich, K.; Fricke, K.; Wanka, S.; Zeiner, A.: BMBF-Vorhaben „Deponierückbau": Ziele, erste Ergebnisse und geplantes Vorgehen. In: Hamburger Berichte 40 Abfallressourcenwirtschaft, Technische Universität Hamburg, Stegmann/Rettenberger/Kuchta/Fricke/Heyer (Hrsg.): Deponietechnik 2014, Verlag Abfall aktuell, ISBN 978-3-981 5546-1-8

[Münnich et al. 2013] Münnich, K.; Fricke, K.; Wanka, K.; Zeiner, A.: Landfill mining – a contribution to conservation of natural resources? SARDINIA 2013, Fourteenth International Waste Management and Landfill Symposium, Cagliari, Italien

[**Quicker und Rotheut 2015a**] Quicker, P.; Rotheut, M.: Thermisches Recycling beim Landfill Mining. TÖNSLM Abschlusssymposium, Hille, 26.11.2015

[**Quicker und Rotheut 2015b**] Quicker, P.; Rotheut, M.: Fuel Recovery from Landfill Mining. Treffen der ISWA Arbeitsgruppe zur Energiegewinnung, Wien, 16.–17.04.2015

[**Quicker und Rotheut 2015c**] Quicker, P.; Rotheut, M.: Thermisches Recycling beim Landfill Mining. In: Berliner Abfallwirtschafts- und Energiekonferenz, Berlin, 26.–27.01.2015

[**Quicker und Rotheut 2015d**] Quicker, P.; Rotheut, M.: Thermisches Recycling beim Landfill Mining. In: Energie aus Abfall, Band 12, K. J. Thomé-Kozmiensky, Michael Beckmann (Hrsg.), TK Verlag Karl Thomé-Kozmiensky, Neuruppin 2015, S. 567–585

[**Quicker und Rotheut 2014**] Quicker, P.; Rotheut, M.: Erzeugung und thermische Verwertung von Ersatzbrennstoffen aus Altdeponat. 26. VDI Konferenz Thermische Abfallbehandlung in Würzburg, 13.–14.11.2014

[**Rotheut et al. 2015**] Rotheut, M.; Horst, T.; Quicker, P.: Thermomechanical Treatment of Metal Composite Fractions. In: Chemie Ingenieur Technik, 87 Jg., Nr. 11, Weinheim, 2015, S. 1504–1513

[**Wanka et al. 2016**] Wanka, S.; Münnich, K.; Fricke, K; Krüger, M.: Ergebnisse des BMBF-Verbundvorhabens „TönsLM – Rückgewinnung von Ressourcen aus Siedlungsabfalldeponien". In: Wiemer, K.; Kern, M.; Raussen, T. (Hrsg.): Bio- und Sekundärrohstoffverwertung XI, Witzenhausen, April 2016

[**Wanka et al. 2016**] Wanka, S.; Münnich, K.; Zeiner, A.; Fricke, K.: Nassmechanische Aufbereitung von Feinmaterial. Müll und Abfall, H. 1, S. 21–28, Erich Schmidt Verlag

[**Wanka et al. 2016**] Wanka, S.; Münnich, K.; Fricke, K.: BMBF-Vorhaben „Deponierückbau": Ziele, Ergebnisse, Wirtschaftlichkeit. In: Stegmann; Rettenberger; Bidlingmaier; Bilitweski; Fricke (Hrsg.): Deponietechnik 2016, Hamburger Berichte 44, TU Hamburg-Harburg

[**Wanka et al. 2015**] Wanka, S.; Münnich, K.; Fricke, K.: Landfill Mining – Nassmechanische Aufbereitung von Feinmaterial. 5. Wissenschaftskongress „Abfall- und Ressourcenwirtschaft" der DGAW e.V., Innsbruck, Österreich, 19.–20.03.2015

[**Wanka et al. 2014**] Wanka, S.; Münnich, K.; Fricke, K.: Landfill Mining – Nassmechanische Aufbereitung von Feinmaterial. 6. Praxistagung Deponie 2014, Waste Consult International. 10.–11.12.2014, Hannover

[**Zeiner et al. 2014**] Zeiner A.; Münnich, K.; Wanka, S.; Fricke, K.: Mining of MSW landfills: reduction of masses to be landfilled by treatment of the fine fraction. Proceedings SUM 2014, Second Symposium on Urban Mining, Bergamo, Italy, 19.–21.05.2014

Quellen

[Bockreis und Knapp 2011] Bockreis, A.; Knapp, J.: Landfill Mining – Deponien als Rohstoffquelle. In: Österreichische Wasser- und Abfallwirtschaft 63 (3 – 4), S. 70 – 75, 2011

[Brammer et al. 1997] Brammer, F.; Bahadir, M.; Collins, H.-J.; Hanert, H.; Koch, E.: Rückbau von Siedlungsabfalldeponien. Vieweg+Teubner Verlag, 1997

[Jones et al. 2013] Jones, P. T.; Geysen, D.; Tielemans, Y; van Passel, S.; Pontikes, Y.; Blanpain, B.; Quaghebeur, M.; Hoekstra, N.: Enhanced Landfill Mining in view of multiple resource recovery: a critical review. Journal of Cleaner Produktion 55 (2013), S. 45 – 55

[Mocker 2009] Mocker, M.: Urban Mining – Rohstoffe der Zukunft. Müll und Abfall 2009, Bd. Heft 10, Erich Schmidt Verlag, Berlin

[Rettenberger 2002] Rettenberger, G.: Deponierückbau als Alternative zur Sanierung? In: Stegmann/Rettenberger/Bidlingmaier/Ehrig (Hrsg.): Deponietechnik 2002, Hamburger Berichte 18, S. 369 – 380. Verlag Abfall aktuell

[Umweltbundesamt 2006] Umweltbundesamt (2006): Abfallaufkommen und Abfallentsorgung in Deutschland 1996 bis 2004

[Krüger et al. 2016] Krüger, M.; Becker, B.; Münnich, K.; Fricke, K. (Hrsg.): Leitfaden zum Enhanced Landfill Mining, Porta Westfalica (In Veröffentlichung)

18. VeMRec – Verlustminimiertes Metallrecycling aus Müllverbrennungsaschen durch sensorgestützte Sortierung

Thomas Pretz, David Rüßmann (RWTH Aachen, Institut für Aufbereitung und Recycling)

Projektlaufzeit: 01.05.2012 bis 30.04.2015   Förderkennzeichen: 033R081

ZUSAMMENFASSUNG

Tabelle 1: Zielwertstoffe

Zielwertstoffe im r³-Projekt VeMRec				
Ag	Al	Cu	Zn	Platingruppenmetalle

In Deutschland fallen bei der Verbrennung von Hausmüll und hausmüllähnlichen Gewerbeabfällen als Reststoff ca. 4,8 Mio. t/a Müllverbrennungsrostasche (MV-Rostasche) an [Wiemer et al. 2011]. MV-Rostasche besteht zu 85 – 90 Ma.-% aus Mineralik und zu ca. 1 – 5 Ma.-% aus unverbrannten Materialien. Ferner sind ca. 7 – 10 Ma.-% Metalle enthalten [Gillner 2011].

Im Fokus des Projekts „Verlustminimiertes Metallrecycling aus Müllverbrennungsaschen durch sensorgestützte Sortierung – VeMRec" standen die in der MV-Rostasche enthaltenen Nichteisen(NE)-Konzentrate mit einem Massenanteil von 1 – 3 Ma.-%. In Deutschland beträgt das durchschnittliche Wertstoffausbringen an NE-Metallen aus MV-Rostaschen weniger als 30 Ma.-% [Heinrichs 2012]. Insbesondere in den feinkörnigen Fraktionen (< 10 mm) besteht ein großes und häufig ungenutztes Potenzial zur Rückgewinnung von NE-Metallen [Gillner 2011].

Die wesentlichen Ziele des VeMRec-Projekts waren die Optimierung der bestehenden MV-Rostaschenaufbereitungsanlage, um eine optimale Wertstoffrückgewinnung der NE-Metalle zu erreichen. Darüber hinaus wurde die trockenmechanische Aufbereitung der NE-Metallkonzentrate durch eine Verfahrenskombination aus selektiver Zerkleinerung, Siebklassierung und sensorgestützter Sortierung aufgebaut und erforscht. Dafür wurde im Rahmen des Projekts eine großtechnische Pilotanlage errichtet mit dem Fokus auf eine zielgerechte metallurgische Verwertbarkeit der erzeugten Sortierprodukte „Leichtgut" und „Schwergut". Durch die Partner im Konsortium wurden aufbereitungstechnische und metallurgische Kompetenzen über die gesamte Prozesskette von NE-Metallen aus Rostaschen abgedeckt:

- Mineralstoff-Aufbereitung und -Verwertung GmbH (MAV)
- Steinert Elektromagnetbau GmbH
- Hydro Aluminium Rolled Products GmbH
- Umicore AG & Co. KG
- pbo Ingenieurgesellschaft mbH
- Institut und Lehrstuhl für Metallurgische Prozesstechnik und Metallrecycling (IME)
- Institut für Aufbereitung und Recycling (I.A.R.) der RWTH Aachen

Die Schmelzanalysen zeigten eine Anreicherung an Aluminium im Leichtgut mit Verunreinigungen durch Silicium, Kupfer, Eisen und Zink. Im Schwergut konnten v. a. Kupfer, Zink bzw. deren Legierungen (Messing) und in geringen Konzentrationsbereichen Edelmetalle nachgewiesen werden. Aufgrund der angestrebten hohen Reinheit des Leichtguts fanden sich im Schwergut auch Fehleinträge durch Aluminium oder Edelstähle.

1. EINLEITUNG

Die Rückgewinnung von NE-Metallen aus MV-Rostaschen stellt seit mehr als 20 Jahren den Standard bei der mechanischen Aufbereitung dar. Zunächst lag der Schwerpunkt der NE-Metallseparation in einer Verbesserung der bautechnischen Eigenschaften des mineralischen Hauptbestandteils von Rostaschen, wobei insbesondere eine Reduzierung des für bauliche Anwendungen problematischen Aluminiumgehalts im Vordergrund stand. Veränderungen im Rohstoffmarkt haben Mitte der ersten Dekade 2000 zu einer Verschiebung der Prioritäten bei der Rostaschenaufbereitung geführt. Je schwieriger eine Verwertung aufbereiteter Rostaschen in Deutschland wurde, umso wichtiger wurde der Erlös der ca. 1 – 3 % enthaltenen NE-Metalle. Entsprechend wurden vorhandene technische Anlagen aufgerüstet, um nicht nur die mit geringem Aufwand sortierbaren gröberen NE-Metall-Partikel, sondern auch die feineren Partikelgrößen sortieren zu können. Lag 2008 das mittlere NE-Metall-Ausbringen noch bei etwa 20 %, so ist inzwischen von einem Ausbringen auf dem Niveau von ca. 70 % auszugehen. [Heinrichs et al. 2012].

Da das physikalische Merkmal zur Sortierung von NE-Metallen aus Rostaschen die Leitfähigkeit ist und dieses Merkmal mittels Wirbelstromscheidern erschlossen wird, sind Konzentrate stets Mischungen aller im Abfallgemisch vorkommenden NE-Metalle. Für deren Verwertung müssen die beiden metallurgischen Routen „Aluminium" und „Kupfer" bedient werden, was eine Konditionierung der NE-Metallgemische voraussetzt. Aluminium, das als Fehlaustrag in ein „Schwergut" in die Kupfermetallurgie gelangt, erfährt dort keine Verwertung und entsprechend keine Vergütung. Dagegen sind in die Aluminiumschmelze fehleingetragene Schwermetalle metallurgisch nicht zu separieren, sie verhindern damit letztlich eine hochwertige Verwertung und lenken den metallischen Stoffstrom in Richtung geringwertiger Anwendungen als Reduktionsmittel.

Der konventionelle Prozess zur Separation von „leichten" und „schweren" NE-Metallen basiert auf einer Dichtetrennung im „schweren" flüssigen Medium. Moderne Verfahren zur Sortentrennung zielen auf eine Analyse einzelner Partikel durch sensorische Verfahren ab. Für die Sortentrennung unterschiedlicher Metalle stehen Röntgensortierer zur Verfügung. Im Vorhaben VeMRec sollte im technischen Maßstab überprüft werden, mit welcher Art von Vorkonditionierung und welcher Effizienz eine gezielte Bereitstellung von metallischen Sekundärrohstoffen aus Rostaschen sowohl an die Aluminium- als auch an die Kupferindustrie möglich ist.

Dieser Beitrag basiert auf einer Veröffentlichung des Erstautors anlässlich der Berliner Konferenz zu Mineralischen Nebenprodukten und Abfällen vom Mai 2015 [Pretz et al. 2015a].

2. VORGEHENSWEISE

Materialgenese und -charakterisierung

Die Herkunft von NE-Metallen aus Rostaschen wird durch eine Prozesskette nach Bild 1 beschrieben. Die Eingangsmaterialien in diese Prozesskette sind Abfälle zur Beseitigung ebenso wie Abfälle zur Verwertung, die in Müllverbrennungsanlagen angenommen werden. Im Fall von Nordrhein-Westfalen, aus dessen Verbrennungsanlagen die NE-Metallkonzentrate dieser Untersuchung stammten, werden die MVA im Mittel zu etwa 50 % mit kommunalem Restabfall (Hausmüll, AVV 20 03 01) und zu ca. 50 % mit Abfällen anderer Herkunft beschickt. Im Bundesdurchschnitt liegt nach Angaben der PROGNOS AG der Anteil kommunaler Abfälle bei etwa 64 %.

Bild 1: Prozesskette bis zum NE-Metallgemisch (eigene Darstellung)

Abhängig von der Abfallherkunft finden sich im Eingangsgemisch Stoffe mit NE-Metallgehalten, die im Prozessverlauf mehr oder weniger aufgeschlossen und freigelegt werden. Eine Vorstellung von der Art von NE-Metallen vermittelt Bild 2. Die Daten wurden im Zusammenhang mit dem Eco Innovation Projekt SATURN in zahlreichen Untersuchungen an Konzentraten von Wirbelstromscheidern in mechanisch-biologischen Abfallaufbereitungsanlagen (MBA) erhoben. Sie zeigen einerseits eine deutliche Dominanz von Aluminium, andererseits aber auch eine erhebliche Streuung der Analysenwerte sowohl für die leichten als auch die schweren NE-Metalle [Wens et al. 2012].

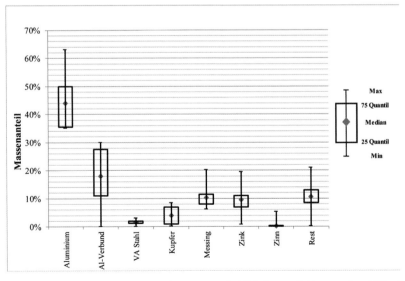

Bild 2: Zusammensetzung von NE-Metallkonzentraten der Wirbelstromscheidung aus Restabfällen [Wens et al. 2012]

Die Prozesskette selbst nimmt erheblichen Einfluss auf die Güte der NE-Metalle. Neben einer Reinigung von organischen Verbundmaterialien im thermischen Prozess erfahren Partikel mit einem Schmelzpunkt unterhalb der Verbrennungstemperatur eine Zustandsänderung, die bei der Wiedererstarrung mit erneuter Kontamination durch benachbarte mineralische Partikel verbunden ist. Nach [Zeltner 2010] schmelzen im thermischen Prozess einer MVA Aluminium zum größten Teil, Kupfer und Messing dagegen nur teilweise auf. Bei hohen Oberflächenspannungen und schlechter Benetzung der Partikeloberflächen bilden sich oft kugelige Schmelzprodukte. Größere Aluminiumteile schmelzen dagegen häufig zu unregelmäßig geformten, knollenartigen Gebilden [Zeltner 2010].

Der heute übliche Austrag der Verbrennungsrückstände über ein Wasserbad ist nicht nur mit einer Korngrößenminderung aufgrund der schnellen Temperaturabsenkung verknüpft, sondern führt auch zu einer Beladung der Partikeloberflächen mit den im Wasserbad enthaltenen Feststoffpartikeln.

Die anschließende Lagerung unter exothermen Reaktionsbedingungen senkt einerseits den Wassergehalt der Rostasche, löst aber andererseits auch oberflächliche Oxidationsprozesse insbesondere an den Aluminiumpartikeln sowie eine Karbonatisierung einiger Mineralkomponenten aus.

In dem mechanischen Aufbereitungsprozess zur Sortierung der NE-Metalle unterliegen die Partikel selbst in Prozessen ohne Zerkleinerungsstufe einer mechanischen Oberflächenbeanspruchung sowie erneuter oberflächlicher mineralischer Verschmutzung aufgrund des sehr hohen Feinstkornanteils von ca. 20 – 25 % < 3 mm in der Rostasche.

Das Ergebnis der Beeinflussung durch die Prozesskette zeigt sich in den folgenden Bildern 3 bis 5. Bild 3 stellt zunächst NE-Metalle aus Restabfall vor der Behandlung dar, die im Projekt „Energieeffiziente Abluftbehandlung (EnAB)" dokumentiert wurden. Die Bilder 4 und 5 zeigen die typische Ausprägung von NE-Metallen nach Durchlaufen der Prozesskette nach Bild 1. Weder die ursprüngliche Form oder Artikeleigenschaft noch die metalltypische Farbe ist nach Durchlaufen der Prozesskette zu identifizieren.

Bild 3: NE-Metalle aus Restabfällen (Foto: Coskun)

Bild 4: NE-Metalle „grob" aus Rostaschen (Foto: Pretz)

Bild 5: NE-Metalle „fein" aus Rostaschen (Foto: Rüßmann)

Aufbau der VeMRec-Pilotanlage

Die Zielsetzung des Aufbereitungsschrittes nach dem initialen Zugriff auf NE-Metalle in der Rostaschenaufbereitung liegt in einer verlustminimierten Konditionierung für das eigentliche metallurgische Recycling. Die Minimierung von Verlusten steht sowohl unter Ressourcengesichtspunkten als auch unter ökonomischen Aspekten im Vordergrund. Ressourcenverluste entstehen bei der Konditionierung sowohl durch den Eintrag von Leichtmetallen in die Kupferroute als auch von Edelstählen, für deren Rückgewinnung die genutzten metallurgischen Prozesse nicht geeignet sind. Unter ökonomischen Gesichtspunkten ist zudem die Qualität der Metallmischungen von Belang, die maßgeblichen Einfluss auf die Zielprodukte der Aluminiummetallurgie haben [Gisbertz 2014].

Die sortenreine Konditionierung der NE-Metallgemische in eine leichte und eine schwere Metallfraktion wurde im VeMRec-Projekt durch einen kombinierten Konditionierungs- und Sortierschritt im technischen Maßstab nach Bild 6 vorgenommen.

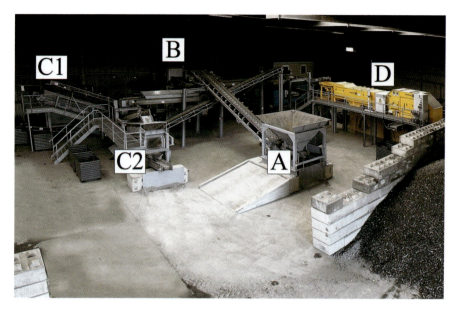

Bild 6: VeMRec-Pilotanlage zur trockenmechanischen Metallseparation [Gisbertz et al. 2014A]

Die Pilotanlage (Bild 6) umfasste die Prozessschritte Dosierung (A), Prallbeanspruchung (B), zweistufige Siebklassierung (C1/C2) und sensorgestützte Sortentrennung (D).

3. ERGEBNISSE UND DISKUSSION

Unter Konditionierung ist in der VeMRec-Pilotanlage eine Reinigung der Partikel von oberflächig aufliegenden mineralischen Verunreinigungen sowie eine anschließende, eng gestufte Klassierung zu verstehen, wobei letztere die Grenzen der sensorgestützten Einzelkorn-Sortiertechnik berücksichtigen muss. Die Reinigung erfolgt durch eine prallende Beanspruchung mit einer Beanspruchungsgeschwindigkeit von > 30 m/s. Prallbeanspruchung löst Verbunde gezielt an den Grenzflächen zwischen den Verbundkomponenten.

Der Prallzerkleinerung wurde gegenüber einer schlagenden Beanspruchung Vorrang eingeräumt, da bei letzterer Methode der Abtrag von Metallen aus den Kornoberflächen signifikant höher ausfällt als im Fall der reinen Prallbeanspruchung. Die Reinigungswirkung ist zwar sicht- und messbar höher, allerdings werden größere Metallverluste in das vorwiegend mineralische Feinkorn (hier < 3 mm) eingetragen [Gisbertz et al. 2014A]. Die Wirkung der mechanischen Oberflächenreinigung als kombinierter Zerkleinerungs- und Klassierprozess wird in Bild 7 deutlich.

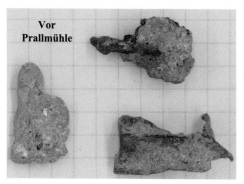

Bild 7: NE-Metallpartikel mit oberflächlichen Mineralverschmutzungen (links) und nach mechanischer Reinigung in einer Prallmühle (rechts) (Foto: Rüßmann)

Bild 7 zeigt auf der rechten Seite den Reinigungserfolg ebenso wie die technische Grenze. So sind insbesondere Schmelzeinschlüsse im Leichtmetall nicht mehr zu trennen. Gleichzeitig weisen die Partikel teilweise eine Oberflächentextur auf, die eine mechanische Reinigung an Prallflächen unmöglich macht. Eine bessere Wirkung wäre nur mit höherem Energieeintrag zu erzielen, der wiederum zu einer deutlichen Verkugelung der Oberfläche bei gleichzeitigem NE-Materialabtrag führt.

Die für eine Sortentrennung nutzbare Oberflächeneigenschaft „Farbe" ist in Bild 7 (rechts) ebenfalls zu erkennen. Sortieruntersuchungen zeigten gute Erfolge bei einer Separation von Kupfer und Messing, jedoch keine brauchbaren Ergebnisse für eine Sortentrennung der „grauen" Partikel nach leichten (Aluminium) und schweren Metallen (Zink), sodass das Verfahren nur für eine vorsortierte Schwerfraktion in Betracht zu ziehen ist [Wens 2015].

Alternativ zur üblichen nassmechanischen Dichtesortierung wurde im VeMRec-Projekt die aus anderen Bereichen der Metallsortierung bereits bekannte Röntgen-Transmissions-Sortiertechnologie der Firma Steinert GmbH eingesetzt. Der Sortierer ist für ein Körnungsband von 10 – 40 mm ausgelegt. Daher wurde eine Konditionierung mit den Schritten Prallbeanspruchung (B), Siebklassierung 3 mm (C1) und Siebklassierung 10 mm (C2) durchgeführt. Das Feinstgut < 3 mm wurde verworfen, die Fraktion 3 – 10 mm in separaten Untersuchungen mittels eines Prototyps aufbereitet. Da die leichten Partikel nach Bild 2 den größeren Massenanteil im NE-Metallgemisch aufweisen, wurde der kleinere Massenanteil, hier das Schwergut, aus dem Gemisch separiert. Als Ziel galt es dabei, neben maximalem Schwermetallausbringen den Verlust an leichten NE-Metallen in die Schwerfraktion zu minimieren. Im Verlauf der Untersuchungen stellte sich ein stabiles Massenverhältnis von Leicht- zu Schwergut von 7:3 ein. Das Ziel Verlustminimierung wurde mit einem Wertstoffausbringen für das Aluminium in das Leichtgut von im Mittel 90 % weitgehend unter Wahrung qualitativer Ansprüche der Metallurgie erreicht [Gisbertz et al. 2014a].

Das erzeugte Leichtgut wurde mit einer Schmelzausbeute von ca. 83 % und Aluminiumgehalten von > 90 % bemustert. Im Vergleich zu den bei Refining-Prozessen üblicherweise eingesetzten Altschrotten, bei denen Schmelzausbeuten zwischen 75 und 85 % erreicht werden, ist das sensortechnisch erzeugte Leichtgut damit als ofengängig einzuschätzen. Der Siliciumgehalt lag bei 2 ± 0,3 %, der Kupfergehalt bei ca. 3 %. Zink wurde mit ca. 2 % identifiziert, Eisen lag im Mittel mit 0,7 % vor. Technologisch kritisch wurde ein mittlerer Bleigehalt von ca. 0,1 % aufgrund der geringen Verdampfungstemperatur beurteilt. Auf fehlausgetragene Partikel war insbesondere der Eisengehalt (Edelstähle) und der Kupfergehalt zurückzuführen, was nur durch eine zusätzliche Reinigungsstufe mit zwangsläufig verknüpften zusätzlichen Ausbringungsverlusten zu ändern wäre. Die qualitative Beurteilung ergab, dass eine Verwertung für die Herstellung von Standardgusslegierungen als Gattierungsanteil für Sekundärschmelzen grundsätzlich möglich wäre, da alle enthaltenen Legierungselemente darin zulässig sind [Gisbertz et al. 2015a].

Das Schwergut enthielt als Hauptelement Kupfer mit 65 ± 10 %, das zu ca. 20 % aus Kupfer und zu 80 % aus Messing stammt. Ein Fehlaustrag an Aluminium ist systembedingt unvermeidbar, sodass im Mittel 25 ± 5% Aluminium im Schwergut zu finden waren, was einem Fehlausbringen von ca. 10 % entspricht. Als Begleitelemente traten immer Eisen und die typischen Legierungselemente von Edelstählen auf. Diese Einträge sind auf Partikel > 20 mm zurückzuführen und legen nahe, in die Aufbereitungsprozesse zusätzliche Sortierschritte für Edelstähle zu integrieren. Zinn wurde mit ca. 0,5 %, Silber mit ca. 0,1 % und in den meisten Schmelzproben Gold in ppm-Gehalten analysiert. Bei diesen Angaben fehlt das Element Zink, das im Vakuumofen in einem ersten Prozessschritt bereits mit sehr hohem Ausbringen separiert wurde [Gisbertz et al. 2015a].

Die Daten der in der Pilotanlage VeMRec durchgeführten Untersuchungen bildeten die Grundlage für ein Aufbereitungsmodell, das von Worring dokumentiert worden ist. Es bietet auf rechnerischer Basis die Möglichkeit, Variationen in der Parametrierung ebenso wie die Ergänzung um einzelne Prozessschritte zu simulieren und auf diesem Weg abschöpfbare Potenziale bis in den Grenzbereich zu ermitteln. Dabei zeigte sich insbesondere die Bedeutung der Konditionierung vor der eigentlichen sensorgestützten Sortentrennung, die wesentlich für die Ausbringungsverluste verantwortlich ist [Worring 2014].

4. AUSBLICK

Mit dem Forschungs- und Entwicklungsprojekt VeMRec ist im Maßstab von ca. 5.000 kg/h die trockenmechanische Sortierung von NE-Metallkonzentraten aus der Rostaschen-Aufbereitung erprobt worden. Insbesondere konnte die Eignung der sensorgestützten Sortierung für die Trennung leichter von schweren NE-Metallen im Korngrößenbereich > 10 mm erprobt werden. Die Ergebnisse belegen die grundsätzliche technische Machbarkeit einer verlustminimierten Metallsortierung. Gleichzeitig werden allerdings technologische Grenzen aufgezeigt, die sowohl dem Prozess als auch den spezifischen Materialeigenschaften wie der Form, der Zusammensetzung oder der Beeinträchtigung aufgrund der vorlaufenden Prozesskette geschuldet sind.

Vor dem Hintergrund vergleichsweise kleiner Mengenbeiträge zum Recycling, die von NE-Metallen aus Rostaschen bereitgestellt werden können (1-stelliger Prozentbereich), kommen separate metallurgische Routen für diese Ressource nicht in Betracht. Da in der Metallurgie jeweils Mischungen aus mehreren Qualitäten chargiert werden, findet sich ausreichende Nachfrage nach den heute verfügbaren Qualitäten. In der Verbindung von einer stets limitierten Güte von Sortierprodukten mit dem Mengenbeitrag zum Gesamtaufkommen aus sekundären Quellen ist zumindest mittelfristig keine flächendeckende Umsetzung der hier erprobten Technologie zu erwarten.

Ansprechpartner

VERBUNDKOORDINATOR

Christian Knepperges MAV Mineralstoff-Aufbereitung und -Verwertung GmbH, Bataverstraße 9, 47809 Krefeld, christian.knepperges@mav-gmbh.com, Tel.: +49 2151 574848

Veröffentlichungen des Verbundvorhabens

[**Bechmann 2013a**] Bechmann, A.: VeMRec – Verlustminimiertes Metallrecycling aus Müllverbrennungsaschen durch sensorgestützte Sortierung. Vortrag, Kickoff r³ – Innovative Technologien für Ressourceneffizienz – Strategische Metalle und Mineralien: 18.04.2013, Freiberg, Helmholtz-Institut Freiberg für Ressourcentechnologie

[**Bechmann 2013b**] Bechmann, A.: VeMRec – Verlustminimiertes Metallrecycling aus Müllverbrennungsaschen durch sensorgestützte Sortierung. Poster, Kickoff r³ – Innovative Technologien für Ressourceneffizienz – Strategische Metalle und Mineralien: 17./18.04.2013, Freiberg, Helmholtz-Institut Freiberg für Ressourcentechnologie. Online verfügbar unter http://www.fona.de/mediathek/r3/pdf/Poster/26_VeMRec_r3_Kickoff.pdf

[**Friedrich 2014a**] Friedrich, B.: Forschungsperspektiven für die Rückgewinnung von Wertmetallen aus Reststoffen der Metallurgie. Vortrag auf: Mineralische Nebenprodukte und Abfälle – Aschen, Schlacken, Stäube und Baurestmassen – (TK Verlag), 30.06./01.07.2014

[**Friedrich 2014b**] Friedrich, B.: Scrap to wire – limits of pyrorefining. Vortrag 73th Meeting of GDMB Copper Committee, 17.–19.09.2014, Stolberg-Zweifall

[**Gisbertz 2013a**] Gisbertz, K.: VeMRec – Verlustminimiertes Metallrecycling aus Müllverbrennungsaschen durch sensorgestützte Sortierung. Vortrag auf: 1. young researcher meeting Aachen-Leoben. Workshop 23.–24.05.2013, Rothenburg ob der Tauber, 2013

[**Gisbertz et al. 2013b**] Gisbertz, K.; Hilgendorf, S.; Friedrich, B.; Heinrichs, S.; Rüßmann, D.; Pretz, T.: Maximising Metal Recovery from Incineration Ashes. Proceedings / EMC 2013, European Metallurgical Conference: 23.–26.06.2013, Weima, organized by GDMB. (ed. staff: Stephan Eicke …). Clausthal-Zellerfeld: GDMB Verl. Vol. 3, 2013. ISBN: 978-3-940276-52-0, S./Art.: 1127–1132

[**Gisbertz 2013c**] Gisbertz, K.: Maximising Metal Recovery from Incineration Ashes. Vortrag, EMC 2013, European Metallurgical Conference: 23.–26.06.2013, Weimar, organized by GDMB

[Gisbertz et al. 2014a] Gisbertz, K.; Heinrichs, S.; Rüßmann, D.; Friedrich, B.; Pretz, T.; Knepperges, C. 2014): Metallurgische Verwertbarkeit aufbereiteter NE-Metallkonzentrate aus MV-Rostaschen. In: World of metallurgy – Erzmetall 67 (2), S. 89 – 98. Clausthal-Zellerfeld / GDMB Verl

[Gisbertz et al. 2014b] Gisbertz, K.; Friedrich, B.: Leichtmetallrückgewinnung aus Müllrostaschen. Vortrag, Fachausschuss Leichtmetalle des GDMB Gesellschaft der Metallurgen und Bergleute e.V., 12.– 13.05.2014, Kassel-Baunatal

[Gisbertz et al. 2015a] Gisbertz, K.; Friedrich, B.: VeMRec – Metallurgische Herausforderungen beim Recycling von NE-Metallkonzentraten aus Abfallverbrennungs-Rostasche. In: Thomé-Kozmiensky, K. J. (Hrsg.), Mineralische Nebenprodukte und Abfälle 2.; 2015; S. 227 – 253, TK Verlag, Neuruppin

[Heinrichs et al. 2013a] Heinrichs, S.; Rüßmann, D.; Feil, A.; Pretz, T.: Recovery of NF-Metals from Bottom Ash and Further Processing. The 28th International Conference on Solid Waste Technology and Management Philadelphia, PA, USA, 10.– 13.03.2013. Chester, 2013. ISSN: 1091-8043, S./Art.: 1289 – 1297

[Heinrichs et al. 2014a] Heinrichs, S.; Rüßmann, D.; Wagner, T.; Pretz, T.: Conditioning of nf-metal concentrates as a pre-treatment for sensor-based separation. In: Proceedings: Sensor-Based Sorting 2014. GDMB Gesellschaft der Metallurgen und Bergleute e.V. (Hrsg.) Aachen, 11.– 13.03.2014.

[Heinrichs et al. 2014b] Heinrichs, S.; Rüßmann, D.; Pretz, T.; Knepperges, C.: Vorbereitung einer Metallmischfraktion für metallurgische Verwertungswege = Preparation of a mixed nf-metal fraction for metallurgical recovery. Vortrag, In: Pomberger, R. (Hrsg.) Tagungsband zur 12. Depo-Tech Konferenz: Abfallwirtschaft, Abfallverwertung und Recycling, Deponietechnik und Altlasten, Montanuniversität Leoben, Österreich, 04.– 07.11.2014

[Heinrichs 2014c] Heinrichs, S.: Preparing a nf-metal-concentrate from bottom ash for teach-in procedure in sensor-based separation. In: Thomas Pretz (Hrsg.): Research Report 2014. Department of Processing and Recycling. 1. Aufl. S. 4 – 9, Shaker-Verlag, Herzogenrath

[pbo 2014] Pressemitteilung vom 07.01.2014 pbo Ingenieurgesellschaft mbH: Forschungsvorhaben VeMRec angelaufen. Online verfügbar unter http://www.pbo.de/aktuelles/artikel/article/forschungsvorhaben-vemrec-angelaufen/, zuletzt abgerufen am 07.01.2014

[Pretz et al. 2015a] Pretz, T.; Feil, A.: Aufbereitungsmethoden für eine hochwertige Verwertung von NE-Metallen aus Abfallverbrennungsrostaschen. In: Thomé-Kozmiensky, K. J. (Hrsg.), Mineralische Nebenprodukte und Abfälle 2, 2015, S. 217 – 225, TK Verlag, Neuruppin

[Rüßmann et al. 2013] Rüßmann, D.; Heinrichs, S.; Feil, A.; Pretz, T.; Gisbertz, K.; Friedrich, B.: Erhöhung der Wertschöpfung bei der Aufbereitung von NE-Metallen aus Müllverbrennungsrostaschen mittels sensorgestützter Sortierung. Vortrag, Jahrestagung 2013 ‚Aufbereitung und Recycling': 13./14.11.2013 Freiberg / Gesellschaft für Verfahrenstechnik UVR-FIA e.V. Freiberg, Helmholtz-Institut Freiberg für Ressourcentechnologie

[Rüßmann et al. 2014a] Ruessmann, D.; Heinrichs, S.; Berwanger, M.; Feil, Alexander; Pretz, Thomas: Loss-minimized recovery of non-ferrous-metals from bottom ash with sensor-based sorting technology. Vortrag, The 29th International Conference on Solid Waste Technology and Management Philadelphia, PA, USA, 30.03.– 02.04.2014. Chester, 2014

[Rüßmann et al. 2014b] Rüßmann, D.; Heinrichs, S.; Pretz, T.; Gisbertz, K.; Friedrich, B.: r³-Verbundprojekt „Metallrecycling mit sensorgestütztem Sortierverfahren: VeMRec". Vortrag, URBAN MINING Kongress und r³ Statusseminar „Strategische Metalle. Innovative Ressourcentechnologie", 11.– 12.06.2014, Essen

[Rüßmann 2014c] Rüßmann, D.: Optimized Treatment of Non-Ferrous-Metal Fractions from Incineration Bottom Ash. In: Thomas Pretz (Hrsg.): Research Report 2014. Department of Processing and Recycling. 1. Aufl., S. 10 – 13, Shaker, Herzogenrath

Quellen

[Gillner 2011] Gillner, R.: Nichteisenmetallpotenzial aus Siedlungsabfällen in Deutschland. Schriftenreihe zur Aufbereitung und Veredlung, 40, Techn. Hochsch., Dissertation Shaker-Verlag, 2011, Aachen

[Heinrichs et al. 2012] Heinrichs, S.; Wens, B.; Feil, A.; Pretz, T.: Recovery of NF-metals from bottom ash's fine fraction – State-of-the-art in Germany. In: IWWG (Hrsg.): VENICE 2012: Fourth International Symposium on Energy from Biomass and Waste, 2012, Venice: International Waste Working Group

[Wens et al. 2012] Wens, B.; Feil, A.; Pretz, T.: Das SATURN-Projekt. In: ReSource: Abfall, Rohstoff, Energie. Band 25, Ausgabe 4, S. 24 – 28, 2012, Rhombos Verlag, Berlin

[Wens 2015] Wens, B. (2015). Technical-economic assessment of advanced sorting of nonferrous metal scraps from waste incineration. Dissertation RWTH Aachen

[Wiemer et al. 2011] Wiemer, K.; Gronholz, C.: Ressourcen- und Klimarelevanz von Aschen und Schlacken aus Abfallverbrennungsanlagen: Potenziale und technische Möglichkeiten. In: Wiemer, Klaus (Hrsg.): Bio- und Sekundärrohstoffverwertung: Stofflich, energetisch. Witzenhausen: Witzenhausen-Inst. für Abfall Umwelt und Energie, 2011 (Fachbuchreihe Abfall-Wirtschaft des Witzenhausen-Instituts für Abfall, Umwelt und Energie, 6)

[Worring 2014] Worring, Th.: Identifizieren von Steuergrößen mittels Modellierung am Beispiel der Rostaschenaufbereitung, 2014, Masterarbeit RWTH Aachen

[Zeltner 2010] Zeltner Ch.: Schmelzprozesse zwischen Abfall- und Ressourcenwirtschaft. In BAFU, KVA Rückstände in der Schweiz, Rohstoff mit Mehrwert, 2010, Bern

19. ZwiPhos – Entwicklung eines Lagerungskonzeptes für Klärschlammmonoverbrennungsaschen für Deutschland mit dem Ziel einer späteren Phosphorrückgewinnung

Susanne Malms, David Montag, Johannes Pinnekamp (RWTH Aachen, Institut für Siedlungswasserwirtschaft), Karl-Georg Schmelz, Maren van der Meer (Emschergenossenschaft, Essen), Falko Lehrmann, Ute Blöthe (Innovatherm GmbH, Lünen), Ralph Eitner (IWA mbH, Münster), Wolfgang Klett (Köhler & Klett Partnerschaft von Rechtsanwälten mbB, Köln)

Projektlaufzeit: 01.06.2012 bis 30.04.2014   Förderkennzeichen: 033R101

ZUSAMMENFASSUNG

Tabelle 1: Zielwertstoff

Zielwertstoff im r³-Projekt ZwiPhos
P

Kernziel des Projektes ZwiPhos war die Entwicklung eines Konzeptes für die Langzeitlagerung von Klärschlammaschen aus Monoverbrennungsanlagen zur Sicherung der Phosphorressourcen. Bei steigenden Phosphorpreisen können die gelagerten Klärschlammaschen zukünftig als Rohstoffquelle für den Zielwertstoff Phosphor (P) dienen, wenn dieser daraus zurückgewonnen wird.

Innerhalb des Projektes wurden Klärschlammaschen aus der Monoverbrennung hinsichtlich ihres Wert- und Schadstoffpotenzials und ihrer mechanischen Eigenschaften charakterisiert.

Die Ergebnisse rechtlicher Prüfungen geben Aufschluss darüber, nach welchem Rechtsregime die Lagerung erfolgen muss. Die Ermittlung der technischen Anforderungen und der auf andere Standorte übertragbaren Kostenkomponenten bilden die Basis für ein Planungsbeispiel auf der Kläranlage Bottrop.

Aus einer Abschätzung der über einen Zeitraum von 15 Jahren ab dem Jahr 2015 anfallenden Mengen an Klärschlammaschen wurden notwendige Lagerkapazitäten zur Phosphorressourcensicherung abgeleitet und in ein Lagerungskonzept für Deutschland überführt. Das erarbeitete Lagerungskonzept zeigt potenzielle Standorte bzw. Regionen auf, in denen eine Errichtung von Langzeitlagern zweckmäßig wäre.

Für die Lagerung von Klärschlammaschen ist das Abfallrecht anzuwenden, weshalb eine Langzeitlagerung gemäß Deponieverordnung (DepV) erfolgen muss. Es kann davon ausgegangen werden, dass für die meisten Klärschlammaschen die Anforderungen der Langzeitlagerklasse (LK) II anzuwenden sind. Das entwickelte Lagerungskonzept sieht für Deutschland zehn Langzeitlager vor. Die Kosten für die Langzeitlagerung differieren je nach Größe und LK der jeweiligen Langzeitlager. Bspw. ergeben sich für ein Lager der LK II von 45.000 m² Basisfläche zur Lagerung von 50.000 Mg Asche/a über einen Verfüllungszeitraum von 15 Jahren Kosten in Höhe von 22 EUR/Mg, entsprechend 0,24 EUR/kg P bei einem Phosphorgehalt von 9 %.

Das Forschungsteam setzte sich aus fünf Akteuren zusammen:
Das Institut für Siedlungswasserwirtschaft (ISA) der RWTH Aachen unter der Leitung von Univ.-Prof. Dr.-Ing. Johannes Pinnekamp befasst sich seit über 15 Jahren mit zahlreichen Projekten zur Phosphorrückgewinnung bzw. Phosphorressourcensicherung. Die Köhler & Klett Partnerschaft von Rechtsanwälten mbB mit Stammsitz in Köln ist spezialisiert auf die Bereiche Umwelt, Technik, Planung und Regulierung. Die Ingenieurgesellschaft für Industriebau, Wasser- und Abfallwirtschaft (IWA) mbH mit Sitz in Münster ist seit vielen Jahren u. a. in den Arbeitsbereichen der Abfallwirtschaft, Betriebswirtschaft, Wasserwirtschaft, Verkehrsanlagen und Infrastruktur tätig. Die Emschergenossenschaft mit Sitz in Essen nimmt als Wasserwirtschaftsverband die wasserwirtschaftlichen Aufgaben im Einzugsgebiet der Emscher, Alten Emscher und Kleinen Emscher wahr und betreibt am Standort der Kläranlage Bottrop eine Klärschlammmonoverbrennungsanlage. Zu den Aufgaben der Innovatherm – Gesellschaft zur innovativen Nutzung von Brennstoffen mbH zählen die Verwertung und Entsorgung von konditionierten und kommunalen Klärschlämmen, industriellen Schlämmen sowie diversen anderen Abfällen. Die Innovatherm GmbH betreibt in Lünen die größte Verbrennungsanlage für Klärschlämme in Deutschland.

1. EINLEITUNG

Die statische Reichweite der Phosphorreserven beträgt ca. 300 Jahre [U.S. Geological Survey 2014]. Der Anstieg der Weltbevölkerung von derzeit 7,2 Mrd. Menschen auf prognostizierte 9,7 Mrd. Menschen bis zum Jahr 2050 [PRB 2014] wird zu einer zunehmenden Verknappung des Rohstoffs führen, da Phosphat als Pflanzennährstoff in Düngemitteln nicht substituiert werden kann. Die Qualität des Rohphosphats wird durch sinkende Phosphatgehalte und steigende Schadstoffgehalte wie Uran und Cadmium zunehmend schlechter. Deutschland ist zu 100 % auf Importe angewiesen, da es über keine eigenen Phosphaterzlagerstätten verfügt. Politische Veränderungen in den wenigen Erzeugerländern (u. a. nordafrikanische Staaten, China) könnten dazu führen, dass die Phosphorreserven dem Weltmarkt zeitweise oder auch langfristig vorenthalten werden und die Versorgungssicherheit für den deutschen Markt nicht mehr gegeben ist.

Die Bundesregierung hat im aktuellen Koalitionsvertrag [Bundesregierung 2013] signalisiert, dass eine Sicherung der Phosphorressourcen angegangen werden soll. Im Bereich der Abwasserreinigung soll dieses Ziel über eine Novellierung der Klärschlammverordnung umgesetzt werden. Mittelfristig soll Phosphor durch geeignete Verfahren aus dem Schlammwasser, Faulschlamm bzw. der Klärschlammasche rückgewonnen werden.

Der Preis für Rohphosphat liegt derzeit bei etwa 0,6 EUR/kg P (bei einem Calciumphosphatgehalt von 70 %) und für Triple-Superphosphat-Düngemittel (TSP) sowie für Diammoniumphosphat-Düngemittel (DAP) bei etwa 1,4 EUR/kg P [World Bank 2014]. Die Kosten für eine Phosphorrückgewinnung aus dem Faulschlamm und Schlammwasser liegen zwischen 2 EUR/kg P und 25 EUR/kg P, aus der Klärschlammasche zwischen 2,5 EUR/kg P und 7,5 EUR/kg P [Pinnekamp et al. 2013]. Eine Rückgewinnung aus dem Faulschlamm, dem Schlammwasser oder der Klärschlammasche ist derzeit also im Regelfall noch nicht wirtschaftlich.
Aufgrund ihres hohen Phosphorgehalts bei gleichzeitig nur geringem bzw. nicht messbarem Gehalt an organischen Schadstoffen sollten Klärschlammaschen als Phosphorressource angesehen werden. Bislang werden sie i. d. R. allerdings vermischt mit anderen Abfällen deponiert, wodurch eine deutliche Absenkung des spezifischen Phosphorgehalts erfolgt und eine spätere wirtschaftliche Phosphorrückgewinnung noch weiter erschwert bzw. faktisch unmöglich wird. Auch durch die stoffliche Verwertung der Aschen, bspw. im Bergversatz, wird eine spätere Phosphorrückgewinnung praktisch unmöglich. Im Sinne des Ressourcenschutzes sollten die Klärschlammaschen aus der Monoverbrennung in Zukunft separat gelagert werden, falls keine direkte Rückgewinnung des Phosphors stattfindet.

Im Rahmen des Projektes wurde daher beleuchtet, wie eine Sicherung der in Klärschlammaschen enthaltenen Phosphorressourcen in Deutschland erfolgen könnte.

2. VORGEHENSWEISE

Zur Ermittlung des Wert- und Schadstoffpotenzials von Klärschlammaschen aus der Monoverbrennung erfolgte zunächst eine Charakterisierung von Aschen. Dazu wurden Literaturdaten herangezogen, die durch die Bereitstellung von Analyseprotokollen seitens der Monoverbrennungsanlagenbetreiber ergänzt werden konnten. Zudem wurden die Aschen aus sechs Monoverbrennungsanlagen hinsichtlich der für die Lagerung relevanten Parameter am Labor des ISA untersucht. Um Planungsgrundlagen für die Errichtung und den Betrieb eines Langzeitlagers für Klärschlammaschen zu erhalten, wurden zwei Klärschlammaschen hinsichtlich ihrer mechanischen Eigenschaften untersucht.

Weiterhin wurden rechtliche Optionen für die Definition der Aschen als Abfall bzw. Nicht-Abfall eruiert und die relevanten gesetzlichen Bestimmungen für die Lagerung ermittelt.

Auf Basis der Ergebnisse der Charakterisierung und der rechtlichen Prüfung wurden die technischen Anforderungen an die Lagerung und die entsprechenden Kostenkomponenten ermittelt. Die betrachteten Kostenkomponenten umfassen Investitionskosten für den Basisausbau, den Eingangsbereich und die temporäre Oberflächenabdichtung nach Vollfüllung des Langzeitlagers sowie sonstige Investitionen/Jahreskosten zum Betrieb des Langzeitlagers und Stilllegungskosten nach Abschluss der Ascheeinlagerung bis zum Zeitpunkt der Ascheentnahme.

Für den Standort der Kläranlage Bottrop der Emschergenossenschaft erfolgte die Übertragung der ermittelten Erkenntnisse hinsichtlich der Konzipierung von Langzeitlagern für Klärschlammaschen und der Kosten für die Lagerung über einen Zeitraum von 15 Jahren.

Zur Gestaltung eines nachhaltigen Lagerungskonzeptes für Deutschland erfolgte eine Abschätzung der innerhalb eines Zeitraums von 15 Jahren ab dem Jahr 2015 anfallenden Aschemengen. Dabei wurden mögliche Auswirkungen gesetzlicher Novellierungen (Greifen schärferer Grenzwerte der Düngemittelverordnung (DüMV) für die bodenbezogene Klärschlammverwertung seit 2015) auf die zukünftige Klärschlammentsorgung abgeleitet. Zudem wurden die im Rahmen der Novellierung der Klärschlammverordnung diskutierten Maßnahmen hinsichtlich eines weitgehenden Ausstiegs aus der landwirtschaftlichen Klärschlammverwertung sowie die diskutierten Grenzwerte bezüglich einer geforderten Phosphorrückgewinnung bzw. Phosphorressourcensicherung berücksichtigt. Im Rahmen einer Umfrage bei den Monoverbrennungsanlagenbetreibern wurden u. a. Daten zu den behandelten Klärschlammmengen, den anfallenden Aschemengen, den Entsorgungswegen und -kosten für das Jahr 2012 erhoben. Die Beteiligung lag mit 16 von 20 Verbrennungsanlagenbetreibern bei 80 %.

3. ERGEBNISSE UND DISKUSSION

Rechtliche Anforderungen an die Langzeitlagerung

Klärschlammaschen sind als Abfall einzustufen, weshalb für deren Lagerung die Deponieverordnung (DepV) greift. Gemäß DepV ist eine, gegenüber der Deponierung genehmigungsrechtlich einfachere Langzeitlagerung von Klärschlammaschen aus der Monoverbrennung durch eine Ausnahme von der Nachweispflicht der späteren Verwertung zeitlich auf fünf Jahre befristet möglich, mit einer maximal möglichen Verlängerung bis zum 30.06.2023. Die Novelle der Klärschlammverordnung sieht eine Verlängerung der Frist für solche Aschen bis zum 31.12.2035 vor [Bergs 2015, BMUB 2015].

Für die Errichtung von Langzeitlagern der LK 0 – III gelten die gleichen technischen Anforderungen wie an die entsprechenden Deponien. In der DepV sind für die in den einzelnen Klassen abzulagernden Abfälle Zuordnungswerte für organische Parameter, Feststoffkriterien und Eluatkriterien bestimmt.

Charakterisierung von Klärschlammaschen

Die Hauptkomponenten von Klärschlammaschen sind Oxide von Silicium, Aluminium, Eisen, Calcium und Phosphor. Klärschlammaschen mit rein kommunalem Abwasser-Hintergrund weisen einen Phosphorgehalt von im Mittel 9 % auf, während ausschließlich industrielle Klärschlammaschen lediglich 2,3 % P beinhalten [Krüger und Adam 2014].

Analysenergebnisse von Klärschlammaschen zeigen, dass für die meisten Parameter die Zuordnungswerte der DepV für eine LK 0 eingehalten werden, jedoch bei jeder untersuchten Asche einzelne Parameter Überschreitungen aufweisen. Die Parameter, die nahezu durchgängig die Zuordnungswerte für eine LK 0 nicht einhalten, sind Fluorid, Sulfat sowie der Gesamtgehalt an gelösten Feststoffen. Die Parameter, die häufig die Zuordnungswerte für eine LK I oder auch LK II nicht einhalten, sind Molybdän und Selen. Für die meisten Klärschlammaschen ist eine Lagerung in Langzeitlagern der LK II möglich.

Technische Ausgestaltung von Langzeitlagern und betriebliche Aspekte

Die Mächtigkeit der geologischen Barriere muss bei der LK II mind. 1 m und bei der LK III mind. 5 m betragen; für den Basisaufbau gelten für beide LK die gleichen technischen Anforderungen (Bild 1). Die Abdichtung kann bspw. durch eine mineralische Dichtung mit einer im Pressverbund aufliegenden Kunststoffdichtungsbahn (KDB) ausgeführt werden. Das darüber liegende Dränsystem muss wegen der Kornverteilung der Aschen durch ein Trennvlies vom Deponiekörper abgegrenzt werden.

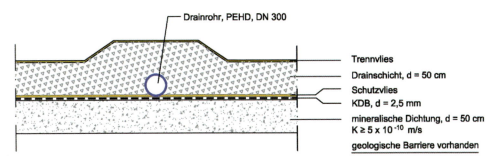

Bild 1: Systemaufbau Basisabdichtung Langzeitlager LK II, LK III

Bei der LK I kann bei sonst gleichen Anforderungen wie bei der LK II die zweite Abdichtungskomponente (hier KDB) entfallen.

Aufgrund der zu erwartenden geringen Schadstoffkonzentrationen aus Sicker- und Oberflächenwasser des Langzeitlagers erscheint für die Einleitung in ein Oberflächengewässer lediglich eine Behandlung durch ein Absetzbecken als ausreichend. Jedoch muss eine abschließende Absicherung der Einhaltung der Anforderungen im praktischen Betrieb erfolgen.

Für den flächigen Einbau in schwach geneigten Deponiefeldern ist die Einstellung eines definierten Einbauwassergehaltes erforderlich, sodass sich die Asche gut verdichten lässt, die Flächen sicher befahrbar sind, evtl. Oberflächenabfluss gewährleistet ist und Probleme mit Staub vermieden werden. Bei Steinkohleflugaschen hat sich ein Einbauwassergehalt von ca. 15 – 20 % bewährt; dabei ließ sich die Asche auf eine Einbaudichte von ca. 1,4 Mg/m³ verdichten. Ähnliche Größen werden auch für Klärschlammaschen erwartet.

Die einzelnen Einbauflächen in Größe von ca. 1 ha sollten durch Randwälle und Zwischenwälle zur Vermeidung ungeordneter seitlicher Wasserabflüsse mit entsprechenden Erosionsrinnen begrenzt werden.

Ein Austrocknen der Einbaufelder muss durch Beregnungseinrichtungen verhindert werden. Zur Minimierung des Sicker- und Oberflächenwasserabflusses sowie der Staubbelastung von freiliegenden Böschungsflächen ist eine vorübergehende Zwischenabdeckung sinnvoll.

Entwicklung der Aschemengen aus der Klärschlammmonoverbrennung vor dem Hintergrund rechtlicher Veränderungen

Durch das Greifen der in der DüMV definierten schärferen gesetzlichen Anforderungen ist die bodenbezogene Klärschlammverwertung seit Beginn des Jahres 2015 stärker eingeschränkt. Gemäß dem Referentenentwurf der AbfKlärV-Novelle soll die Klärschlammausbringung zu Düngezwecken nach einer Übergangsfrist weitgehend eingestellt werden; die Sicherung des im Klärschlamm enthaltenen Phosphors soll durch ein P-Rückgewinnungsgebot und ein Mitverbrennungsverbot von Klärschlamm unter bestimmten Voraussetzungen erfolgen. Phosphor soll durch geeignete Verfahren aus dem Schlammwasser, Faulschlamm sowie der Klärschlammasche rückgewonnen werden. Kläranlagen der Größenklasse (GK) 4 und 5, deren Klärschlamm einen P-Gehalt von mind. 20 g P/kg TR aufweist, müssen voraussichtlich ab dem 01.01.2025 den P-Gehalt durch ein P-Rückgewinnungsverfahren unter diesen Wert reduzieren. Bei sehr hohen P-Konzentrationen im Klärschlamm muss mindestens eine Abreicherung um 50 % erfolgen; sie gilt als ausreichend, auch wenn die Reduktion auf einen Wert unter 20 g P/kg TR nicht erreicht wird. Die P-abgereicherten Schlämme dürfen dann einer Mitverbrennung unterzogen werden, ohne dass weitere Anforderungen an die Ascheverwertung gestellt werden [BMUB 2015]. Als Alternative zu der unmittelbaren P-Rückgewinnung aus dem Klärschlamm soll eine Verbrennung zulässig sein, wobei der in der Asche enthaltene Phosphor rückgewonnen oder die Asche einer stofflichen Verwertung unter Nutzung des P-Gehaltes zugeführt werden muss; geschieht dies nicht, soll eine separate Langzeitlagerung der Aschen erfolgen.

Die genannten Maßnahmen werden sich auf die notwendigen (Mono-)Verbrennungskapazitäten auswirken. Für die Entwicklung eines Lagerungskonzeptes für Klärschlammaschen wurde davon ausgegangen, dass ab 2015 alle vorhandenen Monoverbrennungsanlagen durch kommunale Schlämme ausgelastet sind. Die Abschätzung der Mengen, die ab 2025 thermisch zu behandeln wären, erfolgte unter Einbeziehung der oben genannten geplanten gesetzlichen Novellierungen unter Annahme eines gleichbleibenden Klärschlammanfalls in Höhe von 1,85 Mio. Mg TR/a, entsprechend dem Klärschlammanfall im Jahr 2012. Des Weiteren wurde angenommen, dass 60 % der Klärschlämme aus den Kläranlagen der GK 1 bis GK 3, in denen 9 % aller Klärschlämme anfallen, auch ab dem Jahr 2025 noch stofflich verwertet werden dürfen. Thermisch zu behandeln wären ab dem Jahr 2025 somit rund 1,75 Mio. Mg TR/a (94,6 %, siehe Tabelle 2).

Tabelle 2: Status quo der Klärschlammverwertung (2012) [Destatis 2014] und Abschätzung der Entwicklung bis zum Jahr 2025

Jahr Szenario	Landwirtschaft [MgTR/a]	Landschaftsbau [MgTR/a]	sonstige stoffliche Verwertung [MgTR/a]	Mit- und Monoverbrennung [MgTR/a]
2012	544.065	235.439	58.107	1.008.830
2015		526.000		1.320.632
2025		99.708		1.746.733

Es wird davon ausgegangen, dass ab 2025 70 % der thermisch zu behandelnden Schlämme monoverbrannt werden. Bild 2 zeigt die in den einzelnen Bundesländern bereits vorhandenen sowie die erwarteten zusätzlich notwendigen Monoverbrennungskapazitäten.

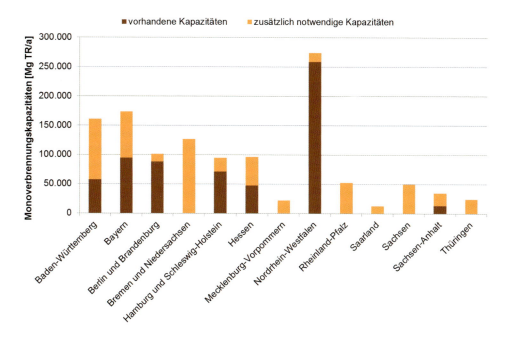

Bild 2: Vorhandene und zusätzlich notwendige Monoverbrennungskapazitäten in den Bundesländern ab dem Jahr 2025

Standorte von Langzeitlagern

Als potenzielle Standorte für Langzeitlager kommen neben Standorten von Verbrennungsanlagen vor allem bestehende Deponiestandorte in Frage. Da zu erwarten ist, dass für einen Großteil der Klärschlammaschen aus der Monoverbrennung die Langzeitlagerung in Langzeitlagern der LK II umzusetzen sein wird, wurden für das Lagerungskonzept Deponiestandorte der Klasse II betrachtet.

In Bild 3 sind die Standorte der Deponien der DK II in Deutschland, der derzeit existierenden sowie potenzieller neuer Monoverbrennungsanlagen und die möglichen Einzugsgebiete von Aschen für jeweils ein gemeinsames Langzeitlager unter Angabe der prognostizierten anfallenden Aschemengen zwischen den Jahren 2015 und 2030 bzw. der notwendigen Größen der Langzeitlager dargestellt. Für die potenziellen neuen Monoverbrennungsanlagen wurde davon ausgegangen, dass diese um die Ballungszentren und in der Nähe großer Kläranlagen errichtet werden, da dort vergleichsweise viel Klärschlamm anfällt. Die Zusammenstellung der Deponiestandorte erfolgte auf Basis der im Jahr 2013 verfügbaren Abfallwirtschaftspläne der Länder.

Aus den vorhandenen Verbrennungsanlagen sowie den potenziell zusätzlichen Verbrennungsanlagen (bei vorausgesetztem Betrieb der zusätzlichen Anlagen ab dem Jahr 2025) würden innerhalb der nächsten 15 Jahre etwa 4,35 Mio. Mg Asche anfallen. Es wurde angenommen, dass mit der separaten Lagerung unmittelbar (ab dem Jahr 2015) begonnen wird.

Die möglichen Einzugsgebiete der Klärschlammaschen wurden für das Lagerungskonzept so gestaltet, dass die Verbrennungsanlagen in den jeweiligen Einzugsgebieten innerhalb der nächsten 15 Jahre so viele Aschen generieren würden, dass eine gemeinsame Lagerung zu einer Lagergröße > 200.000 Mg Asche führen würde. Für die meisten Einzugsgebiete ergibt sich nach dem erstellten Konzept eine gemeinsame Lagerung von Aschen aus Verbrennungsanlagen verschiedener Bundesländer. Dies würde voraussetzen, dass die entsprechenden Bundesländer die innerhalb der Abfallwirtschaftspläne festzulegenden Erfordernisse und Maßnahmen untereinander abstimmen.

Bild 3: Standorte der vorhandenen und potenziellen Monoverbrennungsanlagen und Deponien der DK II in Deutschland sowie Darstellung möglicher Einzugsgebiete der Aschen für die Langzeitlagerung

Zur Feststellung möglicher Standorte von Langzeitlagern sollten die innerhalb der dargestellten Einzugsgebiete vorhandenen Deponiestandorte und Verbrennungsanlagenstandorte auf theoretisch verfügbare Lagerkapazitäten bzw. Flächen sowie die Möglichkeit der Schaffung von Monokompartimenten/Langzeitlagern geprüft werden.

Kosten der Langzeitlagerung

Die beispielhaft abgeschätzten Kosten der Errichtung und des Betriebes von Langzeitlagern für Klärschlammaschen betragen für ein Langzeitlager mit einer Basisfläche von 25.000 m² zur Einlagerung von 15.000 Mg Asche/a über einen Verfüllungszeitraum von 18 Jahren 37 EUR/Mg Asche (LK I) bzw. 42 EUR/Mg Asche (LK II). Bei einem mittleren Phosphorgehalt von 9 % betragen die spezifischen Kosten für die Lagerung 0,41 EUR/kg P respektive 0,47 EUR/kg P. Für ein größeres Lager von 45.000 m² Basisfläche zur Lagerung von 50.000 Mg Asche/a über einen Verfüllungszeitraum von 15 Jahren ergeben sich Kosten von 19 EUR/Mg (LK I) bzw. 22 EUR/Mg (LK II), entsprechend 0,21 EUR/kg P respektive 0,24 EUR/kg P. Dabei wurden Kosten für die Errichtung der Basisabdichtung, Oberflächenabdeckung sowie eines separaten Eingangsbereiches mit vorgeschalteter Aschebefeuchtung berücksichtigt und die geologische Barriere als vorhanden vorausgesetzt. Für den Einbaubetrieb wurden im Wesentlichen Kosten für Personal, Einbaugeräte und Überwachung kalkuliert.

Der Standort der Kläranlage Bottrop profitiert von bereits vorhandener Infrastruktur wie z. B. Eingangs- und Waagenbereich. Aus der Jahreskostenberechnung mit abschließender Sensitivitätsanalyse ergeben sich die modellhaft gerechneten Kosten einer Langzeitlagerung von Klärschlammaschen am Standort Bottrop in Höhe von 34 bis 50 EUR/Mg Asche.

Für die Lagerung von Klärschlammaschen in einem Langzeitlager der LK II/LK III (bei vorhandener geologischer Barriere) und einer Größe von 200.000 m³ betragen die spezifischen Kosten, speziell für die Aschen aus der Verbrennungsanlage Bottrop, die einen Phosphorgehalt von im Mittel 4,9 % aufweisen, rund 0,75 EUR/kg P.

4. AUSBLICK

Innerhalb des Projektes erfolgte erstmalig die Entwicklung eines Lagerungskonzeptes für Klärschlammaschen aus der Monoverbrennung für Deutschland mit dem Ziel, die gelagerten Klärschlammaschen zu einem späteren Zeitpunkt einer – dann wirtschaftlichen – Phosphorrückgewinnung andienen zu können. Gegenüber den bisherigen Verwertungswegen von Klärschlammaschen kann durch die Implementierung des Konzeptes ein Beitrag zur Phosphorressourcensicherung geleistet werden. Durch die separate Lagerung wird (gegenüber der gemeinsamen Deponierung mit anderen Abfällen) ein Rückbau der Klärschlammaschen ermöglicht, wodurch auch ein Beitrag zu einer Verringerung der Altlasten (auch vor dem Hintergrund, dass neben Phosphor in Zukunft ggf. auch weitere Stoffe aus Klärschlammaschen rückgewonnen werden können) für nachfolgende Generationen erfolgen kann. Hierbei muss jedoch beachtet werden, dass die von Wertstoffen abgereicherten Klärschlammaschereste wiederum deponiert werden müssen.

Aufgrund der zeitlichen Befristung der Langzeitlagerung gemäß DepV ist fraglich, inwiefern potenzielle Betreiber von Langzeitlagern aktuell eine Investitionsentscheidung für die Lagerung in Langzeitlagern oder für die Errichtung eines Langzeitlagers für Klärschlammmonoverbrennungsaschen treffen werden, da bislang das Risiko besteht, die gelagerten Aschen bereits vor dem 30.06.2023 auskoffern zu müssen. Innerhalb des Referentenentwurfs der „Verordnung zur Neuordnung der Klärschlammverwertung" vom 18.08.2015 wird jedoch eine Verlängerung der zeitlichen Befristung bis zum 31.12.2035 vorgeschlagen. Die Fristverlängerung ist ein notwendiger Schritt im Zuge der mit der Neuordnung einhergehenden Forderungen nach einer verpflichtenden Langzeitlagerung zur Phosphorressourcensicherung als Alternative zu einer direkten Phosphorrückgewinnung; die Forderungen sollen mit Ablauf der Übergangsfrist (01.01.2025) für Klärschlämme aus den Kläranlagen der Größenklassen 4 und 5 greifen, die einen Phosphorgehalt von 20 g Phosphor/kg Trockenmasse aufweisen.

Bei der Eruierung möglicher Standorte für Langzeitlager sollten vor allem vorhandene Deponiestandorte oder Standorte von Verbrennungsanlagen in Betracht gezogen werden. Neben dem Vorteil der an diesen Standorten bereits bestehenden Infrastruktur sind genehmigungsrechtliche Vorteile zu erwarten gegenüber der Errichtung von Langzeitlagern „auf der grünen Wiese". Dieser Aspekt ist u. a. vor dem Hintergrund einer anvisierten zeitnahen und befristeten Langzeitlagerung wesentlich.

Liste der Ansprechpartner

Dipl.-Ing. Susanne Malms Institut für Siedlungswasserwirtschaft der RWTH Aachen, Mies-van-der-Rohe-Straße 1, 52074 Aachen, malms@isa.rwth-aachen.de, Tel.: +49 241 80-25212

Dr.-Ing. David Montag Institut für Siedlungswasserwirtschaft der RWTH Aachen, Mies-van-der-Rohe-Straße 1, 52074 Aachen, montag@isa.rwth-aachen.de, Tel.: +49 241 80-25208

Prof. Dr. Wolfgang Klett Köhler & Klett Partnerschaft von Rechtsanwälten mbB, Von-Werth-Straße 2, 50670 Köln, w.klett@koehler-klett.de, Tel.: +49 221 4207-290

Dipl.-Ing. Ralph Eitner Ingenieurgesellschaft für Industriebau, Wasser- und Abfallwirtschaft mbH, Münsterstraße 111, 48155 Münster, eitner@iwambh.de, Tel.: +49 2506 30888-11

Prof. Dr.-Ing. Karl-Georg Schmelz Emschergenossenschaft/Lippeverband, Kronprinzenstraße 24, 45128 Essen, schmelz.karl-georg@eglv.de, Tel.: +49 201 104-2374

Dipl.-Ing. Falko Lehrmann Innovatherm Gesellschaft zur innovativen Nutzung von Brennstoffen mbH, Frydagstraße 47, 44536 Lünen, lehrmann@innovatherm-gmbh.de, Tel.: +49 2306 92823-10

Veröffentlichungen des Verbundvorhabens

[Malms et al. 2015] Malms, S.; Montag, D.; Pinnekamp, J.; Schmelz, K.-G.; van der Meer, M.; Lehrmann, F.; Blöthe, U.; Eitner, R.; Klett, W.: Klärschlammaschen: Phosphor-Ressource der Zukunft. In: wwt Wasserwirtschaft, Wassertechnik, 10/2015, S. 17 – 20. ISSN 1438-5716

[Malms et al. 2014] Malms, S.; Montag, D.; Pinnekamp, J.; Schmelz, K.-G.; van der Meer, M.; Lehrmann, F.; Blöthe, U.; Eitner, R.; Klett, W.: Langzeitlagerung von Verbrennungsaschen. In: Abfall – Recycling – Altlasten Band 40. „27. Aachener Kolloquium Abfall- und Ressourcenwirtschaft" am 27.11.2014, Aachen, Hrsg.: Prof. Dr.-Ing. J. Pinnekamp, Institut für Siedlungswasserwirtschaft der RWTH Aachen, Aachen 2014, ISBN 978-3-938996-91-1

[Malms et al. 2014a] Malms, S.; Montag, D.; Pinnekamp, J.; Schmelz, K.-G.; van der Meer, M.; Lehrmann, F.; Blöthe, U.; Eitner, R.; Klett, W.: Langzeitlagerung von Verbrennungsaschen (2014). Vortrag auf dem „27. Aachener Kolloquium Abfall- und Ressourcenwirtschaft" am 27.11.2014, Aachen

[Malms et al. 2014b] Malms, S.; Montag, D.; Pinnekamp, J.: Lagerung von Klärschlammaschen – Projekt ZwiPhos (2014). Vortrag auf dem UBA/BAM-Workshop „Abwasser – Phosphor – Dünger" am 29.01.2014, Berlin

[Malms et al. 2014c] Malms, S.; Montag, D.; Pinnekamp, J.: Lagerung von Klärschlammaschen – Projekt ZwiPhos (2014). Vortrag auf der „IFAT 2014" am 06.05.2014, München

[Malms et al. 2013] Malms, S.; Montag, D.; Pinnekamp, J.: ZwiPhos – Entwicklung eines Zwischenlagerungskonzepts für Klärschlammmonoverbrennungsaschen für Deutschland mit dem Ziel einer späteren Phosphorrückgewinnung (2013). Vortrag auf der „ProcessNet-Jahrestagung" am 21.02.2013, Frankfurt

[Pinnekamp et al. 2014] Pinnekamp, J.; Malms, S.; Montag, D.; Schmelz, K.-G.; van der Meer, M.; Lehrmann, F.; Blöthe, U.; Eitner, R.; Klett, W.; Schwetzel, W.: „ZwiPhos – Entwicklung eines Zwischenlagerungskonzepts für Klärschlammmonoverbrennungsaschen für Deutschland mit dem Ziel einer späteren Phosphorrückgewinnung". Abschlussbericht zum BMBF-Projekt, FKZ 033R101

Quellen

[Bergs 2015] Bergs, C.-G.: Eckpunkte zur Novellierung der Klärschlammverordnung. Vortrag und Manuskript, 9. DWA-Klärschlammtage, Potsdam, 15.–17.06.2015

[BMUB 2015] Referentenentwurf des Bundesministeriums für Umwelt, Naturschutz, Bau und Reaktorsicherheit zur „Verordnung zur Neuordnung der Klärschlammverwertung" vom 18.08.2015. Online verfügbar unter: http://www.bmub.bund.de/fileadmin/Daten_BMU/Download_PDF/Abfallwirtschaft/abfklaerv_novelle_2015_bf.pdf (Zugriff am 18.02.2016)

[Bundesregierung 2013] Deutschlands Zukunft gestalten. Koalitionsvertrag zwischen CDU, CSU und SPD, 18. Legislaturperiode. Online verfügbar unter: https://www.cdu.de/sites/default/files/media/dokumente/koalitionsvertrag.pdf (Zugriff am 18.02.2016)

[Destatis 2014] Wasserwirtschaft: Klärschlammentsorgung aus der biologischen Abwasserbehandlung. Statistisches Bundesamt, Wiesbaden. Online verfügbar unter: https://www.destatis.de/DE/ZahlenFakten/Gesamtwirtschaft-Umwelt/Umwelt/UmweltstatistischeErhebungen/Wasserwirtschaft/Tabellen/KlaerschlammVerwertArt2012.html (Zugriff am 27.02.2014)

[Krüger und Adam 2014] Krüger, O.; Adam, C.: Monitoring von Klärschlammmonoverbrennungsaschen hinsichtlich ihrer Zusammensetzung zur Ermittlung ihrer Rohstoffrückgewinnungspotenziale und zur Erstellung von Referenzmaterial für die Überwachungsanalytik (2014). TEXTE 49/2014 Umweltforschungsplan des Bundesministeriums für Umwelt, Naturschutz, Bau und Reaktorsicherheit, Forschungskennzahl 37 11 33 321 UBA-FB 001951, Berlin. Online verfügbar unter: https://www.umweltbundesamt.de/sites/default/files/medien/378/publikationen/texte_49_2014_ksa-monitoring_23.7.2014.pdf (Zugriff am 18.02.2016)

[Pinnekamp et al. 2013] Pinnekamp, J.; Montag, D.; Everding, W.: P-Rückgewinnung: Technisch möglich – wirtschaftlich sinnvoll? Vortrag auf der BMU/UBA-Tagung „Phosphorrückgewinnung – Aktueller Stand von Technologien – Einsatzmöglichkeiten und Kosten" am 09.10.2013, Bonn. Online verfügbar unter: http://www.umweltbundesamt.de/sites/default/files/medien/378/dokumente/p-rueckgewinnung-technisch_moeglich.pdf (Zugriff am 18.02.2016)

[PRB 2014] 2014 World Population Data Sheet. Online verfügbar unter: http://www.prb.org/pdf14/2014-world-population-data-sheet_eng.pdf (Zugriff am 18.02.2016)

[U.S. Geological Survey 2014] Mineral Commodity Summaries, February 2014. Online verfügbar unter: http://minerals.usgs.gov/minerals/pubs/commodity/phosphate_rock/mcs-2014-phosp.pdf (Zugriff am 08.02.2016)

[World Bank 2014] Commodity Markets Outlook 2014/July; World Bank Group, Washington D.C. Online verfügbar unter: http://www.worldbank.org/content/dam/Worldbank/GEP/GEPcommodities/commodity_markets_outlook_2014_july.pdf (Zugriff am 18.02.2016)

20. UrbanNickel – Rückgewinnung und Wiederverwertung von Nickel aus deponierten Neutralisationsschlämmen der Edelstahlindustrie

Andreas Bán, Steffen Möhring (VDEh-Betriebsforschungsinstitut GmbH, Düsseldorf), Hans Dieter Dörner (Siegfried Jacob Metallwerke GmbH & Co. KG, Ennepetal), Per Klaas (BGH Edelstahlwerke GmbH, Freital)

Projektlaufzeit: 01.12.2012 bis 30.06.2016   Förderkennzeichen: 033R104

ZUSAMMENFASSUNG

Tabelle 1: Zielwertstoffe

Zielwertstoffe im r³-Projekt UrbanNickel			
CaF_2	Cr	Fe	Ni

In der deutschen Edelstahlindustrie fallen derzeit jährlich etwa 20.000 t nickelhaltige Neutralisationsschlämme an, die auf deutsche Deponien verbracht werden. Mit einem Nickelgehalt der Schlämme von etwa 1 % werden auf diesem Weg dem Wertstoffkreislauf nicht unerhebliche Mengen an Nickel entzogen. Von den mittels einer Erhebung erfassten Schlämmen wurden nur 29 % auf Deponien mit einem Monobereich für nickelhaltige Neutralisationsschlämme verbracht. 71 % der Schlämme wurden zusammen mit anderen Abfällen abgelagert und sind daher als nicht rückholbar zu bewerten. Für die Rückgewinnung des Nickels und der übrigen Wertstoffe Chrom (Cr), Eisen (Fe) und Calciumfluorid (CaF_2) aus deponierten Neutralisationsschlämmen wurden im r³-Projekt UrbanNickel verschiedene Recyclingwege vorgeschlagen und deren wirtschaftliche Anwendbarkeit untersucht. Über eine selektive Laugung mit Schwefelsäure und Fällung kann das Nickel als Nickelhydroxid mit einer Ausbeute von ca. 90 % zurückgewonnen werden. Dieses Nickelhydroxid kann mit einem Bindemittel und einem Füllstoff zu Briketts verpresst werden, die schmelzmetallurgisch verwertet werden können. Eine Aufarbeitung der Schlämme mittels Schwefelsäurelaugung und Solventextraktion zu Nickelsalzen bzw. Nickelsalzlösungen ist ebenfalls möglich. Weiterhin konnte gezeigt werden, dass ausgehend von einer fast vollständigen Auflösung der Schlämme in Salzsäure und einer anschließenden Abtrennung des Eisens mittels Solvatation, des Calciumfluorids durch Fällung und des Nickels durch Extraktion, eine Gesamtverwertung der Schlämme möglich ist.

1. EINLEITUNG

Ein wichtiger Verfahrensschritt zur Erzeugung qualitativ hochwertiger Oberflächen von nichtrostenden Stählen ist das Beizen. Dabei werden zum einen Zunderreste und zum anderen eine chromverarmte Unterschicht entfernt, wodurch die gewünschte Korrosionsbeständigkeit erzielt wird. Dafür müssen relativ stark konzentrierte oxidierende Mischsäuren auf Basis von Salpeter- und Flusssäure oder auch Mischsäuren auf Basis von Schwefelsäure, Flusssäure und Wasserstoffperoxid (im sogenannten Cleanox®-Verfahren) verwendet werden. Beim Beizen reichert sich die Mischsäure mit Metallsalzen an und muss regeneriert oder verworfen werden. Die Altsäure und Spülabwässer aus den Beizlinien werden in Abwasserbehandlungsanlagen mit Kalkmilch neutralisiert und die dabei anfallenden metallhydroxidhaltigen Neutralisationsschlämme deponiert. Gemäß der im Rahmen des Projektes UrbanNickel vorgenommen Erhebung (s. u.) fallen in Deutschland derzeit jährlich ca. 20.000 t nickelhaltige Neutralisationsschlämme in der Edelstahlindustrie an. Die Schlämme enthalten ca. 1 % Nickel, sodass dem Wertstoffkreislauf auf diesem Weg nicht unerhebliche Mengen an Nickel entzogen werden.

Ziel des r³-Projekts UrbanNickel war es daher, ein geeignetes Verfahren zur Rückgewinnung von Nickel aus deponierten Neutralisationsschlämmen zu entwickeln. Zum einen besteht die Möglichkeit, die Metalle direkt aus der Altsäure zurückzugewinnen. Vorteil dieser Verfahren ist, dass zusammen mit den Wertmetallen insbesondere auch die Säure wiedergewonnen werden kann. Es wurde bereits eine Reihe von Verfahrensweisen zur Metallrückgewinnung untersucht und entwickelt. Zu nennen sind hier die Pyrohydrolyse [Kladnig 2003, Rituper 1993, Bärhold 1997], die Solventextraktion [Uchino et al. 1985] und die Membranelektrolyse [Rögener et al. 2012]. Industrielle Anwendungen haben die Mischsäure-Regenerationsprozesse „Pyromars" (Pyrohydrolyse) [Andritz 2016] und „STAR" (Kombination aus Membranverfahren und Pyrohydrolyse) gefunden [Steuler 2016]. Ein wirtschaftlicher Einsatz dieser Techniken ist jedoch bei kleineren Stahlwerken nicht gegeben, sodass trotz deren Einsatz große Mengen an Neutralisationsschlämmen anfallen.

Zum anderen besteht die Möglichkeit einer Rückgewinnung von Nickel aus den festen Neutralisationsschlämmen, die nicht nur für die anfallenden, sondern auch für die bereits deponierten Neutralisationsschlämme angewendet werden könnten. Ansätze zur Metallrückgewinnung aus Neutralisationsschlämmen bestehen in der Schmelzreduktion [Ma et al. 2005, Li et al. 2009] der Laugung/Solventextraktion [Reinhardt 1975, Andersson und Meixner 1979] oder der Laugung/Membranelektrolyse [Ban et al. 2010]. Hydrometallurgische Aufarbeitungsanlagen, in denen u. a. die Laugung und Solventextraktion Anwendung findet, werden in Deutschland von den Siegfried Jacob Metallwerken GmbH & Co. KG (SJM) und der Nickelhütte Aue GmbH betrieben. Die relativ aufwendige Verfahrenstechnik rechnet sich jedoch nur bei ausgesprochen werthaltigen Abfällen aus der Galvanoindustrie [Süß 2003]. Die Möglichkeiten der Rückgewinnung von Nickel aus deponierten Neutralisationsschlämmen der Edelstahlindustrie und den damit verbundenen Fragestellungen hinsichtlich der Rückbaubarkeit und der Eigenschaften dieser Abfälle wurde bisher noch nicht untersucht.

Zielstellung des r³-Projekts UrbanNickel war es daher, die Möglichkeiten der Aufarbeitung von Neutralisationsschlämmen aus anthropogenen Lagern zu erforschen und Verfahrensweisen für eine wirtschaftliche Rückgewinnung des Nickels zu entwickeln. Dafür wurden die in Bild 1 schematisch dargestellten Recyclingwege vorgeschlagen.

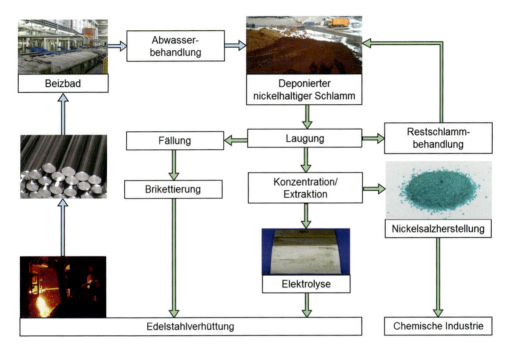

Bild 1: Untersuchte Recyclingwege für die Nickelrückgewinnung aus deponierten Neutralisationsschlämmen (Quelle: BFI)

Ausgehend von einer Laugung des Schlamms mit Säure wird das als Hydroxid oder Carbonat vorliegende Nickel zunächst aus dem Schlamm gelöst. Die Nickellösung kann nach der Filtration und einer Extraktion einer Nickelsalzherstellung oder alternativ einer Elektrolyse zur elementaren Abscheidung des Nickels zugeführt werden. Alternativ dazu sollte untersucht werden, ob das Nickel aus der Laugung nach einer erneuten Fällung und Brikettierung schmelzmetallurgisch verwertet werden kann.

2. VORGEHENSWEISE

Erhebung zur Deponierung der Neutralisationsschlämme, Probennahme und Analyse
Für die Ermittlung der anfallenden und deponierten Mengen an Neutralisationsschlämmen und die Bewertung der Rückbaubarkeit wurde eine Umfrage bei Edelstahlherstellern und Deponien durchgeführt. Erhoben wurden die derzeitigen Abfallmengen an nickelhaltigen Neutra-

lisationsschlämmen, die Entsorgungsorte in den letzten Jahrzehnten, die Art des Nickeleinbaus und die abgelagerten Mengen. Für die Probennahme wurde die offene Deponie Aßlar ausgewählt, auf der in einem Monobereich Neutralisationsschlämme verbracht werden. Am Deponierand des Monobereichs wurde mittels eines Tiefenschurfs bis zur Deponiebodenabdichtung Proben in verschiedenen Ablagerungstiefen entnommen. Die Proben wurden nach nahezu rückstandslosem Lösen mit halbkonzentrierter Salzsäure (50 Vol.-% einer 37%igen HCl) mittels Röntgenfluoreszenz-Analyse (RFA) analysiert. Lösungen mit halbkonzentrierter Salpetersäure (50 Vol.-% einer 53%igen HNO_3) wurden mittels optischer Emissionsspektrometrie mit induktiv gekoppeltem Plasma (ICP-OES) hinsichtlich der Elementkonzentrationen untersucht. Der Lösungsrückstand aus der Salzsäurelösung wurde nach einem Peroxidaufschluss im Zirkontiegel analysiert. Für die Fluoridbestimmung wurden die Schlammproben mit einer 40%igen Schwefelsäure eine Stunde lang bei 80 °C behandelt und das Fluorid nach dem Filtrieren der Lösung potenziometrisch mit einer fluoridsensitiven Elektrode bestimmt. Der Kohlenstoffgehalt wurde als Total Organic Carbon (TOC) in einer mit 20%iger Schwefelsäure hergestellten Mutterlauge analysiert.

Spezifikation der Produkte

Damit die Wertprodukte wieder in den Stoffkreislauf integriert werden können, müssen sie für die vorgesehenen Anwendungsbereiche bestimmte Anforderungen erfüllen. Hinsichtlich der Reinheit der Nickelsalze orientierten sich die Untersuchungen an den Qualitätsanforderungen für die Bereiche Katalysatorproduktion, Batterieherstellung und Galvanomarkt. Für die Spezifikation des Nickelsulfats wurde die [DIN 50970:1995-12] zugrunde gelegt.

Die Anforderungen an die nickelhydroxidhaltigen Briketts ergeben sich aus der bei einer Verhüttung angestrebten Auflegierung von 1 – 2 % an Nickel und den Abgasgrenzwerten an Fluorid und Schwefel bei der Stahlherstellung. Unter der Annahme, dass der gesamte in den Briketts gebundene Schwefel als Schwefeldioxid in das Abgas gelangt, darf der Schwefelgehalt nicht mehr als 0,2 % betragen. Der Anteil an P, Cu, Nb, V, W, B und an weiteren Spurenstoffe muss für die Briketts bekannt sein, da sie für bestimmte Stahlsorten als Störstoff wirken können. Des Weiteren ist eine Festigkeit von 5 MPa erforderlich, damit die Briketts beim Transport und Chargieren nicht zerfallen und als staubförmige Produkte mit den Abgasen ausgetragen werden.

Selektive Laugung, Nickelhydroxidfällung und Brikettierung

In einer Reihe von Laborversuchen wurde das Laugungsverhalten der deponierten Schlämme im pH-Wertebereich 1,2 bis 3,7 untersucht, um das Nickel mit guter Ausbeute (> 80 %) möglichst selektiv aus dem Schlamm zu lösen. Dafür wurden jeweils 221 g deponierter Schlamm in 630 ml Wasser in einem Doppelmantelglasgefäß mit einem Magnetrührer bei 700 rpm suspendiert und anschließend der pH-Wert mithilfe von 40%iger Schwefelsäure eingestellt. Neben dem pH-Wert wurden die Temperatur zwischen 20 und 60 °C sowie die Laugungsdauer zwischen 30 min und 24 h variiert. Zusätzlich wurde der Einfluss einer Suspendierung mit hohen Scherkräften (ULTRA-TURAX) auf das Laugungsverhalten untersucht.

Vor der Nickelhydroxidfällung wurde das mitgelöste Eisen und Chrom durch Zugabe einer 20%igen Kalkmilch bei einem pH-Wert von 4,3 gefällt. Die Fällung des Nickelhydroxids wurde mit Natronlauge bei einem pH-Wert von 9,5 vorgenommen.

Zur Überprüfung der Laboruntersuchungen zur Herstellung des Nickelhydroxids wurden Laugungsversuche im 100-l-Maßstab in einer Technikumsanlage mit Rührbehälter, Kammerfilterpresse und Steuerungseinheit durchgeführt. Mit dieser Anlage wurde auch das Filtrationsverhalten des erzeugten Restschlamms und des gefällten Nickelhydroxids untersucht. In den ersten Technikumsversuchen zeigte sich, dass der angestrebte Sulfatgehalt im Nickelhydroxid überschritten wurde. Daher wurde versucht, durch erneutes Aufschlämmen des Nickelhydroxids bzw. durch Zugabe von Calciumchlorid während der Laugung den Sulfatgehalt zu senken.

In den Laboruntersuchungen zur Brikettierung wurden geeignete Mischungszusammensetzungen zur Kompaktierung des abgepressten Nickelhydroxidschlamms unter Nutzung eines Bindemittels sowie von Füllmaterial bzw. einem Reduktionsmittel festgelegt. Für die Untersuchungen wurden Portland- und Feuerfestzement als Bindemittel in variablen Anteilen von 15 bzw. 20 % verwendet. Als Reduktionsmittel wurde Steinkohlenstaub ausgewählt, der in die Mischung mit maximal 10 % eingebracht wurde. Für eine Steigerung der Festigkeit wurde ein nickelhaltiger Filterstaub als Füllmaterial in unterschiedlichen Anteilen eingesetzt. Die Kaltdruckfestigkeit und die Feuchte der mit einer Laborpresse erzeugten Prüfkörper wurden im Abstand von 3 – 5 Tagen über einen Zeitraum von einem Monat bestimmt.

Gesamtlaugung, Extraktion und Nickelsalzherstellung

Die Laborversuche zur Gesamtlaugung und Extraktion an den deponierten Schlämmen orientierten sich an den Verfahren zur konventionellen Aufarbeitung von nickelhaltigen Abfällen durch Solventextraktion zu Nickelsalzen (Nickelsalzlösungen). Die Verfahrensschritte sind gewöhnlich

– Lösen der Feststoffe und Herstellung eines Klarfiltrates (Mutterlauge),
– Entfernung aller Störeinflüsse auf die Extraktion, auch durch organische Inhaltsstoffe,
– Extraktion der Metalle oder Abtrennung aus der Mutterlauge durch klassische Verfahren.

An Schlammproben der Deponie Aßlar wurden zunächst Löseversuche mit einer 20%igen Schwefelsäurelösung durchgeführt. Die Konzentration der Säure entspricht einer in der Hydrometallurgie von SJM verwendeten Standardkonzentration zur Schlammlaugung. Für die Untersuchungen wurde ein Standardansatz mit 100 g Deponieschlamm pro Liter Gesamtlauge gewählt. Hierzu wurden zunächst alle Störeinflüsse ermittelt und anschließend beseitigt. Die Extraktion von Metallen aus einer wässrigen Phase durch ein Extraktionsmittel in einer organischen Phase (Solventextraktion oder Reaktivextraktion) erfolgt immer aus einem

Klarfiltrat. Störstoffe sind alle Stoffe, die den Extraktionsprozess derart beeinflussen, dass kein technisch verwertbares Produkt erhalten werden kann.

Diese sind u. a.
- in der Lösung bereits vorhandene Feststoffe,
- Feststoffe, die sich während des Extraktionsprozesses bilden,
- Kohlenstoffverbindungen, die emulgierend wirken,
- Komplexbildner, die eine Extraktion unterbinden,
- Crudbildner, die eine dritte Phase im Extraktionssystem bilden.

Eine erste technische und wirtschaftliche Betrachtung führte zu einer Erweiterung der Zielsetzung innerhalb des hydrometallurgischen Verwertungsprozesses. Technisch ist die Gewinnung des Nickels ohne größere Verluste nur nach einer Laugung der Schlämme mit Salzsäure möglich, wobei zusätzlich Eisenchlorid und Calciumfluorid vermarktet werden können. Daher wurden Lösungsversuche mit Salzsäure und Aufbereitungswege aus stark salzsauren Lösungen untersucht. Für die Untersuchungen wurden Standardlösungen mit Schlammeinwaagen von 100 g pro Liter Mutterlauge hergestellt. Die resultierenden Lösungen enthielten Salzsäurekonzentrationen zwischen 30 g/l und 177 g/l. Das Eisen wurde mittels Solvatation aus der stark salzsauren Lösung extrahiert. Dafür wurden verschiedene Extraktionsmittel getestet.

3. ERGEBNISSE UND DISKUSSION

Anfall und Deponierung der Neutralisationsschlämme

Die großen Beizbetriebe sowie einige kleinere Beizbetriebe von rostfreiem Edelstahl haben für das Projekt ihren Anfall an nickelhaltigen Neutralisationsschlämmen benannt. Die in den Beizbetrieben anfallenden Mengen betragen demnach 250 – 10.000 t pro Jahr, sodass das gesamte Aufkommen in Deutschland im Jahr 2013 mit ca. 20.000 t/a beziffert werden kann (Bild 2, links). In den Jahren zwischen 2010 und 2013 sind die Abfallmengen in den Beizbetrieben z. T. erheblich (bis zu 70 %) zurückgegangen. Die wesentlichen Gründe sind interne Maßnahmen der Beizbetriebe zur Abfallvermeidung (Recycling und Abfalltrennung) aber auch der allgemeine Rückgang der Produktion an rostfreiem Edelstahl in Deutschland in den letzten Jahren. Eine vollständige Rückverfolgung der Verbringungsorte und -mengen gelang nur für den Zeitraum von 2006 bis 2013. Für den Zeitraum von 1970 bis 2006 liegen die Daten nur teilweise vor und für die Zeit vor 1970 konnten keine Informationen eingeholt werden. Insgesamt wurden deponierte Schlämme mit einer Masse von 310.000 t erfasst (Bild 2, rechts). Aufgrund des gemischten Einbaus der Schlämme (Anteil der Schlämme an den gesamten Abfällen < 15 %) ist der größte Teil (ca. 71 %) als nicht rückholbar zu bewerten. 9 % der Schlämme liegen in einem Monobereich auf einer geschlossenen und rekultivierten Deponie. Ein Rückbau wäre mit einem nicht unerheblichen Aufwand verbunden. Insgesamt 20 % der Schlämme, das sind

62.000 t, befinden sich in einem Monobereich der geöffneten Deponie Aßlar und könnten daher relativ leicht zurückgebaut werden.

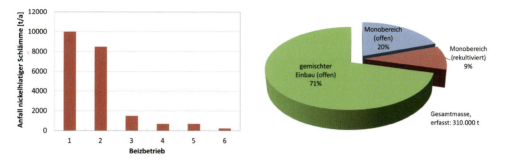

Bild 2: Anfall nickelhaltiger Neutralisationsschlämme 2013 in sechs verschiedenen Beizbetrieben in Deutschland (links), Deponierung der Schlämme anteilig nach Einbauart und Deponiestatus (rechts)

Analyse der auf der Deponie Aßlar verbrachten Schlämme

Die Analysenergebnisse der in halbkonzentrierter Salzsäure löslichen und unlöslichen Bestandteile der Schlammprobe, die im Abladebereich der Deponie Aßlar genommen wurden, sind in Tabelle 2 und 3 angegeben. Die Prozentangaben wurden auf den Trockengehalt (TS) der Schlämme, der im Abladebereich 47 % und in tieferen Deponieschichten bis zu 58 % beträgt, bezogen. Der Nickelgehalt des Schlamms beträgt 2,5 % TS. Neben Eisen und Chrom, die überwiegend als Hydroxide vorliegen dürften, enthält der trockene Schlamm fast 50 % Calciumfluorid. Die TOC-Bestimmung ergibt einen Wert von 7.100 mg/kg TS. Die Zusammensetzung des trockenen Schlamms variiert über die Schurftiefe nur unwesentlich. Abhängig von der Konzentration der freien Salzsäure verbleiben als ungelöster Rückstand 15 g (15 %) bei 30 g/l Salzsäure und 4,3 g (4,3 %) bei 177 g/l Salzsäure. Aus der Analyse des Rückstandes (Tabelle 3) kann geschlossen werden, dass der Rückstand im Wesentlichen aus Calciumfluorid sowie Eisen- und Chromoxiden besteht. Bei der nahezu vollständigen Auflösung des Schlamms mit Salzsäure verbleiben im Rückstand nur 0,2 g Nickel pro kg Schlamm.

Tabelle 2: Metall- und Fluoridgehalt der Schlämme (salzsäurelösliche Bestandteile in Gew.-% bezogen auf TS)

Ca [%]	Cr [%]	Fe [%]	Ni [%]	Mn [%]	F [%]
28	3,5	20,4	2,5	0,11	18

Tabelle 3: Lösungsrückstände der in Salzsäure gelösten Schlämme

(Masse des Lösungsrückstands: 4,325 g bei einer freien Säure von 177 g/l HCl)

Al [%]	As [%]	Ca [%]	Cd [%]	Co [%]	Cr [%]	Cu [%]	Fe [%]	Mn [%]	Ni [%]	P [%]	Pb [%]	Sn [%]	Zn [%]	Mo [%]
0,77	nn	22,94	nn	nn	9,72	0,08	7,82	0,52	0,46	0,02	0,01	0,02	nn	0,13

Ergebnisse der selektiven Laugung, Nickelhydroxidfällung und Brikettierung

Das Laugungsverhalten der deponierten Schlämme wird maßgeblich durch die Aktivität der Säure bestimmt. In Bild 3 ist der bilanzierte Anteil an gelöstem Nickel, Chrom und Eisen in Abhängigkeit vom pH-Wert der schwefelsauren Schlammsuspension (Probe aus 3 m Tiefe) für das sukzessive Ansäuern mit Schwefelsäure und der nachfolgenden Fällung durch Zugabe von Kalkmilch dargestellt. Eine selektive Laugung des Nickels gelingt im pH-Wertebereich 2,6 – 3,6 nur mit einer Ausbeute des Nickels unter 60 %. Gute Ausbeuten im Bereich von 90 % werden nur bei einem geringen pH-Wert von 1,4 erzielt, bei dem jedoch auch der größte Teil des Eisens und Chroms mitgelöst wird. Dieses Verhalten ist unabhängig von der Schurftiefe der Probe. Vergleichbare Ergebnisse wurden bereits in früheren Untersuchungen mit frisch gefällten Neutralisationsschlämmen erhalten [Ban et al. 2010]. Durch Zugabe von Kalkmilch kann das mitgelaugte Eisen und Chrom anschließend wieder gefällt werden, ohne größere Mengen an Nickel mit zu fällen.

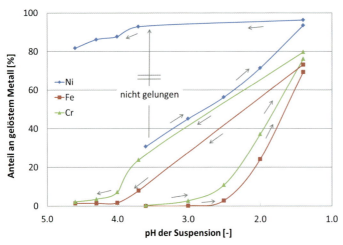

Bild 3: Laugung/Fällung der Metalle durch sukzessives Ansäuern mit Schwefelsäure und nachfolgender Zugabe von Kalkmilch zu einer Schlammsuspension

Durch Anheben der Temperatur bis auf 60 °C, Verlängern der Laugungszeit auf 24 h und Suspendieren mit einem ULTRA-TURAX konnte die Nickelausbeute im Bereich pH 2,6 – 3,6 trotz guter Löslichkeit des Nickels nur unwesentlich auf Werte knapp über 60 % gesteigert werden. Erklärbar ist dieses Laugungsverhalten mit dem hohen Anteil an Calciumfluorid im Schlamm, der offensichtlich eine Diffusionsbarriere für die Säure- bzw. die Nickelionen in den Schlammpartikeln darstellt, obgleich deren Größe lediglich im Bereich von 0,5 µm liegt [Ban et al. 2010]. Dementsprechend kann das Nickel nur bei kleinem pH-Wert praktisch vollständig aus den Partikeln gelaugt werden, bei dem das Calciumfluorid zu einem gewissen Anteil gelöst wird. Auf Grundlage der im Labor gesammelten Erkenntnisse wurde das in Bild 4 dargestellte Verfahren für die Technikumsversuche zur Erzeugung von Nickelhydroxid aus deponierten Schlämmen ausgewählt.

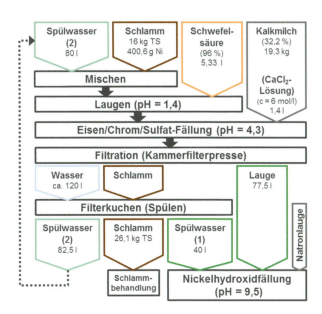

Bild 4: Verfahrensfließbild für die Gewinnung von Nickelhydroxid im Technikumsmaßstab

In fünf Technikumsversuchen konnte Nickel mittels Laugung im Mittel zu 91 % ausgebracht werden, anschließend wurde es als Nickelhydroxid gefällt. Das abgepresste Nickelhydroxid wies einen Trockengehalt (TS) von ca. 35 % auf. Der Nickelgehalt betrug 44,6 % TS. Der Sulfatgehalt war nach der Fällung mit 12,3 % TS höher als angestrebt und konnte auch nach einem anschließendem Aufschlämmen und Abpressen nur auf 7,5 % gesenkt werden. Ein Sulfatgehalt von 8,7 % wurde durch Zugabe von Calciumchlorid bei der Laugung auch ohne aufwendiges Waschen des Schlamms erreicht. Wesentlicher Nachteil des Verfahrens ist, dass große Mengen an Schwefelsäure und Kalkmilch verbraucht werden und durch die damit verbundene Gipserzeugung die Trockenmasse des Schlamms um ca. 63 % zunimmt. Da sich der anfallende gipshaltige Schlamm gut entwässern lässt, nimmt die anschließend zu deponierende Masse um etwa 50 % zu. Der noch Säure enthaltende Restschlamm kann durch Mischen mit trockenem Kalk nachbehandelt werden, um die Eluierbarkeit des Nickels gemäß Deponieverordnung auf Werte kleiner 1 mg/l abzusenken. Allerdings muss zusätzlich Eisen(II)-sulfat untergemischt werden, damit während der Trockenkalkbehandlung kein sechswertiges Chrom entsteht.

Auf Grundlage der Ergebnisse der Laboruntersuchungen zur Brikettierung konnten folgende Zusätze zum abgepressten Nickelhydroxidschlamm vorgeschlagen werden:
- 15 % Feuerfestzement
- 28 % nickelhaltiger Filterstaub.

Mit dieser Zusammensetzung wurde eine sehr gute Kaltdruckfestigkeit von bis zu 24 MPa erreicht. Prinzipiell wurden größere Kaltdruckfestigkeitswerte bei den Prüfkörpermischungen nachgewiesen, die einen höheren Anteil an Bindemittel bzw. Beimengungen des Füllmaterials beinhalteten. Prüfkörper, die mit Portlandzement hergestellt wurden, zerfielen zum Ende der Lagerzeit. Eine Trocknung des abgepressten Nickelhydroxidschlamms vor der Brikettierung war nicht erforderlich. Damit kann bei einer technischen Anwendung die Entstehung von gesundheitsgefährdenden nickelhaltigen Stäuben einfacher vermieden werden. Die Verhüttung der Briketts wird in noch anstehenden Arbeiten untersucht.

Gesamtlaugung mit Schwefelsäure und Extraktion
Eisen(III)-hydroxid, $Fe(OH)_3$, zählt zu den Störstoffen, die während einer Nickelextraktion entstehen können. Daher wurde zunächst die Möglichkeit der quantitativen Abtrennung von Eisen aus den Mutterlaugen in Gegenwart von Fluoridionen untersucht.

Eisen(III) bildet mit Fluoridionen schwerlösliches Eisenfluorid FeF_3 und im Überschuss komplexe Fluoride, die das Verhalten der Hydroxidfällung beeinflussen. Untersucht wurde die Bildung von Eisenhydroxid $Fe(OH)_3$ in Gegenwart von schwer löslichem Calciumfluorid und leicht löslichem Natriumfluorid. Während sich in Gegenwart von Calciumfluorid kein messbarer Effekt im Vergleich zu einem Blindwert ohne Fluoridzugabe einstellt, wird bei Verwendung von Natriumfluorid sowohl die Fällung von Eisenfluorid als auch ein messbarer Einfluss auf den Fällungs-pH von Eisenhydroxid festgestellt. Die Verschiebung des Fällungs-pH geht über mehrere Einheiten; bei sehr hohen Fluoridmengen (> 6 mol), die zur Bildung des Hexafluoroferrates führen, tritt die Hydrolyse zum Eisenhydroxid erst bei pH 12,5 ein.

Um den Einfluss von Fluoridionen auf die Konzentration des Nickels zu bestimmen, wurden identische Bedingungen gewählt. Zu einer definierten Menge an Nickelionen wurden steigende Konzentrationen an schwer löslichem Calciumfluorid und leicht löslichem Natriumfluorid dosiert. Wie beim Eisen(III) wirkt sich die Calciumfluoridzugabe nicht auf die Menge des gelösten Nickels aus. Die Zugabe von Natriumfluorid führt zu einer Abnahme von bis zu 2,5 % an gelöstem Nickel. In einem Folgeversuch wurde festgestellt, dass die Löslichkeit des Nickelfluorids abhängig vom pH-Wert ist. Im Bereich pH 0,5 – 3,0 wurde die Abnahme der Löslichkeit um 2,5 % festgestellt, wobei ab pH 3,0 die Nickelkonzentrationen wieder anstiegen.

Die Untersuchungen zum Fällverhalten von Eisen(III) in Gegenwart von größeren Mengen an Fluorid zeigen, dass sowohl Eisenfluorid als Feststoff einen Einfluss auf die Nickelextraktion ausüben kann, als auch die Hydrolyse komplexer Eisenfluoride. Nickel wird extraktiv im Bereich pH 6,0 – 6,8 gewonnen. Hier können z. B. Fluoroferrate durch Bildung von Eisenhydroxid – auch in Spuren – als Crudbildner die Extraktion zum Erliegen bringen. Eisen ist daher vor der Nickelgewinnung aus der Lösung abzutrennen. Die Fällung von Eisen(III) und Abtrennung aus nickelhaltigen Lösungen als Eisenhydroxid führt immer auch zu Verlusten an Nickel. Die Verluste sind – wie im vorliegenden Fall bei großen Eisenüberschüssen – nicht unerheblich. Daher wurde zunächst an synthetischen Lösungen mit ähnlichen Metallkonzentrationen, anschließend an den Mutterlaugen die Extraktion des Eisens als Alternative zur Fällung untersucht.

Die Laugen wurden anschließend mit Extraktionsmittel kontaktiert, wobei der TOC im Raffinat auf Konzentrationen zwischen 220 und 280 mg/l anstieg. Normalwerte liegen < 100 mg/l. Um Einflüsse der organischen Stoffe auf die Solventextraktion zu bewerten, wurden Versuche zur Adsorption aus den Mutterlaugen an karbonisiertem Polystyrol und hochporöser Aktivkohle (Silicarbon) durchgeführt. Auch bei nicht vollständiger Abtrennung der nicht näher definierten organischen Stoffe wurden keine signifikanten Störungen im Bereich pH 0 – 6 festgestellt.

Für die Extraktionsmittel Di-(2-Ethylhexyl)-phosphorsäure (D2EHPA) und Isononansäure (Versatic 9) liegen die Extraktionsisothermen in sulfatischen Metallsalzlösungen in den Bereichen pH 0,2 – 1,8 bzw. pH 1,9 – 2,5 [Ritcey und Ashbrook 1984]. In den synthetischen Lösungen ist eine Abtrennung von Eisen(III) ohne Coextraktion von Chrom und Nickel möglich. In einer weiteren Extraktionsserie an den Hydrat-Isomeren des Chromchlorids konnte festgestellt werden, dass die Isomerie keinen Einfluss auf das Trennverhalten zwischen Eisen(III) und Chrom(III) hat.
Unter gleichen Bedingungen bildet sich durch Verschieben des pH-Wertes kristallines Calciumfluorid und der Extraktionsprozess wird nicht mehr möglich. Störungsfrei verläuft die Extraktion nur im Bereich pH < 0,5 mit einer maximalen Extraktionsrate von 30 % für Eisen. Untersuchungen zur Löslichkeit von Calciumfluorid in Salzsäure unterschiedlicher Konzentration [Duparc et al. 1925] und in den Mutterlaugen zwischen pH 0 und pH 6 bestätigen die Beobachtungen.

Nickelraffination – Herstellung von Nickelsalzen nach Spezifikation

Voraussetzung für die erfolgreiche Herstellung eines Nickelsalzes nach Spezifikation ist die Raffination der nickelhaltigen wässrigen Phase, die zur Gewinnung des Nickels über die Solventextraktion dient. Sie darf nur in Spuren andere Metalle enthalten und die Erdalkalimetalle Calcium und Magnesium nur in Konzentrationen von < 100 mg/l. Alkali- und Ammoniumionen sowie Anionen werden durch entsprechende Reinigungsoperationen aus der organischen Phase nach der Extraktion entfernt.

An Metallen wurden in der Mutterlauge festgestellt: Al, Ca, Co, Cr, Cu, Fe, Mn, Mo, Zn. Zur Abreicherung aus der Mutterlauge werden in Tabelle 4 in der Hydrometallurgie gebräuchliche Verfahren vorgeschlagen.

Tabelle 4: Entfernung von Fremdmetallen aus Nickellösungen

Metall	Fällung als	Solvent-Extraktion mit
Al	Al(OH)$_3$	–
Ca	CaSO$_4$ oder CaF$_2$	–
Co	–	Phosphinderivate
Cr	Cr(OH)$_3$	Versatic 9
Cu	[(Cu$^+$)$_2$(Cu^{2+})(S^{2-})(S$_2^{2-}$)]	Aldoxim-/Ketoxim
FE	Fe(OH)$_3$	D2EHPA
Mn	MnO$_2$ (Mn^{2+} → Mn^{4+})	D2EHPA
Mo	–	HNR2
Zn	ZnS	D2EHPA

Gesamtverwertung der Schlämme nach Salzsäurelaugung

Aus den oben genannten Gründen ist weder eine fraktionierte Fällung von Eisen(III), Chrom(III) oder Calciumfluorid noch eine Reaktivextraktion des Eisen(III) im Bereich pH 0 – 3 möglich. Sie führt zu nicht vermarktbaren Produkten, da sie nicht in der erforderlichen Reinheit aus diesen Mutterlaugen hergestellt werden können, außerdem zu hohen Nickelverlusten. Gewählt wurde deshalb zur Abtrennung des Eisens aus der stark salzsauren Lösung ein System, das durch Solvatisierung von anorganischen Molekülen oder Komplexen zu extrahieren vermag. Getestet wurden mehrere Extraktionsmittel, erfolgreich konnte die Abtrennung mit Tributylphosphat (TBP) durchgeführt werden. Die in der Literatur beschriebenen Verfahren mit industrieller Anwendung [Wigstol und Froyland 1972] arbeiten mit aliphatischen Lösemitteln und Modifiern in sauren Beizmedien mit Eisenkonzentrationen < 3 g/l. Ihre Anwendung auf die Mutterlaugen mit Eisenkonzentrationen ≥ 9 g/l erwies sich als nicht praktikabel. Eisen bildet in Medien mit hohen Chloridkonzentrationen das Anion Tetrachloroferrat [FeCl4]$^-$, welches in salzsauren Beizen als [FeCl4]$^-$ H$^+$ vorliegt und nach Solvatisierung durch TBP in die organische Phase überführt werden kann. Durch Reextraktion mit Wasser gewinnt man eine salzsaure Eisenchloridlösung. In vereinfachter Schreibweise:

$$TBPFeCl_4H + H_2O \rightarrow TBP + FeCl_3 + HCl$$

Der Extraktionskoeffizient ist abhängig von der Salzsäurekonzentration. Die Extraktion verläuft z. B. einstufig und vollständig bei Salzsäurekonzentrationen ≥ 177 g/l in aromatischen Lösungsmitteln (Solvesso). Die für das Gesamtverfahren notwendigen Parameter (Anzahl der Stufen in Abhängigkeit von der Konzentration der Salzsäure) liegen noch nicht komplett vor.

Aus allen vorliegenden Daten lässt sich jedoch ein hydrometallurgisches Verfahren zur Gesamtverwertung der nickelhaltigen Schlämme darstellen:
- Salzsaures Lösen der Schlämme
- Laugungsrückstände < 5 % mit einfacher Wäsche als Nachbehandlung
- Gewinnung einer vermarktbaren Eisen(III)-Chloridlösung
- Gewinnung eines technischen Calciumfluorids
- Gewinnung eines handelsfähigen Nickelsalzes

Der Restschlamm aus der Salzsäurelaugung fällt in vergleichsweise geringen Mengen an (< 5 %) und ist sehr schwer löslich. Daher reduziert sich die Nachbehandlung zur Erzeugung eines deponierbaren Reststoffes auf das Waschen mit Wasser.

4. AUSBLICK

Für eine erste Bewertung des Effizienzpotenzials wurde die Herstellung des Zwischenproduktes Nickelhydroxid gemäß dem Verfahren in Bild 4 und die anschließende Raffination und extraktive Aufarbeitung zum Nickelsulfat herangezogen. Für die Nachhaltigkeitsbewertung wurde angenommen, dass die Laugung und Nickelhydroxidherstellung in Deponienähe geschieht, um potenzielle Transportkosten für den Schlamm zu reduzieren. Für die Aufarbeitung der großen Schlammmengen wäre eine Investition erforderlich, die – neben den verfahrenstechnischen Anlagen – auch die Errichtung eines Betriebsgebäudes umfasst. Diese Investitionen müssten auch in einer bereits bestehenden Recyclinganlage vorgenommen werden. Das Nickelhydroxid könnte dann von SJM zum Nickelsulfat umgearbeitet werden. Die Nachhaltigkeitsbewertung wurde auf Grundlage der vom Verbund bereitgestellten Angaben für einen Nickelpreis von 13,8 EUR/t (August 2014) durch das Begleitvorhaben INTRA r^3+ vorgenommen. Das ökonomische Potenzial ist in Tabelle 5 angegeben.

Tabelle 5: Ökonomisches Potenzial für eine Aufarbeitung von 10.000 t Neutralisationsschlamm im Verbund bzw. von 20.000 t Neutralisationsschlamm deutschlandweit zu 303 t bzw. 606 t Nickelsulfat pro Jahr

Erlöse/Kosten/Potenzial	Einheit	Verbundpotenzial	Deutschlandpotenzial
		Aufarbeitung von 10.000 t/a an Schlämmen	Aufarbeitung von 20.000 t/a an Schlämmen
Zusätzliche Wertschöpfung	[T€/a]	206	411
Investitionssumme	[T€]	3400	6129
kapitalabhängige Kosten	[T€/a]	601	1083
Personal	[T€/a]	220	397
Saldo ökonomisches Potenzial	[T€/a]	-615	-1068

Für die Aufarbeitung von 10.000 t/a deponierter Neutralisationsschlämme ergibt sich unter den getroffenen Annahmen ein negatives ökonomisches Potenzial von -615.000 EUR. Wesentliche Kostenfaktoren sind neben den baulichen Maßnahmen die Kosten für die Chemikalien und die Zunahme des zu deponierenden Schlamms.

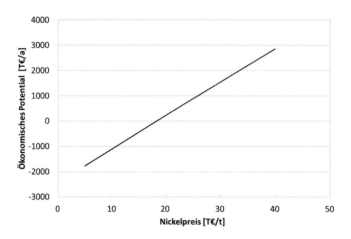

Bild 5: Ökonomisches Potenzial in Abhängigkeit vom Nickelpreis für eine Aufarbeitung von 10.000 t Neutralisationsschlamm zu 303 t Nickelsulfat pro Jahr

Maßgeblich für die Wirtschaftlichkeit des Verfahrens ist jedoch insbesondere der Nickelpreis (Bild 5), der in den letzten Jahren starken Schwankungen unterlag und 2007 ein historisches Hoch von fast 40.000 EUR/t erreichte. Aktuell beträgt der Nickelpreis lediglich 7.500 EUR/t. Eine aussichtsreiche wirtschaftliche Umsetzung des zunächst betrachteten Verfahrens ist demnach erst bei Nickelpreisen von mehr als 20.000 EUR/t gegeben.

Der Primärenergiebedarf für die Nickelsulfatherstellung aus 10.000 t an Neutralisationsschlämmen ist mit 13,5 GWh deutlich größer als der für die primäre Herstellung von Nickelsulfat mit 5,3 GWh. Der deutlich höhere Primärenergiebedarf für die Aufbereitung der Schlämme ist im Wesentlichen das Ergebnis des hohen Schwefelsäure- und Kalkmilchverbrauchs für die Laugung des Nickels. Für die Verfahrenswege zur Herstellung von elektrolytischem Nickel und von Briketts zur schmelzmetallurgischen Verwertung ist das ökonomische und ökologische Potenzial noch nicht abgeschätzt worden. Ein grundsätzlich anderes Ergebnis wird nicht erwartet, da alle Verfahrenswege über die Laugung und Nickelhydroxidherstellung verlaufen, für die relative hohe Investitions- und Betriebskosten angesetzt werden müssen.

Für eine Gesamtverwertung kann die Hydrometallurgie für das Projekt ein vollständiges Verfahren abbilden, mit dem die deponierte Schlammmasse um mehr als 95 % verringert werden kann. Eine abschließende ökonomische Betrachtung ist zum Zeitpunkt der Drucklegung noch nicht möglich. Insbesondere die Abtrennung von Calciumfluorid kann nicht beurteilt werden, da für die erforderlichen Aggregate keine Erfahrungen vorliegen. Neben dem angestrebten Ziel der Herstellung eines handelsfähigen Nickelproduktes kann eine Eisen(III)-Chloridlösung und Calciumfluorid in technischer Qualität erzeugt werden. Zu den klassischen Verfahren der Reinigung metallhaltiger Mutterlaugen konnte in extraktiven Verfahren gezeigt werden, dass eine Trennung von Eisen und Chrom quantitativ möglich ist. Die Erforschung der Gesamtverwertung der Schlämme war zu Projektbeginn nicht vorgesehen und wurde erst im Laufe des Projektes aufgenommen. Daher konnten nicht alle Details zu dieser Verfahrensvariante geklärt werden. Forschungsbedarf besteht insbesondere noch bei der Auslegung einer technischen Anlage für Eisen(III)-chlorid und dem Anlagenbedarf zur Isolierung von Calciumfluorid.

Liste der Ansprechpartner aller Vorhabenspartner

Dr. Hans Dieter Dörner Siegfried Jacob Metallwerke GmbH & Co KG, Jacobstraße 41 – 45, 58256 Ennepetal, h.doerner@jacob-metall.de, Tel.: +49 2333 985-1260

Dr. Andreas Bán VDEh-Betriebsforschungsinstitut GmbH, Sohnstraße 65, 40237 Düsseldorf, andreas.ban@bfi.de, Tel.: +49 211 6707-314

Dipl.-Ing. Per Klaas BGH Edelstahlwerke GmbH, Am Stahlwerk 1, 01705 Freital, per.klaas@bgh.de, Tel.: +49 351 646-2680

Veröffentlichungen des Verbundvorhabens

[Dörner und Bán 2014] Dörner, H. D.; Bán, A.: „Rückgewinnung von Nickel aus Neutralisationsschlämmen – UrbanNickel" Vortrag, 5. Urban Mining Kongress und r^3-Statusseminar, Essen, 11./12.06.2014.

[Dörner et al. 2015] Dörner, H. D.; Bán, A., Klaas, P.: „UrbanNickel", Vortrag, r^3-Abschlusskonferenz „Die Zukunftsstadt als Rohstoffquelle – Urban Mining", Bonn, 15./16.09.2015.

Quellen

[Andersson und Meixner 1979] Andersson, S. O. S.; Meixner, M. J.: Ammoniakalischer MAR-Prozess – Wiedergewinnung von Kupfer, Nickel und Zink aus ammoniakalisch gelaugten Neutralisationsrückständen (1979). In: Aufbereitungstechnik 5, S. 264 – 268

[Andritz 2016] Ohne Verfasser – ANDRITZ Metals: ANDRITZ PYROMARS, From waste to profit. online verfügbar www.andritz.com/me-pyromars_en.pdf, 19.04.2016

[Ban et al. 2010] Bán, A.; Rögener, F.; Buchloh, D.; Reichardt, T.: Rückgewinnung konzentrierter Wertmetalle aus betrieblichen Neutralisationsschlämmen durch Membranelektrolyse. Abschlussbericht über ein Forschungsvorhaben der AIF, Förderkennzeichen 15420N, BFI-Bericht 4.51.019, Düsseldorf, 2010

[Bärhold 1997] Bärhold, F.: HNO_3/HF-Mischsäurerückgewinnung durch Pyrohydrolyse in der Wirbelschicht, Dissertation, Universität Dortmund, 1997

[DIN 50970: 1995 – 12] DIN 50970:1995 – 12, Elektrolytisch erzeugte Überzüge-Nickelchemikalien für Nickelbäder-Anforderungen und Prüfung; Beuth Verlag DIN Deutsches Institut für Normung e.V.

[Duparc et al. 1925] Duparc, L., Wenger, P., Graz, G.: Helv. chim. Acta 8 [1925] 280/4, zitiert in Gmelins Handbuch der Anorganischen Chemie, Bd. 28, 8. Auflage, Calcium Teil B – Lieferung 2, S. 424

[Kladnig 2003] Kladnig, W. F.: A review of steel pickling and acid regeneration an environmental contribution (2003). In: International Journal of Materials and Product Technology 19, 6, S. 550 – 561

[Li et al. 2009] Li, X.; Zhao, J.; Cui, Y.; Yang, J.: The comprehensive utilization of EAF dust and pickling sludge of stainless steel works, ISEPD, 10th International Symposium on Eco-Materials Processing&Design (2009). Vortrag, Materials Science Forum 620 – 622, pp. 603 – 606

[Ma et al. 2005] Ma, P.; Lindblom, B.; Björkman, B.: Experimental studies on solid-state reduction of pick-ling sludge generated in the stainless steel production (2005). In: Scand. J. Metall 34, 1, S. 31 – 40

[Reinhardt 1975] Reinhardt, H.: Solvent extraction for recovery of metal waste (1975). In: Chemistry and Industry 3, S. 210 – 213

[Ritcey und Ashbrook 1984] Ritcey, G. M. und Ashbrook, A.W.: Solvent Extraction: Principles and Applications to Process Metallurgy, Part 1. Elsevier Science Publishers B.V., Amsterdam, 1984, S. 107 – 112

[Rituper 1993] Rituper, R.: Beizen von Metallen, 1. Auflage, Leuze Verlag, Saulgau, 1993

[Rögener et al. 2012] Rögener, F.; Sartor, M.; Bán, A.; Buchloh, D.; Reichardt, T.: Metal recovery from spent stainless steel pickling solutions (2012). In: ResourConservRecy 60, S. 72 – 77

[Steuler 2016] Ohne Verfasser – STEULER: Steuler Totalregeneration (STAR). online verfügbar http://www.steuler-ab.de/en/complete-solutions/regeneration-technology/steuler-total-acid-regeneration-star, 19.04.2016

[Süß 2003] Süß, M.: Verringerung von Stoffverlusten bei der chemischen und elektrochemischen Oberflächenbehandlung, Leitfaden zur Abfallverwertung, Teil 3 (2003). In: Galvanotechnik 94, 8, S. 1879 – 1887

[Uchino et al. 1985] Uchino, K.; Watanabe, T.; Nakazato, Y.; Hoshino, M.: Recovery treatment of waste stainless steel pickling solution (Kawasaki Steel, Research Dev Corp, Soles Res Corp Japan) Japan. Patentschrift Pat. JPS60206481 (18.10.1985)

[Uesugi et al. 2002] Uesugi, H.; Hara, Y.; Tanno, F.; Nakamura, T.; Shibata, E.: Development of Recycling Process of Stainless Steel Pickling Acids (2002). In: ISIJ International 88, 9, S. 580 – 585

[Wigstol und Froyland 1972] Wigstol, E.; Froyland, K.: Proc. Solvent Extraction in Metallurgical Processes, Solvent extraction in nickel metallurgy, The Falconbridge Matte Leach Process, S. 71 – 81, Antwerpen, 1972

21. REStrateGIS – Konzeption und Entwicklung eines Ressourcenkatasters für Hüttenhalden durch Einsatz von Geoinformationstechnologien und Strategieentwicklung zur Wiedergewinnung von Wertstoffen

Jochen Nühlen, Asja Mrotzek-Blöß, Michael Jandewerth (Fraunhofer-Institut für Umwelt-, Sicherheits- und Energietechnik UMSICHT, Oberhausen), Michael Denk, Cornelia Gläßer (Martin-Luther-Universität Halle-Wittenberg), David Algermissen, Dirk Mudersbach (FEhS Institut für Baustoff-Forschung e.V., Duisburg), Sebastian Teuwsen, Andreas Müterthies (EFTAS Fernerkundung und Technologietransfer GmbH, Münster)

Projektlaufzeit: 01.08.2012 bis 31.07.2015   Förderkennzeichen: 033R103

ZUSAMMENFASSUNG

Tabelle 1: Zielwertstoffe

Zielwertstoffe im r³-Projekt REStrateGIS			
Cr	Fe	Mo	Ni

Die zentrale Aufgabenstellung des Verbundprojektes war die Methodenentwicklung zur nationalen, regionalen und lokalen Detektion und Analyse potenzieller anthropogener Sekundärrohstofflager in Form von Halden sowie die Schließung von möglichen Datenlücken.

Ausgehend von einem im Projekt erarbeiteten deutschlandweiten Übersichtskataster, welches Daten aus den Beständen der zuständigen Behörden und Sekundärquellen einheitlich modelliert und darstellt, wurden wissenschaftlich-technisch innovative Labormethoden und Methoden der Geofernerkundung zur Detektion von Hüttenhalden und ihren Wertstoffen adaptiert und prototypisch an einem Modellstandort angewandt. Diese Methoden wurden anhand von Feldarbeiten, Referenzdaten und Expertenwissen validiert und die Ergebnisse in ein lokales Ressourcenkataster und ein standortbezogenes dreidimensionales Modell eingearbeitet. Auf Basis der Erkenntnisse aus dem Ressourcenkataster wurden Konzepte zur Rückgewinnung von Wertstoffen beschrieben, analysiert und bewertet. In Kombination mit einer Hemmnisanalyse wurden anschließend Verwertungsstrategien unter Einbeziehung von Vertretern aus Industrie und Wissenschaft ermittelt. Mithilfe der entwickelten Wissensbasis über Hüttenhalden und die Verfahrenskonzepte zur Wertstoffrückgewinnung können gezielt die effiziente und umweltschonende Exploration von Halden sowie die Wiedergewinnung von Metallen aus den abgelagerten Stäuben, Schlämmen, nicht verwertbaren Schlacken und anderem Hüttenschutt in Nachfolgeprojekten vorangetrieben werden. So werden mittelfristig die technologischen Rahmenbedingungen geschaffen, um derartige anthropogene Lagerstätten für die Rohstoffversorgung nutzen zu können und dadurch langfristig einen Teil zur Reduzierung der Importabhängigkeit Deutschlands beizutragen. Der entwickelte methodische Ansatz besitzt darüber hinaus das Potenzial zur Übertragbarkeit in andere Regionen der Welt, um weitere Sekundärrohstofflager zu detektieren und zu analysieren.

Das Verbundprojekt wurde koordiniert durch das Fraunhofer-Institut für Umwelt-, Sicherheits- und Energietechnik UMSICHT und mit den Partnern Martin-Luther-Universität Halle-Wittenberg (Institut für Geowissenschaften und Geographie – Fachgebiet Geofernerkundung und Kartographie), der EFTAS Fernerkundung und Technologietransfer GmbH sowie dem FEhS Institut für Baustoff-Forschung e.V. bearbeitet. Für die Möglichkeit der Durchführung projektspezifischer Untersuchungen an der Halde in Unterwellenborn dankt das Konsortium ausdrücklich der Stahlwerk Thüringen GmbH. Teile des vorliegenden Textes sind dem Abschlussbericht des Projektes entnommen.

1. EINLEITUNG

Zur Minimierung von Importabhängigkeiten und der Erhöhung der Ressourceneffizienz bildet die Exploration nicht genutzter anthropogener Lagerstätten, die relevante Mengen von teilweise wirtschaftsstrategischen Metallen enthalten, einen wichtigen Baustein. Zu relevanten anthropogenen Lagerstätten zählen insbesondere Halden der Metallverhüttung. Das Projekt REStrateGIS fokussierte auf die Erkundung von Hüttenhalden der Eisen- und Stahlproduktion, bestehend aus Reststoffen der Stahlproduktion wie Stäuben, Schlämmen und Schlacken. Obwohl eine technische Machbarkeit eines Haldenrückbaus prinzipiell nicht infrage steht, fehlt jedoch detailliertes Wissen über die Verteilung, Zusammensetzung und Qualität der deponierten Materialien. Für künftige Forschungs- und Handlungsfelder wird die Entwicklung eines Systems zur Erfassung und wirtschaftlichen Charakterisierung von Hinterlassenschaften des Bergbaus und der Hüttenindustrie gefordert [Faulstich 2010]. Die Fragestellung zur Wiedergewinnung von Wertstoffen aus Halden hat einen nennenswerten räumlichen Bezug. Dieser Bezug äußert sich sowohl im kleinmaßstäbigen Bereich, wie etwa der räumlichen Verteilung der Halden über das Bundesgebiet, als auch im großmaßstäbigen Bereich, wie der Verteilung der Wertstoffe innerhalb eines Haldenkörpers. Das Wissen etwa über die genaue Lage oder Größe der Halde, spezifische Standortgegebenheiten, das Umfeld sowie die Zusammensetzung und Genese des Haldenkörpers ist von essenzieller Bedeutung für die Bewertung einer Sekundärrohstofflagerstätte. Die Motivation des Projekts lag somit in der methodischen Erhebung, Analyse und Darstellung der räumlichen Information auf unterschiedlichen Skalenebenen und deren Verbindung mit klassischen chemisch-mineralogischen Materialdaten. Ein besonderer Fokus wurde dabei auch auf Methoden zur Detektion und Beschreibung von Halden in unbekannten Gebieten sowie auf die zerstörungsfreie Materialcharakterisierung gelegt. Aufbauend auf den im Projekt generierten Ergebnissen und dem erarbeiteten Ansatz können anschließend zielgerichtete Erkundungs- und Abbaumaßnahmen für Reststoffe der Eisen- und Stahlerzeugung eingeleitet werden. REStrateGIS setzt daher vor den eigentlichen Abbaumaßnahmen an und hilft, diese effizienter zu gestalten.

Entsprechend dem Ebenenkonzept des Projekts (vgl. [Jandewerth et al. 2013]) erfolgte für die deutschlandweite Analyse eine Zusammenstellung der deutschen Haldenlandschaft mit dem Fokus auf Hüttenhalden. Um eine deutschlandweite Übersicht von Halden in einem Kataster zu generieren, mussten verschiedene Daten aus unterschiedlichen Quellen zusammengetragen und homogenisiert werden. Eine Übersicht aller Halden in Deutschland lag zu Projektbeginn nicht vor. In drei Testregionen (westliches Ruhrgebiet, Saarland und Mansfelder Land) wurden Halden mittels verschiedener Satellitendaten und vielfältiger Fernerkundungsmethoden detektiert und analysiert. Die Testregionen mussten mehrere Kriterien erfüllen. So sollte die Detektion der Haldenkörper aus Fernerkundungsdaten in mehreren morphologisch inhomogenen, sowohl durch eine möglichst hohe Haldendichte als auch durch verschiedenste Haldentypen charakterisierten Gebieten erfolgen. Ziel war die automatisierte Detektion von Halden aus verschiedenen, aus Satellitenbilddaten generierten digitalen Geländemodellen (DGM) durch EFTAS, die anschließende Attributierung mit Sachdaten durch Recherchen von UMSICHT, das metallurgische Know-how des FEhS sowie aus multispektralen Fernerkundungsdaten durch die Uni Halle abgeleiteten Stoffcharakteristika. Mit diesem interdisziplinären Ansatz wurden Informationen aus verschiedenen Fachgebieten in einem gemeinsamen Workflow zusammengeführt und Methoden zur Detektion und Typisierung auf unbekannte Gebiete im Hinblick der Haldendetektion und Haldenanalyse angewendet und getestet. An einem Modellstandort wurde zudem eine Detailanalyse eines Haldenkörpers mittels Stoffstromanalyse, punktuellen spektroradiometrischen Reflexionsmessungen, abbildender terrestrischer und flugzeuggetragener Spektrometrie, Feststoffanalytik und 3D-Modellen auf Basis von historischem Kartenmaterial und Stereoluftbildern durchgeführt. Weiterhin wurden orientierende Arbeiten zur Wertstoffrückgewinnung im Labor- und Technikumsmaßstab durchgeführt. Ausgewählte Daten sind in unterschiedlichen Detailtiefen über eine WebGIS-gestützte Informationsplattform auf nationaler, regionaler und lokaler Ebene zur Ansicht bereitgestellt, um die disziplinübergreifenden Arbeiten sowie den multiskalaren Ansatz darzustellen (www.ressourcenkataster.de).

2. VORGEHENSWEISE

Um das Übersichtskataster zu erstellen, mussten sowohl Behörden- als auch privatwirtschaftliche Daten recherchiert, validiert und homogenisiert werden. Durch die Ansprache sowohl von Bundesbehörden, Landesbehörden und nachgelagerten Kreisämtern wurde durch Fraunhofer UMSICHT eine deutschlandweite Recherche durchgeführt. Für den Aufbau des multiskalaren Ressourcenkatasters bedurfte es weiterhin einer Haldenklassifikation zur Beschreibung, Einteilung und Unterscheidung der einzelnen Haldenobjekte. Diese Klassifikation war Ausgangspunkt für die anschließende Datenmodellerstellung.

Unter Datenmodell wurde in diesem Kontext ein relationales Datenmodell, bestehend aus unterschiedlichen Tabellen und entsprechenden Verknüpfungen untereinander, verstanden. Es diente als konzeptionelle Grundlage für die Implementierung der Geodatenbank und als Referenzdatensatz zur Validierung der entwickelten fernerkundlichen Haldendetektion. Auf Basis eines Übersichtskatasters können zudem erste als vielversprechend eingestufte Regionen in Bezug auf Halden für eine spätere Detailanalyse auf regionaler Ebene identifiziert und je nach weiter zur Verfügung stehender Datenlage und zu erhebenden Daten Rückschlüsse auf das Wertstoffpotenzial gemacht werden.

Zur Beantwortung vielfältiger geowissenschaftlicher Fragestellungen, z. B. für das Monitoring von Bergbau- und Bergbaufolgelandschaften [Gläßer 2004, Schroeter 2011], vor allem aber zur Exploration natürlicher Lagerstätten, werden seit mehreren Dekaden auch flugzeug- und satellitengetragene optische Fernerkundungssensoren eingesetzt [van der Meer et al. 2012]. Je nach der Anzahl der Kanäle, die Licht bestimmter Wellenlängen erfassen können, unterscheidet man hierbei in multi- und hyperspektrale Aufnahmesysteme [van der Meer 2012, Goetz 1975, Mars 2006]. Im Rahmen des Projektes REStrateGIS wurden diese Methoden für die regionale und lokale Haldenanalyse adaptiert. Für großräumige Analysen auf regionaler Ebene müssen Halden zunächst detektiert, anschließend differenziert und typisiert werden. Für die Testregionen wurde durch die Uni Halle und EFTAS ein Workflow erarbeitet, der zunächst die satellitengestützte, automatisierte geometrische Haldendetektion und -analyse aus frei verfügbaren sowie kostengünstigen Höhendaten (z. B. ASTER GDEM v2 und SRTM-Daten) beinhaltet. Nach der Detektion erfolgte eine Haldentypisierung und -charakterisierung mittels multispektraler Satellitenbilddaten der Sensoren ASTER und WorldView-2. Hierbei wurden spektrale Indizes sowie überwachte Klassifikationsverfahren (z. B. Spectral Angle Mapper (SAM) [Kruse et al. 1993]) angewendet. Um eine sinnvolle Interpretation der Ergebnisse geologisch-mineralogischer Indizes zu gewährleisten, wurden stark vegetationsbestandene und beschattete Flächen zuvor ausmaskiert. Die generierten Algorithmen zur Haldendetektion wurden durch die auf der Übersichtsebene erstellten Referenzdaten aus der Literatur und behördlichen Geodaten validiert. Die Validierung der multispektralen Haldencharakterisierung erfolgte durch Geländebegehungen. Auf lokaler Ebene wurden chemisch-mineralogische sowie reflexionsspektrometrische Feld- und Labormessungen durchgeführt. Flankiert wurden die Arbeiten durch die Erstellung historischer Stoffstrommodelle der Halde. Die Rekonstruktion historischer Stoffströme ist ein essenzieller Bestandteil der Detailanalyse einer identifizierten anthropogenen Lagerstätte und gibt Hinweise auf das zu erwartende Material. Die durch Fraunhofer UMSICHT erstellten Stoffstrommodelle stellen Input- und Output-Ströme des Produktionsprozesses am Standort über den gesamten Produktionszeitraum dar und basieren auf unterschiedlichen Archivdaten der Produktion am Standort (u. a. Lagepläne, betriebsinterne Gutachten, Unternehmensgeschichte).

Eine chemisch-mineralogische Analyse von Probenmaterial stellt die Basischarakterisierung des Materials dar. Durch den Verbundpartner FEhS wurden anhand von 97 Feststoffproben mittels Mikrowellenaufschluss und Nasschemie Haupt- und Nebenbestandteile sowie Spurenelemente analysiert. Mineralphasen wurden mittels Röntgendiffraktometrie ermittelt. Es wurden mehrere Versuche zur Reduktion der in schmelzflüssigen Zustand gebrachten Proben von sechs ausgesuchten Materialien durchgeführt. Anhand dieser Ergebnisse konnte das wirtschaftliche Potenzial durch eine pyrometallurgische Behandlung abgeschätzt werden. Die Probenahmenkampagnen auf der Modellhalde in Thüringen erfolgten an unterschiedlichen Stellen und in unterschiedlichen Tiefen innerhalb des gesamten Haldenkörpers, um ein möglichst repräsentatives Bild der heterogen zusammengesetzten, da über Jahrzehnte gewachsenen Halde zu erhalten. Nach den Laborversuchen zur pyrometallurgischen Reduktion entstanden aus dem Ausgangsmaterial drei neue „Stoffe": Metall, Schlacke und Abgas. Der Anteil an Metall sollte so hoch wie möglich sein, ebenso wie dessen Wertinhalte, z. B. Legierungselemente. Deswegen wurden Reduktionsmittel, Zeit und Temperatur optimiert. Die erzeugte Schlacke musste dabei so ausreduziert sein, dass sie den Vorgaben für die Verwertung als Baustoff entsprach.

Zusätzlich zu den chemischen und mineralogischen Analysen wurden durch die Uni Halle systematische reflexionsspektrometrische Feld- und Labormessungen im Wellenlängenbereich 350 – 2.500 nm durchgeführt. Dabei wurden materialspezifische Reflexionseigenschaften im sichtbaren Licht, nahem und kurzwelligem Infrarot aufgezeichnet (vgl. [Farmer 1974, Hunt 1977, Clark et al. 1990]). Obwohl eine Vielzahl mineralspezifischer Reflexionsspektren bereits in Spektralbibliotheken zusammengestellt ist (z. B. [Clark et al. 2007, Baldrige et al. 2008]), erfolgten bisher noch keine umfassenden systematischen reflexionsspektrometrischen Analysen von Nebenerzeugnissen aus der Eisen- und Stahlindustrie (vgl. [Denk et al. 2015]). Die Analysen umfassten die Überprüfung der spektralen Identifizierbarkeit verschiedener Mineralphasen und die Untersuchung der Einsatzmöglichkeiten spektrometrischer Verfahren für in-situ-Screenings auf Hüttenhalden.

Um die etablierte Analysemethodik der Stahlindustrie (FeHS) mit den Anforderungen der Spektrometrie zu verbinden, wurde eine interdisziplinäre Beprobungs- und Analysestrategie entwickelt. An der Modellhalde bei Unterwellenborn wurden zudem abbildende terrestrische Hyperspektralaufnahmen an geeigneten Standorten aufgenommen, um die räumliche Verteilung von Haldenmaterialien unterschiedlichen Wertstoffgehalts an einzelnen Aufschlüssen zu erfassen. Der terrestrische Einsatz bildgebender Spektrometer ist ein relativ neues Forschungsfeld und findet insbesondere im Bergbau und der Exploration natürlicher Lagerstätten Anwendung (vgl. [Kurz et al. 2013, Murphy 2013]). Zur Exploration von Hüttenhalden der Eisen- und Stahlindustrie sowie zur stofflichen Analyse entsprechender Haldenmaterialien erfolgten bisher allerdings noch keine Arbeiten mit terrestrischen Hyperspektraldaten (vgl. [Denk et al. 2015]). Zur Auswertung der Daten wurden im Bereich der geologisch-mineralogischen Fernerkundung etablierte Algorithmen angewendet. Spectral Feature Fitting (SFF) vergleicht

Absorptionsmerkmale in Spektren nach vorheriger Normierung mittels Continuum Removal (vgl. [Clark 1984, Clark et al. 1990, van der Meer 2004, Pan et al. 2013]). Spectral Angle Mapper (SAM) hingegen stellt ein Klassifikationsverfahren dar, das den Winkel zwischen Bild- und Referenzspektren vergleicht und damit die generelle Spektrenform berücksichtigt und nicht auf die Ausprägung einzelner Absorptionsmerkmale fokussiert [Kruse et al. 1993]. Parallel zu den Hyperspektralmessungen erfolgte die Entnahme von Referenzproben für die Datenauswertung [Denk et al. 2015]. Um die räumliche Verteilung der an der Haldenoberfläche vorkommenden Nebenerzeugnisse und zur Abdeckung verwendeter Materialien zu erfassen, wurden auch hyperspektrale Flugzeugscannerdaten aufgezeichnet und analysiert.

3. ERGEBNISSE UND DISKUSSION

Übersichtskataster

Auf Übersichtsebene wurde ein Haldenkataster mit über 1.000 Haldenkörpern erstellt. Ein Referenzdatensatz wurde auf Basis von Satellitendaten generiert und diente der Validierung der Ergebnisse der Haldendetektion in den Testregionen. Der Referenzdatensatz umfasst dabei neben Informationen zu Eisenhüttenhalden auch andere Haldentypen aus Bergbau und Verhüttung. Das im Rahmen des Projektes erarbeitete Vorgehen zur Datenerfassung und Implementierung in eine WebGIS-Applikation (www.ressourcenkataster.de) lieferte einen wesentlichen Fortschritt im Bereich der Analyse und Erfassung der deutschen Halden und stellt die Basis einer deutschlandweit einheitlichen Datenerfassung dar. Die Einbindung öffentlicher und privater Daten war bisher nicht erfolgt und stellt eine signifikante Verbesserung der quantitativen Archivdatenlage zum Haldenbestand dar. Die Spannweite der Datenqualität der ausgewerteten historischen Daten und Dokumente, aber auch aktueller Daten reicht im Falle von REStrateGIS von sehr gut bis mangelhaft, jedoch sind diese Dokumente ursprünglich nicht für die Nutzung eines Materialrückbaus und zur Betrachtung der Halde als Sekundärrohstofflager ausgelegt worden. Die Datenlage muss zukünftig qualitativ weiterentwickelt und kontinuierlich ausgebaut werden.

Fernerkundung zur Haldendetektion

Die automatisierte Detektion von Halden in unbekannten Gebieten ist kostengünstig und hilft dem Nutzer dabei, mögliche Sekundärrohstofflager zu entdecken. Dies ermöglicht in Gebieten mit nur geringen Informationen zu Haldenstandorten, mögliche Standorte zur späteren Erkundung zu identifizieren. Dabei ist jedoch die automatisierte Detektion nie ein alleiniges, hinreichendes Kriterium zur abschließenden Identifikation einer Halde, sondern muss immer in Verbindung mit Hintergrunddaten (z. B. Literatur, Luftbilder) durchgeführt werden. Grundsätzlich kann angenommen werden, dass sich Halden von natürlichem Relief in ihrer Geometrie unterscheiden (z. B. gestrecktere Hänge, gleichmäßiger Verlauf im Vergleich zur geogenen Formen). In gering reliefiertem Gelände (westliches Ruhrgebiet/

Niederrhein, Norddeutsche Tiefebene) stellen Halden markante Geometrien auf der Erdoberfläche dar, die sich stark von der Umgebung abheben. Diese Besonderheiten müssen in Form von mathematischen Algorithmen, die in digitalen Geländemodellen (DGM) nach diesen markanten Unterschieden suchen, erfasst und abgebildet werden. Die Herausforderung für die computergestützte Detektion aus Satellitendaten besteht jedoch darin, auch in Gebieten mit starkem natürlichem Relief wie z. B. in Mittelgebirgslandschaften diese geometrischen Unterschiede zu erkennen. Dies gilt auch, wenn Halden etwa an natürliche Hänge angeschüttet sind.

Zur Detektion von Haldengeometrien mussten die angewendeten Algorithmen somit zwischen Vollformen natürlichen anthropogenen Ursprungs unterscheiden. Verschiedene Herangehensweisen wurden durch EFTAS entwickelt, getestet und mit den Referenzdaten des Übersichtskatasters validiert. Insgesamt wurden fünf Ansätze zur Detektion in den drei Testregionen angewendet (Tabelle 2). Eine abschließende, allgemeingültige Empfehlung für eine der Methoden als Ergebnis ist nicht möglich, da je nach untersuchtem Gelände verschiedene Vor- und Nachteile der jeweiligen Methode zu beachten sind. Methode 4 und 5 stellen jedoch für die Testregionen den besten Ansatz dar und werden nachfolgend vorgestellt.

Tabelle 2: Methoden zur Detektion von Haldengeometrien in digitalen Geländemodellen (DGM)

Methode 1	Methode 2	Methode 3	Methode 4	Methode 5
Glättungsansatz	Höhenlinienansatz	Laplacian-of-Gaussian-Ansatz	Modifizierter Glättungsansatz	Harris-Ansatz
Datenbasis ASTER GDEM v2			Datenbasis TanDEM-X	

In der vierten Methode wird mehrmals hintereinander das Minimum aus dem Höhenprofil und einer geglätteten Variante gebildet, um das Bodenprofil zu bestimmen. In stark reliefierten Gebieten steigt die Anzahl von Fehldetektionen, da dieser Ansatz nicht so präzise durch Parameterwahl an ein Gebiet angepasst werden kann wie der Glättungsansatz. Dafür ist der Ansatz im Allgemeinen robuster gegenüber neuen Gebieten. Methode 4 stellt eine gute Ergänzung zum Harris-Ansatz (Methode 5) dar, da teils Halden gefunden werden, für die keine markanten Punkte detektiert wurden und damit Lücken geschlossen werden. Das Prinzip des Harris-Ansatzes ist das Aufdecken von markanten Punkten mittels Harris-Operator und anschließendem Verschieben der Punkte zum lokalen Maximum. Davon ausgehend wird eine Höhenlinienanalyse mit dem Abbruchkriterium Boden (sprunghafter Flächenanstieg und Kompaktheitsmaß) durchgeführt. Das Verfahren ist idealerweise für geglättete Höhendaten (Rauschreduzierung), ebenes Bodenprofil und nicht zu stark reliefierte Gebiete anzuwenden. Als problematisch mit diesem Ansatz erwies sich jedoch die Erfassung von Halden an Hanglagen. Weiterhin sind die Parameter für die Generierung der Harris-Punkte datenabhängig und können zu wenige (Halden werden nicht gefunden, „False-Negatives") oder zu viele Startpunkte (lange Rechenzeiten zur Prüfung, ggf. „False-Positives" bei Wasserflächen, Industriegebäuden, natürlichen Bergformationen) erzeugen. In Kombination mit einem alternativen Ansatz wie z. B. Methode 4 zur Reduktion von „False-Negatives" (z. B. an Hanglagen) ist die Harris-Methode ein vielversprechender Ansatz zur automatisierten Detektion von Halden.

Fernerkundung zur Haldentypisierung auf regionaler Ebene
Die fernerkundliche Haldentypisierung erfolgte durch die MLU Halle-Wittenberg im Mansfelder Land, Sachsen-Anhalt, auf Basis von multispektralen Satellitenbilddaten unterschiedlicher geometrischer und spektraler Auflösung (ASTER- und WorldView-2-Daten). Durch Berechnung des Normalized Difference Vegetation Index (NDVI, [Rouse et al. 1973]), konnten erfolgreich offene von vegetationsbestandenen Halden(bereichen) differenziert werden. Die weltweit verfügbaren und kostengünstig beziehbaren ASTER-Daten erlaubten dank der für multispektrale Satellitensensoren hohen Anzahl an Bändern im SWIR die Applikation verschiedener geologisch-mineralogischer Indizes zur stofflichen Materialdifferenzierung. Eine gute Differenzierung der Kalihalden von den Bergehalden des Kupferschieferabbaus war über den Normalized Difference Salinity Index (NDSI, [Tripathi et al. 1997]) möglich. Die Differenzierung der Bergehalden von den Schlackehalden der Kupferschieferverarbeitung gelang erfolgreich mit Carbonat-, Ferric- und Ferrous-Iron-Indizes [Rowan et al. 2005, Rowan 2003, Pour 2011]. Aufgrund der geometrischen Auflösung von 30 m eigneten sich die ASTER-Daten vorranging für das regionale Screening, weniger für Detailanalysen einzelner Halden. WorldView-2-Satellitenbilddaten waren in diesen Fällen aufgrund ihrer sehr hohen geometrischen Auflösung (2 m) von Vorteil und erlaubten auch für mittelgroße und kleinere Halden die Ableitung räumlich hochauflösender Ergebnisse. Mittels SAM-Klassifikation konnten Kupferschieferarmerze, Schlacke aus der Kupferschieferverarbeitung sowie Carbonat dominierte Bergemischmaterialien und vegetationsbestandene Flächen in einem hohen Maß an Übereinstimmung mit den Feldbefunden erfasst werden. Zusammenfassend betrachtet konnten sowohl mit ASTER- als auch WorldView-2-Satellitenbilddaten regionale Screenings und Analysen mit relativ geringem Zeitaufwand und nur wenigen Referenzdaten umgesetzt werden. Auf diese Weise wird eine potenzielle Reduzierung des Umfangs für Beprobungen im Gelände (z. B. kostenintensive Bohrungen) ermöglicht.

Arbeiten am Modellstandort
Die Aufarbeitung der Hüttenhistorie am Standort der Modellhalde in Unterwellenborn und die Auswertung der internen und externen Informationsquellen über den Haldenkörper konnten in Form von acht Stoffstrommodellen, beginnend im Jahr 1873, skizziert werden. Ausgewählte Daten der Hüttenhistorie wurden weiterhin erfolgreich in dreidimensionalen Modellen der Halde zusammengeführt und erlauben somit Rückschlüsse auf die Verortung potenzieller Wertstofflager. Das Geodatenmodell des 3D-Modells von Fraunhofer UMSICHT

besteht aus Geometrien für den eigentlichen Haldenkörper sowie digitalisiertem und georeferenziertem analogem Kartenmaterial. Die dreidimensionale Darstellung eines Zeitraums der Haldenentwicklung durch EFTAS basiert auf Stereoluftbildern und deren Überführung in eine 3D-Software. So konnten zwei Wege zur Visualisierung und Verortung von Haldeninformationen auf Basis unterschiedlicher Datengrundlagen erarbeitet werden (siehe Bild 1).

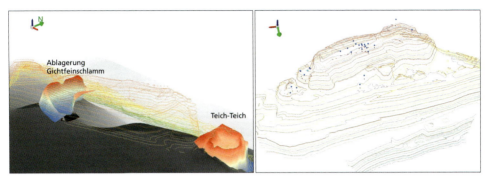

Bild 1: Dreidimensionale Darstellung der Modellhalde. Pfeilrichtung Grün: Norden, Modell 6-fach überhöht.
Links: Darstellung der Bereiche Gichtfeinschlamm und Teich-Teich. Rechts: Bohrlochkataster. Geodatengrundlage: TK25 FO5334_Saalfeld_1855 © GeoBasisDE/TLVermGeo. © GeoBasis-DE/BKG (Quelle: Fraunhofer UMSICHT)

Die Zusammenstellung der abgelagerten Materialien und deren technischer Ursprung auf Standortebene tragen zur Identifizierung von Bereichen bei, die eine spätere geotechnische Erkundung mit anschließendem Abbau werthaltiger Materialien räumlich und ökonomisch eingrenzen. Auch die Beschaffung und Auswertung historischen Kartenmaterials zur Rekonstruktion der ursprünglichen Geländeoberfläche vor dem Beginn der anthropogenen Überprägung stellt einen nennenswerten Fortschritt zur Methodik der Erkundung von Sekundärrohstofflagern dar. Die umfangreichen chemischen und mineralogischen sowie spektralen Analysen der Modellhalde in Unterwellenborn zeigten eine besonders heterogene Zusammensetzung mit vielen unterschiedlichen Schlacken, Stäuben und Schlämmen, welche in den letzten Jahrzehnten dort abgelagert wurden und die Historie des Stahlwerks widerspiegeln. So wurde auf der Modellhalde neben den klassischen metallhaltigen Reststoffen u. a. ein Bereich mit Hüttensand identifiziert, welcher bereits damals durch seine latent hydraulischen Eigenschaften als Bindemittel in der Baustoffindustrie eingesetzt wurde. Die spezifische Hydratationswärme zeigt trotz der langen Ablagerungszeit noch eine gute Leistungsfähigkeit der abgelagerten Hüttensande. Weiterhin konnten Ablagerungsstellen von Thomasschlacke identifiziert werden, die als potenzielles Düngemittel gilt und bereits in früheren Zeiten für diese agrartechnische Verwendung eingesetzt wurde.

Die metallurgischen Analysen der Haldenmaterialien wurden erfolgreich durchgeführt. Bei den Schmelzversuchen konnten zwischen 15 und 70 Ma.-% Metall aus den Ausgangsmaterialien extrahiert werden (durchschnittlich 40 Ma.-%). Jedoch war die Zusammensetzung des herausreduzierten Metalls sehr unterschiedlich in Abhängigkeit von der Zusammensetzung des Ausgangsmaterials. Dies war ein wichtiger Punkt für die Wirtschaftlichkeitsbetrachtung, denn eine erfolgreiche Rückführung der Haldenmaterialien in pyrometallurgische Prozesse hängt maßgeblich von hohen als auch homogenen Metallgehalten ab, um im Hinblick auf Primärrohstoffe ökonomisch konkurrenzfähig sein zu können. Hauptkomponente des zurückgewonnenen Wertstoffes war Eisen, aber es konnten auch bis zu 4 Ma.-% Chrom, bis zu 1 Ma.-% Vanadium, bis zu 14 Ma.-% Phosphor und bis zu 30 Ma.-% Silicium zurückgewonnen werden. Der Kohlenstoffgehalt der Eisenlegierungen lag zwischen 0,2 und 4 Ma.-%. Komponenten wie Phosphor oder Kupfer gelten jedoch als Stahlschädiger, da sie nur schwer bzw. gar nicht metallurgisch entfernt werden können. Dies beschränkt den Wiedereinsatz des zurückgewonnenen Metalls sowie dessen Wert. Die Schlacken waren im Allgemeinen fast vollständig ausreduziert und enthielten keine Metalloxide mehr. Bis auf die im Rahmen der Geländearbeit und Recherche entdeckte Thomasschlacke, welche generell keine pyrometallurgische Behandlung benötigt und durch Reduktion ein sehr phosphorreiches Metall hervorbringt (13,6 Ma.-%), wurde die neben dem Metall verbliebene Schlacke im Anschluss wieder auf ihre Umweltverträglichkeit hin untersucht. Die Umweltverträglichkeit und damit die Deponieklasse des Materials konnte durch die Reduktion verbessert werden, sodass keine kostenintensivere Ablagerung notwendig wäre. Eine pyrometallurgische Wertstoffrückgewinnung ist jedoch nicht mit einem ökonomisch vertretbaren Aufwand zu erreichen. Dies liegt in dem vorliegenden Fall darin begründet, dass entweder die Energiekosten für eine Kohlereduktion bzw. die Reduktionsmittelkosten für eine Reduktion mittels Ferrosilicium zu hoch sind, oder sowohl höhere Reduktionsmittelkosten als auch ein zu geringer Reduktionsgrad mittels Sekundäraluminium eine Rückgewinnung in absehbarer Zeit unwirtschaftlich machen. Je nach abgelagertem Material und Standortgegebenheiten ist jedoch generell eine Rückgewinnung mit einer Sanierung eines Haldenstandorts zu verbinden, um die Sanierungskosten zu refinanzieren oder diese gering zu halten.

Als Ergebnis der punktuellen reflexionsspektrometrischen Messungen wurde eine umfangreiche Spektralbibliothek erstellt, die spektrale Charakteristika verschiedener Nebenerzeugnisse aus der Eisen- und Stahlindustrie beinhaltet. Die Bibliothek umfasst Spektren, die unter kontrollierten Laborbedingungen im Bereich 350 – 2.500 nm aufgezeichnet wurden und die Reflexionseigenschaften von Probenmaterial im geländefeuchten und ungestörten sowie getrockneten Zustand bei unterschiedlicher Körnung repräsentieren. Die Spektren erlauben die Einteilung der Haldenmaterialien in unterschiedliche spektrale Klassen und die Differenzierung verschiedener Schlacken und anderer Stoffe aus der Eisen- und Stahlindustrie. Die Ergebnisse der Feld- und Laborarbeiten zeigen, dass die durch Fachleute vorgenommene in-situ-Ansprache basierend auf visueller Interpretation historischer Haldenmaterialien schwierig und nicht in allen Fällen hinreichend für eine Zuordnung zu bestimmten Stoffgruppen ist. Die Spektralbibliothek zusammen mit nicht-invasiven spektrometrischen Messungen und Analysen stellt hier ein Instrumentarium dar, mit dem innerhalb kurzer Zeit und mit begrenztem Kostenaufwand Aussagen zur Ähnlichkeit verschiedener Stoffe und eine erste Materialtypisierung erfolgen können. Auf diese Weise können Probenahmestrategien und der Umfang für kostenintensive Laboruntersuchungen tendenziell optimiert werden. Weiterhin wurden semi-quantitative Zusammenhänge zwischen enthaltenen Wertstoffen, z. B. dem Gesamtmetall- oder dem Eisengehalt, und den spektralen Eigenschaften bestimmter Haldenmaterialien festgestellt. So zeigten beispielsweise die für die Wertstoffrückgewinnung potenziell relevanten Konverterschlämme einen Zusammenhang zwischen Metallgehallt und spektralen Charakteristika. Auch die Ergebnisse chemometrischer Analysen legen nahe, dass eine Abschätzung verschiedener chemischer Parameter aus Spektren möglich ist. Bei der Auswertung der terrestrischen Hyperspektraldaten zeigten sich Unterschiede je nach angewendetem Algorithmus. Mittels SFF konnten Haldenmaterialien, die markante Absorptionsmerkmale bereits im Laborspektrum zeigten, auch in den unter Feldbedingungen aufgezeichneten Bilddaten erfasst werden. Dabei handelte es sich in den meisten Fällen um Materialien, die relativ arm an Eisen sind. Im Auswerteansatz mittels SAM-Klassifikation konnten dagegen alle Zielklassen detektiert werden. Um die Klassifikation in anwendungsorientiertere Ergebnisse umzuwandeln, wurden die ausgewiesenen Klassen entsprechend dem Gehalt relevanter Parameter der Referenzproben (z. B. Eisen- oder Zinkgehalt) farblich codiert (vgl. Bild 2). Die so generierten Abbildungen vermitteln einen Eindruck der Verteilung potenziell eisenreicher und weniger eisenreicher Materialien.

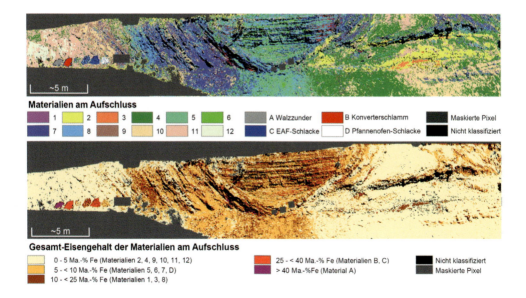

Bild 2: Oben: Ergebnis der SAM-Klassifikation terrestrischer Hyperspektraldaten. Unten: Aus der SAM-Klassifikation abgeleitete anwendungsorientierte Darstellung zur Veranschaulichung eisenreicher und eisenarmer Materialien am Aufschluss, aus [Denk et al. 2015]

Die flugzeuggestützte hyperspektrale Fernerkundung der Modellhalde erlaubte die erfolgreiche Detektion und Differenzierung der dominanten, an der Haldenoberfläche vorkommenden rezenten Nebenerzeugnisse sowie verschiedener Materialien aus historischen Produktionsphasen. Weiterhin konnten zur Abdeckung verwendete Asphaltdecken klassifiziert und spektral von den visuell sehr ähnlichen Nebenerzeugnissen getrennt werden. Trotz Einschränkungen durch künstliche Abdeckungen und dichten Vegetationsbestand, der an der Modellhalde keine großflächigen Zeigerwirkungen hatte, demonstrieren die Ergebnisse die Anwendbarkeit hyperspektraler Flugzeugscannerdaten zur Differenzierung und Detektion industrieller Nebenerzeugnisse auf entsprechenden anthropogenen Lagerstätten. Zusammenfassend zeigte die Auswertung abbildender Hyperspektraldaten, dass die Übertragung der punktuell auf Feld- und Laborebene ermittelten Ergebnisse auf die flächenhaften Daten für die Erfassung der räumlichen Verteilung verschiedener, unterschiedlich wertstoffhaltiger Haldenmaterialien möglich ist. Damit konnte ein maßgeblicher Beitrag zur Grundlagenforschung für die Haldenfernerkundung im Rahmen des Urban Mining geliefert werden (vgl. [Denk et al. 2015]).

4. AUSBLICK

Die Ergebnisse sowie die in REStrateGIS entwickelten Methoden tragen dazu bei, in Zukunft Sekundärrohstoffe in Halden auf Basis von Geoinformationstechnologien effizienter detektieren und nutzen zu können. Der Ansatz der Altdatenaufbereitung leistet die Grundlage für eine effiziente Detailerkundung durch die vollständige Sammlung und Verortung von Informationen zu abgelagertem Material. Durch die Verbindung der genannten Ansätze ist so eine Identifizierung von potenziell vielversprechenden Haldenbereichen für eine spätere Detailerkundung möglich. Diese Methodik bildet somit die Basis für weiterführende Arbeiten wie Bohrungen oder geophysikalische Messungen und hilft, diesen kostenintensiven Teil der Erkundung zu optimieren und die Effizienz der Nutzung des Haldeninventars als Sekundärrohstoff zu steigern. Die generelle Übertragbarkeit ist auch auf andere Haldenkörper gegeben. Erstmals wurden zudem prototypisch terrestrische und flugzeuggestützte hyperspektrale abbildende Daten zur Analyse und Charakterisierung von Reststoffen aus der Eisenhüttenindustrie erfolgreich eingesetzt.

Insgesamt konnten Methoden zur satellitengestützten Fernerkundung zur Detektion von Haldenstandorten neu entwickelt und erprobt werden. Eine einzelne geeignete betriebliche Methode auszuweisen, die es später ermöglicht, möglichst ökologisch und ökonomisch alle Wertstoffe aus dem Haldenmaterial zu extrahieren und gleichzeitig ein umweltfreundliches taubes Material zu erzeugen, ist nach aktuellem Stand für Eisenhüttenhalden nicht möglich. Die Heterogenität dieses anthropogenen Lagerstättentyps ist dabei der erschwerende Faktor für die Wertstoffrückgewinnung, welcher aber nur einen hemmenden Aspekt darstellt. Dieser Sachverhalt führt jedoch dazu, dass analog zur Primärlagerstätte eine detaillierte Erkundung von Sekundärrohstofflagern notwendig ist. Es ist daher zu erwarten, dass insbesondere die entwickelten Fernerkundungsmethoden in Zukunft verstärkt für die (Vor-)Erkundung von anthropogenen Lagerstätten eingesetzt werden. Die Projektpartner gehen davon aus, dass so insbesondere für schwer zugängliche Regionen der Erde, von denen man nur geringe Informationen zu bekannten Halden hat, ein Tool zur Vorauswahl und Detektion von anthropogenen Vollformen zur Verfügung steht. In Ländern mit großvolumigen Halden im Zuge großer Primärbergbaustandorte (etwa in Südamerika oder Afrika), könnten die in REStrateGIS entwickelten Techniken die ökonomische Nachhaltigkeit von Rückgewinnungsprojekten steigern. Doch gerade auch in Ländern wie Deutschland können die dargestellten Methoden zur Erhöhung der Effizienz der Sekundärrohstofferkundung beitragen, da im Vorfeld der kostenintensiven Detailerkundung (meist Bohrungen) potenziell interessante Bereiche einer Halde identifiziert werden können und somit zielgerichteter gearbeitet werden kann.

Trotz der Erfolge im Bereich der automatisierten Detektion der Geometrien möglicher Halden besteht weiterer Forschungsbedarf an den Auswertungsalgorithmen, um die Detektionsgenauigkeit zu erhöhen. Dies gilt insbesondere für unbekannte Räume mit ausgeprägter Geomorphologie und ohne vielfältige Referenzdaten. Aufbauend auf den positiven Ergebnissen der multi- und hyperspektralen Charakterisierung besteht weiterer Forschungsbedarf in der reflexionsspektrometrischen Analyse von industriellen Nebenprodukten und der hyperspektralen Fernerkundung entsprechender Halden. Hemmnisse der terrestrischen Haldenerkundung sind insbesondere die schwierige Zugänglichkeit von Halden aus Gründen der Eigentümerfrage oder anderen rechtlichen Hürden (u. a. Denkmalschutz und Naturschutz), die die notwendige Geländearbeit behindern. Als Hemmnis für die Rückgewinnung von Eisen aus den Schlacken ist zudem die heterogene Form des vorliegenden Metalls zu nennen. Dies gilt auch für andere Rohstoffe in anthropogenen Lagerstätten. Je nach oxidischer oder metallischer Form sowie vorliegend als Agglomerat oder fein verwachsen im Haldenmaterial, treten die Formen dazu noch ungleich verteilt in den Schlacken und innerhalb der Lagerstätte auf. Die Erkenntnisse aus der Feststoffanalyse zeigen, dass eine vergleichsweise einfache Metallrückgewinnung mittels typischer Aufbereitungsanlagen, bestehend aus Brecher und Magneten, nur eine geringe Wertstoffrückgewinnung erlaubt. Die Summe der metallisch vorliegenden Stoffe lag bei den untersuchten Proben im Durchschnitt bei lediglich etwa 2,6 Ma.-%, sodass eine rein mechanische Aufbereitung als nicht sinnvoll erachtet werden kann. Die metalloxidischen Anteile liegen dagegen deutlich höher. Die untersuchten Proben besitzen zwar nur durchschnittlich 14 Ma.-% an oxidischem Eisen, jedoch zeichnen sich einzelne Bereiche der Halde durch Anteile von bis zu 56 Ma.-% FeO und Fe_2O_3 aus. Hochwertige Legierungselemente wie beispielsweise Molybdän oder Titan sind jedoch nur in sehr geringen Mengen enthalten.

Die Genese von Primärlagerstätten und deren Ausmaße sind nur mit hohem ökonomischen Aufwand zu klären, Sekundärrohstofflagerstätten bieten dagegen den Vorteil, dass ihre Entstehung beobachtet werden kann. Dieser Vorteil müsste verstärkt genutzt werden. Es ist daher zu erwägen, ob Berichte und Informationen einer noch aktiven Halde, die im Zuge von Erweiterung oder Renaturierung/Sanierung von Bereichen, auch vor dem Hintergrund einer potenziellen zukünftigen Nachnutzung als Lagerstätte verfasst werden müssen. Etwaige Gehalte an Wertstoffen oder Bohrprofile sowie Luftbilder, die während der aktiven Ablagerungsphase entstehen, können von Beginn an so archiviert werden, dass ein späterer Abbau von Sekundärrohstoffen erleichtert wird. REStrateGIS hat hier eine Methodik aufgezeigt, wie Altdaten in einem lokalen Ressourcenkataster zusammengeführt und mit weiterführenden Analysen erweitert und untermauert werden können. Auch auf Übersichtsebene wäre es wünschenswert, dass Daten zu Altlasten, Halden- und Deponiestandorten einheitlich und harmonisiert erfasst werden, um die Wissensbasis zu erhöhen und spätere Sekundärrohstoffpotenziale schneller und direkter nutzen zu können. Über den genannten technischen Hemmnissen stehen externe Faktoren wie niedrige und volatile Primärrohstoffpreise und unklare Marktentwicklungen. Diese machen einen ökonomisch nachhaltigen Rückbau von Eisenhüttenhalden unter aktuellen Marktgegebenheiten nicht möglich. Trotz der skizzierten Hemmnisse und gerade durch die erfolgversprechenden Ergebnisse der Erkundung von Halden muss die Forschung an anthropogenen Lagerstätten fortgesetzt werden. Die Methoden zur Erkundung dieser Lagerstätten müssen analog zu Primärlagerstätten stetig weiterentwickelt werden, um die Ressourceneffizienz durch die Nutzung und Rückführung des Materials in die Wertschöpfungskette zu erhöhen.

Liste der Ansprechpartner aller Vorhabenspartner

M. Sc. Jochen Nühlen Fraunhofer-Institut für Umwelt-, Sicherheits- und Energietechnik UMSICHT, Osterfelder Straße 3, 46047 Oberhausen,
jochen.nuehlen@umsicht.fraunhofer.de, Tel.: +49 208 8598-1370

Dipl.-Geogr. Michael Denk Martin-Luther-Universität Halle-Wittenberg,
Institut für Geowissenschaften und Geographie, Von-Seckendorff-Platz 4, 06120 Halle,
michael.denk@geo.uni-halle.de, Tel.: +49 345 55-26021

Prof. Dr. Cornelia Gläßer Martin-Luther-Universität Halle-Wittenberg,
Institut für Geowissenschaften und Geographie, Von-Seckendorff-Platz 4, 06120 Halle,
cornelia.glaesser@geo.uni-halle.de, Tel.: +49 345 55-26020

Dipl.-Geol. Sebastian Teuwsen EFTAS Fernerkundung und Technologietransfer GmbH,
Oststraße 2 – 18, 48145 Münster, sebastian.teuwsen@eftas.com, Tel.: +49 251 13307-0

Dr. Andreas Müterthies EFTAS Fernerkundung und Technologietransfer GmbH,
Oststraße 2 – 18, 48145 Münster, andreas.mueterthies@eftas.com, Tel.: +49 251 13307-0

M.Sc. David Algermissen FEhS – Institut für Baustoff-Forschung e.V., Bliersheimer Straße 62,
47229 Duisburg, d.algermissen@fehs.de, Tel.: +49 2065 9945-12

Veröffentlichungen des Verbundvorhabens

[Denk et al. 2013] Denk, M.; Gläßer, C.; Kurz, T. H.; Buckley, S. J.; Mudersbach, D.; Drissen, P.: Hyperspectral analysis of materials from iron and steel production using reflectance spectroscopy in a case study in Thuringia, Germany (2013). Conference talk given at GRSG AGM 2013, „Status and developments in geological remote sensing"; 09.–11.12.2013, Berlin

[Denk et al. 2014a] Denk, M.; Gläßer, C.; Kurz, T.H.; Buckley, S.J.; Mudersbach, D.; Drissen, P.: Detection of raw materials in waste sites from iron and steel production using multi-scale spectral and lidar measurement: Case study from Thuringia, Germany (2014). Poster presented at Vertical Geology conference 2014 – from remote sensing to 3D geological modelling, 06.–07.02.2014, Lausanne

[Denk et al. 2014b] Denk, M.; Gläßer, C.; Kurz, T. H.; Buckley, S. J.; Mudersbach, D.; Drissen, P.: Detection of raw materials in waste sites from iron and steel production using multi-scale spectral and lidar measurement: Case study from Thuringia, Germany (2014). Posterpräsentation im Rahmen des r^3-Statusseminars/5. Urban Mining Kongress, 11.–12.06.2014, Essen

[Denk et al. 2014c] Denk, M.; Gläßer, C.; Kurz, T. H.; Buckley, S. J.; Mudersbach, D.; Drissen, P.: Exploration of raw materials in dump sites – a new hyperspectral approach (2014). Poster presented at GRSG AGM 2014 "25 Years of Geological Remote Sensing", 15.–17.12.2014, London

[Denk et al. 2015a] Denk, M.; Gläßer, C.; Kurz, T. H.; Buckley, S. J.; Mudersbach D.; Drissen, P.: Hyperspectral analysis and mapping of iron and steelwork by-products (2015). Conference talk given at 9th EARSeL SIG Imaging Spectroscopy Workshop, 14.–16.04.2015, Luxemburg

[Denk et al. 2015b] Denk, M.; Gläßer, C.; Drissen, P.; Algermissen, D.; Mudersbach, D.: Analysis of iron and steelwork by-products using reflectance spectroscopy and hyperspectral imaging: A multi scale approach (2015). Conference talk given at GRSG AGM 2015 Challenges in Geological Remote Sensing, 08.–11.12.2015, Frascati

[Denk et al. 2015c] Denk, M.; Gläßer, C.; Kurz, T. H.; Buckley, S. J.; Drissen, P.: Mapping of iron and steelwork by-products using close range hyperspectral imaging: A case study in Thuringia, Germany (2015). In: European Journal of Remote Sensing, Vertical Geology Conference VGC-14 Special issue. Issue 48, p. 489–509, doi: 10.5721/EuJRS20154828

[Denk & Gläßer 2015a] Denk, M.; Gläßer, C.: Hyper- und multispektrale Fernerkundungsmethoden zur Analyse von Industrie- und Bergbauhalden (2015). Vortrag auf dem BGR-Statusseminar „Forschungsaufträge im Bereich der Rohstoff- und Lagerstättenforschung", 22.–23.07.2015, Hannover

[Denk & Gläßer 2015b] Denk, M.; Gläßer, C.: Mapping mining heaps using multi- and hyperspectral remote sensing: A case study in the Mansfelder Land region in Central Germany (2015). Poster presented at GRSG AGM 2015 Challenges in Geological Remote Sensing, 08.–11.12.2015, Frascati

[Jandewerth et al. 2013] Jandewerth, M.; Denk, M.; Gläßer, C.; Teuwsen, S.; Mrotzek, A.: Reduktion von Rohstoffimporten durch Wertstoffgewinnung aus Hüttenhalden – Multiskalares Ressourcenkataster für Hüttenhalden (2013). In: Thomé-Kozmiensyk, K. J. (Hrsg.): Aschen, Schlacken, Stäube aus Abfallverbrennung und Metallurgie, S. 614–656, TK Verlag Karl Thomé-Kozmiensky, Nietwerder, ISBN: 978-3-935317-97-9

[Jandewerth et al. 2014] Jandewerth, M.; Mrotzek, A.; Denk, M.; Gläßer, C.; Mudersbach, D.; Teuwsen, S.: Konzeption und Entwicklung eines Ressourcenkatasters für Hüttenhalden durch Einsatz von Geoinformationstechnologien und Strategieentwicklung zur Wiedergewinnung von Wertstoffen (2014). Vortrag und Posterpräsentation auf dem r³-Statusseminar/5. Urban Mining Kongress, 11.–12.06.2014, Essen

[Mrotzek-Blöß et al. 2015] Mrotzek-Blöß, A.; Nühlen, J.; Denk, M.; Gläßer, C.; Algermissen, D.; Mudersbach, D.; Teuwsen, S.; Pakzad, K.: Konzeption und Entwicklung eines Ressourcenkatasters für Hüttenhalden durch Einsatz von Geoinformationstechnologien und Strategieentwicklung zur Wiedergewinnung von Wertstoffen (2015). Vortrag und Posterpräsentation auf der r³-Abschlusskonferenz „Die Zukunftsstadt als Rohstoffquelle – Urban Mining", 15.–16.09.2015, Bonn

[Mrotzek-Blöß & Nühlen 2015] Mrotzek-Blöß, A.; Nühlen, J.: Potenziale und Hemmnisse bei der Rückgewinnung von Sekundärrohstoffen aus Halden (2015). Vortrag auf dem 6. Urban Mining Kongress, 05.11.2015, Dortmund

Quellen

[Baldrige et al. 2008] Baldrige, A. M.; Hook, S. J.; Grove, C. I.; Rivera, G.: The ASTER Spectral Library Version 2.0 (2008). In: Remote Sensing of Environment. http://speclib.jpl.nasa.gov/

[Clark 1984] Clark R. N.; Roush T. L.: Reflectance spectroscopy: Quantitative analysis techniques for remote sensing applications (1984). In: Journal of Geophysical Research: Solid Earth, 89 (B7): 6329 – 6340., 1984 doi: http://dx.doi.org/10.1029/JB089iB07p06329

[Clark et al. 1990] Clark, R. N.; King, T. V. V.; Klejwa, M; Swayze, G. und Vergo, N.: High Spectral Resolution Reflectance Spectroscopy of Minerals (1990). In: Journal of Geophysical Research, No. 95, p. 12653 – 12680

[Clark et al. 2007] Clark, R.N.; Swayze, G. A.; Wise, R.; Livo, E.; Hoefen, T.; Kokaly, R.; Sutley, S. J.: USGS digital spectral library splib06a (2007): U.S. Geological Survey, Digital Data Series 231

[Denk et al. 2015] Denk, M.; Gläßer, C.; Kurz, T. H.; Buckley, S. J.; Drissen, P.: Mapping of iron and steelwork by-products using close range hyperspectral imaging: A case study in Thuringia, Germany (2015). European Journal of Remote Sensing, Vertical Geology Conference VGC-14 Special issue. Issue 48, p. 489 – 509, 2015, doi: 10.5721/EuJRS20154828

[Farmer 1974] Farmer, V. C.: The Infra-Red Spectra of Minerals (1974). Mineralogical Society, London

[Faulstich 2010] Faulstich, M.: r³ – Innovative Technologien für Ressourceneffizienz – Strategische Metalle und Mineralien (2010). Informationspapier zum Forschungs- und Entwicklungsbedarf der gleichnamigen BMBF-Fördermaßnahme, Straubing

[Gläßer & Birger 2004] Gläßer, C.; Birger, J.: Integriertes Langzeitmonitoring der Bergbaufolgelandschaften – Möglichkeiten und Grenzen (2004). In: Gläßer, C. (Hrsg.): Nachhaltige Entwicklung von Folgelandschaften des Braunkohlebergbaus – Stand und Perspektiven in Wissenschaft und Praxis. Sonderband der Zeitschrift für Angewandte Umweltforschung, Sonderheft 14, Analytica Verlag, Berlin, S. 276 – 285

[Goetz et al. 1975] Goetz, F. H., Billingsley, F. C.; Gillespie, A. R.; Abrams, M. J.; Squires, R. L.; Shoemaker, E. M.; Lucchitta, I.; Elston, D. P.: Application of ERTS images and image processing to regional problems and geological mapping in northern Arizona (1975), JPL Technical Report 32-1S97

[Hunt 1977] Hunt, G. R.: Spectral signatures of particulate minerals in the visible and near- infrared (1977). In: Geophysics, 42, No 3, p. 501 – 513

[Jandewerth et al. 2013] Jandewerth, M.; Denk, M.; Gläßer, C.; Teuwsen, S.; Mrotzek, A.: Reduktion von Rohstoffimporten durch Wertstoffgewinnung aus Hüttenhalden – Multiskalares Ressourcenkataster für Hüttenhalden (2013). Berliner Schlackenkonferenz – Aschen, Schlacken, Stäube aus Abfallverbrennung und Metallurgie, 23.– 24.09.2013, Berlin. ISBN: 978-3-935317-97-9

[Kruse et al. 1993] Kruse, F. A.; Lefkoff, A. B.; Boardman, J. B.; Heidebrecht, K. B.; Shapiro, A. T.; Barloon, P. J.; Goetz, A. F. H.: The Spectral Image Processing System (SIPS) – Interactive Visualization and Analysis of Imaging spectrometer Data (1993). Remote Sensing of Environment, v. 44, p. 145 – 163

[Kurz et al. 2013] Kurz, T. H.; Buckley, S. J.; Howell, J. A.: Close-range hyperspectral imaging for geological field studies: workflow and methods (2013). International Journal of Remote Sensing, 34 (5): 1798 – 1822

[Mars & Rowan 2006] Mars, J. C.; Rowan, L. C.: Regional Mapping of phyllic and argillic altered rocks in the Zagros magmatic arc, Iran, using ASTER data and logical operator algorithms (2006). Geosphere, 2, 3, p. 161 – 86

[Murphy & Monteiro 2013] Murphy, R. J.; Monteiro S. T.: Mapping the distribution of ferric iron minerals on a vertical mine face using derivative analysis of hyperspectral imagery (430 – 970 nm) (2013). ISPRS Journal of Photogrammetry and Remote Sensing, 75: 29 – 39

[Pan et al. 2013] Pan, Z.; Huang, J.; Wang F.: Multi range spectral feature fitting for hyperspectral imagery in extracting oilseed rape planting area (2013). International Journal of Applied Earth Observation and Geoinformation, 25: 21 – 29., 2013 doi: http://dx.doi.org/10.1016/j.jag.2013.03.002

[Pour & Hashim 2011] Pour, B. A., Hashim, M.: Spectral transformation of ASTER data and the discrimination of hydrothermal alteration minerals in a semi-arid region, SE Iran (2011). Int. J. Phys. Sci. 6 (8), 2011, p. 2037 – 2059

[Rouse et al. 1973] Rouse, J. W.; Haas, R. H.; Schell, J. A.; Deering, D. W.: Monitoring vegetation systems in the Great Plains with ERTS (1973). In: Fraden S. C., Marcanti E. P. & Becker M. A. (eds.), Third ERTS-1 Symposium, 10.– 14.12.1973, NASA SP-351, Washington D.C. NASA, 1974, pp. 309 – 317

[Rowan & Mars 2003] Rowan, L. C.; Mars, J. C.: Lithologic mapping in the Mountain Pass, California area using Advanced Spaceborne Thermal Emission and Reflection Radiometer (ASTER) data: Remote Sensing of Environment, 84 (3) (2003), p. 350 – 366

[Rowan et al. 2005] Rowan L. C.; Mars J. C.; Simpson C. J.: Lithologic mapping of the Mordor N. T, Anstralia ultramafic complex by using the Advanced Spaceborne Thermal Emission and Reflection Radiometer (ASTER). Remote sensing of Environment 99, (2005), p. 105 – 126.

[Schroeter & Gläßer 2011] Schroeter, L.; Gläßer, C.: Analysis and monitoring of lignite mining lakes in Eastern Germany with spectral signatures of Landsat TM satellite data (2011). International journal of coal geology. Amsterdam, Elsevier, Vol. 86.2011

[Tripathi et al. 1997] Tripathi, N. K.; Rai, B. K.; Dwivedi, P.: Spatial Modeling of Soil Alkalinity in GIS Environment Using IRS data (1997). 18th Asian conference on remote sensing, Kualalampur, pp. A.8 . 1 – A.8 . 6

[van der Meer 2004] van der Meer, F. D.: Analysis of spectral absorption features in hyperspectral imagery (2004). International Journal of Applied Earth Observation and Geoinformation, 5 (1), 2004: 55 – 68. doi: http://dx.doi.org/10.1016/j.jag.2003.09.001

[van der Meer et al. 2012] van der Meer, F. D.; van der Werff, H. M. A.; van Ruitenbeek, F. J. A; Hecker, C. A.; Bakker, W. H.; Noomen, M. F.; van der Meijde, M.; Carranza, E. J. M.; de Smeth, J. B.; Woldai, T.: Multi- and hyperspectral geologic remote sensing: A review (2012). International Journal of Applied Earth Observation and Geoinformation, 14(1) 2012, S. 112 – 128

22. ROBEHA – Nutzung des Rohstoffpotenzials von Bergbau- und Hüttenhalden am Beispiel des Westharzes

Christian Poggendorf, Anke Rüpke (Prof. Burmeier Ingenieurgesellschaft mbH), Eberhard Gock, Hadjar Saheli (TU Clausthal-Zellerfeld), Kerstin Kuhn, Tina Martin, Ursula Noell, Dieter Rammlmair (Bundesanstalt für Geowissenschaften und Rohstoffe), Peter Doetsch (RWTH Aachen)

Projektlaufzeit: 01.08.2012 bis 31.12.2015   Förderkennzeichen: 033R105

ZUSAMMENFASSUNG

Tabelle 1: Zielwertstoffe

Zielwertstoffe im r³-Projekt ROBEHA					
Ag	Cu	Ga	Ge	In	Pb
Sb	Zn	Andere Technologiemetalle		Mineralische Baustoffe	

Bergbau- und Hüttenhalden stellen grundsätzlich ein Potenzial für die Gewinnung von Rohstoffen dar. Neben der Gewinnung von Metallen, insbesondere von wirtschaftsstrategischen Rohstoffen, kann auch die Gewinnung von nichtmetallischen Fraktionen interessant sein.

Zur Untersuchung der Möglichkeiten und Grenzen der Wertstoffgewinnung aus Halden haben sich im Rahmen des Verbundvorhabens ROBEHA die Bundesanstalt für Geowissenschaften und Rohstoffe (BGR), das Clausthaler Umwelttechnik-Institut GmbH (CUTEC), die TU Clausthal-Zellerfeld, die Dorfner Anzaplan Analysenzentrum und Anlagenplanungsgesellschaft mbH sowie die Prof. Burmeier Ingenieurgesellschaft mbH (Verbundkoordination) zusammengefunden.

Im Rahmen des Verbundvorhabens wurden exemplarisch an ausgewählten Halden des Westharzes Untersuchungen zur Charakterisierung der Halden als Lagerstätte hinsichtlich der Mengen und der chemischen sowie mineralogischen Zusammensetzung durchgeführt. Weiterhin wurden die Möglichkeiten der Aufbereitung der Haldenmaterialien untersucht, wobei das Ziel der Aufbereitung einerseits in der Gewinnung der metallischen Rohstoffe lag. Andererseits sollten die Möglichkeit der Gewinnung und Verwertung einer nicht metallischen Mineralfraktion geprüft werden, mit der die nach der Aufbereitung der Haldenmaterialien verbliebenen Reste minimiert werden sollten.

Bei den Untersuchungen zum Haldenrückbau stand nicht die Gewinnung eines bestimmten Zielmetalls im Vordergrund. Vielmehr wurde untersucht, welche Rohstoffe überhaupt vorhanden und gewinnbar sein können. Für die Gewinnung und Aufbereitung der Rohstoffe in den Halden wurden Bewertungsansätze entwickelt, die die Beurteilung der rohstoffwirtschaftlichen Bedeutung eines Haldenrückbaus, der Nachhaltigkeit einer solchen Vorgehensweise sowie die Reduzierung der von den Halden derzeit ausgehenden Gefährdungen von Schutzgütern, vor allem der Grund- und Oberflächengewässer, erlauben.

1. EINLEITUNG

Ausgangspunkt des BMBF-Verbundvorhabens ROBEHA waren zum einen die Überlegungen zur Rohstoffgewinnung aus anthropogen Lagerstätten, die vor allem im Zusammenhang mit der Sicherung der Rohstoffversorgung der deutschen Wirtschaft mit wirtschaftsstrategischen Metalle entstanden waren („Urban Mining", „Landfill Mining") und zum BMBF-Förderschwerpunkt r[3] geführt hatten. Zum anderen fußt das Vorhaben auf der Erkenntnis, dass die Bergbau- und Hüttenhalden in vielen Fällen eine Quelle von Schadstoffemissionen in die Umwelt vor allem mit Schwermetallen darstellen und in den betroffenen Regionen ein erheblicher Aufwand betrieben werden muss, um diese Umweltauswirkungen im Sinne der Altlastenbearbeitung zu sanieren.

Bergbau- und Hüttenhalden werden seit Jahrhunderten angelegt, um Taubgestein, minderwertiges Erz und Aufbereitungs- sowie Verhüttungsrückstände wie Schlacken, Stäube und Schlämme platzsparend und kostengünstig zu entsorgen. Im Harz z. B. entwickelte sich aufgrund des Reichtums an Silber-, Blei-, Kupfer- und Eisenerzen bereits im Mittelalter ein ausgedehntes Montanwesen mit tiefgreifenden Folgen für das Landschaftsbild, das seitdem von Halden des Erzbergbaus geprägt wird.

Mit ROBEHA sollte eine übergreifende Bewertung von Bergbau- und Hüttenhalden möglich werden, für die einerseits aus rohstoffwirtschaftlicher Sicht und andererseits aus einer umweltbezogenen Betrachtung ein Haldenrückbau denkbar ist. Der Harz wurde als Beispielraum für diese Vorhaben ausgewählt, weil es hier eine gute Datengrundlage gibt und die verschiedenen Aspekte der Bewertung von Halden exemplarisch berücksichtigt werden können.

Vor dem Hintergrund des Urban Mining sind alte Bergbau- und Hüttenhalden von Interesse, weil die Sortier-, Klassier- und Aufbereitungstechniken der Montanindustrie vergangener Jahrzehnte und Jahrhunderte mit den heutigen Randbedingungen und Technologien optimierungsfähig wären. So sind in den aufgeschütteten Gewinnungs- und Verarbeitungsrückständen noch Metallgehalte in nennenswerter Größenordnung zu erwarten. Weiterhin standen bei der Erzaufbereitung in der Vergangenheit nur die seinerzeit wirtschaftlich interessanten Metalle, z. B. Zink oder Blei, im Vordergrund und noch nicht die heute bedeutsamen sonstigen Metalle. Andererseits können von Halden wie dargestellt erhebliche Einwirkungen auf Umweltmedien resp. Schutzgüter ausgehen, etwa in Form von belastetem Sickerwasser oder durch eine Verfrachtung fester Schadstoffe durch Erosionsvorgänge. So werden über die Vorfluter Oker und Grane jährlich mehr als 1.000 t Schwermetalle, vornehmlich Zink und Blei, aus dem Harz Richtung Nordsee verfrachtet. Der Haldenrückbau stellt aber in jedem Fall einen Eingriff in Natur und Landschaft dar, dessen Auswirkungen genauso zu berücksichtigen sind, wie der für Rückbau und Aufbereitung notwendige Material- und Energieeinsatz sowie die dabei entstehenden Emissionen und Abfälle.

Aber nicht nur der Harz ist in Bezug auf den Rückbau von Bergbauhalden zur Rohstoffgewinnung interessant. ROBEHA hatte daher von vornherein das Ziel, die Ergebnisse auf andere Haldenstandorte in anderen Ländern sowie mit anderen Rohstoffinhalten übertragen zu können.

ROBEHA war deshalb so ausgerichtet, dass die unterschiedlichen Aspekte des Haldenrückbaus aus rohstoffwirtschaftlicher und umweltbezogener Sicht zu einer auf andere Halden anwendbaren Gesamtbewertung im Sinne der Nachhaltigkeit in einem multikriteriellen Bewertungskonzept zusammengeführt wurden.

Grundlage dafür sind Informationen
- zum Wertstoffpotenzial der Halden („Primäre Merkmale"),
- zu den Indikatoren aus dem ökologisch-/gesellschaftlichen Bereich
  („Sekundäre Merkmale") und
- zu den rückbau- und aufbereitungsbezogenen Randbedingungen („Tertiäre Merkmale").

Diese Merkmalssätze sollten durch entsprechende Untersuchungen und Recherchen für die Halden des Beispielraumes Harz im Rahmen der verschiedenen Arbeitspakete der Projektpartner inhaltlich gefüllt, im Haldenressourcenkataster aggregiert und anschließend in einem merkmalsübergreifenden Bewertungsansatz im Sinne der Nachhaltigkeit bewertet werden (Bild 1).

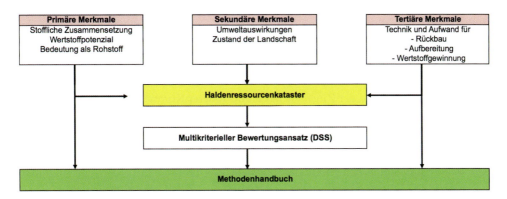

Bild 1: Grundstruktur des Forschungsvorhabens ROBEHA mit Merkmalsgruppen (Quelle: ROBEHA)

Im Rahmen von ROBEHA sollten für die Gewinnung dieser Daten umfangreich neue Techniken entwickelt und getestet werden. Abschließend wurden die für eine umfassende Bewertung von Halden geeigneten Methoden in einem Methodenhandbuch zusammengetragen. Das Haldenressourcenkataster und das Methodenhandbuch wurde in Zusammenarbeit mit den r³-Projekten ReStrateGIS und SMSB entwickelt.

2. VORGEHENSWEISE

Grundlage der Haldenbearbeitung im Projekt ROBEHA war das Kataster der Altablagerungen des Landkreises Goslar, das in einer Teilmenge auch die etwa 300 bekannten und kartierten Bergbau- und Hüttenhalden im Kreisgebiet umfasst. Parallel zu diesen Daten wurde umfangreich die Bergbau- und Verhüttungsgeschichte des Westharzes recherchiert. Zu diesen Basisinformationen wurden umfangreich ergänzende Daten zu den Halden zusammengetragen, die die Grundlage der Standortbearbeitung und -bewertung bildeten.

Im Rahmen des Projektes wurden insgesamt 28 der erfassten Halden aus verschiedenen Bergbaustadien und verschiedenen Buntmetall-Lagerstätten des Westharzes mit wenigen Proben übersichtsmäßig beprobt. Weitere Halden wurden begangen, konnten aber infolge einer Abdeckung, Bebauung oder Wasserbedeckung nicht beprobt werden.

Aufgrund einer Voranalyse mithilfe historischer Daten, vorliegender Erkenntnisse der zuständigen Behörden sowie der Übersichtsbeprobungen und Analysen wurden zwei Halden, die Halde „Bergwerkswohlfahrt" bei Clausthal-Zellerfeld und die Halde „Am Kahnstein" bei Langelsheim, ausgewählt, die dann als Beispielobjekte für die Arbeiten der einzelnen Arbeitsgruppen des Verbundprojektes dienten. Ziel der Arbeiten war es, die vorliegenden Basisinformationen aus dem altlastenbezogenen Haldenkataster des Landkreises Goslar mit den Informationen aus den genannten drei Merkmalsbereichen zu vervollständigen, um auf dieser Grundlage die erwünschte übergreifende Bewertung für die Beispielhalden durchzuführen.

Gewählt wurde einerseits die Pochsandhalde Bergwerkswohlfahrt mit Reststoffen aus der Aufbereitung von silber-, antimon- und bleireichen Erzen sowie die Schlackenhalde Am Kahnstein mit Rückständen aus der Verhüttung von Erzen des Rammelsberges, welche ein höheres Potenzial an wirtschaftsstrategischen Metallen (Indium, Gallium usw.) aufweisen. Die Auswahl der Halden erfolgte anhand der zu erwartenden Wertstoffgehalte und der Größe, aber auch anhand der Zugänglichkeit und anderer Kriterien.

Im Rahmen des Projektes erfolgte die Erkundung der beiden Halden unter Anwendung verschiedenskaliger Methoden. Neben der eigentlichen Charakterisierung des Haldenkörpers sollten die eingesetzten Methoden mit dem Ziel untersucht werden, für zukünftige Vorfelderkundungen Aufwand und Kosten für Probenahme und Analytik zu reduzieren. Begonnen wurde daher mit einer großräumigen geophysikalischen Erkundung der Internstrukturen (Mächtigkeit, innere Zonierung/Strukturierung (primär oder sekundär), Lösungserscheinungen und Abdichtung des Haldenuntergrundes) von Bergbauhalden. Die für diese Erkundung geeigneten geophysikalischen Methoden ERT (Electrical Resistivity Tomography), GPR (Ground Penetrating Radar) und SIP (Spektral Induzierte Polarisation) wurden erprobt und weiterentwickelt, da diese Methoden minimal invasiv und im Vergleich zu Bohrungen kostengünstig sind.

Auf Grundlage dieser Vorerkundungen konnten die Rammkernbohrungen auf der Pochsandhalde gezielt in verschiedene geophysikalische Anomalien der meist heterogenen Halden gesetzt werden. Es wurde jedoch darauf geachtet, die Bohrungen über die gesamte Halde zu verteilen. Die Schlackenhalde wurde mit Schürfen beprobt, wobei komplizierte Besitzverhältnisse die Auswahl der Probenahmelokationen stark einschränkten.

Mithilfe eines LIBS-Bohrkernscanners (LIBS: Laserinduzierte Plasmaspektroskopie) wurden die Bohrkerne der Pochsandhalde bezüglich ihrer Elementverteilung untersucht. Die Metallgehalte der Bohrkerne wurden mithilfe von Vergleichsproben und statistischen Verfahren abgeschätzt. Auf Grundlage der gewonnenen 2D-Elementverteilungsbilder können außerdem Strukturen und Anreicherungszonen bestimmter Wertstoffe sichtbar gemacht werden. Ziel ist es, für Vorfelderkundungen potenziell interessanter Objekte die Anzahl der Teilproben und damit Zeit und Kosten für aufwendige Analytik einzusparen. Die an Teilproben durchgeführten kleinskaligen mineralogischen Analysen liefern zusätzliche Informationen über die Verteilung der Metalle in den verschiedenen Mineralen und über den Verwitterungszustand dieser Phasen.

An den aus den Halden gewonnenen Materialien, vor allem aus der Pochsandhalde, wurden weiterhin Aufbereitungsversuche durchgeführt. Es zeigte sich schnell, dass die klassischen mechanischen Aufbereitungsverfahren zwar zu Anreicherungen der Zielmetalle geführt haben, aber nicht effizient waren. Auch die Flotation erwies sich aufgrund der oben beschriebenen Verwitterungsprozesse an den Kornoberflächen hin zu überwiegend karbonatischen Mineralen als ungeeignet für eine effiziente Anreicherung der Metalle.

Neben der Aufbereitung der Haldenmaterialien zu verwertbaren Metallfraktionen stand in einem weiteren Arbeitspaket die Verwertung von nicht metallhaltigen Fraktionen im Vordergrund. Dabei sollte versucht werden, durch Gewinnung von Mineralien, die als Zuschlagstoffe z. B. für die Bauindustrie entstehen könnten, die Menge der nach der Aufbereitung der Haldenmaterialen verbleibenden Reststoffe zu minimieren und damit den Bedarf an Ablagerungskapazitäten für diese Stoffe zu verringern. Neben den klassischen Aufbereitungsverfahren wurden hierfür auch innovative Techniken wie die optische Sortierung und die elektrodynamische Fragmentierung getestet.

Neben den rein technisch-naturwissenschaftlichen Aspekten wurden u. a. auch die genehmigungsrechtlichen Bedingungen eines Haldenrückbaus betrachtet. Da die untersuchten Halden im Harz ausnahmslos nicht mehr unter Bergaufsicht stehen, sondern als Altablagerungen bodenschutzrechtlich (nach Bundes-Bodenschutzgesetz) betrachtet werden, würde bei einem Rückbau der Halden ein Abfall entstehen, dessen Beseitigung an anderer Stelle eine abfallrechtliche Genehmigung nach dem Kreislaufgesetz erfordern würde. Das Niedersächsischen Ministerium für Umwelt, Energie und Klimaschutz sowie das Niedersächsische Wirtschaftsministerium haben in einer gemeinsamen, speziell im Zusammenhang mit dem Projekt ROBEHA entwickelten Position klargestellt, dass bei einem Rückbau der Halden zur Wertstoffgewinnung eine förmliche Feststellung des Endes der Abfalleigenschaft beantragt werden kann. Danach ist der Haldenrückbau einschließlich der Verbringung von Aufbereitungsrückständen in einem bergrechtlichen Betriebsplanverfahren zu genehmigen.

Zur Bewertung der Nachhaltigkeit des Rückbaus von Bergbau- und Hüttenhalden wurde ein Hüttenhaldennachhaltigkeitsindikator (HHNI) entwickelt, der einerseits die standort- und haldenunabhängigen ökonomischen, ökologischen und gesellschaftlichen Nachhaltigkeitsmerkmale der derzeitigen Gewinnung metallischer Rohstoffe beschreibt und quantifiziert, also auch die standortabhängige Rückbaueignung (Metallinventar usw.) und die Verringerung der Umweltauswirkungen. Insgesamt wurde der HHNI auch als Nachhaltigkeitskennziffer des Endzustandes (Zielzustandes) bezeichnet. Aus dem Vergleich des HHNI mit der Nachhaltigkeitsgefährdungskennziffer des Ausgangszustandes kann der Haldenrückbaunachhaltigkeitseffekt berechnet werden. Im Rahmen der Arbeiten wurde neben der strukturierten Ableitung dieser Indikatoren auch die Datengrundlage für die fallbezogene Quantifizierung der einzelnen Aspekte dieses aggregierten Indikators recherchiert und aufbereitet. Mit diesen Grundlagen kann für den Einzelfall eine einfache numerische Verknüpfung der Aspekte zum HHNI durchgeführt werden.

3. ERGEBNISSE UND DISKUSSION

Durch chemische Untersuchungen an den Proben der untersuchten Halden konnten Objekte mit erhöhtem Wertstoffpotenzial identifiziert werden. Das Rohstoffpotenzial der Halden ist jedoch sehr variabel und vom Haldentyp, Erztyp/Lagerstättendistrikt und der zum Zeitpunkt der Schüttung gängigen Aufbereitungstechnik abhängig. An Buntmetallen treten in den Halden vorrangig Blei und Zink und untergeordnet Kupfer auf. Im Hinblick auf hightech-relevante Rohstoffe zeigen die Halden vom Rammelsberg ein größeres Potenzial (Indium, Gallium), als die der Ganglagerstätten des Westharzes. In besonders zinkreichen Halden der Harzer Ganglagerstätten ist jedoch Gallium in ähnlicher Größenordnung wie in den Rammelsberger Halden zu finden. Germanium spielte in keiner der untersuchten Halden eine Rolle. Weitere wichtige Wertstoffe der untersuchten Halden sind Silber und das als wirtschaftsstrategisch eingestufte Antimon, die in bleireichen Halden der Ganglagerstätten, aber auch in Halden des Rammelsberges auftreten.

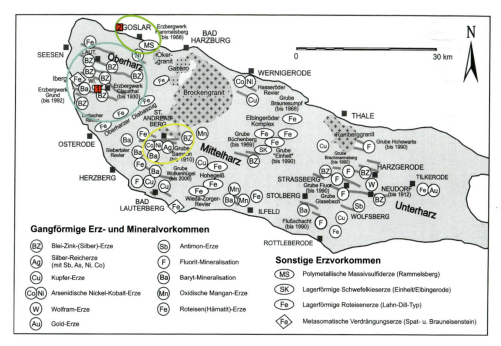

Bild 2: Im Projekt ROBEHA wurden Halden im Raum Goslar (grün) sowie im Ober- und Mittelharz (blau, gelb) untersucht. Die Lokationen der Pochsandhalde Bergwerkswohlfahrt (1) und der Schlackenhalde am Kahnstein (2) sind rot markiert (Kartenquelle: Liessmann 2010)

Auf der untersuchten Pochsandhalde treten verschiedene Aufbereitungsrückstände auf, die sich vorrangig durch verschiedene Korngrößenspektren unterscheiden. Mit steigendem Feinanteil nehmen die durchschnittlichen Bleigehalte von etwa 4,4 % in den gröberen Pochsanden bis auf ungefähr 7 % in den tonigen Lagen zu. Auch Antimon und Silber weisen in den Tonen die höchsten Konzentrationen auf. Die mit dem LIBS-Bohrkernscanner abgeschätzten Durchschnittskonzentrationen der Wertmetalle in den Bohrungen zeigen eine gute Übereinstimmung mit Vergleichsmessungen an Teilproben und liegen bei ungefähr 4,9 % Pb, 290 ppm Sb und 120 ppm Ag. Mineralogische Untersuchungen zeigten, dass Verwitterungsprozesse nach Ablage der Aufbereitungsrückstände zu einer Umverteilung der wichtigsten Wertmetalle Pb, Sb und Ag führten. So sind die Wertstoffe in den primären Sulfiden, aber auch in sekundär gebildeten Karbonaten und Eisenoxihydroxiden gebunden, wodurch die Aufbereitung im Vergleich zur Aufbereitung frischer Roherze erschwert wird. In Bild 2 sind in den Sauerstoff und Wässern ausgesetzten Bereichen die wertstoffhaltigen Phasen wie z. B. Galenit (Gn) (Pochsandhalde Bild links) oder metallische Legierungen (Pb) (Schlackenhalde Bild rechts) teilweise zu Karbonaten (Cerussit = Cer), Sulfaten (Anglesit = Ang) oder anderen sekundären Phasen umgewandelt. Geschützte Bereiche sind meist intakt.

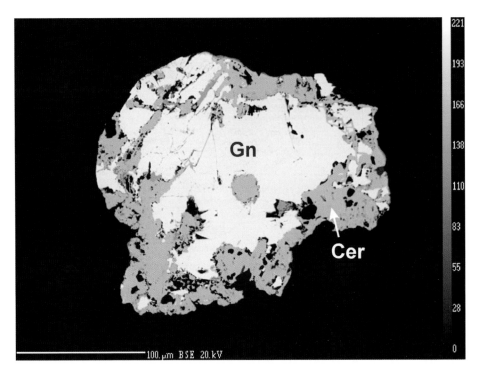

Bild 3: Verwitterungsprozesse an Proben der Pochsandhalde (links) und der Schlackenhalde (rechts) (Quelle: BGR)

Die durchschnittlichen Metallgehalte der Schlacken von der Schlackenhalde sind mit 13,5 % Zn, 2,6 % Pb und 1 % Cu sowie 37,7 % Fe außergewöhnlich hoch. An wirtschaftlich interessanten Spurenmetallen treten in den drei Großproben Antimon (max. 460 ppm), Cobalt (max. 590 ppm), Zinn (max. 200 ppm), Silber (max. 120 ppm), Chrom (max. 60 ppm) sowie Indium (23 – 64 ppm) und Gallium (15 – 25 ppm) auf. Die mineralogischen Untersuchungen belegen eine sehr variable Zusammensetzung der Schlackenbruchstücke und eine Bindung der Wertmetalle in vielen verschiedenen Schlackenphasen wie Silikaten, Sulfiden, Metalltröpfchen und Legierungen, Oxiden sowie in sekundären Verwitterungsphasen (Karbonate, Sulfate, Gele). Nur eine Aufbereitung der gesamten Schlacke erscheint durch die Verteilung der Wertmetalle in einer Vielzahl von Phasen und in allen Korngrößenbereichen sinnvoll.

Bei den geophysikalischen Untersuchungen konnten an der Pochsandhalde mithilfe der ERT- und GPR-Messungen eine Abschätzung der eventuell zur Aufarbeitung zur Verfügung stehenden Pochsandreste vorgenommen werden. Diese liegen in einer Größenordnung zwischen 50.000 und 100.000 m³. Diese Mengenabschätzung unterliegt jedoch starken Unsicherheiten und wird durch viele Faktoren beeinflusst wie die Mehrdeutigkeit des spezifischen Widerstands, das Auflösungsvermögen der geophysikalischen Messverfahren, die Unzugänglichkeit einiger Haldenbereiche und die damit einhergehende Messbarkeit, die Unsicherheiten bei den Interpolationen sowie die Einflüsse von Sättigung und Temperatur auf den spezifischen Widerstand.

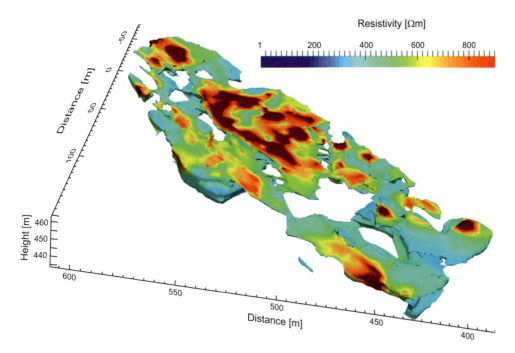

Bild 4: Bereiche der verwertbaren Pochsandreste auf der Halde (Teilvolumen mit spezifischen Widerständen höher als 300 Ωm) [Martin et al. 2015]

An der Schlackenhalde konnte mithilfe der Messverfahren ERT, GPR und SIP gezeigt werden, dass sich die Schlackenreste unter einer zum Teil sehr dünnen Deckschicht befinden. In anderen Bereichen der Halde reichte die Schlacke bis an die Oberfläche.

Messungen der spektralen induzierten Polarisation fanden im Labor statt. Mithilfe dieser Ergebnisse konnte ansatzweise gezeigt werden, dass sich in den verbleibenden Pochsand- bzw. Schlackenresten z. T. noch metallhaltige Mineralphasen in nennenswerter Größenordnung befinden können.

Durch die umfangreichen Labormessungen wurde der Grundstein dafür gelegt, Korrelationen der geophysikalischen Parameter mit den durch mineralogischen und chemischen Analysen bestimmten Gehalten an potenziell wichtigen bzw. umweltgefährdenden Rohstoffen dazu zu nutzen, deren Mengen und Lage zu bestimmen.

Bei den Versuchen zur Aufbereitung der Haldenmaterialien erwies sich bei dem durch Verwitterungseinflüsse stark veränderten Haldenmaterial eine Verfahrenskombination (L-P-F-Verfahren) aus offener Laugung nach mechanischer Aktivierung der Kornoberflächen durch Schwingmahlung und anschließender Fällung von Bleisulfat ($PbSO_4$) als machbar und ausreichend gut in der aufkonzentrierenden Wirkung. Das Bleisulfat wurde nach Fest-Flüssig-Trennung flotiert und von den danach weitgehend metallfreien Reststoffen getrennt. Aus der verbliebenen Lauge konnten durch Kristallisation weitere Metallsulfate ausgeschieden werden.

Das ebenfalls untersuchte Material der Schlackenhalde erwies sich in den Versuchen als elutionsstabil, zeigte jedoch gegenüber Säuren ein gutes Löseverhalten. Da die Metalle in der Schlacke teilweise silikatisch gebunden sind, wird der Laugungsprozess durch Gelbildung ($Si(OH)_4$) erschwert. Es wurde ein Prozessfenster bei pH 3,3 gefunden, bei dem es gelingt, solvent-extraktionsfähige Metalllösungen zu gewinnen. Die verbleibenden Calciumsilikatrückstände haben die Qualität von Zementzuschlagstoffen und könnten insoweit verwertet werden.

Als weniger aussichtsreich erwiesen sich die Untersuchungen zur Gewinnung einer metallarmen Fraktion zur Verwertung in der Baustoffindustrie. Die durchgeführten Aufbereitungen ergaben eine Aufkonzentration der Zielminerale. Ein Abgleich der auf diesem Wege gewonnenen Produkte mit den Anforderungen, die an die Qualität der Ausgangsstoffe der Baustoffindustrie gestellt werden, zeigte, dass diese Anforderungen mit vertretbarem technischem Aufwand wahrscheinlich nicht erfüllt werden können. Würde man das Pochsandhaldenmaterial z. B. als „rezyklierten Brechsand" ($\leq$ 4 mm) ansehen, so würde dieser nach der Aufbereitung nach der einschlägigen DIN-Vorschrift 4226-100 „Gesteinskörnungen für Beton und Mörtel, Teil 100: Rezyklierte Gesteinskörnungen" die Spezifikationen für die bis jetzt analysierten Parameter erfüllen; die Verwendungsfähigkeit vor dem Hintergrund der erhöhten Bleigehalte im Feststoff müsste jedoch noch geklärt werden.

Nach einer ersten Abschätzung der Wirtschaftlichkeit im Rahmen der rohstoffwirtschaftlichen Untersuchungen ist lediglich die untersuchte Schlackenhalde wirtschaftlich wiederaufbereitbar, und zwar unabhängig von den untersuchten Gewinnungsquoten. Bei der Pochsandhalde würde sich auch bei einem hohen Ausbringen ein positives jährliches Betriebsergebnis erwirtschaften lassen, aber die Investitionen könnten sich nicht amortisieren.

4. AUSBLICK

Der Rückbau von Bergbau- und Hüttenhalden mit dem Ziel der Wertstoffgewinnung ist ein schon in der Historie häufig angewendetes Verfahren. Gründe des Rückbaus der Halden lagen in der guten Erreichbarkeit des Haldenmaterials (oberirdische Lagerung) und in der häufig schon durchgeführten Vorbehandlung (Brechen, Separieren). Bei der Verfügbarkeit neuer Aufbereitungstechnologien und dem Interesse an anderen Zielwertstoffen steht die Frage der erneuten Aufarbeitung der Haldenmaterialien wieder in der Diskussion.

Insoweit ist die aktuelle Diskussion zum Landfill Mining kein wirklich neuer Ansatz. Im Zusammenhang mit neuen Techniken und einem Bedarf an neuen Wertstoffen muss sie aber erneut geführt werden. Neu ist an der Diskussion der Aspekt der Umweltauswirkungen, die von den Halden ausgehen, sowie der Vergleich des Landfill Minings mit der Gewinnung der Wertstoffe im Hinblick auf die Nachhaltigkeit.

Die Wertstoffgewinnung aus Bergbau- und Hüttenhalden ist, so haben die Untersuchungen im Rahmen des Projektes ROBEHA belegt, grundsätzlich möglich. Einerseits ist ein nicht unerhebliches Potenzial an Bergbau- und Aufbereitungsrückständen vorhanden, wenn man sich das Stoffinventar aller Halden z. B. in Deutschland ansieht (vgl. Potenzialabschätzung als Ergebnis des Miniclusters „Bergbau- und Hüttenhalden" im Rahmen des r³-Förderschwerpunktes). Gleichzeitig zeigt sich, dass in Abhängigkeit des Lagerstättentyps der primären Erze auch ein nicht unerhebliches Potenzial an wirtschaftsstrategischen Metallen in den deutschen Bergbau- und Hüttenhalden vorhanden ist (ein Beispiel hierfür sind die Rückstandshalden des Rammelsberger Reviers im Harz).

Die Ergebnisse der Untersuchungen in ROBEHA haben gezeigt, dass die Techniken zur Erkundung der Halden weit fortgeschritten und grundsätzlich verfügbar sind. Die klassischen Verfahren der Probenahme (Bohrungen, Schurfe usw.) sowie der chemisch-analytischen und der mineralogischen Untersuchung lassen eine detaillierte Beschreibung der sekundären Lagerstätte zu. Die Struktur und die Chemie der wertstoffhaltigen Rückstände konnten bis in sehr kleine Maßstäbe hinein beschrieben werden. Es stehen aber auch geophysikalische Verfahren zur Verfügung, die ohne einen direkten Eingriff in den Ablagerungskörper das Volumen und die Binnenstruktur der Halde beschreiben können.

Ein wesentliches Ergebnis des durchgeführten Forschungsvorhabens liegt in der Erkenntnis, dass sich die sekundären Lagerstätten von den primären Erzlagern hinsichtlich der Mineralogie erheblich unterscheiden. Bedingt durch die geänderten Lagerungsverhältnisse unterliegen die Bergbau- und Hüttenhalden einer deutlichen Verwitterung, die (in Abhängigkeit des Haldenalters) von z. B. sulfidischen Vererzungen hin zu karbonatischen, sulfatischen und weiteren sekundären Mineralen führt. Betroffen sind dabei vor allem die Oberflächen der Mineralkörner. Häufig treten dabei Mischminerale auf.

Diese Erkenntnis hat besondere Bedeutung für die anschließende Aufbereitung der Haldenmaterialien. Die bei primären Lagerstätten häufig angewendeten Verfahren der Flotation reichen bei einem erhöhten Verwitterungsgrad von sulfidischen Erzen nicht aus und eignen sich nach den Erfahrungen des Forschungsvorhabens für die sekundären Lagerstätten deshalb weniger. Auch sind bei den bereits oft schon sehr kleinen Korngrößen mechanische Aufbereitungsverfahren wenig erfolgversprechend. Die Aufbereitung der Haldenmaterialien wird in der Regel über eine Laugung stattfinden müssen. Hierzu stehen grundsätzlich verschiedene Verfahren zur Verfügung. Es wurden technisch machbare Laugungsansätze gefunden, die aber noch weiter optimiert werden müssen. So sind vor allem auch Versuche mit größeren Materialmengen im Technikumsmaßstab erforderlich, um die Randbedingungen der Aufbereitung und die spezifischen Vorgehensweisen und Kosten untersuchen zu können.

Ein Rückbau der Halden ist also technisch grundsätzlich möglich und kann auch aus Gründen der Gewinnung von wirtschaftsstrategischen Materialien sinnvoll sein. Die Gewinnung von nichtmetallischen Fraktionen für eine stoffliche Verwertung ist grundsätzlich möglich, aber eine Wirtschaftlichkeit bei gegebenem Aufwand ist nicht erkennbar.

Der Rückbau der Halden wird allerdings aus ganz anderen Gründen für Deutschland, Europa oder die entwickelte Welt nicht vollumfänglich möglich sein. Diese Gründe liegen in den räumlichen und gesellschaftlichen Rahmenbedingungen. Hemmnisse für einen Haldenrückbau können sein:

- Eigentumsverhältnisse
- aktuelle Nutzung auf den Haldenflächen und in deren Umfeld
- Naturschutz und Denkmalpflege
- Erschließung und Infrastruktur
- rechtliche Rahmenbedingungen.

Ein Aspekt, der die Möglichkeiten des Haldenrückbaus in Deutschland begrenzen dürfte, ist die Notwendigkeit, die Rückstände der Haldenaufbereitung auch wieder unter Berücksichtigung der gesetzlichen Vorgaben ablagern zu müssen. Auch wenn es rechtliche Möglichkeiten gibt, dieses nicht in Deponien nach Abfallrecht tun zu müssen, sind die technischen Anforderungen an eine Ablagerung von Aufbereitungsresten auch unter Bergrecht hoch. Dieses betrifft sowohl die ungünstigen geotechnischen Eigenschaften des zu erwartenden Ablagerungsmaterials (sehr feinkörnig, hoher Wassergehalt) als auch den Aufwand zur Sicherung der neuen Halde zum Schutz vor Schadstoffemissionen. Vor allem dürfte aber die Ausweisung von neuen Ablagerungsflächen ein Problem der Flächenverfügbarkeit und eines der Akzeptanz in der Öffentlichkeit werden.

Zwar konnte im Rahmen des multikriteriellen Bewertungsansatzes exemplarisch die Reduzierung des Nachhaltigkeitsdefizites beim Haldenrückbau gegenüber der Gewinnung von Primärrohstoffen in den derzeitigen Förderländern gezeigt werden. Allerdings wurde angesichts der tatsächlich in Deutschland verfügbaren Gehalte an sekundären Rohstoffen in den Halden im Verhältnis zu den importierten Rohstoffmengen der tatsächliche Nachhaltigkeitseffekt als vernachlässigbar eingeschätzt, zumal als es ein einmaliger Effekt sein würde. Ein umfassender Haldenrückbau zur Gewinnung von sekundären Rohstoffen hätte insoweit weder einen großen tatsächlichen Wert in Bezug auf die Sicherheit der Rohstoffversorgung noch hätte er einen wesentlichen Nachhaltigkeitseffekt.

Insoweit wird der Rückbau von Bergbau- und Hüttenhalden (oder von entsprechend hoch metallhaltigen Halden mit industriellen Rückständen) auf einzelne Standorte begrenzt bleiben müssen, bei denen die Randbedingungen im Hinblick auf die genannten begrenzenden Kriterien günstig sind. Für solche Fälle steht aber mit dem Methodenhandbuch ein Instrumentarium zur Bewertung der Machbarkeit, zur Abschätzung des Aufwandes und der Kosten, zur rechtlichen Umsetzung und zur planerischen Umsetzung zur Verfügung.

Liste der Ansprechpartner aller Vorhabenspartner

Dipl.-Ing. Christian Poggendorf Prof. Burmeier Ingenieurgesellschaft mbH, Steinweg 4, 30989 Gehrden, c.poggendorf@burmeier-ingenieure.de, Tel.: +49 5108 921720

Dipl.-Geol. Kerstin Kuhn BGR Bundesanstalt für Geowissenschaften und Rohstoff, Geozentrum Hannover, Stilleweg 2, 30655 Hannover, kerstin.kuhn@bgr.de, Tel.: +49 511 643-3370

Dr. Tina Martin BGR Bundesanstalt für Geowissenschaften und Rohstoffe, Dienstbereich Berlin, Wilhelmstraße 25 – 30, 13593 Berlin,
tina.martin@bgr.de, Tel.: +49 511 643-3489 und +49 30 369 93 359

Dr. Ursula Noell BGR Bundesanstalt für Geowissenschaften und Rohstoffe, Dienstbereich Berlin, Wilhelmstraße 25 – 30, 13593 Berlin,
ursula.noell@bgr.de, Tel.: +49 511 643-3489 und +49 30 369 93 395

Dr. Dieter Rammlmair BGR Bundesanstalt für Geowissenschaften und Rohstoffe, Geozentrum Hannover, Stilleweg 2, 30655 Hannover, dieter.rammlmair@bgr.de, Tel.: +49 511 643-2565

Prof. Dr. Eberhardt Gock Technische Universität Clausthal, Institut für Aufbereitung, Deponietechnik und Geomechanik, Walther-Nernst-Straße 9, 38678 Clausthal-Zellerfeld, gock@aufbereitung.tu-clausthal.de, Tel.: +49 5323 72-2037 und +49 5323 72-2038

Dr. Torsten Zeller Clausthaler Umwelttechnik-Institut GmbH (CUTEC), Leibnizstraße 21+23, 38678 Clausthal-Zellerfeld, torsten.zeller@cutec.de, Tel.: +49 5323 933-206

Prof. Dr. Peter Doetsch RWTH Rheinisch-Westfälische Technische Hochschule, Lehr- und Forschungsgebiet Abfallwirtschaft, Mies-van-der-Rohe-Straße 1, 52074 Aachen, peter.doetsch@lfa.rwth-aachen.de, Tel.: +49 241 80 272 51

Dr. Sebastian Prinz Dorfner Anzaplan Analysenzentrum und Anlagenplanungsgesellschaft mbH, Scharhof 1, 92242 Hirschau, sebastian.prinz@dorfner.com, Tel.: +49 9622 82254

Veröffentlichungen des Verbundvorhabens

MASTERARBEITEN

[Behling 2016] Behling, L.: Der Effekt der Sättigung auf das SIP-Signal bei Mineral-Quarz-Sand-Gemischen. Masterarbeit FU Berlin, 2016

[Djotsa 2014] Djotsa, V.: Induzierte Polarisation an Sand-Erz-Gemischen. Masterarbeit TU Clausthal, 2014

[Hupfer 2014] Hupfer, S.: Systematische Untersuchungen zum komplexen elektrischen Widerstand an Mineral-Quarzsand-Mischungen. Masterarbeit Universität Potsdam, 2014

ARTIKEL/BUCHBEITRÄGE

[Günther & Martin 2016] Günther, T.; Martin, T.: Spectral two-dimensional inversion of frequency-domain induced polarisation data from a mining slag heap. In: Journal of Applied Geophysics, doi:10.1016/j.jappgeo.2016.01.008

[Hupfer et al. 2015] Hupfer, S.; Martin, T.; Weller, A.; Günther, T.; Kuhn, K.; Djotsa, V. N. N.; Noell, U.: Polarization effects of unconsolidated sulphide-sand-mixtures. In: Journal of Applied Geophysics, doi:10.1016/j.jappgeo.2015.12.003

[Kuhn et al. 2014] Kuhn, K.; Meima, J.; Rammlmair, D.; Martin, T.; Knieß, R.; Noell, U.: Erkundung des Rohstoffpotenzials einer historischen Harzer Bergbauhalde im Rahmen des r³-Projektes ROBEHA. In: Teipel, U.; Reller A. (Hrsg.): 3. Symposium Rohstoffeffizienz und Rohstoffinnovationen. Fraunhofer Verlag, Nürnberg, S. 495, ISBN 978-3-8396-0668-1

[Kuhn et al. 2015] Kuhn, K.; Graupner, T.; Langer, A.: Hightech-Rohstoffe aus niedersächsischen und anderen deutschen Primär- und Sekundärquellen. Akademie für Geowissenschaften und Geotechnologien, Veröffentlichungen, 31, 45 – 54, ISBN 978-3-510-96854-1

[Poggendorf et al. 2015] Poggendorf, C.; Rüpke, A.; Gock, E.; Saheli, H.; Kuhn, K.; Martin, T.: Nutzung des Rohstoffpotenzials von Bergbau- und Hüttenhalden am Beispiel des Westharzes (2015). In: Thomé-Kozmiensyk, K. J. (Hrsg.): Mineralische Nebenprodukte und Abfälle Band 2 – Aschen, Schlacken, Stäube und Baurestmassen, S. 579 – 602, TK Verlag Karl Thomé-Kozmiensky, Neuruppin ISBN 978-3-944310-21-3

TAGUNGSBEITRÄGE (VORTRÄGE UND POSTER)

[Hupfer et al. 2014] Hupfer, S.; Martin, T.; Noell, U.: „Laboratory SIP-investigation on unconsolidated mineral-sand-mixtures", Proceedings of the 3rd International Workshop on Induced Polarization, Ile d'Oleron/France, http://ip.geosciences.mines-paristech.fr/; 06.– 09.04.2014

[Knieß & Martin 2015] Knieß, R.; Martin, T.: „Reconstruction of the inner structure of small scaled mining waste dumps by combining GPR and ERT data". In Geophysical Research Abstracts, Vol. 17, EGU2015-10020

[Kuhn et al. 2014] Kuhn, K.; Meima, J. A.; Rammlmair, D.; Martin, T.; Knieß, R.; Noell, U.: Metal exploration in historical ore processing residues in the Harz mountains, Germany. Vortrag und Extended Abstract in: Proceedings of the 21st General Meeting of the International Mineralogical Association (01.– 05.09.2014), South Africa

[Martin et al. 2015] Martin, T.; Knieß, R.; Noell, U.; Hupfer, S.; Kuhn, K.; Günther, T.: Geophysical exploration of historical mine dumps for the estimation of valuable residuals. In: Geophysical Research Abstracts, Vol. 17, EGU2015-10020

[Bachmann et al. 2014] Bachmann, A.; Zeller, T.; Sauter, A.: Rohstoffpotenziale von Bergbau- und Hüttenhalden am Beispiel Harzer Halden. 47. Essener Tagung für Wasser- und Abfallwirtschaft 2014, In: Gewässerschutz, Wasser, Abfall, S. 19/1 – 19/12, Aachen

[Dittmar & Zeller 2015] Dittmar, A.; Zeller, T.: Innovative Ansätze zur Ressourcenschonung in der Metallindustrie. 5. Wissenschaftskongress „Abfall- und Ressourcenwirtschaft", 19.– 20.03.2015, Innsbruck

[Knieß & Martin 2014] Knieß, R.; Martin, T.: Geoelektrische Inversion mit Schichtgrenzeninformationen aus Radarmessungen. 2014. Vortrag zum dem Workshop „Hochauflösende Geoelektrik" Leipzig; 01.– 02.10.2014

[Kuhn 2014] Kuhn, K.: Rohstoffpotenzial von Bergbauhalden im Harz – das Projekt ROBEHA. Geochemische und Mineralogische Erkundung der Halden. Vortragsreihe im BGR-Hauskolloquium Berlin/Hannover; 26.03.2014 und 09.12.2014

[Kuhn et al. 2015] Kuhn, K.; Poggendorf, C.; Meima, J. A.; Martin, T.; Knieß, R.; Noell, U.; Gock, E.; Saheli, H.; Rammlmair, D.: ROBEHA: Nutzung des Rohstoffpotenzials von Bergbau- und Hüttenhalden am Beispiel des Westharzes. Vortrag anlässlich des Hochschulvergabe-Treffens der BGR, Hannover

[Martin et al. 2013] Martin, T.; Noell, U.; Kuhn, K.; Knieß, R.; Meima, J.; Meyer, U.; Rammlmair, D.: Untersuchung von Bergbauhalden des Westharzes im Hinblick auf Wertstoffpotenzial und Kontaminationsgefährdung: das BMBF Projekt ROBEHA. Vortrag zur 73. Jahrestagung der Deutschen Geophysikalischen Gesellschaft, Leipzig; 04.–07.03.2014

[Martin 2014] Martin, T.: Geoelectrical and (S)IP investigations on wood and mining dumps, Eingeladener Vortrag an der Universität Lund, Schweden

[Martin et al. 2014] Martin, T.; Knieß, R.; Hupfer, S.; Noell, U.: Geophysikalische Erkundungen stillgelegter Bergbauhalden – Projekt ROBEHA. Vortragsreihe im BGR-Hauskolloquium Berlin/Hannover, 26.03.2014 und 09.12.2014

[Martin et al. 2014] Martin, T.; Knieß, R.; Noell, U.; Hupfer, S.; Kuhn, K.: Volumenabschätzung wieder verwertbarer Rohstoffe an stillgelegten Bergbauhalden mittels Geoelektrik und SIP. Vortrag zum dem Workshop „Hochauflösende Geoelektrik" Leipzig, 01.–02.10.2014

[Martin 2014] Martin, T.: Praktische Anwendungsbereiche des Spektral Induzierten Polarisationsverfahren (SIP), Eingeladener Vortrag zur LIAG Austauschsitzung, Hannover

[Martin et al. 2014] Martin, T.; Knieß, R.; Noell, U.; Kuhn, K.; Günther, T.: Geophysikalische Erkundungen zur Rohstoffabschätzung stillgelegter Bergbauhalden. Vortrag zur 74. Jahrestagung der Deutschen Geophysikalischen Gesellschaft, Karlsruhe, 10.–13.03.2014

[Martin et al. 2014] Martin, T.; Hupfer, S.; Kuhn, K.; Noell, U.: Laboruntersuchungen zur komplexen Leitfähigkeit an Metall-Quarzsand-Gemischen. Vortrag zur 74. Jahrestagung der Deutschen Geophysikalischen Gesellschaft, Karlsruhe, 10.–13.03.2014

[Martin et al. 2015] Martin, T.; Knieß, R.; Noell, U.; Hupfer, S.; Kuhn, K.; Günther, T.: Geophysikalische Erkundungen zur Rohstoffabschätzung stillgelegter Bergbauhalden im Westharz. Poster zur 75. Jahrestagung der Deutschen Geophysikalischen Gesellschaft, Hannover, 23.–26.03.2014

[Martin & Günther 2015] Martin, T.; Günther, T.: Spektrale Feldauswertung von SIP-Profilen auf stillgelegten Bergbauhalden. Vortrag zur 75. Jahrestagung der Deutschen Geophysikalischen Gesellschaft, Hannover, 23.–26.03.2014

[Poggendorf 2015] Poggendorf, C.: Das Projekt „ROBEHA" – Werstoffpotenziale in Westharzer Halden. Vortrag zum REWIMET-Symposium 2015; REWIMET – Recycling-Cluster wirtschaftsstrategische Metalle Niedersachsen; Clausthal, 30.06.2015

[Poggendorf 2016] Poggendorf, C.: Nutzung des Wertstoffpotenzials von Bergbau- und Hüttenhalden – Ergebnisse des Forschungsvorhabens ROBEHA. Vortrag zur SKZ/TÜV-LGA Deponietagung „Die sichere Deponie"; Würzburg, 11./12.02.2016

[Zeller & Stein 2014] Zeller, T.; Stein, T.: Rohstoffpotenziale von Bergbau- und Hüttenhalden am Beispiel Harzer Halden. Vortrag 07.11.2014, 12. DepoTech-Konferenz, Leoben 2014

[Zeller et al. 2014] Zeller, T.; Bachmann, A.; Sauter, A.: Tailings of Mining and Processing as Alternative Raw Material Repository. Tagungsband zur 12. DepoTech-Konferenz 2014, ISBN 978-3-200-03797-7, S. 559 – 564, Leoben 04.– 07.11.2014

[Zeller et al. 2014] Zeller, T.; Stein, T.; Sauter, A.: Innovative Forschungsansätze zur Sekundärmetallgewinnung. Vortrag, Tagungsband EUROFORUM, 28.– 29.10.2014, Bonn

[Zeller & Bachmann 2014] Zeller, T.; Bachmann, A.: Rohstoffpotenzial von Bergbau- und Hüttenhalden am Beispiel Harzer Halden. Vortrag bei der 47. Essener Tagung für Wasser- und Abfallwirtschaft „Ist unsere Wasserwirtschaft zukunftsfähig?" 19.– 21.03.2014, Essen

[Zeller et al. 2014] Zeller, T.; Bachmann, A.; Sauter, A.; Faulstich, M.: Landfill Mining: Harzer Halden als Beitrag zur Rohstoffeffizienz. In: Wasser und Abfall, Jahrgang 15, Heft 12, S. 40 – 44, Springer Fachmedien Wiesbaden GmbH, Wiesbaden

[Zeller et al. 2015] Zeller, T.; Bachmann, A.; Sauter, A.: Landfill Mining as Demonstrated by the Example of Mining and Metallurgical Tips in the Harz Mountains, Lower Saxony, Germany, Vortrag und Tagungsband, Proceedings of the 23rd World Mining Congress, Montreal, Canada; ISBN 978-1-926872-15-5

23. SMSB – Gewinnung strategischer Metalle und Mineralien aus sächsischen Bergbauhalden

Philipp Büttner, Inga Osbahr (Helmholtz Zentrum Dresden-Rossendorf, Helmholtz-Institut Freiberg für Ressourcentechnologie), Rene Luhmer, Christine Pilz, Stephanie Uhlig, Thomas Leißner, Carsten Pätzold, Michael Scheel (TU Bergakademie Freiberg), Christin Jahns (SAXONIA Standortverwaltung- und -verwertungsgesellschaft mbH Freiberg), Mirko Martin (G.E.O.S. Freiberg Ingenieursgesellschaft mbH), Jens Gutzmer (Helmholtz Zentrum Dresden-Rossendorf, Helmholtz-Institut Freiberg für Ressourcentechnologie und TU Bergakademie Freiberg)

Projektlaufzeit: 01.10.2012 bis 31.03.2016   Förderkennzeichen: 033R095

ZUSAMMENFASSUNG

Tabelle 1: Zielwertstoffe

Zielwertstoffe im r³-Projekt SMSB					
Ge	In	Li	Sn	W	Zn

Das Projekt SMSB hatte zum Ziel, die zwanzig größten Metallerzbergbauhalden Sachsens zu erfassen und in einem Kataster zusammenzufügen. Die Davidschachthalde in Freiberg und die Tiefenbachhalde in Altenberg wurden als zwei Flotations-Rückstandshalden mit besonders hohem Wertstoffpotenzial identifiziert und durch jeweils zehn Bohrungen im Detail erkundet. Aus den Bohrkernen wurden insgesamt 207 Proben entnommen und ihr Stoffbestand mit verschiedenen chemischen und mineralogischen Analyseverfahren quantifiziert. Weiterhin wurden an dem gewonnenen Probenmaterial verschiedene Aufbereitungsverfahren im Labormaßstab getestet. Diese Versuche hatten das Ziel, geeignete Technologien für das Abtrennen von Wertstoffen aus dem Haldenmaterial zu identifizieren. Resultate belegen, dass sich die Tiefenbachhalde insbesondere durch hohe Gehalte an Zinn, die Davidschachthalde dagegen durch hohe Konzentrationen von Indium, Blei und Zink auszeichnen. Das Zinn in der Tiefenbachhalde ist durch ein einziges Oxidmineral (Kassiterit) vertreten, während die Wertstoffe in der Davidschachthalde an eine komplexe Vergesellschaftung von Sulfiden gebunden sind. Arsen – in der Form von Arsenopyrit – ist das einzige wesentliche Schadelement in dem Material der Tiefenbachhalde. In den Rückständen der Davidschachthalde dagegen sind die Schadstoffe Arsen und Cadmium sehr eng mit den Wertstoffen assoziiert, oft vertreten in den gleichen Erzmineralien. Aufbereitungstests belegen, dass Wert- und Schadstoffe aus der Spülhalde Davidschacht sehr effizient durch biologische Laugung mobilisiert und entfernt werden können, für die Tiefenbachhalde wurde dagegen die Flotation als geeignete Aufbereitungstechnologie identifiziert.

Anhand der gewonnenen Daten und erzielten Versuchsergebnisse wurden für die beiden Halden dreidimensionale Ressourcenpotenzial-Modelle erstellt, die auf Kombinationen von gewichteten aufbereitungsrelevanten Parametern fußen. Die einzelnen Parameter haben einen Einfluss darauf, wie effizient eine gewählte Aufbereitungstechnologie auf das vorhandene Haldenmaterial wirken kann.

1. EINLEITUNG

Die hier aufgeführten Informationen stellen die wichtigsten Ergebnisse des Projektabschlussberichtes zum Projekt SMSB dar und wurden teilweise in ähnlicher Form bereits dokumentiert [Büttner 2013, 2014, 2015].

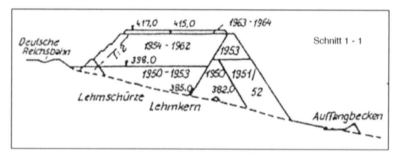

Bild 1: Zeitliche Entstehung der Spülhalde Davidschacht Freiberg [IBUR GmbH Freiberg, 1995]

In der Literatur werden Halden auf unterschiedlichste Art und Weise benannt. Halden, die aus der früheren Aufbereitung hervorgehen, werden beispielsweise oft nach ihrer Entstehungsart bezeichnet. Sind die Halden aus dem Flotationsprozess hervorgegangen, werden sie hierzulande meist als Spülhalden benannt. Über deren Entstehungszeit hinweg wuchsen die Halden an, je nach betrieblichen Bedürfnissen und den verfügbaren Ablagerungskapazitäten, bis eine maximale Baugröße erreicht oder der Bergbau eingestellt wurde. So beschreibt Bild 1 beispielhaft, wie die im Projekt SMSB untersuchte Spülhalde Davidschacht zeitlich gewachsen ist. Im Jahr 1950 wurde der erste Damm als Barriere am Hang errichtet. Vom Damm aus wurden die Flotationsrückstände eingespült. Als die Kapazitäten erschöpft waren, wurde der Damm erhöht, damit mehr Restmaterial aus der Flotation aufgenommen werden konnte und um Stabilität und Standsicherheit zu garantieren [IBUR GmbH Freiberg, 1995].

Da die Begrifflichkeiten zu Halden meist unterschiedlich verwendet werden, hat das r³-Haldencluster, ein Zusammenschluss der r³-Projekte ROBEHA, ReStrateGIS und SMSB, die folgenden drei wesentlichen Haldentypen definiert:

Bergehalden

Bergehalden bestehen aus den Resten des tauben Gesteins, das bei der Erzgewinnung als Abraum entsteht. Halden mit Grobbergematerial weisen meist recht geringe Wertstoffgehalte auf, sind aber im volumenmäßigen Vergleich zu anderen Haldentypen häufig größer.

Aufbereitungsrückstandshalden

Aufbereitungsrückstandshalden bestehen aus Resten von Flotationsprozessen (sog. Spülschlämme) oder anderen mechanischen Aufbereitungsprozessen, die in der Nähe von ehemaligen Aufbereitungsstandorten aufgeschüttet bzw. eingespült wurden. Das Material zeichnet sich durch ein hohes Potenzial an Wertstoffen aus, die mit den damals verwendeten Technologien aus dem Ausgangserz nicht vollständig gewonnen wurden.

Hüttenhalden

Hüttenhalden oder auch Schlackenhalden sind Reste aus der metallurgischen Verarbeitung von Erzkonzentraten. Sie haben ebenfalls prozessbedingt ein hohes Wertstoffpotenzial, sind jedoch in Sachsen von geringer Bedeutung. Da an den Hüttenstandorten die Schlacke lange Zeit als Baumaterial verwendet wurde, sind nur noch vergleichsweise kleine Schlackenhalden in Sachsen zu finden.

2. VORGEHENSWEISE

Haldenauswahl und Probenahme

Die Auswahl von zwei Halden mit besonders großem Wertstoffpotenzial für die Detailerkundung fand in zwei Schritten statt. Zunächst wurde eine Liste besonders großer Metallerzbergbauhalden in Sachsen aus verfügbarer Literatur zusammengestellt.

Aus dieser Liste wurden vier Halden für die Vorerkundung mittels einer einzigen Bohrung ausgewählt. Wichtige Kriterien für die Vorauswahl waren gute Zugänglichkeit, Zustimmung durch den Besitzer, ein hohes zu erwartendes Wertstoffpotenzial, die Größe der Halden sowie geringe Radioaktivität. Die vier ausgewählten Halden waren die Spülhalde Davidschacht (Freiberg), Spülhalde Münzbachtal (Freiberg), Tiefenbachhalde (Altenberg) und Spülhalde 1 (Ehrenfriedersdorf) (Tabelle 2). Auf jeder dieser vier Halden wurde in einer ersten Bohrkampagne eine einzige Probebohrung bis zum natürlichen Untergrund abgeteuft. Aus jeder Bohrung wurden zwei Kernabschnitte für die Untersuchungen ausgewählt. Diese nun insgesamt acht Proben wurden über eine Nasssiebung fraktioniert und an den Teilproben mineralogische und chemische Untersuchungen durchgeführt, um eine Vorstellung von der Zusammensetzung der unterschiedlichen Haldenkörper abhängig von der Korngröße zu erhalten.

Insgesamt wurden so 37 Proben, inklusive einer Schurfprobe der Halde Davidschacht (ebenfalls fraktioniert) und vier jeweils über den kompletten Bohrkern homogenisierte Gesamtproben, ausgewertet. Auf Basis der erhaltenen Analysenergebnisse wurde das Ressourcenpotenzial der vier Halden vorläufig bewertet, dann wurden die zwei Halden mit dem größten Potenzial für Detailuntersuchungen ausgewählt.

Die Wahl für eingehende Untersuchungen fiel auf die Tiefenbachhalde in Altenberg und die Halde Davidschacht in Freiberg. Auf den beiden Halden wurden zusätzlich jeweils neun Bohrungen bis zum Haldengrund abgeteuft. Aus 20 Bohrungen wurden insgesamt 207 Proben (jeweils repräsentativ für 2 m Kernintervalle) entnommen.

Tabelle 2: In der ersten Bohrkampagne untersuchte Spülhalden in SMSB – Auszug aus dem erstellten Haldenkataster

	Davidschacht	Münzbachtal	Tiefenbach	Spülhalde I
Lage	Freiberg	Halsbrücke	Altenberg	Ehrenfriedersdorf
Volumen	760.000 m³	835.000 m³	2,5 Mio. m³	442.000 m³
Erztyp	sulfidisch	sulfidisch	oxidisch	oxidisch
Entstehungszeit	1951 – 1964	1958 – 1968	1953 – 1966	1942 – 1969
Metallgewinnung	Pb, Zn, Ag	Pb, Zn, Ag	Sn (W)	Sn (W)
Wertstoffe heute	Pb, Zn, In, Cu	Pb, Zn, In, Cu	Sn, W, Li, Rb, Cs	Sn, W, Li, Rb, Cs
Schadstoffe	As, Cd	As, Cd	As	As

Vor den chemischen und mineralogischen Untersuchungen der Proben war es notwendig, diese zu trocknen ohne dabei mineralogische Veränderungen zu verursachen. Material mit überwiegend silikatischen Mineralen (Spülhalde Münzbachtal, Tiefenbachhalde, Spülhalde 1) wurde luftgetrocknet. Material mit hohem sulfidischem Anteil (Spülhalde Davidschacht) wurde gefriergetrocknet, um einer Oxidation der Sulfide zu Sulfaten entgegenzuwirken. Anschließend wurden die Proben homogenisiert, geteilt und für unterschiedliche Analysen verteilt.

Methoden und Verfahren

Im Folgenden werden die wesentlichen, bei der Untersuchung des Haldenmaterials genutzten Methoden und Verfahren vorgestellt.

Mineralogische Analytik

1. Röntgenpulverdiffraktometrie

Alle Proben der ersten und zweiten Bohrkampagne, die röntgendiffraktometrisch untersucht wurden, wurden in einer McCrone-Mühle mit Ethanol auf eine ungefähre Korngröße von 4 – 7 µm gemahlen. Für Übersichtsmessungen auf einem Pulverdiffraktometer EMPYREAN der Firma PANalytical wurden die Proben mittels einer Technik präpariert, die die Bildung einer Textur auf der Probenoberfläche verringern soll. Die Auswertungen wurden mittels Rietveld-Verfahren über die Programme BMGN 4.2.22 [Bergmann et al. 1998] und Profex 3.7.0 [Doebelin and Kleeberg 2015] durchgeführt.

2. Mineral Liberation Analysis (MLA)

Die MLA bietet eine effiziente Methode zur Analyse aufbereitungsrelevanter Parameter wie modale Mineralogie, Korngröße und -form und deren Verteilung sowie Phasenassoziationen und Aufschlussgrad (Liberation). Die im Rahmen des Projektes SMSB genutzte MLA ist eine FEI Quanta 650F, ausgestattet mit zwei EDS-Detektoren (Bruker Quantax X-Flash 5030) und der MLA Suite 3.1.4 Software. Für die Messung wurden sogenannte Körnerpräparate hergestellt. Bei der Herstellung wird das getrocknete feinkörnige Haldenmaterial zunächst mit Graphit und dann mit Epoxy-Harz gemischt. Es wird so ein fester zylinderförmiger Körper hergestellt, dessen Oberfläche angeschliffen und poliert wird. Die zu untersuchende polierte Oberfläche wird schließlich mit Kohlenstoff beschichtet, um Leitfähigkeit zu garantieren. Um das Probenmaterial charakterisieren zu können, werden von der MLA-Software Informationen von Rückstreuelektronen(BSE)-bildern mit Aufnahmen von charakteristischen EDX-Spektren des Probmaterials und einer Bildanalyse kombiniert. Anhand der aufgenommenen BSE-Bilder kann die Software die zu untersuchenden Partikel erkennen und, je nach Messbedingungen, ein oder mehrere EDS-Spektren zur Bestimmung der unterschiedlichen enthaltenen Mineralien aufnehmen. Anschließend werden die Partikel anhand einer Standard-Minerallisste klassifiziert, um die Ergebnisse zu den oben genannten Parametern zu erhalten. Weitere Informationen über diese Methode sind in [Fandrich et al. 2007] oder [Gu et al. 2003] erläutert.

Chemische Analytik

Die chemische Zusammensetzung der Haldenproben wurde mittels wellenlängendispersiver Röntgenfluoreszenzspektrometrie (WD-RFA) und Elementaranalyse (C, N, S) an analysenfeinen, gemahlenen Probenpulvern sowie nach Schmelzaufschluss mittels induktiv gekoppelter Plasma-Massenspektrometrie (ICP-MS) untersucht. Die Konzentrationsverteilung der Wert- und Schadstoffe sind exemplarisch für jeweils einen Bohrkern aus Altenberg und vom Davidschacht in Bild 2 dargestellt.

Die Proben wurden zunächst getrocknet (Gefriertrocknung) und anschließend mit einer Scheibenschwingmühle auf eine Korngröße von < 63 µm vermahlen. Anschließend wurden von allen Proben Presstabletten für die WD-RFA hergestellt. Erzhaltige Proben sind in ihrer Zusammensetzung zu vielfältig, als dass hierfür spezielle Analysenprogramme erhältlich sind. Daher konnten die Proben der Spülhalde Davidschacht nur mit einem Scanprogramm analysiert werden. Die Proben der Tiefenbachhalde wurden mit einem Scan- und einem Spurenelementprogramm analysiert. Die Proben beider Halden konnten zusätzlich mit einem speziell für die Fluorbestimmung entwickeltem Messprogramm bearbeitet werden. Bei einem Teil der Proben aus Altenberg wurde Fluor zusätzlich mittels ionenselektiver Elektrode (ISE) bestimmt. Auf Grundlage spezieller WD-RFA-Messungen erfolgte die Differenzierung von Sulfid und Sulfat, wodurch auf den Oxidationsgrad geschlossen werden kann [Uhlig et al. 2016].

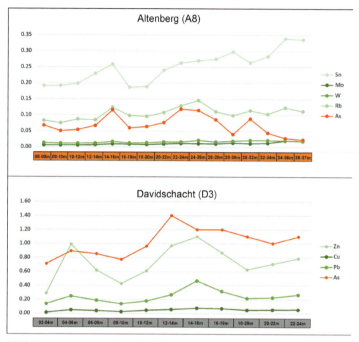

Bild 2: Konzentrationsverteilung der Wert- (grün) und Schadstoffe (rot) in den Bohrkernen A8 (Altenberg) und D3 (Davidschacht) über die Tiefe. Alle chemischen Daten in Gewichtsprozent.

Mechanische Aufbereitung

Zur mechanischen Aufbereitung der Haldensande wurde Standardausstattung zur Mahlung (Laborkugelmühle), Klassierung (Siebe und Hydrozyklone) und Sortierung (Flotationszellen vom Typ Denver und Typ Outotec, Hallimond-Röhre, Schwingherd, Falcon-Concentrator, Band-Ring-Magnetscheider) sowie Probenteilung (Rotationsprobenteiler für Suspensionen) und Beprobung (mechanische Probenstecher) verwendet. Große Massen Haldenmaterial wurden in einem eigens dafür aufgebauten Versuchsstand homogenisiert. Dieser Versuchsstand setzte sich aus einem Rührkessel von 150 l Volumen und einem 16-kanäligen Teilerkopf unter dem Bodenauslass des Kessels zusammen.

Chemische Laugung

Es wurden verschiedene Verfahren zur rein chemischen Laugung von Wert- und Schadstoffen aus den Haldenmaterialien getestet:

1. Hydrometallurgischer Aufschluss durch Laugung mit Salpetersäure

Sulfidreiches Haldenmaterial wurde zunächst einem Übersichts-Screening mit den verschiedensten chemischen Agentien, insbesondere Mineralsäuren, unterzogen. Ziel war der Aufschluss des Materials hinsichtlich einer Überführung von Zn, Fe, Pb und As in eine lösliche, verwertbare Form. Im Ergebnis dessen ist anschließend gezielt der saure Aufschluss mit Salpetersäure verfolgt worden [Gok 2010, Raudsepp 1987].

2. Feststoffchlorierung

Als Ergänzung und mögliche Alternative zum hydrometallurgischen Aufschluss erfolgte mit einer thermischen Zersetzung von Ammoniumchlorid und der anschließenden Reaktion des gebildeten Chlorwasserstoffs eine Überführung metallhaltiger Komponenten in die jeweiligen Chloride. Die anschließende Separation erfolgte durch Ausnutzung der unterschiedlichen Siedepunkte [Lorenz 2015].

3. Kassiteritreduktion mit Wasserstoff

Kassiterithaltige Rückstände der Tiefenbachhalde sind nach vorheriger Anreicherung auf 6,1 % Sn mittels Wasserstoff bei Temperaturen bis 650 °C reduziert und das Zinn bzw. die Zinn-Eisen-Legierungen danach in Zinnchlorid überführt worden. Durch eine abschließende Zinnelektrolyse erfolgte die Abscheidung des Wertmetalls in metallischer Form.

Biologische Laugung

An den vier Referenzhalden wurden zunächst mikrobiologische Untersuchungen durchgeführt, um die Zellzahlen und die Aktivität bestimmter mikrobieller Gruppen von Mikroorganismen in Abhängigkeit von der Teufe zu bestimmen. Zusätzlich wurden molekulargenetische Arbeiten durchgeführt.

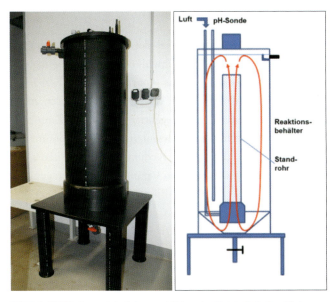

Bild 3: In SMSB eingesetzte Anlage und Skizze des kleintechnischen Biolaugungsreaktors nach dem Pachuca-Prinzip

Aus den Ergebnissen der mikrobiologischen Untersuchungen und der chemischen Analytik ergab sich, dass für die biohydrometallurgische Aufarbeitung des Haldenmaterials nur die sulfidischen Rückstände aus dem Raum Freiberg (Spülhalden Münzbachtal und Davidschacht) infrage kommen. Das Material der Spülhalde Davidschacht erwies sich als äußerst feinkörnig. Als vielversprechendstes Verfahren wurde daher die mikrobiologische Tanklaugung ausgewählt. Die Biolaugungsversuche zielten hauptsächlich auf die Extraktion von Zink und Indium aus der in den Flotationsrückständen enthaltenen Zinkblende ab. Zinkblende wird durch Mikroorganismen generell über den Polysulfidmechanismus gelaugt [Schippers und Sand 1999]. Die Verfahrensentwicklung begann mit Schüttelkolbenversuchen und reichte über Säulenversuche und den Batch-Bioreaktormaßstab bis zum Upscaling in eine kleintechnische Versuchsanlage, wie in Bild 3 dargestellt.

Metallurgie

Im sulfidischen Haldenmaterial der Spülhalde Davidschacht liegen die Wertmetalle größtenteils in der Feinstkornfraktion < 20 µm vor. Da mit Flotationsversuchen zur Herstellung von Sulfidkonzentraten aus der Feinstkornfraktion nur sehr geringe Konzentratmengen (jeweils ca. 2 g) im Labor hergestellt werden konnten, wurde für metallurgische Versuche die Siebfraktion < 45 µm vom Bohrkernmaterial verwendet. In einem Kammerofen wurden zunächst Versuche zur Ermittlung der Glühveränderungen (Masse, chemische Zusammensetzung) bzw. zum oxidierenden Rösten dieser Fraktion bei Temperaturen von 550 bis 1.050 °C durchgeführt. Das Hauptziel war dabei die Oxidation von Zinksulfid zu säurelöslichem Zinkoxid. In Anlehnung an bestehende Produktionsprozesse der Zinkgewinnung aus Primärrohstoffen wurde ein Laugungsversuch mit der bei 950 °C gerösteten Fraktion < 45 µm und verdünnter Schwefelsäure (CH_2SO_4 = 107 g/l) bei 80 – 85 °C durchgeführt.

Für metallurgische Versuche zum oxidischen Haldenmaterial der Tiefenbachhalde stand ein armes Konzentrat aus der Dichtesortierung mit einem Schwingherd zur Verfügung, das 6,1 % Zinn bzw. 7,7 % Kassiterit (SnO_2) enthielt. Da dieses Konzentrat u. a. 37 % Eisen enthielt, das eine metallurgische Verarbeitung sehr erschwert hätte, wurde das Eisen zuerst mit Magnetscheidung abgetrennt. Dadurch entstand ein Konzentrat mit 14,6 % Zinn bzw. 19 % Kassiterit. Weil die Zinngehalte in diesem Kassiteritkonzentrat für eine ökonomische Zinngewinnung nach der klassischen Methode, d. h. durch Reduktion des Kassiterits mit Kohlenstoff, zu gering war, wurde nach neuen metallurgischen Verarbeitungswegen gesucht. Dafür bot sich ein für das Recycling von Röhren- und LCD-Bildschirmen neu entwickeltes Schmelzverfahren an, bei dem eine bleihaltige Metallphase und eine technisch nutzbare Glasphase entstehen [Wolf 2015]. Die bleihaltige Metallphase dient als Sammler für Zinn sowie andere Wertmetalle. Bis auf das Abgas entstehen bei diesem Verfahren keine Abfallstoffe. Durch Raffination in einer Bleihütte können Zinn und die anderen Wertmetalle separiert werden. Bei den Versuchen wurde bleihaltiges Röhrenbildschirmglas zusammen mit Additiven und Kassiteritkonzentraten sowie mit und ohne Zugabe von ITO (Indiumzinnoxid) in einem Tiegelofen geschmolzen.

3D-Modellierung

Die Modellierung des Haldenkörpers und der geochemischen Eigenschaften erfolgte mittels GOCAD. Dabei wurde als Bezugssystem Gauss-Krüger Zone 4 mit dem Deutschen Hauptdreiecksnetz (DHDN, 92) gewählt. Nach der Datenaufbereitung und Überführung dieser in GOCAD erfolgte die Modellierung der alten und rezenten Geländeoberfläche im Untersuchungsgebiet. Hierzu wurden die Höhenlinien aus einer alten topografischen Karte des Untersuchungsgebietes vor 1950 digitalisiert. Daten für die rezente Geländeoberfläche lieferte ein mittels UAV-Photogrammetrie erzeugtes digitales Höhenmodell. Die jeweils zehn vertikalen Bohrungen wurden unter der Annahme der Gleichverteilung der Eigenschaften, d. h. die Mitte des Bohrabschnitts repräsentiert den Probenpunkt, mit ihren entsprechenden Koordinaten und Endteufen importiert. Der zu modellierende 3D-Körper der Halde wurde mittels eines SGrids erstellt und die Eigenschaften der Bohrungen wurden dabei als Pointsets im 2-m-Intervall importiert.

3. ERGEBNISSE UND DISKUSSION

Im Folgenden werden die Ergebnisse der zuvor vorgestellten mechanischen, biologischen und chemischen Aufbereitungsversuche am Material der Tiefenbachhalde und der Spülhalde Davidschacht vorgestellt.

Tiefenbachhalde

1. Mechanische Aufbereitung

Kassiterit (SnO_2) ist das einzige Sn-Erzmineral in relevanten Konzentrationen in der Tiefenbachhalde. Dieser ist sehr gut aufgeschlossen, aber auch recht feinkörnig (25 – 60 % der Kassiteritkörner ist < 20 µm groß). Ein Nachmahlen zur Liberierung verwachsener Kassiteritkörner erscheint nicht sinnvoll. Die Untersuchungsergebnisse belegen eindeutig, dass die Haldensande der Tiefenbachhalde generell mithilfe konventioneller Technologien mechanisch aufbereitet werden können. Allerdings ist die Flotation von Kassiterit im Größenbereich < 20 µm noch Gegenstand aktueller Forschung [Embrecht 2015, Mämpel 2016, Michaux 2015] und eine ausgereifte technische Lösung bisher noch nicht verfügbar. Mit bisherigen Ansätzen ist es möglich, etwa 50 % des Wertstoffes Sn auszubringen. Basierend auf Flotationsversuchen sind Konzentrate von schätzungsweise 12 – 20 % Sn erreichbar. Diese könnten gegebenenfalls durch Dichtesortierung weiter aufkonzentriert werden. Moderne Geräte zur Dichtesortierung feiner Partikel im Zentrifugalkraftfeld, wie sie beispielsweise im Bereich der Anreicherung feiner Goldpartikel erfolgreich eingesetzt werden, erfordern allerdings ein aufwendiges Klassieren in enge Partikelgrößenbereiche.

2. Chemische Laugung

Durch Reduktion von Kassiterit mit Wasserstoff (H_2) zu metallischem Sn [Kim 2011] bzw. Zinn-Eisen-Legierungen und anschließender Behandlung mit Salzsäure konnten 89,5 % des

Zinns in Lösung gebracht werden. Der Wert ist von der Reduktionstemperatur und -zeit abhängig, letztere wiederum vom Zinnanteil im Ausgangsmaterial. Die Zinnelektrolyse führte aus eisenhaltiger Lösung zu einer Abscheidung von ca. 86 % der Zinnmenge nach 1 h, sodass insgesamt ein Ausbringen von 77 % erzielt wurde. Bei der Kassiteritreduktion mit Wasserstoff ist die verwendete Salzsäure kostentreibend.

3. 3D-Modellierung

Für das 3D-Modell der Tiefenbachhalde wurden Parameter integriert, die entscheidend sind für die Aufbereitung mittels Flotation. Als wesentlich wurden hier die Parameter Korngrößenverteilung, die Konzentration des Kassiterits und die Liberation identifiziert. Diese Parameter wurden miteinander kombiniert und somit die Aufbereitbarkeit des Haldenmaterials mittels Flotation veranschaulicht. Das Ergebnis (Bild 4) zeigt, dass es deutliche Wertstoffpotenzial-Unterschiede zwischen verschiedenen Teilbereichen der Tiefenbachhalde gibt.

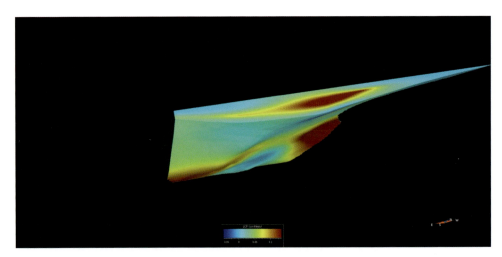

Bild 4: Modell der Tiefenbachhalde Altenberg aus den kombinierten und gewichteten Flotationsparametern Korngrößenverteilung, Konzentration und Liberation des Kassiterits. Rote Bereiche haben ein hohes Wertstoffpotenzial, blaue Bereiche ein niedriges. Die Sicht auf das 3D-Modell erfolgt von Westen.

Spülhalde Davidschacht

1. Chemische Verfahren zur Wertstoffgewinnung (Chemische Laugung)

Bereits mit halbkonzentrierter Salpetersäure können Zn, As und Fe quantitativ aufgeschlossen werden, d. h. die entsprechenden Elemente liegen anschließend in einer löslichen Form als Nitrate bzw. Arsensäure (H_3AsO_4) vor. Blei geht nur teilweise als Nitrat in Lösung, da durch die hohe Oxidationsstärke auch schwerlösliches Bleisulfat gebildet wird. Die diskutierten Aufarbeitungsschritte beim Aufschluss mit Salpetersäure sind komplex und beinhalten Schritte der Extraktion, der Fällung und der Elektrolyse.

Mittels Feststoffchlorierung konnten nahezu quantitative Abreicherungsraten der Chloride von As, Pb, Sn und Zn erzielt werden. Das im Labormaßstab angewandte Verfahren ist jedoch im Falle größerer Mengen an die neuen Gegebenheiten anzupassen und weiter zu optimieren. Bei der Feststoffchlorierung ist der thermische Energiebedarf zu berücksichtigen.

2. Mikrobiologische Untersuchungen und biologische Laugung

Die größte Aktivität an eisenoxidierenden und schwefeloxidierenden Mikroorganismen wurde in den oberen, mit Porenwasser ungesättigten Bereichen der Halden im Freiberger Raum festgestellt. In der Davidschachthalde wurden eisenoxidierende Bakterien allerdings auch im gesättigten Bereich nachgewiesen. Detaillierte Untersuchungen zur Unterscheidung autotropher und heterotropher Eisenoxidierer zeigten dort ein relativ ausgewogenes Verhältnis der beiden Stoffwechselgruppen. In den gesättigten Haldenbereichen erlangten die sulfatreduzierenden Mikroorganismen eine zunehmende Bedeutung. Damit sollte in den tieferen Bereichen eine Festlegung der aus der Oxidationszone mobilisierten Metallionen als Metallsulfide erfolgen. In der Probe aus dem ungesättigten Oxidationsbereich dominierten säuretolerante und acidophile Mikroorganismen, darunter eisenoxidierende Bakterien (Leptospirillum, Thiobacillus, Acidithiobacillus). In der gesättigten Zone änderte sich die mikrobielle Zusammensetzung. Dort wurden Vertreter gefunden, die eher neutrophil (Optimum bei pH 7), aber im Eisen- und Schwefelkreislauf von Bedeutung sind (Gaiellales, Ignavibacteria, Sulfuricella, Frankiales).

Zunächst dienten Schüttelkolbenversuche und Säulenversuche mit indiumhaltiger Freiberger Zinkblende und einer Laugungsmischkultur (G.E.O.S.-Stammsammlung) zur Festlegung der grundlegenden Prozessbedingungen (pH, Korngröße, Feststoffanteil). Dabei wurde festgestellt, dass die Biolaugung des Materials und Mobilisierung der Metalle optimal bei einem pH-Wert von 1,8, einer Temperatur von 30 °C und einer Feststoffkonzentration von 10 % ablief. Anschließend fand die Laugung der realen Flotationsrückstände im Batch-Bioreaktormaßstab zur weiteren Optimierung der Bedingungen (Nährstoff- und Säurezufuhr) und Laugungsrate statt. Dabei konnte Zn mit bis zu 100 % und Indium mit ca. 80 – 85 % ausgebracht werden. Auch bei höherem Feststoffanteil im Reaktor (bis 40 %) war eine Extraktion von Zn und In in dieser Größenordnung erreichbar. Gleichzeitig wurden andere sulfidisch gebundene Elemente ebenfalls mobilisiert (As: 550 mg/l, Cu: 47 mg/l, Ni: 8 mg/l, Co: 3,3 mg/l, Pb: 5,5 mg/l, Cd: 7,5 mg/l). Experimentell konnte gezeigt werden, dass der Laugungsprozess auch ohne pH-Regulation durch entsprechende Nährsalzzugabe bei gleichzeitig hohem Ausbringen – allerdings verlangsamt – ablief.

Der Prozess wurde anschließend in den kleintechnischen Maßstab überführt. Dazu wurden ca. 9 kg Flotationsrückstand in einem 100 l fassenden, dafür speziell konstruiertem Bioreaktor bei Raumtemperatur und unter pH-Einstellung gelaugt. Der Reaktor war nach dem Pachuca-Prinzip aufgebaut, sodass die Umwälzung des Materials allein durch die Belüftung und ohne externen Energieeintrag erfolgte. Im kleintechnischen Maßstab konnte damit hohes Ausbringen für Zn (84 %) und In (80 %) erreicht werden (Bild 5). Die Laugung verlief etwas langsamer, vermutlich aufgrund der geringeren Temperatur, die außerhalb des Optimums der mesophilen Mikroorganismen lag. Die erfolgreiche Umsetzung des Prozesses im kleintechnischen Versuchsmaßstab stellt die Grundlage für die Demonstration unter praxisrelevanten Bedingungen im technischen Maßstab dar.

Insgesamt wurden hohe Konzentrationen von Zn, Fe, In, As und Cd in der Laugungslösung nachgewiesen. Für die Gewinnung von Indium wurde eine Strategie entwickelt, bei der durch gezielte Anhebung des pH-Wertes der Lösung Eisenhydroxysulfate gemeinsam mit Indium und Arsen ausfallen. Eine weitere Anreicherung des Indiums kann durch Auflösen des Präzipitats, Reduktion des dreiwertigen zum zweiwertigen Eisen und Solventextraktion erfolgen. Zink als Hauptwertstoff des Haldenmaterials wird dann aus der verbleibenden Lösung konventionell durch Elektrolyse gewonnen.

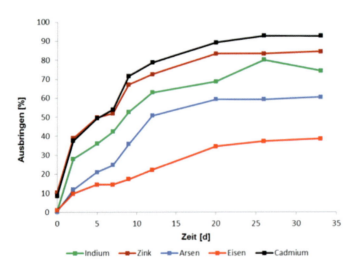

Bild 5: Ausbringen von In, Zn, As, Fe und Cd aus Flotationsrückständen bei der Biolaugung im kleintechnischen Bioreaktor

3. 3D-Modellierung

Für das 3D-Modell der Spülhalde Davidschacht wurden Parameter integriert, die entscheidend sind für die biologische Laugung. Die Parameter Korngrößenverteilung, die Konzentration von wichtigen Mineralien wie Zinkblende, Arsenopyrit und Pyrit sowie der Aufschlussgrad der Zinkblende wurden miteinander kombiniert. Anschließend wurde die Aufbereitbarkeit des Haldenmaterials mittels biologischer Laugung veranschaulicht. Das Ergebnis zeigt, dass das im Zentrum der Halde vorliegende Material (gelbe Farbtöne) besser mittels biologischer Laugung aufzubereiten wäre als das in den Randbereichen vorliegende Material (Bild 6).

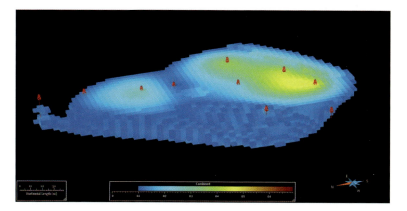

Bild 6: Modell der Davidschachthalde in Freiberg aus den kombinierten und gewichteten Biolaugungsparametern Liberation, Konzentration von Zinkblende, Arsenopyrit und Pyrit sowie der allgemeinen Korngrößenverteilung. Die Sicht auf das 3D-Modell erfolgt von Westen.

4. AUSBLICK

Eine Gewinnung von Wertmetallen aus übertägig abgelagerten Spülhalden in Sachsen bietet sich nicht nur aus Gründen der Ressourcen- und Energieeffizienz an, sondern erscheint auch aus Gründen des Umweltschutzes sinnvoll. So sind kein kostenintensiver Bergbau und keine energieintensive Zerkleinerung eines Primärrohstoffes erforderlich – und bei der Gewinnung potenzieller Wertstoffe (z. B. In, Sn, Zn) können gleichzeitig umweltrelevante Schadstoffe (z. B. As, Cd) abgetrennt und immobilisiert werden. Die Untersuchung von Spülhalden in Sachsen im Rahmen des Projektes SMSB hat eindrucksvoll diese Potenziale aufgezeigt und die prinzipielle technologische Realisierbarkeit an zwei wichtigen Beispielen belegt.

So enthält die Tiefenbachhalde des ehemaligen Zinnerzbergbaus in Altenberg bis zu 0,2 % Zinn und damit noch ca. 50 % des ursprünglich abgebauten Zinn-Inhalts der Lagerstätte Altenberg. Eine Nachnutzung dieses Wertstoffinhalts ist vor dem Hintergrund zunehmender Versorgungsunsicherheiten bei Zinn [Elsner 2014] von besonderem Interesse. Eine verfahrenstechnische und chemische Behandlung des gesamten Haldenkörpers hinsichtlich des Wertmetalls Zinn ist vom aktuellen Marktpreis sowie von Fragen der Rückstandsdeponierung abhängig. Die auf das Zinnmineral Kassiterit fokussierte mechanische Aufbereitung von Flotationsrückständen der Tiefenbachhalde hat die generelle Machbarkeit im labortechnischen Maßstab dokumentiert. Im Bereich der Flotation wurden unter Einsatz von zugelassenen Flotationschemikalien vergleichbare Ergebnisse zu den Untersuchungen des ehemaligen Forschungsinstitutes für Aufbereitung der DDR erzielt [Gruner 1981, 1982]. Um die Methodik in den großtechnischen Maßstab zu übertragen, sind Aufbereitungsversuche im Pilotmaßstab zwingend erforderlich. Weiterhin sind rechtliche und umweltrelevante Fragestellungen beim Rückbau bzw. der Umsetzung des Haldenkörpers zu klären. Forschungsbedarf besteht bei der direkten elektrochemischen Abscheidung von Zinn aus eisenhaltigen Lösungen mit dem Ziel, eine möglichst hohe Zinnreinheit zu erhalten.

Der Erfolg biologischer Laugungsversuche im kleintechnischen Maßstab an Flotationsrückständen der Davidschachthalde deutet an, dass diese Technologie geeignet sein könnte, sulfidische Rückstände mit hoher Schwermetallbelastung kostengünstig zu sanieren. Auch wenn sich die Investition und der Betrieb einer großtechnischen Anlage im Einzelfall vielleicht nicht allein durch den aus den gewonnenen Metallen erzielten Erlös wirtschaftlich tragen, so kann sich dies in Kombination mit einer durchzuführenden Sanierung ganz anders darstellen. Der Prozess der Biolaugung ermöglicht eine Einsparung von Sanierungskosten, indem gleichzeitig mit den Schadstoffen auch Wertstoffe aus der Halde extrahiert werden und diese die Sanierung (zumindest in Teilen) refinanzieren können. Außerdem ist dieser Prozess eine nachhaltige Sanierungsalternative, da das zurückbleibende Material nahezu inert ist und nicht wie bei der herkömmlichen Abdeckungsvariante regelmäßige Nachsorge betrieben werden muss. Um die bisher gewonnenen Erkenntnisse für den Bau einer industriellen Demonstrationsanlage zu nutzen, wurden weitere Fördermittel beantragt [BMBF 2016].

Liste der Ansprechpartner

Philipp Büttner Helmholtz Zentrum Dresden-Rossendorf, Helmholtz-Institut Freiberg für Ressourcentechnologie, Chemnitzer Straße 40, 09599 Freiberg, p.buettner@hzdr.de, Tel.: +49 351 260-4417

Prof. Dr. Gerhard Heide TU Bergakademie Freiberg, Institut für Mineralogie, Brennhausgasse 14, 09596 Freiberg, gerhard.heide@mineral.tu-freiberg.de, Tel.: +49 3731 39-2665

Dr. Christin Jahns SAXONIA Standortverwaltung- und -verwertungsgesellschaft mbH, Halsbrücker Straße 34, 09599 Freiberg, christin.jahns@saxonia-freiberg.de, Tel.: +49 3731 39-5026

Dr. Thomas Leißner TU Bergakademie Freiberg, Institut für Mechanische Verfahrenstechnik und Aufbereitungstechnik, Agricolastraße 1, 09599 Freiberg, thomas.leissner@mvtat.tu-freiberg.de, Tel.: +49 3731 39-3932

Mirko Martin G.E.O.S. Freiberg Ingenieursgesellschaft mbH, Schwarze Kiefern 2, 09633 Halsbrücke, m.martin@geosfreiberg.de, Tel.: +49 3731 369-296

Prof. Dr. Jörg Matschullat TU Bergakademie Freiberg, Institut für Mineralogie, Brennhausgasse 14, 09596 Freiberg, joerg-matschullat@tu-freiberg.de Tel.: +49 3731 39-3399

Dr. Carsten Pätzold TU Bergakademie Freiberg, Institut für Technische Chemie, Leipziger Straße 29, 09599 Freiberg, carsten.paetzold@chemie.tu-freiberg.de, Tel.: +49 3731 39-2149

Prof. Dr. Michael Stelter TU Bergakademie Freiberg, Institut für Nichteisenmetallurgie und Reinststoffe, Leipziger Straße 34, 09599 Freiberg, michael.stelter@inemet.tu-freiberg.de, Tel.: +49 3731 39-2015

Veröffentlichungen des Verbundvorhabens

[Büttner 2013] Büttner, P.: Wertstoffgewinnung aus Bergbau- und Hüttenhalden in Deutschland: das r³-Haldencluster. Präsentation auf r³-Kickoff 2013 17.–18.04.2013, Freiberg

[Büttner 2014] Büttner, P.: Wertstoffgewinnung aus Bergbau- und Hüttenhalden in Deutschland: das r³-Projekt SMSB. Präsentation auf r³-Statusseminar 2014 11.–12.06.2014, Essen

[Büttner 2015] Büttner, P.: Das r³-Haldencluster: SMSB. Präsentation auf der r³-Abschlusskonferenz 2015, 15.–16.09.2015, Bonn

[Leißner et al. 2014] Leißner, T.; Mütze, T.; Peuker, U. A. & Osbahr, I.: Extraction of valuables from tailings disposals. Präsentation auf XXVII International Mineral Processing Congress, 2014 Gecamin, Santiago (Chile), S. 8

[Leißner et al. 2015] Leißner, T.; Leistner, T.; Embrechts, M.; Michaux, B.; Osbahr, I.; Möckel, R.; Rudolph, M.; Gutzmer, J.; Peuker, U.: Aufbereitung Ehrenfriedersdorfer Spülsande – Untersuchungen zur Anwendung von Dichtetrennung und Flotationsmethoden zur Kassiteritgewinnung im Fein- und Feinstkornbereich. Präsentation auf Jahrestagung Aufbereitung und Recycling, 2015, UVR-FIA e.V. Freiberg, S. 15

[Pätzold 2015] Pätzold, C.: Bergbauhalden im Blickfeld der Rohstoffgewinnung. Vortrag zum Berg- und Hüttenmännischen Tag, Freiberg, 2015

[Greb et al. 2015] Greb, V. G.; Pätzold, C.; Bertau, M.: Chemical Leaching Of Flotation Tailings, Poster zum Symposium „Freiberger Innovationen", 2015

[Martin et al. 2015] Martin, M.; Janneck, E.; Kermer, R.; Patzig, A.; Reichel, S.: Recovery of indium from sphalerite ore and flotation tailings by bioleaching and subsequent precipitation processes. Minerals Engineering, 75, 2015, 94–99

[Uhlig et al. 2016] Uhlig, S.; Möckel, R.; Pleßow, A. (2016): „Quantitative analysis of sulfides and sulfates by WD-XRF: Capability and constraints", X-Ray Spectrometry, 45:133-137, DOI-Link: 10.1002/xrs.2679

Quellen

[Bergmann et al. 1998] Bergmann, J.; Friedel, P.; Kleeberg, R.: BGMN – A new fundamental parameters based Rietveld program for laboratory X-ray sources, its use in quantitative analysis and structure investigations. In: CPD Newletter 20. 5–8

[BMBF 2016] r+Impuls, online verfügbar: https://www.bmbf.de/foerderungen/bekanntmachung-961.html

[Doebelin & Kleeberg 2015] Doeblin, N.; Kleeberg, R.: Profex: a graphical user interface for the Rietveld refinement program BGMN. In: Journal of Applied Crystallography 48. 1573–1580

[Elsner 2014] Zinn – Angebot und Nachfrage bis 2020. DERA Rohstoffinformationen, 20

[Embrechts 2015] Embrechts, M.: Investigating the beneficiation of ultrafine mine dump material by oil-assisted flotation techniques (Unpublished master's thesis). TU Bergakademie Freiberg

[Fandrich et al. 2007] Fandrich, R.; Gu, Y.; Burrows, D.; Moeller, K.: Modern SEM-based mineral liberation analysis. In: International Journal of Mineral Processing, 84, 310 – 320

[Fleming, C.A. et al. 2010] Fleming, C. A.; Brown J. A.; Botha, M.: An economic and environmental case for re-processing gold tailings in South Africa. In: SGS Minerals, Technical Paper 2010 – 03

[Gok 2010] Gok, O.: Oxidative leaching of sulfide ores with the participation of nitrogen species – a review. In: The Journal of ORE DRESSING 2010, 12, 24, 22 – 29

[Gruner 1981] Gruner, H.: Zinn aus Haldensanden, Aufbereitung der Haldensande. Bericht zur Leistungsstufe V2. Forschungsinstitut für Aufbereitung Freiberg Dokumentnummer 40075-5, Bergarchiv Freiberg

[Gruner 1982] Gruner, H.: Zinn aus Haldensanden, Aufbereitung der Haldensande. Forschungsinstitut für Aufbereitung Freiberg, Dokumentnummer 40075-5 Nr. 191, Bergarchiv Freiberg

[Gu 2003] Gu, Y.: Automated Scanning Electron Microscope based Mineral Liberation Analysis. In: Journal of Minerals & Materials Characterization & Engineering, 2, 33 – 41

[Hiebel et al. 2015] Hiebel, M.; Nühlen, J.; Pflaum, H.; Janssen, W.: Ressourcenschonung durch Recycling – Ergebnisse einer Analyse für die Kreislaufwirtschaft. In: Thomé-Kozmiensyk, K. J.; Goldmann, D. (Hrsg.): Recycling und Rohstoffe Band 9, S. 118 – 121, TK Verlag Karl Thomé-Kozmiensky, Nietwerder

[IBUR GmbH Freiberg, 1995] IBUR GmbH Freiberg, Historische Erkundung – Spülhalde Davidschacht, unpublizierter technischer Bericht

[Kim et al. 2011] Kim, B.-S.; Lee, J.-C.; Yoon, H.-S.; Kim, S.-K.: Reduction of SnO_2 with Hydrogen. In: Materials Transactions 2011, 52, 9, 1814 – 1817

[Lorenz et al. 2015] Lorenz, T.; Golon, K.; Fröhlich, P.; Bertau, M.: Rückgewinnung Seltener Erden aus quecksilberbelasteten Leuchtstoffen mittels Feststoffchlorierung. In: Chem. Ing. Tech. 2015, 87, 10, 1373 – 1382

[Mämpel 2016] Mämpel, C.: Research on the extraction of cassiterite from tailings deposits using physicochemical separation methods (Unpublished master's thesis). TU Bergakademie Freiberg, 2016

[Michaux 2015] Michaux, B.: Mineral processing of tailings from former tin-tungsten mining (Unpublished master's thesis). TU Bergakademie Freiberg

[Raudsepp et al. 1987] Raudsepp, R.; Peters, E.; Beattie, M. J. V.: Process for recovering gold and silver from refractory ores. U.S. Patent No. 4, 647, 307, 1987

[Schippers & Sand 1999] Schippers, A.; Sand, W.: Bacterial leaching of metal sulfide proceeds by two indirect mechanisms via thiosulfate or via polysulfides and sulfur. In: Applied and Environmental Microbiology, 65, p. 319 – 321

[Uhlig et al. 2016] Uhlig S.; Möckel R.; Pleßow A.: Quantitative analysis of sulphides and sulphates by WD-XRF: Capability and constraints. X-Ray-Spectrometry. Published online. DOI 10.1002/xrs.2679

[Wolf & Stelter 2015] Wolf, R.; Stelter, M.: Gemeinsames Recycling von Flachbildschirmen und Bleigläsern. In: Chem. Ing. Tech. 2015, 87, No. 11, 1613 – 1616

24. Grenzflächen – Aufschluss von Betonen und anderen Verbundbaustoffen durch mikrowelleninduziertes Grenzflächenversagen

Adriana Weiß, Alexander Schnell, Horst-Michael Ludwig (Bauhaus-Universität Weimar)
Steffen Liebezeit, Anette Müller, Ulrich Palzer, Barbara Leydolph (Institut für Angewandte Bauforschung Weimar gGmbH, IAB)

Projektlaufzeit: 01.01.2013 bis 30.06.2016   Förderkennzeichen: 033R098

ZUSAMMENFASSUNG

Tabelle 1: Zielwertstoffe

Zielwertstoffe im r³-Projekt Grenzflächen
Mineralische Baustoffe

Beim Recycling von Verbundbaustoffen kommt es heute überwiegend zu einem Downcycling, d. h. die recycelten Materialien sind von schlechterer Qualität als die Ursprungsmaterialien. Dies gilt es zu überwinden und eine nachhaltige Kreislaufführung dieser Materialien zu erreichen. Dafür sind u. a. neue Verfahren für den Aufschluss und die Trennung dieser Materialverbünde erforderlich. Die Entwicklung neuer ressourceneffizienter Trennverfahren stand daher im r³-Projekt Grenzflächen im Fokus.

Dazu wurden Verbundbaustoffe, die aus mehreren Komponenten bestehen und mittels mineralischer Kleber zusammengefügt sind, so vorbereitet, dass sie beim Rückbau oder bei der anschließenden Aufbereitung getrennt werden können. Die Verbundbaustoffe wurden durch Zugabe mikrowellensensibler Bestandteile modifiziert und anschließend durch eine entsprechende Behandlung vor Ort (in place) bzw. in stationären Anlagen (in plant) getrennt. Entsprechende Demonstratoren wurden für beide Varianten im Rahmen des Projekts entwickelt und gebaut.

Die im Projekt untersuchten Baustoffe und Baustoffsysteme können in zwei Gruppen eingeteilt werden. Zum einen wurden Untersuchungen zum Aufschluss von Beton durchgeführt, der im Wesentlichen für konstruktiv tragende Bauteile verwendet wird. Ziel war hier, den Verbundbaustoff entlang der Phasengrenzen zwischen der Gesteinskörnung und dem mineralischen Kleber Zementstein zu zerkleinern. Zum anderen wurde die Trennung von konstruktiv nicht tragenden Schichtsystemen untersucht, wie zum Beispiel Putze oder Fliesen auf verschiedenen Untergründen.

Die Ergebnisse des Projektes zeigen, dass eine Trennung von Verbundkonstruktionen mithilfe von mikrowellenbasierten Verfahren möglich ist, wenngleich die erzielten Aufschlussgrade der Verbundbaustoffe noch nicht zufriedenstellend sind. Besonders effektiv als mikrowellensensible Bestandteile (Suszeptoren) zur Trennung von Schichtsystemen sind verschiedene Graphite. Ebenso ist es möglich, Verbundbaustoffe ohne zuvor zugegebene Suszeptoren zu trennen. Dies ist perspektivisch besonders für Betone von Bedeutung, da für Beton als wichtigstem Massenbaustoff noch immer nach Möglichkeiten gesucht wird, die Gesteinskörnung sauber vom Bindemittel Zementstein zu separieren und somit eine bestmögliche Rückführung in den Stoffkreislauf zu erreichen, eine Suszeptorzugabe bei einem Massenbaustoff wie Beton jedoch aus wirtschaftlichen und technischen Gründen als problematisch angesehen werden muss.

Neben dem Einsatz zur Trennung von Baustoffen aus dem Bauwerksabbruch könnten mikrowellenbasierte Verfahren insbesondere für Um- und Ausbaumaßnahmen und für die Sanierung von Bauwerken von Bedeutung sein.

1. EINLEITUNG

Bauwerke bestehen aus Baustoffen, die zu funktionalen Materialverbunden zusammengefügt und zusätzlich mit verschiedensten „Oberflächenbeschichtungen" versehen sind. Im Sinne der Wiederverwertung wäre es wünschenswert, diese Verbunde entweder bereits beim Rückbau oder bei der anschließenden Aufbereitung in Recyclinganlagen durch geeignete Verfahren vollständig aufzuschließen und sortenrein voneinander zu trennen. Dies ist Voraussetzung für eine stoffspezifische Verwertung bis hin zur Rückführung des Materials in das Primärprodukt. Die wichtigste herkömmliche Methode zum Aufschluss von Verbundbaustoffen ist die mechanische Zerkleinerung, für die vor allem Backen- und Prallbrecher verwendet werden. Ein Nachteil dabei ist, dass keine vollständige Trennung von Verbundmaterialien erreicht wird, insbesondere wenn die Komponenten des Verbundes aufgrund vergleichbarer Materialeigenschaften (z. B. Dichte, Festigkeit) einen ähnlichen Zerkleinerungswiderstand aufweisen. Ein weiterer Nachteil ist die Entstehung erheblicher Mengen an Feinkorn, für die es zurzeit kaum Verwertungsmöglichkeiten gibt. Um einen hohen Aufschluss möglichst ohne störende Feinfraktion zu erreichen, können alternativ die Materialverbunde durch ein Versagen entlang der Grenzflächen gezielt getrennt werden. Die Entwicklung solcher Verfahren ist aus der Klebetechnik unter dem Begriff „Debonding on Demand" bekannt [Langkabel 2009, Leijonmarck 2010]. Wieder lösbare Klebverbindungen sind bisher hauptsächlich für den Automobil- und Flugzeugbau oder für elektronische Bauelemente konzipiert. Für Verbundbaustoffe ist das eine bis heute wenig untersuchte Fragestellung mit großem Innovationspotenzial. Zum einen müssen dafür Beanspruchungen gefunden werden, die exakt an der Grenzfläche wirken. Zum anderen ist ggf. eine „Präparation" der Grenzfläche notwendig, um die Beanspruchungen besonders hier wirksam werden zu lassen. Eine Möglichkeit hierfür stellt das Einwirken von Mikrowellen dar. Durch das Einbringen von Substanzen, die Mikrowellen absorbieren (= Suszeptoren), könnte eine gezielte Schwächung des Baustoffverbundes bei Mikrowellenbeaufschlagung erreicht werden.

Untersuchungen zum Einsatz von Mikrowellenverfahren zum Abtrag von Betonschichten wurden bereits 1988 in der Fachliteratur beschrieben. In Japan untersuchten [Yasunaka 1988] und [Kakikazi 1988] den Abtrag kontaminierter Oberflächenschichten von Beton. Durch die Mikrowellenbehandlung bildet sich in den Poren des Betons Wasserdampf, woraus Zugspannungen resultieren, die eine Schädigung des Betongefüges bis hin zu Abplatzungen bewirken. Auch wurden Oberflächen von Gesteinskörnungen für die Herstellung von Beton mit einem dielektrischen Material beschichtet, sodass es bei einer Mikrowellenbehandlung genau an dieser Stelle zu einer Wärmeentwicklung kommt, die eine Trennung des Verbundes bewirkt [Noguchi 2009]. Es wird von einer Entfestigung von Beton und einem verbesserten Aufschlussgrad bei der mechanischen Zerkleinerung nach vorheriger Mikrowellenbehandlung berichtet [Lippiat 2013]. In der Literatur werden verschiedene Arten des Versagens, die bei der Behandlung von Gesteinen oder Betonen in der Mikrowelle wirken, beschrieben [Buttress 2015, Meisels 2015]. Einerseits kommt es zu einer inhomogenen Erwärmung zwischen Kern und Materialoberfläche und zusätzlich zwischen Bestandteilen mit unterschiedlichen dielektrischen Eigenschaften. Andererseits kann die Erwärmung zu Zersetzungsprozessen im Probeninneren führen, bei denen Gase – vorzugsweise Wasserdampf, aber auch Kohlendioxid – entstehen. Die Temperaturdifferenzen können als Maß für die inhomogene Erwärmung, die bei einer Mikrowellenbehandlung typischerweise auftritt [Kingman 2004], angesehen werden. Im Fall der Entstehung gasförmiger Zersetzungsprodukte wirken diese nur dann zerstörend, wenn ein dichtes Gefüge vorliegt, aus dem das Gas nicht entweichen kann. Beide Vorgänge verursachen Spannungen, die zu einem Versagen führen können.

2. VORGEHENSWEISE

Im r³-Projekt wurde die Trennung von Baustoffverbunden durch mikrowelleninduziertes Grenzflächenversagen unter zwei Aspekten verfolgt und untersucht:
- Aufschluss von Betonen durch eine Zerkleinerung entlang der Phasengrenzflächen Gesteinskörnungen – Zementstein,
- Trennung von mehrschichtigen Baukonstruktionen wie Putzen oder Fliesen, die auf verschiedenen Baustoffen aufgebracht sind.

Parallel zu den Untersuchungen hinsichtlich einer ggf. erforderlichen Präparation der Grenzflächen wurden von den beteiligten Projektpartnern zwei „Mikrowellenöfen", sowohl als mobile als auch als stationäre Anlage entwickelt, die eine Behandlung der Verbundbaustoffe „in plant", d. h. in der Recyclinganlage, oder „in place", d. h. auf der Baustelle, ermöglichen.

2.1 Trennung von Betonen

Im Rahmen des Projektes wurden Gesteinskörnungen im Beton und Mörtel mit Suszeptoren beschichtet bzw. die Suszeptoren direkt in die Zementsteinmatrix eingebracht und das Verhalten unter Mikrowellenbelastung untersucht. Da es vor allem aus wirtschaftlicher Sicht günstiger wäre, bei einem Massenbaustoff wie Beton auf den Einsatz von Suszeptoren zu verzichten und gleichzeitig auch heute bereits verbaute Betone betrachtet werden sollten, wurde auch das Verhalten suszeptorfreier Betone bei Mikrowellenbeanspruchung in die Forschungen einbezogen.

Die Mikrowellenerwärmung basiert einerseits auf verlustbehafteten Polarisationsvorgängen in den Materialien (Suszeptoren), welche durch Wechselwirkung des elektrischen Feldes mit freien oder gebundenen Ladungsträgern entstehen. Andererseits sind Wechselwirkungen des magnetischen Feldes mit vorhandenen magnetischen Dipolmomenten verantwortlich für die Mikrowellenerwärmung. Abhängig vom molekularen Aufbau eines Werkstoffs kann dieser über seine polare Struktur, seine elektrische Leitfähigkeit oder magnetisches Dipolmoment Mikrowellen absorbieren. Die thermischen und dielektrischen Eigenschaften von Beton ändern sich mit der Zusammensetzung und den Mischungsverhältnissen, dem Wassergehalt, der Mikrowellenfrequenz und der Temperatur. Schwerpunkt der Untersuchungen ist daher die Auswahl geeigneter Suszeptoren und Rezepturen für Betone. In verschiedenen Experimenten wurden Temperaturentwicklungen und die daraus resultierenden Effekte untersucht und somit der notwendige Energieeintrag bestimmt. Dazu dienten sowohl Betonwürfel als auch Mörtel- und Zementleimprismen als Versuchskörper.

Zur Untersuchung der Wirkung von Suszeptoren als Bestandteil der Zementsteinmatrix wurden Betonwürfel (Bild 1) als Versuchsmuster hergestellt. Die Festlegung der Betonrezepturen erfolgte unter Berücksichtigung der geltenden bautechnischen Vorschriften. Für alle hergestellten Betone gelten die gleichen Parameter, lediglich die Art des Suszeptors und dessen Konzentration (5 Ma.-%, 10 Ma.-%, 15 Ma.-%, bezogen auf den Zementgehalt) wurde variiert. Es wurden Eisen(II, III)-Oxid, Magnetit, Siliciumcarbid und die Graphite GK ES 350 F5 und GK SC 20 O (Leitfähigkeitsgraphit) als Suszeptoren eingesetzt, außerdem wurde zum Vergleich ein Referenzbeton ohne Suszeptor hergestellt. In Tabelle 2 sind die Bezeichnungen der Betone mit unterschiedlichen Suszeptorgehalten aufgeführt.

Tabelle 2: Bezeichnung der Betone mit unterschiedlichen Suszeptorgehalten

M1	ohne Susz. (Referenzbeton)
M2	5 Ma.-% SiC
M3	10 Ma.-% SiC
M4	15 Ma.-% SiC
M5	5 Ma.-% Fe_3O_4
M6	10 Ma.-% Fe_3O_4
M7	15 Ma.-% Fe_3O_4
M8	5 Ma.-% GK ES 350 F5
M9	10 Ma.-% GK ES 350 F5
M10	15 Ma.-% GK ES 350 F5
M11	5 Ma.-% GK SC 20 O

Bild 1: Betonwürfel 15 cm x 15 cm mit unterschiedlichen Suszeptorgehalten (Foto: Weiß 2016)

Für die Untersuchungen zur mikrowelleninduzierten Erwärmung wurden Zementleimprismen (4 cm x 4 cm x 16 cm) mit folgenden Suszeptoren hergestellt:
- 2 / 5 / 10   Ma.-% bez. auf Zementgehalt   GK FP 85/90
- 2 / 5   Ma.-% bez. auf Zementgehalt   GK SC 20 OS
- 2 / 5 / 10   Ma.-% bez. auf Zementgehalt   SiC

Die Versuche wurden mit einer handelsüblichen Labormikrowelle durchgeführt. Zur Kontrolle wurde gleichzeitig die Leistungsabnahme der Mikrowelle erfasst. Die Probekörper wurden insgesamt 20 Minuten lang in der Mikrowelle behandelt. Dabei wurden die Temperaturen mittels Pyrometer zwischen verschiedenen Belastungsintervallen bestimmt. Es wurde sowohl die Maximaltemperatur als auch die mittlere Temperatur durch mehrfache Abtastung erfasst. Ebenso wurde der Gesamtmasseverlust der Prismen durch Einwaage vor und nach der Behandlung bestimmt.

Der Einfluss der Feuchte des Betons (ohne einen zusätzlichen Suszeptor) bei der Mikrowellenbehandlung wurde an sieben verschiedenen Altbetonen untersucht. Die Altbetone von einem lokalen Recyclingunternehmen wurden mittels Backenbrecher zerkleinert. Um verschiedene Feuchtegehalte zu differenzieren, wurden Probestücke aller Altbetone sowohl 24 Stunden unter Wasser gelagert, 48 Stunden im Ofen getrocknet, nur oberflächlich befeuchtet sowie bei normaler Umgebungsfeuchte gelagert und anschließend in der Mikrowelle behandelt.

Um den erreichbaren Aufschlussgrad zu verbessern, wurden auch Betone mit suszeptorbeschichteten Gesteinskörnungen untersucht. Für die Beschichtung wurden zwei verschiedene Dispersionen aus Graphit SC20OS und ES350F5 hergestellt und unmittelbar auf der Partikeloberfläche der Gesteinskörnung aufgebracht. Anschließend wurden die Betone mittels Mikrowelle behandelt. Dabei wurde gleichzeitig die Temperatur mit einer Wärmebildkamera erfasst.

2.2 Trennung von mehrschichtigen Baukonstruktionen

Aus der Literatur ist bekannt, dass Gipsbaustoffe und Fliesen mikrowellentransparent sind [Pejman 2009]. Die Möglichkeit, dass die Ausbaustoffe selbst an die Mikrowelle ankoppeln und durch die resultierende Erwärmung entfestigt werden, besteht also nicht. Vielmehr sind zusätzliche, mikrowellenaktive Additive in oder auf die Ausbaustoffe zu applizieren, um die angestrebte Trennung zu erreichen. Dafür wurden verschiedene Konzepte entwickelt:

Für Gipsputze besteht die Option, sie durch die Zugabe von Suszeptoren als mikrowellenaktive Additive so zu verändern, dass ihr Ankopplungsverhalten verbessert wird (Bild 2, Variante 1). So kann sich der Gipsputz selbst erwärmen und chemisch umwandeln. Dadurch wird er entfestigt und ist anschließend leicht mechanisch abzutragen. Die Trennung kann alternativ an einer zusätzlich eingebrachten „Schaltschicht" erfolgen, die sich zwischen dem Gipsputz und dem Untergrund befindet (Bild 2, Variante 2). Diese Schaltschicht muss Suszeptoren enthalten, damit die Mikrowellenabsorption und die Erwärmung genau an der Grenzfläche zwischen Putz und Untergrund eintreten. Die resultierenden thermischen Spannungen müssen die Haftkräfte übersteigen, um die Trennung zu erreichen.

Für Fliesen bestehen drei Möglichkeiten der Applikation: Das Einbringen der Suszeptoren direkt in den Fliesenkleber oder der Auftrag zusätzlicher Schaltschichten entweder direkt auf den Untergrund, der aus verschiedenen Baustoffen bestehen kann, oder auf die Rückseite der Fliesen. Die Untersuchungen konzentrierten sich hier auf das Aufbringen von Schaltschichten gemäß der in Bild 2, Variante 3 dargestellten Anordnung. Unabhängig vom jeweiligen Konzept dürfen die Eigenschaften der Ausbaustoffe und der Verbunde nicht signifikant verändert werden. Die Erwärmung der tragenden bzw. der den Untergrund bildenden Baustoffe selbst sollte möglichst gering sein.

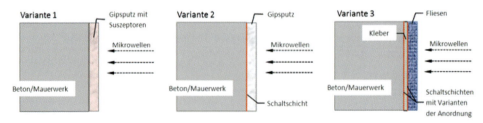

Bild 2: Modellvorstellungen zur Trennung mehrschichtiger Baukonstruktionen (Quelle: IAB)

Um die Realisierbarkeit der Modellvorstellungen zu überprüfen, wurden die Reaktionen von Additiven, handelsüblichen Mörteln, Putzen sowie weiteren Aus- und Massivbaustoffen auf eine Mikrowellenbestrahlung untersucht. Zunächst wurde das Ankopplungsverhalten aus der Literatur bekannter bzw. aus eigenen Beobachtungen vermuteter Suszeptoren geprüft. Untersuchungen an handelsüblichen Fugenmörteln und Fliesenklebern sowie an unterschiedlichen Baustoffen wie Beton, Ziegel und mineralisch gebundenen Wandbaustoffen sowie Natursteinen schlossen sich an. Auf der Grundlage der erzielten Ergebnisse wurden Versuchsmuster aus tragenden, mit Gipsputzen oder Fliesen versehenen Baustoffen hergestellt. Die Kontaktflächen zwischen diesen Materialien wurden so ausgeführt, dass nach den Ergebnissen der Untersuchungen an den Suszeptoren eine Trennung zu erwarten war. Die Bewertung des Ankopplungsverhaltens erfolgte indirekt anhand der Entwicklung der Oberflächentemperatur. Dazu wurden Probekörper mit identischen Abmessungen 40 mm x 40 mm x 160 mm angefertigt und in einer Labormikrowelle mit einer Leistung von 1.350 Watt für insgesamt 20 Minuten in statischer Lagerung behandelt.

3. ERGEBNISSE UND DISKUSSION

3.1 Trennung von Betonen

Die Untersuchungen zur Trennung von Betonen ergaben, dass bis zu einer Zugabemenge von 10 Ma.-% Suszeptor bezogen auf den Bindemittelgehalt im Beton alle untersuchten Suszeptoren unkritisch in Bezug auf die Festigkeit der Betone sind. Die Mikrowellenbehandlung der Betonwürfel wurde nach einer Erhärtungsdauer von mindestens 28 Tagen durchgeführt. Die besten Zerkleinerungsergebnisse der untersuchten Betonwürfel nach der Mikrowellenbehandlung liegen schon bei 5 Ma.-% Suszeptor vor. Leider konnten jedoch in Bezug auf den Aufschlussgrad nur wenige völlig zementsteinfreie Partikel erzeugt werden, was einen Idealfall für den Aufschlussgrad darstellen würde. Eine der möglichen Ursachen kann darin bestehen, dass der Suszeptor dem Bindemittel zugegeben wurde und dort seine Wirkung entfaltete. Auch der Referenzbeton ohne Suszeptor wurde durch die Mikrowellenbehandlung zerstört. Hierfür ist das im Beton vorhandene freie Wasser bzw. das Kapillarwasser verantwortlich. In Bild 3 sind exemplarisch die Zerkleinerungsergebnisse nach erfolgter Mikrowellenbehandlung dargestellt.

Bild 3: Zerkleinerungsgut der Betonwürfel nach der Mikrowellenbehandlung (Foto: Weiß 2016)

Bild 4: Zementleimprisma mit 10 Ma.-% SiC nach der Mikrowellenbehandlung mit Reduktionskern im Inneren und vollständig zersetztem Baustoff (Foto: Weiß 2016)

Die Untersuchungen an Mörtelprismen zur mikrowelleninduzierten Erwärmung ergaben, dass alle untersuchten Probekörper auf Temperaturen zwischen 400 °C und 500 °C erwärmt werden konnten. Die Prismen mit 5 Ma.-% und 10 Ma.-% SiC erreichten nach ca. 20 min eine Temperatur zwischen 830 °C und 880 °C. Hier kam es sogar zur Bildung einer Schmelze im Kern der Prismen (Bild 4).

Die Art des Suszeptors hatte allerdings nur geringen Einfluss auf die Erwärmung. Eine mögliche Erklärung hierfür ist wiederum die Ankopplung der Mikrowellen an freiem Wasser bzw. sind Effekte, die bei Kombination des freien Wassers mit dem Suszeptor auftreten könnten. Die Untersuchungen zum Einfluss des Feuchtegehalts im Beton auf die Mikrowellensensibilität ergaben zum Teil widersprüchliche Ergebnisse. Während drei Altbetone selbst nach 24 Stunden Wasseraufnahme nicht auf die Mikrowellenbehandlung reagierten, waren bei vier in normaler Umgebungsfeuchte gelagerten Altbetonen deutliche Absprengungen erkenn- und hörbar. Die oberflächliche Befeuchtung vor der Mikrowellenbehandlung führte nur bei zwei Altbetonen zu signifikanten Reaktionen. Hier könnte Wasser bei der Befeuchtung in tiefere Poren gelangt sein. Alle Altbetone, die 48 Stunden ofengetrocknet wurden und somit als trocken bezeichnet werden können, zeigten wie erwartet keinerlei sicht- und hörbare Reaktionen auf die Mikrowellenbehandlung.

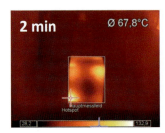  

Bild 5: Betonwürfel mit beschichteter Gesteinskörnung mit Graphit ES350F5 nach 2 und 10 min Mikrowellenbehandlung (Foto: Weiß 2016)

Auch für den Fall der Betone mit suszeptorbeschichteten Gesteinskörnungen hat die Art des Suszeptors offensichtlich nur einen geringen Einfluss auf die Erwärmung. Bei den Betonwürfeln mit Graphit ES350F5 beschichteter Gesteinskörnung (Bild 5) wurden bereits nach 10 min Schäden durch die Mikrowellenbehandlung beobachtet. Bei den Betonen mit Graphit SC 20 OS als Beschichtung auf der Gesteinskörnung waren dagegen selbst nach 20 min nur geringe Schäden festzustellen.

3.2 Trennung von mehrschichtigen Baukonstruktionen

Bei den untersuchten Materialien gibt es erhebliche Unterschiede im Verhalten bei Mikrowellenbehandlung. Die Hartbrandziegel, der Basalt und der Granit erwärmen sich stark, wohingegen sich Weichbrandziegel, Kalksandstein, Porenbeton, Betone mit Ausnahme des haufwerksporigen Betons, Fliesen und Terrakotta sowie die beiden untersuchten Sandsteine nur wenig erwärmen (Bild 6). Parallel dazu sind die Differenzen zwischen der maximalen und der mittleren gemessenen Oberflächentemperatur (Bild 7) bei den sich stark erwärmenden Baustoffen deutlich höher als bei den sich wenig erwärmenden Materialien.

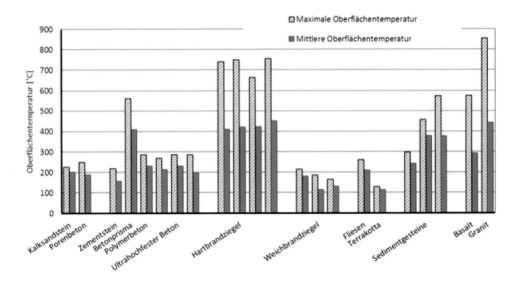

Bild 6: Übersicht zur Erwärmung verschiedener Baustoffe bei Mikrowellenbehandlung (Sedimentgesteine: kieselig gebundener Sandstein, kalkgebundener Sandstein, Kalkstein/Muschelkalk) (Quelle: IAB)

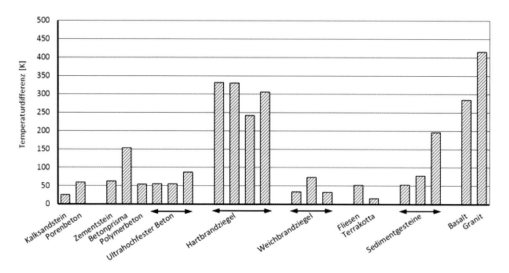

Bild 7: Differenzen zwischen der maximalen und der mittleren Oberflächentemperatur der Materialien bei Mikrowellenbehandlung (Quelle: IAB)

Bei den Hartbrandziegeln, dem Basalt und dem Granit könnte eine inhomogene Erwärmung [Kingman 2004] die Ursache für das Versagen sein, da bei diesen Materialien eine Rissbildung auftrat. Zusätzlich war in einigen Fällen eine vollständige Schmelzphasenbildung im Kern der Baustoffe zu beobachten, in deren Folge sich ein Hohlraum bildete. Der Kalkstein ist ein Beispiel für die Entstehung gasförmiger Zersetzungsprodukte. Bei maximalen Oberflächentemperaturen von 570 °C können im Probeninneren durchaus Temperaturen um 700 °C vorliegen, sodass die Zersetzung von Calcit beginnt. Die beobachtete Rissbildung deutet auf diesen Schadensmechanismus hin. Der gemessene Masseverlust ist allerdings vergleichsweise gering. Weitere Beispiele sind der Zementstein und die Betone, bei denen infolge der Erwärmung ein Teil des chemisch gebundenen Wassers freigesetzt wird. Bei den sehr dichten, ultrahochfesten Betonen führt das zu einem explosiven Versagen, weil der Wasserdampf nicht entweichen kann. Dagegen bieten der Zementstein und der Beton aus der Gehwegplatte aufgrund ihrer hohen Porosität ausreichend Ausweichmöglichkeiten für den Wasserdampf.

Die Entfernung von Gipsputz von einem tragenden Untergrund ist nach den vorliegenden Ergebnissen vergleichsweise einfach möglich, wenn der Gipsputz selbst durch die Zugabe eines Suszeptors modifiziert wird (Bild 2, Variante 1). Dies könnte für die zukünftige Recyclingfähigkeit des Baustoffes eine sinnvolle Behandlung sein. Beim Einsatz der schwarzen Graphite als Additive tritt jedoch eine starke Überfärbung des weißen Putzes auf. Da es derzeit keine Alternative zu Graphit gibt, ist fraglich, ob graue bis schwarze Gipsputze von den Gipsherstellern bzw. Endanwendern toleriert würden.

Die zweite Variante für die Abtrennung eines Gipsputzes stellt das Aufbringen einer separaten Schaltschicht (zwischen Putz und Untergrund) dar, welche die Aufgabe einer Sollbruchstelle bei einer Mikrowellenbeanspruchung übernimmt. Bei dieser Variante wird die Farbe des

Gipsputzes nicht verändert. Für alle untersuchten Probekörper konnte ein Trennerfolg nachgewiesen werden. Nur geringe Mengen Gipsputz von höchstens 20 % verblieben auf dem Untergrund und konnten durch eine nochmalige Behandlung ebenfalls abgetrennt werden. Die Behandlungsdauer für die vollständige Abtrennung betrug im Mittel 100 Sekunden für den Gips-Hochlochziegel-Probekörper und 660 Sekunden für den Gips-Beton-Probekörper. Die Ursachen dieser Differenzen könnten neben unterschiedlichen Haftzugfestigkeiten der Verbunde auch in der differenten Absorption der eingestrahlten Energie durch die Wandbaustoffe selbst liegen.

Die Untersuchungen ergaben, dass Fliesen erfolgreich abgetrennt werden können, unabhängig davon, ob sich die Schaltschicht mit Suszeptor direkt auf dem Baustoff oder auf der Fliese befand. Es wurde eine vollständige und „glatte" Trennung, akustisch deutlich wahrnehmbar, erzielt. Die notwendige Behandlungsdauer lag zwischen 62 und 76 Sekunden. Bei den Referenzprobekörpern ohne Suszeptorzugabe und Schaltschicht war ein Abtrennen der Fliesen wie erwartet nicht möglich.

Bild 8: Probekörper mit Gipsputz vor (oben) und nach der Mikrowellenbehandlung (unten) (Foto: IAB)

Bild 9: Probekörper mit Fliesen vor und nach der Mikrowellenbehandlung (Foto: IAB)

4. AUSBLICK

Materialverbunde, eine wesentliche Grundlage für innovative Werkstoffe, können das Recycling von Bau- und Abbruchabfällen erschweren. In experimentellen Untersuchungen sollte deshalb überprüft werden, inwieweit eine Mikrowellenbehandlung geeignet ist, diese Verbundmaterialien effektiv zu trennen. So könnte in Zukunft die Ressourceneffizienz beim Baustoffrecycling verbessert werden. Im Rahmen des Verbundprojektes konnten zwei Demonstratoren für die Anwendung in place sowie in plant entwickelt, gebaut und getestet werden. Dies stellt einen ersten Schritt für den Transfer dieser für die Trennung von Verbundbaustoffen neuen Technologie in die Praxis dar.

Der Aufschluss von Betonen mittels Mikrowellen durch die Erzeugung hoher thermischer Spannungen stellt prinzipiell eine technologische Möglichkeit zur Trennung von Verbundbaustoffen dar. Jedoch konnten bei den durchgeführten Untersuchungen in Bezug auf den Aufschlussgrad nur unbefriedigende Ergebnisse erreicht werden. Weitere Untersuchungen sind hier notwendig, um technisch verbesserte und vor allem wirtschaftlich interessante Aufschlussgrade erzielen zu können.

Als Untersuchungsgegenstand für Schichtsysteme wurden auf Betonen oder Wandbaustoffen aufgetragene Gipsputze und Fliesen gewählt. Eine zwischen den tragenden Baustoffen und den Ausbaustoffen angeordnete Schaltschicht absorbiert die Mikrowellen und wird dadurch erwärmt. Bei allen so präparierten Versuchsmustern konnte der Ausbaustoff durch eine Mikrowellenbehandlung vom Untergrund getrennt werden. Bei Versuchsmustern ohne Schaltschicht wurde keine Trennung erreicht. Daher ist für eine mögliche zukünftige Applikation der Mikrowellentrennung für Schichtsysteme davon auszugehen, dass Suszeptoren eingebracht werden müssen. Untersuchungen in einer In-plant-Demonstratoranlage bestätigten die Laborergebnisse in vollem Umfang. Der Gipsputz löste sich in groben Bruchstücken von den Wandbaustoffen, die selbst unbeschädigt blieben, ab. Die Fliesen verloren ebenfalls die Haftung zum Untergrund und wurden nur noch vom Fugenmörtel in ihrer Position gehalten. Die Fliesenuntergründe blieben ebenfalls unbeschädigt.

Aus technologischer und wirtschaftlicher Sicht erscheint derzeit die Anwendung der Mikrowellentechnik zur Trennung von nichttragenden, mit Suszeptoren versehenen Schichtsystemen wie Fliesen und Putzen vielversprechender als der Einsatz zur Trennung von Betonen. Es konnte jedoch festgestellt werden, dass sich auch einige Betone ohne speziell zugegebene Suszeptoren durch Mikrowellenbehandlung trennen bzw. zerstören lassen. Als zukünftige Forschungsaufgaben müssen weitere Rezepturen für die Schaltschicht entwickelt und der In-place-Demonstrator, der sich für den direkten Einsatz in Gebäuden eignet, optimiert werden. Ebenso gilt es, vor allem für Gipsputze geeignete helle bzw. zum Putz selbst farbneutrale Suszeptoren zu finden oder zu entwickeln, um damit das Problem der Grau- bzw. Schwarzfärbung durch die verwendeten Graphite in diesem Bereich zu vermeiden und schließlich Hemmnisse für eine Überführung in die Praxis zu überwinden.

Liste der Ansprechpartner aller Vorhabenspartner

Prof. Dr.-Ing. Horst-Michael Ludwig Bauhaus-Universität Weimar, F. A. Finger-Institut für Baustoffkunde, Coudraystraße 11, 99421 Weimar, horst-michael.ludwig@uni-weimar.de, Tel.: +49 3643 58-4761

Adriana Weiß Bauhaus-Universität Weimar, F. A. Finger-Institut für Baustoffkunde, Coudraystraße 7, 99423 Weimar, adriana.weiss@uni-weimar.de, Tel.: +49 3643 58-4698

Alexander Schnell Bauhaus-Universität Weimar, F. A. Finger-Institut für Baustoffkunde, Coudraystraße 7, 99423 Weimar, alexander.schnell@uni-weimar.de, Tel.: +49 3643 58-4698

Dr.-Ing. Ulrich Palzer IAB – Institut für Angewandte Bauforschung Weimar gGmbH, Über der Nonnenwiese 1, 99428 Weimar, kontakt@iab-weimar.de, Tel.: +49 3643 8684-0

Dr.-Ing. Barbara Leydolph IAB – Institut für Angewandte Bauforschung Weimar gGmbH, Über der Nonnenwiese 1, 99428 Weimar, b.leydolph@iab-weimar.de, Tel.: +49 3643 8684-145

Prof. Dr.-Ing. habil. Anette Müller IAB – Institut für Angewandte Bauforschung Weimar gGmbH, Über der Nonnenwiese 1, 99428 Weimar, a.mueller@iab-weimar.de, Tel.: +49 3643 8684-162

Steffen Liebezeit IAB – Institut für Angewandte Bauforschung Weimar gGmbH, Über der Nonnenwiese 1, 99428 Weimar, s.liebezeit@iab-weimar.de, Tel.: +49 3643 8684-129

Dr. Rudolf Emmerich ICT Fraunhofer-Institut für Chemische Technologie, Joseph-von-Fraunhofer-Straße 7, 76327 Pfinztal, rudolf.emmerich@ict.fraunhofer.de, Tel.: +49 721 4640-460

Dr. Dieter Marz Baumit GmbH, Reckenberg 12, 87541 Bad Hindelang, dieter.marz@baumit.de, Tel.: +49 8324 921-405

Dr. Robert Feher GK Graphit Kropfmühl GmbH, Langheinrichstraße 1, 94051 Hauzenberg, r.feher@gk-graphite.com, Tel.: +49 8586 609-14

Dr.-Ing. Markus Reichmann MUEGGE GmbH, Hochstraße 4 – 6, 64385 Reichelsheim, markus.reichmann@muegge.de, Tel.: +49 6164 9307-63

Joachim Schneider MUEGGE GmbH, Hochstraße 4 – 6, 64385 Reichelsheim, joachim.schneider@muegge.de, Tel.: +49 6164 9307-66

Veröffentlichungen des Verbundvorhabens

[Liebezeit 2016] Liebezeit, S.: Selektiver Rückbau von Gipsputz durch mikrowelleninduziertes Grenzflächenversagen. Vortrag Fachtagung Recycling R16, 19. – 20.09.2016, Bauhaus-Universität Weimar

[Liebezeit et al. 2016] Liebezeit, S.; Müller, A.; Leydolph, B.; Palzer, U.: Aufschluss von Betonen und anderen Verbundbaustoffen durch mikrowelleninduziertes Grenzflächenversagen. Vortrag Konferenz Mineralische Nebenprodukte und Abfälle Professor Dr.-Ing. habil. Dr. h. c. Karl J. Thomé-Kozmiensky, 20./21.06.2016, Berlin

[Liebezeit et al. 2016] Liebezeit, S.; Müller, A.; Leydolph, B.; Palzer, U.: Aufschluss von Betonen und anderen Verbundbaustoffen durch mikrowelleninduziertes Grenzflächenversagen. Vortrag 4. Symposium „Rohstoffeffizienz und Rohstoffinnovationen" Fraunhofer ICT und TH Nürnberg, 17. – 18.02.2016; Tutzing

[Liebezeit et al. 2014] Liebezeit, S.; Müller, A.; Leydolph, B.; Palzer, U.: Aufschluss von Betonen und anderen Verbundbaustoffen durch mikrowelleninduziertes Grenzflächenversagen. Vortrag Jahrestagung Aufbereitung und Recycling, Gesellschaft für Verfahrenstechnik UVR-FIA e.V. Freiberg, 12.–13.11.2014, Freiberg

[Weiß 2016] Weiß, A.: Aufschluss von Betonen durch mikrowelleninduziertes Grenzflächenversagen. Vortrag Tongji-Universität Shanghai, 23.06.2016

[Weiß und Ludwig 2016] Weiß, A.; Ludwig, H.-M.: Aufschluss von Betonen und anderen Verbundbaustoffen durch mikrowelleninduziertes Grenzflächenversagen. Poster zum 6. Wissenschaftskongress Abfall- und Ressourcenwirtschaft, 10./11.03.2016, Technische Universität Berlin

[Weiß und Ludwig 2016] Weiß, A.; Ludwig, H.-M.: Aufschluss von Betonen und anderen Verbundbaustoffen durch mikrowelleninduziertes Grenzflächenversagen. Vortrag auf Berliner Recycling- und Rohstoffkonferenz, 07./08.03.2016, Berlin

[Weiß und Ludwig 2015] Weiß, A.; Ludwig, H.-M.: Aufschluss von Betonen und anderen Verbundbaustoffen durch mikrowelleninduziertes Grenzflächenversagen. Vortrag 19. Internationalen Baustofftagung ibausil, F.A. Finger-Institut für Baustoffkunde, Bauhaus-Universität Weimar, Band 2, S. 251 – 258, Weimar

[Weiß und Ludwig 2015] Weiß, A.; Ludwig, H.-M.: Aufschluss von Betonen und anderen Verbundbaustoffen durch mikrowelleninduziertes Grenzflächenversagen. Vortrag und Poster auf r^3 Abschlusskonferenz „Die Zukunftsstadt als Rohstoffquelle – Urban Mining" 15.–16.09.2015, Bonn

[Weiß und Ludwig 2014] Weiß, A.; Ludwig, H.-M.: Aufschluss von Betonen und anderen Verbundbaustoffen durch mikrowelleninduziertes Grenzflächenversagen. Poster Jahrestagung Aufbereitung und Recycling, Gesellschaft für Verfahrenstechnik UVR-FIA e.V. Freiberg, 12.–13.11.2014, Freiberg

[Weiß und Ludwig 2014] Weiß, A.; Ludwig, H.-M.: Aufschluss von Betonen und anderen Verbundbaustoffen durch mikrowelleninduziertes Grenzflächenversagen. Vortrag auf URBAN MINING Kongress & r^3-Statusseminar „Strategische Metalle. Innovative Ressourcentechnologien" 11.–12.06.2014, Essen

[Weiß et al. 2014] Weiß, A.; Liebezeit, S.; Müller, A.; Ludwig, H.-M.: Aufschluss von Betonen und anderen Verbundbaustoffen durch mikrowelleninduziertes Grenzflächenversagen. Vortrag auf 3. Symposium „Rohstoffeffizienz und Rohstoffinnovationen" 05.–06.02.2014, Nürnberg

[Weiß et al. 2013] Weiß, A.; Müller A.; Ludwig H.-M.: Aufschluss von Verbundbaustoffen durch mikrowelleninduziertes Grenzflächenversagen. Vortrag Fachtagung Recycling R`13, 19.–20.09.2013, Bauhaus-Universität Weimar, Weimar

[Weiß et al. 2013] Weiß, A.; Müller A.; Ludwig H.-M.: Aufschluss von Verbundbaustoffen durch mikrowelleninduziertes Grenzflächenversagen. Vortrag auf r^3-Kickoff 17.–18.04.2013, Helmholtz-Institut Freiberg für Ressourcentechnologie, Freiberg

[Weiß et al. 2012] Weiß, A.; Müller, A.; Ludwig, H.-M.: Aufschluss von Verbundbaustoffen durch mikrowelleninduziertes Grenzflächenversagen. Tagungsband der 18. Internationalen Baustofftagung ibausil, F.A. Finger-Institut für Baustoffkunde, Bauhaus-Universität Weimar, Band 2, S. 1287 – 1294, Weimar

Quellen

[Akbarnezhad 2010] Akbarnezhad, A.: Microwave Assisted Production of Aggregates from Demolition Debris, Dissertation 2010, National University of Singapore, Singapore

[Buttress et al. 2015] Buttress, A.; Jones, A.; Kingman, S.: Microwave processing of cement and concrete materials – towards an industrial reality (2015). In: Cement and Concrete Research 68, pp. 112 – 123

[Langkabel et al. 2009] Langkabel, E.; Schneider, J.; Proske, N.; Concord, A.; Wachinger, G.; Schmolke, B.; Milstrey, M.; Schumacher E.: Debonding on Demand. Bericht zum Verbundvorhaben. Förderkennzeichen PB 2090, Fraunhofer PYCO, Teltow, 2009

[DIN-Norm 2001] DIN EN 206-1/DIN 1045-2, Stand Juli 2001, Beton – Festlegung, Eigenschaften, Herstellung und Konformität; online verfügbar http://www.holcim.de/fileadmin/templates/DE/doc/2013/HDAG_Beton_nach_DIN_DIN_1045.pdf

[Kakikazi und Harada 1988] Kakikazi, M.; Harada, M.: Study of a method for crushing concrete with microwave energy. In: Demolition and Reuse of Concrete and Masonry, Chapman & Hall, London, 1988, S. 290 – 299

[Kingman et al. 2004] Kingman, S. W.; Jackson, K.; Bradshaw, S. M.; Rowson, N. A.; Greenwood, R.: An inverstigation into the influence of microwave treatment on mineral ore comminution. In: Powder Technology 146 (2004), pp. 176 – 184

[Leijonmarck 2010] Leijonmarck, S.: Electrically Induced Adhesive Debonding. Licentiate Thesis. Kungliga Tekniska Högskolan, Stockholm, 2010

[Lippiat 2013] Lippiat, N.: Investigation of fracture porosity as the basis for developing a concrete recycling process using microwave heating. Thesis, Université de Toulouse, Institut National Polytechnique de Toulouse, 2013

[Meisels et al. 2015] Meisels, R.; Toifl, M.; Hartlieb, P.; Kuchar, F.; Antretter, T.: Microwave propagation and absorption and its thermo-mechanical consequences in heterogeneous rocks. In: International Journal of Mineral Processing 135 (2015), pp. 40 – 51

[Noguchi 2009] Noguchi, T.: Advanced Technologies of Concrete Recycling in Japan. International Rilem Conference on Progress of Recycling in the Built Environment, 02.– 04.12.2009, São Paulo, Brazil

[Noguchi et al 2009] Noguchi, T.; Tsujino, M.; Kitagaki, R.; Nagai, H.: Completely Recyclable Concrete of Aggregate-recovery Type by Using Microwave Heating Technology; The University of Tokyo, Dept. of Architecture, Tokyo, Japan 113-8656. Shimizu Corporations, Shimizu Institute of Technology, Tokyo, Japan, pp. 135 – 8530

[Pejman 2009] Pejman, N. M.: An investigation on the influence of microwave energy on basic mechanical properties of hard rocks. Master Thesis. Concordia University Montreal, 2009

[Yasunaka et al. 1988] Yasunaka, H.; Hatakeyama, M.; Tachikawa, E.: Microwave irradiation technology for contaminated concrete surface. In Demolition and Reuse of Concrete and Masonry, Chapman & Hall, London, 1988, pp. 280 – 289

25. PRRIG – Rohstoffpotenziale des Gewerbe- und Industriegebäudebestands im Rhein-Main-Gebiet

Liselotte Schebek, Benjamin Schnitzer, Britta Miekley, Antonia Köhn, Daniel Blesinger, Hans Joachim Linke, Christoph Motzko, Markus Huhn, Jan Wöltjen (TU Darmstadt), Andreas Lohmann (Adam Opel AG, Rüsselsheim), Axel Seemann (Re2area GmbH, Ludwigshafen)

Projektlaufzeit: 01.04.2013 bis 30.06.2016   Förderkennzeichen: 033R100

ZUSAMMENFASSUNG

Tabelle 1: Zielwertstoffe

Zielwertstoffe im r³-Projekt PRRIG				
NE-Metalle	Al	Cu	Pb	Zn
FE-Metalle	Fe	Edelstahl	Stahl	
Nicht-Metalle	Beton	Glas	Holz	Kunststoff

Das Verbundprojekt „Techno-Ökonomische Potenziale der Rückgewinnung von Rohstoffen aus dem Industrie- und Gewerbegebäude-Bestand" (PRRIG) beschäftigte sich mit den Beständen von ökonomisch interessanten Rohstoffen, insbesondere Metallen, in Nichtwohngebäuden und den zukünftig aus deren Rückbau zu erwartenden Stoffströmen.
Im Projektverlauf wurden Methoden und Grundlagen für das Gewinnen empirischer Informationen zum Gebäudebestand erarbeitet. Hierzu zählten auch folgende Punkte:
– Erarbeitung eines Materialflussmodells zur Berechnung zukünftiger (Roh-)Stoffströme und Lagerveränderungen,
– Umsetzung der Erkenntnisse als Planungshilfen zur Steigerung der Ressourceneffizienz für Eigentümer und Planungsinstitutionen,
– Ableitung spezifischer Handlungsoptionen für das Rhein-Main-Gebiet sowie übertragbarer Erkenntnisse in Form eines Maßnahmenkatalogs.

Die Implementierung der Projektergebnisse in die Praxis erfolgte über die Entwicklung von Tools. Über die Ebene der Region hinaus wurden übertragbare Erkenntnisse und Empfehlungen abgeleitet.

Beteiligte Institutionen

TU Darmstadt: Fachgebiet Stoffstrommanagement und Ressourcenwirtschaft (ehemals „Industrielle Stoffkreisläufe"), Institut IWAR (Univ.-Prof. Dr. rer. nat. Liselotte Schebek); Fachgebiet Landmanagement, Geodätisches Institut (Univ.-Prof. Dr.-Ing. Hans Joachim Linke); Institut für Baubetrieb (Univ.-Prof. Dr.-Ing. Christoph Motzko); Adam Opel AG; Re2area GmbH.

1. EINLEITUNG

Motivation

In Gebäuden sind erhebliche Mengen wertvoller Rohstoffe fixiert, insbesondere Metalle: Stahl (Edelstahl in Fassaden und Baustahl in Betonbauteilen), Kupfer (in Rohren und Leitungen, Dächern und kleinen Motoren), Aluminium (in Fassaden und Fensterrahmen), Zink (z. B. in Dachrinnen). Der volkswirtschaftliche Wert ist beträchtlich und auch Umweltaspekte sprechen für eine Rückgewinnung, denn die Primärgewinnung von Metallen ist mit einem hohen Energieeinsatz verbunden. Die Produktion aus sekundären Lagern spart erhebliche Treibhausgasemissionen, ist somit ökologischer und steigert die Ressourceneffizienz.

Für die strategische und operative Planung einer umfassenden und qualitativ hochwertigen Rückführung der Rohstoffe aus dem Baubestand fehlen jedoch detaillierte, regionalisierte Informationen über Arten und Mengen von wertvollen Rohstoffen im Gebäudebestand. Auch zu deren Gewinnung bei Abbruchtätigkeiten ist nur sehr wenig bekannt, ebenso zu angepassten und wirtschaftlichen Abbruch- und Rückbaustrategien.

Die Untersuchungen im Verbundprojekt „Techno-Ökonomische Potenziale der Rückgewinnung von Rohstoffen aus dem Industrie- und Gewerbegebäude-Bestand" (PRRIG) wurden in der und für die Region Rhein-Main durchgeführt und umfassten sowohl Fallstudien mit Gebäudeeigentümern als auch Kooperationen mit regionalen Akteuren. Industriepartner stellten Informationen zur Verfügung und ermöglichten Untersuchungen an bzw. in ihrem Gebäudebestand. Damit wurden Grundlagen für das Gewinnen empirischer Informationen zum Gebäudebestand zur Verfügung gestellt und die Implementierung der Projektergebnisse in die Praxis gewährleistet.

In PRRIG entwickelte Methoden und Informationen sollen eine fundierte Einschätzung ermöglichen, in welchem Zeithorizont, in welchen Segmenten des (Gewerbe-)Immobilienmarktes und/oder für welche Rohstoffe Urban Mining ökonomisch und technologisch realisierbar ist.

Wissensstand zu Beginn des Projektes

Die Literatur zum Urban Mining umfasst konzeptionelle und theoretische Betrachtungen [Prytula 2010, Weisz & Steinberger 2010]. Seit über 15 Jahren werden national und international Mengen im Baubestand für reale Betrachtungsräume abgeschätzt, für Deutschland z. B. erstmalig umfassend seit der Enquete-Kommission zum „Schutz des Menschen und der Umwelt" [Kohler et al. 1999]. Das dynamische Modell wies Stoffflüsse für mineralische und biotische Rohstoffe sowie Bauschutt in den Bereichen Bauen und Wohnen aus.

Für den niederländischen Wohngebäudebestand wurde ein Materialflussmodell zur Prognose von Stoffströmen entwickelt [Müller 2006, Bergsdal et al. 2007] übertrug den Ansatz zunächst auf Norwegen und ergänzte später durch Renovierungen entstehende Stoffströme [Sartoria et

al. 2008]. Entsprechende Veränderungen in China untersuchte [Hu et al. 2009], später fokussiert auf dortige Eisen- und Stahllager [Hu et al. 2010].
[Havranek 2010] berichtet über die Stadt Prag und berücksichtigt neben Gebäuden aller Art auch die Infrastruktur (Straßen, Leitungssysteme, Kanalisation) sowie eine breitere Auswahl an Materialien. In seinem 3D-Modell der Stadt sind Gebäuden und Infrastruktureinrichtungen Materialkennwerte zugeordnet.

Bei der Ermittlung von Materialinventaren von Gebäuden interessierten bislang vor allem mineralische Abfälle sowie Schadstoffe [Rentz et al. 2001]. Vereinzelt beschäftigen sich Studien mit spezifischen Metallen im Gebäudebestand, z. B. Kupfer in der Stadt Zürich [Wittmer 2006]. Er teilt Nichtwohngebäude in Dienstleistungs- und Produktionsgebäude, die sich aus fünf Funktionsgruppen zusammensetzen. Basierend auf diesen virtuellen Häusern bildet er ein Modell und über deren Anzahl ermittelt er ihr eingelagertes Kupfer.

Um Ressourcenschonungspotenziale bei der Verwertung von Bauabfällen zu ermitteln, wurden neben Wohngebäudebeständen auch Nichtwohngebäude typisiert, orientiert an amtlichen Statistiken [UBA 2010]. Auf der Basis der Bautätigkeitsstatistik wurden Baustoffkennwerte für Metalle abgeleitet sowie Wittmers Faktoren auf Deutschland übertragen – mangels Informationen jedoch nur für den Wohnbereich. Im Jahr 2010 wurden zum einen im Projekt „Materialeffizienz & Ressourcenschonung – MaRess" [MaRess 2010] u. a. metallische Rohstoffe und Infrastrukturen untersucht, zum anderen für die schwedische Stadt Nörrköpping das Metalllager im Kabel- und Rohrleitungsnetzwerk ermittelt [Carlsson 2010].
Gebäudetypologien mit entsprechenden Datenbanken existieren vor allem für Wohngebäude [IWU 2005], nur vereinzelt für Nichtwohngebäude, z. B. [Wischermann 2011], sowie zur energetischen Typisierung [IWU 2011] und [Diefenbach & Enseling 2007] für beheizte Nichtwohngebäude.

In der Literatur wird zwischen dem Lebenszyklus eines Gebäudes (ca. 100 Jahre, technische Lebensdauer) und dem Nutzungszyklus (ca. 30 Jahre, wirtschaftliche Lebensdauer) mit anschließenden Umbau-/Modernisierungsphasen unterschieden [Bizer et al. 2008]. [Kalusche 2004] strukturiert den Lebenszyklus eines Gebäudes abhängig von der technischen Lebensdauer einzelner Bauteile basierend auf den Wertermittlungsrichtlinien von 1991 bzw. 2006.

2. VORGEHENSWEISE

Projektarbeiten wurden in der und für die Region Rhein-Main durchgeführt und umfassten Fallstudien konkreter Gebäude und Kooperationen mit regionalen Akteuren. Industriepartner stellten Informationen zur Verfügung und ermöglichten Untersuchungen an bzw. in ihrem Gebäudebestand. Kataster- und raumbezogene Daten wurden ausgewertet, um die Struktur des vorhandenen Gebäudebestands zu untersuchen.

Für die regionale Ermittlung der Materialbestände des Nichtwohngebäudebereichs wurden zwei Schwerpunkte kombiniert: die „Bestandsaufnahme" und die „räumliche Perspektive". Die Untersuchungen von Einzelgebäuden (Bestandsaufnahmen) reichten von der Auswertung von Dokumenten über Befragungen bis hin zur Beobachtung von Abbruchprozessen. Vertiefte Untersuchungen zu Komponenten von Gebäuden basierten auf der Auswertung von Literatur- bzw. Herstellerangaben und händischen Analysen. Damit wurden eine empirische Datengrundlage zu Bestand, Nutzungszyklen und Rohstoffinventaren von Industrie- und Gewerbegebäuden geschaffen und entsprechende Kenngrößen abgeleitet.

Im Gegensatz dazu basiert die räumliche Perspektive auf vorhandenen Datenbeständen, die zusammengefasst und analysiert wurden. Mithilfe von Geoinformationssystemen (GIS) wurden konkret alle Nichtwohngebäude flächendeckend in die spezifische Gebäudetypologie eingeordnet, was eine umfassende Kartierung der Materialbestände ermöglichte. Damit konnte die vollständige Charakterisierung eines Fallstudiengebietes innerhalb der Rhein-Main-Region vorgenommen werden. Die strukturierte Auswertung der Daten erfolgte anhand einer im Projekt entwickelten Gebäudetypologie für Nichtwohngebäude, um die räumlichen mit den gebäudebezogenen Informationen zu verknüpfen.

Hierfür wurden zunächst bestehende Gebäude- und Komponententypologien überprüft. Darauf aufbauend wurden anhand gemeinsamer Ansätze von Statistik und praktischer Anwendung Typologien für den Nichtwohnbereich abgeleitet, um sowohl die aus verschiedenen Quellen gewonnenen Informationen zu strukturieren als auch eine Datenbank aufzubauen, die alle während des Projektes gesammelten Daten enthält.
In parallelen Untersuchungen fanden Arbeiten mit standardisiertem Vorgehen zur Recherche von Informationen zu einzelnen Komponenten u. a. auch im Rahmen studentischer Abschlussarbeiten statt.

Nutzungsdauern von Gebäuden wurden anhand von Auswertungen von Literatur (ideal, theoretisch), Dokumentationen zu Gebäudebeständen (real, praktisch), Interviews mit Experten verschiedener Bereiche sowie Grundstücksmarktberichten ermittelt.

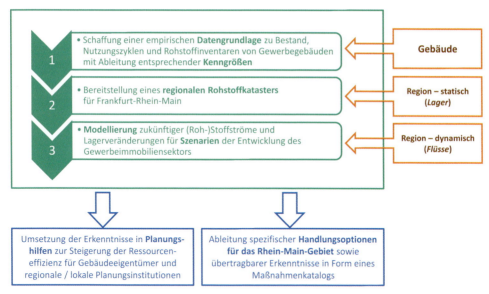

Bild 1: Vorgehen im Projekt PRRIG

Die ursprünglich auf das Gebiet des Planungsverbandes Frankfurt/Rhein-Main begrenzte Projektregion wurde um die Gemeinden Darmstadt, Weiterstadt und Groß-Gerau erweitert. Die Stadt Darmstadt war anfangs ausgeschlossen, da sie nicht Teil des Regionalverbands ist. Viele Gebäudeaufnahmen fanden jedoch innerhalb ihrer Gemarkung statt, sodass die Erweiterung notwendig wurde. Mit den neuen Grenzen (Bild 2 – blau unterlegt) wurde zum einen sachlich den räumlichen Bezügen der Rhein-Main-Region entsprochen, zum anderen wurden alle Teilregionen mit Standorten der assoziierten Partner erfasst.

Ein für die Gesamtregion typisches Testgebiet für die flächendeckende Ermittlung von Beständen (Bild 2 – rot hinterlegt) mit einer Gesamtfläche von ca. 70 km² wurde wie folgt abgegrenzt: Der Osten der Stadt Frankfurt/Main mit den Stadtteilen Bergen Enkheim, Fechenheim, Seckbach, Riederwald, Ostend und Bornheim sowie das Gebiet der Stadt Maintal. Frankfurts Osten ist durch etliche, vor ca. 100 Jahren entstandene Gewerbegebiete im Stadtteil Seckbach sehr stark industriell und gewerblich geprägt. Maintal ergänzt Aspekte einer typischen Umlandgemeinde, welche vordergründig durch Wohnen geprägt ist, jedoch auch Gewerbegebiete mit unterschiedlichster Nutzung (von Produktion bis Einzelhandel) vorweist.

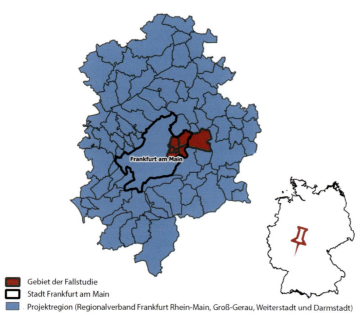

Bild 2: Untersuchungsgebiet des Projektes PRRIG (Datenquellen: Gemeindegrenzen: GeoBasis-DE/BKG 2014 & Stadtteilgrenzen: © OpenStreetMap contributors (OdbL)/eigene Darstellung)

Mit dem Aufbau und der flächendeckenden Verfügbarkeit von 3D-Gebäudemodellen (Level of Detail 1 (LOD 1)) ist eine essenzielle Geodatengrundlage vorhanden, die prinzipiell flächendeckend verfügbare Geodatensätze des amtlichen Liegenschaftskatasterinformationssystems (ALKIS) des Landes Hessen nutzt. Allerdings befand sich das flächendeckende Modell für das Bundesland Hessen während der Projektlaufzeit noch im Aufbau, sodass nur Ausschnitte zu Testzwecken und einer exemplarischen Umsetzung herangezogen werden konnten. Aus diesem Grund wurde das in Bild 2 rot ausgefüllt markierte Testgebiet als Fallstudie definiert, in dem der Ansatz exemplarisch umgesetzt wurde. Basis ist das standardisierte Datenmodell und Austauschformat CityGML für 3D-Stadtmodelle (City Geography Markup Language). City GML ist ein durch das Open Geospatial Consortium (OGC) standardisiertes XML-basiertes (Extensible Markup Language) Austauschformat für 3D-Stadtmodelle [Open Geospatial Consortium 2012]. Neben dem LOD 1-Datensatz kommen Daten für die Projektregion aus dem ALKIS Liegenschaftskataster (2D) zum Einsatz, hier vorwiegend die Objektklassen zur Flächennutzung.

Vorteil eines Ansatzes auf Basis von 3D-Gebäudemodellen ist die damit mögliche direkte Ableitung des Brutto-Raum-Inhalts (BRI). Dieser wurde für alle Gebäude aus den 3D-Gebäudedaten berechnet (Datengrundlage: Hessische Verwaltung für Bodenmanagement und Geoinformation (HVBG) 2014). Als grundsätzlich homogener, flächendeckender amtlicher Geobasisdatenbestand stellen die ALKIS-Daten die logische Grundlage zum Aufbau des hier skizzierten Urban-Mining-Katasters dar. Die Gebäudenutzungsklassifizierung wurde aus der Flächennutzung von ALKIS abgeleitet und in die Zieltypologie von PRRIG überführt.

Für die prinzipielle Berechenbarkeit der regionalen Materialbestände wurde ein allgemeines Vorgehen entwickelt. Dies basiert auf der Annahme, dass die Bauart charakteristisch für den Inhalt der untersuchten Materialien in einem Gebäude ist und gliedert sich in folgende Schritte:

1. Gruppieren der Nichtwohngebäude nach den Hauptkomponenten der Konstruktion
2. Berechnen der Durchschnittswerte der Materialintensitäten je Gruppe
3. Berechnen der jeweiligen Materialgehalte der Bauarten gemäß der Häufigkeiten der Bautypen in der ausgewählten Region
4. Übertragen der Ergebnisse auf die regionale Ebene, d. h. Multiplizieren der spezifischen durchschnittlichen Materialinhalte mit dem BRI der Altersklassen der Gebäude

3. ERGEBNISSE UND DISKUSSION

Zum Redaktionsschluss dieses Beitrags waren noch nicht alle Arbeiten des Vorhabens abgeschlossen und ausgewertet. Die folgende Darstellung der Ergebnisse beschränkt sich daher auf die beiden ersten Schritte: die Ergebnisse der Gebäudeuntersuchungen und die Umsetzung in ein regionales Rohstoffkataster. Diese beiden Schritte stellen zusammen die Ermittlung der Bestände und damit den „Statischen Teil" des Forschungsvorhabens dar. Die detaillierte Beschreibung dazu wurde unter [Schnitzer, Koehler 2014], [Schnitzer, Köhler 2015] und [Schebek et al. 2016] publiziert. Die dynamische Betrachtung mittels Materialflussmodell sowie die Umsetzung in Planungshilfen befinden sich noch in der Umsetzung.

Im Rahmen der abgeschlossenen Arbeiten von PRRIG wurde ein regionaler Ansatz für die Bewertung der Materialbestände des Nichtwohngebäudebereichs entwickelt. Basierend auf der Kombination von räumlichen Informationen mit Daten von realen Gebäuden wurde dieser Ansatz in einer Fallstudie auf eine Region übertragen. Auf dieser Grundlage wurden seine Machbarkeit und Anwendung für die regionale Prospektion von Sekundärrohstoffen diskutiert.

Räumliche Perspektive

Die Analyse der Geobasisdaten zeigte im Rahmen des Projektes, dass vor allem hinsichtlich der Semantik noch erhebliches Optimierungspotenzial vorhanden ist. Baujahre von Gebäuden sind beispielsweise im Bundesland Hessen nicht im amtlichen Kataster vermerkt. Durch die Hinzunahme und räumliche Verschneidung mit Datensätzen des Regionalverbandes zur historischen Siedlungsentwicklung konnte diese Lücke ansatzweise geschlossen werden. Die RegioMap erfasst jedoch nur den Bebauungszustand einer Parzelle zum Zeitpunkt einer ersten Bebauung, keine Änderungen wie Rekonstruktion oder Renovierung von Gebäuden. Folglich lässt sich die (Wiederauf-)Bautätigkeit nicht ablesen, die beginnende Bautätigkeit auf einer zuvor „grünen Wiese" hingegen sehr gut.

Gebäudeuntersuchungen

Insgesamt wurden 25 einzelne Gebäude aufgenommen. Da jedoch nicht alle in derselben Tiefe und Struktur analysiert wurden, konnten hiervon für die weitere Auswertung nur 19 Gebäude verwendet werden. Jedes Gebäude wurde klassifiziert hinsichtlich Alter, Gebäudetyp, Konstruktionsart (bzw. ihrer Hauptkomponenten Stahl, Mauerwerk, Beton und Holz) und der Zusatzinformation, ob es sich um einen Hallen- oder einen Geschossbau handelt. Die aufgenommenen Materialien wurden auf den BRI umgerechnet und z. T. zusammengefasst; die Gebäude mit ihren Werten nach den o. g. Klassen sortiert.

Die Ergebnisse zeigen keinen eindeutig signifikanten Einfluss eines der Merkmale (Bauart, Funktion, Altersklasse). In der Tendenz weisen Hallen höhere Gehalte an FE-Metallen und Holz im Vergleich zu Etagengebäuden auf, die durch zusätzliche Elemente wie Böden und Wände unterteilt sind.

Datenbank

Zur Verwaltung der bei Gebäudeaufnahmen gesammelten Daten und zu deren Auswertung wurden eine relationale Datenbank mit der Open-Source-Datenbank MySQL sowie mehrere Ein- und Ausgabemasken in Java Swing angelegt.

Die Eingabe der vorhandenen Rohstoffe geschieht dabei entweder als gezählte bzw. abgemessene Komponenten, welche mit Rohstofffaktoren verknüpft werden, oder durch direkte Aufnahme der Rohstoffmassen. Ausgegeben werden können:

- Rohstoffmassen als Durchschnitt, Minimum und Maximum der in der Datenbank befindlichen Gebäude, sortiert nach Gebäudetyp, Baualtersklasse und Konstruktion sowie bezogen auf m³ BRI, m² bebaute Fläche und m² Bruttogeschossfläche (BGF),
- Gebäudesteckbriefe mit Aufzählung aller in diesem Gebäude verbauten Rohstoffe und deren Materialwerten,
- Geschätzte Materialzusammenstellung für ein beliebiges Gebäude, berechnet anhand eingegebener Daten für Gebäude mit den gleichen Charakteristika (Alter, Typ, Konstruktion),
- Abgeschätzte Erträge für verschiedene Komponenten eines Gebäudes unter Berücksichtigung von Materialwerten und Kosten für Geräte und Arbeitsaufwand der Demontage. Dies dient zusätzlich als Tool, um bei Rückbauten eine Abschätzung darüber zu treffen, ob die Rückgewinnung bestimmter Komponenten wirtschaftlich ist.

Diskussion

Der in PRRIG entwickelte methodische Ansatz liefert umfassende flächendeckende Informationen durch die Verbindung von Informationen für einzelne Gebäude zu räumlichen Daten. Dies ermöglicht die Aufnahme von weiteren Informationsquellen über einzelne Gebäude, sowohl aus Literatur oder Expertenschätzung als auch aus neuen Datenquellen auf der Basis elektronischer Geräte.

Mit ALKIS liegt diesem Ansatz ein umfassendes Datenmodell zugrunde, das eine funktionelle Typologie umfasst. Ergänzt durch Altersklassen können die vorliegenden Informationen verwendet werden, um weitere Einblicke in die Materiallager zu erhalten. Beispiele wären die Variationen von Legierungszusammensetzungen, Bautechnik oder Schadstoffen.

4. AUSBLICK

PRRIG fokussiert auf der Ebene einer Metropolregion. Dies ist eine geeignete regionale Grenze für die Planung der strategischen Rückgewinnung von Ressourcen. Der Regionalverband FrankfurtRheinMain z. B. will die Datenbasis harmonisieren und den Austausch zwischen den Behörden forcieren, um die Planung zu optimieren. Gleichzeitig erfordert die Logistik des Bauschutt-Managements eine regionale Perspektive, um Materialflüsse zu optimieren. Je länger die Transportwege werden, desto niedriger fallen die Recyclingquoten aus [Hiete et al. 2011].

Die Altersinformation ist eine Voraussetzung für die Untersuchung der Dynamik des Gebäudebestands, die in den laufenden Arbeiten mit einem Materialflussmodell und Szenarien zur Entwicklung des Immobilienmarktes genutzt wird.

Derzeit erschweren mehrere Einschränkungen die flächendeckende Umsetzung dieses Ansatzes bzw. begrenzen die Zuverlässigkeit der Ergebnisse. Flächendeckende Informationen für Rhein-Main und das Land Hessen sind in Kürze zu erwarten. Unabhängig davon könnten die Materialwerte für Gebäude genutzt werden.

Liste der Ansprechpartner aller Projektpartner
Prof. Dr. rer. nat. Liselotte Schebek TU Darmstadt, Institut IWAR, Fachgebiet Stoffstrommanagement und Ressourcenwirtschaft, Franziska-Braun-Straße 7, 64287 Darmstadt, l.schebek@iwar.tu-darmstadt.de Tel.: +49 6151 16-20720
Dr. Axel Seemann Re2area GmbH, NL Ludwigshafen, Heinigstraße 31, 67059 Ludwigshafen, a.seemann@re2area.com Tel.: +49 621 59125-330
Andreas H. Lohmann Adam Opel AG, Global Facilities O/V, Facility Engineering & Projects, Bahnhofsplatz 1, 65428 Rüsselsheim, andreas.lohmann@de.opel.com Tel.: +49 6142 772 811

Veröffentlichungen des Verbundvorhabens
[Miekley 2014] Miekley, B.: Techno-Economic Potential of the Recovery of Raw Materials from Industrial and Commercial Building Stock (PRRIG). Vortrag; Second Symposium on Urban Mining. Bergamo, 19. – 21.05.2014. http://urbanmining.it/en/programme
[Miekley et al. 2014a] Miekley, B.; Li, Y.; Schebek, L.; Schnitzer, B.; Linke, H.; Wöltjen, J.; Motzko C.: Rückgewinnungspotenziale von Rohstoffen aus dem Nichtwohngebäude-Bestand. Poster; Rohstoffeffizienz und Rohstoffinnovationen. Nürnberg, 06. – 07.02.2014
[Miekley et al. 2014b] Miekley, B.; Li, Y.; Schebek, L.; Schnitzer, B.; Linke, H.; Wöltjen, J.; Motzko C.: Rückgewinnungspotenziale von Rohstoffen aus dem Nichtwohngebäude-Bestand. Poster; 4. Wissenschaftskongress Abfall- und Ressourcenwirtschaft, Münster, 27. – 28.03.2014

[Miekley et al. 2014c] Miekley, B.; Schebek, L.; Schnitzer, B.; Linke, H. J.; Wöltjen, J.; Motzko, C.: Ermittlung der Rückgewinnungspotenziale von metallischen Rohstoffen aus dem Nichtwohngebäudebestand. In: DGAW (Hrsg.) Tagungsband 4. Wissenschaftskongress Abfall- und Ressourcenwirtschaft. 27.–28.03.2014, Münster. S. 189 – 192

[Schebek 2012] Schebek, L.: Urban Mining im Sektor Industrie- und Gewerbegebäude: Rohstofflager Rhein-Main-Region? Vortrag, Eröffnungsveranstaltung des Christian Doppler Labors „Anthropogene Ressourcen", Wien, 03.04.2012

[Schebek 2014a] Schebek, L.: Potenziale der Rückgewinnung von Rohstoffen aus dem Gebäudebestand (PRRIG). Vortrag, Urban Mining Kongress, 11.–12.06.2014, Essen

[Schebek 2014b] Schebek, L.: Rückgewinnung von Rohstoffen aus dem Industrie- und Gewerbegebäude-Bestand. Vortrag, Resource 2014 Fachtagung Ressorcenschonung – von der Idee zum Handeln, 29.–30.04.2014, Wien

[Schebek 2014c] Schebek, L.: Stoff- und Materialflüsse zwischen Umwelt und Wirtschaft. Vortrag, Rohstofftag, 12.05.2014, TU Darmstadt

[Schebek 2014d] Schebek, L.: Urban Mining: Characterizing the Non-Housing Building Stock. Vortrag, Industrial Ecology in the Asia-Pacific Century, 17.–19.11.2014, Melbourne

[Schebek et al. 2012] Schebek, L.; Linke, H. J.; Motzko, C.: Potential of Urban Mining in the Industrial and Commercial Buildings Sector. The case of the Rhine-Main-Area. Vortrag, MFA-ConAccount Section Conference 2012, Darmstadt, 26.–28.09.2012

[Schebek et al. 2013a] Schebek, L.; Linke, H. J.; Motzko, C.: Rohstoffpotenziale des Gewerbe- und Industriegebäudebestands im Rhein-Main-Gebiet. Vortrag, 2. Darmstädter Ingenieurkongress Bau und Umwelt, 12.–13.03.2013

[Schebek et al. 2013b] Schebek, L; Linke, H. J.; Motzko, C.: Rohstoffpotenziale des Gewerbe- und Industriegebäudebestands im Rhein-Main-Gebiet. In: Tagungsband „2. Darmstädter Ingenieurkongress" Bau und Umwelt, Aachen, 2013. S. 675

[Schebek et al. 2014e] Schebek, L.; Wöltjen, J.; Li, Y.; Miekley, B.; Schnitzer, B.; Motzko, C.; Linke, H.-J.: Urban Mining. Rohstoffe in Nichtwohngebäuden. In: Konstruktiv 293. Hrsg. Bundeskammer der Architekten und Ingenieurkonsulenten, Wien, S. 25 – 28
Online verfügbar unter http://www.daskonstruktiv.at

[Schebek et al. 2016] Schebek, L.; Schnitzer, B.; Blesinger, D.; Köhn, A.; Miekley, B.; Linke, H.-J.; Lohmann, A.; Motzko, C.; Seemann, A.: Material Stocks of the Non-residential Building Sector: the Case of the Rhine Main Area. In: Resources, Conservation and Recycling – Special Issue on Characterizing Anthropogenic Stocks: Methods and Applications,
http://dx.doi.org/10.1016/j.resconrec.2016.06.001

[Schnitzer 2013] Schnitzer, B.: Techno-Ökonomische Potenziale der Rückgewinnung von Rohstoffen aus dem Industrie- und Gewerbegebäude-Bestand. Poster und Vorstellung Forschungsprojekt PRRIG am Stand des Instituts für Geodäsie, Fachgebiet Landmanagement auf der INTERGEO – Kongressmesse für Geodäsie, Geoinformation und Landmanagement Essen, 08.–10.10.2013

[Schnitzer 2014] Schnitzer, B.: Urban Mining – eine Geodaten Herausforderung. Vortrag; 18. Workshop Kommunale Geoinformationssysteme, 12.03.2014, http://www.ikgis.de/880/

[Schnitzer & Koehler 2014] Schnitzer B., Koehler, T.: Urban Mining – a Geospatial data challenge (6946) – peer reviewed – In: International Federation of Surveyors (Hrsg.) 2014 – XXV FIG Congress, Malaysia, 16. – 21.06.2014

[Schnitzer & Köhler 2015] Schnitzer, B., Köhler, T.: Regionale Ressourcenkataster – Urban Mining und Geodateninfrastrukturen. In: Strobl, Blaschke (Hrsg.) – Angewandte Geoinformatik 2015

[Wiesenmaier et al. 2012] Wiesenmaier, C.; Schebek, L.; Löhr, M.: Material Stocks and Flows from Demolition of a Historical Company Site. Poster, Depotech Leoben, 2012

Quellen

[ADV 2008] ADV GeoInfoDok. Version 6.0.1. Dokumentation zur Modellierung der Geoinformationen des amtlichen Vermessungswesens, 2008

[ADV 2014] ADV, GeoInfoDok Version 7.0.1. 3D-Gebäude-Objektartenkatalog LoD1, LoD2, LoD3. Dokumentation zur Modellierung der Geoinformationen des amtlichen Vermessungswesens, 2014

[Bergsdal et al. 2007] Bergsdal, H.; Brattebø, H.; Bohne, R. A.; Müller, D. B.: Dynamic material flow analysis for Norway's dwelling stock (2007). In: Building Research & Information 35 (5), (557 – 570)

[Bizer et al. 2008] Bizer, K.; Dappen, C.; Deffner, J.; Heilmann, S.; Knieling, J.; Stieß, I.: Nutzungszyklus von Wohnquartieren in Stadtregionen – Modellentwicklung (2008). In: Hamburg, HafenCity Universität: neopolis working paper, Bd. 3. Hamburg, www.neopolis.hcu-hamburg.de, aufgerufen am: 20.07.2011

[Carlsson 2010] Carlsson, A.: Methods for quantifying metalstocks in city infrastructure, Posterbeitrag ISIE Tokyo, 2010

[Coors 2015] Coors, V.: Offene 3D-Datenformate. In: Willkomm, P., Kaden, R., Coors, V.; Kolbe, T. H. (Hrsg.), Leitfaden 3D-GIS und Energie. Version 1.0., 2015

[Diefenbach & Enseling 2007] Diefenbach, N.; Enseling, A.: Potenziale zur Reduzierung der CO_2-Emissionen bei der Wärmeversorgung von Gebäuden in Hessen bis 2012. Darmstadt, 2007. http://www.iwu.de/fileadmin/user_upload/dateien/energie/klima_altbau/IWU_Gebaeude_Potentialstudie_Hessen.pdf

[Havranek 2010] Havranek, M.: Präsentation auf dem ISIE Asia-Pacific Meeting & ISIE ConAccount Meeting 2010, Tokyo, Japan, Tagungsbeitrag I-311 (erschienen auch als Text im Tagungsband)

[Hu et al. 2009] Hu, M.; Bergsdal, H.; van der Voet, E.; Huppes, G.; Müller, D. B.: Dynamics of Urban and Rural Housing Stocks in China. Building Research & Information, 38:3, 301 – 317, doi:10.1080/09613211003729988

[Hu et al. 2010] Hu, M.; Pauliuk, St.; Wang, T.; Huppes, G.; van der Voet; E., Müller, D. B.: Iron and steel in Chinese residential buildings: A dynamic analysis (2010). In: Resources, Conservation and Recycling, Jg. 54, H. 9, S. 591 – 600. doi:10.1016/j.resconrec.2009.10.016

[HVBG] HVBG HESSEN (2014), Produktbeschreibung 3D-Gebäudemodelle Hessen

[IWU 2005] IWU Institut Wohnen und Umwelt: Deutsche Gebäudetypologie – Systematik und Datensätze. Darmstadt, 2005. http://www.iwu.de/fileadmin/user_upload/dateien/energie/klima_altbau/Gebaeudetypologie_Deutschland.pdf, aufgerufen am: 24.08.2011

[IWU 2011] IWU Institut Wohnen und Umwelt: Datenbasis Gebäudebestand von Juli 2008 – November 2010: http://www.iwu.de/forschung/energie/laufend/datenbasis-gebaeudebestand/

[Kalusche 2004] Kalusche, W.: Technische Lebensdauer von Bauteilen und wirtschaftliche Nutzungsdauer eines Gebäudes. Cottbus, 2004. Festschrift zum 60. Geburtstag von Professor Dr. Hansruedi Schalcher, Eidgenössische Technische Hochschule Zürich, 2004. https://www-docs.tu-cottbus.de/bauoekonomie/public/Forschung/Publikationen/Kalusche-Wolfdietrich/2004/43_technische_lebensdauer.pdf

[Kohler et al. 1999] Kohler, N.; Hassler, U.; Paschen, H. (Hrsg.): Stoffströme und Kosten in den Bereichen Bauen und Wohnen. Berlin u. a.: Springer 1999 (Enquete-Kommission „Schutz des Menschen und der Umwelt", Konzept Nachhaltigkeit)

[MaRess 2010] Forschungsprojekt „Materialeffizienz & Ressourcenschonung (MaRess)" des Bundesumweltministeriums und des Umweltbundesamtes: http://ressourcen.wupperinst.org/projekt/potenziale/arbeitspaket_2/index.html

[Müller 2006] Müller D. B.: Stock dynamics for forecasting material Flows – Case study for housing in The Netherlands (2006). In: Ecological Economics, 59:142-156

[Open Geospatial Consortium 2012] OGC City Geography Markup Language (CityGML) Encoding Standard – Version 2.0.0 (OGC 12-019)

[Prytula 2010] Prytula, M.: Der urbane Metabolismus. Ganzheitliche Betrachtungen zum Ressourcenhaushalt urbaner Systeme. In: Arch+, 196/197, Januar 2010: Post Oil City. Zeitschrift für Architektur und Städtebau, 42. Jahrgang, S. 116 – 117

[Rentz et al. 2001] Rentz, O.; Seemann, A.; Schultmann, F.: Abbruch von Wohn- und Verwaltungsgebäuden – Handlungshilfe. Endbericht zum gleichnamigen Projekt im Auftrag der Landesanstalt für Umweltschutz Baden-Württemberg. Erschienen unter: Landesanstalt für Umweltschutz Baden-Württemberg (Hrsg.): Reihe „Kreislaufwirtschaft und Abfallbehandlung", Nr. 17, 2001

[Sartoria et al. 2008] Sartoria, I.; Bergsdal, H.; Müller, D. B.; Brattebø, H.: Towards modelling of construction, renovation and demolition activities: Norway's dwelling stock 1900 – 2100. In: Building Research & Information 36 (5), 2008 (412 – 425)

[UBA 2010] Schiller, G.; Deilmann, C.; Gruhler, K.; Röhm, P.: Ermittlung von Ressourcenschonungspotenzialen bei der Verwertung von Bauabfällen und Erarbeitung von Empfehlungen zu deren Nutzung (2010). In: UBA-Texte Nr. 56/2010, UBA-FBNr: 001401, Förderkennzeichen: 3708 95 303, Umweltbundesamt

[Weisz & Steinberger 2010] Weisz, H.; Steinberger, J. K.: Reducing energy and material flows in cities (2010). In: Current Opinion in Environmental Sustainability, 185 – 192

[Wischermann & Wagner 2011] Wischermann, S.; Wagner, H.-J.: Typisierung im Gebäudebereich als Planungswerkzeug zur Energie- und CO_2-Einsparung. 7. Internationale Energiewirtschaftstagung an der TU Wien: Energieversorgung 2011 – Märkte um des Marktes Willen? 16.– 18.02.2011

[Wittmer 2006] Wittmer, D.: Kupfer im regionalen Ressourcenhaushalt (Dissertation an der ETH Zürich), 2006

26. ResourceApp – Entwicklung eines mobilen Systems zur Erfassung und Erschließung von Ressourceneffizienzpotenzialen beim Rückbau von Infrastruktur und Produkten

Rebekka Volk (KIT), Neyir Sevilmis (Fraunhofer-Institut für Graphische Datenverarbeitung, Darmstadt), Christian Stier, Ansilla Bayha (Fraunhofer-Institut für Chemische Technologie, Pfinztal)

Projektlaufzeit: 15.04.2013 bis 14.06.2016   Förderkennzeichen: 033R092

ZUSAMMENFASSUNG

Tabelle 1: Zielwertstoffe

Zielwertstoffe im r³-Projekt ResourceApp								
Al	Cu	Fe	Zn	Glas	Metalllegierungen	Kunststoffe	Mineralische Rohstoffe	Holz

Der Anteil an Bau- und Abbruchabfällen beträgt mit rund 200 Mio. t mehr als 50 % der jährlich anfallenden Abfälle in Deutschland [Statistik Portal 2015]. Dabei sind Rückbau- und Abbruchprojekte durch einen großen Zeit- und Kostendruck gekennzeichnet. Bei der heute üblichen Erfassung von Rückbauobjekten durch Begehung werden die verbauten, oft werthaltigen Materialien grob geschätzt, was zu einer großen Abweichung zur tatsächlichen Materialzusammensetzung führen kann. Dennoch dienen diese Schätzwerte zurzeit als Grundlage für das Angebot und die Projekt- und Verwertungsplanung der Rückbauunternehmer.

Im Projekt ResourceApp wurde ein Demonstrator entwickelt, der erstmals die mobile, dreidimensionale (3D) und semantische Erfassung von Gebäuden und Bauteilen und eine anschließende Umbau- oder Rückbauplanung in Echtzeit ermöglicht.

Das System besteht aus einem Sensor und Software-Modulen auf einem Laptop, die die Datenverarbeitung der Sensordaten erlauben, um das Rohstoffpotenzial eines Gebäudes zu bestimmen und dessen Rückbau zu planen. Für das Gebäudeaudit wird der Innenraum erfasst und in 3D rekonstruiert sowie dessen Inventar bestimmt. Notwendige Rückbaumaßnahmen zur Wiedergewinnung der Rohstoffe werden ermittelt und geplant und daraus die Rückgewinnungskosten der Materialien bestimmt.

Im Fall des Praxistests, des Krankenhauses von Bad Pyrmont, wurde das Gebäude mit dem Sensor aufgenommen, automatisiert inventarisiert und nach der Begehung rückgebaut. In der Praxis war es möglich, große Bauteile (Wände, Decken, Böden, Türen, Fenster) mit der App zu erkennen. Aufgrund schwieriger Raumgeometrien (kleine, verwinkelte und langgestreckte gleichförmige Räume), die die Aufnahme mit dem Kinect-Sensor erschwerten, konnten aber ca. 20 % der großen Bauteile nicht erkannt werden. Zudem konnte ein Großteil der zu erkennenden Anschlüsse (wie Steckdosen), die Rückschlüsse auf die technische Gebäudeausstattung und somit auf die werthaltigen Rohstoffe des Gebäudes geben sollten, nicht erkannt werden. Hier besteht weiterer erheblicher Forschungsbedarf, da die eingesetzten Sensoren eine noch nicht ausreichende Auflösung aufweisen.

Koordiniert wurde das Projekt ResourceApp vom Fraunhofer-Institut für Chemische Technologie ICT. Weitere Partner waren das Fraunhofer-Institut für Graphische Datenverarbeitung IGD, das Institut für Industriebetriebslehre und Industrielle Produktion IIP des Karlsruher Instituts für Technologie KIT, die Abbruch- bzw. Sanierungsunternehmen Werner Otto GmbH und COSAWA Sanierung GmbH sowie das Umwelt-Beratungsbüro GPB Arke.

1. EINLEITUNG

Gebäude sind wegen ihrer Immobilität, Heterogenität und Einzigartigkeit komplexe Produkte. Aufgrund ihrer langen Lebensdauer und wechselnden Nutzeranforderungen werden Gebäude saniert und modernisiert, umgebaut oder abgebrochen. Während ihrer Nutzungsphase werden daher verschiedene Bauteile und Bauprodukte installiert, entfernt oder verändert. Diese Veränderungen finden oft in dicht besiedelten urbanen Gebieten unter begrenzten Platzverhältnissen und limitierten Ressourcen statt. Um den Rückbau oder die Sanierung von Gebäuden und die damit verbundene Wiedergewinnung von Rohstoffen zu planen, müssen Gebäude begangen und inspiziert werden. Oft werden dabei die Änderungen an Gebäuden nicht geeignet dokumentiert, jedoch hängen die Planung und Durchführung von Bauarbeiten stark von der Qualität der erfassten Informationen ab. Meist ist die Erfassung der Gebäudeinformation mit größerem Aufwand und Kosten sowie notwendiger Erfahrung der Mitarbeiter verbunden. Ziel der ResourceApp war es daher eine Methode zu entwickeln, ein Gebäude einfach und schnell in seiner räumlichen Gestalt aufzunehmen, die Gebäudeteile zu erfassen und ein Gebäudeinventar zu erstellen, anhand dessen Projektplanung, Rohstoffgehalt und Recyclingpotenziale ermittelt werden können. Stand der Technik zum Projektbeginn war es, aufgrund von Begehungen in Abbruchgebäuden den Rohstoffgehalt manuell zu erfassen und grob auf Basis des Bruttorauminhalts abzuschätzen. Die heute übliche Potenzialerfassung durch Begehung kann dies in der notwendigen Genauigkeit nicht leisten: Derzeit kommt es leicht zu Abweichungen bei der Schätzung des umbauten Raumes von über 25 %. Selbst bei sehr erfahrenen Mitarbeitern kommen Abweichungen, insbesondere bei der Schätzung von Metallen, von bis zu 90 % vor. Für eine gezielte Steuerung der Stoffströme fehlte gerade wegen des Verfahrens der Begehung und der erfahrungsbasierten Potenzialabschätzung eine belastbare Datenbasis (völlig).

Hinsichtlich der Bestimmung des Ressourcen- und Rohstoffpotenzials von existierenden Gebäuden gibt es keine Ansätze in der Literatur und Praxis, die Rohstoffe eines Gebäudes automatisiert zu erfassen und eine rohstoffgerechte Projektplanung durchzuführen, die den Ressourceneinsatz zur Rückgewinnung der im Gebäude enthaltenen Rohstoffe minimiert. Ebenso sind keine Ansätze bekannt, die automatisiert zum Recycling- und Abfallmanagement im Rückbau beitragen. Derzeit werden Abfälle, die unter die Nachweispflicht und das elektronische Nachweisverfahren fallen, manuell erfasst. Rückbau-, Verwertungs-/Entsorgungs- und Sicherheitspläne werden manuell erstellt. Zukünftig könnten konventionelle Verfahren zur Erfassung des Rohstoffpotenzials von einer Weiterentwicklung der in diesem Projekt entwickelten ResourceApp hinsichtlich Automatisierung und Datenintegration profitieren wie z. B. durch eine kostengünstigere und schnelle Datenerfassung oder geringere Abweichungen bei der Ermittlung des Metallgehaltes.

Das Ziel des Projekts ResourceApp war daher, ein mobiles System zur Erfassung und Erschließung von Ressourceneffizienzpotenzialen beim Rückbau von Infrastruktur zu entwickeln. Es wurde eine mobile Applikation („App") entwickelt, mit der der Anwender bei einer Gebäudebegehung mit minimalen Zusatzinformationen eine belastbare und reproduzierbare Aussage über das Rohstoffpotenzial eines Gebäudes treffen kann. Ziel war es, ein Informationssystem im Sinne eines rohstoffbezogenen Gebäudepasses (Rohstoffkataster) zu entwickeln, der die Wertstoffe in Gebäuden dokumentiert und gleichzeitig die Prozesse in der Baubranche digitalisiert. Dieses Informationssystem ist prinzipiell auch auf die Erfassung von Rohstoffpotenzialen in anderen Branchen und für verschiedene Produkte (z. B. Sonderbauten, Infrastrukturen, Verkehrsmittel) anwendbar.

2. VORGEHENSWEISE

In diesem Abschnitt werden die Vorgehensweise im Projekt, die Systemarchitektur mit ihren Teilmodulen und die Praxisversuche beschrieben.

Im Rahmen der Literaturrecherche sind zahlreiche Quellen untersucht worden, die für die Durchführung des Vorhabens von Relevanz waren. Im Rahmen deutscher Forschungsprojekte ist hier insbesondere das nuBAU-Projekt des Bundesamts für Bauwesen und Raumordnung BBR zu nennen mit der wichtigen Publikation von [Donath et al. 2010]. Dieses Forschungsprojekt befasste sich mit der Bild- bzw. Mustererkennung von Gebäudeteilen, nutzt dies jedoch zur Abschätzung von Sanierungskosten im Rahmen von Baumaßnahmen im Bestand. International gibt es insbesondere von den Arbeitsgruppen um Huber et al., Akbarnezhad, Cheng und Ma interessante Beiträge zur stationären, automatisierten Gebäudeerfassung [Huber et al. 2011] basierend auf Punktwolken sowie zur Ableitung von Recyclingstrategien basierend auf allgemeinen Gebäudemodellen [Akbarnezhad et al. 2012, Akbarnezhad et al. 2014, Cheng und Ma 2012], die als Ausgangspunkt für die Projektarbeiten genutzt werden konnten. Die Ergebnisse der Literaturrecherche wurden in einem Journalpapier und in einem Konferenzpapier zusammengefasst und veröffentlicht [Volk et al. 2014, Volk et al. 2015]. Der Fokus lag dabei insbesondere auf dem Einsatz von neuen Technologien wie Building Information Models (BIM), Laserscanning, Photogrammetrie, RFID (Radio Frequency Identification) oder Barcodes zur Erfassung und Speicherung bauproduktbezogener Informationen zur Bestimmung von Rohstoffinventaren, der Rückbauplanung und der Ressourceneffizienz der eingebauten Bauteile.

Die Recherchearbeiten dienten als Grundlage für die Entwicklung des Demonstrators. Während der Begehung eines Gebäudes mit der ResourceApp werden einerseits mithilfe eines Sensors Informationen erfasst und andererseits für die Erarbeitung der erforderlichen Gebäude-, Rückbau- und Recyclingparameter und zur Plausibilisierung Nutzerinformationen abgefragt (Bild 1).

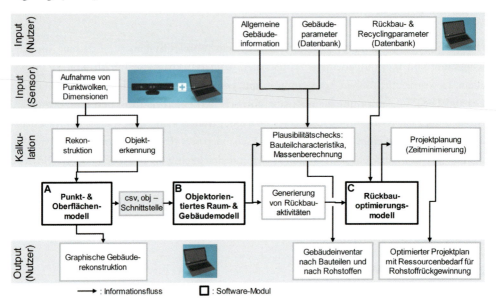

Bild 1: Systemarchitektur der ResourceApp (Quelle: Rebekka Volk/KIT)

Die Sensorinformationen dienen der Identifikation von großen Bauteilen (Wände, Fenster, Türen, Böden und Decken), während kleinere Bauteile durch Bilderkennungsalgorithmen identifiziert werden (Anschlüsse, Lampen, sanitäre Einrichtungen). Informationen zum Gebäudealter, zum Gebäudetyp, zum Bruttorauminhalt und zur Bruttogeschossfläche werden, soweit bekannt, vom Nutzer eingegeben und gespeichert. Die Parameter, die zur Gebäudeinventarisierung und zur Projektplanung benötigt werden, werden abhängig vom gewählten Gebäudetyp vom System vorgeschlagen (basierend auf entsprechenden DIN-Normen) und können mithilfe einer graphischen Nutzeroberfläche einfach während der Begehung vom Nutzer angepasst werden. Gebäudeparameter beinhalten Angaben zur Wanddicke, Deckendicke oder der Materialdichte, während Projektparameter Angaben zu Zeit- und Kostensätzen, den verfügbaren Ressourcen (Personal, Gerät) und deren Kapazitäten umfassen. Im System sind von den Praxispartnern validierte Daten hinterlegt, die aber auch vom Nutzer einfach angepasst werden können.

Hauptmodule des ResourceApp-Systems sind die eingesetzte Hardware sowie die Software-Module „A: Punkt- und Oberflächenmodell", „B: Objektorientiertes Raum- und Bauteilmodell" und „C: Optimierende Rückbau-Projektplanung" (Bild 1), die im Folgenden näher beschrieben werden. Sowohl für Hardware als auch für Software wurden die entwickelten Module mit den Praxispartner abgestimmt.

Hardware
Unter Berücksichtigung der Echtzeitfähigkeit (d.h. Ergebnisdarstellung im Sekundenbereich), Mobilität, Handhabbarkeit, Ergebnisgenauigkeit und Kosten wurde die Microsoft Kinect-Kamera (Bild 2) in Kombination mit einem leistungsstarken Laptop ausgewählt. Die Kinect-Kamera basiert auf dem Structured-Light-Verfahren und ermöglicht es, Räume in 3D zu rekonstruieren. Insbesondere bietet die verwendete Grafikkarte des Laptops eine sehr gute Rechenleistung (4 GB Arbeitsspeicher; 2,369 GFLOPS (Giga Floating Point Operations per Second, beschreibt die Leistungsfähigkeit von Prozessoren)), die für eine effiziente Verarbeitung der Punktwolken mit Echtzeitanforderung notwendig ist. Der RGB-D (Red, Green, Blue plus Depth) Sensor der Kinect-Kamera liefert gleichzeitig Farb- und Tiefenbilder in VGA-Auflösung (Video Graphics Array; 640 x 480 Bildpunkte) bei 30 Hz. Die mit diesem Verfahren in kurzer Zeit erreichbare Messpunktdichte erlaubt präzise und flächenhafte Aufnahmen der Raumgeometrie.

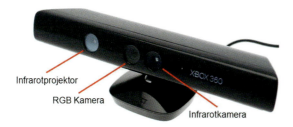

Bild 2: Microsoft Kinect Tiefenkamera [Golem 2016]

Software-Modul – A: Punkt- und Oberflächenmodell
Auf der gewählten ResourceApp-Hardware-Infrastruktur wurden Softwarekomponenten für die 3D-Rekonstruktion und Bilderkennung implementiert, die nachfolgend im Detail beschrieben werden.

Dreidimensionale (3D)-Rekonstruktion
Aus jedem aus dem RGB-D-Sensor gelieferten Frame (bestehend aus Farb- und Tiefenbild) lässt sich eine 3D-Punktwolke berechnen. Die Herausforderung bei der 3D-Rekonstruktion liegt darin, die aus den einzelnen Frames stammenden Punktwolken nahtlos zu registrieren, sodass ein lückenloses 3D-Abbild der real aufgenommenen Szene erstellt werden kann.

Erschwerend kommt in ResourceApp hinzu, dass die Kinect-Kamera manuell geführt wird und die Kameraposition während der Begehung stark variiert und simultan geschätzt werden muss. Dieses Phänomen bezeichnet man als Simultaneous Localization and Mapping (SLAM). Um eine robuste Abschätzung der Kameraposition zu ermöglichen, wurde ein Algorithmus implementiert, der an das Iterative Closest Point Verfahren (ICP) [Rusinkiewicz et al. 2001] angelehnt ist. Durch die Kombination der paarweisen und globalen Registrierung der Punktwolken erreicht die ResourceApp ein hinreichend genaues 3D-Abbild der aufgenommenen Szene.

Mit diesem Vorgehen kann unmittelbar nach der Begehung das 3D-Abbild des gesamten Raumes einer visuellen Inspektion durch den Menschen unterzogen werden, welches eine der Kernanforderungen der Praxispartner darstellt.

Bilderkennung

Eine besondere Anforderung an die Bilderkennung in ResourceApp ist, dass vor allem schwach texturierte und kontrastarme Objekte (z. B. Steckdosen oder Heizkörper) zuverlässig erkannt werden müssen. Herkömmliche Bilderkennungsverfahren wie z. B. Scale invariant feature transformation (SIFT) [Lowe et al. 1999] und ähnliche sind hierfür nicht geeignet. Diese Verfahren sind primär dafür entwickelt worden, markante Objekte zu erkennen, deren Merkmale von ihrem Hintergrund abweichen. Der Ansatz des Dominant Orientation Templates (DOT) [Hinterstoisser et al. 2010] basiert auf einem 2D-Template Matching Verfahren, welches auch bei schwach texturierten Objekten funktioniert. Durch die Verwendung eines binären Deskriptors mit Farbunterabtastung ist eine sehr effiziente Erkennung von Objekten in Bildern möglich. Darüber hinaus wird bei DOT eine kleinere Bilddatenbank benötigt als bei herkömmlichen Verfahren des maschinellen Lernens. Der DOT-Ansatz konnte in der ResourceApp erfolgreich umgesetzt werden, sodass die Erkennung von Objekten innerhalb von Millisekunden erreicht wird. Die Integration der 3D-Rekonstruktion und der Bilderkennung ermöglicht, beide Funktionalitäten in der ResourceApp-Hardware parallel auszuführen. Bild 3 veranschaulicht die graphische Oberfläche der ResourceApp.

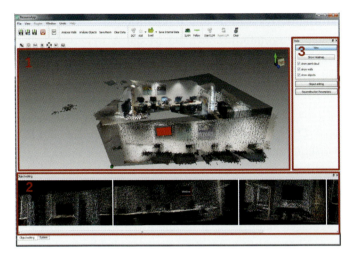

Bild 3: Benutzungsoberfläche der ResourceApp: 3D-Ansicht (oben), 2D-Ansicht (unten) und Werkzeugleiste (rechts) (Quelle: Sevilmis/IGD)

Nach der 3D-Rekonstruktion der begangenen Räume werden die raumspezifischen Öffnungen (z. B. Fenster und Türen) detektiert (Bild 4). Verdeckte Bereiche können im Nachgang interaktiv in das 3D-Modell eingefügt werden. Diese werden dann in den Räumen visuell dargestellt und deren Positionsdaten in ein Austauschformat geschrieben, welches anschließend an das Auswertungsmodul übergeben wird.

Da die durch die optischen Sensoren erfassten Daten nach dem Interpretations- und Erkennungsschritt an die Auswertung in Software-Modul B weitergegeben werden, ist es notwendig, die Daten in einem passenden Austauschformat darzustellen, das u. a. die Positionsdaten der Geometrien und der erkannten Bauteile umfasst. Auf Basis des Austauschformats kann dann das Ressourceneffizienzpotenzial ermittelt werden.

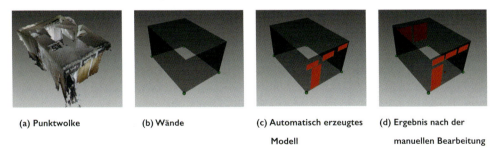

(a) Punktwolke   (b) Wände   (c) Automatisch erzeugtes Modell   (d) Ergebnis nach der manuellen Bearbeitung

Bild 4: Schritte der 3D-Rekonstruktion: Aus einer Punktwolke (a) gewinnt die Wanderkennung einen Grundriss und daraus die Wände (b). Die Objektanalyse sucht nach Türen und Fenstern (c) und anschließend wird das Model manuell nachbearbeitet (d). (Quelle: Sevilmis/IGD)

Software-Modul – B: Objektorientiertes Raum- und Bauteilmodell

Im Modul B werden die erfassten Sensorinformationen aus Modul A weiterverarbeitet. Basierend auf den eingegebenen Nutzerinformationen wird das Bauteilinventar in verschiedenem Detaillierungsgrad (nach Bauteilen, nach Materialien) errechnet und ausgegeben. Das Bauteilinventar umfasst dabei die Klassifizierung des Bauteils nach DIN 276-1:2008-12, Abs. 4 sowie das Volumen [m³], die Oberfläche [m²] und die Masse [kg] sowie den Einbauort (Raum) und das Material. Das Materialinventar aggregiert die Bauteilmassen [kg] nach einer vordefinierten Materialliste. Abhängig von den erfassten Bauteilen werden auch verdeckte Bauteile bei der Inventarisierung berücksichtigt, die nicht optisch erfasst werden können, aber trotzdem verbaut sind (wie Leitungen und Bewehrungen). Die Inventarisierung basiert auf den erfassten Sensordaten, aber auch aus DIN-Informationen und Nutzerangaben, da nicht alle notwendigen Informationen für die Inventarisierung über den gewählten Sensor erhoben werden können. Fehlende Informationen sind bspw. die Bauteildicke von Wänden, Decken und Böden. Eine genaue Beschreibung der Inventarisierung findet sich in [Volk 2015].

Zudem ermöglicht das Modul die automatische Berechnung der Bruttogeschossfläche [m²] und des Bruttorauminhaltes [m³] der aufgenommenen Räume mittels Einhüllung bzw. Delaunay-Triangulierung (Verfahren, um hier den Bruttorauminhalt zu approximieren) sowie deren graphische Darstellung in Form eines Grundrisses und einer 3D-Ansicht (Drahtmodell).

Software-Modul – C: Optimierende Rückbau-Projektplanung

Basierend auf dem Gebäudeinventar (Module A, B) werden in Modul C die im Rahmen des Gebäuderückbaus und der Wiedergewinnung von Rohstoffen notwendigen Aktivitäten erzeugt. Da diese Aktivitäten mit verschiedenen Ressourcen (Personal, Gerät) und unterschiedlichem Ressourcenbedarf (Zeit, Kosten) durchgeführt werden können, wird für die Projektplanung eine multimodale, ressourcenbeschränkte Projektplanung zur Minimierung der Projektdauer eingesetzt. Dabei werden die Aktivitäten so geplant, dass das Projekt schnellstmöglich beendet ist und dabei möglichst wenige Ressourcen zum Einsatz kommen. Standardaktivitäten im Gebäuderückbau umfassen dabei Trennung, Rückbau, Zerkleinerung, Sortierung und Verladung, die hier je Bauteil erzeugt und eingeplant werden. Ebenso wird in der Planung der Ort des Bauteils im Raum berücksichtigt, sodass die eingeplanten Teams sich beim Rückbau der Bauteile nicht gegenseitig blockieren. Die einzuplanenden Ressourcen können vom Nutzer über eine graphische Nutzeroberfläche oder über MS Excel erweitert und angepasst werden. Die Modellausgabe umfasst die Projektdauer, einen Projektplan mit allen Aktivitäten inklusive ihrer Vorrangbeziehungen, die Ressourcenauslastung, die Rückgewinnungskosten je Material sowie die resultierenden Projektkosten (vgl. Bild 7, unten rechts). Die Module B und C sind in MATLAB 2015a implementiert und das Projektplanungsproblem (MRCPSP) wird mit dem CPLEX-Solver des IBM ILOG Optimization Studio 12.5.1 (IBM 2016) gelöst.

Als Praxisbeispiel wurde mithilfe der Praxispartner ein altes Krankenhaus in Bad Pyrmont ausgewählt. Es hatte ein Volumen von ca. 50.000 m³ umbautem Raum und bestand aus verschiedenen Gebäuden bzw. Gebäudeabschnitten mit meist vier bis fünf Stockwerken. Bei einer ersten gemeinsamen Begehung wurde der Gebäudezustand begutachtet und entschieden, welcher Bauabschnitt für die Aufnahmen mit dem ResourceApp-Demonstrator geeignet ist. Es wurde ein Geschoss aus einem Gebäudetrakt mit vier übereinander liegenden, nahezu identischen Geschossen im Bettentrakt ausgewählt. Der ausgewählte Bereich bestand aus einem durchgehenden Flur sowie Patientenzimmern auf der einen und Arbeitsräumen (Bad, Schwesternzimmer etc.) auf der anderen Seite. Insgesamt handelte es sich um 30 Räume mit 512 bei der Begehung erfassten Bauteilen, darunter 30 Decken, 30 Böden, 165 Wände, 26 Fenster, 29 Türen, 36 Heizkörper, 151 elektrische Anschlüsse und jeweils 11 WCs und Waschbecken. Die Räume wurden durchnummeriert, fotografiert und mithilfe eines Laser-Distanzmessgerätes ein konventionelles Aufmaß aufgenommen und die Maße händisch notiert. Parallel wurden die einzelnen Räume mit dem Demonstrator aufgenommen. Dabei wurden die Sensoraufnahmen in Form von Punktwolken und Videos gespeichert.

Bild 5: Punktwolke aus der Sensoraufnahme (links) und automatisch erzeugtes 3D-Modell eines Patientenzimmers im ausgewählten Gebäudebereich eines Krankenhauses in Bad Pyrmont (rechts), sowie ein Eindruck aus der Gebäudebegehung mit Laptop und Sensor (kleines Bild). (Quelle: Fraunhofer IGD, KIT/IIP)

Der abgegrenzte und im Vorfeld manuell aufgenommene Gebäudeteil wurde nach der Begehung selektiv zerlegt, sortiert und verwogen, um die automatisiert erzeugten ResourceApp-Daten zu verifizieren.

3. ERGEBNISSE UND DISKUSSION

Die ResourceApp ermöglichte es beim Praxisbeispiel, Räume eines Stockwerks im Krankenhaus Bad Pyrmont separat in 3D zu rekonstruieren und die darin enthaltenen Objekte zu erkennen. Die rekonstruierten Räume konnten separat abgespeichert werden (Bild 5). Waren alle Räume eines Stockwerks erfasst, wurden die 3D-Punktwolken der einzelnen Räume über einen speziellen Editor in der ResourceApp interaktiv zu einem Stockwerk zusammengesetzt. Die manuell aufgemessenen Informationen (Modelldaten) und die durch den Sensor erfassten Daten (Sensordaten) wurden im Nachgang für das Testen des Modells herangezogen. Dazu wurde auch mit der Software Autodesk Revit der ausgewählte Gebäudebereich nachmodelliert (Bild 6).

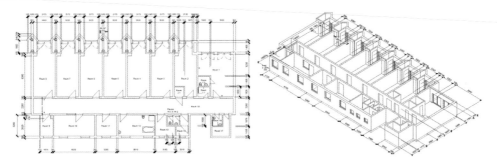

Bild 6: In Autodesk Revit modellierter Grundriss und zugehörige 3D-Ansicht des ausgewählten Gebäudebereichs eines Krankenhauses in Bad Pyrmont (Quelle: Rebekka Volk/KIT)

Dieser Datensatz wurde im Folgenden für die Quantifizierung der erkannten Bauteile (Erkennungsrate) verwendet sowie für die Erzeugung des Bauteil- und Materialinventars genutzt. Zudem wurden damit notwendige Rückbauaktivitäten erzeugt und durch das Modell eine automatische, ressourcenoptimierende Rückbauplanung durchgeführt. Für den ausgewählten Krankenhausbereich wurde ein Bruttorauminhalt aus den Modelldaten von 1.503 m³ mit einer Bruttogrundfläche von 494 m² errechnet. Erfasst wurden 26 der vorhandenen 30 Räume. In den aufgenommenen Räumen konnten automatisch sowohl Wände, Decken und Böden als auch die Fenster und Türen erkannt und erfolgreich rekonstruiert werden. In den erkannten Räumen konnten auch häufig die Heizkörper und elektrischen Anschlüsse erkannt und lokalisiert werden. Vier Räume konnten aufgrund ihrer Größe und der damit verbundenen Schwierigkeiten wie Mindestabstand des Sensors (in kleinen Räumen) und fehlender Unterscheidungsmerkmale (in langgestreckten Räumen) sowie dessen technischen Eigenschaften wie Auflösung oder Erfassungswinkel nicht erfasst werden. Durch die nicht erfassten Räume entstand eine prozentuale Abweichung bei den großen Bauteilen der Wände, Decken, Böden, Fenster, Türen von ca. 15 %. Zudem konnten nur 9 von 36 Heizkörper (25 %) erkannt werden und 26 von 151 elektrischen Anschlüssen (17 %). Dies kann allerdings mit dem Zustand des Krankenhauses begründet werden, da dieses vor der Begehung ca. 6 Jahre leer stand und in dieser Zeit einige Bauteile z. T. stark beschädigt wurden. Aber die Erfassung war auch durch Möbel und Textilien in den Räumen beeinträchtigt.

Nach einer zweiten durchgeführten Begehung des Krankenhauses erfolgte der selektive Rückbau durch die Praxispartner. Während der größte Teil des Komplexes konventionell abgebrochen und abgefahren wurde, erfolgte der Rückbau des ausgewählten Krankenhausflurs selektiv. Dabei wurden alle enthaltenen Bauteile aufgelistet und verwogen.

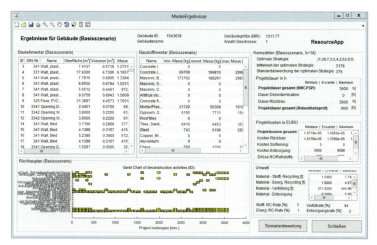

Bild 7: Ausgabemaske ResourceApp mit Bauteilinventar (Bauteilliste), Materialinventar (Baustoffliste) sowie exemplarischem Projektplan (Gantt-Chart mit Zeit (x-Achse), Ressourcen (y-Achse) und Aktivitäten (in Gelb)) (Quelle: Rebekka Volk/KIT)

4. AUSBLICK

Für den in diesem Projekt entwickelten ResourceApp-Ansatz besteht auch weiterhin hoher Forschungsbedarf. So ist die Erfassung und Verarbeitung von sehr komplexen Daten gefordert (Bauteilvielfalt, Gebäudestrukturen). Dabei ist die zukünftige Datenverarbeitung (hohe Datenmengen und Rechenzeiten) abhängig von aktuellen technischen Entwicklungen entsprechender Sensoren und Rechenleistungen der Computer.

Effizienzpotenzial

Da Gebäude große, komplexe Produkte sind, die aus vielen einzelnen Bauteilen und Komponenten bestehen, und jedes Gebäude einzigartig in seiner Kombination dieser Bauteile und Komponenten ist, ist es schwierig, die enthaltenen Rohstoffe zu erfassen und das Effizienzpotenzial eines Gebäudes zu ermitteln. Hinsichtlich des deutschen Gebäudebestands haben vergangene Studien den Gebäudebestand bereits in zahlreiche Gebäudetypen für eine Hochrechnung unterteilt [IWU 2005, IWU 2011, IWU 2012], aber meist fokussieren diese auf die energetische Qualität der Gebäude und nicht auf ihre Rohstoffzusammensetzung. Neuere Arbeiten zur Rohstoffzusammensetzung von Gebäuden basieren auch nicht auf erfassten Einzelgebäuden, sondern auf Materialflussanalysen und Hochrechnungen [Schiller et al. 2010, Schiller et al. 2015]. Aus den Projektergebnissen aus wenigen Testgebäuden kann nicht auf die typische Zusammensetzung eines Gebäudetyps geschlossen werden. Daher wurde im Rahmen des Projektes auf eine Hochrechnung des Rohstoffeffizienzpotenzials auf den deutschen Gebäudebestand verzichtet.

Ergebnisverwertung

Die Projektidee und der Projektfortschritt wurden bereits in zahlreichen Konferenzbeiträgen sowie in einigen Veröffentlichungen publiziert (siehe Veröffentlichungen des Verbundvorhabens). Auch entstanden Ansätze für Folgeprojekte, welche in Form einer Projektskizze „Mobile digitale Gebäudeerfassung, Schadstoffanalyse und schadstoffberücksichtigende Planung und Durchführung von Sanierungs- und Abbruchmaßnahmen in Bestandsgebäuden zur Verbesserung des Gesundheits- und Umweltschutzes (Akronym: ‚HealthSense')" im Juli 2015 beim Bundesministerium für Bildung und Forschung (BMBF) im Rahmen des F&E-Programms „Zukunft der Arbeit" mit dem Forschungsschwerpunkt: „Arbeit in der digitalisierten Welt" eingereicht wurde.

Nach Projektende werden die finalen Projektergebnisse zusammengefasst, veröffentlicht und weiter auf geeigneten Fachforen präsentiert.

Offene Fragen / Forschungsbedarf

Die automatisierte Abbildung realer Verhältnisse in digitalen Modellen und Prozessen ist ein sehr innovativer Ansatz (Stichwort: Industrie 4.0). Es besteht daher großer Forschungsbedarf an der geeigneten Verarbeitung und Integration von Sensordaten im Baubereich sowie deren semantische Modellierung (siehe auch z. B. [Thomson 2015, Xiong et al. 2013, Valero et al. 2012]). Auch die Weiterverwendung der Daten in betrieblichen Prozessen bspw. in Projektplanungssystemen, betrieblichen Enterprise-Resource-Planning(ERP)-Systemen (beschreibt bereichsübergreifende (Software)lösungen für betriebswirtschaftliche Prozesse), Verwertungs-/Abfallmanagementsystemen und deren Dokumentationen in Gebäude-Management-Systemen (FM) oder aktuellen Architektur-Modellierungsprogrammen (BIM) sind wichtige Fragestellungen. Aus der Industrie stark nachgefragt wird neben der Anwendung im Rückbau vor allem die Anwendung in existierenden Gebäuden für das Gebäudemanagement oder für die Planung von Maßnahmen im Bereich der Gebäudesanierung (automatisierte Gebäudeaufnahme als Planungsgrundlage), der Gebäudemodernisierung, des Gebäudeumbaus aber auch im Bereich des Neubaus (Abgleich des vorhandenen geplanten Gebäudemodells mit aktuellen Sensordaten von der Baustelle). Für diese vielversprechenden Anwendungsfelder besteht jedoch weiterer Forschungsbedarf, insbesondere hinsichtlich Erfassung weiterer Bauteiltypen, der Anpassung und detaillierten Inventarisierungsmethodik und Projektplanung sowie Anbindung an vorhandene Gebäudemanagement-Systeme oder Planungssysteme wie CAD/BIM. Zudem könnte das Modell auf andere Bereiche erweitert werden wie bspw. die Aufnahme und die Projektplanung von Infrastrukturen, Kraftwerken oder Verkehrsmitteln.

Für die weitere Anwendung der ResourceApp ist aufgrund der komplexen Gebäudegeometrien und zahlreicher Bauteiltypen in Gebäuden, der hohen Datenvolumen sowie der technischen Grenzen heutiger Sensoren und Computer weiterer Forschungsbedarf vorhanden. In Folgeprojekten könnte das aktuelle ResourceApp-System um weitere zu erkennende Bauteile der tragenden Struktur sowie der technischen Gebäudeausstattung oder der Materialien erweitert werden. Speziell müssten neuere und zusätzliche Sensoren entwickelt werden, bspw. zur Material- oder Schadstofferkennung, oder der Einsatz von Drohnen (u. a. für Außenaufnahmen) getestet werden. Aufgrund der aktuellen technischen Grenzen von Smartphones und Tablets ist die ResourceApp bisher auch noch keine klassische „App", sondern benötigt einen leistungsfähigen Laptop mit externem Sensor zur Verarbeitung der großen Datenmengen. Sobald diese technischen Grenzen überwunden sind, kann die ResourceApp auch als „echte" App in kleineren Geräten angewendet werden. Zudem sind Sensitivitätsanalysen und weitere Funktionalitäts- und Praxistests der ResourceApp erforderlich, um die Beeinflussungsfaktoren des Systems zu ermitteln sowie die Praxistauglichkeit auch in anderen Gebäuden und Gebäudetypen zu zeigen.

Liste der Ansprechpartner aller Vorhabenspartner
Christian Stier Fraunhofer-Institut für Chemische Technologie, Joseph-von-Fraunhofer-Straße 7, 76327 Pfinztal, christian.stier@ict.fraunhofer.de, Tel.: +49 721 4640-225
Rebekka Volk Karlsruher Institut für Technologie (KIT),
Institut für Industriebetriebslehre und Industrielle Produktion (IIP), Hertzstraße 16, 76187 Karlsruhe, rebekka.volk@kit.edu, Tel.: +49 721 608-44699
Neyir Sevilmis Fraunhofer-Institut für Graphische Datenverarbeitung, Fraunhoferstraße 5,
64283 Darmstadt, neyir.sevilmis@igd.fraunhofer.de, Tel.: +49 6151 155-478
Jörg Jäger COSAWA Sanierung GmbH, Lehmkuhlenweg 57, 31224 Peine,
info@cosawa-sanierung.de, Tel.: +49 5171 50580-0
Thomas Arke GPB-Arke, Geotechnisches Planungs- und Beratungsbüro ARKE, Pappelmühle 6, 31840 Hessisch Oldendorf, mail@gpb-arke.de, Tel.: +49 5158 98164
Uwe Panneke WERNER OTTO GmbH, Düth 40, 31789 Hameln,
info@abbruch-otto.de, Tel.: +49 5151 106560

Veröffentlichungen des Verbundvorhabens
[Stier 2014] Stier, C.: „ResourceApp" Erkennung & Erschließung von Rohstoffpotenzialen aus dem Hochbau mittels eines mobilen Systems. Vortrag, URBAN MINING Kongress & r³-Statusseminar „Strategische Metalle. Innovative Ressourcentechnologien", Essen, 12.06.2014
[Stier et al. 2014a] Stier, C.; Bayha, A.; Volk, R.; Sevilmis, N.: ResourceApp – Erkennung und Erschließung von Rohstoffpotenzialen aus dem Hochbau. Vortrag, Jahreskongress des Deutschen Abbruchverbandes 2014, Wiesbaden, 18.–20.09.2014

[Stier et al. 2014b] Stier, C.; Woidasky, J.; Bayha, A.; Stork, A.; Sevilmis, N.; Schultmann, F.; Volk, R.; Stengel, J.: Erkennung und Erschließung von Rohstoffpotenzialen aus dem Hochbau mittels eines mobilen Systems – ResourceApp. Konferenzbeitrag und Poster (2014). In: Ulrich Teipel, Armin Reller (Hrsg.) 3. Symposium „Rohstoffeffizienz + Rohstoffinnovationen", Nürnberg, 05./06.02.2014, Georg-Simon-Ohm-Hochschule Nürnberg, 496 S., Fraunhofer Verlag, Stuttgart, pp. 355 – 362, ISBN 978-3-8396-0668-1, 2014

[Stier et al. 2015a] Stier, C.; Bayha, A.; Forberger, J.; Sevilmis, N; Volk, R.: Erkennung und Erschließung von Rohstoffpotenzialen aus dem Hochbau mittels eines mobilen Systems – ResourceApp. Poster und Tagungsbeitrag, Jahrestagung Aufbereitung und Recycling, 11./12.11.2015, Freiberg, pp. 41 – 42

[Stier et al. 2015b] Stier, C.; Volk, R.; Sevilmis, N.: ResourceApp – zur mobilen Erfassung und Erschließung von Ressourceneffizienzpotenzialen beim Rückbau. Vortrag, Ressourceneffizienz – Baustoffe effizient verwenden, Nutzen und recyceln – Messe Bau 2015, München, 20.01.2015.

[Stier et al. 2015c] Stier, C.; Volk, R.; Sevilmis, N.: ResourceApp. Vortrag, r³-Abschlusskonferenz „Die Zukunftsstadt als Rohstoffquelle – Urban Mining", Bonn, 16.09.2015

[Volk et al. 2014] Volk, R.; Stengel, J.; Schultmann, F.: Building Information Modeling (BIM) for existing buildings – literature review and future needs, Automation in Construction, 2014, pp. 109 – 127

[Volk et al. 2015a] Volk, R.; Hübner, F.; Schultmann, F.: Robust multi-mode resource constrained project scheduling of building deconstruction under uncertainty, 7th Multidisciplinary International Conference on Scheduling: Theory and Applications (MISTA 2015), Prague, Czech Republic, 25.–28.08.2015, pp. 638 – 644

[Volk et al. 2015b] Volk, R.; Sevilmis, N.; Schultmann, F.: Deconstruction project planning based on automatic acquisition and reconstruction of building information for existing buildings, In: Proceedings of SASBE2015, Smart and Sustainable Built Environments Conference, 09.–11.12.2015, Pretoria, South Africa, pp. 47 – 56, ISBN 978-0-7988-5624-9

[Woidasky et al. 2013a] Woidasky, J.; Stier, C.; Stork, A.; Sevilmis, N.; Schultmann, F.; Stengel, J.: Erkennung und Erschließung von Rohstoffpotenzialen aus dem Hochbau. Vortrag und Konferenzbeitrag, 2. Darmstädter Ingenieurkongress, ISBN 978-3-8440-1747-2, Darmstadt, 12.03.2013, S. 669 – 673

[Woidasky et al. 2013b] Woidasky, J.; Stier, C.; Stork, A.; Sevilmis, N.; Bein, M.; Schultmann, F.; Stengel, J.; Volk, R.: Erkennung und Erschließung von Rohstoffpotenzialen aus dem Hochbau. Vortrag, Ressourceneffizienz- und Kreislaufwirtschaftskongress Baden-Württemberg 2013, Forum 12 – Ressourceneffizienz in der Bauwirtschaft. Stuttgart, 13.11.2013

Quellen

[Akbarnezhad et al. 2012] Akbarnezhad, A.; Ong, K.; Chandra, L.; Lin, Z.: „Economic and Environmental Assessment of Deconstruction Strategies Using Building Information Modeling."
In: Proceedings of Construction Research Congress 2012: Construction Challenges in a Flat World, West Lafayette, USA, 2015, pp. 1730 – 1739

[Akbarnezhad et al. 2014] Akbarnezhad, A.; Ong, K.; Chandra, L.: „Economic and environmental assessment of deconstruction strategies using building information modeling" (2014). In: Automation in Construction, 37, pp. 131 – 144

[Cheng und Ma 2012] Cheng, J.; Ma, L.: „A BIM-based System for Demolition and Renovation Waste Quantification and Planning" (2012). In: Proceedings of the 14th International Conference on computing in Civil and Building Engineering (ICCCBE 2012), Moskow

[Donath et al. 2010] Donath, D.; Petzold, F.; Braunes, J.; Fehlhaber, D.; Tauscher, H.; Junge, R.; Göttig, R.: IT-gestützte projekt- und zeitbezogene Erfassung und Entscheidungsunterstützung in der frühen Phase der Planung im Bestand (Initiierungsphase) auf Grundlage eines IFC-basierten CMS. Bundesamt für Bauwesen und Raumordnung, Stuttgart, 2012

[Golem 2016] Voller Körpereinsatz im Wohnzimmer: http://www.golem.de/1011/79226.html; 19.04.2016

[Hinterstoisser et al. 2010] Hinterstoisser, S.; Lepetit, V.; Ilic, S.; Fua, P.; Navab, N.: Dominant Orientation Templates for Real-Time Detection of Texture-Less Objects. IEEE Computer Society Conference on Computer Vision and Pattern Recognition (CVPR), San Francisco, California (USA), June 2010

[Rusinkiewicz et al. 2001] Rusinkiewicz, S.; Levoy, M.: Efficient Variants of the ICP Algorithm. Third International Conference on 3D Digital Imaging and Modeling (3DIM), June 2001

[Lowe et al. 1999] Lowe, D. G.: Object Recognition from Local Scale-Invariant Features.
In: ICCV, 99 Proceedings of the International Conference on Computer Vision. Band 2, pp. 1150 – 1157

[Huber et al. 2011] Huber, D.; Akinci, B.; Adan, A.; Anil, E.; Okorn, B.; Xiong, X.: „Methods for Automatically Modeling and Representing As-built Building Information Models." In: Proceedings of the NSF CMMI Research Innovation Conference, 2011

[IBM 2016] CPLEX Optimizer – High-performance mathematical programming solver for linear programming, mixed integer programming, and quadratic programming http://www-01.ibm.com/software/commerce/optimization/cplex-optimizer/index.html (letzter Abruf: 30.06.2016)

[IWU 2005] IWU: Deutsche Gebäudetypologie – Systematik und Datensätze. In: Institut Wohnen und Umwelt, Darmstadt, 2005

[IWU 2011] IWU: Deutsche Gebäudetypologie – Beispielhafte Maßnahmen zur Verbesserung der Energieeffizienz von typischen Wohngebäuden. In: Institut Wohnen und Umwelt, Darmstadt 2011

[IWU 2012] IWU: TABULA – Scientific Report Germany – Further Development of the German Building Typology. In: Institut Wohnen und Umwelt GmbH, Oktober 2012 http://episcope.eu/fileadmin/tabula/public/docs/scientific/DE_TABULA_ScientificReport_IWU.pdf

[Schiller et al. 2010] Schiller, G.; Deilmann, C.; Gruhler, K.; Röhm, P.: Ermittlung von Ressourcenschonungspotenzialen bei der Verwertung von Bauabfällen und Erarbeitung von Empfehlungen zu deren Nutzung. In: Umweltbundesamt (UBA)-Texte 56/2010, ISSN: 1862-4804, Dessau-Roßlau, http://www.umweltbundesamt.de/publikationen/ermittlung-von-ressourcenschonungspotenzialen-bei, 2010

[Schiller et al. 2015] Schiller et al.: Kartierung des anthropogenen Lagers in Deutschland zur Optimierung der Sekundärrohstoffwirtschaft, In: Umweltbundesamt (UBA)-Texte 83/2015, ISSN: 1862-4804, Dessau-Roßlau, http://www.umweltbundesamt.de/publikationen/kartierung-des-anthropogenen-lagers-in-deutschland, 2015

[Statistik Portal 2015] Statistik Portal: http://www.statistik-portal.de/Statistik-Portal/de_jb10_jahrtabu12.asp; 22.09.2015

[Thomson und Boehm 2015] Thomson, C.; Boehm, J.: „Automatic Geometry Generation from Point Clouds for BIM" (2015). In: Remote Sensing, 7(9), pp. 11753 – 11775

[Valero et al. 2012] Valero, E.; Adan, A.; Cerrada, C.: „Automatic Construction of 3D Basic-Semantic Models of Inhabited Interiors Using Laser Scanners and RFID Sensors" (2012). In: Sensors, 12, pp. 5705 – 5724

[Xiong et al. 2013] Xiong, X.; Adan, A.; Akinci, B.; Huber, D.: „Automatic creation of semantically rich 3D building models from laser scanner data" (2013). In: Automation in Construction, 31, pp. 325 – 337

27. ESSENZ – Integrierte Methode zur Messung und Bewertung von Ressourceneffizienz

Vanessa Bach, Markus Berger, Laura Schneider (TU Berlin), Martin Henßler, Klaus Ruhland (Daimler AG), Martin Kirchner, Elmar Rother (Evonik Techn. & Infr. GmbH), Stefan Leiser (Knauer Wissenschaftliche Geräte GmbH), Lisa Mohr, Wolfgang Volkhausen (ThyssenKrupp Steel Europe AG), Ladji Tikana (Deutsches Kupferinstitut), Frank Walachowicz (Siemens AG)

Projektlaufzeit: 01.08.2012 bis 30.11.2015   Förderkennzeichen: 033R094

ZUSAMMENFASSUNG

Tabelle 1: Zielwertstoffe

Zielwertstoffe im r³ Projekt ESSENZ	
Metalle	Fossile Rohstoffe

In den vergangenen Jahrzehnten ist der Bedarf an Ressourcen durch die zunehmende Bedeutung industrieller und technischer Prozesse enorm gestiegen. Der effiziente Einsatz von Ressourcen ist auf europäischer sowie auf deutscher Ebene als eines der wichtigsten Ziele für eine nachhaltige Entwicklung definiert. Bisher existierten allerdings keine Methoden, die eine umfassende Bewertung der Ressourceneffizienz ermöglichen, bei der alle Aspekte der Nachhaltigkeit betrachtet werden.

In einem Konsortium, bestehend aus der TU Berlin (TUB) und den sechs Industriepartnern Daimler, Deutsches Kupferinstitut, Evonik, Knauer, Siemens und ThyssenKrupp, wurde eine integrierte Methode zur ganzheitlichen Berechnung/Messung von Ressourceneffizienz im Kontext der Nachhaltigkeit (ESSENZ-Methode) – mit dem Fokus auf abiotischen Ressourcen (überwiegend Metalle und fossile Rohstoffe) – entwickelt.

Unter Ressourceneffizienz wird im Allgemeinen das Verhältnis aus einem Nutzen und den dafür benötigten Ressourcen verstanden. Um Ressourceneffizienz von Produkten, Prozessen und Dienstleistungen umfassend abzubilden und eine belastbare, transparente Einschätzung zu ermöglichen, betrachtet die ESSENZ-Methode neben den eingesetzten Rohstoffmengen die vier Dimensionen:
- „Verfügbarkeit" (aufgeteilt in physische und sozio-ökonomische Verfügbarkeit),
- „Gesellschaftliche Akzeptanz",
- „Umweltauswirkungen" und
- „Nutzen".

Insgesamt wurden 21 Aspekte untersucht und mit Indikatoren messbar gemacht. Für das im Projekt untersuchte Produktportfolio, bestehend aus 36 Metallen und 4 fossilen Rohstoffen, standen Indikatorwerte zur Verfügung. Zudem standen zur Erleichterung der Anwendung Tabellenkalkulations-Tools bereit.

Die Methode ist wissenschaftlich konsistent, praktisch und branchenübergreifend anwendbar, wie in mehreren Fallstudien nachgewiesen werden konnte. Sie kann sowohl für die Analyse eines Produktes als auch für mehrere Produktalternativen Verwendung finden.

1. EINLEITUNG

Die wachsende Weltbevölkerung und die damit verbundene Güternachfrage sowie die vorherrschenden Produktions- und Konsummuster führten in den letzten Jahrzehnten zu einer intensiven Beanspruchung natürlicher Ressourcen [BIO Intelligence Service 2012]. Natürliche Ressourcen, u. a. Metallerze, Frischwasser oder saubere Luft, bilden dabei die Grundlage jeglicher Wirtschaftsaktivitäten. Daher ist neben dem Zugang zu Ressourcen auch der Schutz der Umwelt bedeutend und ein wesentlicher Aspekt für eine nachhaltige Entwicklung [Angerer et al. 2009]. Eine nachhaltige Entwicklung kennzeichnet, dass sowohl die Bedürfnisse der jetzigen Generation erfüllt als auch die Möglichkeiten künftiger Generationen, ihre Bedürfnisse zu befriedigen, nicht gefährdet werden. Dabei werden in der nationalen Nachhaltigkeitsstrategie die drei Dimensionen Umwelt, Soziales und Wirtschaft gleichberechtigt betrachtet [Bundesregierung Deutschland 2012]. Bei der Entwicklung von innovativen und umweltfreundlicheren Produkten, Technologien und Herstellungsverfahren ist daher neben dem Zugang zu den benötigten Ressourcen auch deren effizienter Einsatz über den gesamten Lebensweg von großer Bedeutung [Schneider et al. 2016].

Aus diesem Grund ist die Steigerung des Nutzens (bzw. gleichbleibender Nutzen) bei gleichzeitiger Reduzierung des Ressourceneinsatzes und der Umweltbelastung zentraler Bestandteil nationaler und internationaler Strategien (z. B. Deutsches Ressourceneffizienzprogramm [BMUB 2015], Deutsche Nachhaltigkeitsstrategie [Bundesregierung Deutschland 2012], EU Resource Efficiency Roadmap [European Commission 2011]).

Unter Ressourceneffizienz wird im Allgemeinen das Verhältnis aus Wertschöpfung und dem dafür benötigten Ressourceneinsatz verstanden:

$$Ressourceneffizienz = \frac{Wertschöpfung}{Ressourceneinsatz}$$

Bestehende Ansätze zur Messung des Ressourceneinsatzes (z. B. Materialintensität pro Serviceeinheit (MIPS) [Ritthoff et al. 2002]) fokussieren ausschließlich auf die Materialmenge. Mengenbezogene Kennzahlen sind zwar einfach zu ermitteln und gut zu kommunizieren, allerdings geben die Materialmengen weder über die damit verbundenen Umweltauswirkungen noch über die Verfügbarkeit Auskunft und entsprechen deshalb heute nicht mehr dem Stand der Wissenschaft. Für eine umfassende Analyse von Ressourceneffizienz müssen neben dem Rohstoffeinsatz auch die Umweltauswirkungen im Zusammenhang mit dem Abbau und dem Nutzen des untersuchten Produktsystems sowie die Verfügbarkeit der eingesetzten Rohstoffe unter Berücksichtigung von heutigem und zukünftigem Bedarf einbezogen werden. Dies ist vor allem deshalb von großer Bedeutung, weil dadurch eine Verlagerung von Umweltwirkungen und Versorgungsrisiken vermieden werden kann [Schneider 2014]. Ressourcen sind verschiedenste Mittel, die es ermöglichen eine bestimmte Handlung oder einen Vorgang auszuüben. Im ESSENZ-Projekt umfassen Ressourcen die in Bild 1 aufgeführten Punkte: Rohstoffe (mit dem Fokus auf Metallen und fossilen Rohstoffen) sowie deren Verfügbarkeit, das Ökosystem (Verringerung von Umweltauswirkungen) und die soziale Akzeptanz (menschlichen Gesundheit).

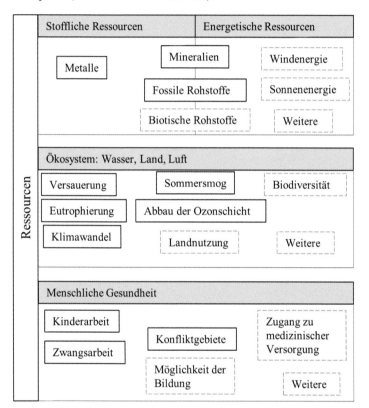

Bild 1: Definition des Begriffes Ressourcen nach der ESSENZ-Methode (grau unterlegte Kästchen: betrachtete Aspekte der Ressourceneffizienz; grau gestrichelte Kästchen: in der ESSENZ-Methode nicht quantifizierbare Aspekte)

Unter Wertschöpfung wird zumeist der Nutzen des untersuchten Produktsystems verstanden. Dieser lässt sich sowohl monetär als auch über physikalische Parameter abbilden. Im ESSENZ-Projekt wurde der Nutzen des untersuchten Produktsystems als Kennzahl für die Wertschöpfung verwendet. Der Nutzen wird über die funktionelle Einheit des untersuchten Produktsystems quantifiziert.

Somit ergibt sich für die ESSENZ-Methode die folgende Gleichung:

$$Ressourceneffizienz = \frac{Nutzen}{Ressourcen}$$

Die in der ESSENZ-Methode betrachteten Dimensionen sind in Bild 2 dargestellt und umfassen „Verfügbarkeit", „Gesellschaftliche Akzeptanz", „Umweltauswirkungen" sowie „Nutzen". Die Dimension „Verfügbarkeit" ist untergliedert in „Physische Verfügbarkeit" und „Sozio-ökonomische Verfügbarkeit".

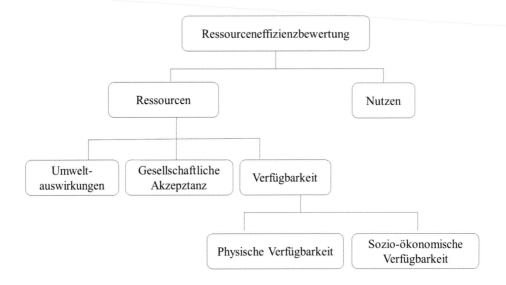

Bild 2: Dimensionen der Ressourceneffizienzbewertung in der ESSENZ-Methode

Die Bewertung der Ressourceneffizienz mit der ESSENZ-Methode ist an die Ökobilanz-Methodik [International Organization for Standardization 2006] angelehnt und erfolgt somit über den gesamten Lebenszyklus. Dabei spielt die Verfügbarkeit der Inventardaten eine große Rolle. Für die Bewertung der Umweltauswirkungen über den Lebensweg stehen diese vielfach bereit. Für die eingesetzten Materialmengen existieren jedoch Datenlücken, weshalb derzeit vor allem das Mengengerüst des betrachteten Produktes (Vordergrundsystem) betrachtet wird.

2. VORGEHENSWEISE

Für die Auswahl der in der ESSENZ-Methode verwendeten Indikatoren kann das in Bild 3 gewählte Vorgehen genutzt werden. Zunächst wird eine umfassende Analyse der in der Literatur existierenden Methoden (Bottom-up) durchgeführt. Diese werden mithilfe von Meta-Kriterien (z. B. Anwendbarkeit und Aussagekraft) bewertet. Mittels durchgeführter Korrelationsanalysen wird überprüft, ob die Anzahl der gewählten Indikatoren verringert werden kann. Die Ergebnisse der Korrelationsanalyse sowie die Bewertung der Indikatoren mit Meta-Kriterien führen zu einer Vorauswahl an Indikatoren.

Basierend auf nationalen und internationalen Strategien oder Diskussionen in der Gesellschaft (z. B. Handelshemmnisse) werden in einem Top-down-Ansatz weitere relevante Aspekte identifiziert, für die derzeit noch keine Indikatoren existieren. Für diese Aspekte sollten innerhalb des Projektes neue Indikatoren entwickelt werden. Um zu gewährleisten, dass ein Indikatorwert für ein breites Produktportfolio bestimmt werden kann, wurde die Datenverfügbarkeit überprüft. Basierend darauf erfolgte eine Vorauswahl an Indikatoren.

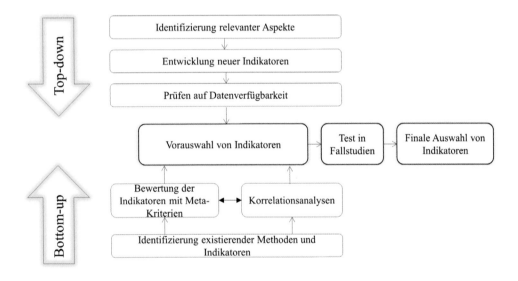

Bild 3: Vorgehen zur Auswahl der Indikatoren der ESSENZ-Methode

Die Indikatoren beider Ansätze werden zusammen in mehreren Fallstudien bei den Projektpartnern getestet, um zu überprüfen, ob ausreichend Inventardaten zur Verfügung stehen und ob die Ergebnisse plausibel sowie die Indikatoren praktisch anwendbar sind. Basierend auf diesen Ergebnissen wird die finale Auswahl der Indikatoren festgelegt. Die ausgewählten Indikatoren finden in der ESSENZ-Methode Anwendung.

3. ERGEBNISSE UND DISKUSSION

Das Ziel des Projektes, eine integrierte Methode zur Messung und Bewertung von Ressourceneffizienz zu entwickeln, die sowohl branchenübergreifend anwendbar, wissenschaftlich konsistent, praktisch umsetzbar als auch von allen Anspruchsgruppen akzeptiert ist, wurde erreicht. Dabei geht die Bewertung in der entwickelten Methode über den klassischen Massenansatz hinaus. In Bild 4 sind die in der ESSENZ-Methode integrierten Dimensionen, Aspekte und Indikatoren dargestellt.

Die Dimension „Verfügbarkeit" gliedert sich in die Unterdimensionen „Physische Verfügbarkeit" und „Sozio-ökonomische Verfügbarkeit". Die „Physische Verfügbarkeit" wird über drei Indikatoren gemessen, die den abiotischen Ressourcenverbrauch des Produktsystems ermitteln. Dabei finden sowohl geologische als auch anthropogene Lagerstätten Betrachtung. Der Abiotic Resource Depletion (ADP) Indikator ist ein seit Jahren in der Ökobilanz [International Organization for Standardization 2006] angewendeter Indikator, mit dem die mineralische und fossile Ressourcenaufzehrung eines Produktsystems bemessen werden kann [Oers et al. 2002]. Der Anthropogenic stock extended Abiotic Depletion Potential (AADP) Indikator wurde von der TUB entwickelt und im ESSENZ-Projekt aktualisiert [Schneider et al. 2011, Schneider et al. 2015]. Der Indikator berücksichtigt neben den geologischen auch anthropogene Vorkommen, die für die Verfügbarkeit der Rohstoffe eine große Rolle spielen können, vor allem wenn die anthropogenen Lagerstätten groß genug sind und das betrachtete Material zurückgewonnen werden kann. Letzteres ist beispielsweise bei Seltenen Erden derzeit noch eine große Herausforderung.

Für die „Sozio-ökonomische Verfügbarkeit" wurden insgesamt 11 Aspekte identifiziert, die ein potenzielles Risiko hinsichtlich der Versorgungssicherheit von Ressourcen darstellen können. Folgende Aspekte werden in der ESSENZ-Methode betrachtet:
- Konzentration der Reserven, der Produktion und Unternehmenskonzentration: Die Konzentration von Rohstoffvorkommen, Produktion und Unternehmen wird über den Herfindahl-Hirschmann-Index (HHI) [Rhoades 1993] ausgedrückt. Der HHI nimmt Werte zwischen 0 und 1 an. Je näher der HHI sich dem Wert 1 annähert, desto größer ist die Konzentration der Reserven, d. h. der Produktion in einem Land bzw. Unternehmen, was einem höheren potenziellen Risiko der Versorgungssicherheit entspricht. Ist beispielsweise das Vorkommen oder der Abbau einer Ressource auf nur wenige Länder beschränkt, kann die Ressource nur aus wenigen Ländern bezogen werden. Sollte eines dieser Länder den Abbau einstellen, führt dies zu einer höheren Länderkonzentration und der HHI würde sich dem Wert 1 stärker annähern.
- Preisschwankungen: Zur Abbildung von Preisschwankungen von Rohstoffen und Produkten wird der Volatilitäts-Indikator der [Bundesanstalt für Geowissenschaften und Rohstoffe 2014] herangezogen. Für die Unternehmen sind schwankende Preise eine große Herausforderung, da die Kosten für die Materialbeschaffung schwer abschätzbar sind und

es potenziell dazu kommen kann, dass die benötigten Ressourcen nicht mehr eingekauft werden können. Dies kann zu einer eingeschränkten Verfügbarkeit führen.

- Minenkapazität: Die statische Reichweite eines Rohstoffes macht eine Aussage darüber, wie lange unter den derzeitigen Bedingungen eine Reserve noch abgebaut werden kann, bevor die bisher erschlossenen Minen und Förderstätten erschöpft sind [Bach et al. 2014a]. Die statische Reichweite ermittelt sich aus den Rohstoffvorkommen in Bezug zur jährlich abgebauten Produktionsmenge. Beträgt die Zeit, in der eine Mine noch betrieben werden kann, nur noch wenige Jahre, muss zeitnah ein neues Bergwerk eröffnet werden. Die durchschnittliche Zeit bis zur Eröffnung einer Mine beträgt um die zehn Jahre. Somit kann es in dieser Zeit zu einer potenziellen Einschränkung der Verfügbarkeit kommen.
- Primärmaterialeinsatz: Der Primärmaterialeinsatz lässt sich über den Recyclinganteil der jeweiligen Ressource ableiten [Schneider et al. 2013]. Der Druck auf die Verfügbarkeit des Primärmaterials erhöht sich, wenn wenig Sekundärmaterialien zur Verfügung stehen. So kann es zu einer Einschränkung der Verfügbarkeit kommen.
- Koppelproduktion: Kommt es zu einem eingeschränkten Abbau der Hauptprodukte, hat dies einen unmittelbaren Einfluss auf die Verfügbarkeit der Nebenprodukte [Graedel et al. 2012]. Dies sind Rohstoffe, die zusätzlich zum Hauptprodukt gefördert werden. Die Bedeutung der Koppelproduktion für die Verfügbarkeit eines Materials kann über den Anteil des durch Koppelproduktion gewonnenen Materials bestimmt werden.
- Nachfragewachstum: Das Nachfragewachstum eines Rohstoffes wird über das prozentuale Wachstum der letzten 5 Jahre bestimmt [Schneider 2014]. Übersteigt die Nachfrage nach einer Ressource deren derzeitige Produktionsmenge um ein Vielfaches, kann es zu einer Einschränkung der Verfügbarkeit kommen.
- Handelshemmnisse: Die Einschränkung der Verfügbarkeit aufgrund von Handelshemmnissen und die daraus resultierenden Auswirkungen auf den Austausch von Waren und Dienstleistungen werden mit dem Enabling Trade Index (ETI) [Hanouz et al. 2014] ermittelt. Der ETI kann Werte von 0–7 annehmen. Je näher der Wert an 7 ist, desto höher sind die Handelshemmnisse für das betrachtete Material. Vermehrte Einschränkungen des Handels bedeuten auch ein höheres potenzielles Risiko der Versorgungssicherheit.
- Politische Stabilität: Mithilfe des World Governance Indicators [Kaufmann et al. 2011] lässt sich die politische Stabilität eines Landes abschätzen. Bei der Bewertung von geostrategischen Risiken der Rohstoffversorgung ist die politische Stabilität von rohstoffproduzierenden Ländern von großer Bedeutung. Instabile Zustände können zu einer eingeschränkten Verfügbarkeit führen.
- Realisierbarkeit von Explorationsvorhaben: Gesetze oder Bürgerbewegungen eines Landes können beispielsweise dazu führen, dass eine Erschließung neuer Minen viel Zeit in Anspruch nimmt oder gar nicht stattfindet. Eine mögliche Folge ist, dass Rohstoffe nicht mehr in den benötigten Mengen gefördert werden können und somit ihre Verfügbarkeit eingeschränkt ist. Der Aspekt wird mit dem Policy Potential Index [Cervantes et al. 2013] quantifiziert.

Da im ESSENZ-Projekt Ressourceneffizienz im Kontext einer nachhaltigen Entwicklung bewertet wird, müssen auch soziale Gesichtspunkte Betrachtung finden. Darüber hinaus fließen soziale Aspekte (z. B. Arbeitsbedingungen) zunehmend stärker in Kaufentscheidungen und somit den Erfolg eines Produktes ein. Für Unternehmen bedeutet dies unter Umständen folgendes: Wenn die gesellschaftliche Akzeptanz eines Materials oder Produktes gering ist, kann es trotz physischer und sozio-ökonomischer Verfügbarkeit nicht vom Unternehmen eingesetzt werden (z. B. Coltan in Smartphones [Manhart et al. 2012]). Daher wird in der ESSENZ-Methode die Einhaltung von sozialen Standards analysiert. Neben der Verletzung von sozialen Standards kann auch die Nichteinhaltung von Umweltstandards zu einer eingeschränkten gesellschaftlichen Akzeptanz führen. Daher wird in der ESSENZ-Methode auch die Einhaltung von Umweltstandards quantifiziert.

Für die Bewertung der Umweltauswirkungen werden die fünf Aspekte Klimawandel, Versauerung, Eutrophierung, Abbau der Ozonschicht und Bildung photochemischer Substanzen betrachtet, die mit Indikatoren aus der Ökobilanz gemessen werden [Bach et al. 2014a, Bach et al. 2014b].

Im Projekt ESSENZ wird zudem die Wertschöpfung über den Nutzen des Produktsystems abgebildet und mit der funktionellen Einheit (= Messgröße aus der Ökobilanz, die den Nutzen des untersuchten Systems quantifiziert [International Organization for Standardization 2006]) gemessen. Um die Ressourceneffizienz eines Produktsystems zu ermitteln, müssen die Aspekte aller Dimensionen bestimmt und mit dem Nutzen des Produktsystems in Bezug gesetzt werden:

$$RE = \frac{Nutzen}{Physische\ \&\ sozio\text{-}\ddot{o}konomische\ Verf\ddot{u}gbarkeit + Umweltauswirkungen + gesellschaftliche\ Akzeptanz}$$

Eine Aggregation der Indikatoren wird in der ESSENZ-Methode nicht angewendet, da eine Aggregation auch immer die Festlegung einer Gewichtung erfordert. Derzeit liegen keine Erfahrungen mit der Gewichtung der einzelnen Dimensionen vor. Diese Thematik wird für die Bewertung der Umweltauswirkungen in der Ökobilanz-Gemeinschaft seit Jahren ergebnislos diskutiert [Finkbeiner et al. 2014]. Für die Dimension der sozio-ökonomischen Verfügbarkeit wurde sie noch nicht einmal begonnen.

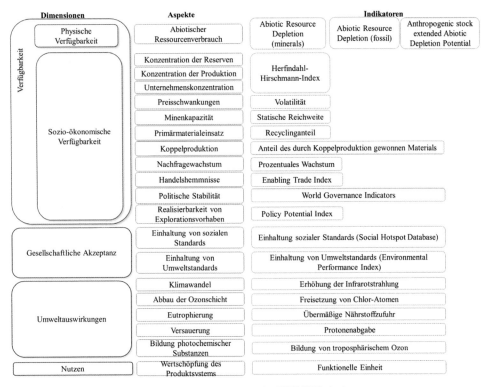

Bild 4: Betrachtete Dimensionen, Kategorien und Indikatoren der ESSENZ-Methode

4. AUSBLICK

Da die Komplexität der hergestellten Produkte und auch die Menge der in der Wirtschaft eingesetzten Rohstoffe in den letzten Jahrzehnten enorm zugenommen hat, ist neben der Masse auch die Bewertung der Verfügbarkeit der einzelnen Materialien wichtig. Zusätzlich nimmt auch die Verschmutzung der Umwelt immer weiter zu, sodass die Bewertung der Ressource „Umwelt" anhand des Ausmaßes negativer Umweltauswirkungen in der Ressourceneffizienz essenziell ist. Soziale Aspekte bei der Herstellung von Produkten erlangen zunehmend mehr Bedeutung und sollten daher ebenfalls in die Ressourceneffizienzbewertung integriert werden. Dies zeigt, dass die Entscheidungsfindung immer komplexer wird und eine mehrdimensionale Betrachtung erforderlich ist. Die Entwicklung einer Methode, die verschiedene Aspekte integriert und deren gemeinsame Untersuchung erlaubt, war somit erforderlich.

Die entwickelte ESSENZ-Methode ist branchenweit anwendbar und kann somit bei zukünftiger Anwendung zu einer besseren Bewertung der Ressourceneffizienz von Produkten und damit auch von Unternehmen beitragen. Indem Produkte transparent hinsichtlich ihrer Umweltauswirkungen, ihrer gesellschaftlichen Relevanz und der Verfügbarkeit der verwendeten Materialien untersucht werden, bekommen Unternehmen die spezifischen Hotspots ihrer Produktsysteme aufgezeigt und können eine Entscheidung z. B. zugunsten eines Produktes mit einer höheren Ressourceneffizienz treffen. Somit können sie gezielt Entscheidungen treffen, um die Ressourceneffizienz ihrer Produkte zu erhöhen. Die Betrachtung anderer Gesichtspunkte über die Masse der Materialien hinaus bietet ein umfassenderes Bild der Ressourceneffizienz, welches es auch ermöglicht, Trade-offs zwischen den Dimensionen aufzuzeigen.

Ein Leitfaden zur ESSENZ-Methode ist als Open-Access-Buch veröffentlicht und dementsprechend für jedermann frei zugänglich [Bach 2016].

Die ESSENZ-Methode dient der Bewertung von Produkten und orientiert sich an der etablierten Methode der Ökobilanz und bewertet somit die Mikro-Ebene. Dennoch ist es auch möglich, die ESSENZ-Methode sowie die ermittelten Faktoren für die Verwendung auf Meso- (Unternehmensebene) und Makro-Ebene (Länder-Ebene) anzuwenden. In der Meso-Ebene wird die Ressourceneffizienz eines Unternehmens gemessen. Dies geschieht bereits teilweise, da die betrachteten Produkte und Prozesse Bestandteil von Unternehmen sind. In einem nächsten Schritt könnte die ESSENZ-Methode mit der Methode „Ökobilanz von Unternehmen/Organizational LCA" [Martínez-Blanco et al. 2015] verknüpft werden, um so die Ressourceneffizienz des gesamten Unternehmens besser bewerten zu können. Auf Makro-Ebene wird derzeit zur Messung der Ressourceneffizienz ein Leitindikator aus Bruttoinlandsprodukt (BIP) und dem inländischen Materialverbrauch (DMC) empfohlen [European Commission 2015]. Dieser wird jedoch vielfach kritisiert (z. B. [Berger and Finkbeiner 2008, Fischer-Kowalski et al. 2011, Schneider et al. 2016]), weil er Ressourceneffizienz nicht adäquat widerspiegelt. In weiteren Ebenen des Indikatorsets werden auch Umweltauswirkungen betrachtet. Einschränkungen durch sozio-ökonomische Gegebenheiten werden bei dem Konzept nicht betrachtet, jedoch wird die Kritikalität von Metallen für Europa in einem separaten Forschungsprojekt bestimmt [European Commission 2010]. Die ESSENZ-Methode bietet die Möglichkeit, diese verschiedenen Schnittstellen zu vereinen und erlaubt dadurch eine integrierte Ressourceneffizienzbewertung auf der Makro-Ebene, in der sowohl die physische und sozio-ökonomische Verfügbarkeit von Rohstoffen als auch die Umweltwirkungen berücksichtigt werden.

Bisher konnte die ESSENZ-Methode vor allem für Produkte, die aus Metallen und fossilen Rohstoffen bestehen und in r^3-Projekten im Fokus standen, angewendet werden. Erste Studien haben hingegen gezeigt, dass auch weitere Rohstoffe, z. B. mineralische und biotische Rohstoffe, mit dem methodischen Grundgerüst des Ansatzes ausgewertet werden können. Dies wurde in drei Fallstudien für Ammoniak, Phosphor und Holz verifiziert. Die Fallstudien zeigten, dass von den in der ESSENZ-Methode identifizierten Kategorien (z. B. statische Reichweite) ca. 1–2 Kategorien keine Bedeutung beikam, hingegen ca. 2–3 Kategorien ergänzt werden mussten, um alle wichtigen Aspekte des betrachteten Rohstoffes zu berücksichtigen. Die Entwicklung eines Single-Score-Indikators ist aus Sicht einer einfacheren Ergebniskommunikation wünschenswert. Daher sollte diese Thematik zukünftig näher untersucht werden.

Liste der Ansprechpartner aller Vorhabenspartner

Prof. Dr. rer. nat. Matthias Finkbeiner TU Berlin, Straße des 17. Juni 135, 10623 Berlin, matthias.finkbeiner@tu-berlin.de, Tel.: +49 30 314-24341

Dr. Klaus Ruhland Daimler AG, Konzernumweltschutz, RD/RSE, 70546 Stuttgart, HPC G211, klaus.ruhland@daimler.com

Dr. Martin Kirchner Evonik Techn. & Infr. GmbH, Paul-Baumann-Straße 1, 45772 Marl, martin.mk.kirchner@evonik.com

Stefan Leiser Knauer Wissenschaftliche Geräte GmbH, Hegauer Weg 38, 14163 Berlin, Leiser@knauer.net

Lisa Mohr ThyssenKrupp, Umwelt- und Klimaschutz, Nachhaltigkeit, Kaiser-Wilhelm-Straße 100, 47166 Duisburg, lisa.mohr@thyssenkrupp.com

Dr. Ladji Tikana Deutsches Kupferinstitut, Am Bonneshof 5, 40474 Düsseldorf, ladji.tikana@copperalliance.de

Frank Walachowicz Siemens AG, Corporate Technology (CT RTC PET SEP-DE), Siemensdamm 50, 13629 Berlin, Frank.Walachowicz@siemens.com

Veröffentlichungen des Verbundvorhabens

[Bach et al. 2016] Bach, V.; Berger, M.; Henssler, M.; Kirchner, M.; Leiser, S.; Mohr, L.; Rother, E.; Ruhland K.; Schneider, L.; Tikana, L.; Volkhausen, W.; Walachowicz, F.; Finkbeiner, M.: Messung von Ressourceneffizienz mit der ESSENZ-Methode – Integrierte Methode zur ganzheitlichen Berechnung (2016). Springer Verlag, Berlin/Heidelberg 2016, ISBN 978-3-662-49263-5, http://www.springer.com/de/book/9783662492635

[Bach et al. 2015] Bach, V.; Brüggemann, R.; Finkbeiner, M.: Using partial order to analyze characteristics of resource availability indicators (2015). In: Simulation in Umwelt- und Geowissenschaften, J.Wittmann & Ralf Wieland (Hrsg.), Shaker Verlag, Aachen 2015, S. 11 – 17, ISBN978-3-8440-3914-6

[Bach et al. 2014] Bach V.; Schneider, L.; Berger, M.; Finkbeiner, M.: ESSENZ-Projekt: Entwicklung einer Methode zur Bewertung von Ressourceneffizienz auf Produktebene (2014): In: 3. Symposium Rohstoffeffizienz und Rohstoffinnovation, Teipel, U.; Reller, A. (eds.), Fraunhofer Verlag, Stuttgart, S. 463 – 474, ISBN 978-3-8396-0668-1

[Bach et al. 2014] Bach, V.; Schneider, L.; Berger, M.; Finkbeiner, M.: Methoden und Indikatoren zur Messung von Ressourceneffizienz im Kontext der Nachhaltigkeit (2014). In: Recycling und Rohstoffe, Band 7, Thomé-Kozmiensky, K. J.; Goldmann, D., ISBN: 978-3-944310-09-1, S. 87 – 101

[Schneider et al. 2016] Schneider, L.; Bach, V.; Finkbeiner. M.: LCA Perspectives for Resource Efficiency Assessment (2016). In: Special types of LCA. Springer Berlin / Heidelberg 2016, in press

[Schneider et al. 2015] Schneider, L.; Berger, M.; Finkbeiner, M.: Abiotic resource depletion in LCAbackground and update of the anthropogenic stock extended abiotic depletion potential (AADP) model (2015). In: The International Journal of Life Cycle Assessment, 20(5), pp. 709 – 721

[Schneider et al. 2014] Schneider, L.; Berger, M.; Schüler-Hainsch, E.; Knöfel, S.; Ruhland, K.; Mosig, J.; Bach, V.; Finkbeiner, M.: The economic resource scarcity potential (ESP) for evaluating resource use based on life cycle assessment (2014). In: The International Journal of Life Cycle Assessment, 19 (3), pp. 601 – 610

[Schneider et al. 2013] Schneider, L.; Berger, M.; Finkbeiner, M.: Measuring resources scarcity – limited availability despite sufficient reserves (2013). In: JRC scientific and policy reports: Security of supply and scarcity or raw materials, L. Mancini, C. De Camillis, D. Pennington (eds.), Publications Office of the European Union, Luxembourg, chap. 8, pp. 32 – 34, ISBN 978-92-79-32520-5

Quellen

[Angerer et al. 2009] Angerer, G.; Erdmann, L.; Marscheider-Weidemann, F.; et al: Rohstoffe für Zukunftstechnologien (2009). Schlussbericht. Im Auftrag des Bundesministeriums für Wirtschaft und Technologie Referat III A 5 – Mineralische Rohstoffe, Berlin

[Bach et al. 2016] Bach, V.; Berger, M.; Henssler, M.; Kirchner, M.; Leiser, S.; Mohr, L.; Rother, E.; Ruhland K.; Schneider, L.; Tikana, L.; Volkhausen, W.; Walachowicz, F.; Finkbeiner, M.: Messung von Ressourceneffizienz mit der ESSENZ-Methode – Integrierte Methode zur ganzheitlichen Berechnung (2016). Springer Verlag, Berlin/Heidelberg, ISBN 978-3-662-49263-5, http://www.springer.com/de/book/9783662492635

[Bach et al. 2014a] Bach, V.; Schneider, L.; Berger, M.; Finkbeiner, M.: Methoden und Indikatoren zur Messung von Ressourceneffizienz im Kontext der Nachhaltigkeit (2014). In: Thomé-Kozmiensky, K. J.; Goldmann, D. (Hrsg.): Recycling und Rohstoffe. S. 87 – 101

[Bach et al. 2014b] Bach, V.; Schneider, L.; Berger, M.; Finkbeiner, M.: ESSENZ-Projekt: Entwicklung einer Methode zur Bewertung von Ressourceneffizienz auf Produktebene (2014). In: 3. Symposium Rohstoffeffizienz und Rohstoffinnovation. Fraunhofer Verlag, S. 463 – 474

[Berger and Finkbeiner 2008] Berger, M.; Finkbeiner, M.: Methoden zur Messung der Ressourceneffizienz (2008). In: Recycling und Rohstoffe, Band 1. Berliner Rohstoff- und Recyclingkonferenz, 05./06.09.2008, Berlin

[BIO Intelligence Service 2012] BIO Intelligence Service – Assessment of resource efficiency indicators and targets (2012). Final report prepared for the European Commission, DG Environment. Institute for Social Ecology (SEC) and Sustainable Europe Research Institute (SERI)

[Bundesregierung Deutschland 2012] Bundesregierung Deutschland (2012): Nationale Nachhaltigkeitsstrategie Fortschrittsbericht 2012. http://www.bundesregierung.de/Webs/Breg/DE/Themen/Nachhaltigkeitsstrategie/1-die-nationale-nachhaltigkeitsstrategie/nachhaltigkeitsstrategie/_node.html;jsessionid=AB7764D74BA79942AF3B8D330034811D.s3t2

[Bundesanstalt für Geowissenschaften und Rohstoffe 2014] Bundesanstalt für Geowissenschaften und Rohstoffe. Volatilitätsmonitor 2014

[BMUB 2015] BMUB (2015) Überblick zum Deutschen Ressourceneffizienzprogramm (ProgRess). http://www.bmub.bund.de/themen/wirtschaft-produkte-ressourcen/ressourcen effizienz/progress-das-deutsche-ressourceneffizienzprogramm/

[European Commission 2010] European Commission Critical raw materials for the EU, Report of the Ad-hoc Working Group on defining critical raw materials (2010). Eucom 39:1–84. doi: 10.1002/eji.200839120.IL-17-Producin

[European Commission 2011] European Commission: Roadmap to a Resource Efficient Europe (2011)

[European Commission 2015] European Commission Resource Efficiency. The Roadmap's approach to resource efficiency indicators (2015). http://ec.europa.eu/environment/resource_efficiency/targets_indicators/roadmap/index_en.htm. Accessed 01.08.2015

[Fischer-Kowalski et al. 2011] Fischer-Kowalski, M.; Swilling, M.; von Weizsäcker EU; et al: Decoupling natural resource use and environmental impacts from economic growth (2011). A Report of the Working Group on Decoupling to the International Resource Panel

[Finkbeiner et al. 2014] Finkbeiner, M.; Ackermann, R.; Bach, V.; et al: Challenges in Life Cycle Assessment: An Overview of Current Gaps and Research Needs (2014). In: Background and Future Prospects in Life cycle Assessment. Springer, Berlin/Heidelberg, pp. 207 – 258

[Graedel et al. 2012] Graedel, T. E.; Barr, R.; Chandler, C.; et al: Methodology of metal criticality determination (2012). In: Environ Sci Technol 46: 1063 – 1070. doi: 10.1021/es203534z

[International Organization for Standardization 2006] International Organization for Standardization (2006) ISO 14044: Umweltmanagement – Ökobilanz – Anforderungen und Anleitungen.

[Manhart et al. 2012] Manhart, A.; Riewe, T.; Brommer, E.; Gröger, J.: PROSA Smartphones (2012). In: WwwOekoDe 49: 30 – 40

[Martínez-Blanco et al. 2015] Martínez-Blanco, J.; Inaba, A.; Quiros, A.; et al: Organizational LCA: the new member of the LCA family – introducing the UNEP/SETAC Life Cycle Initiative guidance document (2015). In: Int J Life Cycle Assess 20: 1045 – 1047. doi: 10.1007/s11367-015-0912-9

[Oers et al. 2002] van Oers, L.; Koning, A. de.; Guinée, J. B.; Huppes, G.: Abiotic ressource depletion in LCA Improving characterisation factors for abiotic resource depletion as recommended (2002). In: the Dutch LCA Handbook

[Ritthoff et al. 2002] Ritthoff, M.; Rohn, H.; Liedtke, C.: Calculating MIPS – Resource productivity of products and services (2002). Institute for Climate, Environment and Energy, Wuppertal

[Rhoades 1993] Rhoades, S. A.: The Herfindahl-Hirschman index (1993). Federal Reserve Bulletin, 1993, issue Mar, pp. 188 – 189

[Schneider et al. 2011] Schneider, L.; Berger, M.; Finkbeiner, M.: The anthropogenic stock extended abiotic depletion potential (AADP) as a new parameterisation to model the depletion of abiotic resources (2011). In: Int J Life Cycle Assess 16:929–936. doi: 10.1007/s11367-011-0313-7

[Schneider et al. 2013] Schneider, L.; Berger, M.; Schüler-Hainsch, E.; et al: The economic resource scarcity potential (ESP) for evaluating resource use based on life cycle assessment (2013). In: Int J Life Cycle Assess. doi: 10.1007/s11367-013-0666-1

[Schneider et al. 2015] Schneider, L.; Berger, M.; Finkbeiner, M.: Abiotic resource depletion in LCA – background and update of the anthropogenic stock extended abiotic depletion potential (AADP) model (2015). In: Int J Life Cycle Assess. doi: 10.1007/s11367-015-0864-0

[Schneider et al. 2016] Schneider, L.: A comprehensive approach to model abiotic resource provision capability in the context of sustainable development (2014). Dissertation Technische Universität Berlin 2014

28. INTRA r³+ – Integration und Transfer der r³-Fördermaßnahme

Anke Dürkoop, Philipp Büttner (Helmholtz-Institut Freiberg für Ressourcentechnologie), Stefan Albrecht, Christian Peter Brandstetter (Universität Stuttgart, LBP), Martin Erdmann (BGR/DERA), Gudrun Gräbe, Björn Moller (Fraunhofer ICT), Michael Höck, Kirstin Kleeberg, Lars Rentsch, Katja Schneider (TU Bergakademie Freiberg), Katrin Ostertag, Matthias Pfaff, Christian Sartorius, Luis Tercero Espinoza (Fraunhofer ISI), Michael Szurlies, Hildegard Wilken (BGR/DERA)

Projektlaufzeit: 01.11.2011 bis 31.08.2016   Förderkennzeichen: 033R070

ZUSAMMENFASSUNG

Die r³-Fördermaßnahme wurde von Ende 2011 bis Anfang 2016 durch das Bundesministerium für Bildung und Forschung (BMBF) mit 30 Mio. EUR gefördert. Zusätzlich wurden 12 Mio. EUR Industriemittel in den r³-Verbundprojekten eingesetzt. Die insgesamt 28 r³-Verbundprojekte forschten daran, wie nichtenergetische mineralische Rohstoffe zukünftig effizienter genutzt werden können (Bild 1). Bundesweit waren mehr als 120 Partner in r³ eingebunden, darunter zahlreiche Forschungseinrichtungen und Behörden sowie 69 Industrieunternehmen.

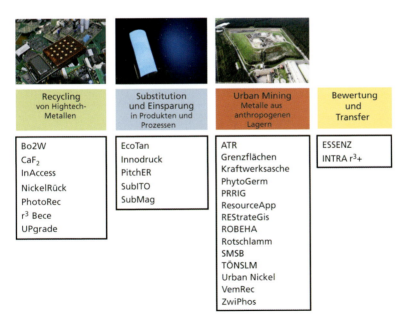

Bild 1: 28 Verbundprojekte forschten in r³ an einer effizienten Gewinnung und Substitution sowie Einsparung von Sekundärrohstoffen [Dürkoop et al. 2016]

Der Fokus von r³ lag auf den für Deutschland wirtschaftsstrategisch wichtigen Metallen [BMBF 2012] wie z. B. Indium, Germanium, Gallium und Seltene Erden (SEE), aber auch auf Industriemineralen wie beispielsweise Flussspat, die zukünftig effizienter gewonnen, recycelt und in Produkten verwendet werden sollen. Diese strategischen Metalle und Mineralien werden vor allem für die Herstellung von Hightech-Produkten (Handys, Laptops, Touchscreens, LCDs usw.) und Energiesparlampen, aber auch für Dauermagnete benötigt.

Wenn auch die metallischen Ressourcen nicht in großen Mengen verwendet werden, so sind sie doch wirtschaftsstrategisch von großer Bedeutung [BMBF 2010]. Eine unsichere Versorgungslage für diese strategischen Rohstoffe in Deutschland könnte zu Versorgungsengpässen im Rohstoffimportland Deutschland führen. Die Ergebnisse aus r³ zeigen, dass die Versorgungslage für einige dieser Rohstoffe für Deutschland zukünftig verbessert werden könnte.

Die Bewertung der Ergebnisse aus r³ erfolgte im Rahmen des Projektes INTRA r³+ (Bild 2) unter Leitung des Helmholtz-Instituts Freiberg für Ressourcentechnologie (HIF). Zur Bewertung der Nachhaltigkeit der r³-Ergebnisse wurden zum einen ökonomisch-ökologisch-soziale Aspekte analysiert und zum anderen gesamtwirtschaftliche Betrachtungen durchgeführt sowie die Versorgungssicherheit bewertet. Zudem wurde die Vernetzung der r³-Verbundprojekte untereinander, aber auch mit externen Initiativen und Projekten mit diversen Maßnahmen angeregt. Darüber hinaus wurden Arbeiten und Ergebnisse öffentlichkeitswirksam publiziert und ein Technologietransfer in die Wirtschaft vorbereitet. Partner von INTRA r³+ sind neben dem HIF die Technische Universität Bergakademie Freiberg (TUBAF), die Abteilung Ganzheitliche Bilanzierung des Lehrstuhls für Bauphysik (LBP) der Universität Stuttgart, das Fraunhofer-Institut für System- und Innovationsforschung (ISI), das Fraunhofer-Institut für Chemische Technologie (ICT) und die Deutsche Rohstoffagentur (BGR/DERA).

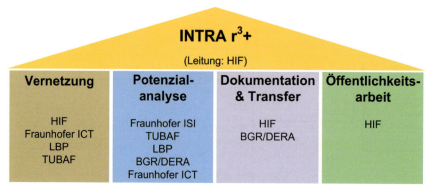

Bild 2: Arbeitspakete des Begleitprojektes INTRA r³+ [Tercero Espinoza et al. 2015c]

1. EINLEITUNG

Als Nachfolger der BMBF-Fördermaßnahme r² [BMBF 2007, Woidasky et al. 2013] stehen in r³ keine Massenrohstoffe, sondern strategische Metalle im Fokus, die oftmals nur in geringen Mengen für Hightech-Produkte benötigt werden. Damit greift die Fördermaßnahme r³ den Leitgedanken der Hightech-Strategie 2020 der Bundesregierung [Bundesregierung 2010a] auf, die Wettbewerbsfähigkeit der deutschen Wirtschaft in Bezug auf Hightech-Produkte durch eine erhöhte Innovationskraft zu stärken. Ebenso nimmt r³ Bezug auf die Rohstoffstrategie [Bundesregierung 2010b], in der ein nachhaltiger Umgang mit Rohstoffen im Fokus steht, wobei auch ökologische und soziale Aspekte einfließen. Mit rund 30 Mio. EUR plus zusätzlicher finanzieller Mittel aus der Industrie wurden unter r³ über mehr als vier Jahre 28 Verbundprojekte gefördert, die innovative Technologien und Prozesse für wirtschaftsstrategische Rohstoffe in Deutschland entwickelt haben. Das Verbundprojekt INTRA r³+ hat für r³ die Ergebnisse in ihrer Gesamtheit bewertet.

Relevanz der Rohstoffe im Fokus der r³-Forschungsvorhaben

Da sich die r³-Fördermaßnahme [BMBF 2010] auf die „wirtschaftsstrategischen Rohstoffe" bezieht, liegt der Fokus von r³ zwar auch auf den „kritischen Rohstoffen" der EU [European Commission 2014], ist aber breiter gefasst. Es ergeben sich somit für die in r³ betrachteten Rohstoffe Ähnlichkeiten, aber auch Unterschiede zu den kritischen Rohstoffen der EU bzw. zu denen der Deutschen Rohstoffagentur [DERA 2014] (Bild 3).

Aus den 20 kritischen Rohstoffen nach [European Commission 2014] wurden 14 von insgesamt 36 Rohstoffen in r³-Verbundprojekten behandelt. Vier weitere kritische Rohstoffe nach [DERA 2014] sind ebenfalls in r³ vertreten. Andere in r³ behandelte Rohstoffe sind entweder sehr werthaltig, haben eine Relevanz als sog. „Konfliktrohstoff", sind wichtig für Zukunftstechnologien oder sind als Industriemetalle von grundlegender Bedeutung für die industrielle Produktion in Deutschland.

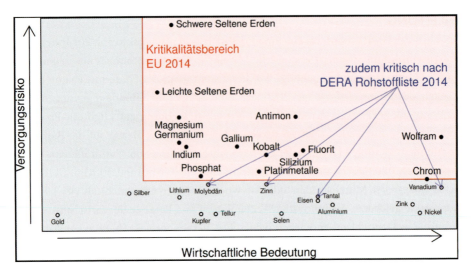

Bild 3: Kritische Metalle und Mineralien im Fokus der r³-Verbundforschung nach der Kritikalitätsmatrix der EU [European Commission 2014] mit den von der Deutschen Rohstoffagentur [DERA 2014] als kritisch eingestuften Rohstoffen [Tercero Espinoza et al. 2015a]

2. VORGEHENSWEISE

Verbundbetreuung und Clusterung der r³-Fördermaßnahme

Das Projekt INTRA r³+ betreute die r³-Verbundprojekte während ihrer gesamten Laufzeit in stetigem direktem, bilateralem Kontakt. Die 28 r³-Verbundprojekte wurden in folgende thematische Cluster aufgeteilt:

- Im r³-Cluster **Recycling** wurde untersucht, wie die in Elektro- und Elektronikgeräten oder Solarmodulen enthaltenen Metalle zurückgewonnen werden können. Dabei wurde auch die Wiederverwertung von Metallen aus Abfallströmen, die bei der Produktion anfallen, untersucht. Rückführungskonzepte für Hightech-Rohstoffe aus ausgedienten Exportgütern in das Herstellungsland Deutschland wurden u. a. auch erarbeitet (Bo2W).
- Im r³-Cluster **Einsparung und Substitution** wurde das Ziel verfolgt, bspw. Indium bei der Herstellung leitfähiger Schichten durch weniger seltene Elemente zu ersetzen oder Chrom durch neuartige Gerbverfahren von Leder einzusparen. Ein Projekt ging der Frage nach, ob seltene Metalle (Mo, Wo und Ta) in der Produktion eingespart werden können.
- Im r³-Cluster **Urban Mining** untersuchten einige Projekte, welche metallischen Rohstoffe noch in Aschenablagerungen, Gebäuden oder Bergbauhalden enthalten sind und wie sie gewonnen werden können. Dabei standen neben der Metallgewinnung auch der Rückbau und die Sicherheit der Halden im Fokus (r³-Haldencluster).

- Die **Bewertung** von Ressourceneffizienz und Nachhaltigkeit konzentrierte sich auf die Ergebnisse von r³-Verbundprojekten. So entwickelte ein Projekt (ESSENZ) Ressourceneffizienzindikatoren für die Herstellung von Produkten, während das Projekt INTRA r³+ (dieser Beitrag) auf die Bewertung der Nachhaltigkeit fokussierte.

Darüber hinaus wurden weitere untergeordnete Cluster eingerichtet, die sich auf folgende Unterthemen konzentrierten:

- r³-„Haldencluster": REStrageGIS, ROBEHA, SMSB
- Cluster „Gebäude und Baustoffe als Rohstoffquelle": ResourceApp, PRRIG

Methodik zur Nachhaltigkeitsbewertung:
Erhebung quantitativer Daten aus den Verbünden
Die Arbeiten zur Ökobilanzierung, zur Ermittlung von gesamtwirtschaftlichen Effekten und zur Bewertung der Versorgungssicherheit basieren auf einer gemeinsamen Datenbasis aus den Verbünden, die mithilfe eines standardisierten Vorgehens erhoben wurde, um Ressourceneffizienz quantifizieren zu können. Dabei handelt es sich um einen quantitativen SOLL-IST-Vergleich zwischen dem erreichten Entwicklungsstand der Effizienztechnologien nach den F&E-Arbeiten in r³ und dem Status quo. Erhoben wurden Stoff- (inkl. Hilfsstoffe sowie Abfälle in gasförmigem, flüssigem oder festem Zustand) und Energieströme (siehe Bild 4). Für die Bemessung der ökonomischen Potenziale sowie der gesamtwirtschaftlichen Effekte wurden zusätzlich Investitionen und Aufwendungen für Betrieb und Wartung der Effizienztechnologien erhoben. Diese verbundspezifischen Daten wurden für die einzelnen Analysen mit weiteren (nicht verbundspezifischen) Daten und mit den im Folgenden beschriebenen Methoden verarbeitet.

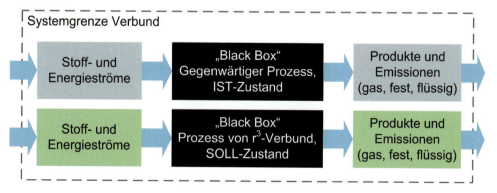

Bild 4: Konzept des einheitlichen Formulars zur Erhebung von Stoff- und Energieströmen [Tercero Espinoza et al. 2016]

Methodik zur Ermittlung des Beitrags der r³-Forschungs- und Entwicklungsarbeiten zur Erhöhung der Versorgungssicherheit

Zur Abschätzung des Beitrags der F&E-Arbeiten zur Erhöhung der Versorgungssicherheit wurden die verbundspezifischen Änderungen in Stoffströmen (siehe oben) für jeden betrachteten Rohstoff entlang des jeweiligen Stoffkreislaufes aggregiert und mit Hintergrund- und Kontextdaten kombiniert. Eine Zusammenfassung der verwendeten Hintergrunddaten und Quellen für 12 Rohstoffe (Aluminium, Chrom, Eisen, Fluorit, Gallium, Indium, Kupfer, Magnesium, Mangan, Nickel, Tellur, Wolfram, Zink, Zinn) und eine Rohstoffgruppe (Seltene Erden) ist unter **www.r3-innovation.de** verfügbar [Tercero Espinoza et al. 2015b]. Für drei Rohstoffe (Aluminium, Indium und Kupfer) wurden dynamische Stoffstrommodelle eingesetzt. Eine Skizze der Implementierung dieser Rohstoffmodelle in der System Dynamics Software Vensim® ist in Bild 5 dargestellt.

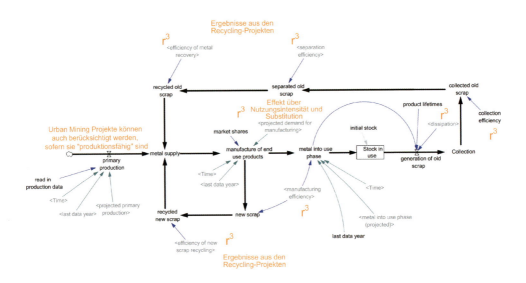

Bild 5: Skizze eines generischen, dynamischen Stoffflussmodells. An allen mit „r³" markierten Stellen im Modell ist ein Beitrag von r³-Projekten denkbar und eine quantitative Berücksichtigung von r³-Ergebnissen möglich [nach Tercero Espinoza et al. 2015a].

Methodik zur Ökobilanzierung von r³-Ergebnissen

Weil die Betrachtung mehrerer relevanter Ressourcen- und Wirkungsindikatoren, der Bezug auf ein Produkt sowie die Umwelteinflüsse entscheidend sind, eignet sich die Methode der Ökobilanz [DIN 14040, DIN 14044] zur Analyse und Beurteilung der Ressourceneffizienz von Produkten samt ihrer Vor- bzw. gesamten Wertschöpfungsketten. Im Allgemeinen wird Ressourceneffizienz begrifflich vielfältig genutzt. Beispielsweise definiert die [VDI 4800] Ressourceneffizienz allgemein als das „Verhältnis eines bestimmten Nutzens oder Ergebnisses zum dafür nötigen Ressourceneinsatz".

Der Förderschwerpunkt r³ zielt vornehmlich auf die Erhöhung der Ressourceneffizienz verschiedener Technologien. Deshalb wurde diese potenzielle Erhöhung für jeden Verbund in Erweiterung der Ressourceneffizienzdefinition [Albrecht et al. 2015] nach folgender Gleichung ermittelt – fokussierend auf einen verbesserten Ressourceneinsatz im jeweiligen Verbund:

$$\text{Erhöhung Ressourceneffizienz} = \frac{\text{erweiterter Nutzen}}{\text{verbesserter Ressourceneinsatz}}$$

Die Ökobilanz erlaubt quantifizierte Aussagen über mögliche Umweltwirkung von Prozessen, Produkten und Dienstleistungen basierend auf dem physikalischen Lebensweg (Herstellung, Nutzung, Lebensende) und den Vergleich untereinander. Der Produktvergleich von r³ sieht vor, dass nach erfolgreicher Umsetzung des Herstellungs- bzw. Verarbeitungsprozesses die neuen Produkte den ähnlichen Nutzen bieten wie bestehende Produkte. Das allgemeine Vorgehen orientierte sich an dem bereits in r² etablierten Verfahren [Ostertag et al. 2013, Albrecht et al. 2013, Albrecht et al. 2012]. In- sowie Outputs des Verbundes wurden für jedes Forschungsvorhaben separat in enger Abstimmung mit den jeweils beteiligten Akteuren mit der Software GaBi und nötigen Datenbanken [thinkstep 2016] erfasst. Ziel war einerseits die Einsparpotenziale der Verbünde bzgl. Stoff-, Energie- und Emissionsmengen zu erheben und andererseits den aktuellen IST-Zustand in diesem Bereich mit dem SOLL-Zustand zu vergleichen. Dies ermöglicht die Potenziale innerhalb der Technologien zu ermitteln sowie die Potenziale über eine marktweite Skalierung für eine mögliche großtechnische Umsetzung in Deutschland abzuschätzen. Die Auswertung und Interpretation der Ergebnisse wird für jedes Verbundvorhaben einzeln durchgeführt und interessierten Verbünden als Unterstützung für die weitere Entwicklung auf Anfrage übermittelt. Die Auswertung innerhalb des Begleitforschungsvorhabens INTRA r³+ erfolgt in den thematischen Clustern von r³. Die quantifizierten Ressourceneffizienzpotenziale sind in Anlehnung an sowie im Vergleich mit dem Vorgängerprojekt r² in Kapitel 3 beschrieben.

Methodik zur Ermittlung gesamtwirtschaftlicher Effekte

Zur Betrachtung der direkten sowie indirekten gesamtwirtschaftlichen Effekte, die sich aus den Vorleistungsverflechtungen zwischen den einzelnen Produktionsbereichen [Destatis 2008] ergeben, wurde das in Bild 6 dargestellte Input-Output-Modell eingesetzt [vgl. Walz et al. 2001]. Die Analyse erfolgt dabei komparativ-statisch, d. h. der Referenzfall wird mit dem Fall verglichen, in dem alle Effizienztechnologien deutschlandweit implementiert werden.

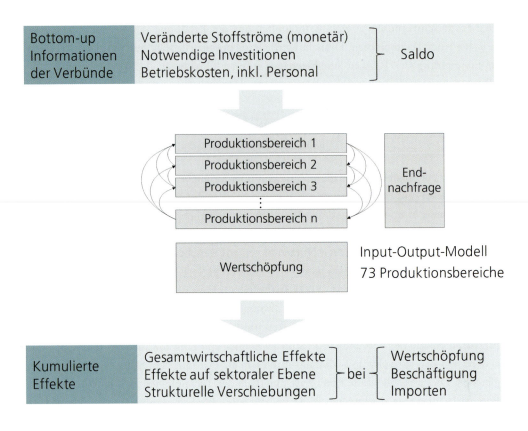

Bild 6: Darstellung der Berechnungsmethodik der gesamtwirtschaftlichen Effekte [Pfaff et al. 2015]

Als Dateninput für das IO-Modell wurden die ökonomischen Impulse verwendet, die sich aus den Veränderungen der monetär bewerteten Stoffflüsse sowie der Investitionen, der Ausgaben für Steuern und Versicherung und der Arbeitsnachfrage ergeben, die in den Verbundprojekten der Fördermaßnahme realisiert wurden. Diese Zahlen wurden anhand unterschiedlicher Abschätzungsmethoden (meistens durch die jeweiligen Verbundpartner) und unter Berücksichtigung von Skaleneffekten (vgl. dazu [Albrecht et al. 2012]) zu Verbreitungspotenzialen auf die deutschlandweite Ebene hochskaliert. Im Anschluss wurden die deutschlandweiten Impulse in das IO-Modell eingespeist, wo über die Verflechtung der Produktionsbereiche kumulierte Effekte auf die Wertschöpfung, die Importe und die Summe der Produktionswirkungen berechnet wurden. Basierend auf den Ergebnissen zur Wertschöpfung wurden zudem Effekte auf die Beschäftigung mithilfe von Produktivitätskoeffizienten ermittelt. Für weitere Details zur methodischen Vorgehensweise wird auf [Pfaff et al. 2015] verwiesen.

Methodik für die erweiterte Nachhaltigkeitsbewertung

In Ergänzung der quantitativen Betrachtungen wurden die 26 technologisch orientierten Forschungsvorhaben hinsichtlich ihrer weitergehenden Bedeutung für eine nachhaltige Entwicklung analysiert [Kleeberg und Höck 2016]. Grundsätzlich stellte die große Heterogenität von r³ mit insgesamt ca. 50 Zielrohstoffen und über 100 Technologien eine enorme Herausforderung für alle Bewertungsansätze dar. Im ersten Schritt der gewählten iterativen Bottom-up-Analyse erfolgte ein Literaturreview zu Methoden und Indikatoren der Nachhaltigkeitsbewertung [Kleeberg 2015]. Darauf folgte im direkten Austausch mit den Fachexperten der Verbundprojekte ein umfassendes, projektspezifisches Screening in strukturierten Workshops, dessen Ergebnisse auf Basis eines einheitlichen Ergebnisprotokolls reflektiert wurden.

Methodik Technologiebewertung

Den Ausgangspunkt für die Bewertung einer Technologie bilden Methoden bzw. Werkzeuge, mit deren Hilfe eine Bewertung der Projekte im Kontext des jeweiligen Fachgebietes möglich wird. Bild 7 zeigt die Werkzeuge zur Bewertung von Technologien. Bei der Umsetzung innerhalb der Cluster Recycling, Substitution und Urban Mining wurden die Methoden SWOT-Analyse (Strength-Weakness-Opportunities-Threats), Wirtschaftlichkeitsbetrachtung und Technology Readiness Level (TRL), die für alle betrachteten Projekte grundsätzlich als geeignet bewertet wurden, berücksichtigt. Die Erstellung einer Technologie- bzw. Produktroadmap sowie die Generierung einer Szenario-Analyse wurde in den Projekten nicht umgesetzt. Gründe hierfür liegen in der hohen Komplexität bei der Erstellung und dem geringen Mehrwert, den die daraus gewonnenen Informationen liefern.

Bild 7: Werkzeuge zur Bewertung von Technologien

Um den technologischen Beitrag der Projekte zu bewerten, wurden im Wesentlichen SWOT-Analysen durchgeführt und das Technology Readiness Level (TRL) der einzelnen Technologien abgebildet. Darüber hinaus erfolgten weiterhin sowohl deskriptive als auch semi-quantitative Einschätzungen zu:

- den Vorgehensweisen der Technologieentwicklung,
- der kumulierten Innovationskraft,
- Haupthemmnissen für eine erfolgreiche, großtechnische Realisierung.

Zur Erhebung dieser Daten wurden gemeinsam mit Vertretern der Verbundprojekte strukturierte Workshops durchgeführt und abschließend deren Ergebnisse mithilfe von vereinheitlichten Checklisten für jedes r³-Forschungsvorhaben reflektiert. Die Ergebnisse wurden dabei stets aggregiert bzw. über alle Cluster hinweg ausgewertet.

Methodik zum Umfeld-Screening

Die Analyse der Wettbewerbsfähigkeit fußt auf der Erkenntnis, dass der Wettbewerb im Bereich höherwertiger Güter stark durch Qualitätsmerkmale beeinflusst ist. Damit werden die Wissensbasis einer Volkswirtschaft sowie ihre Fähigkeit, Wissen in Produkte umzusetzen und diese zu vermarkten, zu wichtigen Voraussetzungen künftigen wirtschaftlichen Erfolgs. Da diese Fähigkeiten nicht direkt messbar sind, müssen Indikatoren identifiziert werden, die sie zumindest näherungsweise beschreiben. In Anlehnung an die Vorgehensweise der periodischen „Berichterstattung zur technologischen Leistungsfähigkeit" des BMBF wurden im Rahmen von r³ Patente als F&E-relevante, intermediäre Indikatoren herangezogen, die gleichzeitig als Frühindikator für die zukünftige technische Entwicklung und damit der Wettbewerbsfähigkeit in der Zukunft dienen [Grupp 1997].

Patentindikatoren

Für den angestrebten internationalen Vergleich der technologischen Leistungsfähigkeit im Bereich der Einsparung kritischer Rohstoffe standen „internationale" Patentanmeldungen im Fokus. Hierbei handelt es sich um Patentanmeldungen bei der World Intellectual Property Organisation (WIPO) sowie am Europäischesen Patentamt, wobei Doppelzählungen identischer Meldungen ausgeschlossen werden. Es wurde zwischen den Ansätzen Materialeinsparung, Substitution und Recycling unterschieden.

Für eine nähere Beschreibung der Technologiefelder und der Suchstrategien siehe [Sartorius & Tercero Espinoza 2015]. Als Datenbank für die Erfassung der Patentdaten diente PATSTAT [EPO 2015]. Der Beobachtungszeitraum umfasst die Entwicklung seit 1991 und reicht bis 2012, dem jüngsten Anmeldungsjahr, für das zum Zeitpunkt der Datenerhebung (November 2015) von einer vollständigen Erfassung aller Anmeldungen ausgegangen werden kann.

Methodik zur Ermittlung zukünftiger Herausforderungen

Um die zukünftigen Herausforderungen bei der Erhöhung der Ressourceneffizenz im Hinblick auf wirtschaftsstrategische Rohstoffe zu identifizieren, wurde ein zweigeteilter Ansatz verfolgt:

Im Rahmen einer **Bottom-up-Analyse** wurden die r³-Projektverbünde um ihre Einschätzung gebeten. Hierbei waren sowohl Angaben, die sich unmittelbar aus der Projektbearbeitung ergaben, als auch allgemein zur r³-Thematik möglich.

In einem zweiten Schritt erfolgte eine **Top-down-Analyse** auf der gesamten r³-Ebene. Hierzu wurden persönliche Interviews mit Experten im Themenfeld Ressourceneffizienz geführt, wobei die aufbereiteten Ergebnisse aus Schritt 1 als Input dienten.

3. ERGEBNISSE UND DISKUSSION

Beitrag von r³ zur Erhöhung der Versorgungssicherheit

Eine Einschätzung zur Erhöhung der Versorgungssicherheit durch F&E-Arbeiten kann nur separat für jeden Rohstoff erfolgen. Dies beruht auf der Einsicht, dass mehr bzw. geringerer Bedarf an einem Rohstoff, so z. B. Eisen oder Kupfer, einer besseren Verfügbarkeit von einem anderen Rohstoff, so z. B. Gold oder Wolfram, nicht gleichzusetzen ist. So ist es möglich, unterschiedliche Beiträge zur Bereitstellung bzw. Einsparung ein- und desselben Rohstoffs quantitativ zu aggregieren, nicht jedoch die von unterschiedlichen Rohstoffen. Die Grundidee der hier vorgenommenen Einschätzung ist in der Risikobewertung zu finden (Bild 8), die auch als Inspiration für das Konzept „kritische Rohstoffe" gedient hat (siehe Bild 8b und [Glöser et al. 2015]).

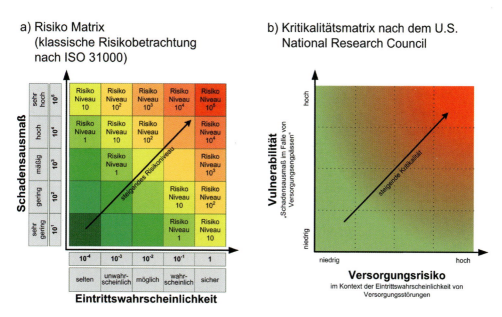

Bild 8: Vergleich zwischen (a) dem Risikokonzept nach ISO 31000:2009 und (b) dem Konzept von Kritikalität, wie vom [NRC 2008] vorgeschlagen und vielfach angewendet. Bild geändert nach [Glöser et al. 2015].

In der hier vorgestellten Analyse werden Beiträge als positiv bewertet, die entweder die Eintrittswahrscheinlichkeit von empfindlichen Versorgungsstörungen mindern, z. B. durch die Bereitstellung von heimischen Sekundärrohstoffen, oder das erwartete Schadensausmaß beim Eintreten eines solchen Engpasses reduzieren, z. B. durch die Bereitstellung geeigneter Substitute.

Obwohl die Verschiedenartigkeit der Beiträge, Datenlücken und die grundlegende Unsicherheit der tatsächlichen industriellen Umsetzung der F&E-Ergebnisse belastbarere Vorhersagen zur Erhöhung der Versorgungssicherheit für die betroffenen Metalle und Industrieminerale verhindern, ist es dennoch möglich, auf der Basis der oben dargelegten Überlegungen eine qualitative Zusammenfassung der Potenziale anzufertigen. Insgesamt wurden Ergebnisse für 15 Metalle und Industrieminerale ausgewertet und in die Kategorien „gering", „nennenswert" und „bedeutend" unterteilt (Tabelle 1).

Tabelle 1: Qualitative Zusammenfassung der Beiträge zur Versorgungssicherheit der unterschiedlichen Rohstoffe [Tercero Espinoza et al. 2015a]

ROHSTOFF	Potenzieller Beitrag zur Erhöhung der Versorgungssicherheit Deutschlands		
	gering	nennenswert	bedeutend
Aluminium		■	
Chrom		■	
Eisen	■		
Fluorit			■
Gallium		■	
Indium			■
Kupfer		■	
Magnesium			■
Mangan	■		
Nickel	■		
Seltene Erden	■		
Tellur	■		
Wolfram	■		
Zink	■		
Zinn		■	

Die Beiträge für Calciumfluorid, Indium und Magnesium sind als „bedeutend" einzuschätzen. Bei Calciumfluorid (auch Fluorit, Flussspat, Säurespat) entsprechen die Potenziale aus dem Recycling ungefähr der Hälfte der heimischen Produktion bzw. 12 % der Importe bzw. insgesamt knapp 10 % des heutigen deutschen Bedarfes. Für Magnesium basiert die Einschätzung v. a. auf der starken Gießereiindustrie in Deutschland, die durch einen Teilverzicht auf Magnesium für die Entschwefelung an Rohstoffflexibilität gewinnt. Für Indium ergeben sich aus der Kombination von Substitution und Recycling große weltweite

Potenziale (erschließbar durch Technologieexport) sowie die Möglichkeit, überhaupt eine Rückgewinnung von Indium aus Altgeräten zu etablieren (siehe Bild 9).

Als „nennenswert" sind die Beiträge für Aluminium, Chrom, Gallium, Kupfer und Zinn anzusehen (Tabelle 1). Im Falle von Aluminium, Chrom und Kupfer ist diese Einschätzung ausschließlich für Deutschland zutreffend, wo die Voraussetzungen für eine Anwendung der Technologien eher gegeben sind. Für Zinn sind durch die starke Halbleiterindustrie in Asien größere weltweite Potenziale als in Deutschland allein zu erwarten. Die Einschätzung für Gallium ist ein spezieller Fall: Die theoretischen Potenziale sind sehr groß, auch im Vergleich zur weltweiten Nachfrage. Allerdings erscheint eine Umsetzung der Technologie vor dem Hintergrund der zurzeit ungenutzten Produktionskapazitäten sowie der noch nicht ausgeschöpften Potenziale zur Galliumgewinnung in der Aluminiumindustrie wenig wahrscheinlich.

Bei Eisen, Mangan, Nickel, Seltenen Erden, Tellur, Wolfram und Zink sind die kombinierten Beiträge zur Erhöhung der Versorgungssicherheit als „gering" einzuschätzen (siehe Tabelle 1). Gründe dafür sind entweder geringe absolute Veränderungen der Stoffströme, die Relation zwischen der gewonnenen Mengen zur Größe der Nachfrage oder die erhöhte Materialeffizienz in der Herstellung, die zu keiner erhöhten Verfügbarkeit führt, da die zurzeit anfallenden Produktionsschrotte bereits als Neuschrotte im Recyclingkreislauf verbleiben.

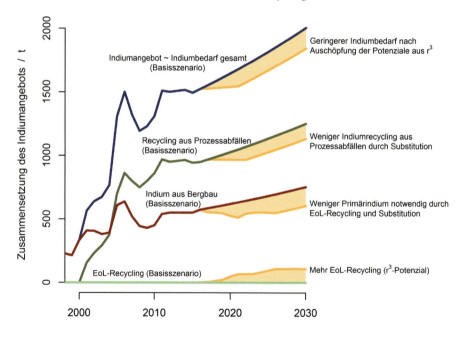

Bild 9: Potenzielle Beiträge der r³-Verbünde zur globalen Versorgungslage für Indium (Szenario: 2 % jährliches Wachstum für die Anwendung in transparenten Beschichtungen, weltweite Diffusion der r³-Technologien über eine Zeitspanne von 10 Jahren und hohe Sammlungsquoten weltweit) [Tercero Espinoza et al. 2015a]

Ökologische Effekte

Um die deutschlandweite Umsetzung der r^3-Forschungsergebnisse zu ermitteln, wurden in den ökologischen Kategorien die entsprechenden verbundspezifischen Jahreskapazitäten durch die Jahresproduktion (bzw. Nachfrage) in Deutschland entsprechend ersetzt. Unterstellt wird hierbei, dass die relevanten ökologischen Parameter produktspezifisch konstant sind ohne Betrachtung möglicher Größendegressions- und Lerneffekte, die bei den ökonomischen Analysen betrachtet werden. Um Rückschlüsse zu vermeiden, wurden die Analysen nach Clustern eingeteilt durchgeführt. Ihre Ergebnisse (SOLL-Zustand) werden aggregiert auf Deutschlandebene skaliert und mit dem entsprechenden Wert des Stands der Technik (IST-Zustand) verglichen, um die Potenzialabschätzung der Ressourceneffizienz zu ermöglichen.

In Bild 10 werden die Ergebnisse der Potenzialschätzung von r^3 gesamt dargestellt, die bei erfolgreicher bundesweiter Technologieumsetzung zu erzielen wären. So könnten jährlich in industriellen Prozessen ca. 1,55 Mio. t Rohstoffe und 1.320 GWh an Primärenergie global eingespart werden bei gleichzeitiger Senkung des Ausstoßes von Treibhausgasen um rund 240.000 t CO_2-Äquivalente. Diese Einsparungen finden global statt, da aufgrund der Internationalisierung der Prozess- und Wertschöpfungsketten eine ausschließlich auf Deutschland beschränkte Darstellung der Umweltparameter erschwert ist.

Beim kumulierten Materialaufwand sind die größten Einsparpotenziale im Cluster Substitution mit knapp 50 % erzielbar, wobei hier ein r^3-Verbund mit großen Kapazitäten vornehmlich verantwortlich ist, gefolgt von dem Cluster Urban Mining und Recycling. Beim Cluster Urban Mining sind zwei r^3-Verbünde die großen Treiber. Beim Primärenergiebedarf zeigt sich eine ähnliche Tendenz, obgleich das Cluster Recycling etwas an Dominanz gegenüber dem Urban Mining gewinnt. Die Cluster werden wiederum durch einzelne Verbünde charakterisiert, wobei beim Urban Mining einer der treibenden r^3-Verbünde zugunsten eines anderen r^3-Verbundes die Dominanz wechselt. In der Kategorie Treibhausgasemissionen ist feststellbar, dass sich die Potenziale der Verbünde im Großen und Ganzen proportional zu den Primärenergiebedarfseinsparungen verhalten, da teilweise die Emissionen der Energiebereitstellung zugeordnet werden können. Die Ergebnisse je Cluster werden vornehmlich durch einen r^3-Verbund charakterisiert.

Abschließend kann festgestellt werden, dass direkte Einsparpotenziale somit in Summe in r^3 vorhanden sind. Diese fallen allerdings um einiges niedriger aus als bei der vorhergehenden Fördermaßnahme r^2, was auf den geänderten Fokus der r^3-Fördermaßnahme zurückzuführen ist. Das Vorhaben r^3 zielt auf niedrig konzentrierte strategische Metallen und Mineralien ab, die mengenmäßig mit den r^2-Basis- und -Massenmetallen wie beispielsweise Eisen und Kupfer nicht vergleichbar sind [Dürkoop 2016]. Die wirtschaftsstrategische Bedeutung für innovative ressourcenschonende Technologien ist jedoch dennoch groß für die Hightech-Metalle und zahlreiche Innovationen sind von den in r³ erforschten Technologien abhängig. Diese zusätzlichen indirekten Ressourceneffizienzpotenziale sind ohne Zweifel signifikant, kommen aber in dieser Auswertung nicht zum Tragen.

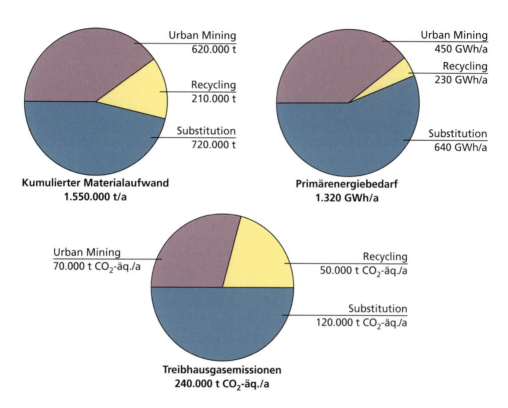

Bild 10: Einsparpotenziale der Fördermaßnahme r³ bei Umsetzung auf deutschlandweiter Ebene bezogen auf r³-Cluster [Dürkoop et al. 2016]

Gesamtwirtschaftliche Effekte

Es lassen sich insgesamt zwar positive, aber im Vergleich zur aggregierten deutschen Wirtschaftsleistung nur geringe gesamtwirtschaftliche Effekte verzeichnen (Tabelle 2). Dies ergibt sich aus der Fokussierung der Fördermaßnahme auf strategische Metalle und Mineralien, die hinsichtlich Masse und monetärem Wert nicht die gewichtigsten Stoffe innerhalb der deutschen Wirtschaft sind. So ist ein verringerter Materialinput von ca. 154 Mio. EUR und als Summe der ökonomischen Impulse ein positiver Saldo von ca. 116 Mio. EUR zu beobachten. Dieses führt zu einer potenziellen Steigerung der deutschlandweiten Bruttowertschöpfung von knapp 50 Mio. EUR und einer Reduktion der Gesamtimporte um ca. 66 Mio. EUR.

Tabelle 2: Aggregierte Ergebnisse der r³-Fördermaßnahme [Pfaff et al. 2015]

	Recycling	Substitution	Urban Mining	Gesamt
Investitionen (Mio. EUR)	14	19	88	121
Saldo (Mio. EUR)	15	111	-10	116
Bruttowertschöpfung (Mio. EUR)	4	46	-2	49
Gesamt-Importe (Mio. EUR)	-7	-52	-7	-66
Erwerbstätige, netto	84	899	-50	933
Erwerbstätige, total	233	1487	459	2.180

Aus den Einsparungen auf Verbundseite resultiert ein positiver gesamtwirtschaftlicher Nachfrageimpuls, von dem vor allem Produktionsbereiche mit einem hohen Wertschöpfungsanteil (gemessen an der Gesamtproduktion des jeweiligen Produktionsbereiches) profitieren. Die Veränderungen der Bruttowertschöpfungen der verschiedenen Produktionsbereiche werden in Bild 11 exemplarisch gezeigt. Die Änderung der Importe resultiert vorrangig aus den direkten Effekten der Rohstoffeinsparungen und ist daher negativ, trägt also zu einer Reduktion der Importabhängigkeit bei.

Die Entwicklung der Beschäftigung folgt im Allgemeinen der Richtung des Nachfrageimpulses. Hier wird zwischen einem Netto- und einem Bruttoeffekt unterschieden. Der Nettoeffekt bildet die Anzahl der durch die r³-Fördermaßnahme hinzugekommenen abzüglich der weggefallenen Arbeitsplätze ab und kann positiv oder negativ sein. Im Gegensatz dazu beschreibt der Bruttoeffekt den Betrag aller Änderungen von Beschäftigtenzahlen und ist somit per Definition positiv. Diese Zahl stellt ein Maß der strukturellen Verschiebung der Beschäftigung dar. Aus Tabelle 2 geht hervor, dass mehr als doppelt so viele Arbeitsplatzwechsel stattfinden wie neue Arbeitsplätze hinzukommen.

Bei der Betrachtung der Ergebnisse auf Clusterebene ist anzumerken, dass die in den Clustern zusammengefassten Verbünde lediglich die Effizienzmaßnahmen innerhalb der Fördermaßnahme abbilden können. Sie unterliegen im Einzelnen sehr spezifischen Rahmenbedingungen und sind nicht als repräsentativ für die Ansätze Recycling, Substitution und Urban Mining im Allgemeinen anzusehen. Bezüglich der Bruttowertschöpfung (Bild 11) verzeichnen einige der rohstoffnahen Produktionsbereiche einen Einbruch (= negative Werte), so vor allem NE-Metalle sowie für einzelne Cluster Eisen und chemische Erzeugnisse. Gleichzeitig entfällt in einigen Verbundprojekten aufgrund der stofflichen Verwertung bisheriger Abfallströme die Notwendigkeit der Entsorgung und es kommt zu einem entsprechenden Nachfragerückgang. Im Gegensatz dazu können einige Produktionsbereiche einen Anstieg der Bruttowertschöpfung verzeichnen. Der Maschinenbau und die Mess-, Steuer- und Regeltechnik profitieren direkt vom Investitionsimpuls, da sie die neu nachgefragten Investitionsgüter herstellen. Eine indirekte Steigerung der Wertschöpfung durch den allgemeinen Nachfrageimpuls erleben vor allem die Produktionsbereiche des tertiären Sektors.

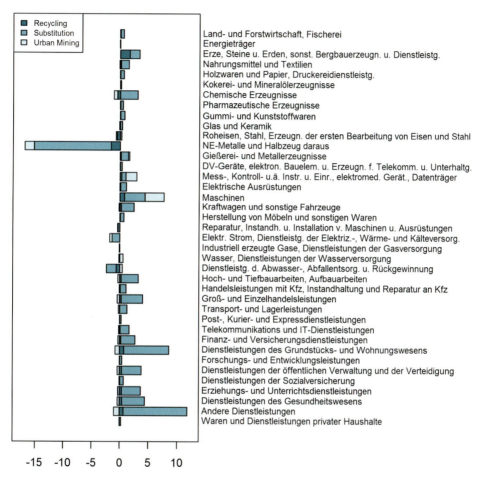

Bild 11: Strukturelle Verschiebungen der Bruttowertschöpfung, Mio. EUR [Pfaff et al. 2015]

Die gesamtwirtschaftlichen Effekte hängen maßgeblich von den in den Berechnungen verwendeten Rohstoffpreisen ab. Vor dem Hintergrund einer Vielzahl (parallel) betrachteter Rohstoffe, unterschiedlicher Qualitäten der eingesetzten oder gewonnenen Rohstoffe und nicht zuletzt der Volatilität einiger Rohstoffmärkte lässt sich die Preisabhängigkeit der Ergebnisse jedoch nicht zusammenfassend abbilden. Bild 12 zeigt daher exemplarisch Zeitreihen verschiedener Rohstoffpreise. Für einzelne Verbünde wurde unter der Annahme, dass alle anderen Einflussgrößen gleich bleiben, ein „Break-even-Preis" des jeweils wichtigsten bzw. ertragreichsten Rohstoffs berechnet. In den betrachteten Fällen muss also ein Rohstoff mindestens diesen Preis haben, damit das Verbundprojekt rentabel arbeiten kann.

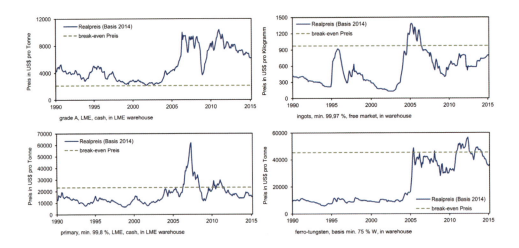

Bild 12: Preis-Zeitreihen und exemplarische Break-even-Preise für (im Uhrzeigersinn von oben links): Kupfer, Indium, Wolfram und Nickel (Quelle: [BGR 2015], Berechnungen des Fraunhofer ISI)

Erweiterte Nachhaltigkeitsbewertung

Im Ergebnis der mit den r³-Projektkoordinatoren durchgeführten Workshops (siehe Kapitel 2) wurden zwölf zentrale Fragestellungen erarbeitet, welche die potenziellen Wirkungen der r³-Forschungsvorhaben zur nachhaltigen Entwicklung aufzeigen (Bild 13).

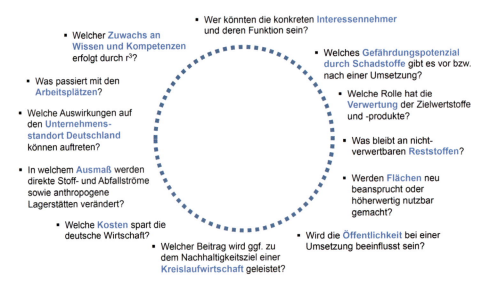

Bild 13: Resultierende Fragestellungen der r³-Nachhaltigkeitsbewertung (Kleeberg, K./ TU Bergakademie Freiberg)

Aus ökologischer Sicht werden in r³ innovative Technologien gefördert, für die eine Minimierung bestehender Risiken durch Schadstoffeinträge kennzeichnend ist. Insgesamt könnte nach Einschätzung von 16 Verbünden im Minimum eine Reduzierung der Abfallmengen von ca. 22 Mio. t/a erfolgen, wenn die Technologien nach dem aktuellen Projektstand großtechnisch in Deutschland umgesetzt werden. Die projektspezifische Spannweite liegt zwischen 70 t/a und 7 Mio. t/a. Im Vergleich zum gesamten Abfallstrom in Deutschland, der 334 Mio. t/a umfasst [Statistisches Bundesamt 2015], stellt das eine Reduzierung von 7 % dar. Hinsichtlich der anthropogenen Lagerstätten wurden in der r³-Fördermaßnahme ca. 38 Mio. t mit einer projektspezifischen Spannweite von 61.000 t bis 20 Mio. t für insgesamt sieben verschiedene Materialien betrachtet. Die für diese Einschätzung erforderlichen Daten wurden entweder bereits durch die Forschungsverbünde erhoben oder mithilfe der amtlichen Statistik und aktueller Studien ermittelt. Die entsprechende Skalierung für den Standort Deutschland erfolgte mittels Einschätzungen, auf welchen Anteil die Technologien bzw. Verfahren innerhalb der kommenden zehn Jahre übertragbar sind.

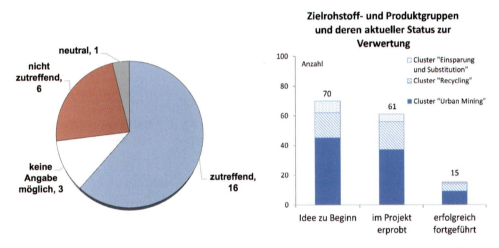

Bild 14: Aufzeigen von Verwertungswegen (26 r³-Forschungsvorhaben) sowie aktueller Status zur Verwertung der 75 Zielrohstoff- und Produktgruppen (24 r³-Forschungsvorhaben, Kleeberg, K./ TU Bergakademie Freiberg)

Im Zuge dessen werden auch Verwertungswege erprobt, die bislang nicht in dieser Form existierten. Für die 26 Forschungsvorhaben wurden insgesamt 75 Verwertungsgruppen wie beispielsweise „Al, Cu, sowie Zn als Metalllegierung", „Al", „Cu, Zn und weitere Metalle" sowie „mineralische Rohstoffe" ermittelt. Während in 16 r³-Vorhaben Verwertungswege zumindest aufgezeigt wurden, ist bereits eine erfolgreiche industrielle Vermarktung in 15 Verwertungsgruppen in insgesamt fünf r³-Projekten erfolgt (Bild 14). Maßgebliche Gründe für einen nicht erfolgten Übergang von der Erprobung zur erfolgreichen Vermarktung sind, dass der Fokus auf dem technologischen Funktionsnachweis lag (27 Nennungen), teilweise noch kein Austausch mit Verwertern erfolgt ist (10 Nennungen) oder die Qualität der Zielwertstoffe bzw. deren Substrate noch unzureichend ist (5 Nennungen).

Ergänzend wurden theoretische Kosteneinsparungen in Höhe von 3–117 Mio. EUR pro Jahr abgeschätzt. Wesentliche Positionen sind die Deponierungskosten, deren Höhe u. a. von Deponieklasse oder Regionalität abhängig ist, sowie die Reduzierung des Rohstoffeinkaufs bei den Substitutions- und Recyclingclustern.

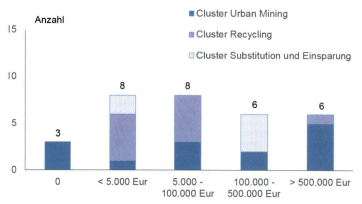

Bild 15: Erforderliche Investitionen für die Umsetzung einzelner Technologien (23 r³-Forschungsvorhaben, 44 Technologien, Kleeberg, K./ TU Bergakademie Freiberg)

Hinsichtlich der einmaligen Kosten für Maschinen und Anlagen ist auffällig, dass vorrangig die notwendigen Investitionen im Cluster „Recycling" unter 100 Tsd. EUR liegen (Bild 15). Das liegt darin begründet, dass hinsichtlich der neuen Stoffströme eine bestmögliche Integration in bestehende Prozesse bzw. im besten Fall die Nutzung der bereits in den Unternehmen bestehenden Maschinen angestrebt wird. Dies trägt maßgeblich zu deren Wirtschaftlichkeit bei und fördert damit die Verbreitung. Wenngleich, wie u. a. das IW Umweltpanel [Biebeler 2013] zeigt, Entsorgungskosten an Höhe und damit auch an Bedeutung zunehmen, wird in der Forschung darauf verwiesen, dass volatile Rohstoffpreise nach wie vor der wichtigste Treiber für eine unternehmerische Umsetzung sind. Zusammenfassend konnten durch die quantitative Analyse folgende Schlussfolgerungen aufgezeigt werden:
- Ein wesentlicher Zielkonflikt entsteht daraus, dass oftmals eine Entscheidung zwischen einer ganzheitlichen Verwertung und einer ausschließlichen Fokussierung auf kritische Rohstoffe erforderlich ist.
- Konkrete Hemmnisse der Verwertung wie unzureichende Qualitätsanforderungen zum aktuellen Projektstand, u. a. Polymetallmischungen und Störstoffe, erfordern weitere Forschungen.
- Die sehr große Heterogenität von Ausgangsmaterialien insbesondere bei bestehenden (anthropogenen) Ablagerungen führt zu Einzelfalllösungen ähnlich der herkömmlichen Primärgewinnung, d. h. eine umfassende Erkundung ist unumgänglich.
- Die Verbreitung einzelner Technologien ist durch das verfügbare Marktvolumen sehr eingeschränkt, sodass deren Beitrag teilweise nur ungenügend in Berechnungen einfließt.

– Der Zugang zu bestimmten Ausgangsmaterialien für eine großtechnische Aufbereitung ist stark eingeschränkt, insbesondere beim Recycling durch fehlende oder sehr unterschiedliche Sammlungssysteme.

Sowohl diese kurzen Darstellungen als auch die Gesamtarbeiten unterliegen zwei zentralen Limitationen. Das sind die notwendige Kategorisierung der Ergebnisse sowie die inhaltliche Überlappung verschiedener Nachhaltigkeitsaspekte. Durch diese Einschränkungen können die einzelnen dargestellten Wirkungen nicht in einer Gesamtheit aufsummiert werden. Eine quantitative Erfassung war aufgrund unterschiedlicher Projektstände und hoher Aufwendungen der Datenermittlung nicht möglich. Dennoch konnten Kausalitäten und Plausibilitäten abgeleitet werden, die letztlich auch wertvolle Impulse sowohl für neue Fördermaßnahmen als auch für Änderungen von Rahmenbedingungen darstellen. Die detaillierten Ergebnisse liegen in Form eines INTRA r^3+-Arbeitspapieres vor [Kleeberg & Höck 2016].

Technologiebewertung

Im Cluster Urban Mining wurden die Einteilung in TRL und die SWOT-Analyse von mehr als der Hälfte der Projekte als sinnvoll bewertet. Eine projektinterne Umsetzung der Methoden SWOT-Analyse und TRL war zum Zeitpunkt der Erhebung nur bei ca. 14 % der Projekte vorhanden. Im Cluster Substitution waren zu Beginn der Erhebungen bereits Betrachtungen zur Wirtschaftlichkeit bei zwei von fünf Projekten verfügbar. Im Cluster Recycling lagen zum Förderbeginn zwei Wirtschaftlichkeitsanalysen und eine SWOT-Analyse vor.

Technologischer Beitrag

Hinsichtlich der Stärken, Schwächen, Chancen und Risiken konnten mehrere Aspekte mit übergreifender Bedeutung abgegrenzt werden. Die Erhebung dieser Daten erfolgte im Rahmen durchgeführter Workshops und weiterführend durch Sichtung projektspezifischer Informationen der 26 r^3-Forschungsvorhaben. Inhalt der SWOT-Analysen waren die Aspekte:
– Innovationsgrad,
– technologische Funktionsfähigkeit,
– spezifische Veränderungen von Umwelteinflüssen,
– Kosten und Wirtschaftlichkeit,
– Abhängigkeit der Technologie von Rohstoffpreisen
– die Marktabhängigkeit von den Ausgangsmaterialien sowie Aspekte zur Verwertung der Zielwertstoffe,
– ggf. parallele technologische Entwicklungen und Wettbewerb sowie gesellschaftliche, gesetzliche und politische Rahmenbedingungen.

Die Wirtschaftlichkeit konnte oft zwar nur für einzelne Teilprozesse nachgewiesen werden, doch insbesondere im Cluster „Einsparung/Substitution" wird diese deutlich weniger durch die Rohstoffpreise bestimmt. Insbesondere das Cluster „Urban Mining" steht vor umfassenden technischen Herausforderungen, die aus der Heterogenität der Materialien per se resultieren und damit hoch flexible Prozesse erfordern.

Technology Readiness Level (TRL)

Zur Abbildung des Forschungs- und Entwicklungsfortschritts sowie um das wirtschaftliche Potenzial von Technologien zu bewerten, kann das Technology Readiness Assessment (TRA) verwendet werden. Eine gute Möglichkeit bietet zudem das sogenannte Technology Readiness Level (TRL), bei dem die Stufen einer Technologieentwicklung von der Idee (Stufe 0) bis zur erfolgreichen Markteinführung (Stufe 9) abgebildet werden. Demnach startet die Entwicklung bei TRL 0, die in Anlehnung an die Verwendung in Horizon 2020 nach [Mankins 2009] ergänzt wurde. Es konnten 83 Verfahren, Methoden und Prozesse schematisch abgebildet und den Stufen der TRL zugeordnet werden. Dabei wurden sowohl der Startpunkt als auch der erreichte Reifegrad zum Ende der Förderperiode abgebildet (vgl. Bild 16).

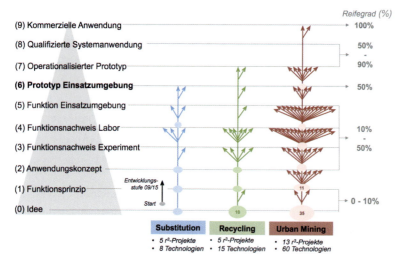

Bild 16: Entwicklungsstufen (TRL) des Forschungsvorhabens r³

Bei einer Grundgesamtheit von 83 geförderten Technologien haben maximal 57 % einen experimentellen bzw. einen Funktionsnachweis im Labor erbracht. Dies entsprach in einigen Fällen bereits der festgelegten Zielstellung. Den Schritt zum Funktionsnachweis in der Einsatzumgebung (TRL 5) haben 22 % der Projekte erreicht. Wesentlich ist, dass durch die Einstufung in TRLs keine „Wertung" erfolgt, die Auskunft über den Erfolg eines Forschungsvorhabens gibt. Jedes Erreichen einer einzelnen Stufe ist stets von besonderen Herausforderungen gekennzeichnet und kann sehr unterschiedlichen Rahmenbedingungen unterliegen. Beispielsweise gilt der Prototyp in der Einsatzumgebung (TRL 6) aufgrund hoher Investitionen in Infrastruktur und Technik als eine große Hürde, die mit einem Nachweis der Wirtschaftlichkeit einhergeht. So haben 15 Technologien, ca. ein Fünftel der in r³ entwickelten Technologien, den TRL 6 erreicht. Bereits zur Zeit der Datenerhebung bis Mitte

2015 hat sich gezeigt, dass einige der Technologien im Grad des TRL bis zum Ende der Förderperiode einzelner r³-Projekte bis Mitte 2016 tendenziell noch weiter gestiegen sind. Da für jeden TRL ein unterschiedlicher Entwicklungsaufwand nötig ist, wurde auf einen direkten Technologievergleich verzichtet.

Risikofaktoren

Zur Einordnung der Technologien wurden insgesamt sechs Risikobereiche identifiziert, die eine großtechnische Umsetzung der einzelnen Projekte hemmen können. Gemeinsam mit den Verbundvertretern der Projekte wurden diese diskutiert und nach ihrer Bedeutung für einzelne Vorhaben eingeschätzt (Bild 17).

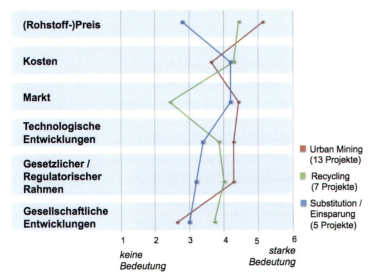

Bild 17: Risikofaktoren für die Umsetzung der Ressourceneffizienzlösungen von r³

Drei wesentliche Erkenntnisse werden hierbei offensichtlich. Primär wurden die Rohstoffpreise und deren Entwicklung insbesondere für die Vorhaben der Cluster „Urban Mining" und „Recycling" als bedeutsamster Einflussfaktor benannt. Diese Abhängigkeit ist für die Vorhaben mit der Zielstellung Substitution und Einsparung deutlich geringer ausgeprägt. Für Recyclingprojekte werden Unsicherheiten durch den Markt, der hier insbesondere für die Verfügbarkeit von rezyklierbaren Materialien steht, als gering bewertet. Den weiteren Faktoren wird eine mittlere Bedeutung zugewiesen. Für Technologien, die eine hohe Abhängigkeit von Rohstoffpreisen aufweisen, gelten sehr hohe Risiken bezogen auf die spätere kommerzielle Anwendung. Der Rohstoffpreis ist demnach ein sehr großes Risiko, das den Markteintritt und die Etablierung eines Verfahrens stark beeinflusst. Nicht nur Fördermengen strategischer Metalle, sondern auch staatlich angelegte Reserven, die jederzeit verfügbar sind und das Preisniveau durch ein erhöhtes Angebot absenken können, sind dabei zu berücksichtigen.

Detaillierte Ergebnisse zu den durchgeführten Untersuchungsmethoden der einzelnen Technologien finden sich in einem INTRA r³+-Arbeitspapier [Kleeberg et al. 2016].

Screening des Umfeldes

Internationale technologische Leistungsfähigkeit in den r³-relevanten Bereichen anhand von Patentindikatoren

Im Rahmen von INTRA r³+ wurden, ähnlich wie in r² [Ostertag et al. 2010], verschiedene Patentindikatoren ausgewertet, um den breiteren technologischen Kontext der r³-Verbünde zu beleuchten und die Innovationsdynamik national und international aufzuzeigen [Sartorius & Tercero Espinoza 2015]. Im Einzelnen wurde die Dynamik der Patentanmeldungen (Veränderung der Anmeldezahlen über die Zeit) und im internationalen Vergleich die absoluten Patentanteile sowie die Spezialisierung für die relevanten Technologiebereiche ermittelt. Hier werden lediglich die Ergebnisse für die Anteile erläutert, die einen Vergleich der Bedeutung verschiedener Länder hinsichtlich ihres Beitrags zur Wissensgenerierung in den relevanten Bereichen erlauben.

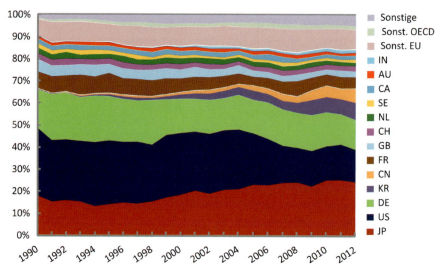

Bild 18: Veränderung der für die Einsparung kritischer Rohstoffe relevanten Patentanmeldungen (in %).
Länderkürzel: AU = Australien, CA = Kanada, CH = Schweiz, CN = VR China, DE = Deutschland, FR = Frankreich, GB = Großbritannien, IN = Indien, JP = Japan, KR = Südkorea, NL = Niederlande, SE = Schweden, US = USA, OECD = Organisation für wirtschaftliche Zusammenarbeit und Entwicklung [Sartorius & Tercero Espinoza 2015]

Die zeitliche Entwicklung der Patentanteile ist in Bild 18 dargestellt. Es ist offensichtlich, dass sich Patentanteile seit dem Beginn der 1990er Jahre deutlich anders verteilen. Trotz eines leichten Anstiegs der Anmeldezahlen hat sich der Anteil der USA als ursprünglich innovativste Volkswirtschaft (im Jahr 1990) bis zum Jahr 2012 halbiert. Gleiches gilt, auf sehr viel niedrigerem Niveau, für Großbritannien. Besser stellen sich im Vergleich dazu Länder wie Deutschland oder die Schweiz, die ihren Anteil knapp halten konnten, während sich die Anmeldezahlen im genannten Zeitraum verdoppelten. Dazwischen liegen die meisten EU-Länder sowie Kanada und Australien, die trotz eines signifikanten Anstiegs der Anmeldezahl einen leichten Rückgang ihres Anteils verzeichnen mussten. Im Gegensatz zu den bereits genannten Ländern stehen die Schwellenländer China, Korea und Indien, die zu Beginn der 1990er Jahre im Bereich der Einsparung kritischer Rohstoffe überhaupt erst die ersten Patente angemeldet hatten und, ausgehend von diesem niedrigen Niveau, ihre Anmeldezahlen zwischenzeitlich verhundertfachen konnten. Es versteht sich von selbst, dass unter diesen Umständen auch der Anteil deutlich zunahm, sodass Korea und China im Jahr 2012 hinter der Triade Japan, USA und Deutschland die Ränge 4 und 5 einnehmen. Bemerkenswert ist in diesem Zusammenhang die Entwicklung in Japan, wo es trotz hoher Patentieraktivitäten schon im Jahr 1990 in der Folgezeit zu einem weiteren deutlichen Anstieg des Patentanteils kommt.

4. TRANSFER

Der Übergang zu TRL 6, der mit einem Nachweis der Wirtschaftlichkeit des entwickelten Prozesses oder der entwickelten Technologie verbunden ist, stellt für viele Forschungsprojekte eine besondere Herausforderung dar, die häufig nicht im Alleingang zu bewältigen ist. Eine Aufgabe von INTRA r³+ war es deshalb, die Ergebnisse aus r³ zu bündeln und in kompakter Form an potenzielle Anwender in der Wirtschaft (insbesondere KMU) zu übertragen.

Um inhaltliche Überschneidungen der einzelnen Forschungsvorhaben aufdecken und die Zielgruppen wie entsprechende Wirtschaftsverbände für den Transfer besser definieren zu können, wurden die Verbundprojekte zuerst in mehrstufige Cluster eingeteilt (1. Urban Mining, Recycling, Substitution, Einsparung; 2. Elektronik, Stahl, Verbrennung, Halde, Bau, u. a.; 3. Zielwertstoffe). Darüber hinaus wurde recherchiert, ob die Öffentlichkeitsarbeit der Verbünde noch weiter unterstützt werden konnte. In vielen Verbundprojekten wurden Arbeiten und Ergebnisse ihres Vorhabens bereits durch eigene öffentlichkeitswirksame Maßnahmen kommuniziert (Pressemitteilungen, Webseiten, Präsenz auf Tagungen und Konferenzen, Publikationen in Fachzeitschriften). Manche Verbünde waren jedoch zurückhaltend mit der Verbreitung von Ergebnissen, besonders bei Beteiligung von größeren Unternehmen. Doch gerade durch die Beteiligung dieser Unternehmen als Projektpartner ist ein (begrenzter) Transfer in die Wirtschaft bereits gewährleistet.

Für den Ergebnistransfer wurde zum einen fortlaufend Öffentlichkeitsarbeit für die r³-Verbünde betrieben und die r³-Fördermaßnahme auf Fachkonferenzen, Messen und in Fachzeitschriften präsentiert [Dürkoop et al. 2012, Dürkoop et al. 2016, Dürkoop 2012, Dürkoop 2013a, Dürkoop 2013b, Gräbe & Dürkoop 2014, Dürkoop & Büttner 2015]. Darüber hinaus richtete der Koordinator HIF eine Webseite für r³ ein und übernahm die fortlaufende

Redaktion dieser Seite [www.r3-innovation.de]. So wurden und werden hierüber regelmäßig Pressemitteilungen und Nachrichten aus den r³-Projekten an die breite Öffentlichkeit kommuniziert. Zudem wurden Flyer und Broschüren [BMBF 2013], [BMBF 2015] sowie ein Film zur r³-Fördermaßnahme erstellt [Helmholtz-Institut Freiberg für Ressourcentechnologie 2015].

Zum anderen wurde die Präsentation von r³-Projekten auf Veranstaltungen wie dem BGR-Statusseminar „Forschungsaufträge im Bereich der Rohstoff- und Lagerstättenforschung" koordiniert (22./23.07.2015), auf der auch das r³-Haldencluster seine Ergebnisse vorgestellt hat. Darauf aufbauend werden ab Mitte 2016 das in r³ aufgebaute Haldenkataster sowie das Methodenhandbuch über die BGR-Homepage zugänglich gemacht und die kumulierten Ergebnisse über die „Commodity Top News" der BGR publiziert. Über das „Innovationsradar" des VDI-Zentrum für Ressourceneffizienz ZRE wurden in sieben Kurzfassungen Ergebnisse von insgesamt neun r³-Projekten präsentiert [http://www.ressource-deutschland.de/instrumente/innovationsradar] und die Gesamtfördermaßnahme r³ im Newsletter des DIHK vorgestellt [http://www.dihk.de/themenfelder/innovation]. Aus diversen Vorschlägen von INTRA r³+ hat das RECYCLING-Magazin das r³-Projekt „Best-of-two-Worlds" ausgewählt und im Detail erläutert, wie die Arbeit des Verbundes umweltgerechtes und sozialverträgliches Recycling in Entwicklungsländern fördert [Brunn 2016].

5. AUSBLICK

Die Fördermaßnahme r³ hat neue Potenziale zur Erhöhung der Versorgungssicherheit Deutschlands sowohl direkt als auch indirekt erschlossen. Allerdings ist der Grad der Realisierung dieser Potenziale nicht allein von der technologischen Entwicklung abhängig. Während manche Projekte, vor allem aus dem Bereich Substitution und Materialeinsparung, durch gezielte Investitionen großtechnisch realisierbar erscheinen, sind technologische Entwicklungen in den Bereichen Recycling und Urban Mining teilweise auf oft organisatorische und rechtliche Entwicklungen außerhalb des technologischen Fokus angewiesen (z. B. Klärung des Zugangs zu Deponien und Schaffung von Sammlungssystemen). Die Ergebnisse der Fördermaßnahme r³ zielen nicht nur auf die Technologieentwicklung ab, die eine notwendige Voraussetzung für mehr Ressourceneffizienz und erhöhte Versorgungssicherheit ist, sondern zeigen teilweise bereits Wege auf, diese Erkenntnisse in die bestehenden Systeme zu integrieren und dadurch realisierbar zu machen.

Die in der Fördermaßnahme r³ entwickelten Ressourceneffizienztechnologien könnten bei einer deutschlandweiten Umsetzung zu positiven gesamtwirtschaftlichen Effekten führen. Diese projizierten Effekte sind im Vergleich zur aggregierten deutschen Wirtschaftsleistung jedoch sehr klein, da mit der Konzentration auf strategische Metalle und Mineralien trotz weitläufiger Verflechtungen nur ein kleiner Teilbereich der deutschen Wirtschaft abgedeckt ist. Dies könnte sich ändern, wenn die erforschten Effizienztechnologien weiterentwickelt werden und in andere Bereiche der Wirtschaft diffundieren und damit zusätzliche Ressourceneffizienzpotenziale erschlossen werden. Im Fall von rentablen Verbundvorhaben steht einer Weiterentwicklung und Diffusion der Effizienztechnologie ökonomisch gesehen nichts im Wege. Wie oben beschrieben, kann sich Rentabilität außerdem auch bei bisher unrentablen Projekten unter bestimmten Entwicklungen einstellen, z. B. bei Preisänderungen oder Veränderungen der regulatorischen Rahmenbedingungen. Es gilt schließlich zu entscheiden, ob wirtschaftliche oder weitergehende strategische Überlegungen stärker gewichtet werden und damit positive gesamtwirtschaftliche Effekte eine notwendige Bedingung von Ressourceneffizienz sind oder als willkommene Begleiterscheinung gesehen werden dürfen.

Im Hinblick auf die Einsparung kritischer Rohstoffe erweist sich die überdurchschnittliche Leistungsfähigkeit Deutschlands vor allem in dem Anteil der Patente, die deutsche Forschungseinrichtungen und Unternehmen im weltweiten Maßstab zur Anmeldung eingereicht haben. Dieser Anteil ist in diesem Bereich nicht nur höher als bei den Patentanmeldungen insgesamt; er konnte außerdem über den Betrachtungszeitraum hinweg weitgehend konstant gehalten werden, wogegen er bei vielen anderen Industrieländern – bedingt durch den Anstieg v. a. in Japan, China, Korea und Indien – deutlich zurückging. Dieser Erfolg lässt sich jedoch nur durch anhaltend hohe F&E-Aktivitäten erhalten.
Als zukünftige Herausforderungen wurden in einem Arbeitspaket von INTRA r³+ folgende wichtigste Aussagen herausgestellt:

- **Ganzheitliche Betrachtung von Stoffströmen**: Es ist wichtig zu erkennen, an welcher Stelle im gesamten „Lebensweg" der Rohstoffe Verluste entstehen. Die ganzheitliche Betrachtung und Erfassung umfasst Abbau, Qualität und Menge der Importe, Verarbeitung in Produkten sowie Sammlung und Deponierung.
- **Das Thema Primärrohstoffe gewinnt an Bedeutung**: Der Abbau von Primärrohstoffen könnte durch neue Technologien ermöglicht und mit Wiedergewinnungsstrategien verknüpft werden.
- **Das Wirtschaftswachstum steht im Konflikt zu optimalem Rohstoffverbrauch**: Der Zielkonflikt zwischen Verfahrenskosten und Umweltfreundlichkeit stellt ein großes Problem dar, sodass moderne Technologien nicht wettbewerbsfähig sind.
- **Substitution ist schwierig**: Im Bereich Einsparung/Substitution wird insgesamt der geringste Impact erwartet, da viele Stoffe sehr spezielle Eigenschaften haben, die sich nur schwer durch andere Stoffe ersetzen lassen. (In der technologischen Auswahl, die die r³-Verbünde darstellen, sind die erzielten und potenziellen Effekte jedoch bedeutend.)
- **Bedarf an nicht technologische Lösungen**: Neben der Entwicklung neuer Technologien werden weitere Konzepte in anderen Bereichen benötigt bis hin zum Umdenken in der Gesellschaft. Hierzu zählen die verstärkte Kooperation zwischen Industrie und Wirtschaftswissenschaften genauso wie die Entwicklung neuer Dienstleistungsmodelle.

Liste der Ansprechpartner aller Vorhabenspartner

Dr. Anke Dürkoop Helmholtz-Institut für Ressourcentechnologie Freiberg, Halsbrücker Straße 34, 09599 Freiberg, a.duerkoop@hzdr.de, Tel.: +49 351 260-4405

Dr.-Ing. Stefan Albrecht Universität Stuttgart, Lehrstuhl für Bauphysik, Wankelstraße 5, 70563 Stuttgart, stefan.albrecht@lbp.uni-stuttgart.de, Tel.: +49 711 9703170

Christian Peter Brandstetter Universität Stuttgart, Lehrstuhl für Bauphysik, Wankelstraße 5, 70563 Stuttgart, peter.brandstetter@lbp.uni-stuttgart.de, Tel.: +49 711 9703171

Philipp Büttner Helmholtz-Institut für Ressourcentechnologie Freiberg, Halsbrücker Straße 34, 09599 Freiberg, p.buettner@hzdr.de, Tel.: +49 351 260-4417

Martin Erdmann Bundesanstalt für Geowissenschaften und Rohstoffe, Stilleweg 2, 30655 Hannover, Martin.Erdmann@bgr.de, Tel.: +49 511 6433559

Dr. Gudrun Gräbe Fraunhofer ICT, Joseph-von-Fraunhofer-Straße 7, 76327 Pfinztal, Gudrun.Graebe@ict.fraunhofer.de, Tel.: +49 721 4640-302

Prof. Michael Höck TU Bergakademie Freiberg, Fakultät für Wirtschaftswissenschaften, Professur für Industriebetriebslehre/Produktionswirtschaft, Logistik, Schloßplatz 1, 09596 Freiberg, michael.hoeck@bwl.tu-freiberg.de, Tel.: +49 3731 39-2676 / -2627

Dr. Björn Moller Competence Center Foresight, Fraunhofer-Institut für System und Innovationsforschung ISI, 76139 Karlsruhe, bjoern.moller@isi.fraunhofer.de, Tel.: +49 721 6809-437

Dr. Katrin Ostertag Competence Center Nachhaltigkeit und Infrastruktursysteme, Fraunhofer-Institut für System und Innovationsforschung ISI, 76139 Karlsruhe, katrin.ostertag@isi.fraunhofer.de, Tel.: +49 721 6809-116

Matthias Pfaff Competence Center Nachhaltigkeit und Infrastruktursysteme, Fraunhofer-Institut für System und Innovationsforschung ISI, 76139 Karlsruhe, matthias.pfaff@isi.fraunhofer.de, Tel.: +49 721 6809-314

Lars Rentsch TU Bergakademie Freiberg, Fakultät für Wirtschaftswissenschaften, Lehrstuhl Industriebetriebslehre/Produktionswirtschaft, Logistik, Schloßplatz 1, 09596 Freiberg, lars.rentsch@bwl.tu-freiberg.de, Tel.: +49 3731 39-2555

Dr. Dr. Christian Sartorius Competence Center Nachhaltigkeit und Infrastruktursysteme, Fraunhofer-Institut für System und Innovationsforschung ISI, 76139 Karlsruhe, christian.sartorius@isi.fraunhofer.de, Tel.: +49 721 6809-118

Dr. Michael Szurlies Bundesanstalt für Geowissenschaften und Rohstoffe, Stilleweg 2, 30655 Hannover, Michael.Szurlies@bgr.de, Tel.: +49 511 6432536

Dr.-Ing. Luis Tercero Espinoza Competence Center Nachhaltigkeit und Infrastruktursysteme, Fraunhofer-Institut für System und Innovationsforschung ISI, 76139 Karlsruhe, luis.tercero@isi.fraunhofer.de, Tel.: +49 721 6809-401

Dr. Hildegard Wilken Bundesanstalt für Geowissenschaften und Rohstoffe, Stilleweg 2, 30655 Hannover, hildegard.wilken@bgr.de, Tel.: +49 511 6433661

Veröffentlichungen des Verbundvorhabens

[BMBF 2013] r³ – Strategische Metalle und Mineralien, Innovative Technologien für Ressourceneffizienz. Bundesministerium für Bildung und Forschung (Hrsg.), Broschüre zur r³-Fördermaßnahme, Bonn

[BMBF 2015] Ein zweites Leben für Indium & Co. Bundesministerium für Bildung und Forschung (Hrsg.), Broschüre zur r³-Fördermaßnahme, Bonn

[Brunn 2016] Brunn, M.: In die richtigen Bahnen lenken. RECYCLING magazin, Ausgabe 04/2016, 71. Jahrgang, S. 28 – 30

[Dürkoop 2012] Dürkoop, A.: Innovative Technologien für Ressourceneffizienz – Strategische Metalle und Mineralien. Vortrag, BMBF Branchendialog Nanotechnologien und Neue Materialien für Ressourceneffizienz, 06.12.2012, Berlin

[Dürkoop et al. 2012] Dürkoop, A.; Gutzmer, J.; Faulstich, M.; Klossek, A.: Das Begleitforschungsprojekt INTRA r³+ – Integration und Transfer der r³-Forschungsergebnisse zur nachhaltigen Sicherung strategischer Metalle und Mineralien (2012). In: Recycling und Rohstoffe Band 5 (2012), S. 507 – 521, Thomé-Kozmiensky, K. J.; Goldmann, D., TK Verlag, Neuruppin

[Dürkoop 2013 a] Dürkoop, A.: Neue Technologien für mehr Ressourceneffizienz. In GAIA – Ökologische Perspektiven für Wissenschaft und Gesellschaft 22/1(2013), S. 62 – 64.

[Dürkoop 2013 b] Dürkoop, A.: Potenziale der Rückgewinnung von Sekundärrohstoffen in Verbundprojekten der BMBF Fördermaßnahme r³ – Strategische Metalle und Mineralien (2013). Vortrag 9. Sächsischer Kreislaufwirtschaftstag Freiberg, 21.– 22.11.2013, Tagungsband, Freiberg

[Dürkoop & Büttner 2015] Dürkoop, A.; Büttner, P.: INTRA r³+ Integration und Transfer der Ergebnisse von r³ – Strategische Metalle und Mineralien. Poster und Stand bei der BMWi-Fachkonferenz „Rohstoffe effizient nutzen – erfolgreich am Markt" im Rahmen der Verleihung des Deutschen Rohstoffeffizienzpreises 2015, 04.12.2015, Berlin

[Dürkoop et al. 2016] Dürkoop, A.; Albrecht, S.; Büttner, P.; Brandstetter, C. P.; Erdmann, M.; Gräbe, G.; Höck, M.; Kleeberg, K.; Moller, B.; Ostertag, K.; Rentsch, L.; Schneider, K.; Tercero, L.; Wilken, H.; Pfaff, M.; Szurlies, M.: INTRA r³+ Integration und Transfer der r³-Fördermaßnahme – Ergebnisse der Begleitforschung. In: Recycling und Rohstoffe Band 9 (2016), S. 253 – 274, Thomé-Kozmiensky, K. J.; Goldmann, D., TK Verlag, Neuruppin

[Gräbe & Dürkoop 2014] Gräbe, G.; Dürkoop, A.: Strategische Metalle und Mineralien – die BMBF Fördermaßnahme r³. Vortrag PIUS Länderkonferenz 2014, 02.07.2014, Frankfurt am Main

[Helmholtz-Institut Freiberg für Ressourcentechnologie 2015] Die Zukunftsstadt als Rohstoffquelle – Urban Mining. Helmholtz-Institut Freiberg für Ressourcentechnologie (Hrsg.), Kurzfilm zur r³-Fördermaßnahme des BMBF, Dauer 5 min., online verfügbar unter https://www.youtube.com/watch?v=-w8w4Zs4wpY

[Kleeberg et al. 2015] Kleeberg, K.; Schneider, K.; Nippa, M.: Methods for Measuring and Evaluating Sustainability: State-of-the Art, Challenges, and Future Developments (2015). Handbook of Clean Energy Systems. 1 – 26. DOI: 10.1002/9781118991978.hces174

[Kleeberg & Höck 2016] Kleeberg, K.; Höck, M.: Nachhaltigkeit der Ressourceneffizienztechnologien in r³ – Eine qualitative Analyse. Arbeitspapier im Rahmen des r³-Integrations- und Transferprojektes im Auftrag des BMB (2016), online verfügbar http://www.r3-innovation.de/de/15100

[Kleeberg et al. 2016] Kleeberg, K.; Höck, M.; Rentsch, L.; Schneider, K.: Bewertung innovativer Technologien zur Steigerung der Ressourceneffizienz – Kernergebnisse der r³ Fördermaßnahme (2016). Arbeitspapier im Rahmen des r³ Integrations- und Transferprojekts INTRA r³+, online verfügbar http://www.r3-innovation.de/de/15100

[Pfaff et al. 2015] Pfaff, M.; Ostertag, K.; Sartorius, C.: Gesamtwirtschaftliche Effekte der Fördermaßnahme r³. Arbeitspapier im Rahmen des r³-Integrations- und Transferprojektes im Auftrag des BMBF, 2015.

[Sartorius & Tercero Espinoza 2015] Sartorius, C.; Tercero Espinoza, L.: Internationale technologische Leistungsfähigkeit in den r³ relevanten Bereichen anhand von Patentindikatoren. Arbeitspapier im Rahmen des r³-Integrations- und Transferprojektes, Karlsruhe, 2015.

[Tercero Espinoza et al. 2015a] Tercero Espinoza, L. A.; Erdmann, M.; Szurlies, M.; Wilken, H.: Erhöhung der Rohstoff-Versorgungssicherheit durch die Arbeiten im Förderschwerpunkt r³. Arbeitspapier im Rahmen des r³-Integrations- und Transferprojektes, Karlsruhe, Hannover, 2015.

[Tercero Espinoza et al. 2015b] Tercero Espinoza, L. A.; Erdmann, M.; Szurlies, M.; Wilken, H.: Rohstoffprofile: Trends und Vergleiche für die in r³ behandelten Rohstoffe. Arbeitspapier im Rahmen des r³-Integrations- und Transferprojektes, Karlsruhe, Hannover, 2015.

[Tercero Espinoza et al. 2015c] Tercero Espinoza, L.; Pfaff, M.; Ostertag, K.; Moller, B.; Erdmann, M.; Szurlies, M.; Wilken, H.; Gräbe, G.; Kleeberg, K.; Schneider, K.; Höck, M.; Brandstetter, C. P.: INTRA r³+ – Effekte der r³-Fördermaßnahme auf Nachhaltigkeit und Versorgungssicherheit von strategischen Metallen. Vortrag r³-Abschlusskonferenz, 15.09.2015, Bonn.

[Tercero Espinoza et al. 2016] Tercero Espinoza, L.; Pfaff, M.; Ostertag, K.; Albrecht, S.; Brandstetter, C. P.: Ergebnisse der Begleitforschung der Fördermaßnahme „r³ - Innovative Technologien für Ressourceneffizienz – Strategische Metalle und Minerale". In: Teipel, U.; Reller, A. (Hrsg.): 4. Symposium Rohstoffeffizienz und Rohstoffinnovationen: 17./18.02.2016, Evangelische Akademie Tutzing. Fraunhofer Verlag, Stuttgart, 2016, S. 21 – 34.

Quellen

[Albrecht et al. 2012] Albrecht, S.; Bollhöfer, E.; Brandstetter, P.; Fröhling, M.; Mattes, K.; Ostertag, K.; Peuckert, J.; Seitz, R.; Trippe, F.; Woidasky, J.: Ressourceneffizienzpotenziale von Innovationen in rohstoffnahen Produktionsprozessen. In Chemie Ingenieur Technik, 84: 1651 – 1665. doi: 10.1002/cite.201200090

[Albrecht et al. 2013] Albrecht, S.; Brandstetter, C. P.; Fröhling, M.; Trippe, F.: Abschätzung der ökologischen und direkten ökonomischen Effekte der BMBF-Fördermaßnahme r². In: Innovative Technologien für Ressourceneffizienz in rohstoffintensiven Produktionsprozessen – Ergebnisse der Fördermaßnahme r², Woidasky, J.; Ostertag, K.; Stier, C.(Hrsg.), S. 358 – 363, Fraunhofer-Verlag, Stuttgart

[Albrecht et al. 2015] Albrecht, S.; Krieg, H.; Klingseis, M.: Ressourceneffizienz durch Prozesskettenanalyse. Vortrag am 4. Ressourceneffizienz- und Kreislaufwirtschaftskongress des Landes Baden-Württemberg. Stuttgart

[BGR 2015] BGR: Fachinformationssystem Rohstoffe: Unveröffentlicht. Stand: April 2015.

[Biebeler 2014] Biebeler, H. (Hrsg.): IW-Umweltexpertenpanel 2013 – Umwelt- und Energiepolitik im Meinungsbild der Wirtschaft. Broschüre, Institut der deutschen Wirtschaft, Köln

[BMBF 2007] Bekanntmachung des Bundesministeriums für Bildung und Forschung von Richtlinien zur Fördermaßnahme „Innovative Technologien für Ressourceneffizienz – Rohstoffintensive Produktionsprozesse". Online verfügbar unter https://www.bmbf.de/foerderungen/bekanntmachung.php?B=297, zuletzt geprüft am 18.05.2016

[BMBF 2010] Bekanntmachung des Bundesministeriums für Bildung und Forschung von Richtlinien zur Fördermaßnahme „r³ – Innovative Technologien für Ressourceneffizienz – Strategische Metalle und Mineralien". Online verfügbar unter http://www.bmbf.de/foerderungen/15444.php, zuletzt aktualisiert am 02.11.2010, zuletzt geprüft am 21.09.2015

[BMBF 2012] Wirtschaftsstrategische Rohstoffe für den Standort Deutschland. Bundesministerium für Bildung und Forschung, September 2012

[Bundesregierung 2010a] Ideen. Innovation. Wachstum, Hightech-Strategie 2020 für die Bundesrepublik Deutschland, Bundesministerium für Bildung und Forschung (BMBF)

[Bundesregierung 2010b] Rohstoffstrategie der Bundesregierung – Sicherung einer nachhaltigen Rohstoffversorgung Deutschlands mit nicht-energetischen mineralischen Rohstoffen. Bundesministerium für Wirtschaft und Technologie (BMWi)

[DERA 2013] DERA: Ursachen von Preispeaks, -einbrüchen und -trends bei mineralischen Rohstoffen. Auftragstudie, Berlin, 2013, http://www.deutsche-rohstoffagentur.de/DE/Gemeinsames/Produkte/Downloads/DERA_Rohstoffinformationen/rohstoffinformationen-17.pdf?__blob=publicationFile&v=2

[DERA 2014] DERA: DERA-Rohstoffliste 2014: Angebotskonzentration bei mineralischen Rohstoffen und Zwischenprodukten – potenzielle Preis- und Lieferrisiken, Berlin, 2014, http://www.deutsche-rohstoffagentur.de/DE/Gemeinsames/Produkte/Downloads/DERA_Rohstoffinformationen/rohstoffinformationen-24.pdf?__blob=publicationFile&v=4

[DERA 2015] DERA: Rohstoffrisikobewertung – Zink. DERA, Berlin, 2015

[Destatis 2008] Destatis: Klassifikation der Wirtschaftszweige 2008: Mit Erläuterungen, https://www.destatis.de/DE/Methoden/Klassifikationen/GueterWirtschaftklassifikationen/klassifikationwz2008_erl.pdf?__blob=publicationFile

[Destatis 2011] Destatis: Volkswirtschaftliche Gesamtrechnung: Input-Output-Rechnung 2010, https://www.destatis.de/DE/Publikationen/Thematisch/VolkswirtschaftlicheGesamtrechnungen/InputOutputRechnung/VGRInputOutputRechnung2180200107004.pdf?__blob=publicationFile

[DIN 14040: 2006] DIN EN ISO 14040: 2006: Ökobilanz – Grundsätze und Rahmenbedingungen, Beuth Verlag, Berlin

[DIN 14044: 2006] DIN EN ISO 14044: 2006: Ökobilanz – Anforderungen und Anleitungen, Beuth Verlag, Berlin

[Dorner 2013] Dorner, U.: Rohstoffrisikobewertung Kupfer: Kurzbericht. Deutsche Rohstoffagentur (DERA) in der Bundesanstalt für Geowissenschaften und Rohstoffe, Berlin, 2013

[EPO 2015] EPO: EPO Worldwide Patent Statistical Database (PATSTAT), http://www.epo.org/searching/subscription/raw/product-14-24.html

[European Commission 2014] Report on Critical Raw Materials for the EU. Report of the Ad hoc Working Group on defining critical raw materials. Online verfügbar unter http://ec.europa.eu/DocsRoom/documents/10010/attachments/1/translations/en/renditions/native, zuletzt geprüft am 21.09.2015

[Glöser et al. 2013] Glöser, S.; Soulier, M.; Tercero Espinoza, L. A.: Dynamic Analysis of Global Copper Flows. Global Stocks, Postconsumer Material Flows, Recycling Indicators, and Uncertainty Evaluation (2013). Environmental Science & Technology 47, 12, S. 6564 – 6572

[Glöser et al. 2015] Glöser, S.; Tercero Espinoza, L.; Gandenberger, C.; Faulstich, M.: Raw material criticality in the context of classical risk assessment (2015). Resources Policy 44, S. 35 – 46

[Grupp 1997] Grupp, H.: Messung und Erklärung des technischen Wandels: Grundzüge einer empirischen Innovationsökonomik. Springer, Berlin, Heidelberg, New York, 1997

[IAI 2015] IAI: Global Mass Flow Model 2013, http://www.world-aluminium.org/media/filer_public/2015/04/23/2013_2014draft.xlsx

[Mankins 2009] Mankins, J. C.: Technology readiness assessments. A retrospective (2009). Acta Astronautica, 65, 1216 – 1223

[NRC 2008] NRC: Minerals, critical minerals and the U.S. economy, 2008, http://www.nap.edu/catalog.php?record_id=12034

[Ostertag et al. 2013] Ostertag, K.; Marscheider-Weidemann, F.; Niederste-Holleberg, J.; Paitz, P.; Sartorius, C.; Walz, R. et al.: „Ergebnisse der r²-Begleitforschung: Potenziale von Innovationen in rohstoffintensiven Produktionsprozessen". In: Woidasky, J.; Ostertag, K.; Stier, C. (Hrsg.): Innovative Technologien für Ressourceneffizienz in rohstoffintensiven Produktionsprozessen. Ergebnisse der Fördermaßnahme r². Fraunhofer Verlag, S. 356 – 390, Stuttgart

[Ostertag et al. 2010] Ostertag, K.; Sartorius, C.; Tercero Espinoza, L.: Innovationsdynamik in rohstoffintensiven Produktionsprozessen (2010). Chemie Ingenieur Technik 82, 11, S. 1893 – 1901

[Statistisches Bundesamt 2015] Umwelt Abfallbilanz (Abfallaufkommen/-verbleib, Abfallintensität, Abfallaufkommen nach Wirtschaftszweigen), Wiesbaden

[Tercero Espinoza et al. 2013] Tercero Espinoza, L.; Hummen, T.; Brunot, A.; Hovestad, A.; Joce, C.; Peña Garay, I.; Velte, D.; Smuk, L.; Todorovic, J.; van der Eijk, C.: Critical Raw Materials Substitution Profiles. Deliverable D3.3 of CRM_InnoNet (Critical Raw Materials Innovation Network). Project cofunded by the European Commission 7th RTD Programme, 2013

[thinkstep AG 2016] GaBi ts: Software-System and Database for Life Cycle Engineering, thinkstep AG, Stuttgart, Echterdingen, 2016

[VDI 4800] VDI-Richtlinie: VDI 4800 Blatt 1 Ressourceneffizienz – Methodische Grundlagen, Prinzipien und Strategien, Beuth Verlag, Berlin

[Walz et al. 2001] Walz, R.; Schön, M.; Nathani, C.; Marscheider-Weidemann, F.; Dreher, C.; Schirrmeister, E.; Schleich, J.; Schneider, R.: Arbeitswelt in einer nachhaltigen Wirtschaft – Beschäftigungswirkungen von Umweltschutzmaßnahmen. UBA-Texte 44/01. Umweltbundesamt, Berlin, 2001

[Woidasky et al. 2013] Woidasky, J.; Ostertag, K.; Stier, C. (Hrsg.): Innovative Technologien für Ressourceneffizienz in rohstoffintensiven Produktionsprozessen. Ergebnisse der Fördermaßnahme r². Fraunhofer Verlag, Karlsruhe

Danksagung

Die Herausgeber danken allen Autoren der r³-Fördermaßnahme, die Manuskripte zu den r³-Projekten geliefert haben. Die redaktionelle Überarbeitung erfolgte mit Partnern des r³-Begleitprojektes „Integration und Transfer der r³-Fördermaßnahme INTRA r³+", dem Fraunhofer ICT, der Universität Stuttgart und der TU Bergakademie Freiberg unter Federführung des Helmholtz-Instituts Freiberg für Ressourcentechnologie am Helmholtz-Zentrum Dresden-Rossendorf. Für die Unterstützung und Geduld bei der redaktionellen Überarbeitung danken wir allen r³-Autoren recht herzlich.

Ohne die großzügige finanzielle Unterstützung des Bundesministeriums für Bildung und Forschung wäre die Herausgabe der gesammelten Ergebnisse aus r³ nicht möglich gewesen. Wir bedanken uns daher sehr herzlich beim BMBF für die Förderung dieses Buches unter dem Projekt INTRA r³+ (Förderkennzeichen 033R070).

Freiberg im Juli 2016

Dr. Anke Dürkoop – Helmholtz-Institut Freiberg für Ressourcentechnologie
Dr. Gudrun Gräbe – Fraunhofer ICT
Christian Peter Brandstetter – Universität Stuttgart
Lars Rentsch – TU Bergakademie Freiberg